수정증보판

# 기계금속재료

송광호 · 양형렬 · 김형철
박인선 · 김효준 · 강신철
공저

普 文 堂

수정증보판
# 기계금속재료

2003년 3월 5일 수정증보판 1쇄 발행
2013년 3월 5일 수정증보판 6쇄 인쇄
2013년 3월 10일 수정증보판 6쇄 발행

지은이 | 송광호, 양형렬, 김형철, 박인선, 김효준, 강신철
발행인 | 김병계
발행처 | 도서출판 보문당
등록 | 1990년 6월 15일(제1-1066호)
주소 | 서울시 마포구 신수동 448-6 우)121-110
전화 | 704-7025/704-0635
팩스 | 704-2324
홈페이지 | www.bomoondang.co.kr
전자우편 | bmdpub@naver.com

값 22,000원

ISBN 978-89-8413-073-9

# 머리말

기계금속재료학이란 기계 및 각종 구조물의 제작이나 사용에 있어 꼭 알아두어야 할 분야로서 "적재적소"라는 낱말과 잘 일치되는 학문의 과목이다.

특히 21세기의 웅대한 발전과 세계화를 목전에 두고 있는 우리 나라의 입장에서 볼 때는 더욱 그러하다. 이제까지는 제품의 제작과 빠른 제작시간, 외형의 완성도 등에만 노력을 기울여 왔다. 그러나 결국 선진국가로의 공업국 대열에 서려면 필연적으로 해결해야 하는 것이 제품에서 재질의 우수성이며 경쟁력있는 제품의 제작이고 최고의 조건에서의 사용이다. 즉, 양질의 고품질의 제품만이 결국은 선택되고 최종적으로 존재가치를 갖는 것으로 이에 필수적으로 선결해야 하는 분야가 가장 알맞은 곳에 가장 적절한 성능의 재료를 최고의 상태에서 선택 사용 유지하는 것으로 이것이 바로 재료에 관한 분야인 것이다.

특히 금속재료는 중공업분야의 재료분야에서 주재료로 가장 많이 사용되고 있는 것으로 이 분야에 관련되는 현장 기술자나 공학도가 꼭 이해하고 알아야 할 것이나 여러 가지 복잡한 재료의 종류와 다양한 특성으로 쉽게 이해하고 학습하기가 어렵다.

사실 기계금속재료에 관한 책은 국내외로 많이 출간되어 있고 앞으로도 계속 연구하여 새로운 소재들이 소개되어야 할 것이나, 어떻게 하면 좀 더 쉽고 그리고 신속하게 이 과목의 지식을 필요한 사람들이 알 수 있게 하는 방법을 생각해 본 끝에 부족한 점이 많은 본인들이지만 학교에서 여러 해 동안 강의한 경험을 살려 이 책을 계획하게 되었으며, 시대의 흐름에 따라 필요한 신소재를 보안하여 편집하였다.

그러나 처음 욕심과는 달리 책의 원고를 끝내고 보니 여러 가지 아쉬움이 앞서지만, 선배 여러분의 계속적인 지도와 편달을 바라며, 앞으로 계속 보완 수정할 것을 약속드린다. 이 책을 통하여 중공업분야의 여러 직장에 종사하는 사람들의 기술적인 향상에 조금이나마 도움이 될 수 있기를 기대하며 이 책을 내놓는다.

끝으로 자료활용에 협조해 주신 여러분에게 감사드리며, 또 출판을 결심한 보문당 김병계 사장님과 편집부 여러분께 좋은 책이 되도록 노력해 주신 고마움을 표한다.

2003. 2. 15

저 자 씀.

# CONTENTS

## 제1편 금속재료의 총론

## 제5장 금속의 소성과 회복 / 119



# 제2편 철강재료

## 제1장 철강의 제조법 / 143



## 제2장 순 철 / 159



## 제3장 탄소강 / 163

## 제4장 강의 열처리 / 189



## 제5장 강의 표면경화 / 217



## 제6장 특수강 / 231



## 제7장 주 철 / 271

## 제3편 비철금속재료

## 제4편 비금속재료

## 제2장 무기계 신소재 / 485



## 제3장 유기계 신소재 / 503



## 제4장 초전도재료 / 515



## 제5장 반도체재료 / 517

## 제6장 열전재료 / 523

## 제7장 복합재료 / 527

# 제1편

# 금속재료의 총론

제1장

# 공업재료와 금속재료

## 1.1 금속재료의 범위

기계, 기구, 구조물, 그리고 일상 사용되는 여러 공업용품을 제작하는 데 사용되는 재료를 모두 **공업재료**라 하고, 기계제작에 사용되는 모든 재료 즉, 비금속과 철금속은 **기계재료**라 한다. 즉 공업재료라 함은 금속 및 비금속을 총칭한 것으로, 철, 강, 구리 등의 **금속재료**는 강도, 경도, 내구도 등에서 목재, 플라스틱, 칠감 등의 **비금속재료**들보다 기계적 성질이 우수하다. 그러므로 금속재료는 주재료 및 공구재에 사용되며, 보조재료로 보통 비금속재료가 사용된다.

공업제품을 설계하고 제작하려면, 필요한 재료의 선정, 성분, 제조과정, 가공방식 및 이에 따른 재료의 성질 등에 대한 지식이 꼭 있어야 하며, 알맞은 곳에 적절하게 재료를 선택 사용한다는 것은 공업분야에 종사하는 사람들의 공통된 과제이다.

공업재료의 일반적 분류는 다음과 같다.

- 공업재료
  - 금속재료
    - 철강재료
      - 철-전해철
      - 강-탄소강, 합금강
      - 주철-보통주철, 특수주철
    - 비철금속재료
      - 구리, 구리 합금
      - Al 및 Al 합금
      - Mg 및 Mg 합금
      - Ti 및 Ti 합금
      - Ni 및 Ni 합금
      - 아연, 납, 주석 및 그 합금
      - 귀금속, 기타
  - 비금속재료
    - 무기질재료-유리, 시멘트, 석재 등
    - 유기질재료-플라스틱, 나무, 고무, 가죽, 직물 등

**표 1.1** 금속원소와 비금속원소

| 족<br>주기 | I A | II A | III A | IV A | V A | VI A | VII A | VIII A | | | I B | II B | III B | IV B | V B | VI B | VII B | 0 |
|---|---|---|---|---|---|---|---|---|---|---|---|---|---|---|---|---|---|---|
| 1 | 1H<br>수소<br>1.0080 | | | | | | | | | | | | | | | | | 2He<br>헬륨<br>4.003 |
| 2 | 3Li<br>리듐<br>6.940 | 4Be<br>베릴륨<br>9.013 | | | | | | | | | | | 5B<br>붕소<br>10.82 | 6C<br>탄소<br>12.011 | 7N<br>질소<br>14.008 | 8O<br>산소<br>16.0000 | 9F<br>플루오르<br>19.00 | 10Ne<br>네온<br>20.183 |
| 3 | 11Na<br>나트륨<br>22.991 | 12Mg<br>마그네슘<br>22.32 | | | | | | | | | | | 13Al<br>알루미늄<br>26.98 | 14Si<br>규소<br>28.09 | 15P<br>인<br>30.975 | 16S<br>황<br>32.975 | 17Cl<br>염소<br>34.457 | 18Ar<br>아르곤<br>39.994 |
| 4 | 19K<br>칼륨<br>39.100 | 20Ca<br>칼슘<br>40.08 | 21Sc<br>스칸듐<br>44.96 | 22Ti<br>티탄<br>47.90 | 23V<br>바나듐<br>50.95 | 24Cr<br>크롬<br>52.01 | 25Mn<br>망간<br>54.94 | 26Fe<br>철<br>55.85 | 27Co<br>코발트<br>58.94 | 28Ni<br>니켈<br>58.71 | 29Cu<br>구리<br>63.54 | 30Zn<br>아연<br>65.38 | 31Ga<br>갈륨<br>69.72 | 32Ge<br>게르마늄<br>72.60 | 33As<br>비소<br>74.91 | 34Se<br>셀렌<br>78.96 | 35Br<br>브롬<br>79.916 | 36누<br>크립톤<br>83.80 |
| 5 | 37Rb<br>루비듐<br>85.48 | 38Sr<br>스트론튬<br>87..63 | 39Y<br>이트륨<br>88.92 | 40Zr<br>지르코늄<br>91.22 | 41Nb<br>니오브<br>92.91 | 42Mo<br>몰리브덴<br>95.95 | 43Tc<br>테크네튬<br>98 | 44Ru<br>루테늄<br>101.1 | 45Rh<br>로듐<br>102.91 | 46Pd<br>팔라듐<br>106.7 | 47Ag<br>은<br>107.880 | 48Cd<br>카드뮴<br>112.41 | 49In<br>인듐<br>114.82 | 50Sb<br>안티몬<br>121.76 | 51Sb<br>안티몬<br>121.76 | 52Te<br>텔루르<br>127.76 | 53I<br>요드<br>126.91 | 54Xe<br>크세논<br>131.91 |
| 6 | 55Cs<br>세슘<br>102.91 | 56Ba<br>바륨<br>137.36 | 57~71<br>희토류<br>원소 | 72Hf<br>하프늄<br>178.58 | 73Ta<br>탄탈<br>180.95 | 74W<br>텅스텐<br>183.86 | 75Re<br>레늄<br>186.22 | 76Os<br>오스뮴<br>190.2 | 77Ir<br>이리듐<br>192.2 | 78Pt<br>백금<br>195.05 | 79Au<br>금<br>197.0 | 80Hg<br>수은<br>200.61 | 81Tl<br>탈륨<br>204.39 | 82Pb<br>납<br>207.21 | 83Bi<br>비스무트<br>209.001 | 84Po<br>폴로늄<br>[210] | 85At<br>아스타틴<br>[211] | 86Rn<br>라돈<br>[222] |
| 7 | 87Fr<br>프란슘<br>[223] | 88Ra<br>라듐<br>226.05 | 89~103<br>악티늄 | | | | | | | | | | | | | | | |

| | | | | | | | | | | | | | | | |
|---|---|---|---|---|---|---|---|---|---|---|---|---|---|---|---|
| 57~71<br>희토류<br>원소 | 57La<br>란탄<br>138.92 | 58Ce<br>세륨<br>140.93 | 59Pr<br>프라세오디뮴<br>140.93 | 60Nd<br>네오디뮴<br>144.27 | 61Pm<br>프로메튬<br>[145] | 62Sm<br>사마륨<br>150.35 | 63Eu<br>유로퓸<br>152.0 | 64Gd<br>가돌리듐<br>157.26 | 65Tb<br>테르븀<br>158.93 | 66Dy<br>디스프로슘<br>162.51 | 67Ho<br>홀뮴<br>164.94 | 68Er<br>에르븀<br>167.27 | 69Tm<br>툴륨<br>168.94 | 70yB<br>이테르븀<br>173.04 | 71lU<br>루테듐<br>174.99 |
| 9~103 | 89Ac<br>악티늄<br>[227] | 90Th<br>토륨<br>232.05 | 91Pa<br>프로트악티늄<br>231.1 | 92U<br>우라늄<br>238.07 | 93Np<br>넵투늄<br>[237] | 94Pu<br>플루토늄<br>[242] | 95Am<br>아메리슘<br>[243] | 96Cm<br>퀴륨<br>[247] | 97Bk<br>베클륨<br>[247] | 98Cf<br>칼리포르늄<br>[251] | 99Es<br>아인시타인늄<br>[253] | 100Fm<br>페르뮴<br>[253] | 101Md<br>멘델레븀<br>[256] | 102No<br>노벨륨<br>[254] | 103Lr(Lw)<br>로렌슘<br>[257] |

(주) : [ ]안의 숫자는 반감기가 가장 긴 동위원소의 질량수, 원소명 아래의 숫자는 원자량

철과 구리 등이 금속이라는 것은 누구나 잘 알고 있으나 '금속이 무엇인가'에 대해서 한마디로 답하기에는 그리 쉽지 않다. 금속재료라 하면 공업용 재료로서, 실용되고 있는 금속과 합금의 총칭으로 금속의 일반적 특성에는 다음과 같은 것이 있다.

(1) 고체상태에서 결정구조를 갖는다.
(2) 열과 전기의 양도체이다.
(3) 연성 및 전성이 좋다.
(4) 금속적 광택을 가지고 있다.
(5) 상온에서 고체이다(Hg만은 예외).

즉 위와 같은 성질을 구비한 것이 금속이며, 이들 성질을 불완전하게 구비한 것을 아금속 또는 준금속이라 하고, 전연 구비하지 않은 것을 비금속이라 하며, 표 1.1의 주기율 표에서 보면 굵은 선의 왼쪽 원소는 모두 금속 원소이고, 점선의 오른쪽 원소는 비금속 원소, 점선과 굵은 선 사이의 원소는 준금속(또는 아금속) 원소이다.

원자번호 93번 이상의 원소는 모두 인공적으로 만들어진 원소들이므로, 이것들을 제외하고 자연에 존재하는 92종의 원소에서 보면, 금속 원소는 68종, 아금속 원소 7종, 비금속 원소 17종이다.

앞에 설명한 금속의 특성 중에서 가장 중요한 사항은 고체상태에서 결정을 형성한다는 것이며, 다른 특성들은 이 결정구조의 특징에 의하여 설명될 수 있다.

## 1.2 금속재료의 여러 성질

### 1. 물리적 성질

#### 1) 비중

물과 똑같은 부피를 가진 물체의 무게와의 비를 비중(specific gravity)이라 하며, 비중이 크다는 것은 무겁다는 것을 뜻한다. 금속 공업에서, 특히 무게를 제한할 필요가 있을 때에 비중은 항상 중요시된다. 즉, 인장강도가 크다 하여도 비중도 같이 커진다면 결국 무거운 재료가 되므로, 비중이 작은 금속인 Al이나 Mg을 주체로 한 강도가 큰 경합금이 항공기나 인공위성 등에 요구된다.

항공기 산업에서는 인장강도를 비중으로 나눈 값을 비강도라하고 그 재료의 우열성을 표시하는 결과가 되며, 특히 중요하다.

일반적으로 비중이 5.0 이하의 것을 **경금속**(light metal)이라 하고, 이보다 무거운 것을 **중금속**(heavy metal)이라 하며, 금속으로 최소의 비중을 갖는 것은 물보다 가벼운 Li의 0.53이며, 최대는 Ir의 22.5이다.

**표 1.2** 순금속 및 합금의 비중

| 순금속재료 | | 비중 | 합금류 | 비중 |
|---|---|---|---|---|
| Mg | 마그네슘 | 1.74 | 엘렉트론 (Mg합금) | 1.79~1.83 |
| Al | 알루미늄 | 2.7 | 듀랄루민 (Al합금) | 2.6~2.8 |
| V | 바나듐 | 5.6 | 선철 회선 | 6.7~7.9 |
| Sb | 안티몬 | 6.67 | 선철 백선 | 7.0~7.8 |
| Cr | 크롬 | 7.0 | 보통주철 | 7.1~7.3 |
| Zn | 아연 | 7.1 | 가단주철 | 7.2~7.6 |
| Sn | 주석 | 7.28 | 알루미늄청동 | 7.6~7.7 |
| Mn | 망간 | 7.3 | 탄소강 | 7.7~7.87 |
| Fe | 철 | 7.86 | 양백 | 8.4~8.7 |
| Cd | 카드뮴 | 8.64 | 황동 | 8.35~8.8 |
| Ni | 니켈 | 8.8 | 고속도강 | 8.7 |
| Co | 코발트 | 8.8 | 청동 (Sn 6~20%) | 8.7~8.9 |
| Cu | 구리 | 8.9 | 인청동 | 8.7~8.9 |
| Bi | 비스무트 | 9.8 | | |
| Mo | 몰리브덴 | 10.2 | | |
| Ag | 은 | 10.5 | | |
| Pb | 납 | 11.34 | | |
| Hg | 수은 | 13.595 | | |
| W | 텅스텐 | 19.1 | | |
| Au | 금 | 19.3 | | |
| Pt | 백금 | 21.4 | | |

또한 똑같은 금속이라도 금속의 순도, 온도 및 가공 방법에 따라서 비중은 변화되며, 일반적으로 단조(forging), 압연(rolling), 드로잉(drawing) 등으로 가공된 금속은 주조상태의 것보다 비중이 크다.

위의 표 1.2는 순금속 및 합금의 비중을 나타낸 것이다.

### 2) 용융온도

금속을 가열하면 녹아서 액체가 된다. 이때의 온도를 **용융온도**(melting temperature) 또는 **용융점**이라 하며, 반대로 액체가 되어 있는 고온 상태의 금속을 냉각시키면 원래의 고체로 되돌아간다. 이를 **응고온도**라 하며, 같은 금속에서는 용융온도와 응고온도가 같으며, 전체의 용융이 완전히 끝날 때까지, 또는 응고가 끝날 때까지 항상 같은 온도를 유지한다.

두 가지 이상의 금속을 용융시켜 만든 합금은 용융개시온도와 용융종료온도 또는 응고개시온도와 응고종료온도에 어떤 온도범위가 있으므로, 이 온도구간에서는 용융이나 응고가 계속된다. 용융온도가 낮은 Pb, Sn, Bi 등은 적당한 비율로 합금을 만들면 이것들보다 낮은 온도에서 녹는 합금을 얻을 수 있으며, 또 상오에서 액체인 Hg은 −38.87℃에서 고체가 된다. W 같은 것은 3,410℃의 고온도에서 녹으므로 전구의 필라멘트 등에 사용된다.

표 1.3은 대표적인 순금속의 용융온도를 나타낸 것이다.

**표 1.3** 순금속의 용융온도

| 금속 | 용융점 | 금속 | 용융점(℃) |
|---|---|---|---|
| Cr | 1,890±10 | Mg | 650±2 |
| Pt | 1,773.5±1 | Sb | 630.5±0.1 |
| Fe | 1,539±3 | Zn | 419.46 |
| Co | 1,495±1 | Pb | 327.4±0.1 |
| Ni | 1,455±1 | Cd | 320.9±0.1 |
| Mn | 1,245±10 | Bi | 271.3±0.1 |
| Cu | 1,083±0.1 | Sn | 231.9±0.1 |
| Au | 1,063 | Mo | 2,625±50 |
| Ag | 960.5 | W | 3,410±20 |
| Al | 660.2±0.1 | | |

### 3) 열전도율

일반적으로 열의 이동은 고온에서 얻은 전자의 에너지가 온도의 강하에 따라 저온쪽으로 이동함으로써 이루어지며, 물체내의 분자로부터 분자에의 열에너지의 이동을 **열전도**(heat conductivity)라 한다.

열전도율은 두께 1m의 재료 양면에 1℃의 온도차가 있을 때, 재료 표면의 면적 1m$^2$를 통하여 1시간에 한 쪽에서 다른 쪽 면으로 전도되는 열량을 kcal로써 나타낸 것으로 단위는 kcal/m$^2$ · h · ℃이다. 또한 실제 주로 사용되는 단위로는 1cm$^3$(길이 1cm, 단면적 1cm$^2$)의 물체의 한 쪽 면과 그 반대쪽 면과의 온도차가 1℃로 될 경우의 1초 사이에 전달되는 열량을 cal로 나타내는 cal/cm$^2$ · sec · ℃가 있다. 이 열전도율을 **열전도도**라고도 한다.

열전도율은 도전율과 같이 온도에 크게 영향을 받지는 않으나, 다소의 영향은 받는다.

### 4) 도전율

도전율(conductivity)은 전기저항의 역수인데, 전기저항은 공업적으로는 길이 1m, 단면적 1㎟의 선의 저항을 Ω(ohm)으로 나타낸 것이며, 이 저항을 **고유저항**(specific resistance)이라 한다.

고유저항은 재료 및 온도에 따라 다르며, 고유저항이 작을수록 전기도전율이 좋은 것이 된다. 금속은 모두 열과 전기를 잘 전달하는 성질이 있으며, 일반적으로 열전도율이 큰 것은 도전율도 크다.

**표 1.4** 순금속의 열전도율 및 고유저항과 도전율

| 순 금 속 | | 20℃에서의 열전도율 (cal/cm$^2$ · s · ℃) | 고유저항 $\rho$ (Ωmm$^2$/m) | 은을 100으로 했을 때의 도전율비(%) |
|---|---|---|---|---|
| Ag | 은 | 1.0 | 0.0165 | 100 |
| Cu | 구리 | 0.94 | 0.0178 | 92.8 |
| Au | 금 | 0.71 | 0.023 | 71.8 |
| Al | 알루미늄 | 0.53 | 0.029 | 57 |
| Zn | 아연 | 0.27 | 0.063 | 26.2 |
| Ni | 니켈 | 0.22 | 0.1±0.01 | 16.7 |
| Fe | 철 | 0.18 | 0.1 | 16.5 |
| Pt | 백금 | 0.17 | 0.1 | 16.5 |
| Sn | 주석 | 0.16 | 0.12 | 13.8 |
| Pb | 납 | 0.083 | 0.208 | 7.94 |
| Hg | 수은 | 0.0201 | 0.958 | 1.74 |

도전율이 큰 금속은 전기의 도선 또는 기타의 전기 기구 기계에 사용되며, 반대로 도전율이 작은 금속은 저항선으로서 사용된다.

표 1.4는 순금속의 열전도율의 비교표로서, 가장 큰 Ag을 100으로 하였을 경우 다른 금속과의 비율을 퍼센트(%)로 나타낸 것이다. 이 표에서 전기 기구나 전선 등에 Cu나 Al을 많이 사용하는 이유를 잘 알 수 있다.

순금속에 다른 금속 또는 비금속을 가하여 합금을 만들면 대개의 경우 도전율이 작아진다. 예를 들면 은은 구리보다 도전율이 크나, 은에 구리를 배합한 합금은 도전율이 작다. 도전율은 **전기전도도**(electric conductivity)라고도 한다.

### 5) 용융잠열

0℃의 얼음이 녹아서 0℃의 물이 될 때에, 1cc에 대하여 80cal의 열량을 필요로 한다. 또 100℃의 물이 증발할 때 1cc에 대하여 539.9cal의 열량을 필요로 한다. 또한 금속을 융해시킬 때에도 같은 현상을 일으킨다.

냉각 곡선 위에서 금속이 응고할 때에는 시간이 지나도 온도는 내려가지 않는다. 즉, 금속 전부가 응고되어야만 온도가 내려간다. 이 현상은 금속이 융해될 때도 같으며, 이와 같이 금속

1g을 융해하는 데 필요한 열량을 **융해잠열**(melting latent heat)이라고 한다.

표 1.5는 중요한 금속의 융해잠열을 나타낸 것이다.

**표 1.5** 금속의 융해잠열

| 금속 | 융해잠열 (cal/g) | 금속 | 융해잠열 (cal/g) | 금속 | 융해잠열 (cal/g) |
|---|---|---|---|---|---|
| Al | 94.6 | Ni | 74 | Mg | 89 |
| Co | 58.4 | 전해철 | 65 | Mn | 64 |
| Cu | 50.6 | 주철 | 23 | Sn | 14.5 |
| Sb | 38.3 | Ag | 25 | Bi | 13 |
| Zn | 24.09 | Au | 16.1 | Pb | 6.3 |
| Pt | 27 | Cd | 13.2 | | |

### 6) 금속의 비열

물질 1g의 온도를 1℃만큼 높이는 데 필요한 열량을 그 물질의 비열(specific heat)이라 한다. 물 1g을 온도 1℃만큼 높이는 데 필요로 하는 열량은 1 cal이다.

일반적으로 금속의 비열은, 1kg의 재료의 온도를 1℃ 높이는 데 소요되는 열량을 kcal로 표시한다. 그러나, 열전도율이나 도전율과 같이 비열도 각 온도에 따라서 다소 다르므로, 보통 0℃에서 100℃까지의 평균값으로 나타낸다. 표 1.6은 순금속의 비열을, 표 1.7은 합금의 비열을 나타내었다.

**표 1.6** 순금속의 비열(cal/g)

| 금 속 | 평균비열 | 금 속 | 평균비열 | 금 속 | 평균비열 |
|---|---|---|---|---|---|
| Mg | 0.25 | Cu | 0.092 | Hg | 0.033 |
| Al | 0.215 | Zn | 0.0915 | Pt | 0.032 |
| Mn | 0.115 | Ag | 0.056 | Au | 0.031 |
| Cr | 0.11 | Sn | 0.054 | Pb | 0.031 |
| Fe | 0.11 | Sb | 0.049 | | |
| Ni | 0.105 | W | 0.034 | | |

표 1.7 합금의 평균비열[* : 상온(20℃)의 비열](cal/g)

| 합 금 | 합금의 조성(%) | 평균비열 | 합 금 | 합금의 조성(%) | 평균비열 |
|---|---|---|---|---|---|
| 황동 | 60Cu, 40Zn | 0.0917 | W강 | 0.76C, 11.5W, 0.28Mn | 0.1041* |
| 청동 | 80Cu, 20Sn | 0.0860 | Cr강 | 1.09C, 9.50Cr | 0.1206* |
| Al청동 | 88.7Cu, 11.3Al | 0.1043 | Si강 | 0.26C, 5.5Si | 0.1194* |
| Ni강 | 0.7C, 31.4Ni, 0.82Mn | 0.1209* | Pb-Bi | 50Pb, 50Bi | 0.0325 |
| P청동 | 87Cu, 12Sn, P≒1.0 | 0.0946 | Pb-Sn | 63.7Pb, 36.3Sn | 0.0407 |
| C강 | 1.25C, 0.46Si, 0.62Mn | 0.1225* | Pb-Sb | 21Pb, 79Sb | 0.0456 |
| Cr-Ni강 | 0.2C, Cr≒20, Ni≒7 | 0.118 | Pb-Sb | 90Pb, 10Sb | 0.0326 |
| Mn강 | 5.14C, 18.5Mn | 0.1250* | | | |

### 7) 선팽창계수

금속재료는 모두 온도의 상승에 따라 팽창한다. 따라서 기계나 부속품의 설계, 사용에서는 선팽창계수(coefficient of liner expansion)를 고려하여야 한다.

**선팽창계수**라 함은 어느 길이의 물체가 온도 1℃ 상승하였을 경우에, 그 길이의 증가와 늘기 전의 길이와의 비를 말한다. 즉, 온도 $t$℃에서 길이 $l$인 물체가 온도 $t'$℃로 가열되었을 경우 그 길이가 $l'$로 늘어났다고 하면, 다음 식이 성립된다.

$$\text{선팽창계수} = \frac{l' - l}{l(t' - t)}$$

금속의 팽창계수는 각 온도에 대하여 그 값이 각각 다르므로, 보통 0℃에서 100℃ 사이의 평균값으로 나타낸다.

표 1.8 금속의 선팽창계수

| 재 료 | 팽창계수 | 재 료 | 팽창계수 |
|---|---|---|---|
| Pb | $29.3\times10^{-6}$ | Ni | $14.7\times10^{-6}$ |
| Mg | $26\times10^{-6}$ | Au | $14.2\times10^{-6}$ |
| Al | $23.9\times10^{-6}$ | Pd | $11.8\times10^{-6}$ |
| Sn | $23\times10^{-6}$ | 연강(0.2%) | $11.6\times10^{-6}$ |
| Ag | $19.7\times10^{-6}$ | 경강(0.5~0.9%) | $11.0\times10^{-6}$ |
| 황동 | $18.4\times10^{-6}$ | 주철 | $10.4\times10^{-6}$ |
| 청동 | $17.5\times10^{-6}$ | pt | $8.9\times10^{-6}$ |
| Cu | $16.5\times10^{-6}$ | Pt-Ir | $8.3\times10^{-6}$ |
| Zn | $16.5\times10^{-6}$ | 엘린바아 | $8.0\times10^{-6}$ |
| 콘스탄탄 | $15.2\times10^{-6}$ | 인바아 | $1.2\times10^{-6}$ |

위의 표 1.8은 금속의 선팽창계수를 나타낸 것이다.

### 8) 자성

철을 자장(magnetic field)에 놓으면 유도 작용에 의하여 자기를 띠어 자석으로, 즉 자화되는 것이다. 또한 자장의 강도가 증가함에 따라서 그 자화되는 정도도 증가하지만, 자장의 강도를 계속해서 증가해 가면 그 자화의 강도는 어느 포화점에 달한다. 이러한 성질은 철 이외에 Co나 Ni도 가지고 있다.

(a) 상자성체의 경우　　(b) 반자성체의 경우

**그림 1.1** 자성체의 자장과 자화

이것을 그림으로 설명하면 그림 1.1의 (a)와 같이 자장의 강도 $H$와 자화의 강도 $I$가 같은 방향으로 되는 것으로서 다른 극이 상대하는 것처럼 생기는 것과 (b)와 같이 자장 $H$와 자화의 강도 $I$가 반대방향으로 되는, 즉 같은 극이 상대하는 것처럼 생기는 것의 두 가지가 있다. 앞의 것을 **상자성체**(paramagnetic substance), 뒤의 것을 **반자성체**(diamagnetic substance)라고 한다.

Fe, Ni, Co, Sn, Pt, Mn, Al 등은 상자성체에 속하고, 그 중에서도 Fe, Ni, Co는 자화의 강도가 뚜렷하게 크므로 **강자성체**(ferromagnetic substance)라고 한다. 반자성체에 속하는 것에는 Bi, Sb, Au, Hg, Cu 등이 있다. 그리고, 강자성체 이외의 상자성체는 자화되어도 그 강도가 극히 작다.

강자성체 물질의 대부분은 Fe, Ni, Co 중에서 한 가지 이상을 함유하는 합금이지만, 그 밖에 Cu, Mn, Al 등으로 된 **호이슬러 합금**(Heusler′s magnetic alloy)도 강자성을 나타낸다.

자기포화에서의 자기강도는 온도에 따라 변화하는데, 포화된 자화강도가 급격히 감소되는 온도를 **퀴리점**(curie point)이라 한다.

강자성체는 포화 상태로 자화되어 있는 적은 구역의 집합으로 되어 있으며, 이것을 **자구**(magnetic domain)라 한다. 자구의 방향은 각각 다르며, 전체로서는 상쇄되어 있으나, 자장을 가하면 자구의 자화방향이 자장방향을 향하게 되어 전체로써 자화가 된다.

일반적으로 강자성체의 자화는 현재의 자장강도 외에 과거의 이력과 큰 관계가 있다. 이 현상을 **히스테리시스**(hysteresis)라 한다. 아직 자화되지 않은 시료를 자장 안에 놓고, 자장강도 $H$를 변화시켜 이것에 대응하는 자속밀도 $B$를 측정하면 그림 1.2와 같이 된다.

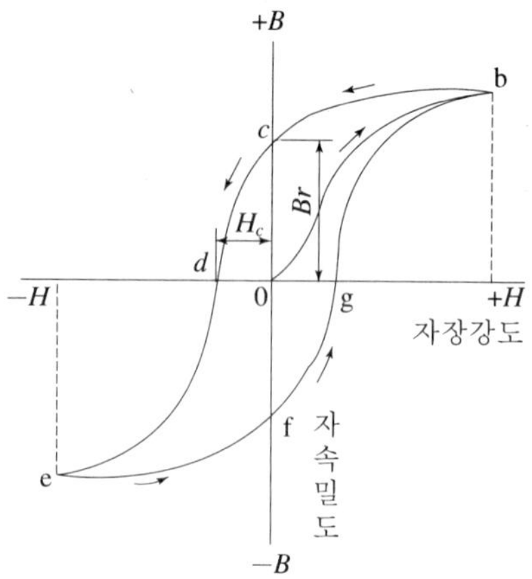


**그림 1.2** 강자성체와 자화곡선

그림 중에서 0B와 같이 서서히 상승하다가 차차 급격히 증가하면서 드디어 포화된 다음에, 포화된 상태로부터 자장강도 $H$를 점차로 감소시키면 자속밀도 $B$는 bc와 같은 화살표 방향으로 감소된다. 자장강도가 0이 되었을 때에도 아직 약간 남아 있는 $B$의 값을 **잔류자기**(residual magnetism, 단위; 가우스, G)라 부르고, $Br$로 나타낸다. 또, 역의 방향 cd로 자장강도를 증가시켜 나가면 $B$가 0의 상태에 도달된다. 이때의 $H$를 **보자력**(coercive force, 단위; 에르스텟, $O_e$) 또는 **항자력**이라 하고, $H_e$로 나타낸다. 이렇게 해서 만든 곡선을 **히스테리시스 루프**(hysteresis loop; 이력곡선)이라고 한다.

연철은 잔류자기는 크나 보자력이 작으며, 강은 잔류자기는 비교적 작으나 보자력은 대단히 크므로 영구자석에 적당하다. 영구자석 재료로서는 가급적 잔류자기가 크고, 또 보자력도 크며 쉽게 자기를 소실하지 않는 것이 좋다. 또, 일반적으로 온도변화, 진동, 내력 등에 의하여 자기에 영향을 끼치지 않는 것이 좋다. 이것을 목적으로 앞에서 말한 강자성체(Fe, Ni, Co)를 주성분으로 하는 적당한 합금을 만들면 영구자석으로서 좋은 것이 된다.

## 2. 화학적 성질

### 1) 부식

일반적으로, 금속의 **부식**이란 금속이 물 또는 대기 중, 또는 가스 기류 중에서 그 표면이 비금속성 화합물로 변화하는 것을 말한다. 이 밖에 화학 약품이나 기계적 작용에 의한 소모 등도 넓은 의미에서의 부식(corrosion)에 포함시키나, 보통은 화학 작용에 의한 것을 부식이라 하고, 기계적 작용에 의한 것을 침식이라 하여 분리한다. 또, 부식은 **건부식**과 **습부식**으로 구분한다.

건부식이란 수분이 작용하지 않고서 일어나는 부식으로 상온 또는 고온에서 이루어지는 산화(oxidation), 황화(sulfuration), 질화(nitration) 등이며, 금속과 가스와의 접촉에 의해서 일어나는 순화학적 반응이다. 이것은 금속과 접촉만 함으로써 일어나며, 반응에서 생기는 물질이 휘발성이 아닐 경우에는 반응이 일어난 장소에 남게 된다. 예로서 아연이 산화하는 경우에는,

$$Zn + O \rightarrow ZnO$$

와 같은 반응을 일으키는 것이다.

이에 대하여 **습부식**(또는 전기 화학적 부식)은 수분이 작용하여 일어나는 부식 현상으로 금속 표면에 국부전지가 생겨 양극과 음극에 상당하는 부분이 발생되어 이 두 극 사이에 전기가 흐르기 때문에 일어나는 부식 현상이다. **건부식**(화학적 부식)과 다른 것은 금속이 이온(ion)화하여 수증기 또는 수용액 중에 옮겨지고, 수용액은 전해질로 되어 전류를 이끌 수 있게 되는 것이다. 예로서 아연이 물 속에 있을 때를 생각하면 다음과 같이 된다.

양극에서 녹은 $Zn^{++}$은 차차 용액 중에 확산된다.

$$Zn - 2e^{-} \rightarrow Zn^{++}$$

확산한 $Zn^{++}$은 $Zn^{++} + 2OH^{-} = Zn(OH)_2$로 되어 수산화물을 만들어서 침전한다.

음극에서는 $H^{+} \rightarrow H - e$가 되어 이온을 잃고 용액은 차차 알칼리성이 된다.

$$2H_2 + O_2 \rightarrow 2H_2O$$

이와 같이 습부식(전기 화학적 부식)은 전부 또는 일부가 반드시 전기 화학적인 현상이다. 금속 중에 있어서도 부식은 모두 일정하지 않고, 그 많고 적음은 가지각색으로 이온화현상에 관계될 때가 많다. 지금, 금속의 **이온화경향**을 큰 것부터 차례로 생각해 보면 다음과 같다.

K>Ba>Ca>Na>Mg>Al>Mn>Zn>Cr>Fe>Co>Ni
Mo>Sn>Pb>(H)>Cu>Hg>Ag>Pt>Au

수소는 금속은 아니나 양이온으로 되기 때문에 이 계열에 넣은 것이다. 예로서 수소보다 이온화 경향이 작은 금속인 Cu, Au은 부식되기 어려우며, $H_2$보다 이온화 경향이 큰 Al이나 Fe은 부식되기 쉽다. 또한 부식에 의하여 금속의 표면에 생긴 녹이 내부로 진행하든지, 또는 진행하지 않고 내부의 금속을 보호하는 것이 있는데, Fe은 앞의 종류에 속하고, Al은 Fe보다도 이온화 경향이 커서 녹슬기 쉬운데도 불구하고, 그 표면에 생긴 녹은 약간 투명하고 치밀하여 보호장막의 역할을 한다.

### 2) 금속의 이온화

금속이온은 산과 화합해서 염을 만들고, 수용액 중에서 전리하여 양이온이 된다. 금속이 양이온으로 될 때, 양이온이 되기 쉬운 것과 어려운 것이 있는데, 이것은 앞에 설명한 이온화 경향에 의하며, 일반적으로 원소가 화합물을 만들 때에는 그것이 전자를 교환하는, 즉 이온이 되는 것이므로 화학반응의 순서도 대략 다음과 같다.

예를 들면,

(1) 이온화 경향이 큰 것은 화합물이 생기기 쉽고 또 그 화합물이 안정하나, 작은 것은 화합되기가 힘들며, 또 화합되어도 분해되기가 쉽다.

(2) 금속염 용액에 이보다 이온화 경향이 큰 금속을 넣으며, 이 금속이 녹아서 이온화 경향이 작은 금속이 침전한다. 또 수소보다 이온화 경향이 큰 금속을 산에 넣으면 수소를 발생하면서 용해한다.

(3) 수소보다 이온화 경향이 적은 것은 산에 작용하기 힘들고, 질산($HNO_3$)이나 황산($H_2SO_4$)과 같은 산화성 산과 처리하면 우선 산화되고, 이 산화물이 산에 녹는다. 따라서, 이때 대개는 수소가 발생하지 않는다.

### 3) 부식의 원리

(가) 간단한 산화설

이를 테면 철을 200℃ 이상까지 가열하였을 때 볼 수 있는 단순한 산화에 의해서 철의 일부에 산화물이 생기고, 이것이 공기 중의 산소와 수분과의 작용에 의해서 국부적으로 전류 작용을 일으키면서 이 부분이 음극이 되고, 철은 양극이 되어 부식이 된다는 간단한 경우이다.

(나) 전기화학설

순수한 물도 적은 양이나마 $H^+$과 $OH^-$으로 해리되어 있다고 생각이 되면, $H^+$은 이온화 경향이 Fe보다 적으므로, 이 때문에 Fe이 물 속에 있을 때에는 $H^+$과 치환해서 녹아들어오는 경향이 있다.

$$2H_2O + Fe \rightarrow Fe(OH)_2 + H_2 \uparrow$$

여기에서 생긴 $Fe(OH)_2$은 더 반응이 진행되어 $Fe(OH)_3$로 된다. 이것이 분해될 때에는 FeO이 생기며, 이때 FeO이 철의 면에 부착하여 공기와 접촉하면 $Fe_2O_3$로 되면서 붉은 녹이 생긴다.

(다) 산설

순수한 물과 산소만으로서는 철은 부식되지 않는다. 즉, 반드시 산이 필요한 것이다. 이 산은 대기 중의 이산화탄소가 물에 녹아 탄산으로 된 것이며, 이것이 산소의 촉매가 되어 녹이 생기는 것이다. 우선 이산화탄소와 공기와의 작용에 의해 철의 표면에 탄산제 1철이 생기고, 이것이 공기와 수분과의 작용에 의해 수산화제 2철이 된다. 한편, 수소는 철면에 피막으로 되나 물 속의 산소에 의해서 산화되어 물이 된다. 극히 약간의 이산화탄소가 있으면 부식은 점점 진행된다.

$$2Fe + 2H_2CO_3 \rightarrow 2FeCO_3 + 4H$$
$$4FeCO_3 + O_2 + 10H_2O \rightarrow 4Fe(OH)_3 + 4H_2CO_3$$
$$4H + O_2 \rightarrow 2H_2O$$

(라) 콜로이드설

철이 공기 중에서나 또는 물과 접촉하여 수산화제 1철[$Fe(OH)_2$]로 산화되면서 콜로이드(colloid)상으로 되며, 다음에 이 수산화제 1철의 콜로이드가 물 속의 과잉된 산소에 의해서 수산화제 2철[$Fe(OH)_3$]로 산화되는데 이것도 콜로이드가 된다. 다음에는 이 콜로이드의 수산화제 2철이 산소의 촉매작용을 받아 제1, 제2 단계와 같은 산화작용을 촉진시킴과 동시에 자신은 환원되어서 수산화제 1철이 된다. 이것이 제 2단계에서와 같이 재차 산화된다. 이와 같이 하여 생긴 부식물, 즉 녹이 용액 중에 뜨거나 침전되는 것을 **콜로이드설**이라 한다.

(마) 자연조건에 의한 금속의 부식

대기 중에서의 금속의 부식은 습기가 많은 대기 중일수록 부식되기 쉽고, 건조한 공기 중에서는 일어나지 않는다. 또, 이산화탄소는 부식을 심하게 촉진시키며, 공장지대에 존재하는 여러 가지 가스, 예를 들면 이산화황, 황화수소, 염산, 암모니아 등의 가스도 부식을 촉진시킨다. 또 해안지방의 공기 중에 있는 염분 등이 부식을 촉진시키는 경우도 있다.

순도가 높은 금속은 순도가 낮은 금속보다는 산성용액에 의한 침식이 적다. 금속의 부식은 그것이 금속의 전면에 걸쳐서 균일하게 일어나는 **전면부식**과 일부분에 한해서 일어나는 **국부부식**(local corrosion)이 있다. 고온에서 일어나는 부식, 예를 들면 산화 등은 일반적으로 전면부식이고, 가공에 의해서 일어나는 국부적 변형, 또는 조직의 불균일, 또는 금속의 표면에 생긴 부식, 피막 등에 생긴 균열 또는 막이 들뜬 것이 원인이 되어 생긴 부식은 국부부식이다.

국부적으로 생긴 녹이 습기를 흡수하면 부식은 더 잘 진행된다. 이것이 금속 내부로 깊숙이 들어가면 **점식**(pitting)이 생긴다. 또 금속의 결정계에 불순물이 편석되면 이것이 침식되어 부식이 내부에까지 미친다.

부식에 대해서는 금속의 종류에 따라, 또 산, 알칼리, 염류 등의 종류, 농도, 온도, 그 밖의 상태에 의해서 내식성이 각각 다르다.

금속 중 Fe은 대단히 부식되기 쉬우며, Cu는 Fe에 비하면 훨씬 내식성이 크고 Ni, Cr, Sn 등은 훨씬 더 크다. 합금의 부식은 일반적으로 이온화 계열의 상위에 있는 금속에 이것보다 하위에 있는 금속을 가하면 부식은 감소되어 내식성을 증가시킬 수 있다. 예를 들면 스테인리스강(stainless steel), 모넬 메탈(monel metal) 등은 우수한 내식성이 있는 합금이다.

#### 4) 고온에서의 산화

금속을 고온으로 가열하면 그 표면에 산화물이 생긴다. 금속의 산화는 이온화 계열의 상위에 있을수록 쉽게 일어나고, Al보다 상위에 있는 금속은 공기 중에서도 산화물을 만들며 탄다. 즉 Na, K 같은 금속은 공기 중에서 자연 발화하고, Mg은 공기 중에서 가열하면 심하게 탄다. 금속의 산화는 온도가 높을수록, 산소가 금속 내부로 확산하는 속도가 클수록 빨리 진행된다.

금속의 고온 중 산화는, 그 표면에 생기는 산화물의 성질에도 영향을 받는다. 생성된 산화물의 피막이 치밀하면 금속 내부에의 산화는 어느 정도 저지되지만, 크고 거칠며 다공성인 것 또는 증발하기 쉬운 것일 때에는 산화가 진행된다. 또한 합금성분도 산화에 큰 영향을 끼친다. 예를 들면 Ni, Cr, Mo, W 등을 적당히 함유한 강은 고온에서 이들의 산화물이 일종의 보호막을 만들어서 산화의 진행을 저지시킨다.

## 3. 기계적 성질

#### 1) 강도

금속을 사용하여 각종 기계를 만들 때에 가장 중요한 것은 강도(strength)이다. 아무리 값이 싸고 국내에서 다량으로 생산되는 금속이더라도, 판(plate)이나 봉(bar)으로 가공하였을 때 기계적으로 약한 재료는 사용할 때에 주의하여야 한다. 이 강하고 약함이란 것은 외력에 대해 저항하는 힘의 강약으로써 나타낸다. 이 강도는 외력의 작용 방법에 의하여 다음과 같이 분류된다.

(1) 인장강도(tensile strength)
(2) 굴곡강도(bending strength)
(3) 전단강도(shearing strength)
(4) 압축강도(compression strength)
(5) 비틀림강도(torsion strength)

인장강도가 크다 해서 다른 강도도 이것에 비례해서 크다고는 말할 수 없다. 인장강도가 커도 압축강도가 작은 재료가 있고, 또 반대로 압축강도가 커도 인장강도가 작은 재료도 있다.

일반적으로 강도(strength)라고 하면 인장강도를 뜻한다. 순금속의 인장강도는 Pb, Sn, Zn, Al, Cu, Fe, Ni의 순서로 커진다.

## 2) 경도

금속의 경도(hardness)는 일반적으로 인장강도에 비례한다. 실험적으로 얻은 개략적인 인장강도와의 관계식은,

$$\text{인장강도}(\text{kg/mm}^2) = (0.32 \sim 0.36) \times \text{브리넬 경도}(H_B)$$

이지만 정확히 알고자 할 경우에는 경도시험에 의하여야 하며, 경도측정은 압입자의 종류(강구 또는 다이아몬드), 모양, 압력의 측정 기준 등이 서로 다르므로 각각의 측정값이 달라진다.

재료시험법은 뒤에서 자세히 설명하겠지만, 경도계(hardness tester)를 크게 구별하면, 일정한 하중으로 압입자를 눌렀을 때 변형된 표면적으로 하중을 나눈 수치로써 경도를 나타내는 것이 있고, 또 일정한 높이에서 강구(steel ball)를 낙하시켰을 때의 반발에 의하여 다시 튀어 올라오는 높이로써 경도를 나타내는 것이 있다.

앞의 것에 속하는 것으로는 로크웰(Rockwell), 브리넬(Brinell), 비커즈(Vikers) 경도계 등이 있으며, 뒤의 것에 속하는 것으로는 쇼어(Shore) 경도계가 있다.

## 3) 인성

충격에 대한 재료의 저항을 인성(toughness)이라 한다. 재료는 기계 부품 또는 구조재로써 사용할 때 가끔 충격을 받아 파괴될 때가 있다. 이 충격에 대한 저항은 같은 종류의 재료이면 인장시험에서의 연신율이 큰 것이 대체로 충격에 대해서도 잘 견딘다. 따라서, 인장시험결과로부터 인성을 관찰할 수가 있으나, 다른 종류의 재료 사이에서는 인장시험만으로서는 비교를 못한다.

그러므로, 일정한 시험편(test piece)에 실제로 충격을 가하여 그 시험편을 파괴하고, 파괴에 필요한 에너지를 산출하여 이것으로 인성을 나타낸다.

인성이 큰 것은 이 숫자가 크다. 충격시험은 강인한 재료가 충분한 인성을 가지고 있는가 없는가를 검사하는 것으로, 너무 굳고 메진 재료에 대해서는 하지 않는다.

## 4) 피로

기계나 구조물 중에는 피스톤이나 커넥팅 로드(connecting rod, 연결봉) 등과 같이 인장과 압축을 되풀이해서 받는 부분이 있는데, 이러한 경우는 그 응력이 인장(또는 압축) 강도보다 훨씬 작다 하더라도, 이것을 오랜 시간에 걸쳐 연속적으로 되풀이하여 작용시키면 결국은 파괴된다. 이와 같은 현상은 재료가 피로(fatigue)를 일으켰다고 생각되는 것이며, 그 파괴 현상을 피로파괴라고 한다. 기계의 운동 부분에 사용되는 재료에는 특히 이러한 피로에 의한 파괴가 많다.

이때 파괴됨이 없이 충분한 내구력을 가질 수 있는 최대 한계를 피로한도(fatigue limit)라 한다.

피로현상의 요점을 열거하면 다음과 같다.

(1) 초기 균열은, 예를 들면 기름의 통로, 각진 부분, 노치(notch) 부분, 함유 불순물 또는 응력변동 부분과 같이 응력집중이 큰 부분에서 항상 일어나는 일이 많다(주철은 노치 효과에 대해서 그다지 예민하지 않음).

즉, 피로파괴의 원인은 금속의 질보다도 오히려 잘못된 설계 또는 기계가공 등에서 오는 때가 많다.

(2) 피로한계는 탈탄으로 인하여 감소되나 강의 표면에 침탄, 질화 또는 냉간 가공 등에 의하여 증가된다.

(3) 피로한계가 최대인장응력에 대한 비율은 보통 0.45~0.55 가량이다.

(4) 강(steel)의 피로강도는 시편의 치수 증가에 따라서 4~6% 정도의 감소를 보게 된다. 그것은 큰 인장강도 재질에 있어 더욱 감소되며, 또 같은 시편에 있어서도 단면의 불연속성이 원인이 된다.

### 5) 고온에서의 기계적 성질

일반적으로 금속재료의 기계적 성질은 상온에서의 상태를 기준으로 하여 시험을 한다.

그러나, 금속재료는 온도가 고온이 됨에 따라 그 기계적 성질이 크게 변화하므로, 기계 설계상 고온상태에서 사용되는 재료에는 특히 기계적 성질에 주의하여야 한다.

고온에서 기계적 성질로서 특히 중요한 것에는 다음과 같은 것, 즉 고온에서의 강도, 경도, 연신율, 금속의 크리프 한도 등이다.

(가) 청열메짐

일반적으로 금속 재료는 온도의 상승에 따라 강도가 줄고 연신율이 커지지만, 금속 가운데는 다음 그림 1.3과 같이 연신율이 반대로 감소하는 것도 있다.

그러나 강에 있어서 200~300℃에 있어서는 상온보다 연신율은 낮아져서 최저로 되고, 강도는 최고로 된다. 즉, 이 온도범위에 있어서 강은 여리고 약하게 되는데, 이러한 성질을 **청열메짐**(blue shortness) 또는 **청열여림**(blue brittleness)이라고도 한다.

(나) 저온메짐

재료의 온도가 상온보다 낮아지면 경도나 인장강도 등이 증가하는 한편, 연신율이나 충격값 등이 감소하여 점차적으로 여려진다.

즉, 금속재료는 온도가 낮아짐에 따라 미끄럼저항이 현저히 증가하면서 부스러지기 쉬워진다. 이것을 **저온메짐**(low tempering shortness) 또는 **저온여림**(低溫脆性)이라 한다.

그림 1.4는 온도의 상승에 따라서 경도가 낮아지는 모양을 나타낸 것으로, 상온에서 경도가 높은 것(W, Co, Mo, Cr)은 고온에서도 역시 높다. 따라서 상온 또는 고온에서의 경도를 크게

하는 합금제조에 첨가 금속으로 사용한다.

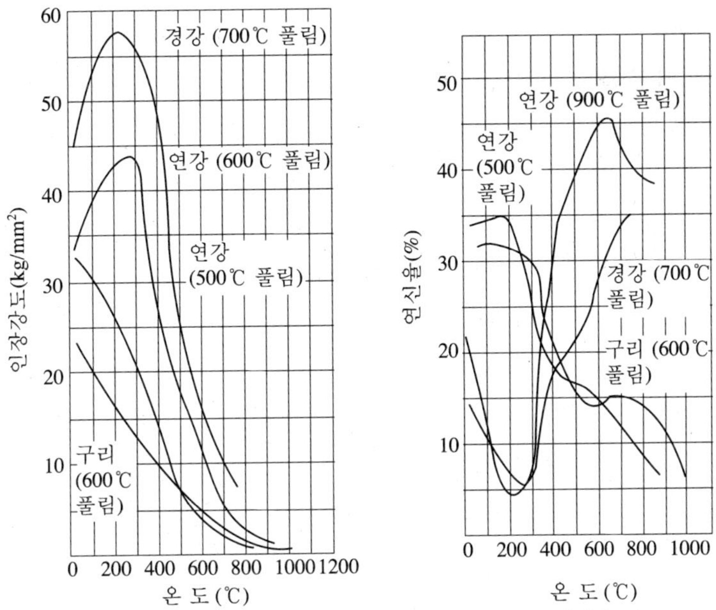


(a) 온도-인장강도 선도　　(b) 연신율 선도

**그림 1.3** 온도와 인장강도 및 연신율

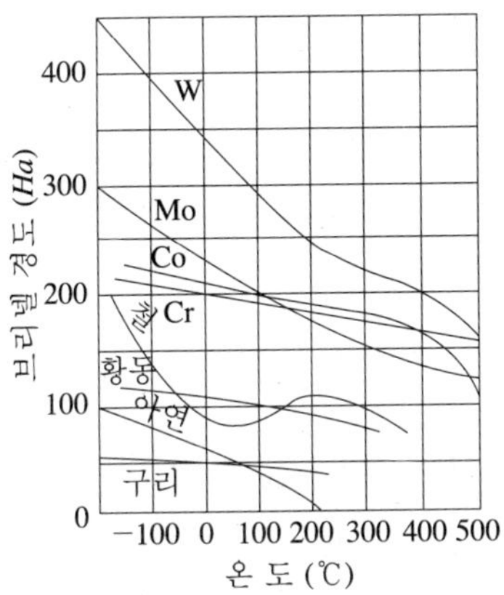


**그림 1.4** 온도-경도 관계

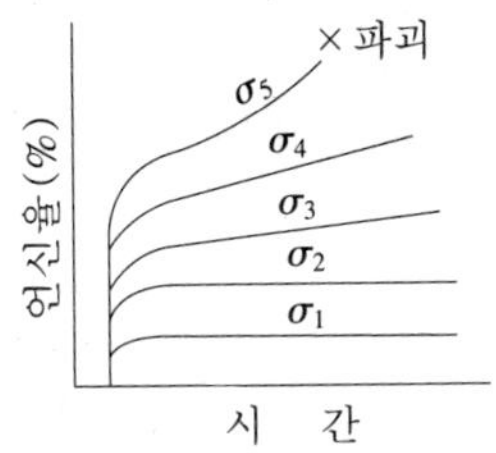


**그림 1.5** 크리프 현상

(다) 뜨임메짐

Ni-Cr강에 나타나는 특징으로서 뜨임을 한 후 담금질을 하면 재료에 메짐이 나타난다. 이 현상은 500~650℃에서 뜨임을 한 후, 그 온도에서부터 천천히 냉각시키면 부스러지기 쉬워지면서 충격값이 심하게 감소한다. 이것을 뜨임메짐(tempering shortness; 뜨임여림)이라 하며, 이것을 방지하기 위해서는 뜨임온도에서 물 또는 기름에 넣어 급랭시키든지 또는 재질 중에 소량의 Mo, V, W 등을 첨가하면 된다.

(라) 크리프 한도

금속이나 합금에 외력을 걸어서 변형시킬 때, 외력의 크기가 탄성한도 이내이면 상온에 있어서는 하중이 오랜 시간 걸린다하더라도 거의 비중에 비례한 이상의 변형은 일어나지 않으나, 고온에 있어서는 탄성한도내의 하중을 걸어 오랜 시간을 경과시키면 변형의 증가가 일어난다. 이와 같이 금속재료를 고온에서 오랜 시간 외력을 걸어 놓으면, 시간의 경과에 따라 서서히 그 변형이 증가하는 현상을 일으킨다. 이 현상을 **크리프**(creep)라 하고, 이 변형이 증대될 때의 한계응력을 **크리프 한도**(creep limit)라 한다.

그림 1.5는 일정한 온도하에서 재료에 일정한 인장하중(응력)을 가하였을 때의 시간에 대한 변형의 변화를 나타낸 것이다. 그림에서 볼 수 있는 바와 같이 응력이 비교적 작은 $\sigma_1$, $\sigma_2$의 경우에는 변형이 짧은 시간 후에 일정한 값에 도달하지만, 이것보다 응력이 큰 $\sigma_3$, $\sigma_4$로 되면, 변형은 시간의 경과에 따라 서서히 진행된다. 더 응력이 크게 되어 $\sigma_5$로 되면, 변형은 갑자기 커져서 재료는 드디어 파괴된다. 크리프가 정지하는 것을 **크리프율**이 0이 된다고 한다. 즉 크리프율이 0이 되는 응력의 한도가 크리프 한도(creep limit)이며, 이 한도는 크리프 시험에서 구한다.

크리프는 고온으로 갈수록 특히 심하며, 강철의 고온 크리프는 실제에 있어서 가장 중요한 문제로서, 약 300℃ 이상의 고온이 아니면 일어나지 않는다. 크리프 단위로는 인장강도(인장응력)와 같은 단위인 $kg/mm^2$을 사용한다.

## 1.3 공업용 금속재료

지금까지 지구상에서 발견된 원소는 많지만 반 이상이 금속원소이며, 실제 공업용으로 널리 사용되는 금속은 20여 종 정도이다. 그 중에서 Fe은 자원이 풍부하고 강도가 크며, 또 가격이 비교적 싸므로 금속 전체 생산고의 대부분을 차지하고 있다.

Fe 이외의 금속을 **비철금속**이라 하는데, 비철금속에서는 Cu, Al, Zn, Pb, Sn 등이 많이 사용되며, 합금 첨가 원소로서는 Mn, Co, Mo, V, Ti, Be 등과 같은 것이 중요하다. Au, Ag, Pt 등은 산출량이 적고 아름다운 광택을 띠며, 화학약품에 대한 저항도 크므로 귀금속이라 하고 W, Mo 등은 용융점이 높으므로 **고용융점금속**이라 한다.

희유금속은 대체로 채취가 불편하고 광석에서 분리하기가 어려우며 실효가치가 없었으나,

시대의 변천과 더불어 게르마늄(Ge), 하프늄(Hf) 등이 이용됨으로써 새로운 신금속으로서 취급되고 있다.

금속재료 중에서 단일금속으로 사용되는 것은 Cu, Al, Sn, Pb, Zn 등이고, 그 밖에는 대부분 합금으로서 사용된다.

**합금**(alloy)이라 함은 앞에서도 조금 설명하였지만 광범위하게는 순수한 단체 금속 이외의 금속적 물질 전체를 포함하는데, 그렇게 보면 현재 사용되고 있는 모든 금속은 합금이라 할 수 있다.

그러나 일반적으로 합금이라 하면, 어떤 필요한 성질을 얻기 위하여 한 금속에 다른 금속, 또는 비금속을 첨가시켜서 얻은 금속적 성질을 가지는 물질을 말한다.

첨가되는 금속이나 비금속은 다음과 같은 2개의 과정으로 혼입된다.

ⓘ 제조과정중에 자연적으로 혼입되는 경우 : 이것들은 첨가 목적 없이 자연적으로 들어간 것들이다. 예를 들면, 제철과정중에 P이나 S이 혼입되는 경우이다.

ⓘⓘ 어떤 유용한 성질을 부여하기 위하여 첨가하는 경우 : 이런 예로는 탄소강에 Mn을 첨가하여 내열강을 만드는 것과 같으며, 대체로 합금을 만드는 것은 여기에 속한다.

광석을 제련할 때 들어가는 성분은 때에 따라서는 **불순물**(impurity)이라고도 하며, 이 불순물이 반드시 유해한 것만은 아니고, 불순물의 영향은 합금의 종류에 따라서 효과가 다르다.

공업적으로 금속과 합금은 다음과 같이 정의할 수 있다.

ⓘ 순금속 : 100%에 가까운 금속 원소

ⓘⓘ 불순금속 : 기술적으로나 경제적으로 제거하기가 불가능한 불순물을 함유하는 금속원소, 또는 어떤 유해 불순물의 영향을 제거하기 위하여 원소를 가한 금속

ⓘⓘⓘ 합금 : 유용한 성질을 부여하기 위하여 다른 원소를 인공적으로 첨가한 금속적 물질

합금은 여러 가지 방법으로 제조되며, 금속과 금속 또는 금속과 비금속을 용융상태에서 융합시키거나 압축, 소결에 의해서 만들며, 침탄처리와 같이 고체상태에서 확산을 이용하여 합금을 부분적으로 만드는 방법 등, 특수한 방법도 있다.

제2장

# 금속의 응고와 결정구조

## 2.1 금속의 응고

### 1. 금속과 합금의 제조방법

고체 금속은 여러 가지 제조 방식으로 생산되고 있다. 그 중에서 대표적인 방식은 다음과 같다.

(1) 승화법에 의한 농축방법 : 아연

(2) 전기 분해법 : 전기 구리(전기동), 전기 니켈

(3) 금속과 용재의 단련방법 : 연철

(4) 분말 야금법 : 텅스텐선(tungsten wire), 탄화텅스텐 공구

(5) 용해에 의한 방법 : 주물(casting)제조 또는 강괴(steel ingot)로 만든 것을 다시 기계적 처리를 하여서 소재로 제조

위의 (1)～(5)까지 사이에서, 공업용 금속재료로서 가장 일반적인 방법은 (5)의 방법이며, 이에 대한 보다 충분한 설명을 위하여 순금속의 응고 과정을 자세히 고찰해 보기로 한다.

### 2. 순금속의 응고

#### 1) 응고와 과랭 현상

순금속을 용해온도보다 높은 용융상태로부터 상온까지 서서히 냉각하여 응고점(freezing point)에 도달하면 일정한 온도에서 고체화한다. 만약 이때 금속의 온도를 일정한 간격으로 시간을 측정하면 그림 2.1( I )의 ab, cd와 같은 모양을 갖는데, 이것을 뉴우튼(Newton)의 냉각법칙이라고 한다.

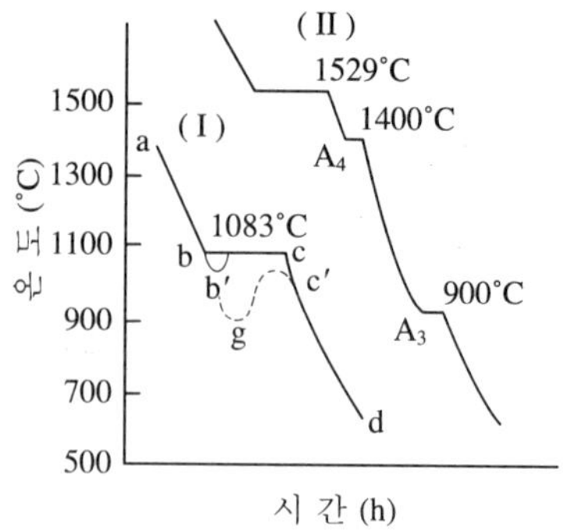


**그림 2.1** 구리( I ) 및 철(II)의 냉각곡선

그림 2.1의 Cu 및 Fe의 냉각곡선은 이 법칙에 따라 얻어진 냉각곡선이다.

Cu의 융체(melt)를 냉각하면, 1.083℃까지는 열을 방출하면서 온도와 시간의 변화가 비례관계를 갖고 변화하나 1,083℃에 도달하면 응고가 시작되며, 냉각곡선 위의 수평부분은 응고점에서 잠열(latent heat)을 방생하면서 진전된다. 이때에 방출되는 열량은 융해과정에서 흡수되는 열량과 서로 같은 값이 되므로 온도의 강하 없이 융체가 전부 응고될 때까지 그 온도는 일정하게 되어 수평으로 된다. 융체가 전부 응고되면 다시 응고의 강하가 생긴다.

그림 2.1( I )의 ab는 유체의 냉각곡선이고 cd는 고체의 냉각곡선이다. 그리고 bc부분에서는 고체의 융체가 공존하게 된다. ( I )의 abcd는 이상적인 냉각곡선을 나타내지만, 실제의 경우에는 가끔 abb′c 곡선 또는 bb′gd와 같이 융체가 일단 응고점 이하로 과랭(supercooling)되는 현상이 나타난다.

냉각할 때 융체 내부에 적당한 고체핵이 존재하지 않으면 결정의 석출이 어렵게 된다. 이 과냉의 정도는 금속의 종류에 따라 다르다. 예를 들면 Sb은 과냉도(degree of supercooling)가 크나, Al 및 Cu는 극히 작다.

일반적으로 과냉은 응고점보다 0.1℃ 또는 0.3℃ 이하에서 생긴다. 결정의 핵(nucleus) 또는 시드 크리스탈(seed crystal)이 형성되기 시작하면 금속의 결정이 급속히 성장하며, 이 반응에서 열이 급격히 방출되지 않으면 본질적으로 응고점은 약간 상승한다.

이와 같은 경우에 냉각곡선의 형태는 그림 2.1( I ) 곡선의 bb′c로 된다. 그러나 너무 과냉시키면 고상이 생기면서 bc선까지 상승하지 못하고, ab′gc′d의 점선에 따라 변화한다. 그러므로 너무 과냉도가 큰 금속의 경우에는 융체에 진동을 주든가 또는 금속의 작은 조각을 핵의 종자가 되도록 첨가하여 핵생성을 촉진시킨다. 이것을 접종(inoculation)이라고 한다.

### 2) 결정의 생성과 발달

그림 2.2는 순금속의 결정 성장 과정을 나타낸 설명도이다. 그림 2.2(a)는 순금속을 냉각할

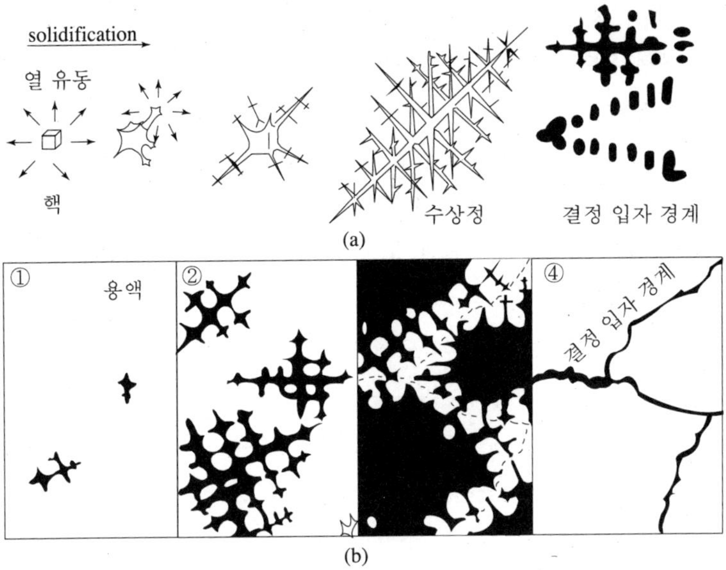


**그림 2.2** 결정 성장 과정

때 열의 방출과 더불어 온도가 강하되고, 응고점에 도달하였을 때 융체 내부의 여러 부분에 작은 결정이 발생하여 이것이 핵으로 급속히 성장되는 과정을 나타낸 것이다.

그림 2.2(b)는 결정의 발달을 설명하는 것으로, 1개의 결정핵이 발달하여 그 금속원자 고유의 결정격자를 이루면서 나뭇가지 모양으로 결정을 이룬다. 이런 것을 **수상결정**(dendrite)이라고 한다. 또 결정은 그림 (b)와 같이 ①, ②, ③의 순서에 따라 인접된 단결정이 서로 충돌, 간섭하면서 결정경계선(crystal boundary line)이 형성됨을 알 수 있으며, 결정의 핵(nucleus)이 1개로 크게 성장하면 수정과 같은 것이 된다.

그림 (b)의 ④는 응고가 끝난 불규칙한 망상(net work)의 결정경계를 나타낸 것이다. 이것을 **결정입자**(crystal grain) 또는 **단결정**(single crystal)이라고 한다. 순금속의 단결정은 보통 입상 조직(granular structure) 또는 다면체 조직(polycrystalline structure)을 형성한다.

금속은 결정질이지만, 수정과 같이 규칙적인 결정이 형성되지 못하는 것은 금속이 응고시에 결정경계에서 위에서와 같이 간섭(interference)을 받기 때문이다.

그러면 여기서 금속의 결정(또는 결정입자)의 크기를 생각해 보기로 하자.

결정의 크고 작음 및 핵수는 금속의 종류와 불순물에 따라서 차이가 있지만, 이것들이 같은 조건으로 되어 있을 때에는 냉각속도에 따라서 달라진다. 탐만(Tamman) 교수에 의하면 응고할 때에 어떤 온도에 있어 단위시간에 단위체적의 용액내에 생기는 결정핵의 수와 과냉도(degree of supercooling)와의 관계는 그림 2.3과 같으며 용융된 금속이 응고온도 이하로 냉각되면 점성(viscosity)이 증가되어 많은 결정핵이 생긴다. 결정핵수는 용융점 또는 응고점

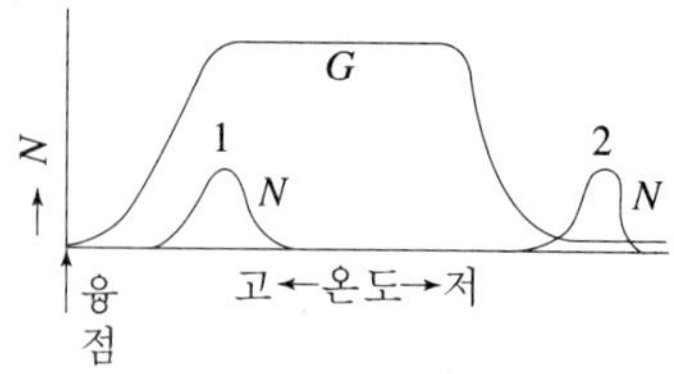


그림 2.3 결정핵의 성장속도와 생기는 수

바로 밑에서는 비교적 적으나 과냉도가 증가하면 점점 많게 되어, 결국 어떤 온도에서 최대에 달하며, 다시 그 이상 과냉을 받을 때에는 발생하는 결정핵수는 감소된다. 이 성질은 핵의 수와 과냉도곡선에서 알 수 있으며 결정핵의 발생이 왕성한 온도범위를 급속히 통과하면 다시 결정핵이 발생하는 온도범위가 넓게 되고 결정속도가 커지는 특징이 있다.

즉, 핵을 중심으로 결정이 성장하는 속도( $G$)에서도 결정핵이 생기는 수( $N$)가 응고점에서는 대단히 적고, 응고점의 다소 아래 온도, 즉 어느 정도 과냉되었을 경우 최대가 되는 것과 같이, 응고점에 있어서 비교적 속도( $G$)는 작고 과냉될수록 커지는데, 대개의 경우에는 핵의 수가 최대로 되는 온도보다 다소 높은 온도로 과냉되었을 때에 최대로 된다.

따라서, 용융금속을 서서히 냉각하면 핵이 생기는 수가 적은 동안에 성장속도가 커지므로 결정입자는 굵고 거칠어지며, 반대로 냉각하면 처음에 생긴 핵이 충분히 발달하기 전에 핵이 생기는 수가 최대로 되는 온도에 도달하여 많은 핵이 생기게 되므로, 결정입자가 가늘고 작아지는 것이다.

즉, 결정핵수( $N$)와 결정속도( $G$)의 2개는 결정 정출을 지배하는 중요한 요소이며, 최대결정속도와 최대 핵발생수는 원료의 성분과 냉각속도에 크게 관계되며, 결정 형성에 영향을 주는 다른 주요한 원인에는 다음과 같은 것이 있다.

(1) 금속의 표면장력
(2) 결정경계 위에 작용하는 각종 힘(force)
(3) 점성 및 유동성

### 3) 응고 후의 조직

(가) 주상조직

응고에 의한 결정입자의 크기와 모양은 핵이 생기는 수( $N$)와 그 성장속도( $G$)에 좌우될 뿐만 아니라, 열의 전도방향에도 지배되며, 빨리 냉각될 경우에는 특히 그 지배가 크다. 예를 들면 용융한 금속을 주형(mould)에 주입하여 냉각하면 빨리 냉각되는 주물의 표면에 많은 핵이 생기며, 천천히 냉각되는 중심 부분에는 거의 생기지 않는다.

따라서, 결정은 표면에 평행인 방향에는 곁에 있는 결정 때문에 방해되어 발달하지 못하고 성장이 쉬운 중심 방향으로 길게 발달하여 그림 2.4와 같이 표면에서 중심쪽으로 향하여 가늘고 긴 기둥과 같은 **주상조직**(columnar structure), 즉 **주상정**이 생긴다. 이것은 모래형보다도 빨리 냉각되는 금속 냉각 주형(metal mould)의 경우에 뚜렷하다.

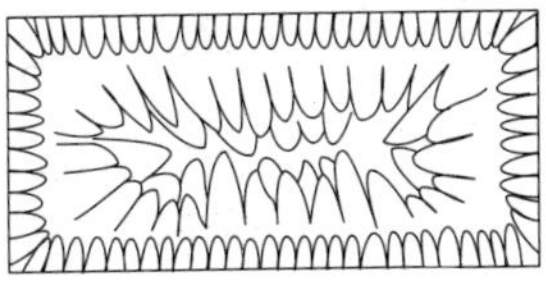

중심을 향하여 주상정이 발달함

**그림 2.4** 주괴의 주상정

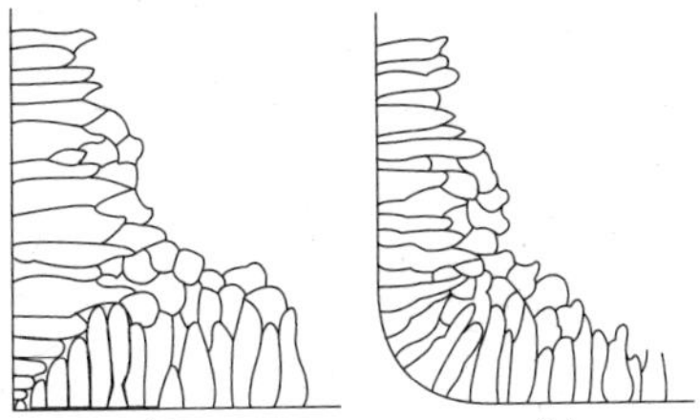

(a) (b)

**그림 2.5** 라운딩

또한 주형의 표면이 그림 2.5(a)와 같이 직각으로 되어 있는 부분에는 그 2등분 면에 있어서 주상정이 부딪쳐서 경계가 생겨 주물의 약한 점(weak point), **약선**(weak plane)이 되기 때문에 기계부품을 설계할 경우에는 그림 2.5(b)와 같이 모진 부분을 둥글게 하여 결정에 경계면이 생기지 않도록 하여야 한다. 이것을 **라운딩**(rounding)이라 한다.

(나) 편석

작은 강괴(ingot)는 냉각의 경우, 모든 단면에 결쳐서 거의 동시에 응고를 시작하므로, 그때에 생기는 미세한 결정 사이에 불순물을 약간 포함한 융체가 남아서 다소의 결정 편석이 일어나지만, 그것은 전 단면의 안팎에 고르게 분포되모로 이른바 **강괴편석**(ingot segregation)은 일어나지 않는다. 그러나 큰 강괴에 있어서는 주형의 벽에 가까운 부분으로부터 우선 응고가 시작되고, 차례로 중앙 부분으로 응고해 나간다.

이때, 주형의 벽에 접촉되어 처음에 급속히 응고한 부분은 비교적 불순물이 적고 순도가 높은 고용체로서 응고하지만 나중에 남은 융체는 둘레로부터 발달해 오는 주상정과 수지상정에 점차 내부로 밀려 이동하여, 불순물이 가장 많은 융체가 마지막에 강괴(ingot)의 중앙 상부에 생기는 수축관의 둘레에 모여서 응고가 끝난다. 그러나, 그 도중에 있어서 고용체 상호간에 약간의 불순물의 확산평균화가 일어난다.

따라서 큰 강괴에 있어서는 마지막에 응고하는 중앙 위쪽 부분에 심한 **편석**(segregation)을 일으키는 경향이 있다. 즉, 이러한 나쁜 영향을 피하기 위하여 강괴의 상부를 끊어 내어 사용하는데, 충분히 끊어 내지 않거나 P, S 등의 불순물이 편석되어 있는 강괴를 압연하여 판이나 봉을 만들었을 경우에, 편석부분이 늘어나서 긴 띠 모양을 하게 된다.

원래 편석부에는 P과 S의 양이 많으며, 그 둘레에 지철(순철에 가까운 철)이 아주 발달하여 황화물이나 산화물 등의 개재물도 많다. 이들이 여러 가지의 띠 모양을 나타내고 있는 것을 **고스트 라인**(ghost line)이라고 하며, 이 부분은 굳고 여리며, 또한 파손이나 부식이 가장 일어나기 쉬우므로 경우에 따라서는 재료 자체를 사용할 수 없다.

고스트 라인(ghost line)이 형성되는 원인으로는 주형에 주입된 강괴는 바깥 벽부터 응고하므로 주상정 사이로부터 밀려나온 P이나 S 등의 불순물이 가운데로 이동하고 마지막으로 가운데 부분에서 천천히 응고되는 자유결정군으로부터 밀려나온 불순물과 합류하여 황화물 및 P이 많은 편석부를 만들어, 이것이 고스트 라인을 형성하기 때문이다. 이것은 아무리 긴 시간, 고온으로 가열하여 표준화를 꾀하여 보거나 또는 아무리 세게 단조하여 확산, 세립화하여 이것을 제거하려 해도 제거가 어려우며, 압연방향으로 길게 늘어나 띠 모양을 나타낸다.

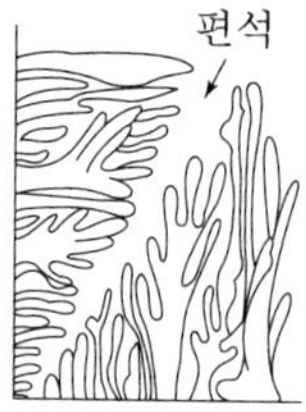


**그림 2.6** 편석

그림 2.6은 주형의 직각 부분의 2등분 면에 주상정이 부딪쳐서 직선 위에 불순물이 섞인 용체가 남아 심한 편석을 일으키고, 이것이 단조가공의 경우에 균열이 일으키는 것을 나타낸다. 즉, 이러한 코너 고스트(corner ghost) 등을 방지하는 방법으로도 앞에 설명한 라운딩을 하여 이 선을 될 수 있는 대로 짧게 하여야 한다.

이와 같은 편석에서 오는 고스트 라인을 적게 하려면 P이나 S의 함유량을 0.02% 이하로 낮추도록 할 필요가 있다.

(다) 수축관과 기공

금속이 용융상태에서는 체적이 크나 고체로 되면 수축이 생긴다. 이것을 **응고수축**(solidification shrinkage)이라고 한다. 최후에 남은 쇳물이 응고할 때에는 그 수축부분을 보충할 용액이 없으므로 그 부분의 내부에 공동이 형성된다.

이것은 강괴(ingot)의 표면과 내부와의 냉각속도에 큰 차이가 있을 때에 더 심하다. 이 공동을 **파이프**(pipe)라 하며, 파이프에는 강괴의 위쪽에 생기는 **1차 파이프**(primary pipe)와 아래 중심부에 생기는 **2차 파이프**(secondary pipe)가 있다(그림 2.7). 용강의 경우 주형에 주입하여 응고할 경우, 체적으로는 약 4.5%, 길이의 방향으로는 약 1.5%가 수축되며, 물론 수축은 맨 나중에 응고하는 강괴의 중앙 상부에 집중적으로 **수축관**(shrinkage pipe)을 형성한다. 내부가 완전히 응고할 때까지는 이미 응고된 외각의 수축이 따르고 또한 주입중에도 일부분 응고하므로 실제에 생기는 파이프의 체적은 2~2.5% 정도이다.

용강의 유입속도가 빠르거나, 유입 후에 주형 안에서 쇳물이 잘 유동할 경우에는 수축관이 깊이진다. 대개의 경우, 이 수축관은 표면이 산화되어 압연이나 단조작업 중에 단접되는 일이 없으므로 각종 제품으로 된 뒤에도 흠이나 균열로서 남게 되며, 재료 파손의 원인이 된다.

용융상태의 강철은 그 중에 많은 $H_2$와 $N_2$ 그리고 CO 등의 가스를 용해하고 있으며, 쇳물의 온도가 내려가서 응고를 시작하면 이들의 가스는 유리되어 바깥으로 방출된다. 그러나, 강철쪽이 온도가 내려감에 따라 차례로 점성이 커져서 응고상태에 가까워지기 때문에, 이들의 가스는 강철 중에 갇힌 채 **기공**(blow hole)으로 되어 남는 것이 생기게 된다. 그림 2.8은 이들을 보여주고 있으며, 이 기공은 표면 부근에 나타나서, 강제품으로 되었을 경우, 표면의 흠이나 재료 파손의 원인이 된다.

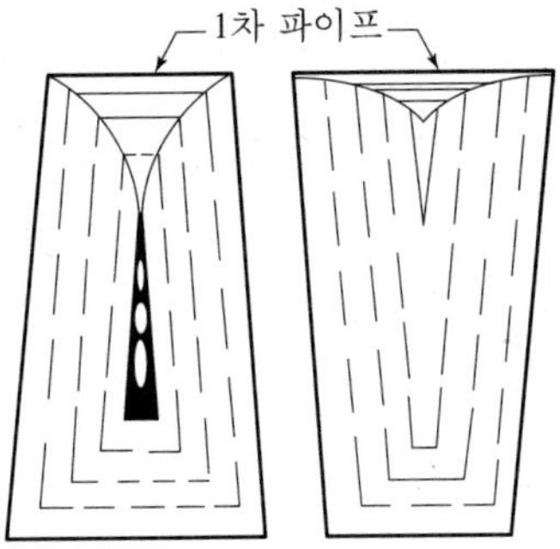

**그림 2.7** 파이프

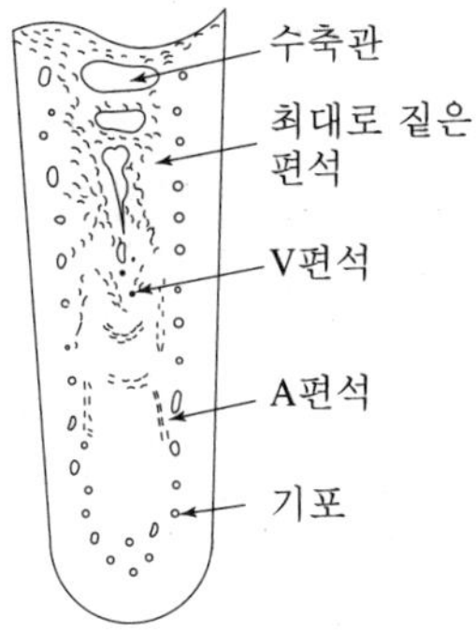

**그림 2.8** 기공

## 2.2 금속의 결정구조

### 1. 금속의 결정체

금속은 그 특성의 하나로 고체상태(solid state)에서 결정을 이루고 있다. 보통 금속은 크고 작은 수 많은 결정입자가 무질서한 상태로 집합되어 있는 **다결정체**이다. 그리고 결정입자와 결정입자의 경계를 **결정경계**(grain boundary)라 하고, 1개의 결정입자를 X선으로 보면, 원자들이 규칙적으로 배열되어 있다. 이와 같은 배열을 **결정격자** 또는 **공간격자**(space lattice)라 하고, 각각의 공간격자를 구성하는 단위부분을 단위포(unit cell)라 하며, 금속은 각각 고유의 결정격자를 가지고 있다.

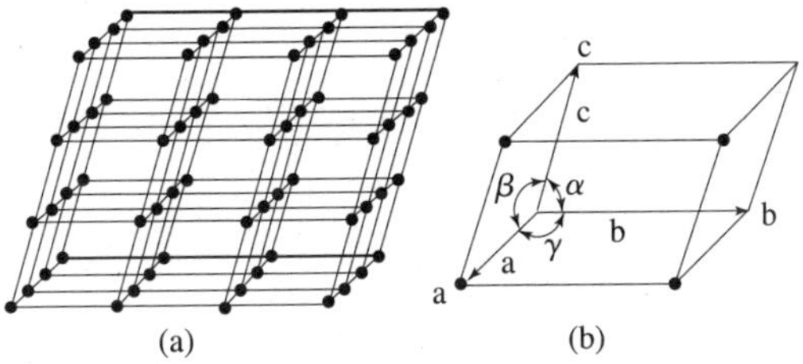

**그림 2.9** 공간격자와 단위포

그림 2.9(a)는 공간격자이고 (b)는 단위포이다. 공간격자는 기본적으로는 공간의 점의 배열이지만, 이해하기 쉽게 하기 위하여서 이것을 도시할 때에는 이 점을 선으로 연결한다.

단위포의 입체적인 3축 방향의 길이 $a$, $b$, $c$를 **격자상수**(lattice constant)라고 하며, 이 크기는 $10^{-8}$cm = 1 Å의 수 배 정도이고, 또 두 축 사이의 각을 각각 $\alpha$, $\beta$, $\gamma$라 하며 축 사잇각(axial angle)이라고 한다.

## 2. 금속의 결정계와 결정격자

결정격자의 원자배열은 금속의 종류, 온도 및 대칭성 등에 따라 다르고, 그 성질에도 많은 영향을 미친다. 금속의 **결정형**(crystal model)에는 7종이 있으나 결정격자는 14종으로 세분된다.

표 2.1은 톰슨(Thomsen)의 주기율과 결정격자의 종류를, 그리고 표 2.2는 결정계와 결정격자를 나타낸 것이다.

순금속의 결정구조는 일부 비금속에 가까운 특수한 원소(In, Sn, Te, Tl, Bi)를 제외하면 대부분은 입방정계의 **체심입방격자** 및 **면심입방격자**와 **조밀육방격자**이다.

**표 2.1** 톰슨의 주기율과 결정격자

| 족 / 주기 | 1<br>Ⅰa<br>금속 알칼리 | 2<br>Ⅱa<br>토금속 알칼리 | 3<br>Ⅲa | 4<br>Ⅳa | 5<br>Ⅴa | 6<br>Ⅵa | 7<br>Ⅶa | 8 | 9<br>Ⅷ | 10 | 11<br>Ⅰb | 12<br>Ⅱb | 13<br>Ⅲb | 14<br>Ⅳb | 15<br>Ⅴb | 16<br>Ⅵb | 17<br>Ⅶb<br>할로겐 | 18<br>희유 가스 |
|---|---|---|---|---|---|---|---|---|---|---|---|---|---|---|---|---|---|---|
| 1 | 1<br>H | | | | | | | | | | | | | | | | | 2<br>He |
| 2 | 3<br>Li<br>체심 입방 격자 | 4<br>Be | | | | | | | | | | | 5<br>B | 6<br>C<br>다이아몬드형입방격자 | 7<br>N | 8<br>O | 9<br>F | 10<br>Ne |
| 3 | 11<br>Na<br>체심 입방 격자 | 12<br>Mg | | | | | | | | | | | 13<br>Al<br>면심 입방 격자 | 14<br>Si<br>다이아몬드형입방격자 | 15<br>P<br>육방 격자 | 16<br>S | 17<br>Cl | 18<br>Ar |
| 4 | 19<br>K<br>체심 입방 격자 | 20<br>Ca<br>면심 입방 격자 | 21<br>Sc<br>육방 격자 | 22<br>Ti<br>육방 격자 | 23<br>V<br>체심 입방 격자 | 24<br>Cr<br>체심 입방 격자 | 25<br>Mn<br>정방 격자 | 26<br>Fe<br>체심 입방 격자 | 27<br>Co<br>육방 격자 | 28<br>Ni<br>면심 입방 격자 | 29<br>Cu<br>면심 입방 격자 | 30<br>Zn<br>육방 격자 | 31<br>Ga<br>정방 격자 | 32<br>Ge<br>다이아몬드형입방격자 | 33<br>As<br>사방 육면체 격자 | 34<br>Se<br>육방 격자 | 35<br>Br | 36<br>Kr |
| 5 | 37<br>Rb<br>체심 입방 격자 | 38<br>Sr<br>면심 입방 격자 | 39<br>Y<br>육방 격자 | 40<br>Zr<br>육방 격자 | 41<br>Nb<br>체심 입방 격자 | 42<br>Mo<br>체심 입방 격자 | 43<br>Tc | 44<br>Ru<br>육방 격자 | 45<br>Rh<br>면심 입방 격자 | 46<br>Pd<br>면심 입방 격자 | 47<br>Ag<br>면심 입방 격자 | 48<br>Cd<br>육방 격자 | 49<br>In<br>정방 격자 | 50<br>Sb<br>다이아몬드형입방격자, □ | 51<br>Sb<br>사방 육면체 격자 | 52<br>Te<br>육방 격자 | 53<br>I | 54<br>Xe |
| 6 | 55<br>Cs<br>체심 입방 격자 | 56<br>Ba<br>체심 입방 격자 | 57~<br>71 | 72<br>Hf<br>육방 격자 | 73<br>Ta<br>체심 입방 격자 | 74<br>W<br>체심 입방 격자 | 75<br>Re<br>육방 격자 | 76<br>Os<br>육방 격자 | 77<br>Ir<br>면심 입방 격자 | 78<br>Pt<br>면심 입방 격자 | 79<br>Au<br>면심 입방 격자 | 80<br>Hg<br>사방 육면체 격자 | 81<br>Tl<br>육방 격자 | 82<br>Pb<br>면심 입방 격자 | 83<br>Bi<br>사방 육면체 격자 | 84<br>Po | 85<br>At | 86<br>Rn |
| 7 | 87<br>Fr | 88<br>Ra | 89<br>Ac | 90<br>Th | 91<br>Pa | 92<br>U | | | | | | | | | | 반금속 (15~17족) | | 비금속 (18족) |

(범례: □ 면심 입방 격자, ⊡ 체심 입방 격자, 다이아몬드형입방격자, 육방 격자, 사방 육면체 격자, 정방 격자)

**표 2.2** 결정계와 결정격자

| 결 정 계 | 축 길이와 사잇각 | 결정격자(lattice) |
|---|---|---|
| 입방정계<br>(cubic system) | a=b=c<br>$\alpha=\beta=\gamma=90°$ | (1) 단순입방격자<br>(2) 체심입방격자<br>(3) 면심입방격자 |
| 육방정계<br>(hexagonal system) | a=b≠c<br>$\alpha=\beta=90°$, $\gamma=120°$ | (4) 단순육방격자 |
| 삼방정계<br>(Trigonal system) | a=b=c<br>$\alpha=\beta=\gamma\neq 90°$ | (5) 단순사방육면체격자 |
| 정방정계<br>(tetragonal system) | a=b≠c<br>$\alpha=\beta=\gamma=90°$ | (6) 단순정방격자<br>(7) 체심정방격자 |
| 사방정계<br>(rhombic system) | a≠b≠c<br>$\alpha=\beta=\gamma=90°$ | (8) 단순사방격자<br>(9) 저심사방격자<br>(10) 체심사방격자<br>(11) 면심사방격자 |
| 삼사정계<br>(triclinic system) | a≠b≠c<br>$\alpha\neq\beta\neq\gamma\neq 90°$ | (12) 삼사격자 |
| 단사정계<br>(monoclinic system) | a≠b≠c<br>$\alpha=\beta=90°$, $\gamma\neq 90°$ | (13) 단순단사격자<br>(14) 저심단사격자 |

**표 2.3** 주요 금속의 격자상수

| 면심입방(FCC) | | 체심입방(BCC) | | 조밀육방격자(CPH) | | |
|---|---|---|---|---|---|---|
| 금속 | a | 금속 | a | 금속 | a | c |
| Ag | 4.08 | Ba | 5.01 | Be | 2.27 | 3.59 |
| Al | 4.04 | $\alpha$-Cr | 2.88 | Cd | 2.97 | 5.61 |
| Au | 4.07 | $\alpha$-Fe | 2.86 | $\alpha$-Co | 2.51 | 4.10 |
| Ca | 5.56 | K | 5.32 | $\alpha$-Ce | 2.51 | 4.10 |
| Cu | 3.16 | Li | 3.50 | $\beta$-Cr | 2.72 | 4.42 |
| $\gamma$-Fe | 3.63 | Mo | 3.14 | Mg | 3.22 | 5.10 |
| Ni | 3.52 | Na | 4.28 | Os | 2.72 | 4.31 |
| Pb | 4.94 | Nb | 3.30 | $\alpha$-Tl | 3.47 | 5.52 |
| Pt | 3.92 | Ta | 3.30 | Zn | 2.66 | 4.96 |
| Rh | 3.82 | W | 3.16 | $\alpha$-Ti | 2.92 | 4.67 |
| Th | 5.07 | V | 3.03 | Zr | 3.22 | 5.20 |

표 2.3은 중요한 금속의 격자상수이며, 그림 2.10은 14종의 결정격자를 나타낸 것이다.

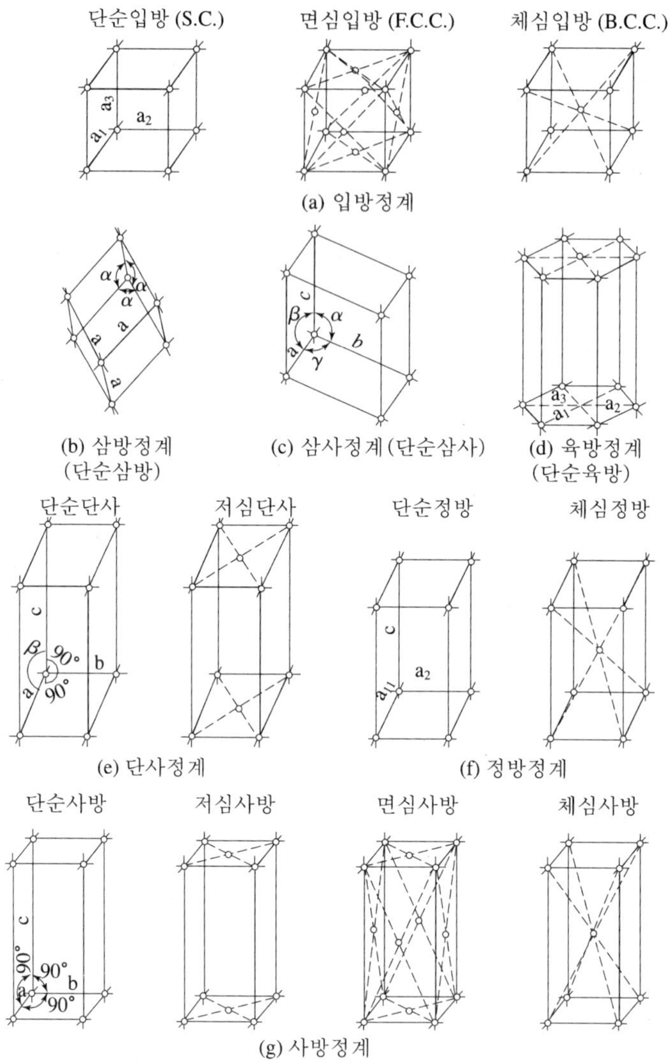


**그림 2.10** 14종의 브라베이(Bravais)격자

## 3. 밀러 지수

그림 2.11과 같이 입방정의 단위격자의 만나는 한 점을 원점으로 하여 3차원의 좌표계를 생각하고 격자상수를 단위로 하여 길이를 나타내면 각 원자의 위치는 그림에 나타낸 것과 같이 결정한다.

그러나 결정의 구조를 생각할 때에는 각각의 원자위치를 나타내는 것보다는 원자로 구성되는 면(plane)이나 원자배열의 방향을 상대적으로 나타내는 것이 좋다. 면이나 방향의 표시에는 결정학에서 쓰이는 **밀러 지수**(Miller index)를 이용하는데, 이 표시법에 있어서 결정면은

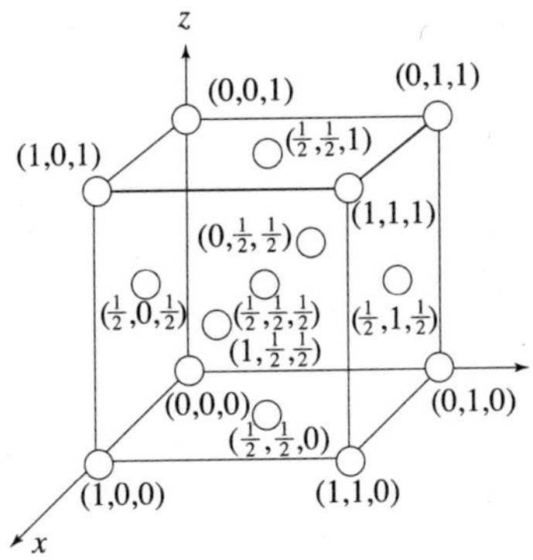


**그림 2.11** 원자 위치의 좌표

그 면에 의한 좌표축의 각 절편길이의 역수를 최소정수비로 나타내며, 또 결정방향은, 방향을 나타내는 직선이 원점을 지난다고 할 때 그 직선 위의 임의의 한 점의 좌표의 최소정수비로 나타낸다. 그리고 이와 같이해서 결정한 면의 지수를 $h$, $k$, $l$방향의 지수를 $u$, $v$, $w$라고 하면 면은 $(h\,k\,l)$, 방향은 $[u\,v\,w]$라고 표시한다.

또 지수가 마이너스(-)인 경우에는 $(\bar{h}\,k\,l)$, $[u\,\bar{v}\,w]$ 등과 같이 숫자 위에 -부호를 붙인다. 여기에 금속의 결정으로 중요한 입방정계와 육방정계를 보기로 하여 설명을 보충한다.

1) 입방정계의 경우

그림 2.12와 같은 면을 생각해 보면,

$x$, $y$, $z$축의 절편의 길이 ........................................ 3, 2, 1

그 역수 ........................................................................ $\frac{1}{3}$, $\frac{1}{2}$, 1

최소정수비 .................................................................. 2, 3, 6

따라서, 이 면의 밀러 지수는 (2, 3, 6)이 된다.

또 그림 2.13과 같은 3개의 평행면을 생각하면,

| | 면 A | 면 B | 면 C |
|---|---|---|---|
| 절편의 길이 | 1, 1, 1 | 2, 2, 2 | 3, 3, 3 |
| 역수 | 1, 1, 1 | $\frac{1}{2}$, $\frac{1}{2}$, $\frac{1}{2}$ | $\frac{1}{3}$, $\frac{1}{3}$, $\frac{1}{3}$ |
| 면의 밀러 지수 | (1 1 1) | (1 1 1) | (1 1 1) |

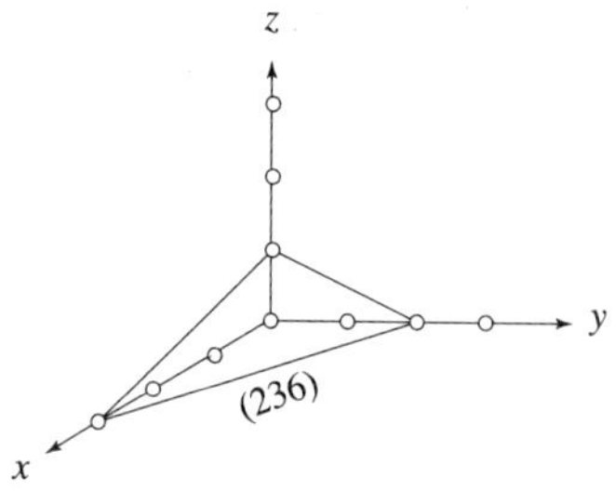


그림 2.12 면의 밀러 지수

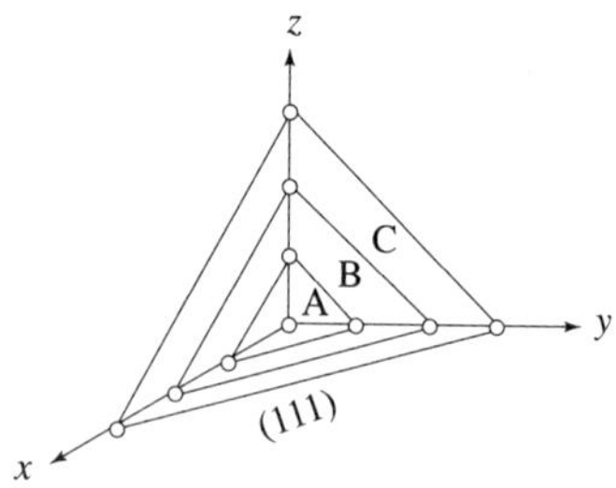


그림 2.13 평행한 면의 밀러 지수

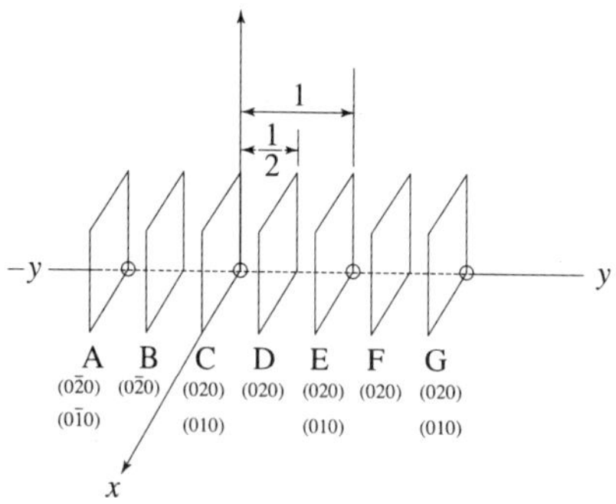


그림 2.14 좌표축에 평행한 면의 밀러 지수

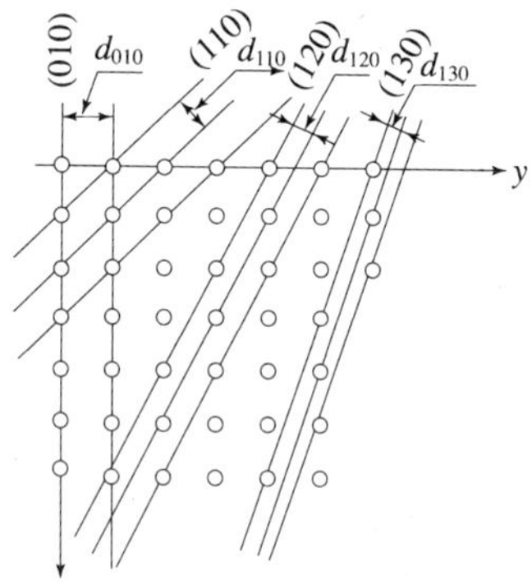


그림 2.15 면지수와 면간거리 및 원자밀도

즉, 평행한 면은 같은 지수로 나타낼 수 있는 것이 되며, 그림에서도 알 수 있듯이 (1 1 1)면과 ($\bar{1}\,\bar{1}\,\bar{1}$)면과 같이 지수가 같고 부호가 전부 반대인 면도 서로 평행이다.

면이 1개이 좌표축에 평행한 경우는 그 좌표축의 절편은 ∞가 된다고 생각하므로 그 역수는 $\frac{1}{\infty}$이 되고 0이라 쓴다. 2개의 좌표축에 평행한 면의 경우는 2개의 지수가 0이 된다(그림 2.14).

여기에 주의할 것은 절편의 길이가 단위의 길이보다 작으면 지수는 더 크게 된다는 것이며, 또 결정격자의 규칙성 때문에 좌표축의 원점을 어느 곳에 정해도 같은 관계가 성립해야 한다는 것이다. 이러한 면지수의 관계는 그림 2.14의 예로써 잘 알 수 있다. 그림에서 (0 1 0)면이라면 A, C, E, G 등의 면이 되며, (0 2 0)면이라면 A, B, C, D, E, F, G 등의 면이 된다. 그리고 원점을 지나는 면은 다른 격자점을 지나는 면과 상대적으로 같은 지수이다.

이와 같이 같은 지수를 갖는 면은 얼마든지 있으며, 같은 거리에 있는 면간의 거리를 **면간거리**(interplaner spacing)라 한다. 그림 2.14에서 면 C, E간의 거리는 (0 1 0)면의 면간거리이며 면 C, D간의 거리는 (0 2 0)면의 면간거리이다.

또 그림 2.15에는 단순입방격자의 $x-y$면 위에서의 원자배열과 그 축에 평행한 면의 만나는

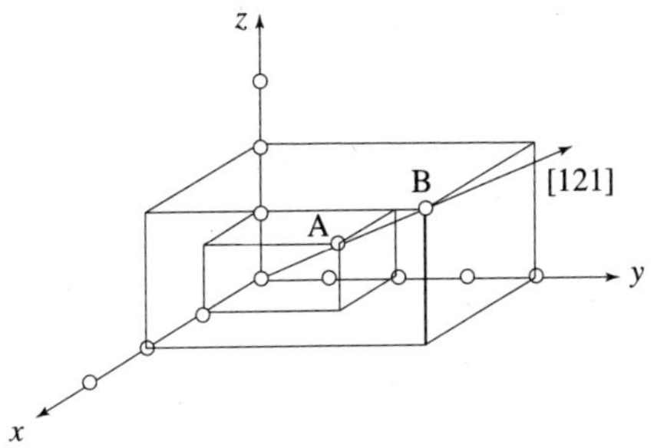


그림 2.16 방향의 밀러 지수

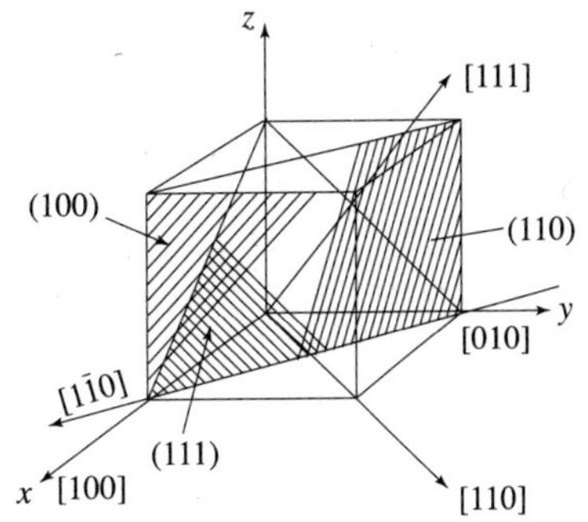


그림 2.17 입방정계의 중요 밀러 지수

선을 나타내고 있는데, 여기에서도 높은 지수의 면일수록 면간거리는 작게 되고 또 그 면에서의 원자말도도 적게 된다.

다음에 방향의 표시법을 생각하면, 그림 2.16에서와 같이 그 방향으로 평행이고 원점을 지나는 직선을 생각하여 그 위에 적당한 점 A를 택한다. 그림 2.16에서는 이 점의 좌표는 1, 2, 1이며, 따라서 이 방향의 밀러 지수는 [121]이라고 쓴다. 만일 직선 위의 한 점으로써 B점을 택하였다면 밀러 지수는 [242]가 될 것이지만 최소정수비로 고치면 [121]이 된다. 즉, 이 지수의 결정법으로 알 수 있듯이, 이 직선에 평행한 방향은 모두 같은 지수로 나타낼 수 있다. 면을 표시할 때에는 절편의 길이의 역수를 취하나 방향을 표시할 경우는 좌표의 값이 그대로 쓰인다는 것을 알아야 한다.

그림 2.17에는 입방정계에 있어서 중요한 면과 방향의 밀러 지수를 나타내고 있다. 이 그림의 [110]방향과 (110)면의 관계로부터 알 수 있는 것과 같이 입방격자에서는 지수가 같은 면과 방향은 반드시 직교한다. 또한 (100), (010), (001) 및 (00$\bar{1}$), ($\bar{1}$00), (0$\bar{1}$0)의 6개의 면은 좌표축에 대한 상대적인 대칭성은 똑같다. 이와 같은 면이나 방향을 **등가**(equivalent)한다고 하며, 등가한 면이나 방향을 일괄하여 표시하고자 할 때에는 그 중에 하나로, 등가한 면은 $\{hkl\}$, 등가한 방향은 $\langle uvw \rangle$라고 쓴다.

입방정계의 면 중 {100}면을 **입방체면**(cubic plane), {110}면은 **12면체면**(dodecahedral plane), {111}면을 **8면체면**(octahedral plane)이라 부르는 때도 있다.

### 2) 육방정계의 경우

육방정계에 관하여도 입방정계에서와 같이 면지수가 사용되며, 그림 2.18과 같이 육방격자의 단위포는 동일면 위에 있어서 서로 120°로 교차하는 $a$축과 거기에 수직한 $c$축 즉 $a_1$, $a_2$, $a_3$, $c$의 4개의 좌표축에 대응하는 4개의 지수가 필요하다.

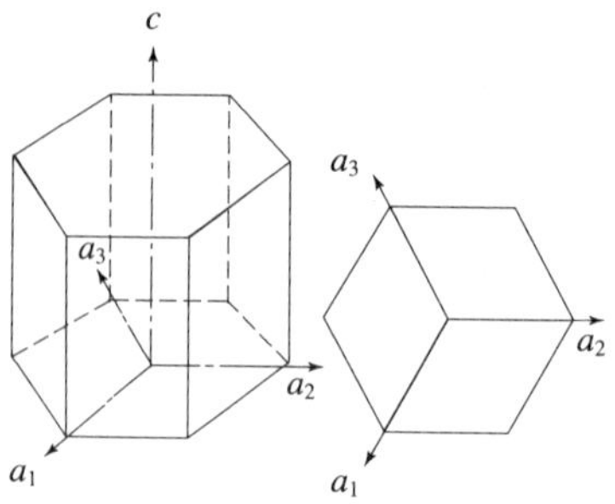


그림 2.18 육방정계의 좌표축

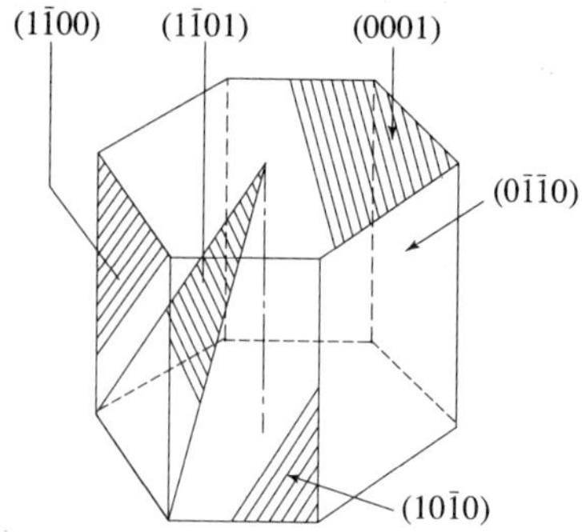


그림 2.19 육방정계의 대표적 면

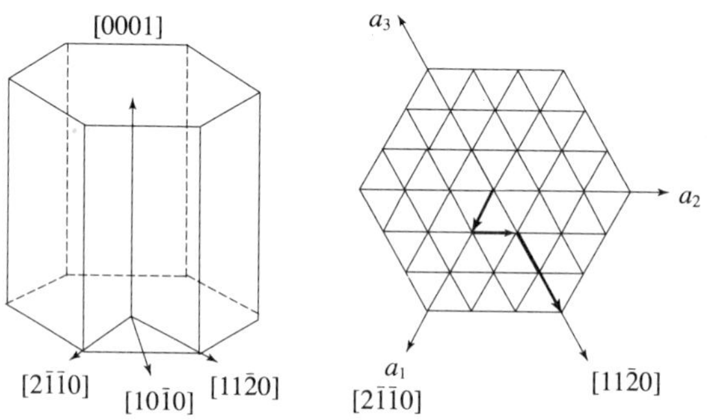


그림 2.20 육방정계의 방향

따라서 육방정계 면의 밀러 지수는 $(hkil)$로 표시하며, 이 지수를 밀러 브라베이 지수(Miller Bravais indices)라고 한다. 그리고 $h$, $k$, $i$는 3개의 $a$축 $a_1$, $a_2$, $a_3$축에 대하여, $l$은 $c$축에 대하여, 각각 만나는 점까지의 길이와 단위길이에 대한 비의 역수이며, $i$는 $h$와 $k$에 의해서 결정되는 것으로서,

$$h + h + i = 0$$

의 관계가 있고, 결정면은 $h$, $k$, $l$의 3점으로 결정된다. 따라서 $(hkl)$과 같이 3개의 지수로 표시하는 방법도 있다.

육방정계의 대표적인 면으로는 $\{0001\}$인 기준 밑면(basal plane)과 $\{10\bar{1}0\}$의 각통면(prismatic plane)과 $\{10\bar{1}1\}$의 각뿔면(pyramidal plane)이 있으며, 같은 지수를 갖는 면과 방향의 직교성은 수직축에 평행한 면 이외에 육방정계의 경우는 성립하지 않는다.

육방정계에서의 방향도 4개의 지수를 사용하여 $[uvtw]$와 같이 표시하며, 면지수에서와 같이 다음과 같은 관계가 있다.

$$u+v+t=0$$

또는,

$$u+v=-t$$

의 관계가 있으므로 육방정계의 방향도 $a_1$, $a_2$, $c$의 3개 축에 의해 $[u\,v\,w]$와 같이 표시할 때도 많다. 이때의 변환 $[u\,v\,t\,w]\rightarrow[U\,V\,W]$는

$$U=u-t$$
$$V=v-t$$
$$W=w$$

에 의하여 나타낼 수도 있다.

예를 들면,

$$[10\bar{1}0]=[210]$$
$$[11\bar{2}0]=[330]$$
$$=[110]$$

이며, 또 육방정계의 경우에는 밑면에 관한 3개의 지수 $u$, $v$, $t$는 앞의 그림 2.20과 같이 그물눈을 그려서 $u+v+t=0$을 만족하도록 하여 구할 수 있다.

## 4. 순금속의 결정구조

많은 순금속의 결정구조는 면심입방, 체심입방, 조밀육방이라는 것은 앞에서 이미 설명하였지만 그림 2.21에는 이들의 모양을 자세히 나타내었다. 이들은 모두 대칭성이 높은 결정구조이다. 즉 대칭축과 대칭면의 수가 많으며, 이들 중에서 면심입방과 조밀육방은 둥글다고 생각하는 원자를 가능한 한 밀접하게 쌓아올려갔을 때에 생기는 구조로 되어 있다. 즉, 그림 2.22에서 (a)와 같이 빽빽하게 배열한 원자면을 (b)에서와 같이 층층으로 쌓아올리면 면심입방격자가 되고, (c)와 같이 층층으로 반복해서 쌓아올리면 조밀육방격자가 된다.

즉, 각 층의 원자 위치를 각각 A, B, C로 표시할 때

$$\cdots\cdots ABCABCABC\cdots\cdots$$

또는

$$\cdots\cdots CBACBACBA\cdots\cdots$$

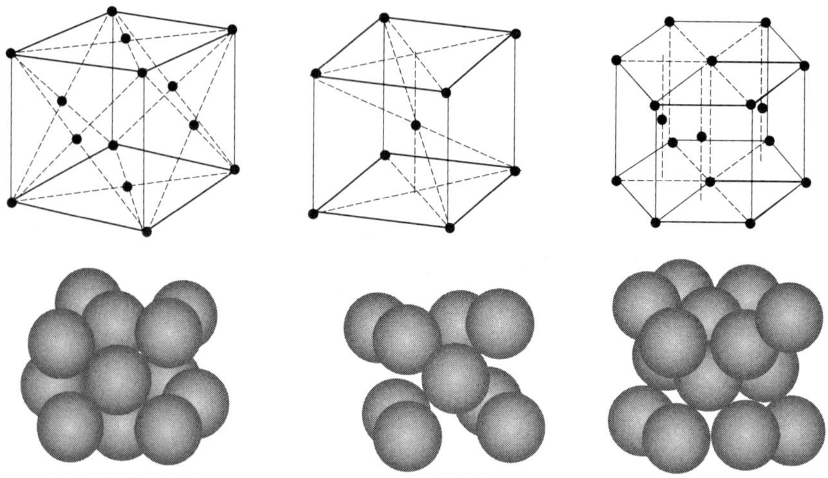

(a) 면심입방격자 (b) 체심입방격자 (c) 조밀육방격자

**그림 2.21** 중요한 금속격자형

(a) 조밀 면 (b) 제1층 A 제2층 B 제3층 C (c) 제1층 제 3층 A 제2층 제 3층 B

**그림 2.22** 배열원자면의 층상 모양

처럼 쌓아올리면 면심입방격자(F.C.C.)가 얻어지며, 쌓아올리는 층은 (111)의 면, 즉 8면체의 면(octahedral plane)이다. 한편 조밀육방격자(C.P.H.)는

……ABABAB……

또는

……ACACAC……

처럼 쌓아올리면 된다. 이것이 조밀육방격자인 것이라는 것은 그림의 (c)에 의하여 쉽게 이해할 수 있으며, 이때의 쌓인 층은 육방정계의 바닥면이다.

또, 다른 결정체인 체심입방은 그림 2.23에서 보는 바와 같이 둥근 원자가 빽빽하게 쌓아올려진 구조가 아니나, 비교적 빈틈이 없는 구조로 되어 있다.

순금속은 이와 같이, 원자의 지름이 같은 구가 밀접하게 서로 접하며 배열된 구조이므로, 어느 결정구조이거나 각 원자의 둘레에 근접한 같은 거리에 존재하는 원자의 수가 많다. 서로 접촉하고 있는 원자를 **최근접원자**(nearest neighbours)라고 하며, 그 중심간의 거리를 **근접원자간 거리**(interatomic distance) 또는 **원자간거리**라고 하며, 1개의 원자를 중심으로 생각할 때 그 원자 주위에 있는 최근접원자의 수를 **배위수**(coordination number)라고 한다.

원자는 서로 접하고 있으므로 근접 원자간 거리는 원자의 지름과 같게 되나, 이것은 반드시 격자상수와 같게 되지는 않으며, 그림 2.21에서 설명된다.

예를 들면, 체심입방격자에서는 입방체 대각선 위에 3개의 원자가 서로 좁촉하고 있으므로 단위격자의 입방체 대각선의 길이가 원자간 거리의 2배가 된다. 따라서 체심입방격자의 근접원자간거리는 입방체 대각선의 $\frac{1}{2}$ 이며, 격자상수를 $a$라 하면 $\left(\frac{\sqrt{3}}{2}\right)a$가 된다.

또 격자상수를 알면 최근접원자의 거리가 쉽게 산출된다.

즉, 격자상수를 $a$라 하였으므로, 면심입방격자는 $\frac{a}{\sqrt{2}}$, 체심입방격자에서는 $\frac{\sqrt{3}a}{2}$, 조밀육방격자는 $a$로 된다. 그러나 조밀육방격자에서는 그 크기를 밑면 육각형의 한변 $a$만 가지고

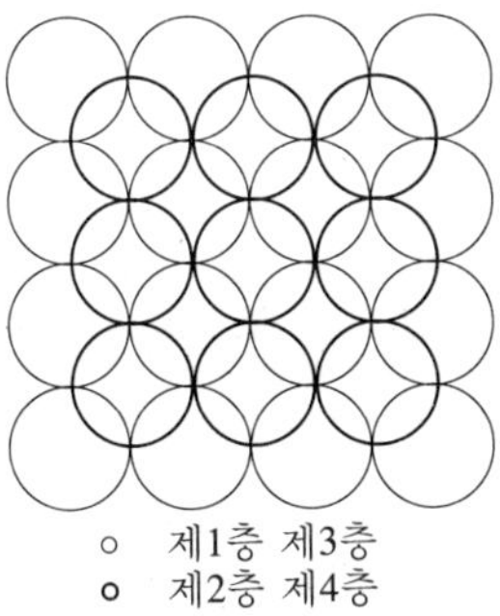


그림 2.23 체심입방 원자의 층상 모양

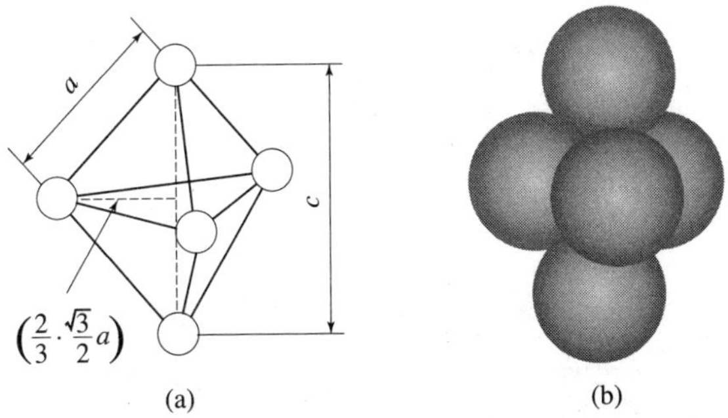


그림 2.24 조밀육방격자의 $\frac{c}{a}$ 관계

는 표시할 수 없기 때문에 육각기둥의 높이 $c$도 함께 사용된다. 하지만, 보통 $c$는 직접 표시하지 않고, $a$와의 비로 표시하며, 그 값 $\frac{c}{a}$를 축비(axial ratio)라고 한다.

즉, 조밀육방격자에서의 근접 원자간 거리가 바닥면 위에서는 $a$가 되며, $c$축 방향에서는,

$$\sqrt{\left(\frac{2}{3}\cdot\frac{\sqrt{3}}{2}a\right)^2+\left(\frac{c}{2}\right)^2}=\sqrt{\frac{a^2}{3}+\frac{c^2}{4}}=a$$

이 되고, 배위수는 밑면의 중심에 있는 원자에서 관찰하여 알 수 있듯이 12이다. 그리고 원자가 완전한 둥근 모양이며, 이것이 쌓여서 단위격자가 구성된다면 조밀육방격자의 $\frac{c}{a}$의 값은 당연히 일정하다. 조밀육방격자의 중간층에 있는 3개의 원자와 그 위아랫면의 중심에 있는 각 1개의 원자만을 택하면 그림 2.24와 같은 배열이 된다. 이것은 정사면체를 위아래로 2개 겹친 것으로, 결국 $c$의 값은 한 변의 길이 $a$인 정사면체 높이의 2배가 되며, 정사면체의 높이는 그림에서 알 수 있는 것과 같이

$$\frac{c}{2}=\sqrt{a^2-\left(\frac{2}{3}\cdot\frac{\sqrt{3}}{2}a\right)^2}=\sqrt{\frac{2}{3}}\,a$$

$$\therefore c=2\times\sqrt{\frac{2}{3}}\cdot a=\sqrt{\frac{8}{3}}\cdot a$$

따라서

$$\frac{c}{a}=\sqrt{\frac{8}{3}}\fallingdotseq 1.633$$

이 된다.

그러나 실제의 금속에는 축비의 값이 조밀육방격자라도 표 2.4에서 보는 바와 같이 1.663을 갖는 것은 없다. 그러므로 실제의 금속에서 조밀육방격자를 나타낼 때에는 $a$외에 반드시 축비 $\frac{c}{a}$를 표시하여야 하는 것이다.

그러면 여기서 대표적 결정계의 주요 인자, 즉 근접원자간거리, 배위수, 격자내의 원자 충전율 등을 총괄해서 정리하여 보기로 한다.

ⓘ 최근접 원자 : 서로 접촉하는 원자

**표 2.4** 조밀육방정 금속의 축비의 값

| 금 속 | Be | Ti | Zr | Mg | (이상치) | Zn | Cd |
|---|---|---|---|---|---|---|---|
| 축 비 | 1.568 | 1.587 | 1.589 | 1.624 | (1.633) | 1.856 | 1.886 |

ⓘ 근접원자간거리 : 서로 접촉하고 있는 원자의 중심간거리

ⓘⓘ 배위수 : 원칙적으로는 1개의 원자 주위에 있는 최근접원자수이나, 근소한 거리의 차에 있는 제2인접원자가 있을 경우에는 이것도 포함한 원자수를 말한다.

ⓘⓥ 충전율(packing fraction) : 단위격자내에 원자가 차지하는 합계의 부피를 격자의 부피로 나눈 체적비의 백분율

### 1) 체심입방격자(B.C.C)

체대각선의 길이 $=\sqrt{3}\cdot a$

근접원자간거리 $=\left(\frac{\sqrt{3}}{2}\right)\cdot a$

배위수(체심에 있는 원자를 둘러싸는 원자수) $=8$

격자내의 원자수 : 격자점에 있는 원자 $\frac{1}{8}\times 8$개$=1$

: 체심에 있는 원자 1개$=1$

계$=2$원자부피

원자 반지름 : $\left(\frac{\sqrt{3}}{2}\cdot a\right)$의 $\frac{1}{2}=\frac{1}{2}\times\frac{\sqrt{3}}{2}\cdot a$

격자 중의 원자의 부피 $=\frac{4}{3}\pi\left(\frac{1}{2}\cdot\frac{\sqrt{3}}{2}\cdot a\right)^3\times 2=\frac{\sqrt{3}}{8}\pi a^3$

단위격자의 부피 $=a^3$

$$\text{격자의 원자 충전율}=\frac{\frac{4}{3}\pi\left(\frac{1}{2}\cdot\frac{\sqrt{3}}{2}\cdot a\right)^3\times 2\times 100}{a^3}=\frac{\sqrt{3}}{8}\pi\times 100 \fallingdotseq 68\%$$

### 2) 면심입방격자(F.C.C)

면대각선의 길이 $=\sqrt{2}\cdot a$

근접원자간거리 $=\frac{1}{2}\times\sqrt{2}a=\frac{1}{\sqrt{2}}a$

배위수(면심의 원자를 품고 있는 원자수) : 인접격자의 면심원자 4개 합하여 $=12$

격자내의 원자수 : 격자점에 있는 원자 $=\frac{1}{8}\times 8=1$

: 면심에 있는 원자 $=\frac{1}{2}\times 6=3$

계 $=4$원자부피

격자내의 원자부피 $=\frac{4}{3}\pi\left(\frac{1}{2}\cdot\frac{1}{\sqrt{2}}a\right)^3\times 4=\frac{\sqrt{2}}{6}\pi a^3$

단위격자의 부피 $= a^3$

격자내 원자의 충전율 $= \dfrac{\sqrt{2}\pi a^3}{6a^3} \times 100 \fallingdotseq 74\%$

### 3) 조밀육방격자(C.P.H)

근접 원자간 거리 : 바닥면 위에서, $a$축 방향에서는 $= a$

$c$축 방향에서는 $= \sqrt{\dfrac{a^2}{3} + \dfrac{c^2}{4}}$

배위수(바닥면의 중심에 있는 원자 주위의 원자수) : 인접격자내의 꼭지면과 바닥면의 중간에 있는 원자 각각 3개씩을 포함하여 = 12

충전율 : 육각기둥의 단위격자보다 그림 2.21(c)에서 굵은 선으로 표시한 6면체를 최소 단위로 하여 계산하는 것이 알기 쉽다. 즉,

사각기둥(6면체) 내의 원자수 : 각 꼭지점의 원자 $= \dfrac{1}{8} \times 8 = 1$개

: 내부에 있는 원자 $= 1$개

계 $= 2$원자부피

사각기둥내에서 차지하는 부피 $= \dfrac{4}{3}\pi\left(\dfrac{a}{2}\right)^3 \times 2 = \dfrac{\pi}{3}a^3$

사각기둥 격자의 부피 $= 2 \times \dfrac{1}{2}a^2 \sin 60^\circ \times c = \dfrac{\sqrt{3}}{2}a^2 \times \sqrt{\dfrac{8}{3}} \cdot a = \sqrt{2}a^3$

이 격자내의 원자의 충전율 $= \dfrac{\dfrac{\pi}{3}a^3 \times 100}{\sqrt{2}a^3} \fallingdotseq 74\%$

## 5. X선에 의한 결정구조

금속은 고체상태에서 그 결정 모양이 불규칙적인 다각형을 형성하고 있으며, 결정은 기계가공 및 가열로 인하여 변하나 그 본질을 형성하고 있는 원자는 규칙적으로 정연하게 일정한 간격으로 배열되어 있다. 이런 결정구조 등의 검사에는 X선을 이용하며, 그 중요 사용법으로는 다음과 같은 것이 있다.

ⓘ 회절법(diffraction method) : 원자 격자구조의 측정

ⓘⓘ 반사법(black reflection method) : 결정의 크기, 가공 변형 형상의 측정

ⓘⓘⓘ 투과법(peneration method) : 주물, 용접물의 결함탐지 등이 있다.

회절은 X선(ray)에 의한 분말법(powder method)으로 많이 측정된다. X선은 대개 $10^{-6} \sim 10^{-10}$cm 정도의 파장을 가진 전파이므로 금속의 결정구조 연구에 적합하며, 그 파장

은 고체내에서 원자거리와 대략 같으므로 X선이 결정질에 도달하면 회절 현상이 생긴다. 만약 모든 원자면이 X선을 거울(mirror)과 같이 반사할 수 있다고 생각하면 반사는 다음의 브래그 법칙(Bragg's law)에 따라 주어지는 각도 $\theta$ 에서 생긴다. 즉, 결정면간거리 $d$와 파장 $\lambda$가 거의 같은 크기일 때 일어난다.

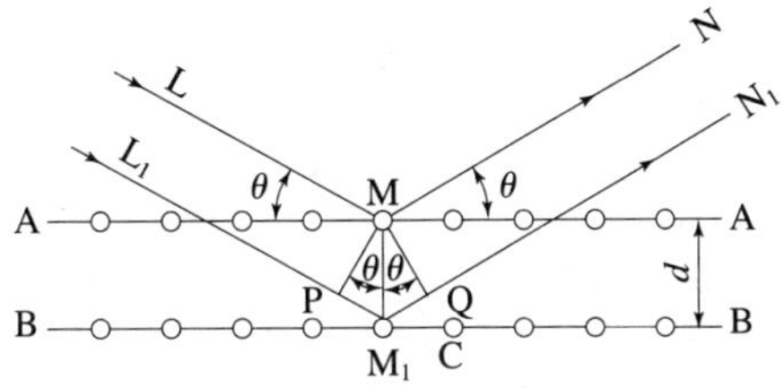


**그림 2.25** X선의 회절 현상

즉,

$$n\lambda = 2\,d\sin\theta$$

$$\because \mathrm{PM}_1 + \mathrm{QM}_1 = 2\,d\sin\theta$$

$$d\sin\theta + d\sin = 2\,d\sin\theta$$

여기서, $n$ : 반사의 정수

$\lambda$ : X선의 파장

$d$ : 결정면 ($h$, $k$, $l$)의 간격

그림 2.25에서는 원자면에 의한 X선의 회절 현상을 보여 주고 있으며, X선의 회절 현상으로부터는 결정내의 면간거리를 알 수 있으며, 이것으로부터 그 결정의 단위격자의 모양과 그 중의 원자 위치 및 격자상수(정수) 등이 결정된다. 또 격자상수와 근접원자의 관계로부터 원자 반지름이나 지름을 구할 수 있다.

따라서, 보통 **원자 반지름**(atomic radius) 또는 **원자 지름**(atomic diameter)이라고 주어진 값은 결정격자를 형성했을 때 원자를 구로 가정한 값을 말하며, 궤도전자수의 증가, 즉 원자번호의 증가에 따라서 원자지름, 즉 근접원자간거리는 반드시 증가하지는 않는다. 이것은 근접원자간거리가 결정을 구성할 때에 원자의 결합방식에 따라서 변하기 때문이다. 근접원자간거리는 다음 그림 2.26에서 보는 바와 같이 원자번호의 증가에 따라 주기적인 변화를 나타낸다.

또 같은 원자라도 결정구조가 다르면 원자 주위의 조건이 변하므로 지름도 다소 변한다. 즉, 배위수가 적어지면 원자가 차지하는 부피가 적어진다는 것이 인정되고 있으며, 그 비율의 근사값을 표 2.5에 나타낸 것이다.

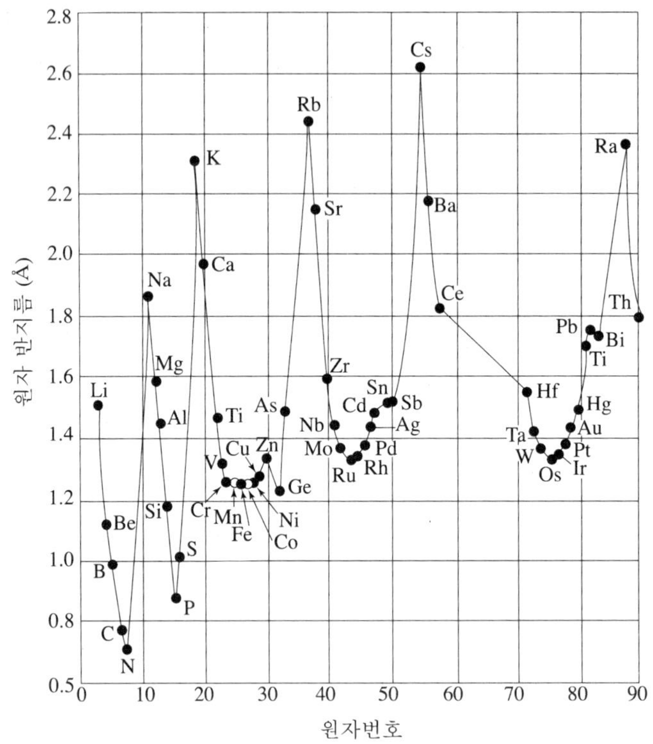


**그림 2.26** 원자 반지름의 주기성

또한 결정내에서 중성의 원자인 때와 이온상태인 때와는 원자 지름이 달라지며, 즉 -이온은 중성원자보다 크고, +이온은 중성원자보다 작다. Fe과 Cu를 예로 들면 표 2.6과 같다.

**표 2.5** 배위수와 원자 반지름의 변화

| 배 위 수 | 12 | 8 | 6 | 4 |
|---|---|---|---|---|
| 원자반지름(상대값) | 1.00 | 0.97 | 0.96 | 0.88 |

**표 2.6** 이온화와 원자 반지름의 변화

| 상 태 | Cu | $Cu^{+}$ | Fe | $Fe^{++}$ | $Fe^{+++}$ |
|---|---|---|---|---|---|
| 원자 반지름 | 1.28Å | 0.96 | 1.24 | 0.83 | 0.67 |

앞에서도 설명하였지만 실제의 조밀육방격자에서는 축비 $\frac{c}{a}$가 이상값(이상치)인 1.633보다 크거나 작았다(표 2.4). 이것은 실제의 육방정계의 금속결정은 이상적인 조밀육방격자의 모

양이 $c$축 방향으로 늘어난 상태이거나 또는 줄어든 상태이다. 이러한 상태에서는 원자가 등근형이라면 그 사이가 떨어져 있거나, 원자가 서로 접촉하고 있을 때에는 구형이 아니거나 어느 쪽이 아니면 안 된다. 즉 이러한 결정에서는 원자는 서로 접하고 있으며 회전타원체와 같은 모양을 가진다고 생각되고 있다.

그러므로 육방정계의 금속에서는 원자 반지름, 또는 지름이라는 말은 정확히 맞지 않으며, 따라서 일반적으로 근접원자간거리라는 말로 표현하고 있다. 육방정계의 금속에는 근접원자간거리로써 단 하나의 값이 표시되어 있을 때에는 밑면 위의 근접원자간거리인 격자정수(상수) $a$의 값을 말하며, $c$축 방향에 대한 값도 같이 표시한 경우는 격자상수 $a$ 및 $c$의 값에서 구한 값이다.

## 2.3 금속의 변태와 그의 측정법

### 1. 동소변태

상(phase)이 같은 물질이지만 결정격자가 서로 다른 것을 **동소체**(allotropy)라고 하며, 1개의 동소체에서 다른 동소체로 변하는 것을 **변태**(transformation) 또는 **동소변태**(allotropic transformation)이라 한다. 그리고 변태가 생기는 점을 변태점(transformation point)이라고 하며, 금속의 융해도 일종의 변태이다. 그러나 일반적으로는 변태점이라고 하는 것은 고체 중에서 변태가 생기는 것을 말하며, 특히 고체상(solid phase) 내의 변태를 **다상변태**(polymorpic

**표 2.7** 금속의 동소변태와 변태점

| 금속 | Ca | Co | Fe | Hf | La | Mn |
|---|---|---|---|---|---|---|
| 결정구조 | ($\alpha$) FCC<br>($\beta$) CPH | ($\alpha$) CPH<br>($\beta$) FCC | ($\alpha$) BCC<br>($\gamma$) FCC<br>($\delta$) BCC | ($\alpha$) CPH<br>($\beta$) BCC | ($\alpha$) CPH<br>($\beta$) FCC | ($\alpha$)<br>($\beta$) |
| 변태점(℃) | 440 | 477 | 910<br>1,400 | 1,950 | 350 | 718 |
| 금속 | Sn | Ti | Tl | U | Zr | |
| 결정구조 | (gray) tetragonal<br>(white) diamondcube | ($\alpha$) CPH<br>($\beta$) BCC | ($\alpha$) CPH<br>($\beta$) BCC | ($\alpha$) orthorhombic<br>($\beta$) tetragonal<br>($\gamma$) BCC | ($\alpha$) CPH<br>($\beta$) BCC | |
| 변태점(℃) | 13 | 882 | 234 | 668<br>774 | 852 | |

transformation)라고 한다. X선의 연구에 의하면 동소변태는 고체 내의 원자 배열의 변화로 생기며, 3가 또는 4가의 천이금속에 많다.

예를 들면 순철(pure iron)은 910℃ 및 1,400℃에서 동소변태가 생긴다. 따라서 상온의 Fe은 체심입방격자이지만 이것을 가열하면 910℃에서는 면심입방격자로 변하며 1,400℃에서는 다시 체심입방격자로 동소변태가 된다. 910℃의 변태는 순철의 $A_3$변태점, 1,400℃의 변태는 순철의 $A_4$변태점이며 표 2.7은 금속의 동소변태와 변태점을 보여 주고 있다.

## 2. 자기변태

동소변태는 결정격자의 변화로 생기나, 결정격자의 변화를 일으키지 않고, 원자 내부에서만 변화를 일으키는 경우의 **동형변태**(homophonous transformation)가 있으며, 그 중 대표적인 것으로는 강자성체의 금속, 예를 들면 Fe, Ni Co 등을 가열하면 어떤 온도에서 상자성체의 금속이 되는 **자기변태**(magnetic transformation)가 있다. 표 2.8은 금속의 **자기변태점**(curie point)을 보여 준다.

동소변태와 자기변태는 금속 내부에 생기는 변태이므로 변태점을 경계로 하여 성질이 변화한다. 동소변태에서는 성질 변화가 일정한 온도에서 급격히 불연속적으로 생기나 자기변태에서는 일정한 온도의 범위 내에서 점진적으로 연속적인 변화가 생긴다.

**표 2.8** 금속의 자기변태점

| 원소 또는 물질 | Fe | $Fe_3C$ | $Fe_3P$ | $Fe_3O_4$ | $Fe_3Si_2$ | $Fe_4N$ | Ni |
|---|---|---|---|---|---|---|---|
| 자기변태점(℃) | 768 | 215 | 420 | 580 | 90 | 480 | 368 |

| 원소 또는 물질 | Co | $Cr_5O_9$ | $Mn_5P_2$ | $Mn_5N_2$ | $CuO-Fe_2O_3$ |
|---|---|---|---|---|---|
| 자기변태점(℃) | 1,150 | 150 | 24 | 500 | 270 |

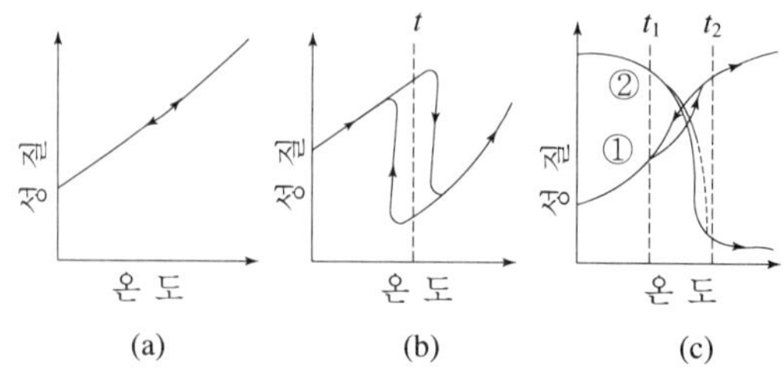


**그림 2.27** 성질과 온도와의 관계

그림 2.27(a)는 변태가 없을 때의 성질-온도 변화로서 변화는 있으나 극히 단순한 비례 관계의 가역변화이다.

그림 2.27(b)는 동소변태가 생길 때의 성질(열팽창)-온도 곡선으로 변태점 $t$℃에서 수직으로 성질이 변한다. (b)에 있어서 가열할 때에는 변태가 고온에서 생기고, 냉각할 때에는 다소 저온에서 생기는 것이 보통이다. 그림 2.27(c)는 자기변태가 생길 때의 성질-온도의 관계이며, 변태가 $t_1$부근에서 생겨 $t_2$부근에서 끝나기까지 오랜 시간 같은 온도를 유지하여도 불연속으로 진행되지 않는다. 그림 2.27(c)의 ①은 전기저항곡선의 변화, 그리고 ②는 자기변태곡선을 나타내었다.

### 3. 변태점 측정

동소변태점은 원자 배열의 변화에 따라 물질적인 여러 성질이 변화하므로 변태점 측정에는 이 성질을 이용하는 경우가 많다. 즉 열변화, 열팽창, 전기저항, 또는 자기변화 등을 조사하여 변태점으로 하는 것이지만, 위의 성질이 변화하는 점이 모두 반드시 원자배열이 변하는 것은 아니다.

즉, 동소변태인지 자기변태인지를 판정한다는 것은 어렵다. 그러므로 실제 변태에서 원자배열의 변화가 생겼는지는 X선 회절법에 따르지 않을 수 없다.

그러나 X-ray법은 복잡하므로 보통 다음과 같은 방법으로 물리적 성질 변화를 측정한다.

(1) 열분석법(thermal analysis)
(2) 시차열분석법(differential thermal analysis)
(3) 비열법(specific heat analysis)
(4) 전기저항법(electric resistance analysis)
(5) 열팽창법(thermal expansion analysis)
(6) 자기분석법(magnetic analysis)
(7) X선 분석법(X-ray analysis)

위의 방법 중 대표적인 것 몇 가지 원리를 보충 설명하기로 한다.

#### 1) 열분석

금속 및 합금을 열분석할 때에는 적당한 온도계를 금속 또는 합금 중에 꽂아 일정한 속도로 가열 또는 냉각하면서, 온도-시간곡선을 만들 때에 곡선 위에 이상이 나타나는 것을 변태점으로 결정한다.

물질에 있어서 상(phase)의 변화가 생기면 성질에 관련된 변화가 병행된다. 고온에서 안정한 상이 저온에서의 안정한 상보다 다량의 열에너지(heat energy)가 작용하므로 상의 변화에 따라서 에너지의 변화도 생긴다.

열의 변화는 항상 냉각에서는 발열이 되고, 가열에서는 열의 흡수가 생긴다. 따라서 같은 상태의 가열(heating)과 냉각(cooling)을 할 때 상에 변화가 생기면 온도의 상승 및 강하 속도에 지연이 생긴다. 즉, 온도가 시간의 변화에 따라서 상승하지 않고 평행한 곡선이 된다. 이와 같이 열에 대한 변화점을 추구하는 방법을 **열분석**(thermal analysis)이라 한다.

열분석에서 온도-시간선도를 작성하기 위해서 시편을 가열 및 냉각하여 이 관계에서 시시각각으로 변하는 온도를 일정한 시간간격(예를 들면 5초, 10초, 15초, 20초 ……등)과 온도와의 관계를 직각 좌표에 표시한 것을 **열분석곡선**(thermal analysis curve)이라고 한다.

만일 물질에 변태점이 없으면 온도-시간 곡선은 앞 그림 2.28의 점선과 같이 된다. 변태점이 있으면 그림 2.28에 있어서 냉각에서는 Ar, 가열에서는 Ac에서 변태가 생겨서 변태 도중에는 온도가 일정하여 시간에 장단이 생긴다.

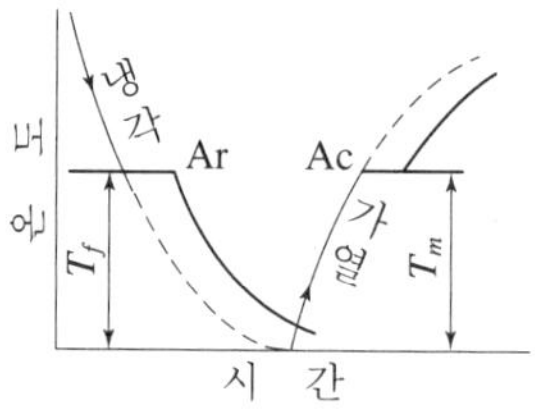


**그림 2.28** 대표적인 열분석곡선

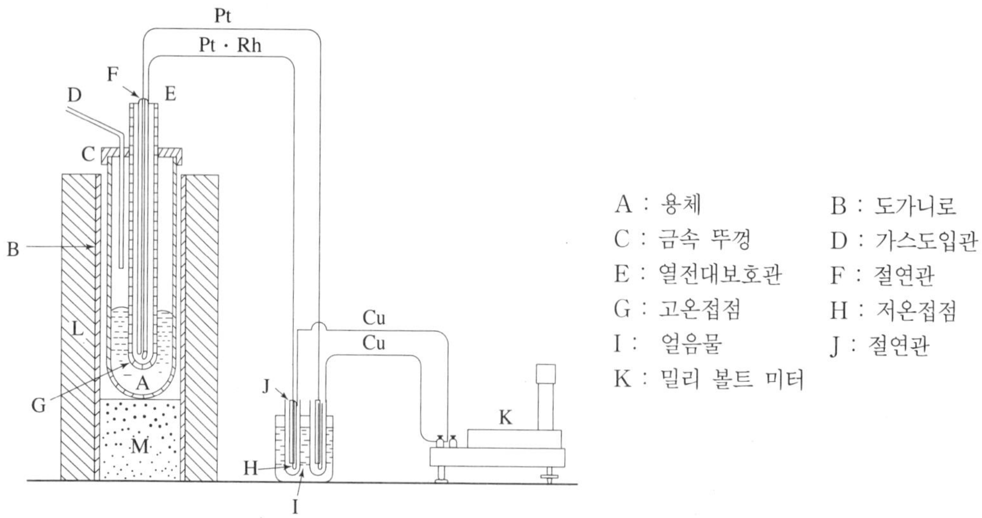


**그림 2.29** 탐만의 열분석 장치

온도-시간 곡선은 그림 2.29와 같은 장치로써 측정한다. 용융금속 A를, 금속용해관 B를 사용하여 전기로에서 용해한 후 금속의 중앙에 열전대(thermo-couple)를 놓고, 밀리볼트미터(milivoltmeter, K)를 5~10초 사이를 두고 온도와 더불어 읽는다.

### 2) 시차열분석법(differential thermal analysis)

변태는 용융·응고인 경우에 비교해서 변태에 의한 흡열 또한 발열이 비교적 작기 때문에 열분석법으로는 명확한 값을 얻지 못하므로 이런 경우 시차열분석법을 사용한다. 시차란 단어가 나타내듯이 변태가 없는 표준금속[이것은 중성체(neutral)라고 부른다]을 준비해서 변태가 있는 시료와 함께 가열 또는 냉각시켜 변태점에서 양자간에 생긴 온도차를 측정해서 변태점을 알아 내는 방법으로 중성체와 시료는 열용량이 거의 같은 것을 선택하지 않으면 안 된다. 동, 은, 금, 니켈(변태점이 있기 때문에 변태점 이상의 온도에서 사용), 니켈-은(25% 니켈), 망간-은(Mn 12% 이상) 등을 중성체로 사용한다. 그림 2.30에 나타낸 것이 장치인데 같은 노중에 중성체 N과 시료 S를 같은 모양, 같은 크기로 만든 것을 서로 겹쳐 놓는다. 양쪽이 겹쳐진 사이에 석면을 끼워 열전도를 방지한다. 또 N, S 가운데에 구멍을 뚫어 열전대를 장치한 시차열전대는 예민한 경검류계 G에 접속시키고, 시료에 장치한 열전대는 시료의 온도를 알아 내기 위해 보통의 고온계 P에 접속시켜 놓으면 좋다. 전기노중에 장치한 N과 S를 일정한 속도로 동시에 가열·냉각하면 N과 S가 동일온도에 있는 한 시차열전대에 흐르는 전류의 크기가 같고, 또 방향이 반대로 되기 때문에 서로 상쇄되어 검류계는 움직이지 않는다. 이것이 S의 변태점에 도달하면 가열인 경우는 흡열에 의해 S의 온도상승은 N보다 늦고, 반대로 냉각시에는 발열이므로 S의 온도강하는 N보다 늦기 때문에 결국 N과 S 사이에 온도차가 생겨 열전류가 흘러 검류계는 움직인다. 이 움직임을 검류계의 전방에 장치한 눈금이 있는 망원경으로 확대시켜 읽는 것이다. 한편 P에서 시료 S의 온도변화를 알 수 있기 때문에 검류계가 움직이기 시작했을 때의 온도를 잡아 변태점으로 한다.

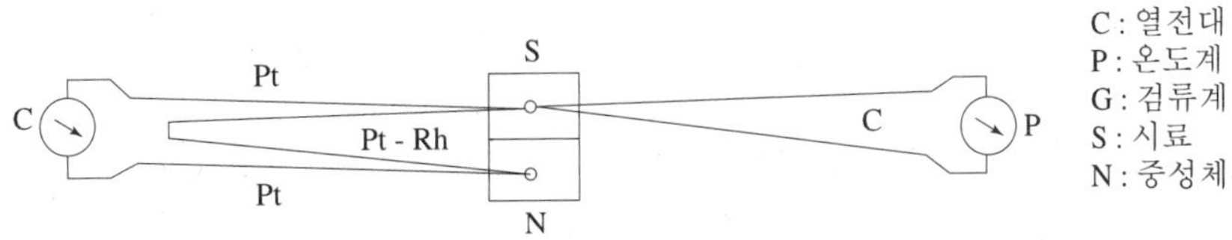


**그림 2.30** 시차열분석장치

### 3) 열팽창법

금속은 온도가 상승하면 팽창하고, 강하하면 수축하나 이 변화는 항상 일정하지 않으며, 변태점에서는 곡선의 방향이 급격히 변하므로 이것으로부터 변태점을 측정한다. 이 방법은 열분석보다도 변화가 뚜렷이 나타난다.

열팽창에서는 체적팽창보다는 선팽창에 대한 변화를 측정하는 경우가 많으며, 석영관의 한 끝을 밀폐하고 여기에 시편을 넣은 후, 그 한 끝에 석영봉을 접촉시키면, 시편의 적은 열팽창이 움직임이 석영봉을 거쳐 다이얼 게이지(dial gauge) 또는 옵티컬 레버(optical lever)에서 측정된다.

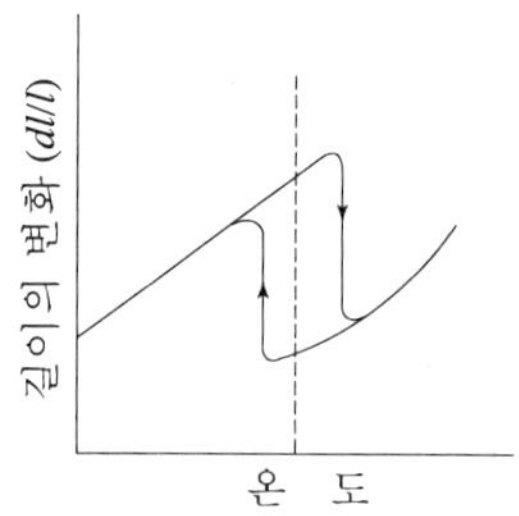


**그림 2.31** 열팽창과 온도 변화

그림 2.31과 같이 세로축에 열팽창 $\frac{dl}{l}$, 그리고 가로축에 온도를 표시하면 변태점의 곡선은 동일한 경향으로 나타난다.

#### 4) 전기저항법

금속의 전기저항은 온도의 상승과 더불어 증가하지만 변태점에서는 급격히 변화한다. 이 변화가 생기는 온도를 조사하는 데 저항의 적은 변화도 정밀하게 측정되므로 편리하다.

#### 5) 자기분석

강자성체의 자성은 온도가 상승하면 그 강도는 감소한다. 특히 변태점에서는 급격히 감소한다. 그러므로 자력계를 사용하여 각 온도의 자기의 강도 곡선으로부터 변태점을 구한다.

# 제3장 금속재료의 검사법

## 3.1 조직 및 결함 검사법의 종류

금속의 성질과 그 조직은 밀접한 관계가 있으며, 같은 성분이라도 응고 조건, 가공 방법, 열처리의 차이 등에 따라 많은 변화를 일으킨다. 금속의 조직을 조사하여 다른 원소의 유무, 결정입자의 크기, 편석의 분포상황, 기포·균열의 유무, 불순물의 위치와 양적인 관계를 조사하고, 이것을 활용하여 주조, 소성가공, 절삭가공 및 열처리 등에 대한 영향 및 적부 등을 판단할 수 있다.

조직 검사의 방법에는 여러 가지가 있으나, 검사 수단에 따라 크게 나누면 **파괴적 검사**(destructive inspection)와 **비파괴 검사**(nondestructive inspection)가 있다.

파괴적 검사는 그 재료의 대표적인 시편을 채취하므로 검사한 후 다시 실용할 수 없는 방법으로서 화학적, 기계적, 현미경적 검사 등이 이에 해당하며, 비파괴 검사는 요즈음 많이 이용되는 방법이며, 제품을 시료로 검사한 후 다시 사용할 수 있는 것으로서 외관 검사, 자기검사, X선 검사, 초음파 탐상법, 가압 검사 등이 이에 속한다.

또한 검사의 현상, 성질에 따라 분류하면 육안적 검사, 물리적 검사, 화학적 검사, 기계적 검사 등이 있으며, 이러한 검사법과 결함의 종류를 표 3.1에 나타내었다.

또, 검사의 정확성 정도에서 육안 관찰하든가, 또는 10배 이내의 확대경을 사용하여 육안 조직을 검사하는 것을 **매크로 시험**(macro-test)이라 하고, 10배 이상의 배율의 현미경으로 확대하여 검사하는 것을 **마이크로 시험**(micro-test)이라고 불러 구별하기도 한다.

**표 3.1** 결함의 종류와 검사법

| 결합의 종류 | | 검사법대별 | 검사법 | 처리방법 |
|---|---|---|---|---|
| 금속적으로 불연속 결함<br><br>기공, 파이프, 슬래그, 백점, 균열 | 표면결함 | 육안적 검사 | 산세<br>파면검사<br>분사법<br>전해법<br>강산부식 | 약산으로 씻는다.<br>절단면 검사<br>경사를 압축 공기로 분사<br>전해하여 표피제거<br>매크로 부식 |
| | | 화학적 검사 | 해수시험<br>도금법<br>설퍼프린트 | 해수에 침지해서 녹 발생 상황 검사<br>아연 도금의 난이로 결함 검출<br>브로마이드를 약황산 처리 후 검사 |
| | | 물리적 검사 | 가압검사<br>유중침지<br>자기검사 | 수압, 유압으로 결함 검사<br>유중 침지 후 기름의 누설을 본다.<br>잔류 자기에 의한 철분 흡착 |
| | 내부결함 | 광학적 검사 | 현미경검사 | 현미경에 의한 조직 검사 |
| | | 물리적 검사 | 타진법<br>자기검사<br>X선, γ선검사<br>초음파탐상 | 타음의 청탁에 의한 검사<br>감응 전류 측정<br>단파장 광선으로 투시<br>초음파의 반사 파형에 의함 |
| 금속적으로 연속적결함<br><br>편석, 열처리 불량, 잔류 응력 가공 불량, 용접 불량 | 표면결함 | 육안적 검사 | 녹발생<br>매크로부식 | 노대 방치하여 녹의 발생 모양의 검사<br>매크로 부식하여 왜곡 모양 나타냄 |
| | | 광학적 검사 | 피막첨사법 | 피검면에 셀룰로이드막 첨사 |
| | | 화학적 검사 | 설퍼프린트<br>아말감법<br>성분분석 | 브로마이드를 약황산 처리 후 첨사<br>질산수은용액으로 아말감을 만든다.<br>정량, 분광, 가스 분석 등 |
| | | 물리적 검사 | 잔류응력측정 | 연삭, 용출에 의한 치수 변화로 계산 |
| | | 기계적 검사 | 기계시험 | 인장, 충격, 경도, 피로시험 등 |
| | 내부결함 | 광학적 검사 | 현미경검사 | 현미경에 의한 조직 검사 |
| | | 화학적 검사 | 성분분석 | 정량분석, 분광, 가스분석 등 |
| | | 물리적 검사 | 자기검사<br>X선, γ선검사<br>초음파탐상 | 편석현상 검출<br>단파장 광선으로 투시<br>초음파의 반사 파형에 의함 |

강철의 매크로 조직의 시험은 KS D 0210에 제정되어 있으며, 보통 매크로 시험에는 파면검사, 설퍼 프린트(sulphur print) 및 매크로 에칭(macro etching) 방식 등이 사용된다.

여기서는 대표적인 몇 가지만 열거하여 설명하기로 한다.

## 1. 육안적 검사(visual inspection)

### 1) 산세법(picking)

비교적 간단하게 큰 결함을 검출할 수 있는 방법으로 산으로는 염산 혹은 황산이 사용된다. 염산은 화학적 용해작용이 크고, 황산은 물리적 박리작용이 크다.

그러나 산세력은 염산이 훨씬 크며, 산세는 스케일(scale)제거가 목적이나 실제는 지금도 같이 용해 침식할 뿐더러 H를 발생하여 산에 거품을 일으켜 이것을 비산시키는 등의 장해를 수반하므로 억제제(inhibitor)를 사용한다. 억제제로서는 유기물이 일반적으로 사용된다. 또한 산세할 때에 수반하는 현상으로서 **산세메짐**(산세취성)과 **산세기포**가 있다.

산세메짐은 산세할 때 철강이 H를 흡수하여 취화하는 현상이며, 염산보다 황산이 심하다. 이것을 방지하려면 산세 후 오랜 시간 방치하거나 또는 100~200℃로 5~10시간 가열하면 된다.

또 산세기포는 산세할 때 방생하는 원자상 수소가 강 중에 침투하여 강표면에 많은 수의 부풀음(blister)을 생성하는 현상이며, 이것은 산세 후 100℃ 정도로 10~20시간 가열하면 된다. 표 3.2는 각종 재료에 대한 산세법을 나타내고 있다.

**표 3.2** 산세법

| 피검재 | 산 액 | 부식면의 준비 | 액 온 | 시 간 | 조 작 | 부식 후의 처리 |
|---|---|---|---|---|---|---|
| 일반강재 | 5%HCl용액 또는 5% H2SO4용액 | 소재 그대로, 또는 50%NaOH액 담근 후 수세 | 상온 또는 50~60℃ | 20~30분 | 담그거나, 때때로 솔로 문지른다. | 수세 후 석회수 중에 담그고 다시 수세 건조 |
| 불수강 | 6~10% $H_2SO_4$+2~5%HCl용액 | 소재 그대로, 또는 50%NaOH액에 담근 후 수세 | 80~90℃ | 20~30분 | 담 금 | 수세 수 석회수 중에 담그고 다시 수세 건조 |
| Al 합금 | 5%NaOH액<br>25%NaOH액 | 소재 그대로 | 60~80℃<br>상온 | 2~3분<br>10분 | 담 금 | 수세, 방층 제거 목적으로 $HNO_3$에 수 초 담근 후 수세 건조 |
| Cu 합금 | 50%$HNO_3$액 | 소재 그대로 | 상온 또는 50~60℃ | 20~30분 | 담 금 | 수세 후 석회수 중화 수세 건조 |
| 일반강재 비철 합금류 | 인 산 | 소재 그대로 | 200℃ | 1~3초 | 담 금 | 수세 건조 (화학연마) |

### 2) 강산부식법(macro etching)

산세 정도로는 식별하기 어려운 미세균열, 백점, 편석 등도 확대 검출할 수 있으며, deep etch test 또는 hot-acid etch라고도 불린다. 보통 사용되는 산은 염산 50%, 물 50%를 섞은 산성액이며, 70℃ 정도로 15~30분간 부식식 수세 건조 후 검사한다.

이 강산 부식법에서는 기포 등이 거의 압착된 것도 흠으로 다시 나타나거나 흠이 아닌 편석(탄화물 등)도 흠과 비슷한 자욱(pit)으로 나타나는 일이 있으므로 이러한 결과의 판단에 특히 주의를 요하며, 또 강한 내부응력을 갖는 상태(담금질 또는 냉간가공)에서 강산 부식을 하면 담금균열 또는 가공균열 등이 생기는 일이 있다.

**표 3.3** 강산 부식법

| 부 식 액 | 면의 준비 | 작 업 | 비 고 |
|---|---|---|---|
| 염산 1 : 2 수용액 | 거친연마 | 70~80℃, 30~60분 담근 후 수세 건조 | 강재, 특수강이 백점 균열 검출 |
| 염산 40%, 염화철 30%, 물 30% | 거친연마 | 상온, 1~24시간 담근 후 수세 건조 | 강재, 특수강의 백점 균열 검출 및 불수강에도 적용 |
| 염화암모니아 10g, 물 120cc | 거친연마 | 상온, 30~90분 담근 후 수세 건조 | 백점 균열, C, P의 편석 검출 |
| 염산 120cc, 염화구리 90g, 물 100cc | 거친연마 | 상온, 30~90분 담근 후 수세 건조 | 일반 균열 검출 |
| 1. 염화구리 90g, 진한 염산 120cc, 물 100cc<br>2. 진한 염산 40cc 알콜 60cc | 고운연마 | 상온 1액에 3~30분, 3분마다 구리 침전을 씻고 검사, 모양이 나오면 2액에 1분 담근 후 수세 건조 | 프라이 씨액<br>왜곡 모양 검출용 |

### 3) 전해법

결함검사를 겸한 일종의 표면청정법이며, 전해연마법(electrolytic polishing)이라고도 한다. 산세법보다 짧은 시간에 스케일을 제거할 수 있고, 표피 부분을 손상하는 일도 적다. 먼저 검사할 재료의 표면에서 기름을 제거한 후 이것을 +극으로 하고 불용성의 전도체(C, Al, Pb) 또는 검사하는 재료와 같은 종류의 금속을 -극으로 하여 전해액 중에서 전해작용에 의하여 표면을 청정한다. 표면연마와 함께 균열, 흠 등을 쉽게 발견할 수 있다.

#### 4) 분사법

검사 재료를 석유 중에 4시간 이상 담근 후 2~3기압의 압축공기와 가는 모래를 혼합하여 검사면에 분사하면 스케일 기타의 부축물은 쉽게 제거되고, 또 건조함과 동시에 고운 모래가 다소 붙어 있어 흠이 있는 곳에서 석유가 배어나오므로 미세한 흠도 쉽게 발견할 수 있다. 특히 편리한 것은 겉으로 보아서 큰 흠이라도 얕은 것은 석유가 삼출하지 않고, 극히 미세한 흠이라도 깊은 것은 석유가 배어나오므로 흠의 깊고 얕은 정도를 알수 있다는 것이다.

모래는 딱딱하고 깨지지 않는 규사가 좋으나 은사(銀砂), 천사(川砂), 석류석(garnet) 가루도 사용된다. 분사 실시 후 너무 시간이 지나서 전체가 건조하면 잘 보이지 않고 짧으면 석유가 충분히 삼출하지 않으므로 몇 분 후에 관찰하는 것이 좋다.

#### 5) 형광체삼투법(fluorescent penetrant test)

형광질 삼투제를 금속 표면에 바르거나, 또는 형광성 용액 중에 담근 후 꺼내어 씻어 말린 후, 암실의 자외광선 아래에서 검사하는 방법이다.

#### 6) 파면검사법(fractography)

재퍼(C.A.Zapffe)에 의해 고안된 방법으로 파면검사때에 주의할 것은 파단 전의 취급방법 등에 따라 파단면의 파면이 현저히 다르다는 점이다. 즉, 갑자기 파단한 때와 서서히 파단한 때, 한 번에 파단한 때, 몇 번 반복하여 파단한 때, 또 파단력의 크고 작음 등에 따라 파단의 모양이 달라진다.

보통인장쪽의 파면은 평활한 직면이 되나, 압축쪽의 파단면은 오목해지고 세로방향에 주름이 생기며, 주변부분이 날카롭게 돌출하므로 응력이 작용한 방향을 판단할 수 있다. 재료가 파손돈 원인을 알기 위하여서는 반드시 파단면의 모양을 조사할 필요가 있는데, 파단면에는 균열 발생의 기점이 반드시 있으며, 그 점을 핵으로 하여 파면 모양이 방사상으로 되는 **급진파괴**(조잡한 파면) 또는 동심원적으로 되는 **점진파괴**(피로파괴, 평활면) 등으로 진행하므로 이 핵을 현미경으로 검사하면 파손원인을 알 수 있다.

또 **담금균열**인지를 판단할 때에는 파단한 후 파면을 검사하여, 만일 회백색이면 담금균열이지만 검은 색이고 스케일이 있으면 담금질 이전의 균열, 즉 단조균열 또는 가열균열이라고 판단하면 된다.

#### 7) 녹 검사(발수법)

검사 재료를 대기 중에 두고 녹을 생성시켜서 그 녹에 의하여 검사하는 방법으로 재료가 항복점 이상의 하중을 받으면 그 부분에 녹이 생기기 쉽고, 이것이 굽어진 모양에 잘나타나는 이유이다. 큰 부품과 같이 부식을 전체에 걸쳐 할 수 없는 경우에 적용된다.

### 8) 계단 절삭 검사법(step-down test)

주로 둥근 재료의 흠을 검출하는 방법으로 시편을 여러 가지 지름으로 계단 절삭하여 매끈하게 하고, 눈으로 또는 확대경으로 검사하거나 5%의 질산알콜액으로 가볍게 부식하여 검사한다.

표면에서 중심까지 거의 모두를 검사할 수 있다(KS D 0208 참조).

## 2. 물리적 검사

### 1) 타진법(acoustic test)

검사할 물건을 망치로 두들겨서 그 소리를 듣고 결함의 유무를 검사하는 방법이다. 음파는 1초간에 금속 알루미늄 중에서 6,150m, 강 중에서 5,700m, 황동 중에서 4,400m의 속도로 전달되고, 공기 중에서는 겨우 340m이다.

그러므로 금속 중에 전파된 음파가 그 중의 결함부에 이르면 대부분의 음파는 기공-금속 사이의 면에서 반사되어 극히 작은 소리 에너지만이 기공부를 통하여 전달된다.

따라서 기공이나 균열을 가진 재료를 두들겼을 때에는 탁음을 내게 된다. 소리를 듣는 방법은 귀나 청진기 또는 확성기를 사용한다. 주로 주물의 기포, 파이프, 내부균열, 담금균열 등의 검사에 적용되나 고도의 숙련을 필요로 한다.

### 2) 가압검사법(breathing test)

주물의 기공, 수축, 파이프 등의 결함검사나 또는 압력을 받는 기계 부품의 내압검사에 널리 이용된다. 내압검사에는 사용 압력의 20% 이상의 압력을 가하여 시험하는 것이 좋으며, 수압이 많이 이용되나 기름이나 가스가 물보다는 훨씬 작은 간격을 잘 통과하므로 유압, 압력부품 또는 정밀검사에는 기름이나 가스를 사용하여야 한다. 기압의 경우는 수중에 넣어 기포의 발생상태를 검사하거나, 비눗물을 그 표면에 발라서 가스의 누설을 검사한다.

### 3) 자기검사법(magnetic inspection)

자기탐상법이라고도 하는 이 방법은 다른 방법보다 조작이 간단하고 탐상이 정확하며, 또한 경제적으로 현장에서 실시할 수 있으므로 가장 널리 이용되고 있는 비파괴적 검사법의 하나이다. 결함이 있는 곳에서는 자기 저항이 급격히 증대하여 자속의 흐름이 저해되며, 저해된 자속의 일부분은 흐르기 쉬운 부분을 통과하거나 또는 공기 중으로 나온다. 누설 자속을 검출하는 방법으로는 감응전류법과 자기흡인법의 두 가지가 있다.

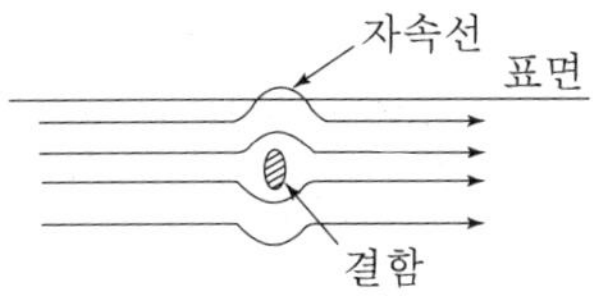


그림 3.1 결합부의 자속선

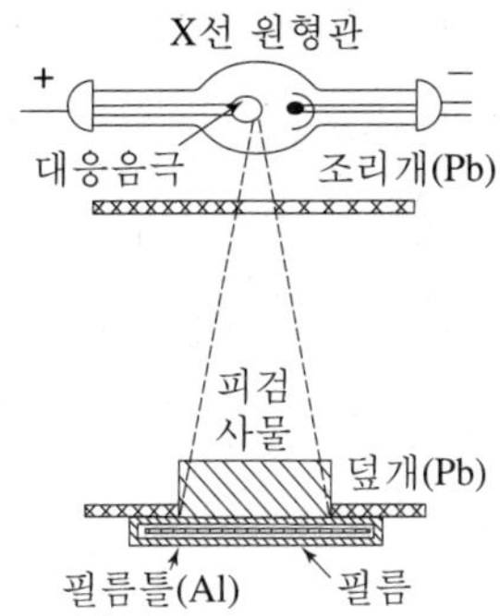


그림 3.2 직접 촬영법

### 4) 피막 점사법

섬프법(SUMP법, Suzuki's Universal Micro Printing method)이라고도 말하며, 이것은 검사면의 상황을 셀룰로이드(celluloid) 피막에 옮겨서 현미경으로 검사하는 방법이다.

### 5) X선 투과 검사법

금속재료를 비파괴적으로 투시 탐상하는 방법이다. X선은 모든 물질, 특히 불투명체를 투과하며 이때에 투과선은 일부 흡수 또는 방사되어서 약해지는데 그 정도는 금속층의 두께, X선의 파장, 투과하는 물체의 밀도 등에 관계한다. 이러한 성질을 이용하여, X선을 검사 재료에 쬘 때 이것에 두께의 차, 화학 조성 및 조직의 불균일 등이 있으면 X선 투과시의 선의 흡수 정도에 차이가 생겨서 그 결과 검사 재료의 뒤에 놓은 형광판에 휘도의 차이가 생기거나 또는 사진 건판 위에 명암의 차가 되어 나타난다.

그림 3.2는 가장 일반적으로 이용되는 **직접촬영법**의 원리를 표시한 것이다. 이 방법은 용접부의 불량, 주물의 기공, 파이프, 슬래그, 내부균열, 섬유조직 등을 검출하는 데 좋은 방법으로 이용된다.

특히, 고온 고압의 용접 부품(보일러 등)에 대하여는 X선 검사가 필수적이다.

### 6) $\gamma$선 검사법(gamma ray inspection)

Ra, Co, Cs 등과 같은 **방사성 동위원소**(radioactive isotope) 등에서 방사하는 $\gamma$선 등에 의하여 투시검사하는 방법이다. X선의 응용은 현재 최고 $4\frac{1}{4}$in 두께의 강철까지 한정되어 있는 데 비해 $\gamma$선은 더욱 작은 파장으로 두께 3～10in까지도 적용할 수 있다.

이 방법은 사용할 때 전력이나 급수가 필요하지 않으므로 실외 가공물, 또는 한정된 장소에서도 사용할 수 있다. 그러나 $\gamma$선은 충분히 주의하지 않으면 사용자에게 유해한 생리적 작용을 일으키므로 그 통로는 금속의 얇은 차폐물체로 방지한다. 따라서 라듐은 순금속 상태에서 사용하지 않으며, 염화물, 황화물 등으로 사용하지만 라듐 용기는 시험물에 노출하는 동안, $\gamma$선이 나올 수 있게 2개의 구멍을 갖게 하고, $1\frac{1}{2}$in 두께의 Pb으로 내벽을 만들지 않으면 안 된다.

### 7) 초음파탐상법(supersonic test)

초음파를 사용하여 금속 내부의 결함을 비파괴적으로 검사하는 방법으로 **투과법**, **반사법**(inpules법), **공진법** 등의 3종이 있다. 초음파는 가청음파 20kc/sec보다 고음파의 음파를 말한다.

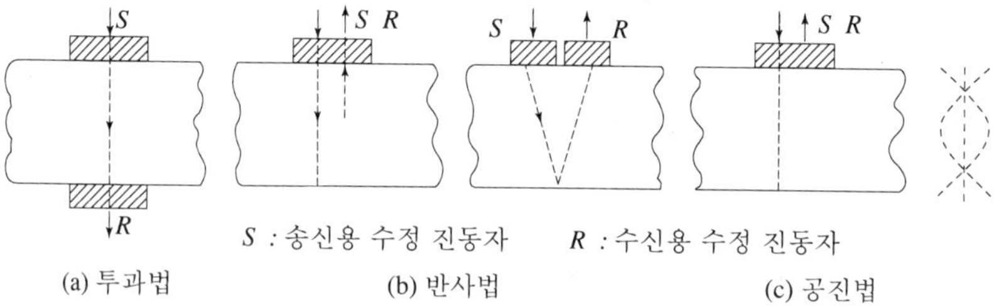


**그림 3.3** 초음파 검사법

그림 3.3은 3가지 검사법의 모양을 나타내고 있다. 사용하는 초음파의 파장이 짧은수록, 즉 주파수가 높을수록 흠 위치의 측정 정밀도, 분해 능력이 증가하나 검출 가능한 거리는 짧아진다. 따라서 목적에 따라 사용 주파수를 선정하는 것이 중요하다.

### 8) 높은 광도를 이용한 핀 호울(pin hole)검사

나비 6~62in의 길고 가는 조작 중의 핀 호울을 지름 0.01in의 작은 것까지 1분간에 1,000ft의 속도로 검출하는 방법이다. 이동하는 가는 조각(strip) 위에서 강한 광선을 쬐고 그 밑에 감광 장치를 설비하여 핀 호울을 찾아 냄으로써 통조림 등의 제관 공업의 품질 향상에 이용된다.

## 3. 화학적 검사

### 1) 해수시험법

검사 재료를 바닷물이나 소금물에 10~20시간 담그어 녹의 생성 상황에 의하여 재료 내의 편석, 균열 및 기타의 결함을 판단하는 방법이다.

바닷물에 의하여 흠이 없는 부분은 부식되지 않고, 흠이 있는 곳에만 녹이 생기는 성질의 것들에 이용되며, 예를 들면 불수강(13Cr강, 18-8강 등)에 적용된다. 흠이 있는 부분은 흑색 산화철(scale)로 덮여 있으므로, 이것이 바닷물로써 수산화철로 변화되며, 이 수산화철은 Fe

보다 비용적이 훨씬 크므로 흠은 점차 커져서 재료면 위에 혹같이 부풀어오르므로 식별할 수 있다.

#### 2) 도금시험법

재료에 도금하면 결함부는 도금상태가 달라지는 것을 이용한 방법이다. 강에는 보통 전기아연도금을 한다. 강관같은 것은 저장 중의 녹을 방지하는 목적을 겸하여 이 시험을 하면 편리하다.

#### 3) 아말감법

심한 가공이나, 주조를 하여 만든 Cu합금, Mg합금 제품은 사용 중 혹은 저장 중에 균열이 생기는 일이 가끔 있는데, 이것을 자연균열(season cracking)이라고 하며, 이 균열의 발생 유무를 검사하려면 잔류응력을 측정하면 되는데 그 판정법으로 아말감(amalgam)법이 있다.

즉, 제일질산수은 100g, 질산(비중 1.24) 1.3cc를 물 1 $l$에 녹인 용액 중에 검사 재료를 담그면 그 표면에 아말감을 만들어 재료를 대단히 여리게 하므로 자연균열을 일으킬 정도의 큰 내부응력이 남아 있는 것은 균열을 일으킨다. 따라서 자연균열을 일으키는 재료를 찾아 낼 수 있다. 자연균열을 방지하려면 230℃ 이하로 가열하여 응력을 제거하거나 유리 구슬(球)에 의한 피이닝(peening)을 하면 좋다.

#### 4) 설퍼 프린트(sulphur print)법

S의 분포를 검출할 수 있어서 편석된 불순물의 분포 상태를 찾아 내고 흠의 검출 등에도 이용된다. 3% 황산 수용액에 사진용 브로마이드(bromide) 인화지를 2분간 담근 후 수분을 닦고 이것을 철강의 검사면에 눌러붙인다. 그러면 철강 중의 황화물과 황산이 반응하여 황화수소가 생긴다.

$$MnS + H_2SO_4 = MnSO_4 + H_2S$$

이 황화수소가 브로마이드의 취화은($AgBr_2$)과 작용하여 황화은을 생성한다.

$$AgBr_2 + H_2S = AgS + 2HBr$$

그 결과 철강의 S이 많은 곳에 접한 인화지는 검은 색으로 변한다. 이것을 오랫 동안 보존하려면 이 인화지를 물로 씻은 후 반드시 붙여서 건조하면 된다.

검사 때에 검사면은 깨끗이 연마 후에 충분히 탈지하여야 한다. 황산액의 농도와 접촉시간을 일정하게 하면 검은 색의 진함과 여림에 의하여 유황량을 판정할 수도 있다. 또 설퍼 프린트는 같은 면을 2회 시험해서는 안 된다. 표 3.4는 설퍼 프린트의 이용 예이다.

**표 3.4** 설퍼 프린트

| 목 적 | 결 함 | 결 과 |
|---|---|---|
| 결함 검출 | 흠검출 | 흠에는 황산이 들어가서 황화수소가 많이 나오므로 흠부만이 검은색으로 나타난다. |
| | 담금질부 검출 | 담금질부는 황화물이 고용체가 되어 확산하므로 설퍼 프린트할 수 없고 흰색으로 나타난다. 뜨임하면 검은색으로 나타난다. |
| | 용접부 검출 | 용접부는 담금질되므로 흰색으로 나타나며, 모재는 검은색으로 나타난다. |
| 편 석 | 고스트 라인 | S이 많은 곳은 P, C도 많고 편석하고 있다. 따라서 이 부분은 단단하고 여리다. |

5) 화학분석시험

검사 재료가 소정의 성분을 갖는가의 여부, 유해성분, 가스 따위를 많이 품는가의 여부를 화학적으로 **정성** 또는 **정량분석**하는 방법이다.

정량분석, 가스분석, 분광분석 등이 그 예이며, 철강에서는 보통 결함검사의 대상이 되는 분석성분은 P, S, Cu, Sn, As 및 $H_2$ 가스 등이다. 표 3.5는 유해 원소와 그 작용을 나타낸 것이다.

**표 3.5** 유해 원소와 그 작용

| 원 소 | 유 해 작 용 | 함유한도(%) |
|---|---|---|
| P | 메짐성 특히 냉간 메짐성, 편석 | <0.04 |
| S | 적열 메짐성, 편석 | <0.04 |
| Cu | 적열 메짐성, 열간 균열 | <0.3 |
| Sn | 메짐성 | <0.06 |
| H | 수소 메짐성, 백점 | <0.0004 |

## 3.2 현미경 검사법

금속학적 원리를 기술 분야에 적용시키려면 제조과정에서 일어나는 조직의 변화와 그 재료의 조직과 성질과의 상호관계를 연구하여야 한다.

금속의 내부 조직을 연구하는 데에 가장 많이 쓰이는 것은 역시 현미경을 이용한 검사법으로 앞장에서 기술한 여러 물리적 검사 중의 한 가지이긴 하지만, 그 중요성은 특별하다. 이 방법으로 금속 입자의 크기, 모양, 배열을 볼 수 있고, 또 금속 중에 여러 가지 상과 조직을 확인할 수 있다. 또한 금속의 조직에 미치는 열처리, 가공 및 기타 처리의 영향을 알 수 있고, 기계적 성질과의 관계도 연구할 수 있다.

현미경 시험은 먼저 시험편(specimen)을 채취하여 그 표면, 또는 절단면을 기계적으로 연마하거나, 전해연마하고, 다음에 연마면을 화학적으로나 전해적으로 부식시킨 후 반사 현미경으로 검사하는 방법이다.

## 1. 시험편의 채취

시험편은 시험 목적에 따라 재료의 어느 부분에서 채취하는 것이 좋은가를 결정한다. 결함의 원인을 알기 위해서는 그 결함이 있는 곳 부근에서 시험편을 채취한다. 압연, 단조한 재료에 대해서는 가로 단면과 세로 단면을 조사한다. 단접 또는 그 후에 열처리한 재료는 그 표면 상태를 알기 위해서는 여러 곳에서 시험편을 채취하는데 일반 조직 시험 재료는 중앙부 및 끝부분에서 채취하며, 냉간압연한 것은 재료 표면이 가공방향과 평행하게 채취한다.

시험편의 채취 장소가 결정되면 절단기나 적당한 공구로 절단하거나, 또는 경도가 높고 메진, 재료는 파괴한다.

이때에 강도가 큰 재료에 대해서는 절단시의 발생열로 시험편이 가열되지 않도록 냉각시켜야 한다.

시험편의 크기는 1~2cm 각(또는 지름)으로 한다. 분말 입자, 얇은 판, 철사, 그 밖의 작은 시험편은 마운팅 프레스(mounting press)를 써서 베이클라이트, 플라스틱, 또는 땜납 등으로 고정시킨다.

## 2. 시험편의 연마

채취한 시험편은 한 쪽 면을 연마하여 현미경으로 볼 수 있도록 만든다. 시험편은 먼저 그라인더, 줄(file) 등으로 표면이 평탄하게 될 때까지 연마한 다음에 손연마(hand grinding)를 한다. 즉, 카버런덤(carborundum) 또는 산화알루미늄 분말로 피복한 에머리 페이퍼(emery paper)를 사용하여 거친 것부터 차례로 연마하되, 매회 그 전의 연마로 생긴 흠(scratch)과 직각방향으로 연마하여 전의 흠이 새로운 방향의 흠으로 없어질 때까지 연마한 다음, 더 고운 에머리 페이퍼로 연마한다.

알루미늄, 납, 주석 또는 이들의 합금과 같이 연한 재료를 연마할 때에는 그 표면에 연마지의 입자가 들어가 박히지 않도록 좋은 질의 미세한 연마지에 파라핀(parraffin)을 바르고, 시험편의 연마된 면에 석유나 벤젠을 묻혀서 연마한다.

마지막 연마(polishing)를 하는 방법에는 회전 연마기(polishing machhine)를 사용하는 기계연마(mechanical polishing)와 전해연마(electrolytic polishing) 또 특수한 경우인 화학연마(chemical polishing)가 있다.

버핑(buffing)이라고도 하는 기계연마는 회전 연마기를 보통 사용하며, 나사, 플란넬 또는 포플린 등의 천을 붙이고, 미세한 산화크롬, 산화알루미늄, 산화철, 산화마그네슘 등의 연마체를 물에 풀어 묻히면서 시험편을 그 면에 가볍게 눌러 연마한다.

전해연마는 연마에 요하는 시간이 짧은 것 등의 잇점이 있다. 이 방법은 시험편을 양극으로 하고 Pb 또는 스테인리스강을 음극으로 하여 전해하며, 시험편 면의 볼록부(凸)에 전류를 집중시켜 융해시킴으로써 평탄한 면을 얻는 방법이다.

전해연마의 조건으로서는 여러 가지 금속에 대하여 많이 제안되어 있으나, 인산(비중 1.4) 50cc＋수산화나트륨 0.5g＋한천(agar-agar) 1g의 전해액을 사용하여 납을 음극(－)으로 20～400Å/dm$^2$의 전류밀도를 사용하면 탄소강, 스테인리스강, 니켈, 알루미늄, 카드뮴, 아연 등을 전해연마할 수 있다.

화학연마는 Pb, Zr 등의 특수한 것에 사용되며, 시험편을 화학약품의 용액에 넣어 전류를 통하지 않고 시험편의 표면을 융해시켜 연마한다. 화학연마는 보통 회전 연마기에서 연마를 한 후에 하는 것이 좋으며 용액의 조성, 농도, 담그는 시간을 적당하게 택하고, 화학연마 후 시험편을 물로 잘 씻어 표면에 남은 용액으로 불균일한 부식이 되지 않도록 주의하여야 한다.

이상에서와 같이 연마를 하여 얻은 시험편의 표면은 현미경 시험을 하면 비금속 개재물의 양과 분포상태는 알 수 있으나, 그 금속 조직을 나타내기 위해서는 시약으로 부식시켜야 한다.

## 3. 시험편의 부식

연마하면 금속면이 평탄하고 잘 반사하는 시험편의 표면을 얻을 수 있으나, 최종 연마 작업의 마멸작용에 의해서 금속이 점성적으로 유동하여 얇은 금속막으로 덮이게 된다. 그러므로 그 금속의 완전한 조직을 얻기 위해서는 이 유동한 표면층을 제거하고, 그 하부의 여러 조직 성분을 노출시키기 위하여 부식시켜야 한다.

여러 가지 부식제(etching regent)가 많은 금속의 현미경 조직을 나타내기 위해 사용되고 있으나, 일반적으로 부식제는 유동한 표면층을 녹이고 하부 금속을 침식용해시킨다. 부식제는 대단히 선택적이어서 여러 방향을 가진 결정은 서로 다른 정도로 부식시키고, 결정입계는 결정면보다 빨리 부식시키며, 또 서로 다른 조직 성분은 다른 속도로 부식시킨다.

이와 같이 해서, 시험편에 요철이 생겨 서로 다른 높이의 볼록부(凸), 다른 방향으로 부식된 오목부(凹)가 차별 효과를 나타냄으로써 금속의 조직을 노출시킬 수 있는 것이다.

그림 3.4는 순금속의 부식도와 현미경 조직과의 관계를 설명하였다. 광선이 시험편에서 반사하여 현미경을 지나서 관찰자의 눈에 들어오는 곳은 밝게 보이고, 반사광의 강도가 침식된

면에서는 산란되어 약해진 곳이므로 조금 밝게 보이며, 광선이 반산하여 현미경 통으로 들어오지 않는 곳은 검게 보인다. 그림 3.4(a)는 광선이 연마면에서 반사하여 눈에 들어오기 때문에 조직이 나타나지 않으며, (b)의 ①은 부식해서 유동한 금속을 없애고 입계가 결정면보다 빨리 부식된 것이며, ②는 광선이 결정입계에서 옆으로 반사하여 눈에 들어오지 않기 때문에

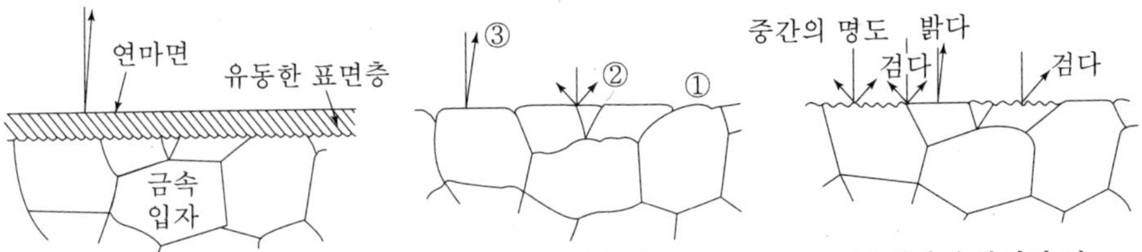

(a) 부식되지 않는 것 (b) 중간의 명도 (c) 심하게 부식된 것

**그림 3.4** 순금속의 부식과 현미경의 조직

**표 3.6** 현미경 조직 시험의 부식제

| 재 료 | 부 식 재 | | |
|---|---|---|---|
| 철강 | 질산 알콜 용액—진한 질산 5cc, 알콜 100cc | | |
| | 피크린산 알콜 용액— | 피크린산<br>알콜 | 5g<br>100cc |
| 구리, 황동, 청동 | 염화제이철 용액— | 염화제이철<br>진한 염산<br>물 | 5g<br>50cc<br>100cc |
| Ni 및 그 합금 | 질산 초산 용액— | 질산(70%)<br>초산(50%) | 50cc<br>50cc |
| Sn 합금 | 질산 용액 및 나이탈— | 질산<br>알콜 | 2cc<br>100cc |
| Pb 합금 | 질산 용액— | 질산<br>물 | 5cc<br>100cc |
| Zn 합금 | 염산 용액— | 염산<br>물 | 5cc<br>100cc |
| Al 및 그 합금 | 수산화나트륨액— | 수산화나트륨<br>물 | 20g<br>100cc |
| | 불화수소산— | 10% 수용액 | |
| Au, Pt 등의 귀금속 | 왕수— | 진한 질산<br>진한 염산<br>물 | 1cc<br>5cc<br>6cc |

검게 보이고, ③은 광선이 평면에 쬐어 반사해서 눈에 들어오기 때문에 밝게 보일 때이며, (c)는 부식을 심하게 하여 표면 요철이 생기고, 서로 다른 방향의 입자는 다른 속도로 부식되어 각각 다른 반사광선을 가질 때이다.

현미경 조직을 나타내기 위해서는 화학적, 또는 전기 화학적으로 부식시키거나 가열 산화하여 착색시킨다. 여러 가지 금속재료에 사용되는 부식제를 표 3.6에 각각 나타내었다.

즉, 부식제로서는 산, 알칼리, 염이 많은 용액이 사용된다.

## 4. 시험편의 현미경 조직 검사

시험편의 연마와 부식이 끝나면 금속현미경(metallurgical microscope)으로 조직을 검사한다.

금속조직을 검사 연구하는 학문을 특히 **금속조직학**(metallography)이라 하며, 금속공학의 중요한 분야의 하나이다.

현미경으로 금속 조직을 검사함에 있어서 가장 중요한 것은 그 시험편의 진정한 조직을 얻을 수 있도록 시험편을 준비하고 그 조직을 정확하게 판별하는 것이다. 이 조직 검사에 의하여 조직과 그 재료의 여러 가지 성질과의 관계를 알 수 있으며, 또 제조 과정, 열처리, 기계적 처리 등의 영향을 연구할 수 있고, 또한 어떠한 성질을 얻기 위해서는 어떠한 처리 방법을 취해야 하는가를 알아 낼 수도 있다.

또한, 진보된 오늘날의 광학 기계에 의해 다른 물리적 측정으로는 얻을 수 없는 지식을 얻을 수 있으며, 특히 X선 등, 기타의 측정법으로 검사할 수 없는 정도의 미량의 변화에 대한 검출, 미소존재물의 부식, 착색에 의한 감별, 합금내에서 불균일하게 진행하는 변화양상에 대한

그림 3.5 금속현미경

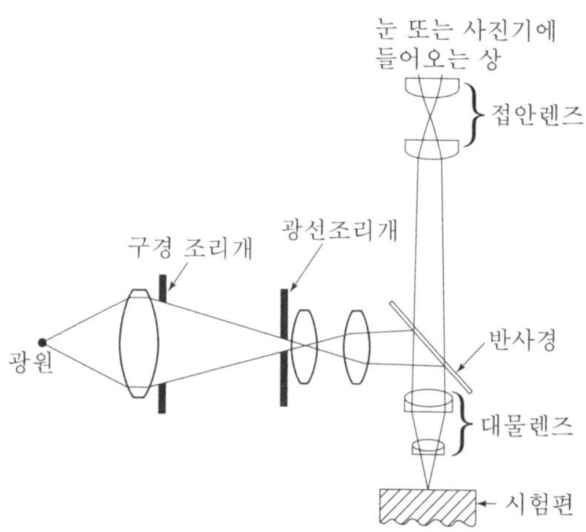


그림 3.6 금속현미경의 원리

검토 등에 유리하게 이용할 수 있다.

그림 3.5에서 금속현미경이 보여 주듯이, 금속현미경은 현미경대(stand) 위에 광학 부품이 들어 있는 가동경통(movable tube)과 **수직 조명장치**(vertical illuminator)가 붙어 있다. 금속은 불투명체이므로 반사광으로 보아야 하며, 조명장치로써 시험편을 쬐는 것이 금속현미경의 특징이다.

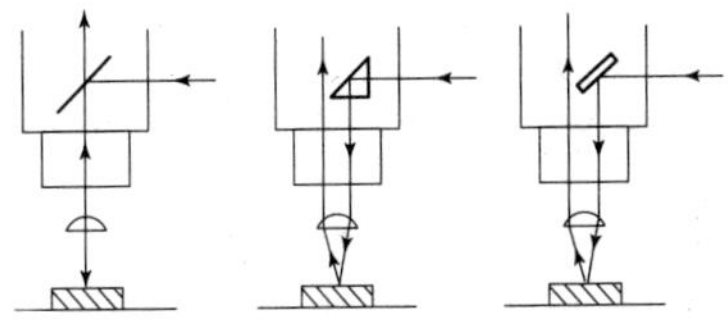

(a) 반사식 (b) 프리즘식 (c) 반사식

**그림 3.7** 수직 조명장치

그림 3.6은 금속현미경의 원리를 설명한 것으로, 대물렌즈와 접안렌즈는 가동경통의 아래위에 각각 배치되어 있으며 두 렌즈 사이에 수직 조명장치로부터 들어오는 광선을 시험편에 쬘 수 있도록 광선의 방향을 수직되게 바꾸는 반사경이 있다. 즉, 조명장치에서 들어오는 광선은 반사경에서 반사되어 시험편에 쬐어지며, 시험편의 요철이 앞의 그림 3.4에서 설명한 바와 같이 대물렌즈 및 접안렌즈에 의해 확대되어 밝게 보이는 부분과 검게 또는 어둡게 보이는 부분으로 나타난다.

금속현미경의 특징인 수직 조명장치(vertical illuminator)는 그림 3.7과 같으며, 광원에서 들어온 입사광이 45° 로 입사하면 일부는 시편에서 다시 반사되어 눈에 보이고 일부는 접안렌즈에 직접 반사하여 들어가서 금속 조직을 볼 수 있게 되어 있다. 이때 사용되는 반사경 대신으로 직각 프리즘(prism)을 사용할 수도 있으며, 그림 3.7에서 (a)와 (c)는 반사식을, (b)는 프리즘식을 보여 준다.

**표 3.7** 현미경의 종류와 용도

| 종 별 | 형 식 | 피검면준비 | 특 징 | 배 율 | 용 도 |
|---|---|---|---|---|---|
| 보통금속 현미경 | 반사식 | 정마후부식 (精磨後腐蝕) | 일반현미경 검사용 | 보통 <1,000 | 조직, 결정 입도, 비금속 개재물, 결함 등의 검출 |
| 암시야 현미경 | 반사식 | 정마후부식 | 암시야 조명 음영이 명확 | 500 | 공극, 균열, 슬래그, 탄화물의 입체적 관찰 |
| 편광 현미경 | 반사식 | 정마후부식 | 조합 프리즘으로 편광 조명 | 500 | 결정 발달 방향의 관찰 |
| 위상차 현미경 | 반사식 | 정마후부식 | 위상차로 명암 또는 색의 차를 생기게 함. | 300~500 | 낮은 홈, 요철, 탄화물, 퍼얼라이트 등을 명확하게 관찰 |
| 전자 현미경 | 반사식 | 정마후부식 레플리커작성 후 Al 증착 | 전자선을 전자렌즈로 확대함. | 100,000 | 조직을 초고배율로 관찰 |

금속 시편의 조직을 볼 수도 있고, 사진으로 찍을 수도 있는 현미경 사진기(metallograph)는 금속현미경에 고광도 조명장치와 사진기가 붙어 있는 것으로 **현미경사진**(photomicrograph)은 이것으로 찍는 것이다.

보통 금속 현미경, 또는 현미경 사진기 이외에도 특수한 조명법이나 시료의 처리법 등을 여러 가지로 고안하여 금속 조직의 연구에 실용화되고 있는 것에는 여러 특수 현미경이 있다.

## 5. 특수 현미경

### 1) 고온 현미경

시료를 진공 중에서 가열하여 **열간부식**(thermal ctching)에 의하여 나타나는 조직을 관찰하고, 그 온도에서 시료에 일어나는 여러 가지 변화를 볼 수 있으므로, 합금의 상변화의 연구에 이용되고 있다. 시료를 진공 중에 넣는 것과 현미경 본체가 가열되지 않도록 하기 위하여 대물렌즈와 시료의 거리는 보통의 현미경보다 상당히 떨어져야 하므로 특별히 설계한 작동거리가 긴 대물렌즈가 필요하다.

### 2) 편광현미경(polarizing microscope)

편광을 사용한 현미경으로, 금속현미경에 편광 장치가 부설된 것이다. 광물이나 암석의 광학적 관찰, 또는 화학공업용에 많이 이용된다.

금속 중에서 Zn, Zr, U과 같이 이방성을 가진 금속에는 **편광**을 사용하면 부식(etching)하지 않고서 결정입자의 구별 및 상을 식별할 수 있다. 편광이 특히 유용한 작용을 할 수 있는 것은 부식하여도 조직이 나타나기 곤란한 U 및 Zr에서의 검사이다. 이 편광현미경에는 교차니콜(nicol)을 사용함으로써 시야가 어둡게 되므로 아크등(arc lamp)과 같은 강력한 광선이 필요하다.

Al, Fe 등과 같은 등방성 금속에도 양극 산화가 산화 피막을 만들거나 또는 깊이 부식되어 특정된 결정면이 나오거나 하면 반사광이 편광되므로 편광현미경으로써 효과적으로 사용할 수 있다.

### 3) 전자현미경(electron microscope)

보통 광학현미경은 광선의 반사광으로 사용할 수 있는 한도가 약 20~2,000배 정도로 되어 있으나, 전자현미경은 3,000배 이상 수 만 배의 조직 사진을 찍을 수 있다.

현미경에서 물체를 확대하여 상으로 나타낼 수 있는 노출 능력은 사용하는 광선의 파장과 관계가 있으며 5,000Å의 광선을 쓰는 보통의 현미경보다는 3,000Å을 쓰는 초자외선 현미경(ultraviolet microscope)이 노출 능력이 더 크다.

더 작은 파장을 가진 전자파를 이용하여 조직을 확대하는 데 이용되고 있는 것이 전자현미

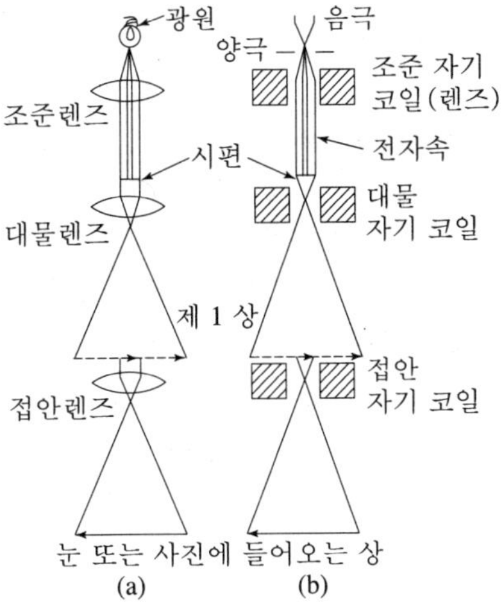


**그림 3.8** 광학 현미경과 전자 현미경의 원리 비교

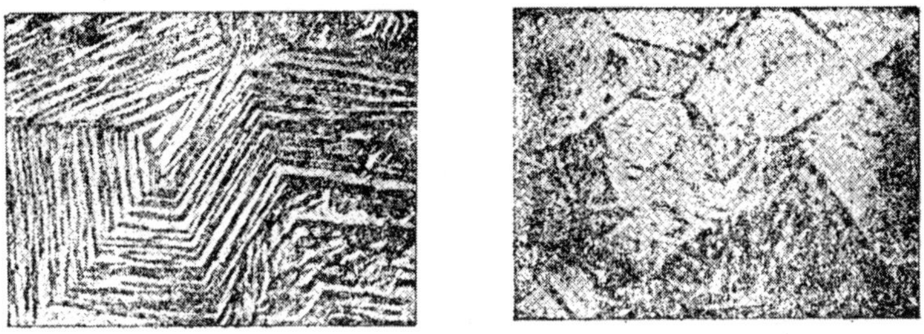

(a) (b)

**그림 3.9** 전자현미경 사진과 광학현미경 사진의 비교

경으로써, 현재 전자현미경의 노출 능력은 약 20Å이나 실제 금속 공학에 이용되는 값은 이 값의 10배 정도이다. 약 50,000볼트의 높은 전압으로 발생되는 전자파가 시험편에 쬐게 되면 시험편에 선택적으로 흡수되고, 통과한 전자파는 대물렌즈에서 확대되어 형광성 막에 상으로 보이게 되거나, 또는 사진 건판에 감광된다. 금속은 전자를 흡수하는 힘이 크므로 실제로는 금속 시편을 전자현미경에 쓸 수는 없고, 레플리카(replica)라 하여 원래의 금속 시료면의 요철(凹凸)을 복제한 얇은 막을 쓰는 것이 보통이다.

그림 3.9의 (a)는 레플리카법으로 얻은 전자현미경 사진이고, (b)는 이것과 비교하기 위한 광학현미경 사진이다.

전자현미경은 전자파가 시료를 통과하지 않으면 안 된다는 점에서 광학현미경과 큰 차이를 가지고 있으나 요즈음의 전자현미경은 상당히 낮은 배율에서 높은 배율까지 마음대로 변화시킬 수도 있고, 또한 고온상태의 시료를 반사법으로 관찰할 수도 있다. 전자현미경은 광학현미경보다 선명한 사진을 찍을 수 있고 또 입체사진도 얻을 수 있다.

### 6. 현미경 시험을 위한 특수시료 처리법

산화 피막을 만들기 쉬운 U, Zr, Ti 등을 연마 후 가열 착색(heat tinting)하거나 공기 중에서 산화 착색하여 현미경 시험을 함으로써 각 결정입자와 각각의 상을 식별할 수 있으며, 또 **스테인 부식**(stain etching)이라 하여 전해부식해서 각 상을 생성피막에 의하여 착색하는 방법과 확산층과 같이 조직 변화가 얇은 층으로 나타날 때에, 표면층을 작은 각 $\alpha$로 면에 따라 절삭시켜 연마하여, $d$의 두께 층이 $\dfrac{d}{\sin\alpha}$가 나타나게 하는 **경사단면법**(taper sectioning) 등이 있다.

## 3.3 그 밖의 검사법

### 1. 불꽃 검사법

금속재료를 간단 신속하게, 대략적인 성분을 선별하는 방법으로서 널리 보급되어 있는 것에는 불꽃 검사가 있으며, 그 종류는 많으나 가장 보편적인 방법은 연삭 숫돌에서 불꽃(grinding spark)을 보는 방법이다. 표 3.8은 불꽃 검사의 종류를 비교하였으며, 그 대표적인 불꽃 검사만을 주로 해서 생각해 보자.

**표 3.8** 불꽃 검사법의 종류

| 종 류 | 요 령 |
|---|---|
| (1) 그라인더 불꽃시험 | 회전 그라인더에 의해서 생기는 불꽃의 형태에 의해서 피검재의 C% 및 특수원소의 존재를 판정한다. |
| (2) 분말 불꽃시험 | 피검재의 고운 가루를 전기로 또는 가스로 중에 뿌려서 그때 생기는 불꽃의 색, 형태, 파열음을 관찰 청취해서 강질을 검사 판정한다. |
| (3) 매입시험 | 그라인더에서 비산하는 연삭 분말을 유리판 위에 매입해서 그 크기, 색, 형상 등을 현미경으로 관찰해서 강종을 판정한다. |
| (4) 페렛시험 | 그라인더에 의한 연삭 분말 중 구상화한 것을 페렛이라고 한다. 그 색, 형상은 강종에 따라서 다르다. 이것에 의해서 판정한다. |

#### 1) 그라인더 불꽃 검사법

철강재료는 연삭 숫돌에서 연삭할 때 마찰열로 인하여 높은 온도로 가열된 상태에서 공기 중에 발산되므로 산소와 반응하여 연소 발열하여서 불꽃으로 된다. 이 불꽃(spark)의 모양은 그 금속의 종류, 성분 등에 따라 다르므로, 이것을 관찰할 때에는 이미 알려진 금속의 불꽃과 비교하든가 또는 경험에 의하여 판단한다.

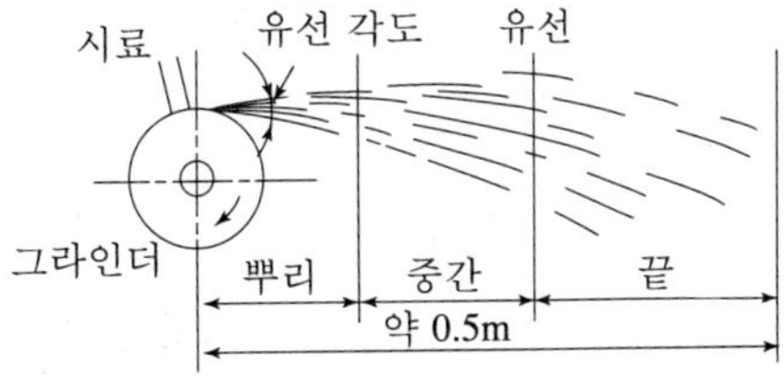


**그림 3.10** 불꽃의 전체에 대한 명칭

그림 3.10은 불꽃 전체에 대한 각부 명칭을 나타내었다. 검사는 언제나 같은 방법, 같은 조건하에서 하여야 하며, 연삭숫돌(grinding wheel)은 불꽃을 잘 볼 수 있는 실내에서 시험편을 일정한 압력으로 숫돌(grinder)에 압착하여서 대며 그때의 연마 면적 및 힘 등은 물론 같아야 하고, 그 대체적인 기준은 유선이 약 0.5m의 길이가 되는 것이 좋다. 불꽃은 수평으로 생기도록 하고 이것을 뒤쪽 또는 옆면에서 관찰하며, 그 전체를 보는 것이 아니고 유선의 한 개 한 개를 관찰하여야 하며, 그림 3.10과 같이 유선을 3부분으로 세분해서 검사한다.

불꽃 시험에서 재료의 종류를 판단할 경우에는 다음과 같은 방침을 세우고 진행하는 것이 좋다.

(1) 불꽃이 발생하느냐 안 하느냐에 따라 철계인지 비철계인지를 분류한다.
(2) 불꽃 형태로부터 강인지 주철인지를 분류한다.
(3) 강일 경우에는 불꽃의 많고 적음에 따라 탄소강을 추정한다.
(4) Ni, Cr, Mo, W, Co, V 등의 특수 원소의 유무를 관찰하면서 탄소강인지 특수강인지를 구별한다.
(5) 특수강일 경우에는 구조용 강인지, 표면 경화용 강인지, 스테인리스 강인지, 공구강인지를 구별한다.
(6) 유선이 시작하는 뿌리(근원)부에서 주로 C 또는 Ni의 적은 양을 구분한다.

**표 3.9** 불꽃 검사용 연삭숫돌 및 사용조건(예)

| 연 삭 숫 돌 | 사 용 조 건 |
|---|---|
| 1. 숫돌재료 | A 또는 WA |
| 2. 입 도 | 36~40 |
| 3. 결 합 도 | Q |
| 4. 결 합 법 | V 및 R |
| 5. 숫돌지름 | 8~10in |
| 6. 회 전 수 | 1,500~3,600rpm |
| 7. 주 속 도 | dir 1,200m/min |
| 8. 전 동 기 | 0.2~0.4kW |

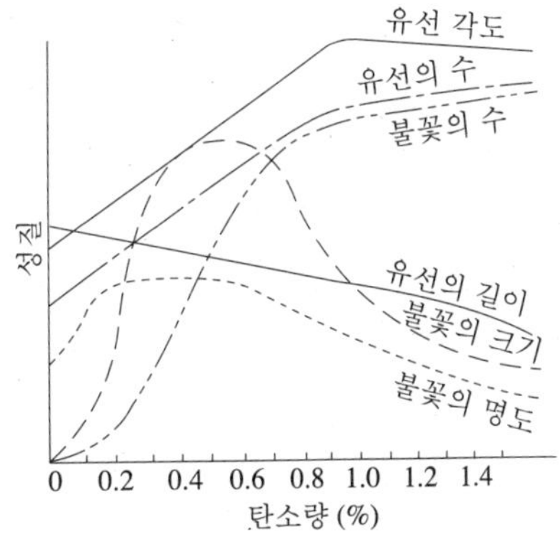


**그림 3.11** 탄소강의 C%와 불꽃의 특성

(7) 유선의 중앙부의 색과 불꽃의 형태로서 Ni, Cr, Mn, Si, C, Al, V 등을 식별하도록 한다.

(8) 유선의 맨 끝에서 그 형태와 파열이 생기는가에 따라 Mn, Mo, W 등의 특징을 판정한다.

### 2) 분말 불꽃 검사법

그라인더 불꽃(grinder spark)법에서는 시료의 연삭과 가열 발화가 행해진다. 그러나 분말법에서는 이것을 따로 따로 조작한다. 즉, 시료의 분말을 전기로 또는 가스불꽃에서 가열 발화시킨다. 그라인더법이 순간적임에 반하여 분말 불꽃 검사법은 속도가 늦고 서서히 진행되므로 불꽃 현상을 잘 관찰할 수가 있고, 또 Cu 합금, 경합금 등에도 적용되며 폭발음, 불꽃 색깔 등을 관찰하기도 편리하다.

판정 방법은 대체로 그라인더법과 같으며, 시료 분말의 제조는 시료를 중간 줄(file)을 사용해서 분말로 만들고, 줄은 시료가 변화할 때마다 청소한 후 사용하여야 한다.

분말을 가열 발화시키는 데에는 그림 3.12에 나타낸 전기로를 사용하는 때와 그림 3.13과 같이 가스 불꽃을 사용할 때가 있으며, 전기로는 실험실에서 잘 사용하며, 가스 불꽃은 현장에서

**그림 3.12** 전기로를 이용한 분말 불꽃 검사 장치

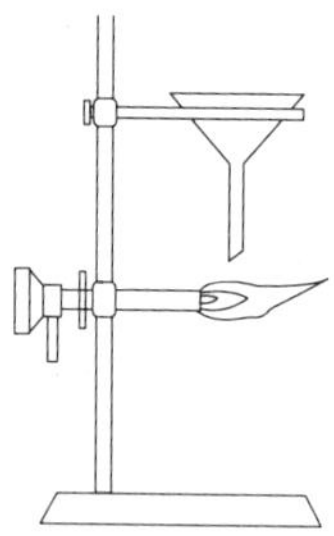

**그림 3.13** 가스불꽃을 이용한 불꽃 검사 장치

**표 3.10** 탄소강의 불꽃 특성

| C% | 유선 | | | | | | 꽃 | | | 파열음 |
|---|---|---|---|---|---|---|---|---|---|---|
| | 색 | 명암 | 길이 | 굵기 | 파장 | 창끝 | 크기 | 형 | 양 | |
| 0 | 황백색 | 어둡다 | 길 다 | 굵 다 | 없음 | 있음 | 없 다 | 없다 | 없 다 | 없다 |
| 0.1~0.2 | ↓ | | | | 없음 | 있음 | | 2~3개 파열 | | 없다 |
| 0.3~0.4 | | | | | 있음 | 없음 | | 큰별모양 | | 밝다 |
| 0.5~0.6 | | | | | 명백 | 없음 | | 별모양 | | 밝다 |
| 0.7~0.9 | | | | 굵 다 | 명백 | 없음 | | 국화모양 | | 밝다 |
| 0.9 이상 | | 밝 다 | | | 명백 | 없음 | 크 다 | 국화모양 | | 밝다 |
| 1.5 | 적색 | 어둡다 | 짧 다 | 가늘다 | 명백 | 없음 | 작 다 | 국화모양 | 많 다 | 밝다 |

자주 사용된다. 가스 불꽃에서 쓰는 가스는 석탄가스, 아세틸렌 가스 등이다. 표 3.10은 탄소강의 불꽃 특성을 나타낸 것이다.

## 2. 접촉열 기전력 검사

열기전력, 즉 열전대와 같은 원리를 응용한 것으로, 서로 다른 두 종류의 금속의 양끝을 접촉시켜 그 접점 사이에 어떠한 온도차를 주면, 그 회로에 열기전력이 생기며, 그 크기는 금속의 종류와 온도차에 따라 다르다.

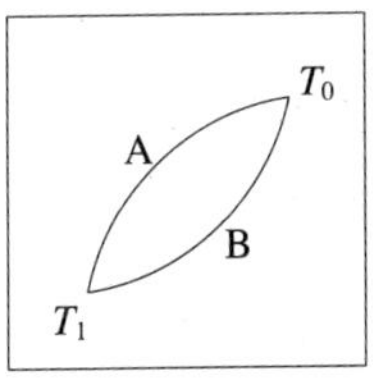


**그림 3.14** 열기전력원리도

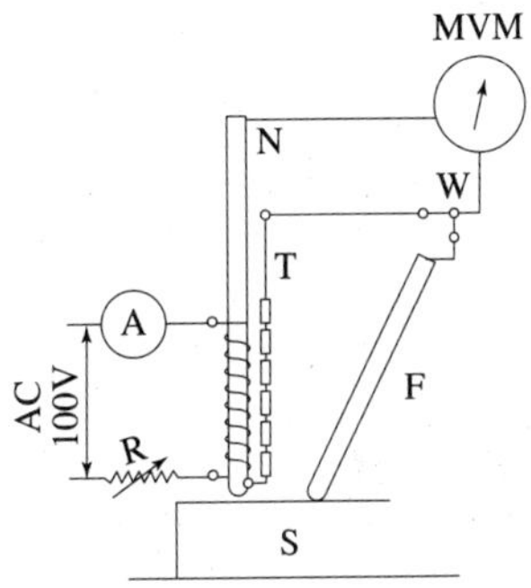


**그림 3.15** 열기전력 감별 장치도

그림 3.14의 A, B를 열전대 금속, $T_0$, $T_1$을 두 접점온도라고 하면,

발생하는 열기전력 $E$는,

$$E = \alpha(T_1 - T_0)$$

여기서 $\alpha$ : 상수

그러므로 $(T_1 - T_0)$를 일정하게 하면, $E$는 $\alpha$가 되며, 즉 금속 A, B의 종류에 의해서 달라진다는 원리를 이용한 것이다. 따라서 A를 일정한 재질의 금속을 사용하면 $E$를 측정함으로써 B 금속을 알 수 있다.

그림 3.15는 이 원리에 의해서 만들어진 감별 장치이다. N은 앞의 원리도에서 A 금속에 해당하는 기준봉이며, 순동을 사용한다. 이 N 아래 부분 끝을 200℃까지 가열되어 지속할 수 있도록 전열기를 붙이고, 전원에서 가변저항기 R을 통하여 조작하게 하고, 이것을 감정하려는 시료 S에 접촉시킨다. 또한 N의 위 끝 부분은 도선을 통하여 미터(meter) MVM의 (−)쪽에 접촉시킨다. F는 검사봉으로 구리로 만든 접촉봉이며, 그 아래 부분은 N의 아래 끝 부분과 같이 시료와 접촉하게 하고, 위 끝 부분은 도선 및 교환 스위치(switch) W를 통하여 MVM의 (+)

쪽에 접촉시킨다. 시험할 재료인 S에 N 및 F의 맨 끝을 접촉시키면 그 좁촉점 사이에 온도차가 있기 때문에 N-S-F-MVM회로에 열기전력이 발생하며, MVM의 지침이 r값을 표시한다. T는 콘스탄탄(constantan)선이며, 한 끝은 N의 아래 끝 부분에, 다른 끝은 W를 통하여 MVM의 (+)쪽에 접촉하여, N과 Cu 콘스탄탄 열전대를 형성시킨다. 이것으로서 N의 선단 온도를 측정할 수 있게 한다. 실제로 감별시에는 N의 선단 온도는 120℃ 정도가 가장 좋다.

이 접촉 열기전력 검사 방법은 강재는 물론, 특히 비철 합금까지 광범위하게, 또 시료를 파괴시킴이 없이 판별할 수 있기 때문에 아주 편리한 방법이다.

### 3. 시약 반응법

산을 떨어뜨렸을 때의 반응에 의해 판정하는 **산부식법**과 점적반응에 의해 나타나는 색깔에 의해서 재료 중의 특수한 적은 양의 성분을 검출하는 **점적반응법**이 있다.

## 3.4 기계적 시험

### 1. 인장시험

인장시험(tension test)은 소정의 형태로 만든 시험편을 시험기에 물려 놓고 시험편에 서서히 인장력을 가하면서 기계적인 여러 성질을 측정하는 것으로 인장강도 외에 항복점, 내력, 연신율, 단면 수축률의 측정도 동시에 할 수 있고 또 탄성한도, 탄성계수, 응력-변형곡선 등을 구할 수도 있다.

인장시험에 쓰이는 시험편은 원봉상 또는 판상의 것이 있으며, KS B 0801에 규정되어 있고, 또 시험방법에 대하여서는 KS B 0802에 규정되어 있다.

그림 3.16은 인장시험편의 대표적인 것을 보여 주며, 시험기에 고정되는 시험편 끝부분 근처에 응려깅 집중되어서 단순한 인장에 의한 변형과는 다른 거동을 나타내므로 시험편 끝부분은 굵게 하여서 측정하려는 부분에만 단순한 인장에 의한 변형이 생기도록 한 모양으로 되어

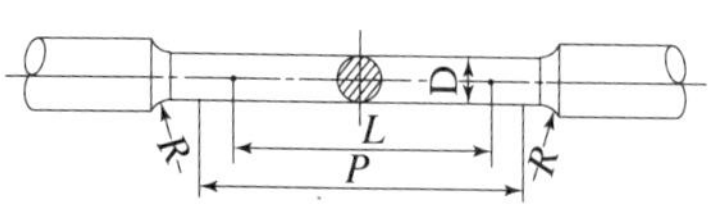


표점거리 $L = 50$ mm 지름 $D = 14$ mm
평행부 길이 $P = 60$ mm
모서리 반지름 $R = 15$ mm

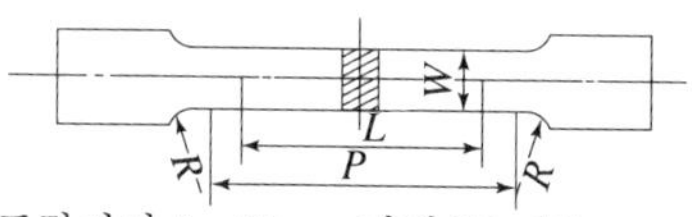


표점거리 $L = 50$ mm 나비 $W = 25$ mm
평행부 길이 $P = 60$ mm
모서리 반지름 $R = 15$ mm 이상

**그림 3.16** 인장 시편

있다. 측정 부분은 단면적을 일정하게 절삭하고, 이 부분에서 연신을 측정하는 기준 길이를 설정하며, 이것을 표점거리라 한다.

$$\text{표점거리} = 4\sqrt{\text{원단면적}}$$

으로 정하여 사용하는 것이 일반적이다.

### 1) 항복점(yield point)

인장시험을 하는 도중 초기 단계에서는 시험편 평행부가 하중의 증가에 비례하여 늘어나나, 일정한 한도에 달하면 하중을 그 이상 증가시키지 않아도 계속 늘어난다. 즉, 하중을 제거한 후 명백한 영구변형이 인정되기 시작한다. 이러한 점을 **항복점**이라 한다.

### 2) 내력(yield strength)

인장시험때에, 규정된 영구변형을 일으킬 때에만 하중을 평행부의 원단면적으로 나눈 값을 항복값이라 하지만 연강과 같이 항복 현상이 뚜렷하게 나타내는 것 이외의 재료에 있어서는, 항복값 대신에 0.2%의 영구변형을 일으키는 응력을 내력으로 규정한다.

### 3) 인장하중

인장시험을 하는 도중 시험편이 견디는 최대 하중을 말한다.

### 4) 연신율(elongation percentage)

연신율은 인장시험을 할 때 먼저 시험편이 파괴되기 직전에 있어서의 표점(gauge marks) 거리를 측정하고, 늘어난 후의 거리 $L'$(mm)와 처음의 표점거리 $L$(mm)과의 차를 처음의 표점거리 $L$로 나눈 값을 백분율(%)로 나타낸 것을 말한다.

$$\varepsilon = \frac{(L' - L)}{L} \times 100(\%)$$

### 5) 단면수축율(reduction of area)

인장시험을 할 때 시험편이 파괴되기 직전에 있어서의 최소단면적 $A$와 원단면적 $A_o$와의 차를 원단면적에 대한 백분율로 나타낸 것을 단면수축률이라 한다.

$$\phi = \frac{A_o - A}{A_o} \times 100(\%)$$

### 6) 인장강도

시험편에 하중을 가하여서 시험편이 절단되었을 때의 하중, 즉 최대의 인장하중을 시험편 평행부의 원단면적으로 나눈 값을 인장강도라 한다.

즉, 재료의 강도는 단위면적에 대한 최대 저항력으로 나타낸다.

### 7) 응력-변형곡선

금속재료의 강도를 알기 위한 인장시험에서는 시험편을 인장하는 힘의 크기와 시험편의 연신이 기록된다. 이것은 하중과 연신율을 좌표축에 취하면 연강과 같은 경우는 그림 3.17과 같이 된다.

이와 같이 응력(stress)이 커지면 변형량(strain)도 커지며, 그 재료가 견딜 수 없는 응력에 도달하면 드디어 파단한다. 이렇게 응력과 변형량 사이의 변화를 표시하는 그림을 **응력−변형곡선**(stress−strain curve)이라 한다.

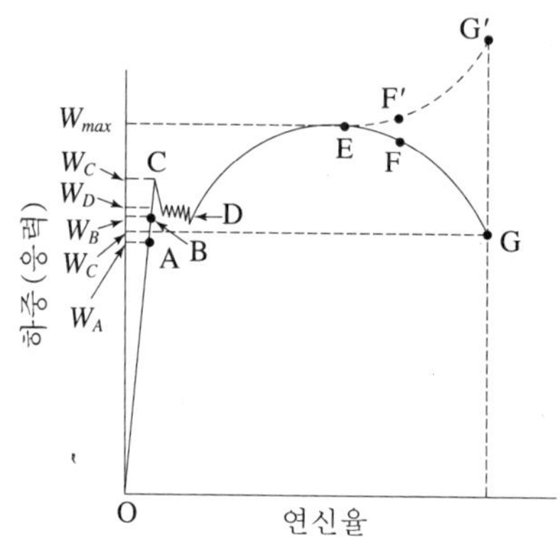


**그림 3.17** 응력-변형곡선

그림 3.17의 곡선에 있어서, OA는 직선으로 표시되어 있으므로, 외부에서 걸리는 하중과 재료의 연신이 비례하고 있는데, 이 A점의 하중 $W_A$를 시험편에 원단면적 $A_o$로 나눈 값을 비례한도(proportional limit)라고 한다.

또, OA 구간을 넘어서 다시 하중을 증가시키면 연신량도 증가하는데, OB구간의 연신은 탄성적인 연신이므로 하중을 제거하면 길이도 처음 상태로 되돌아가는 한계하중 $W_B$를 시험편의 원단면적 $A_o$로 나눈값을 **탄성한도**(elastic limit)라고 한다. 일반적으로 비례한도와 탄성한도는 서로 가까운 값이므로 탄성한도를 비례한도와 같이 취급하는 경우가 많다.

B점보다도 하중을 증가하면 응력-변형곡선은 비례관계에서 벗어나, C점에서 하중이 급격히 감소하고 D점의 하중이 된다. D점에서는대체적으로 하중이 일정하지만 서험편이 쭉 늘어나는 현상이 된다. 이와 같은 현상을 재료의 항복현상이라고 하며, C점의 하중 $W_C$를 원단면적 $A_o$로 나눈 값 $\left(\frac{W_C}{A_o}\right)$을 **상부 항복점**(upper ield point), D의 하중 $W_D$를 원단면적 $A_o$로

나눈 값 $\left(\frac{W_D}{A_o}\right)$을 **하부 항복점**(lower yield point)이라고 한다.

항복이 시작되면 시험편은 변형으로 인하여 경하하므로, 가늘게 되어도 하중은 증가하여 E점에서 최대로 되고, 이 점에서 국부적인 수축 현상을 일으켜 G점에서 드디어 파단한다. 시험편이 견딜 수 있는 최대하중 $W_{max}$를 시험편의 원단면적 $A_o$로 나눈 값이, 즉 **인장강도**(tensile strength)로서,

$$\sigma_B = \frac{W_{max}}{A_o} \ (\mathrm{kg/mm^2})$$

이다.

그림 3.17에서 아는 바와 같이, 최대하중의 경우에는 시험편은 늘어나서 그 단면적이 작아졌으므로 이 강도는 참된 최대응력을 나타내지 못하고 있으며, 편의상으로 정한 값인 것이다. 참된 파단응력은 G점이므로 $\frac{W_G}{A_o}$의 값이 된다.

그림 3.17에서 G점이 E점보다 하중이 감소되어 있는 것은 단면적의 감소로 인한 것이며, 참된 단위면적당으로 생각하면 F′G′곡선과 같이 증가한다.

그림 3.18에서 보는 바와 같이 연강처럼 항복점이 분명한 것 이외의 재료에서는 항복점 대신에 그림 3.19와 같이 0.2% 변형(strain)이 생기는 점에서 직선부에 평행선을 긋고 곡선과의 만나는 곳을 항복점이라 함은 앞에서 설명한 바와 같다.

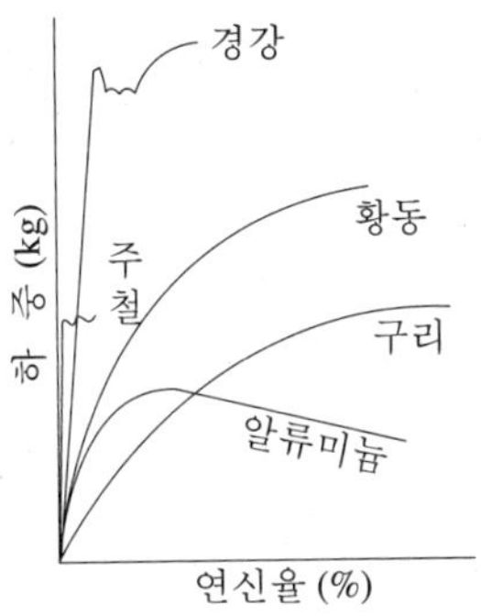


**그림 3.18** 각종 재료의 응력-변형곡선 비교

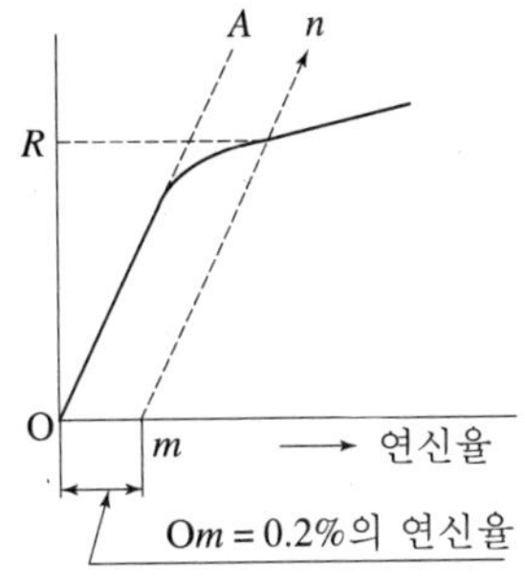


**그림 3.19** 항복점의 결정방법

8) 시험기(testing machine)

인장시험기로는 인장 외에 압축, 굽힘의 시험 등도 겸할 수 있는 **만능 시험기**(universal tester)를 많이 사용하며 힘을 가하는 방법에 따라서 유압식, 지렛대식, 펜듈럼(pendulum)식

등이 있고, 기계의 용량은 그 최대능력으로 표시되는데, 많이 쓰이는 것은 30~50t 정도이고 대표적인 것에는 암슬러(Amsler)형 만능 재료 시험기가 있다.

## 2. 압축시험(compression test)

압축력에 대한 재료의 저항력, 즉 항압력을 시험함으로써 압축강도, 비례한계, 항복점, 탄성계수 등을 결정한다.

압축강도는 메진 재료를 시험하였을 때 잘 나타난다. 그러나 연성 재료에 있어서는 파괴를 잘 일으키지 않으므로 압축강도를 측정하기 곤란해지므로, 편의상 시편의 주위에 균열이 생길 때, 즉 균열이 발생하는 응력을 압축강도로 취급한다. 압축시험은 주로 내압에 사용되는 재료인 주철, 베어링용 합금, 벽돌(연와), 콘크리트, 목재, 타일, 플라스틱, 경질고무 등에 사용된다.

압축시험은 하중의 방향이 다를 뿐 인장시험과 똑같으며, 시험기는 일반적으로 암슬러형 만능 재료 시험기가 사용된다.

압축시험은 하중의 방향이 다를 뿐 인장시험과 똑같으며, 시험기는 일반적으로 암슬러형 만능 재료 시험기가 사용된다.

압축시험에서 필요한 시험편의 길이 $l$과 단면 지름 $d$의 비는,

$$l=(1\sim3)d$$

정도이며, 압축응력, 압축률, 단면변화율은 하중을 $\rho$라 하고 지름을 $d$라 하면 원래의 시편의 높이를 $h_1$, 원래 시편의 단면적을 $F_0$, 변화 후의 단면적을 $F$라 하면,

$$\text{압축응력}(\sigma_c)=\frac{\rho}{F_0}=\frac{\rho}{\frac{\pi}{4}d^2}$$

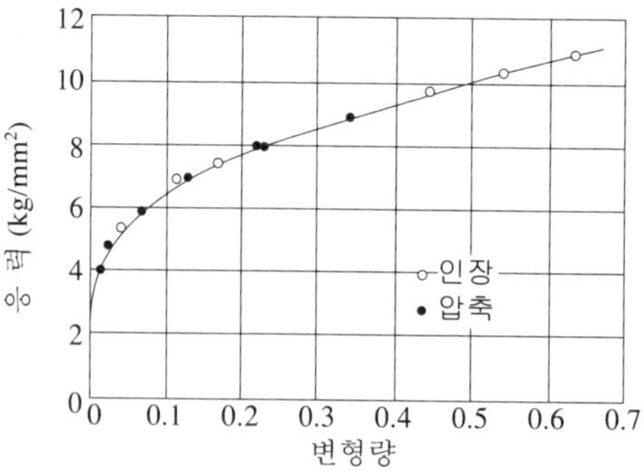


**그림 3.20** Al의 인장압축시험에서의 응고-변형선도 비교

$$압축률(\varepsilon_c) = \frac{h_1 - h}{h_1} \times 100$$

$$단면변화율(\psi_c) = \frac{F - F_0}{F_0} \times 100$$

## 3. 굽힘시험

굽힘시험(bending test)에는 굽힘에 대한 저항을 조사하는 항절시험과 심하게 굽힐 때에 파열 등이 생기는가를 조사하는 판재의 굴곡시험이 있다. 그림 3.21과 3.22는 항절시험과 굴곡시험을 보여 준다.

항절시험에는 암슬러형 만능 재료 시험기가 많이 이용되며, 압축시험과 같은 요령으로 한다. 판재의 굴곡시험은 안쪽 반지름 $r$를 가진 축이나 형을 써서 규정의 모양으로 꺾어 휘는데, 판재의 표면에 균열이나 기타의 결함이 생길 때까지 휘어서 얻어지는 각도로써 그 연성을 조사하는 것이다.

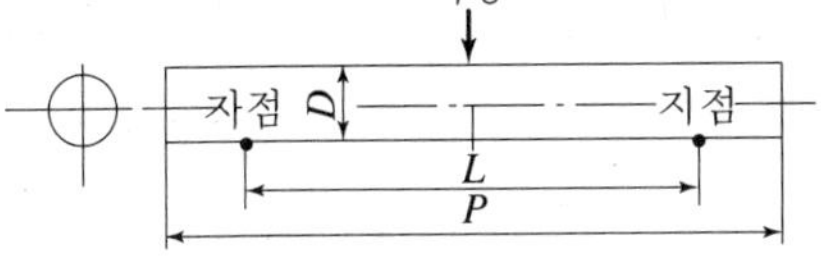


**그림 3.21** 항절시험

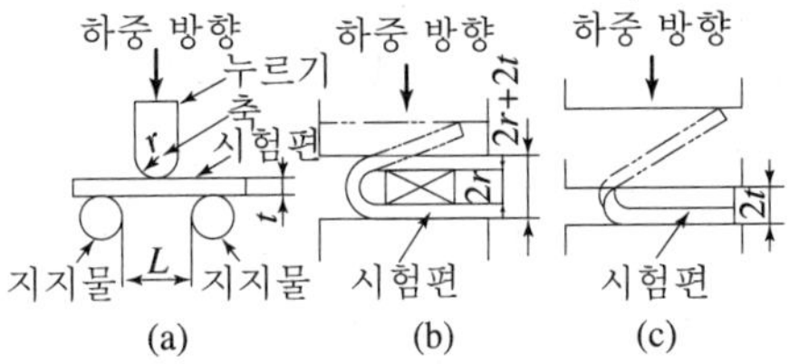


**그림 3.22** 판의 굴곡시험

## 4. 비틀림 시험(torsion test)

비틀림 하중을 가하고, 토크(torque)에 대한 저항력( $T$), 전단강도( $\tau$), 비틀림( $\theta$), 탄성계수( $G$) 등을 구하는 시험이다. 한 끝을 고정하고, 다른 끝을 비틀어서 그림 3.23과 같은 토크-비틀림각 곡선(torque twisting angle curve)을 그리고 곡선의 직선부분의 기울기 $\left(\frac{T}{\theta}\right)$를 측정하여 원형 단면의 탄성계수 $G$를 계산한다. 또 비틀림에서 생기는 전단응력 $\tau$도계산한다.

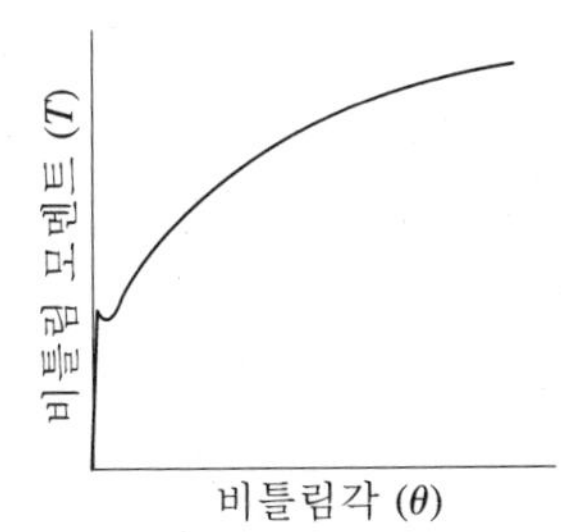


**그림 3.23** 토크-비틀림각 곡선

즉 $L$을 시험편의 표점거리 $d$를 시험편의 직경이라면,

$$G = \frac{32}{\pi} \times \frac{L}{d^4} \times \frac{T}{\theta}$$

$$\tau = \frac{16\,T}{\pi\,d^3}$$

## 5. 경도시험

경도시험(hardness test)도 인장시험, 압축시험, 굽힘시험 등과 같이 정적 강도를 나타내는 하나의 기준이며, 외력에 의한 재료의 변형이 손쉽게 일어나는지 어떤지를 나타내는 방법으로는, 인장강도와 함께 이 경도(hardness)가 널리 사용된다. 경도는 같은 하중에 대하여 변형되는 정도로써 나타내며, 경도를 측정하는 방법을 크게 구분하면 다음과 같다.

ⅰ 정지상태에서 압입자로 다른 물체를 눌렀을 때에 생기는 변형 : 브리넬 경도 ($H_B$), 로크웰 경도 ($H_R$), 비커즈 경도 ($H_V$)

ⅱ 충격적으로 한 물체에 다른 물체를 낙하시켰을 때에 반발되어 튀어오르는 높이 : 쇼어 경도 ($H_S$)

ⅲ 한 물체로써 다른 물체를 긁었을 때에 긁히는 정도 : 모오스 긁힘경도(Mohs)

ⅰ과 ⅲ은 소성변형에 대한 저항, ⅱ는 탄성변형에 대한 저항을 나타내며, 경도는 인장강도에 비례적이다.

주요 금속을 경도 순으로 나열하면 다음과 같다.

$$\mathrm{Fe} > \mathrm{Cu} > \mathrm{Al} > \mathrm{Ag} > \mathrm{Zn} > \mathrm{Sn} > \mathrm{Pb}$$

### 1) 브리넬경도 시험(Brinell hardness test)

이 시험방법의 원리는 담금질을 하여서 잘 변형되지 않는 특수강의 압입자를 에머리 페이퍼로 미끄럽게 연마한 시험편의 표면에 대고, 여기에 외력을 가하였을 때에 시험편의 표면에 생기는 원형의 들어간 홈의 지름과 깊이를 측정하여 그 경도를 아는 방법이다. 이 경도를 나타내는 식은,

$$H_B = \frac{P}{A} = \frac{2P}{\pi D(D - \sqrt{D^2 - d^2})} = \frac{P}{\pi D t}$$

여기서, $P$ : 하중(kg)

$D$ : 강구의 지름(mm)

$d$ : 들어간 지름(mm)

$t$ : 들어간 최대 깊이(mm)

$A$ : 들어간 홈의 표면적($mm^2$)

그러므로 이 경도계는 시험편이 적은 것, 특히 얇은 재료나 침탄강, 질화강 등의 표면경도를 측정하기에는 적당하지 않다. 그림 3.24에 표시한 것은 가장 흔히 볼 수 있는 브리넬 경도계이며, 브리넬 경도계의 시험편(test piece)은 양면이 평행하고 특히 윗부분의 면은 잘 연마되어야 한다. 시험편의 두께는 들어간 깊이의 10배 이상이 되어야 하며, 압입자의 자국이 시험편의 뒷면에 나타나서는 안 된다. 나비(넓이)는 들어간 지름의 약 4배 이상을 필요로 하고 같은 시험편을 몇 번 시험할 때에는 들어간 자국이 지름의 4배 이상 떨어져 있어야 한다.

강구를 누르는 데에는 보통 유압을 사용하며, 하중은 시험편에 수직으로 가하여 충격을 주지 않고 서서히 증가하여야 한다. 급격히 하중을 가하면 들어가는 홈이 커지므로, 실제보다 낮게 나타난다. 가하는 하중은 압입자의 지름, 재료의 종류에 따라 다르며, 따라서 다른 하중 $P$ 또는 압입자의 지름 $D$를 써서 시험한 결과를 비교하려면, $P$와 $D$와의 비를 일정하게 하여야 한다. 표 3.11은 압입자의 지름과 하중 관계를 나타낸 것이다. 가압시간은 15~30초가 좋다.

**그림 3.24** 브리넬 경도계

**표 3.11** 압입자의 지름과 하중

| D(mm) | P(kg) | | | |
|---|---|---|---|---|
| | $30D^2$ | $10D^2$ | $5D^2$ | $2.5D^2$ |
| | 철강 | 구리합금 | 연한금속 | 연한금속 |
| 10 | 3000 | 1000 | 500 | 250 |
| 5 | 750 | 250 | 125 | 62.5 |

### 2) 로크웰 경도시험(Rockwell hardness test)

로크웰 경도는 강구 또는 다이아몬드형 원뿔(圓錐)을 시험편에 압입할 때 생기는 압입된 자리의 깊이에 의해 나타낸다. 강구는 지름 $\frac{1}{16}$''(1.5875mm) 또는 $\frac{1}{18}$''의 것을 사용하고, 다이아몬드 원뿔은 꼭지각이 120° 의 것이 사용되며, 하중은 60kg, 100kg, 150kg의 일정하중이 사용된다. 이렇게 압입자와 하중의 조합으로 각각 여러 가지 스케일(scale)로 불리어지며 사용처가 구분된다. 표 3.12는 로크웰 경도의 각종 스케일과 적용 재료를 표시한다.

이 밖에도 $\frac{1}{4}$'', $\frac{1}{2}$'' 등의 강구나 15kg, 30kg, 45kg 등의 하중을 쓰는 여러 가지 특수한 스케일도 정해져 있으나 널리 사용되고 있는 것은 B 스케일(scale)과 C 스케일이다.

로크웰 경도는 압입된 자리의 깊이가 직접 경도를 나타내므로 측정할 때의 조건을 일정하게 하기 위하여 예비 하중을 10kg으로 하고, 이때 지시침을 0점(zero point)에 조절한다. 그 후 본하중을 작용시키고 하중이 제거되면 로크웰 경도값으로 표시되는 자국의 깊이가 그림 3.26의 지시계(dial indicator)에 나타난다.

그림 3.27은 로크웰 경도기 사용 예를 보여 준 것이다.

그림 3.25 로크웰 경도계

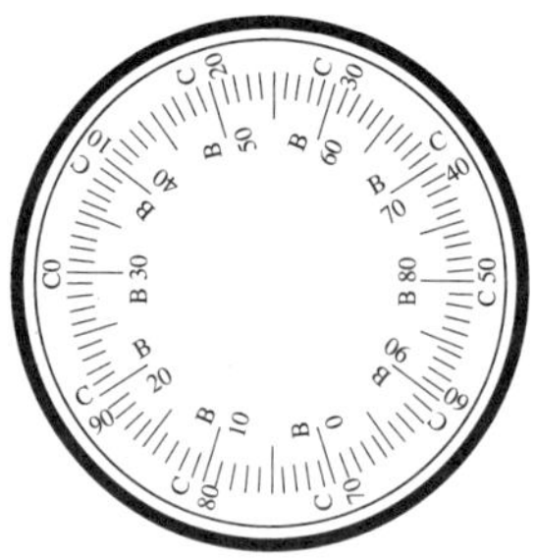

그림 3.26 로크웰다이얼의 예

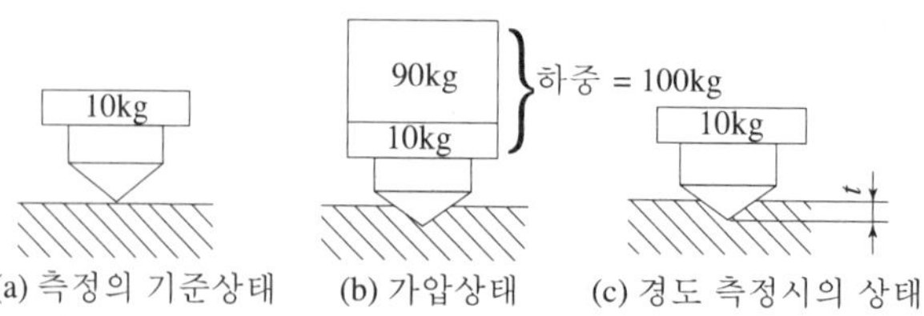


그림 3.27 로크웰 경도(B스케일)의 측정

표 3.12 로크웰 경도의 각종 스케일

| 스케일 | 압입자 | 하 중 | 적 용 재 료 |
|---|---|---|---|
| H | 1/8˝ 강 구 | 60(kg) | 대단히 연한 재료 |
| E | 1/8˝ 강 구 | 100 | 대단히 연한 재료 |
| K | 1/8˝ 강 구 | 150 | 연한 재료 |
| F | 1/16˝ 강 구 | 60 | 백색 합금 등의 연한 재료 |
| B | 1/16˝ 강 구 | 100 | 강 등의 비교적 단단한 재료 |
| G | 1/16˝ 강 구 | 150 | 강 등의 비교적 단단한 재료 |
| A | 다이아몬드원뿔 | 60 | 초경합금 등의 단단한 재료 |
| D | 다이아몬드원뿔 | 100 | 초경합금 등의 단단한 재료 |
| C | 다이아몬드원뿔 | 150 | 극히 단단한 재료 |

### 3) 쇼어 경도계

물체가 탄성체인지 어떤지를 타나내는 방법으로서 하중을 충격적으로 가하였을 때 얼마나 반발되어 튀어올라오는가의 높이로써 경도를 나타낸다.

쇼어 경도는 시험편에 일정한 높이 $h_o$에서 낙하시킨 해머의 반발한 높이 $h$에 비례하는 값이며, 다음 식으로 얻어지며, 단위는 붙이지 않는다.

$$H_S = \frac{10,000\,h}{65\,h_o}$$

시험기의 형식에 따라 해머 중량은 표 3.13과 같다.

표 3.13 쇼어 경도 시험기의 형식

| | C 형 | SS 형 | D 형 |
|---|---|---|---|
| $h_o$ | 10in(254mm) | 255mm | 3/4in(19mm) |
| 경도 단위당의 $h$ | 1.651mm | 1,658mm | 0.1238mm |
| 해머의 중량 | 1/12Oz(약 2.36g) | 2.5g | 3/4lb(약 36.2g) |

ⅰ C형(목측형) : $h_o = 10$in에서 낙하시킨 해머의 반발 높이가 6.5in가 되는 때의 경도를 100으로 한 것으로, 이것은 담금질(quenching)한 고탄소강의 경도에 해당한다.

ⅱ D형(지시형) : $h_o = \frac{3}{4}$ in이고, 지시값은 C형과 일치하도록 조정되어 있다.

ⅲ SS형(목측형) : 원통 유리를 쓰는 대신에 평면 유리와 V형재를 조합한 통을 쓰고 해머

의 반발, 낙하의 기구도 C형과 다르다. SS형의 지시값도 C형과 일치하도록 조정되어 있으므로 $H_S$에는 그들 중의 사용한 시험기기 형식을 표기할 필요는 없다.

이와 같이 형식이 달라도 지시값을 일치시키기 위해서는 경도기준편을 써서 해머의 담금질한 탄소강이나 다이아몬드 선단부의 모양을 적당히 수정하면서 조정한다.

C형과 SS형은 목측형이므로 측정에는 상당한 숙련을 요하나 D형은 지시형이므로 측정이 용이하다.

쇼어 경도계(Shore scleroscope)는 작아서 휴대하기 편리하고, 시험한 제품에 아무런 흔적을 남기지 않으며, 또 재료나 제품을 직접 시험할 수 있고, 시험편은 얇거나 작은 것 등 어떠한 것이든지 좋으며, 시험을 간단하게 할 수 있다.

#### 4) 비커즈 경도계(Vickers hardness tester)

이 경도계의 특징은 하중을 임의로 변화시킬 수가 있어 대단히 단단한 재료나 연한 재료도 측정이 가능하며, 더욱이 얇은 재료의 경도인 침탄 질화층을 정확하게 측정하는 것이 가능하다. 이것의 압입자는 꼭지각(정각)이 136° 되는 사각뿔형(피라밋형)인 다이아몬드이며 오차가 적다. 사용 하중은 5～120kg이다. 하중 속도와 시간은 피스톤(piston)과 대시 폿(dash pot)으로 조절한다.

시편 압입부에 작용하는 압력을 접촉 면적으로 나눈 하중이 비커즈 경도 값이며, 압입부 흔적이 극히 작으므로 이 시험기는 연마, 또는 경화된 재료의 경도 측정에도 적당하다.

$$H_V = \frac{2P\sin\frac{\theta}{2}}{d^2} = 1.8544\frac{P}{d^2}$$

여기서, $P$ : 하중

$d$ : 다이아몬드 압입 자국의 대각선 길이이다.

비커즈 경도는 그림 3.28의 대각선의 길이 $d$를 측정하여 위의 $H_V$ 공식으로 계산하든가, 또는 비커즈 경도 환산용 표를 이용한다. 표 3.14는 각종 경도의 비교표를 참고로 나타낸 것이다.

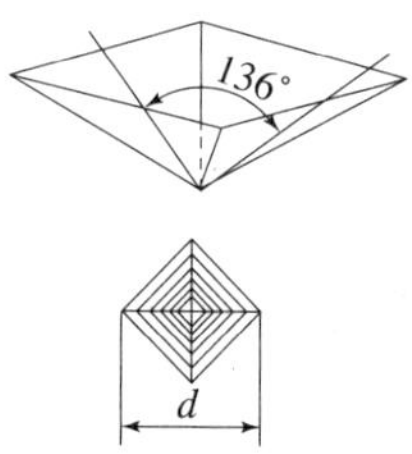


**그림 3.28** 비커즈 압입 자국

표 3.14 각종 경도의 비교표

| 재 질 | 브리넬 경도 | | 비커즈 경도 | 로크웰 경도 | | 쇼어 경도 |
|---|---|---|---|---|---|---|
| | 압입구멍 지름 (mm) | $H_B$ | $H_V$ | $H_{RC}$ | $H_{RB}$ | $H_S$ |
| 황동(연) | – | 60 | 61 | – | – | – |
| 연강 | 5.20 | 131 | 131 | – | 74 | 20 |
| 고탄소강 | 3.95 | 235 | 135 | 22 | 99 | 34 |
| 백주철 | 3.00 | 415 | 437 | 44 | 114 | 57 |
| 질화강 | 2.25 | 745 | 1,050 | 68 | – | 100 |

### 5) 그 밖의 경도계

(가) 긁힘경도계(scratch hardness tester)

긁힘경도의 대표적인 것은 모오스(Mohs) 경도이며, 이 방법은 금속재료에는 별로 이용되지 않고, 광물이나 암석 등을 서로 긁어 음을 내어 정성적으로 대략의 경도를 측정하는 것이며, 그 비율도 정확하지가 못하다. 표 3.15는 모오스 경도를 나타낸 것이다.

표 3.15 모오스 경도

| 경 도 수 | 1 | 2 | 3 | 4 | 5 |
|---|---|---|---|---|---|
| 물 질 | 활석 (talc) | 석고 (gypsum) | 방해석 (calcite) | 형석 (fluorite) | 인회석 (apatite) |
| 경 도 수 | 6 | 7 | 8 | 9 | 10 |
| 물 질 | 정장석 (orthoclase) | 석영 (quartz) | 황옥석 (topaz) | 강옥석 (corundum) | 금강석 (diamond) |

긁힘경도의 또 한 가지 측정방법은 120° 의 정각을 가지는 원뿔형의 다이아몬드로써 시험편 표면을 일정한 하중을 가하면서 긁어서 그 자국의 나비로부터 경도를 얻는 방법이다. 또는 자국의 나비를 일정하게 0.01mm가 되도록 하중을 조절하여 이에 필요한 하중으로부터 경도값을 얻기도 한다.

이 시험은 재료 표면의 얇은 침탄층의 경도, 도금층의 경도, 도장면의 경도, 부스러지기 쉬워서 다른 시험기로서는 경도 측정이 곤란한 재료와 매우 연하다고 생각되는 재료 등에 이용된다.

(나) 미소 경도계

이 경도계는 비커즈 다이아몬드 압입자를 사용하여 하중을 매우 적게 하여 측정하는 경도계로서, 종래의 비커즈 시험기로서는 측정이 불가능한, 즉 아주 작은 부품이나 얇은 판, 얇은 층, 가는 선, 보석, 금속조직 등의 경도를 측정하는 데 쓰인다.

(다) 자기적 경도계

지금까지는 모두 기계적 방법에 의한 것이었으나, 그 외에 재료의 보자력의 차에 의해서도 재료의 경도를 측정할 수 있다. 즉, 보자력은 재료의 조직, 성분, 가공 등의 영향을 받으며 경도와 같은 변화를 한다.

이것을 간접적으로 경도 측정에 응용한 것이 자기적 경도이다. 이 경도계의 특징은 재료에 변형을 주지 않고, 경도를 측정할 수 있다는 점이다. 강의 담금질, 뜨임에 의한 경도의 변화를 측정하는 데는 좋은 방법이다. 강자성체 이외의 금속에는 적용하지 못하는 결점이 있다.

## 6. 충격시험

충격시험(impact test)에서 나타나는 특수한 점은 다음과 같다.

(1) 보통 충격시험은 동적시험이므로 정적하중에 대한 에너지와 차이가 많다.
(2) 상온에서 연성파괴(ductile fracture)되는 재료라 할지라도 어떤 온도 이하에서는 급격히 여린 성질을 가져 메짐파괴(brittle fracture)를 이루는 일이 있다.
(3) 시편의 노치효과(notch effect)를 많이 받는다.

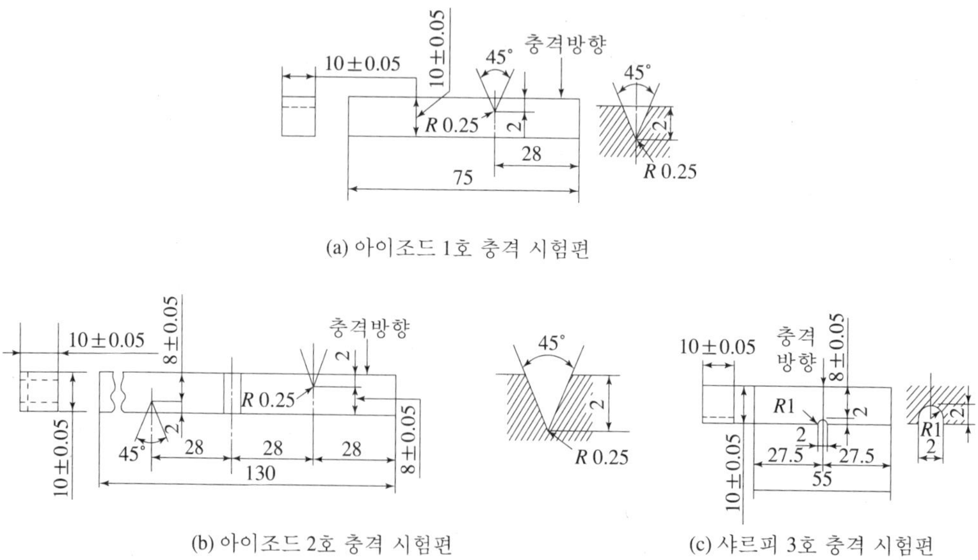


(a) 아이조드 1호 충격 시험편

(b) 아이조드 2호 충격 시험편

(c) 샤르피 3호 충격 시험편

**그림 3.29** 충격 시험편

(4) 하중속도의 영향이 크다.

이와 같은 특수한 점은 동적하중과 정적하중에 대한 재료의 기계적 성질을 고찰할 때 중요시된다. 또 각종 압연, 단조, 압출 등의 소성가공에서 변형속도(strain rate)에 대한 변형저항을 알아내는 데 필요한다.

충격시험(impact test)은 재료의 질긴 정도를 알기 위한 시험이며, 시험기에는 여러 가지가 있으나, 금속 재료의 충격 시험기로서 오늘날 많이 사용되는 것에는 샤르피(Charpy)형과 아이조드(Izod)형의 충격 시험기가 있으며, 모두 일정한 질량을 갖고 있는 펜듈럼 해머를 일정한 각도로부터 내리쳐서 수직의 위치에 있는 시험편을 1회의 충격으로 부러뜨려 시험편이 파괴될 때의 소모된 에너지를 그 재료의 충격값, 즉 강인성으로 나타낸다.

### 1)샤르피(Charpy) 충격 시험기

시험편을 고정시키지 않고 양끝을 자유로이 지지하고, 노치(notch) 부분이 정확하게 중앙에 오도록 수평으로 놓는다. 한편 펜듈럼 해머의 날이 시험편의 노치 부분에 오도록 하여야 하며, 핸들을 돌려서 해머가 $\alpha$되는 각도의 위치에 고정시키고 시험편을 바른 위치에, 그림 3.31, 32와 같이 놓았다가 해머를 낙하시켜서 시험편을 파괴시키고, 해머가 반대쪽으로 각도 $\beta$만큼 올라갔다고 하면, 파괴되는 데 소모된 에너지 $E$(kg · m)는 다음과 같이 표시된다.

$$E = WR(\cos\beta - \cos\alpha)$$

여기서, $W$ : 펜듈럼 해머의 무게(kg)

$R$ : 축 중심 O로부터 해머의 중심 G까지의 거리(m)

$A$ : 노치부의 원래의 단면적

샤르피 충격값은 시험편을 절단하는 데 필요한 에너지 $E$(kg · m)를 노치부의 원단면적(cm)으로 나눈 값으로써 표시된다.

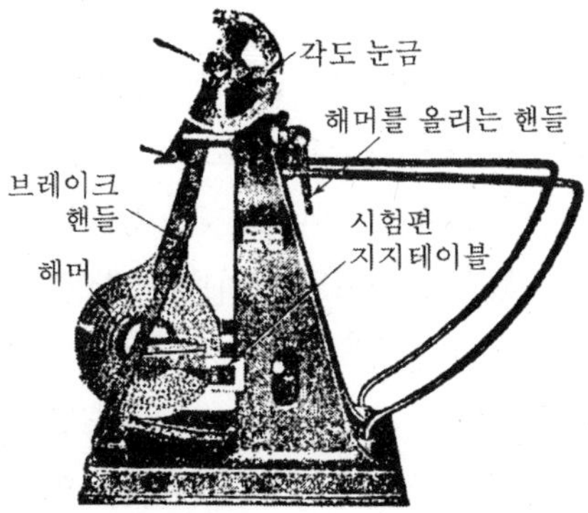


**그림 3.30** 샤르피 충격 시험기

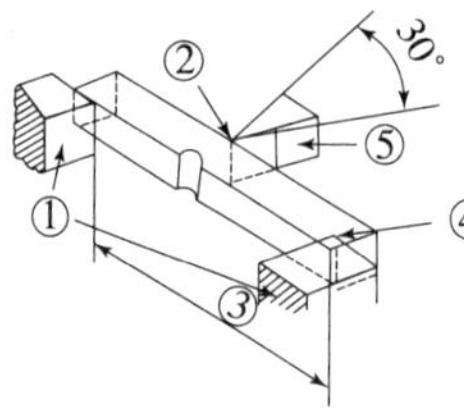


① 시험편 받침대 ② 끝 반지름1mm
③표점거리 40mm ④ 끝 반지름1mm
⑤ 펜듈럼해머

**그림 3.31** 펜듈럼 해머의 위치

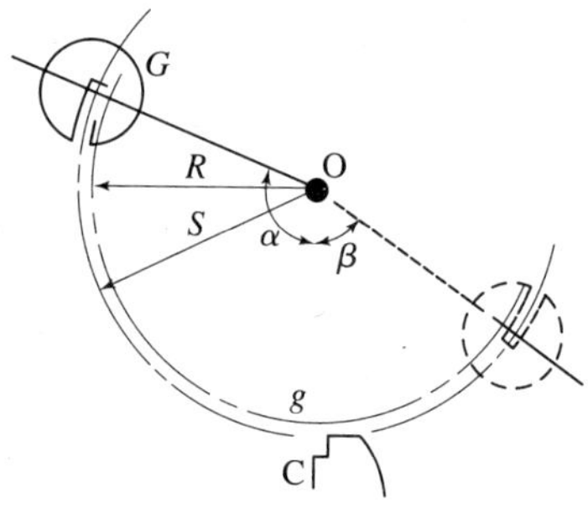


$S$ : 타격중심 $C$ : 시편 지지대

**그림 3.32** 펜듈럼 해머의 각도

즉 충격값 $U=\dfrac{E}{A}$

$$\therefore U=\frac{WR(\cos\beta-\cos\alpha)}{A}\ \text{kg}\cdot\text{m/cm}^2$$

### 2) 아이조드(Izod) 충격 시험기

아이조드형 충격 시험기는 펜듈럼 해머가 시험편을 타격하는 부분과 시험편의 치수 및 그것을 고정시키는 방법이 샤르피형과 다르다. 이 시험편의 한 끝은 그림 3.33과 같은 수직으로 되어 있다.

모든 충격 시험결과에 크게 영향을 주는 것으로는, 시험편의 정밀한 치수, 충격속도, 시험온도, 재료의 불균일 등이 있다.

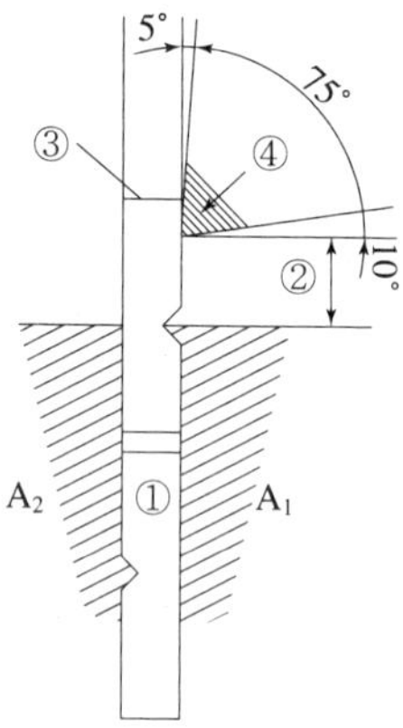


① 시험편을 잡는 장치 ② 충격 거리 22m ③끝 반지름 1mm ④ 펜들럼 해머

**그림 3.33** 아이조드형 시험편의 고정방법

## 7. 피로시험

정적인 하중으로 파괴를 일으키는 응력보다 훨씬 낮은 응력으로도 반복하여 하중을 가하면 결국은 재료가 파괴하게 된다. 실제로 이와 같은 파괴가 일어나는 것은 상당히 오랫동안 사용한 후이므로 이 현상을 **피로**(fatigue)라고 부르며, 하중이 어느 크기보다 작으면 무수히 반복하여도 파괴되지 않는다. 즉, 영구적으로 재료가 파괴되지 않는 응력 중 최대의 것을 **피로한도**(fatigue limit)라 하며, 이것을 구하는 시험을 **피로시험**(fatigue test)이라는 것은 앞 장에서도 설명하였으나, 일반적으로 반복응력의 작용에 의해 재료가 파괴될 때의 특징으로서는 파괴된 면이 비교적 평활하며, 시험편 전체로서는 변형이 대단히 작다. 예를 들면, 강인성이 큰 저탄소강은 인장시험

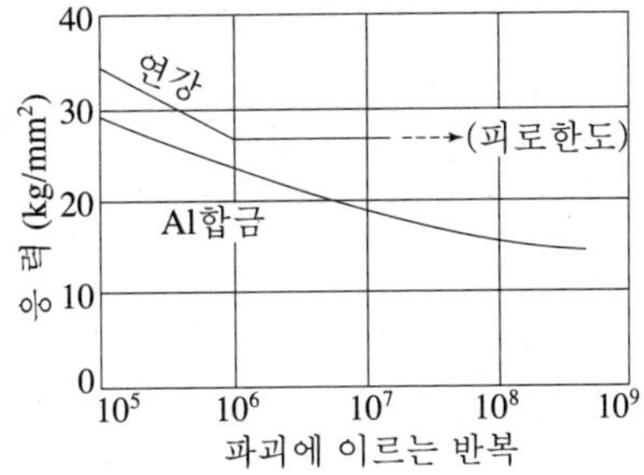


**그림 3.34** 피로시험의 $S-N$ 곡선과 피로한도

때 변형이 큼에도 불구하고 반복응력에 의한 파괴는 전체로서 거의 변형이 일어나지 않으며, 마치 메진 물질과 같은 느낌을 준다.

피로시험의 결과는 보통 그림 3.34와 같이 최대응력(stress)과 파괴에 이르는 사이클의 수(number)의 관계를 한 쪽만을 대수로, 혹은 양쪽 모두 대수 좌표로 나타내는데, 이 곡선을 $S-N$ 곡선이라 부르며, 보통 응력이 작을수록 사이클 수는 증가한다. 이때 파괴에 이르는 사이클 수 $N$은 시험편이 완전히 파괴하는 시간, 더욱 엄밀히 말하면 미소한 균열이 생겨서 이것이 시험편을 가로질러 전파할 때까지의 시간을 의미한다.

그림 3.34에서도 알 수 있듯이 Ti나 연강은 어느 응력 이하에서는 $S-N$ 곡선이 수평이 되어 하중의 사이클을 무한히 반복하여도 전혀 파괴가 일어나지 않게 된다. 이 응력값이 **피로한도** 또는 **내구한도**이다.

그러나 대부분의 비철금속에서는 $S-N$ 곡선은 피로한도(fatigue limit), 내구한도(endurance limit)를 나타내지 않고 계속 내려간다. 이런 때에는 실용적인 입장에서 $10^7 \sim 10^8$ 사이클, 즉 1,000만 사이클의 반복에 상당하는 응력값을 피로한도로 하고 있다.

이와 같이 어느 금속에서만 피로한도가 나타나는 이유는 아직 명백하지 않다. 그러나 피로라는 현상이 일어나는 원인은 결정내에 존재하는 전위가 반복하중에 의하여 슬립면을 왕래하는 왕복운동을 강요당하고 있는 동안에 정부의 전위가 합쳐서 소멸하면서 공격자점을 생성하고, 이것이 점차 모여서 큰 균열로 발달하여 파괴하게 된다고 설명되고 있다.

## 8. 크리프 시험

앞에서의 각종 시험에서는 재료의 변형에 대하여 온도와 시간적인 요소는 생각하지 않았지만 최근 가스 터빈, 제트 엔진(jet engine)등과 같이 재료가 고온도에서 사용되는 조건이 증가하였으므로 금속의 고온도에서의 상황이 중요시되고 있다. 금속이 고온도에 유지되면 열진동이 커지므로 원자가 움직이기 쉽게 되어 확산(diffusion)이 활발해지므로 고온도에서의 하중상태에 대해서는 시간적인 변화를 생각하여야 한다.

재료에 일정한 응력을 가할 때에 생기는 변형량의 시간적 변화를 크리프(creep)라 하며, 크리프 현상은 어느 온도에서도 일어나는 것이나, 변화량이 큰 고온에서 긴시간 하중이 작용할 때 크므로, 이때의 상황을 아는 것이 공업적으로 중요하며, 이 때문에 크리프 시험(creep test)이 실시된다. 용융점이 낮은 금속은 상온에서도 크리프 현상이 일어나나, 강철 등은 30

0℃ 이상이 아니면 일어나지 않는다.

크리프가 정지하는 것을 **크리프 율**이 0이 된다고 하며, 크리프 율이 0이 되는 응력의 한도를 **크리프 한도**(creep limit)라고 앞장에서 배웠지만, 이 크리프 한도를 구하는 시험이 **크리프 시험**이다.

## 9. 마모시험

재료가 다른 물체와 마찰하여 그 표면이 소모되는 현상을 **마모**라 하며, 접촉 압력이 커지면 마모는 증가되고, 또 마찰속도가 커짐에 따라 마모량이 커진다. 그 밖의 분위기도 마모에 영향을 미쳐서 진공 중에서의 마모는 대단히 적으나 공기 중에서는 산소, 질소, 수증기 등의 영향으로 산화물, 질화물, 수소화물 등을 만드는 화학적인 변화가 일어나기 때문에 마모량은 증가한다.

또 마모의 과정을 생각하면 접촉면은 아무리 매끈하게 다듬어 있어도 미세한 요철(凹凸)로 되어 있으므로 마모의 초기에는 이러한 돌기부가 닳아 없어져서 매끈한 면이 되는 과정이 있으므로 마모의 진행은 균일하지 않고 마모량도 대단히 크다. 이것을 **초기마모**라고 하며, 초기마모의 단계가 지나면 마찰면의 상태가 안정하므로 마모의 진행도 균일하게 되는데, 이 단계를 **정상마모**라 하며, 마모 거리와 마모량의 관계는 그림 3.35와 같다.

그림 3.35에서 처음의 25m 정도까지가 초기마모의 단계이며, 그 다음부터가 정상마모이다.

마모의 기구(mechanism)에 대하여서 생각해 보면, 미세한 돌기부가 닳아 없어지는 **기계적 파괴마모**(휘면마모), 마찰열 때문에 국부적으로 융해가 일어나는 **융해마모**, 산화 기타의 화학적인 반응을 품은 **화학마모**(부식마모) 등이 있다. 금속이 마모된 면은 표면의 극히 얇은 층에 변형을 일으켜 결정구조가 산란되어 있으므로 원래금속(모체금속)의 결정구조와는 다르고 성질도 다른 것이 된다. 이것을 **마모변질층**이라 하며, 마모의 현상은 이 얇은 층에서 일어나는 현상이므로 모체금속의 성질과는 상당히 다른 성질을 나타내는 일이 있다.

실제의 기계 부품에서 마모 손실을 막기 위해 실시하는 방법은 다음과 같다.

ⓘ 표면경화법 : 침탄, 질화, 고주파 담금질, 불꽃 담금질 등

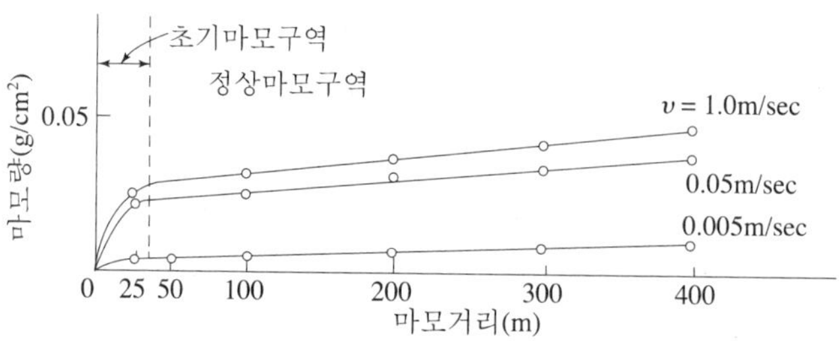


**그림 3.35** 마찰거리와 마모량의 관계

ⓘ 마찰감소법 : 윤활제, 볼 베어링(ball bearing), 로울러 베어링(roller bearing) 등

마모조건은 또 금속재료의 사용 상태에 따라서 다음과 같이 분류할 수 있다.

ⓘ 슬라이딩 마모(sliding wear)
  ㉠ 윤활제를 사용할 때 : 축과 베어링
  ㉡ 윤활제를 사용하지 않을 때 : 브레이크(brake)와 바퀴(tire)
ⓘ 회전 마모(rolling wear)
  ㉠ 윤활제를 사용할 때 : 로울러와 베어링
  ㉡ 윤활제를 사용하지 않을 때 : 바퀴와 레일

마모시험(wear test)은 상대적인 마모기구(mechanism)에 따라 여러 가지 방식의 마모시험이 있으나, 대부분의 시험편과 다른 물체를 접촉시켜서 마모를 일으키고 일정한 회전수 또는 일정한 거리까지 미끄러진 후 마찰로 인하여 손실된 무게 감소를 측정하여 마모상태를 비교하는 방법이다. 그런데 이 시험의 결과는 다음의 영향을 받는다.

(1) 윤활제를 사용하는 것과 사용하지 않는 것
(2) 표면의 조도
(3) 마찰로 인하여 생긴 미분의 처리
(4) 상대 금속의 성질
(5) 온도 변화

## 10. 에릭센 시험

에릭센 시험(erichsen test)은 얇은 금속판의 디프 드로잉(deep drawing)성을 시험하는 것이다. 원리는 핸들에 의해서 강구(steel ball)로 시험판을 눌러 모자 모양으로 만들면 균열이 간다. 이때의 변형된 깊이를 측정해서 에릭센 값으로 하며 시험범위는 두께 0.1～0.2mm를 표준으로 해서, 나비 70mm 이상의 띠(band) 또는 판(plate)에 한한다.

# 제4장 평형상태도

## 4.1 상태도의 정의

합금이 용융상태로부터 응고상태로 변할 때에 생기는 내부 조직의 상태를 아는 것은 합금의 물리적, 화학적, 기계적 성질과 용도 등을 아는 데 대단히 중요한 것이다. 따라서, 각 성분의 융합상태와 모든 온도와의 관계를 한 그림에 표시하여 기체, 액체, 고체가 존재하는 구역을 곡선으로 구분하여 표시하는 방법을 사용하고 있는데, 이것을 **평형상태도**(equilibrium diagram) 또는 **상태도**(state diagram)라고 한다.

금속 및 합금의 변태점에 있어서는 결정격자의 배열이 변화한다. 따라서 가열의 경우에는 이에 소요되는 에너지를 흡수하므로 변태점에서 온도의 오름이 느리며, 반대로 냉각할 때에는 열 에너지를 방출하므로 온도가 느리게 내려간다. 그러므로 금속 및 합금의 시료를 가열 또는 냉각하여 그때그때의 시간과 온도의 관계를 조사하면, 그 결과로부터 변태점을 결정할 수 있으며, 또한 변태가 진행하는 상태를 알 수 있다.

이와 같은 방법을 열분석법(thermal analysis)이라고 하며, 그림 4.1은 이와 같이하여 구한 **시간-온도곡선**(time-temperature curve)이다. 이러한 경우, 시료에 아무런 변태도 일어나지 않으면 점선과 같이 원활한 곡선이 되지만 만일에 어느 온도에서 변태가 일어날 경우에는 실선과 같이 온도 $c$ 및 $r$에 있어서, 각각 온도가 느리게 오르거나 내리므로 단 또는 **정점**이 생긴다. 이 온도가 즉 **변태점**이다. 이와 같은 곡선을 일반적으로 **열분석곡선**(thermal curve)이라고 하며, 그 가열에 있어서의 관계를 나타내는 것을 **가열곡선**(heating curve), 냉각에 있어서는 **냉각곡선**(cooling curve)이라고 한다.

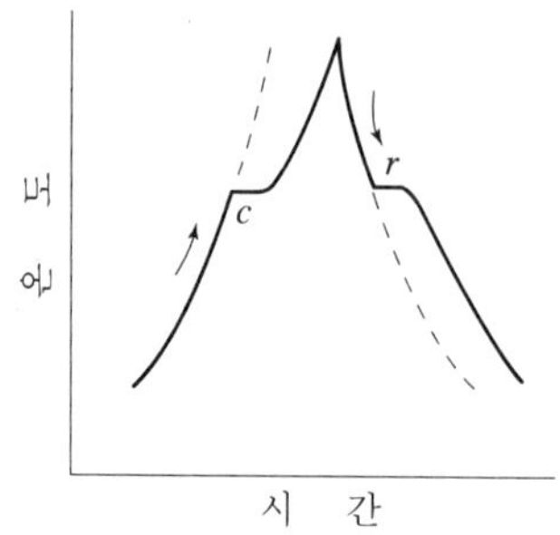


그림 4.1 시간-온도곡선

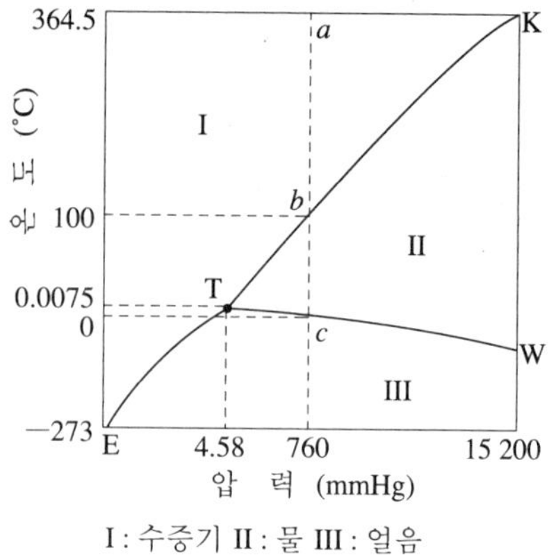


그림 4.2 물의 상태도

냉각하는 편이 가열한 경우에 비하여 온도의 변화가 규칙적으로 되며, 변태도 분명하게 나타나므로, 대개의 경우 냉각곡선이 사용된다.

## 1. 물의 상태도

그림 4.2에서 TK선은 물의 비등점, TW선은 얼음의 융해점, TE선은 얼음이 수증기로 승화하는 점으로, 이 점들이 온도와 압력에 의하여 변화하는 모양을 나타낸 것이다.

TE선은 고체의, TK선은 액체의 증기압이라 하며, 선 위에서의 온도에서 얼음 또는 물은 항상 그 점에서 나타나는 압력의 수증기와 공존한다.

따라서, 어떤 온도에서의 수증기압이 증기압 곡선에 의해 나타난 압력보다도 높을 때에는 과포화 수증기라 하는데, 이것은 안정되어 있지 않아 물과 얼음으로 쉽게 변화하며, 안정하게 되려고 한다. 증기압 곡선에 표시된 압력보다 낮을 때에는 **불포화 수증**기라 하며, 물 또는 얼음은 증발해서 안정하게 되려고 한다.

그림 4.2에 나타낸 바와 같이, 물은 Ⅰ에서 기체, Ⅱ에서 액체, Ⅲ에서 고체상태로 항상 존재한다. 점 T는 물, 얼음, 수증기의 3개가 동시에 존재하는 점으로서, 온도는 0℃, 압력은 수은주 4.58mmHg인데, 이 점을 **삼중점**(triple point) 또는 **삼형점**이라 한다.

점 K는 온도가 364.5℃, 압력은 수은주 15,200mmHg되는 점으로서 이 이상의 온도와 압력에서는 물과 수증기가 구별되지 않는 임계점이다.

그러나 금속의 상태가 변화하는 경우에 있어서의 압력은 대기압이라 하고 일정하다고 생각한다.

## 2. 합금의 성분과 농도표시법

### 1) 상률

(가) 상

상(phase)이란 어느 부분이나 균일하고 불연속적이며, 명확히 경계된 부분으로 되어 있는 분자와 원자의 집합상태인 것을 말한다.

기체, 액체, 고체는 각각 하나의 상태이며, 기체의 상태는 몇 개의 물질이 존재해도 거의 균일하게 분산되어 있으므로 1상으로서 취급한다. 용액도 균일하면 1상이며, 고체상태는 1성분이 1상이지만, 2개의 성분이 합해져서 고용체를 만들 때에는 이를 1상으로서 취급하나, 어떤 금속은 동일한 고체의 상태에 있어서도 다른 종류의 원자 배열을 가지는 일이 있으며, 이때에는 같은 금속의 고체이지만 다른 상이라고 한다.

상(phase)과 성분 사이의 관계는, 예를 들면 얼음, 물, 수증기가 공존하면 성분은 물 1성분이나, 상은 고상, 액상, 기상인 3상이다.

(나) 계

한 집단의 물체를 외계와 차단하여 그 물질 이외의 것은 어떠한 물질적 교섭이 없는 상태로 있다고 생각할 때 이것을 계(system)라고 한다. 예를 들면 Cu-Sn계라고 Cu와 Sn의 관계만을 생각하고, 그 이외의 것은 생각하지 않는 경우이다. 계에는 균일계, 즉 단상계와 불균일계, 즉 다상계가 있다.

(다) 성분

소금물은 소금이라는 하나의 성분과 물이라는 하나의 성분이 모여 이 두 성분으로 된 것이다. 이와 같이, 한 계의 조성을 나타내는 물질을 그의 성분(component)이라 한다. 즉 한 집단의 물질을 형성하고 있는 화학적인 종별이 성분이며, 1개의 계를 구성하고 있는 물질이 1성분으로 된 것이 1성분계(one component system), 2성분으로 된 것은 **2원계**(binary system), 3성분으로 된 것은 3원계(ternary system)이라 하며, 그 합금을 각각 **2원합금**, **3원합금**이라고 한다.

금속 조직학에서는 대개의 경우 단일 금속을 한 성분으로 생각한다.

(라) 상률

불균일계(heterogeneous system)의 평형상태를 결정하는 양, 즉 상태량은 압력, 온도, 성분의 농도이며, 불균일계의 상태가 안정한 상태에 있을 때 서로 다른 상들이 평형상태(equilibrium state)에 있다고 말하고, 이 평형을 지배하는 법칙에는 1878년 기브스(W, Gibbs)가 발표한 상률(phase rule)이 있다.

즉, 상률이란 계 중의 상이 평형을 유지하기 위한 자유도(degree of freedom)를 규정하는 법칙으로, 성분 수를 $n$, 상의 수를 $p$, 자유도를 $F$로써 표시하면, 자유도는 다음과 같이 된다.

$$F = n + 2 - p$$

물의 상태도에서 보면 물, 얼음, 수증기의 각 구역에서는 1상(相)이므로,

$$F = 1 + 2 - 1 = 2$$

와 같이 된다. 즉, 자유도는 2이다. 다시 말하면 물, 얼음, 수증기인 1상이 존재하기 위해서는 온도, 압력 두 가지를 다 변화시켜도 존재할 수가 있다는 것이다.

같은 방법으로 그림 4.2에서 TK, TE, TW선 위에서는 물과 수증기, 물과 얼음, 얼음과 수증기의 2상이 공존하므로,

$$F = 1 + 2 - 2 = 1$$

이 된다. 즉 자유도는 1이다.

다시 말해서 2상이 공존하기 위해서는 온도 또는 압력 중에서 하나만을 변형시킬 수 있다는 뜻이다. 즉, 대기 압력하에서는 비등점, 용융점은 일정하다는 것을 말한다.

점 T에서의 자유도는

$$F = 1 + 2 - 3 = 0$$

이 되며, 즉 **불변계**로서 이것은 완전히 고정된다는 뜻이다. 금속 및 합금은 일반적으로 용융점도 높고 따라서 비등점도 높다. 금속 조직학에서는 거의 용융점 이하를 대상으로 하며, 이러한 온도에서의 금속 증기압은 대단히 작고 기상은 거의 무시할 정도이다. 따라서, 압력을 무시하고 대기압력으로서 고정시키면 자유도 $F$는,

$$F = n + 1 - p$$

로 나타낼 수 있다. 이것을 **응고계의 상률**(phase rule of condensed system)이라고 한다.

### 2) 농도 표시법

(가) 농도

1개의 계에서 성분 서로간의 관계량, 또는 그 비율을 **농도**(concentration)라 하고 %로써 나타낸다.

합금(alloy)에서 함유량의 비율은 일반적으로 **중량농도**로 표시하는 일이 많고, 이론적인 계산을 할 경우에는 원자수의 비율을 표시하는 **원자농도**를 사용하는 일이 있다. 이들 두 농도 사이의 관계는 다음과 같다.

$a,\ b$ : 각각 A성분과 B성분의 중량 %

$W_A,\ W_B$ : 각각 A성분과 B성분의 원자량

$P,\ Q$ : 각각 A성분과 B성분의 원자 %

라고 하면, $P = \dfrac{\dfrac{a}{W_A}}{\dfrac{a}{W_A} + \dfrac{b}{W_B}} \times 100, \quad Q = \dfrac{\dfrac{b}{W_B}}{\dfrac{a}{W_A} + \dfrac{b}{W_B}} \times 100$

또는 $a = \dfrac{PW_A}{PW_A + QW_B} \times 100, \quad b = \dfrac{QW_B}{PW_A + QW_B} \times 100$

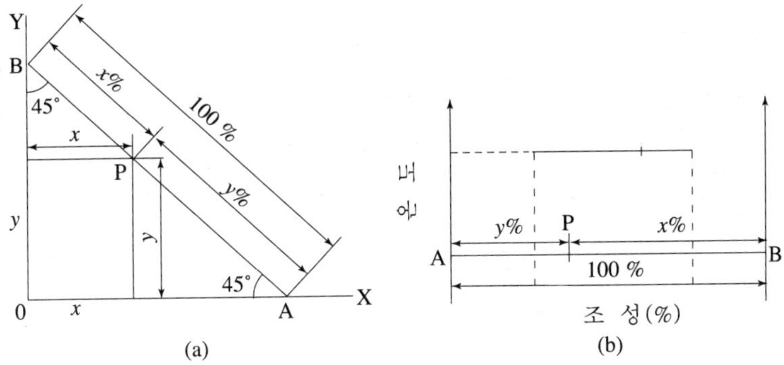


**그림 4.3** 2성분 농도 표시법

(나) 2성분계의 농도 표시법

A, B 2개의 성분으로 된 계의 각종 조성, 즉 농도를 표시할 때에는 유한곡선을 사용한다.

일반적으로 2원합금의 상태는 대부분 조성 및 성분으로 나타내며, 조성과 성분은 다음과 같이 구별된다.

예를 들면, 조성 ..........60%, 40%

성분 ..........Cu-Sn 또는 Ni-Cr 등의 원소

A, B 2개의 성분을 유한 직선 위에서 생각하면,

A성분의 농도 ......... $x$ %

B성분의 농도 ......... $y$ %

라고 할 때 A, B의 2성분계의 농도 표시법은 다음과 같다.

그림 4.3의 $X$, $Y$ 직각축의 평면 위에 A, B는 농도 $x$, $y$의 점으로서, A와 B를 합하면 농도는 100%로 된다. 즉 $x + y = 100\%$의 관계가 있다. AB 위에서 P $(x, y)$를 구하려면 P를

통과하는 45° 의 각을 이루는 직선과 $X$, $Y$축과의 교점을 각각 A, B라고 할 때 닮은 삼각형의 관계로부터

$$\frac{\mathrm{AP}}{\mathrm{BP}} = \frac{y}{x}$$

가 성립된다. 따라서 AB를 100%라고 하면 직선 위의 주어진 점 P는 각각 A, B의 성분에 대한 농도 $x$ %, $y$ %를 나타낸다.

여기서 직선 AB의 수직축에 온도를 표시하면 이원상태도가 된다. 이원합금의 모든 상태는 온도-농도곡선에 표시된다. 이때 그림 4.3의 관계를 **지렛대 관계**(lever relation)라고 하며, 농도는 보통 중량 백분율(%)로 나타내며, 특수한 경우 원자 %를 사용한다.

(다) 3성분의 농도 표시법

3성분의 농도를 표시하는 점은 정삼각형 안의 점으로 보통 나타낸다. 예를 들면 A, B, C 3원합금의 임의의 성분을 P라고 하면, P는 정삼각형 ABC 안의 한 점으로 표시되나, 이 경우에 P의 농도를 표시하는 방법에는 다음과 같은 2가지가 있다.

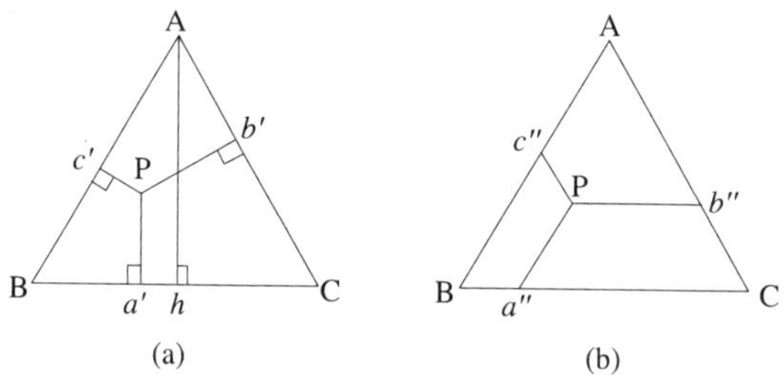


**그림 4.4** 3성분 농도 표시법

ⓘ 기브스(Gibbs)의 3성분 농도 표시법 : 정삼각형의 높이를 100%로 표시하는 방법으로, 그림 4.4(a)와 같이 높이 A $h$가 100% 되도록 정삼각형을 그리며, P점에서 각 변에 수직선을 그으면 각 변의 길이가 각 성분의 조성 %가 된다.

$$\mathrm{P}a' = A\%, \quad \mathrm{P}b' = B\%, \quad \mathrm{P}c' = C\%$$

$$\mathrm{P}a' + \mathrm{P}b' + \mathrm{P}c' = \mathrm{A}h = 100\%$$

ⓘⓘ 루즈붐(Roozeboom)의 3성분 농도 표시법 : 이 방법은 정삼각형의 한 변의 길이를 100%로 나타내는 방법이다. 그림 4.4의 (b)와 같이 각 변의 길이가 100%를 나타낸다. 정삼각형의 각 변에 P에서 평행선을 그은 직선이 삼각형의 각 변을 끊는 길이가 각 성분의 조성 %를 나타낸다.

$$P\,a'' = A\%, \quad P\,b'' = B\%, \quad P\,c'' = C\%$$

$$P\,a'' + P\,b'' + P\,c'' = AB = BC = CA = 100\%$$

위의 2가지의 방법 중에서 루즈붐의 방법이 더 많이 이용된다.

## 3. 기본적인 2원합금 평형상태도

### 1) 고용체 합금

(가) 고용체(solid solution)

A 금속에 다른 B 금속을 첨가할 때 어느 정도까지는 A 금속의 격자 중에 B의 원자가 들어가도 A의 격자 모양을 유지한다. 순금속 A와 그 중에 들어간 B가 일정하게 분포되어 있을 때, 즉 2개의 원소 이상으로 된 단일상(single phase)의 고체에서 1개 원소의 결정이 다른 원소에 용해된 것을 **고용체**(solid solution)라 한다.

실제 사용되는 대개의 금속이 고용체이며, 고체 금속은 결정격자를 구성하고 있으므로, 이것에 다른 금속 또는 비금속 원자가 녹아들어가면 한 개의 원자로서 모체의 결정격자 가운데에 들어가는 것이며, 그 방법에는 **침입형**과 **치환형**의 2가지가 있다.

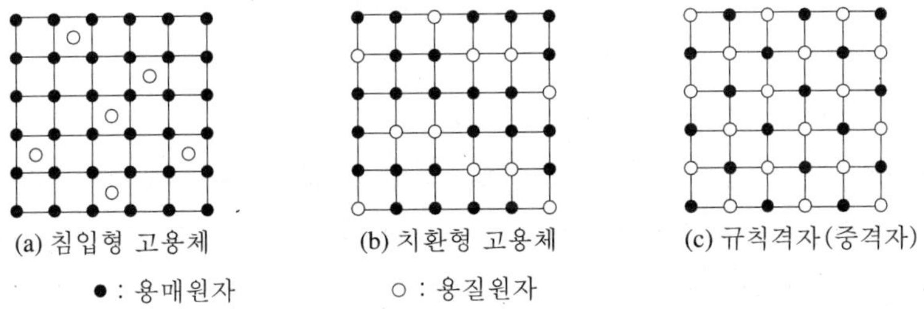


**그림 4.5** 고용체의 공간격자의 종류

위의 그림 4.5의 (a)는 녹아들어가는 원자(용질원자라고 함)가 모체의 원자(용매원자라고 함)의 공간격자 사이에 들어가는 **침입형 고용체**(intersubstitutional solid solution)를 보여주고 있으며 그림의 (b)는 녹아들어가는 원자가 모체 원자와 불규칙적으로 치환된 **치환형 고용체**(substitutional solid solution)를 나타낸 것이다.

위에서 설명한 고용체는 어느 경우를 막론하고 녹아들어가는 원자의 배열은 불규칙적이었으나, 어느 종류의 고용체에 있어서는 그림의 (c)와 같이 규칙적으로 배열하고 있으며, 이와 같은 것을 **규칙격자**(super lattice)라고 한다. 규칙격자를 만드는 합금도 고온에 있어서는 불규칙적인 원자 배열을 하며, 어느 한계온도를 경계로 하여 그 온도 이하에서 규칙격자가 생긴다.

규칙격자를 만들려면 서서히 냉각하거나, 한계온도보다 약간 낮은 온도로 오랜 시간 가열하여야 한다. 규칙격자를 만드는 고용체는 Cu3Au, Ni3Fe, CuAu 등으로, 이들은 어느 것이나 면심입방격자를 가지고 있다.

(나) 전율가용고용체

고용체를 만드는 용매와 용질 원자간에 있어서의 모든 비율, 즉 전 농도에 걸쳐 고용체(solid solution)를 만드는 경우를 **전율고용체**(continuous solid solution)라 하는데, 모든 비율로써 고용체를 만들기 위해서는 A, B 두 성분이 같은 형의 결정격자를 가지고 있고, 성분원자의 지름의 차이가 작을 것, 또 성분원자의 상호 결합력이 크지 않아야 한다.

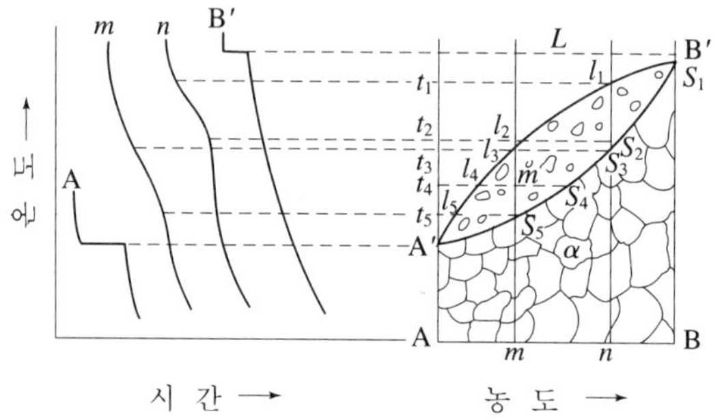


**그림 4.6** 전율고용체의 냉각곡선과 상태도

그림 4.6은 전율고용체의 냉각곡선과 상태도를 나타낸 것으로 냉각곡선 중 수평부분은 순금속의 용융점을 나타내고 있으며, $m$합금에서의 **절점**(kunick)은 용액으로부터 고용체가 **정출**함을 나타낸다. 이것 때문에 발열함으로써 냉각속도는 대단히 완만해진다. 상태도에서 용액과 접해 있는 선을 **액상선**(liquidus), 고용체에 접해 있는 선을 **고상선**(solidus)이라 한다.

$m$합금의 냉각과정을 보면, 온도 $t_2$에 도달할 때에는 고용체 $\alpha$가 정출하기 시작하고, 온도가 $t_4$에 도달할 때에는 액체의 농도는 $l_4$가 되며, 농도 $s_4$의 고용체가 정출한다. 이때의 양적 비율은 다음과 같다.

$$l_4 : s_4 = \overline{m's_4} : \overline{m'l_4}$$

온도 $t_5$에 도달할 때에는 용액의 농도는 $l_5$, 고용체의 농도는 $s_5$로 되고, 양적 비율은,

$$l_5 : s_5 = 0 : \overline{l_5 s_5}$$

로 된다. 즉, 융액은 완전히 소실되어 응고가 끝난다. 이런 형태의 상태도를 가지는 합금에는 Ag-Au, Cu-Ni, Bi-Sb 등이 있다.

(다) 한율가용고용체

A 금속의 격자점을 B 금속의 원자가 점유하는 치환형 고용체에서는 그 금속의 원자 지름의 차이에 따라서 격자의 변형(strain)이 생긴다. 그 모형은 그림 4.7과 같으며, A 금속의 격자점을 B 금속이 점유하여 전부 B 원자와 치환할 때에는 전율가용고용체가 되지만, 그런 조건이 되지 못할 경우 즉, 원자 지름의 차가 15% 이상이 되면 변형이 크므로 전율가용고용체가 되지 못하고, A 금속의 격자가 존속할 수 없는 한계에 도달한다.

이 한계를 A 금속에 대한 B 금속의 고용체의 **용해한도**라 하며, 이와 같은 고용체를 **한율가용고용체**(partially miscible solid solution)라 한다.

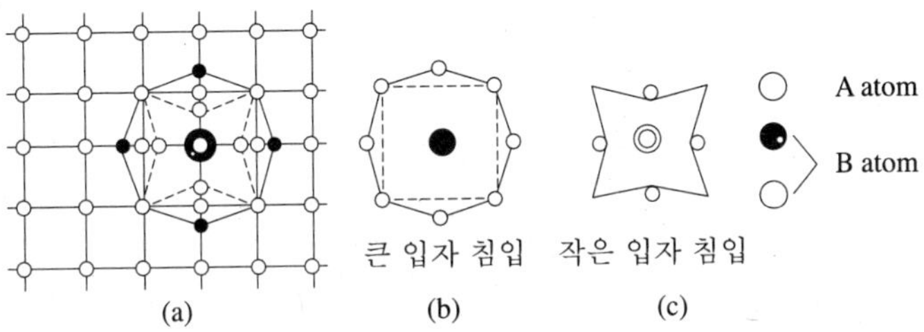


**그림 4.7** 한율가용고용체의 특징

한율가용고용체의 상태도를 그림 4.8에 나타내었다.

$\overline{CE}$ : $\alpha$고용체의 액상선

$\overline{DE}$ : $\beta$고용체의 액상선

$\overline{CG}$ : $\alpha$고용체의 고상선

$\overline{DF}$ : $\beta$고용체의 고상선

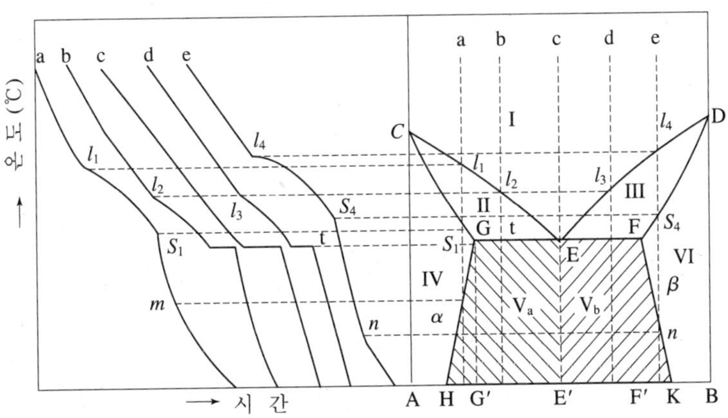


**그림 4.8** 한율가용고용체의 상태도

$\overline{GEF}$ : 수평선은 공정반응온도선 ($M_E \leftrightarrows \alpha_G + \beta_F$)

$\overline{GH}$ : $\beta$고용체의 $\alpha$고용체에의 용해한도곡선

$\overline{FK}$ : $\alpha$고용체의 $\beta$고용체에의 용해한도곡선

구역(field)에 대해 생각해 보면,

Ⅰ : 용체(melt)

Ⅱ : 용체 + $\alpha$(초정)

Ⅲ : 용체+ $\beta$(초정)

Va : $\alpha$ + 공정 ($\alpha+\beta$)

Ⅳ : $\alpha$고용체

Ⅵ : $\beta$고용체

Vb : $\beta$+공정 ($\alpha+\beta$)

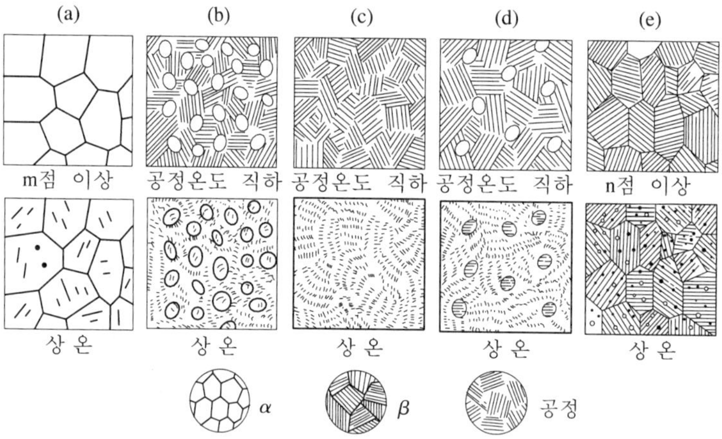


**그림 4.9** 현미경 스케치 조직

앞의 그림 4.9는 참고로 그림 4.8의 각 성분의 여러 온도에서의 현미경 스케치 조직도를 나타낸 것이다.

이런 형태의 상태도를 가지는 것으로는 Ag-Cu, Au-Co, Cd-In, Cd-Pd, Cr-Ni 등이 있다.

### 2) 공정계 합금

2개 성분의 금속이 용해된 상태에서는 균일한 용액으로 되나, 응고 후에는 성분금속이 각각 결정이 되어 분리되며, 2개의 성분금속이 전연 고용체를 만들지 않고 기계으로 혼합된 조직으로 될 때가 있다. 이와 같은 현상을 **공정**이라 하고, 이때의 상태도는 그림 4.10과 같으며, 이때의 조직을 **공정조직**(eutectic structure)이라 한다.

공정은 지극히 미세한 층상 또는 입상 조직을 형성하므로, 현미경으로 보면 쉽게 구별이 된다.

지금 그림 4.10에서 합금 $m$을 냉각시키면 온도 $t_1$, 즉 점 $m_1$에서 응고가 시작되며 금속

A의 초정이 정출(crystal out)된다. 온도가 내려감에 따라 차차 결정의 양이 증가하고, 온도가 $t_3$에 이르렀을 때의 융액과 결정의 양적 관계는 다음과 같다.

$$\text{결정}A : \text{융액}E' = \overline{m_2 E'} : \overline{m_2 t_3}$$

여기에서 남은 융액은 이 온도 이하에서 금속 A, B가 동시에 정출하여 응고가 끝난다.

$$\text{융 액 E}' \longrightarrow \text{결 정 E}' + \text{결 정 B}$$

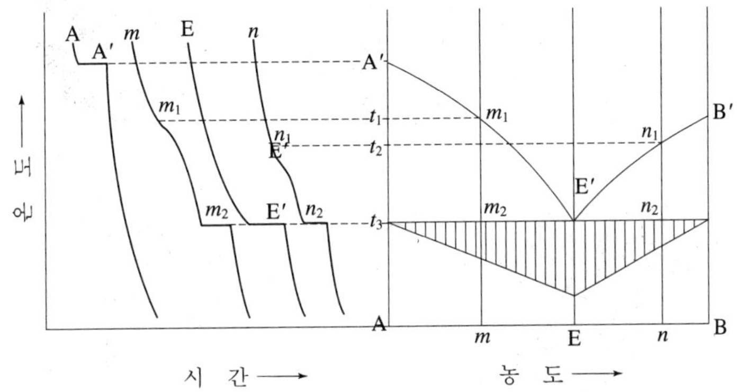


**그림 4.10** 공정형 상태도와 냉각곡선

즉, 이 온도에 이르러 남아 있던 융액 중의 두 금속이 동시에 정출하므로 이와 같은 반응을 **공정반응**(eutectic reaction)이라 하고, 점 E′를 **공정점**(eutectic point), 합금 E를 **공정합금**이라 한다.

초정은 초정점에서 공정온도에 이르기까지의 사이에서, 온도가 내려감에 따라 용액 중에서 성장을 방해됨이 없이 성장 발달하여 같은 성질의 결정이 모이는 데 대하여, 공정은 두 금속의 제각기 조그마한 결정의 세밀한 혼합물로서, A 금속과 B 금속의 기계적인 혼합물이며, 두 금속이 전연 융합되어지지 않는 것은 앞에서 이미 설명하였다.

그림 4.10 중의 삼각형은 공정량을 나타내었으며, 그림 4.11은 공정합금의 현미경 조직을 나타낸 것이다. 또 표 4.1은 공정반응을 하는 합금의 공정조성과 공정온도의 예이다.

공정인 Pb-Sb 합금은 각 금속의 비중의 차가 크므로 Sb이 위로 떠올라 조직에 차이가 생기기 쉽다. 이와 같은 현상은 양쪽 금속의 비중의 차이가 클 때, 또 용융합금의 점도가 클수록 그 경향이 크므로, 재질이 균일한 공정을 얻으려면 될 수 있는대로 냉각속도를 빠르게 하는 것이 좋다. Pb-Sb 합금은 베어링 합금(bearing alloy), 활자합금 및 내산합금 등으로 공업적 용도가 넓다.

공정합금은 용융점이 낮고, 일정한 온도에서 용해하므로 연납(soft solder), 저용융 합금(fusible alloy) 등에 널리 사용된다.

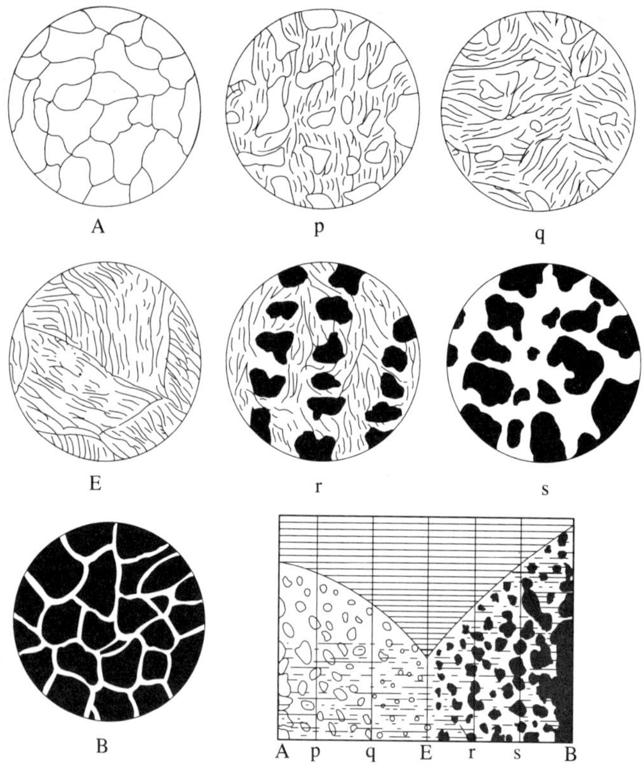


그림 4.11 공정 2원합금의 현미경 조직

**표 4.1** 공정합금과 공정조성 및 공정온도

| 합금성분 | 공정조성 | 공정온도(℃) | 합금성분 | 공정조성 | 공정온도(℃) |
|---|---|---|---|---|---|
| Pb-Ag | 2.3% Ag | 304 | Zn-Cd | 82.6% Cd | 270 |
| Pb-Sb | 13% Sb | 246 | Cu-$Cu_2O$ | 3.4% $Cu_2O$ | 1,064 |
| Cd-Bi | 61% Bi | 146 | Cu-Ag | 72% Ag | 779.4 |

### 3) 금속간화합물

금속과 금속 사이의 친화력이 클 때, 2종 이상의 금속원소가 간단한 원자비로 결합되어 성분 금속과는 다른 성질을 가지는 독립된 화합물을 만드는데 이 화합물을 **금속간화합물**(intermetallic compound)이라 하여, 일반적으로 $A_mB_n$의 화학식으로 표시한다.

금속간 화합물에는 $Fe_3C$, $Cu_4Sn$, $Cu_3Sn$, $CuAl_2$, $Mg_2Si$, $MgZn_2$ 등이 있으며, 그 상태도는 화하물이 특유한 용융점을 가지고 있으며, A 성분이나 B 성분과도 고용체를 만들지 않을 때에는 그림 4.12와 같다.

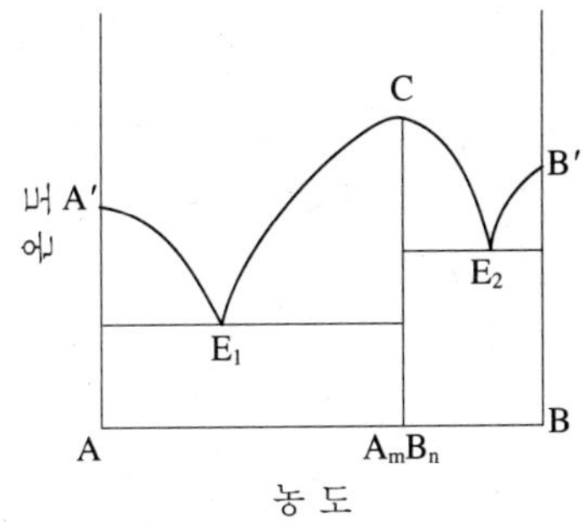


그림 4.12 금속간화합물(성분금속과 화합물이 공정 형성)

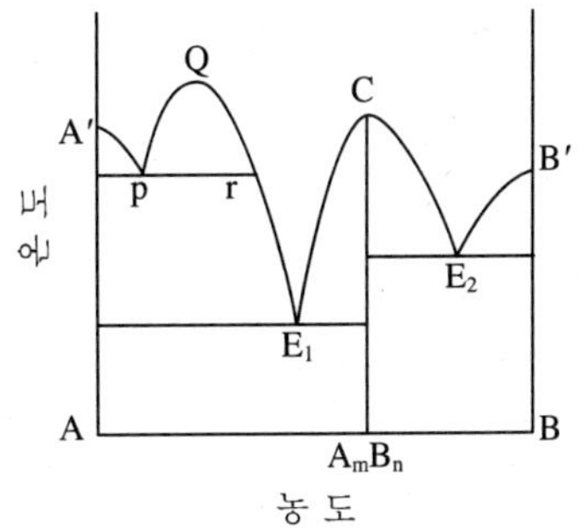


그림 4.13 금속간화합물(용액에 용해한도가 있을 때)

여기서 점 C는 $A_mB_n$의 용융점이고, $A_mB_n$을 1개의 성분으로 보면 $A_mB_n$을 경계로 해서 상태도를 2개로 나눌 때, 왼쪽은 $A-A_mB_n$, 오른쪽은 $A_mB_n-B$계로 생각하면 된다.

그림 4.13은 화합물이 생기고, 용액에서는 용해한도가 있는 경우를 나타내고 있으며, 그림 4.14는 용액에서나, 고체에서도 용해한도가 있을 때의 경우를 나타낸 것이다.

금속간화합물은 취약(brittle)하며 견고하고, 보통은 융점이 비교적 높으나, 성분의 융접보다도 낮은 온도에서 분해하는 불안정한 것도 있다. 즉 금속간화합물을 만드는 것의 상태도에는 금속간화합물이 자기의 융점을 가질 경우와 금속간화합물이 그 융점 이하에서 분해하기 때문에 자기의 융점을 갖지 않을 경우가 있다.

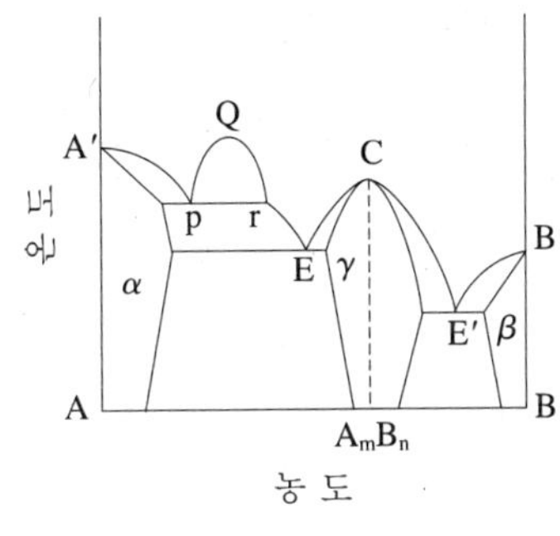


그림 4.14 금속간화합물(용액이나 고체에서 용해한도가 있을 때)

#### 4) 포정

그림 4.15에서와 같이 금속 A에 다른 금속 B를 첨가하였을 때, 그 용융점은 점차로 내려간다. 반대로 B 금속에 A 금속을 첨가하면 그 응고점은 점차로 높아져서 E점에서 마주친다. 즉, E점 이상의 온도에서는 $\alpha$고용체가 안정하고, E점 이하에서는 $\beta$고용체가 안정하다.

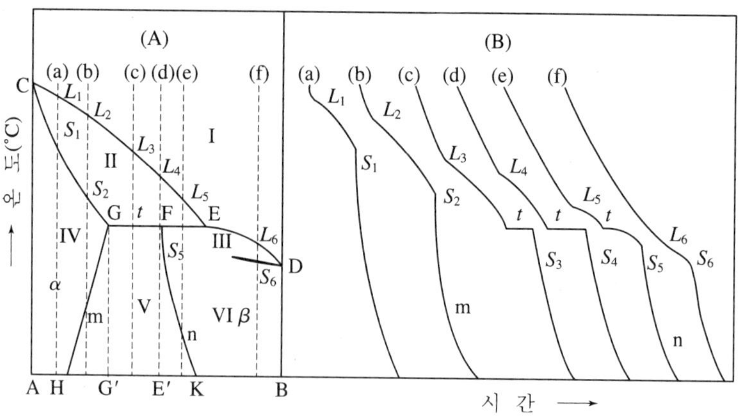


그림 4.15 포정계합금의 냉각곡선과 상태도

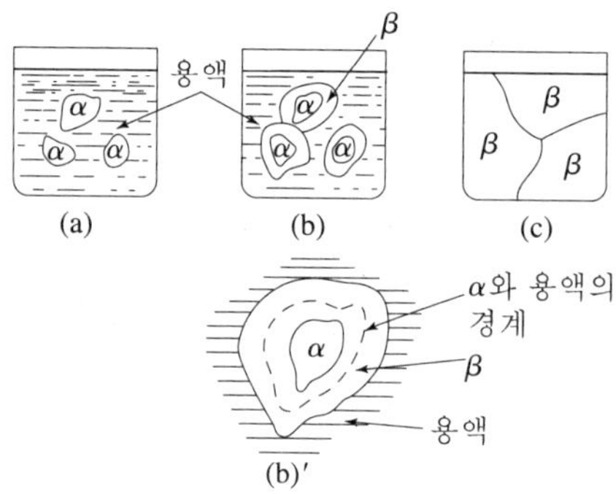


그림 4.16 포정 발생 과정

즉, 이 합금(alloy)은 E점의 온도에서 양쪽 고용체의 안정도가 다르게 된다. 그러므로 냉각할 때에는 E점에서 용융체 E와 동시에 공존하는 $\alpha$고용체(G)가 서로 반응을 일으켜 새로운 $\beta$고용체(F)을 형성한다. 반대로 가열할 때에는 $\beta$고용체가 $\alpha$고용체(G)와 융액(E)의 2개로 분해한다. 즉 GFE선의 $t$온도에서는 다음의 반응이 생긴다.

$$\text{E(용액)} + \text{G(}\alpha\text{고용체)} \underset{\text{가열}}{\overset{\text{냉각}}{\rightleftarrows}} \text{F(}\beta\text{고용체)}$$

이와 같은 합금을 용융상태에서부터 냉각하면 어떤 일정한 온도에서 정출된 고용체와 함께 이와 공존된 용액이 서로 반응을 일으켜 새로운 다른 고용체를 만든다. 이 반응을 **포정반응**(peritectic reaction)이라 하고, 이때 새로 만들어진 고체를 **포정**이라고 한다.

그림 4.16에 포정이 발생되는 과정을 나타내어 보면, (a)는 포정반응 초기, (b)는 반응이 상당히 진행한 상태를, 그리고 (c)는 포정반응이 완료하여 $\beta$고용체로 된 것이다.

그림 4.15의 곡선에서 관찰하여 보면,

점 C : A의 응고점
점 D : B의 응고점
점 F : 포정온도에 대한 $\beta$의 포화점
점 G : 포정온도에 대한 $\alpha$의 포화점
선 GE : 포정온도선
구역 I : 용체(melt)
구역 II : $\alpha$고용체 + 용체
구역 III : $\beta$고용체 + 용체
구역 IV : $\alpha$
구역 V : $\alpha + \beta$
구역 VI : $\beta$

또, 그림 4.17은 그림 4.15의 각 성분의 현미경 조직 변화를 스케치한 것이다. 그림 4.15에서, $\alpha$곡선을 용융상태에서부터 서서히 냉각하며 살펴보면 응고 순서 및 현미경 조직 변화는 일반 고용체의 변화를 일으키면서 상온에 이른다.

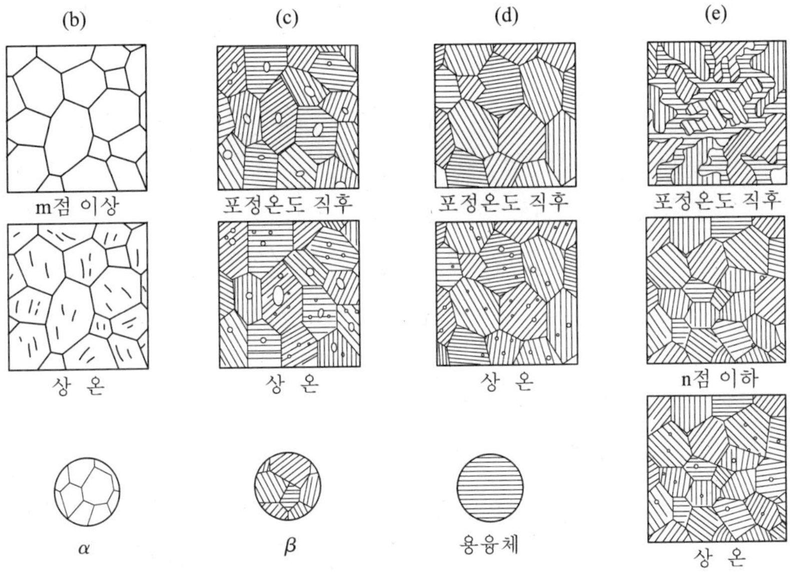


**그림 4.17** 포정반응 조직

$c$곡선에서는 G′F′ 사이의 합금을 대표하면서, $L_3$점에서 응고가 시작되어 $\alpha$고용체를 정출하고, 온도가 더욱 내려감에 따라서 고상선 CG에 따라 고용체의 성분은 변하고, 남은 용액의 성분은 액상선 CE 위에서 E로 향하여 변한다. 그리고 온도 $t$에 도달하면 고용체의 성분은 G점, 용체는 E점을 나타내게 되며, 여기의 일정한 온도에서 G($\alpha$)+E(용액)→F($\beta$)의 포정반응을 일으켜 새로운 $\beta$고용체(F)가 생기게 된다.

그러나 이 합금 성분은 $\beta$고용체 F보다도 A성분이 풍부하므로, 포정반응의 결과로 용체 E를 전부 소진하여도 나머지의 고용체 G가 남게 된다. 따라서 위에 설명한 포정반응이 끝난 후에 이 전체 합금이 응고되면 $\alpha$고용체(G)와 $\beta$고용체(F)의 조직을 갖게 된다. 온도가 $t$℃ 이하로 더욱 내려가면 $\alpha$고용체(G)는 그 용해도곡선 GH에 따라 $\beta$고용체를 석출하고, $\beta$고용체(F)는 용해도곡선 FK에 따라 점차로 $\alpha$고용체를 석출한다. 여기서 이 변화는 포정온도 $t$℃에 이어 계속적으로 생기므로 냉각곡선에 특별한 절점은 나타나지 않는다.

그러므로 이 합금의 냉각곡선 그림 4.15(B)이 (c) 위에는 $L_3$의 절점과 $t$℃에서 수평된 점만을 볼 수 있게 된다. (c) 합금의 현미경 조직은 그림 4.17의 (c)와 같다. 이 그림에서 알 수 있는 바와 같이, 포정반응이 완료한 직후의 조직은 과잉의 $\alpha$고용체와 그 주위를 포위한 $\beta$로 형성되어 있으며, 상온에서의 조직은 $t$℃ 이하로 온도가 떨어짐에 따라 $\alpha$에서 $\beta$를, $\beta$에서 $\alpha$를 점차로 석출한다. (c)의 아래에 있는 상온 그림에서는 작은 침상부분은 $\alpha$에서 석출된 $\beta$고용체이고, 작은 둥근 모양(구상)으로 나타낸 것은 $\beta$에서 석출된 $\alpha$고용체를 나타내 주고 있다.

합금의 성분이 F′에 해당하는 $d$곡선에서는 $L_4$점에서 $\alpha$를 석출하기 시작하고, $t$℃에 도달하면 포정반응을 일으켜 $\alpha$고용체(G)와 용체(E)가 작용하여 $\beta$고용체(F)를 형성하는 것은 $c$곡선의 경우와 같으나, 오직 이 합금의 성분이 F점에 일치되므로 포정반응의 결과 $\alpha$(G)와 용체(E)의 두 개가 동시에 없어져서 전부 $\beta$만으로 된다. 그러므로 냉각곡선 위에서는 $t$℃에서 나타나는 수평부분의 길이는 이 합금성분이 가장 크다. 온도가 내려감에 따라 용해도 곡선에서 $\alpha$가 석출되는 것은 $c$곡선의 경우와 같다. 그림 4.17(d)에 그 조직이 설명되어 있다. 즉, 위 그림은 포정반응 직후의 상태로 $\beta$만으로 되어 있으며, 아래 그림은 상온 조직으로 $\beta$를 기지로 하고, 용해도곡선에 따라 $\alpha$가 석출되어 있다.

F′K 사이의 합금은 $e$곡선을 보면, $L_5$에서 $\alpha$고용체를 정출하기 시작하고 $t$℃에서 포정반응을 일으킨다. 이 합금의 성분은 F점의 포정보다 $\beta$고용체 성분이 풍부하므로 포정반응의 결과 고용체 G가 전부 소진되어 고용체 F로 변하여도 용체 E는 남게 된다. 즉 $t$℃의 반응 후 $\beta$고용체와 용체 E로 된다. $t$℃ 이하에서 $\beta$고용체 F는 고상선 FD에 따라 변하고, 용체 E는 액상선에 따라 변하여 결국 $S_5$점에 도달하면 완전히 응고하여 균일한 $\beta$로 된다. 그 후 n점에 도달하면 용해한도곡선 FK와 만나며, 이 보다 온도가 내려가면 nK곡선에 따라 $\beta$에서 $\alpha$를 석출

하면서 상온에 도달한다. 이 합금의 현미경 조직은 그림 4.17(e)와 같이 복잡하다.

이 같은 형의 포정반응을 하는 합금으로는 Ag-Cd, Ag-Pt, Fe-Au, Ag-Sn, Al-Cu 등이 있다.

### 5) 편 정

이제까지의 합금은 모두 성분 금속이 액상에서는 완전히 용해한 것이었으나, 실제에는 물과 기름같이 액상에서나 고상에서 전연 용해하지 않는 것도 있다. 이때에는 각 성분이 따로 고유의 응고점에서 응고하므로 그림 4.18과 같이 오직 2개의 수평선을 가지는 상태도가 된다. 이것이 **완전분리형**인데, 이런 합금은 비교적 적으며, 있어도 별로 실용되지 않는다.

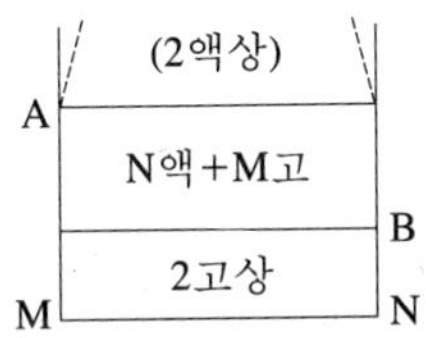


**그림 4.18** 완전 분리형 상태도

그러나 이에 대하여 액상에서 부분적으로 용해하고, 성분에 따라서 2상의 액태로 분리하는 때가 있다. 액태만에 관해서의 그 상태도는 그림 4.19가 그 기본형인데, 그림의 폐곡선(loop)의 의미는 그 밖에서는 $M$, $N$의 2성분이 완전히 균일한 액태이나, 원 안에는 2상으로 분리되는 것을 나타낸다. 즉, $k$조성의 혼합물은 온도 $t_1$ 이하 및 $t_3$ 이상에서는 균일한 1상(단상) 용액이지만 온도 $t_2$에서는 $L_1$과 $L_2$의 2상이 공액분리한다. 이러한 액상분리가 응고과정 중에 일어날 때에도 상태도에는 특유한 형이 나타나는데 이것이 **편정** 또는 **단정형**(monotectic)이라는 것이다.

이제 그림 4.20(a)와 같이 액상분리곡선이 순공정형의 액상선과 L점에서 만났다고 하면, 액상 L은 공정액상선에 관하여 고상 G와 공액이며, 액상분리곡선에 관하여 액상 H와 공액이다.

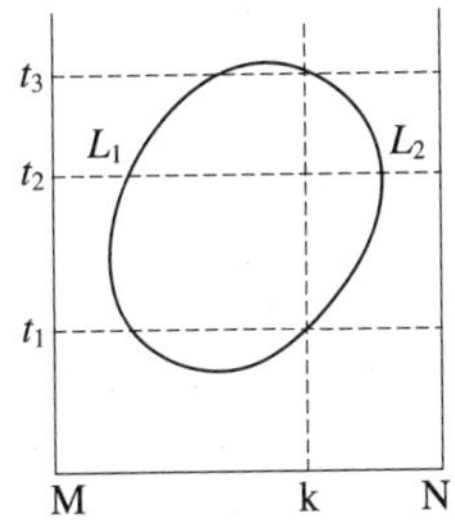


**그림 4.19** 부분 분리형 상태도

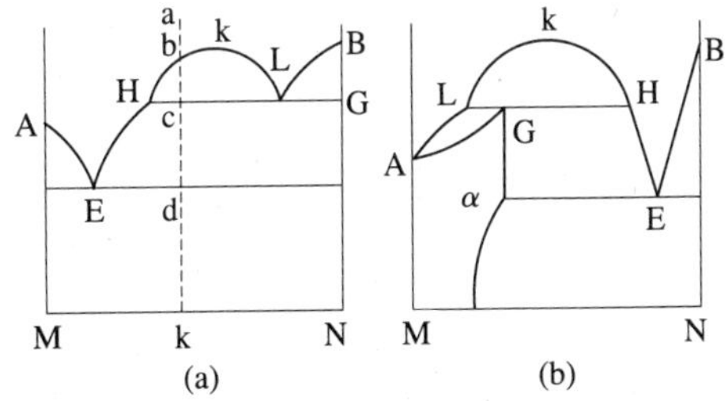


**그림 4.20** 편정반응상태도

따라서 이 온도에서는 2액상과 1고상이 3상이 공존하며, L을 통하는 무변계의 편정수평선 HLG가 얻어진다. 구역 HkL 안에 있어서는 2종의 액태가 공존하며, k점은 **임계점**(critical point)이고, 이 이상의 온도에서는 균일한 액태이다. 수평선 HLG의 반응은 다음과 같다.

$$\text{액상(L)} \underset{\text{냉각}}{\overset{\text{가열}}{\rightleftarrows}} \text{초정(G)} + \text{액상(H)}$$

이와 같이 일종의 용액에서 고상과 다른 종류의 용액을 동시에 생성하는 반응을 **편정반응**(monotectic reaction)이라 하며, 이 형의 합금으로는 Cr-Cu, Bi-Zn, Ag-Ni 등이 있다.

편정반응온도에서는 융체 L은 없어지고, 융체 H와 고상 G(초정 G)가 공액하면서 온도가 내려간다. 온도가 공정선에 이르면 액상 H(융체 H)의 조성은 E가 되며, 여기에서 다음과 같은 공정반응을 하여 응고를 끝내며, 조직에는 순수한 N(초정 N)과 공정의 2상이 된다.

$$\text{용액 E} \rightarrow \text{고상 M(순수한 M)} + \text{고상 N(순수한 N)}$$

그림 4.20(b)는 LH간의 조성을 가진 합금이 k점 이하의 온도에서 서로 다른 2액상으로 갈라져 수평선 LGH에 이르면 다음과 같은 반응으로 $\alpha$고용체를 생성하는 경우의 상태도이다.

$$\text{액상 L} + \text{액상 H} \rightleftarrows \alpha\text{고용체(G)}$$

### 6) 고체에서 이루어지는 변태

공업적으로 사용되는 합금 중에는 고체 상태에서 **상변화**를 가지는 합금이 대단히 많은데 이에 대해 생각해 보자.

2개의 성분 또는 금속간 화합물이 동소변태를 가질 때에는 응고 후 이것을 냉각하면 냉각 도중에 그 변태에 해당되는 온도에서 **발열작용**을 하게 되므로, 그 상태도 상에서 직선 또는 곡선으로 앞에서 설명한 것과 같은 변화가 나타나며, 고체내에서 다른 고체로 변태할 때에도 융체에서 생기는 경우와 같아 반응은 상당히 느리나, 상태도의 모양에는 거의 차이가 없다. 그러나 이론상으로는 다른 것이며 명칭도 다르므로, 액상과 고상의 변화를 비교하여 다음과 같이 상관성을 지어 본다.

| 액상→고상의 변화 | 고체→고상의 변화 |
|---|---|
| ◦ 공정(eutectic) | ◦ 공석(eutectoid) |
| ◦ 포정(peritectic) | ◦ 포석(peritectoid) |
| ◦ 편정(monotectic) | ◦ 편석(monotectoid) |
| ◦ 초정(primary crystal) | ◦ 초석(primary precipitate) |
| ◦ 액상선 | ◦ 초석선 |
| ◦ 고상선 | ◦ 완석선 |

(가) 고체에서 고용체를 형성할 때

그림 4.21은 A 및 B 금속의 응고점을 $A_1$과 $B_1$으로 표시했을 때, 두 성분 금속이 변태를 가지며, 높은 온도에서는 $\beta$고용체가 안정하고, 낮은 온도에서는 $\alpha$고용체가 안정한 합금의 예로서, $\alpha$ 및 $\beta$에서 2개의 성분금속의 전율가용고용체를 만든다. P성분의 용융 금속을 냉각하여, $\beta$고용체의 상태에 있는 합금을 점차로 냉각하면 $\beta_1$에서부터 그 일부가 $\alpha$고용체로 변하기 시작한다.

이때의 조성은 $\alpha_1$점으로 표시되며, 온도가 더욱 내려가면 남은 $\beta$고용체는 $\beta_1$, $\beta_2$곡선에 따라 그 조성이 변화하고, $\alpha$고용체는 $\alpha_1\alpha_2$ 곡선에 따라 변하면서 온도 $\alpha_2$점에서는 전부 $\alpha$ 고용체로 변한다. 즉, 이 경우의 변태는 일정 온도에서 완료되지 않고 어떤 온도 구간에서 변태가 진행된다. $A_2\beta_2\beta_1B_2$선은 **변태개시온도선**이고, $A_2\alpha_2\alpha_1B_2$선은 **변태완료온도선**이다.

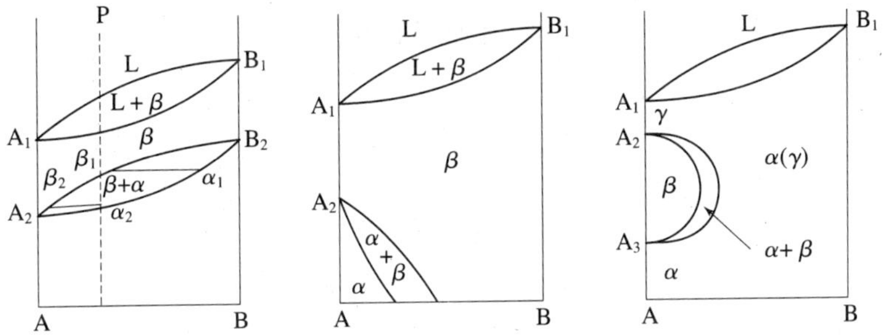


**그림 4.21** 고체에서 고용체 형성

(나) 고체내에서 공석변태

2개의 성분 금속이 각각 2개의 동소변태를 가지며 $\beta$고용체 구역에서는 전율가용고용체를 형성하고, $\alpha$고용체에서는 서로가 용해도에 한도를 가지는 예가 그림 4.22에 나타내어 있다. 융체 M은 냉각됨에 따라 $A_1lB_1$의 액상선에서 $\beta$고용체를 초정으로 정출하고, 고상선 $A_1sB_1$에서는 완전히 $\beta$고용체로 된다. A 금속이 $\beta$고용체에서 $\alpha$고용체로 변하는 과정은 공정반응과 비슷하다. A 금속에 B 금속을 첨가하면 $\beta$고용체에서 $\alpha$ 및 $\alpha'$고용체를 석출하면서 $Eb$ 또는 $Fb$선에 따라 $b$점에 도달한다.

그러므로 $b$점은 $\beta$고용체에서 $\alpha$과 $\alpha'$고용체가 동시에 석출된다. 이것은 고체 내부에서 생기는 일종의 공정반응이다. 이때 생기는 결정을 **공석**(eutectoid)이라 하고, 이 점을 **공석점**(eutectoid point)이라고 한다.

그림 4.22의 $Eb$ 및 $Ea$ 곡선은 $\beta$고용체에서 $\alpha$고용체의 석출이 시작되는 온도곡선 및 **석출완료곡선**을 나타낸 것이다. 그리고 $Fb$ 및 $Fc$는 $\beta$고용체에서 $\alpha'$고용체의 석출개시 및 완

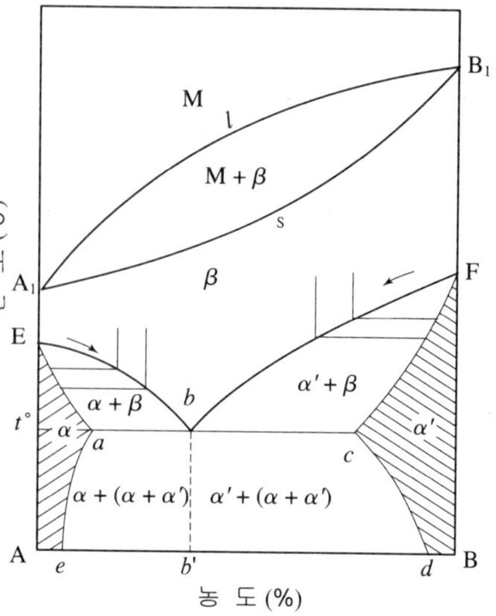


**그림 4.22** 공석변태

료곡선이다. 그러므로 $\beta$고용체는 $t$℃에서 $b$점의 공석으로 되고 다음 반응이 일어난다.

$$\beta(b) \underset{\text{가열}}{\overset{\text{냉각}}{\rightleftarrows}} \alpha(a) + \alpha'(c)$$

이 변태가 끝나면 $\alpha$고용체는 $ae$, 그리고 $\alpha'$고용체는 $cd$의 용해도곡선에 따라 상온에 도달한다.

(다) 포석 및 공석

응고된 후에 고체의 내부에서 공정, 포정, 편정 등과 비슷한 상의 변화가 나타날 경우에 이것을 공석, 포석 및 편석이라고 한다. 공석에 대하여는 위에서 설명하였지만 포석(peritectoid)과 편석(monotectoid)의 특징은 그림 4.23 (b) 및 (c)에서 찾아 볼 수 있다.

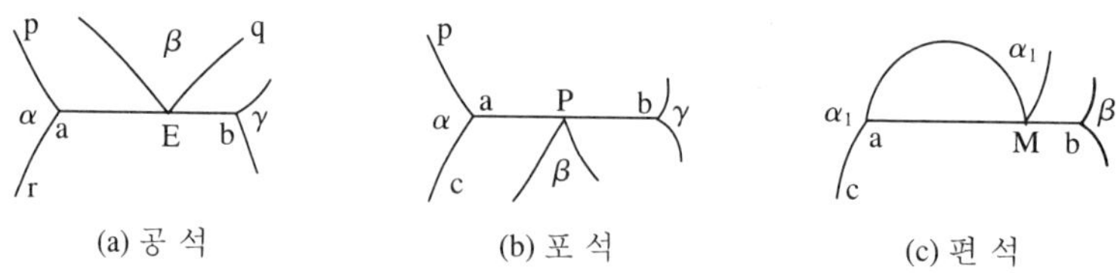


**그림 4.23** 고체내에서의 변태형

그림 4.23 (b) 포석에서는 $\alpha$ 및 $\gamma$의 2고용체가 $\beta$고용체를 형성하며, P에서부터 왼쪽의 성분에서는 $\gamma$가 전부 없어지고 $\alpha$만이 남고, P에서 오른쪽의 조성에서는 $\alpha$가 없어지고 $\gamma$가

남아서, 변화 완료 후에는 P로부터 왼쪽은 $\alpha$와 $\beta$로 되고, P로부터 오른쪽은 $\beta$과 $\gamma$와의 조직이 된다.

그림 4.23(c)의 편석은 농도가 다른 2개의 $\alpha$고용체인 $\alpha_1$ 및 $\alpha_2$의 2개 상이 aM 사이의 합금에서 분해가 생기며, **편석점 M**에서는 $\alpha_2$가 $\alpha_1$과 $\beta$로 변한다. 그러므로 한편으로는 일종의 공석반응이라고도 볼 수 있으나, $\alpha_1$ 및 $\alpha_2$가 같은 결정형의 고체인 점에서 공석과는 다르다.

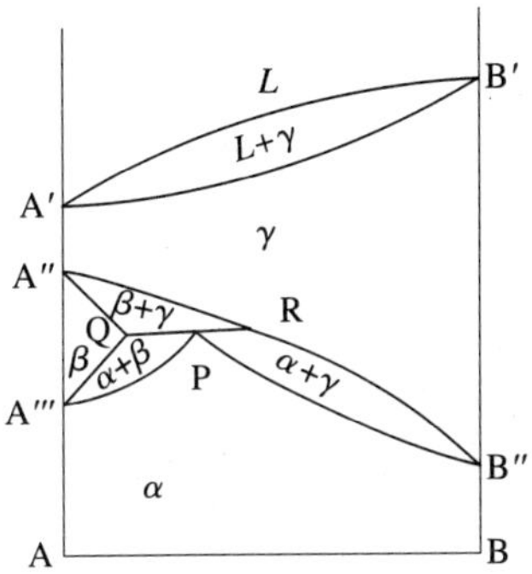


**그림 4.24** 포석변태

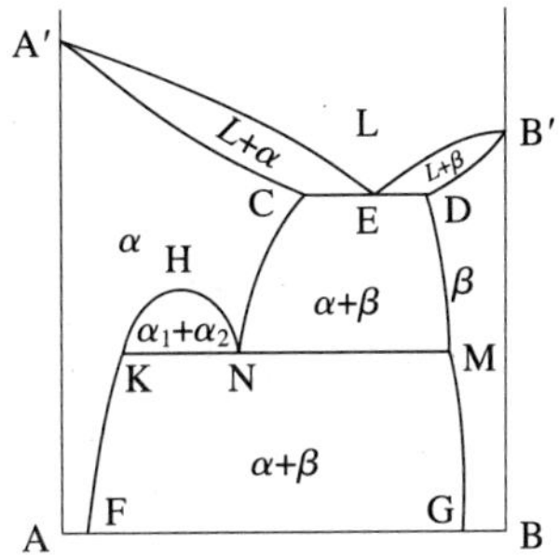


**그림 4.25** 편석변태

그림 4.24는 고용체내에서 **포석변태**가 생기는 예이고, 그림 4.25는 고용체내에서 **편석변태**가 생긴 설명도이다.

### 7) 평형상태도와 합금의 성질

합금의 물리적, 기계적 성질은 성분의 농도에 따라 많은 변화를 나타낸다. 그 변화의 규칙을 알아 두면 모르는 합금의 성질을 추정할 수도 있고, 또한 상태도에 의하여 상온의 용해한도라든가 또는 금속간화합물의 존재를 알아 내는 데에도 이용할 수가 있다.

합금에 나타나는 상은 공정, 고용체, 금속간화합물 등 3개의 상이므로 상태도에도 고용체의 상 영역과 3개 중 2개 상의 혼합영역이 존재할 뿐이다. 따라서 이들 2개의 영역에 대한 성질의 변화 경향을 알면 합금의 성질은 대략 알 수 있게 된다.

(가) 상태도와 전도도

그림 4.26은 여러 상태도에서 성분농도와 전도도의 관계를 나타낸 것이다. 전기전도도는 물체의 부피에 따른 함수이므로 농도도 **용적농도**를 나타내는 것이 좋다. 고용체를 형성하지 않는 공정합금에서 전기전도도는 농도에 대하여 대략 직선적으로 변한다. 이것은 이런 모양의 상태도에서 농도비에 따라 각각의 성분의 결정이 혼합되어 있는데 불과하기 때문이다.

그러나 결정이 작게 나누어져 있으므로 형상효과, 결정경계의 응력 등에 의한 영향으로 조금은 직선적 관계에서 약간 변화되어 있다. 그러므로 전도도가 저하를 나타내며 그 경향은

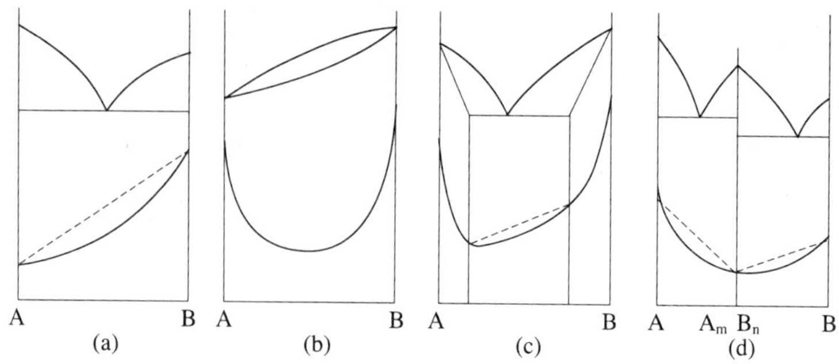


**그림 4.26** 합금의 농도와 전기전도도 관계

그림 4.26(a)와 같이 된다. 그림 (b)와 같은 고용체 종류의 합금에서는 **전기전도도**는 대개 아주 저하되며, 그 경향은 고용체의 형성으로 인하여 스트레인(strain)이 생기므로 전기의 전도에 주는 자유전자의 산란이 많아지기 때문이다. 그림에서 (c)는 고용체와 공정계 합금이 혼성된 것이므로 여기서는 (a)와 (b)에 나타낸 2개의 경향을 혼합한 것이다. (d)는 AB 사이에 $A_mB_n$의 금속간화합물이 생긴 경우로서 $A_mB_n$을 1개의 성분으로 보면 왼쪽은 A와 $A_mB_n$공정, 그리고 오른쪽은 $A_mB_n$과 B의 합금으로 분류할 수 있다. 그 경향은 (a)에서 생각할 수 있다. 금속간화합물은 보통 특유한 전기전도도를 갖는다.

위에서 설명한 것은 전기전도도의 변화를 얘기했지만, 전기전도도 ($k$)와 열전도도 ($\lambda$)와의 사이에는 대부분의 합금에서 $\frac{\lambda}{k}$ = 일정(const)의 관계가 있으므로, 즉 두 가지의 전도도는 비례하므로 2개 합금의 농도와 열전도도의 관계는 그림 4.26과 대략 같은 경향을 갖는다.

(나) 상태도와 경도

그림 4.27은 상태도에서의 성분 농도와 경도의 관계를 나타낸 것이다. (a)의 공정합금에서는 조성이 변화할 때 직선적으로 변하고 있다. (b)의 고용체계 합금에서는 경도의 변화가 산과 같은 모양으로 되며, 극대값(극대치)은 두 성분의 농도가 같은 데서 나타난다. (c)의 한율가용고용체에서는 (a)와 (b)의 경향이 혼합된 상태이다.

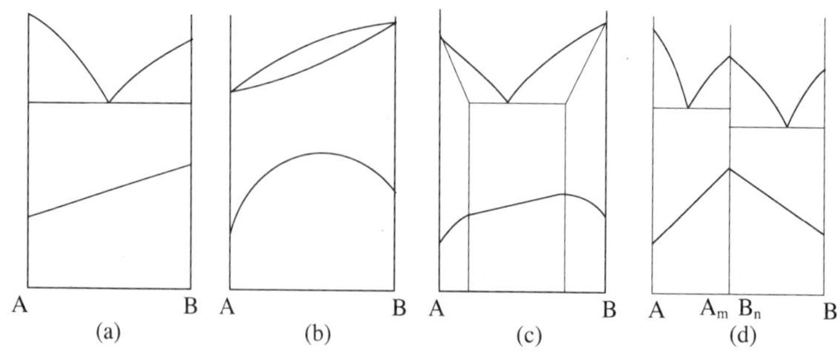


**그림 4.27** 상태도와 경도와의 관계

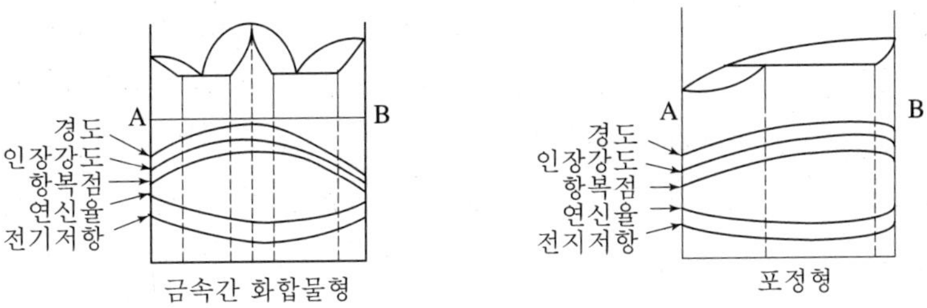


**그림 4.28** 금속간화합물과 포정합금의 기계적 성질

금속간화합물의 경도는 성분금속의 경도보다 커서 그림 (d)와 같은 형태로 된다. 금속간화합물의 양쪽은 (a)와 같은 직선적인 변화를 한다. 그리고 기계적 성질에서의 인장강도와 항복점은 경도와 같은 경향을 가지므로 대략적으로 그림 4.27을 참고할 수 있다.

그림 4.28은 금속간화합물이 한율가용고용체를 형성하는 것과 포정형 합금의 기계적 성질 경향을 보여 준다.

## 4. 3원합금 및 4원합금 상태도

### 1) 3원합금 평형상태도(ternary equilibrium diagram)

3원합금에서는 조성 표시에만 평면을 필요로 하므로 온도 축을 세우면 그 상태도는 공간 표시가 된다. 따라서 상태도로서는 투영법, 단면법, 투시법, 모형법 등을 이용하여야 한다.

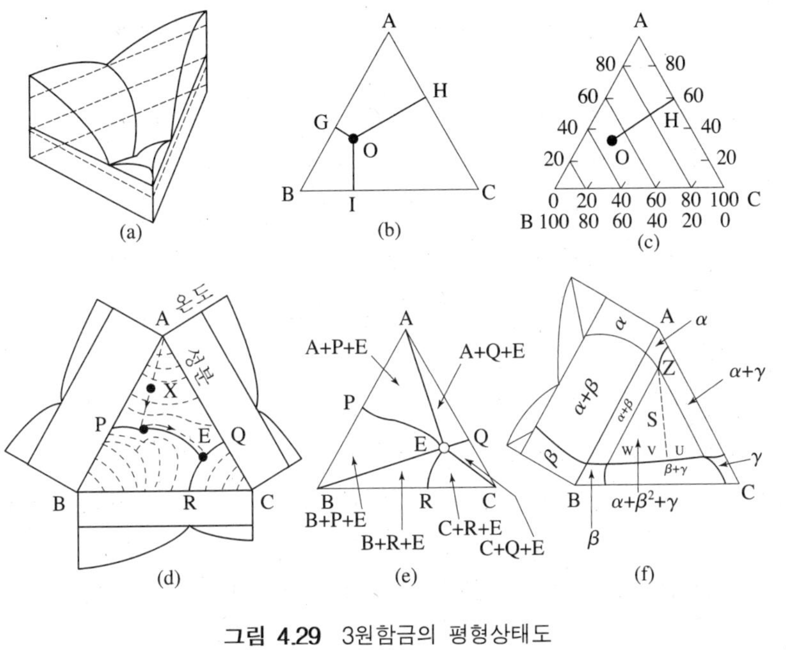


**그림 4.29** 3원합금의 평형상태도

3원 성분계에 관한 완전한 평형상태도는, 예를 들면 그림 4.29(a)와 같은 전체 모형 입체도가 필요하게 된다. 이것을 평면 위에 상태도로 나타낼 때에는 단면을 사용하는 것이 매우 편리하다. 3원합금에 대한 상호간의 성분 및 온도 관계를 나타내기 위하여 정삼각형을 보통 사용한다. 3개의 순금속을 정삼각형의 꼭지점으로 나타내고, 또한 각 금속의 2원합금은 삼각형의 각 변에 따라 나타내며, 삼각형 안의 점의 위치는 3원합금의 성분으로 정한다.

그러므로 그림 4.29(b)의 삼각형 안의 O점은 A : B : C = OI : OH : OG의 성분비를 나타내는 합금이다.

2원합금에서는 액상선(liquidus) 및 고상선(solidus) 등이 선으로 표시되어 있으나 3원합금에서는 곡면으로 표시하는 것이 필요하게 된다. 3원계의 3원공정은 용액 표면이 교차되어 형성하는 한 개의 선으로 나타낸다.

이때 **3원공정점**(ternary eutectic point) O는 골진 부분의 최저점이 된다. 일반적으로 2원합금공정은 일정한 온도선에서 어떤 범위에 걸쳐 진행되나, **3원공정**은 A-B, B-C, C-A 등의 각 합금의 공정점보다도 더욱 낮은 일정한 온도에서 생기게 되므로 저용융점 합금이 필요할 때에 이용된다.

그림 4.29(d)는 A, B, C 3개의 금속이 삼각형의 각 변 위에 나타나는 단순한 2원합금을 형성하는 3원계에 대한 용액 경계를 삼각형 안에 투영한 것이다. 그림 4.29에 나타낸 선도는 용액 경계의 온도가 3원합금 공정점까지 연속적으로 강하될 때의 등고선으로 대표하는 것이 편리하다. 그림 4.29(d)의 X점으로 나타내는 합금의 응고과정을 고찰하면 AP EQ 구역 중의 합금은 A 금속의 농도가 크므로, A 금속의 **초정**(primary crystal)이 정출됨에 따라 남은 용액 B와 C의 농도가 증가된 합금을 정출하면서 PE선을 따라 공정이 형성되고, 용액은 E점에 도달될 때까지 농도의 증가를 보게 된다.

그림 4.29(e)에서 AE, BE, CE선 위의 선분을 가지는 고체들은 단순히 초정과 3원공정만을 함유한다. 또 가장 중요한 3원상태도는, A+B+C로 된 3상 구역으로 성립되어 있는 공정 E를 그림 4.29(e)에 나타낸 바 있는 각 상의 구역으로 나타내고 있다.

그림 4.29(f)는 각 성분 금속이 고체상태에서 상호용해한도곡선이 있을 때의 합금 중의 상 구역을 나타낸 것이다. 3원합금 공정은 순금속 대신으로 3개의 고용체 $\alpha$, $\beta$, $\gamma$ 등으로 성립됨은 앞에서 설명하였다.

그림 4.30은 3원합금의 3성분이 전율가용고용체를 형성할 때의 입체도와 전개도를 보여 주며 AB, BC, CA 등은 각각 전율가용고용체를 형성하는 합금이다.

그림 4.31은 고용체와 한율가용고용체를 형성하는 3원합금의 입체도와 전개도를 나타낸 것이다.

3원합금 평형상태도에 대한 것은 보통 2원합금의 상태도에 준하며, 3원합금의 성질과 조직은 각종 상태에 따라 차이가 많으나, 다음과 같은 몇 개의 공통된 성질을 찾을 수 있다.

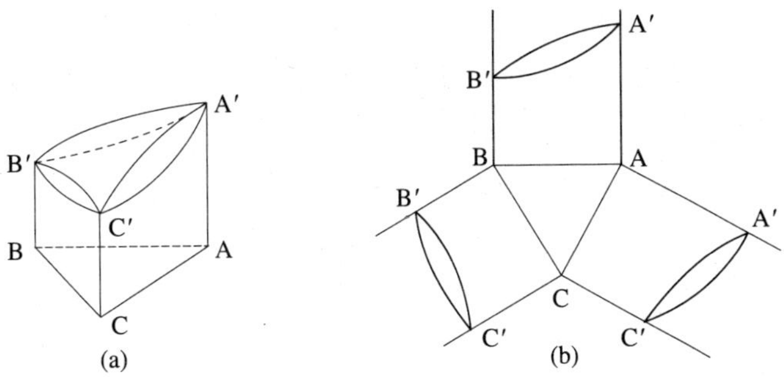


**그림 4.30** 전율가용고용체의 3원합금 상태도

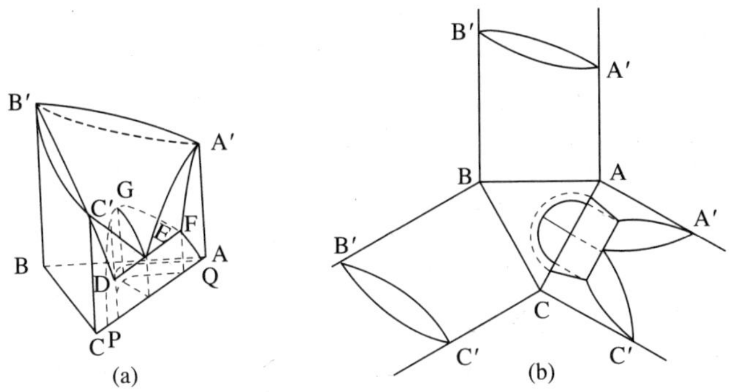


**그림 4.31** 한율가용고용체의 상태도

(가) 3원공정

기계적, 전기적 성질은 함유 성분의 직선적 함수로 변한다. 특히, 기계적 성질은 다음과 같은 인자의 영향을 받는다.

ⓘ 분포상태의 미세한 정도

ⓘⓘ 각 상의 개별적 성질

ⓘⓘⓘ 연속적 상의 성질

공정은 일반적으로 주물에 많이 사용한다.

(나) 고용체

순금속보다 가단성, 연성 및 강도가 더욱 크며, 대부분의 공업용 단조합금은 이와 같은 고용체로 되어 있다. 전기전도도 및 온도 상수 등은 합금 원소를 첨가하면 급속히 감소한다.

(다) 금속간화합물

금속간화합물은 보통 굳고 여린 성질이 있으며, 그 자체만으로는 공업적으로 유용한 성질이 적으므로, 금속간화합물인 강철 중의 $Fe_3C$, Al 합금 중의 $CuAl_2$ 등의 메짐성(취성) 재질은 다른 연한 재질과 함께 존재한 가운데서 혼합되어서 공업용 합금으로 사용된다. 전기전도도는 인접합금에 비하여 상당히 높으며, $\beta$상(beta phase)을 형성하는 금속간화합물은 상당히 강하고, 또 어떤 온도에서도 쉽게 고온압연할 수 있다.

그러나 $\beta$상은 상온에서 메짐성이 매우 큰 것이 결점이다. $\gamma$상(gammer phase)은 구리합금(Cu-alloy)에서 많이 나타나는 것인데, 보통 고온 및 상온 상태에서 메짐성이 있다.

### 2) 4원합금 상태도

4성분계의 조성 표시에는 정사면체를 이용한다. 그림 4.32에서의 각 꼭지점은 각 성분을 나타내고, 사면체 안의 한 점 P는 그림 (a)에서 각 면에 대한 수선의 길이로, (b)에서는 각 변과의 평행선의 길이로 조성을 나타낸다. (a)의 경우는 사면체의 높이가 100(%), (b)의 경우는 한 변의 길이가 100(%)를 나타낸다.

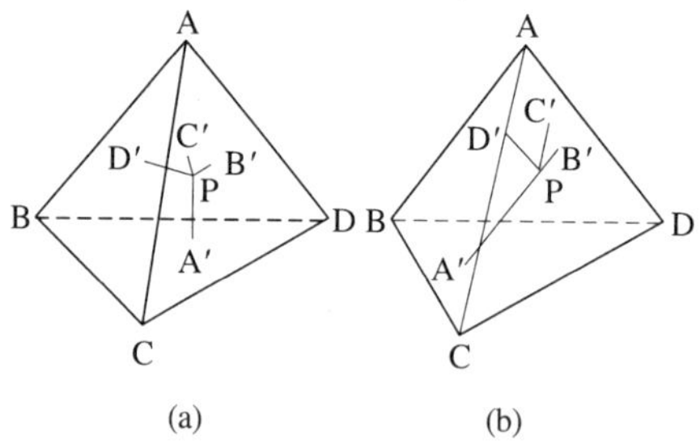


**그림 4.32** 4성분계의 조성 표시

한 밑면에 평행한 면 안의 점에서는 그 밑면에 마주 위치한 꼭지점의 성분 농도가 항상 일정하고, 1개의 꼭지점을 품는 선 위의 점에서는 다른 3꼭지점의 농도비가 일정하며, 한 변을 품는 평면 위의 점에서는 그 변에 포함되지 않는 2꼭지점의 성분 농도비가 일정하다.

또 한 변에 평행한 선 위의 점에서는 그 변의 두 끝의 꼭지점 성분량의 합이 일정한 관계가 있다. 사면체 안에서도 지렛대 관계는 성립하며, 4성분계에서는 조성 표시에 공간(space)이 필요하므로, 3차원 공간 모형에서는 상태도를 표현할 방도가 없으나 등온단면도를 그릴 수는 있다. 그러나 이러한 표현이 가능하더라도 등온 단면도만으로는 실용성이 적고, 또 조금 복잡한 합금에서는 그것마저 어려워지므로 4성분계 이상의 상태도가 실제 사용되는 일이 드물다.

# 4.2 비평형상태의 상변화

## 1. 합금의 비평형상태

금속 및 합금은 항상 평형상태에만 있다고 볼 수는 없다. 냉각방법에 따라 비평형상태로 되는 일이 많다. 특히, 고체에서 생기는 상변화에는 이와 같은 경향이 많다. 실용되는 합금에서는 상변화를 이용하여 각종 열처리에 이용한다. 이때에는 인공적인 비평형상태로서 각종 기계적 성질을 갖게 한다.

(1) 고온상태에서 급랭시켜 상변화를 저지하는 담금질(quenching)
(2) 균등화를 시키기 위하여 높은 온도에서의 고용체 처리(solution heat treatment)
(3) 평형상태에 근접시키기 위하여 비교적 낮은 온도에서 실시하는 시효(aging) 또는 뜨임(tempering)

위에서 제시한 비평형에 관한 것들 중, 담금질 및 뜨임방법에 관하여는 철강재료에서 자세히 설명하게 될 것이므로 여기서는 시효현상에 대하여만 간단히 설명한다.

## 2. 시효현상

금속재료의 여러 성질이 시간의 경과와 더불어 변하는 현상을 **시효현상**이라고 하며, 이 원인을 고찰하면 그 온도에서 불안정상태에 있던 것이 안정상태로 변하기 위하여 시효(aging)가 생기게 된다. 이와 같이 불안정한 상태가 어떻게 되어 생겼는가 하는 것은 다음 두 가지로 구분할 수 있다.

(1) 합금의 상변화를 일부 또는 전부 억제함으로써 불안정상태의 중요 원인이 된 때
(2) 냉간가공 및 기타의 원인으로 금속결정 내부에 응력 또는 격자결함이 생겼을 때

위의 (1)항에 속하는 것에는,

ⓘ 용해도변화에 의한 석출을 억제하여 저온에서 **과포화고용체**(supersaturated solid solution)를 형성할 때
ⓘⓘ 공석분해의 결과 제2의 상이 석출되는 합금의 변태, 또는 석출을 억제하였을 때
ⓘⓘⓘ 2개의상이 분해되어 농도가 서로 다른 2개의 고용체로 변하는 것을 억제하였을 때

등이다.

(2)항의 현상, 즉 냉간가공과 함께 나타나는 현상은 냉간가공으로 인하여 결정과 내부에 증가된 격자결함과 용질원자와의 상호작용으로 상태도로서는 한 쪽이 $\alpha$고용체일 때에 용질원자의 국부적 집중(일종의 편석)에 기인된다.

제5장

# 금속의 소성과 회복

## 5.1 금속의 소성변형

금속 가공은 절삭가공과 비절삭가공, 즉 소성가공으로 분류된다. 그리고 소성가공(plastic working)이란, 가공변형의 원인이 외력이고, 이 외력에 의하여 재료내부에 생기는 응력(stress)이 제거되었을 때 재료가 원상으로 복구하는 **탄성변형**(elastic deformation)과 비교되는 외력이 제거되어도 금속재료에 변형이 남는 **소성변형**(plastic deformation)을 일으키는 가공을 말한다.

일반적으로 금속은 이와 같은 소성의 범위가 넓은 특징을 가지고 있으므로 이것을 이용하여 공업적으로는 금속 및 합금의 판(plate), 관(pipe), 봉(bar), 선(wire), 단조품 등이 만들어진다.

탄성변형은 흔적을 보기가 어려우나 소성가공으로 생긴 소성변형은 금속현미경 조직 및 X선(X-ray) 실험을 통하여 재료의 변형을 측정할 수 있다.

금속재료는 소성변형을 받으면 그 성질이 변화한다. 그러나 이것을 가열하면 그 성질이 변형 전과 같이 돌아갈 수 있다. 이 가열 조작을 **풀림**(소둔, annealing)이라 한다.

## 5.2 단결정의 소성변형

하나의 결정만으로 되어 있는 단결정에 탄성한도 이상의 외력을 가하여 소형변형을 일으키면 단결정은 변형한다. 이 변형은 미끄럼(slip)에 의한 경우와 쌍정(twin)에 의한 경우가 있으며, 금속이 변형하는 것은 이 두 가지 원인으로 이루어지며, 미끄럼과 쌍정의 변형되는 모양을 그림 5.1에 모형적으로 나타낸 것이다.

## 1. 미끄럼변형

그림 5.1의 ($a_1$) 및 ($a_2$)는 소성변형 전의 결정상태를 나타낸 것이며, 이때 그림 ($a_1$) 중의 마름모꼴은 금속의 결정형을 나타낸 것이고, 그림 5.1의 ($a_2$)는 그 원자배열을 나타낸 것이다.

지금 인장력을 가하여 화살방향으로 늘일 경우를 생각하면, 그림 5.1의 ($b_1$)과 같이 결정내이 어느 부분이 일정한 면을 따라서 미끄럼을 일으키고 어느 방향으로 이동한다. 즉, ($b_1$)과 같은 미끄럼방향으로 층상이동으로 집단미끄럼(block slip)을 하면서 그림 5.2와 같이 미끄럼띠(slip band) 또는 **미끄럼선**(slip line)이 생긴다.

그림 ($b_2$)에 있어서는 SS면을 경계로 하여 한 격자가 미끄러지는데, 그림 중의 흰 동그라미는 원자의 처음 위치를 나타내고, 각각의 원자가 화살 방향으로 움직인 것을 나타낸 것이다.

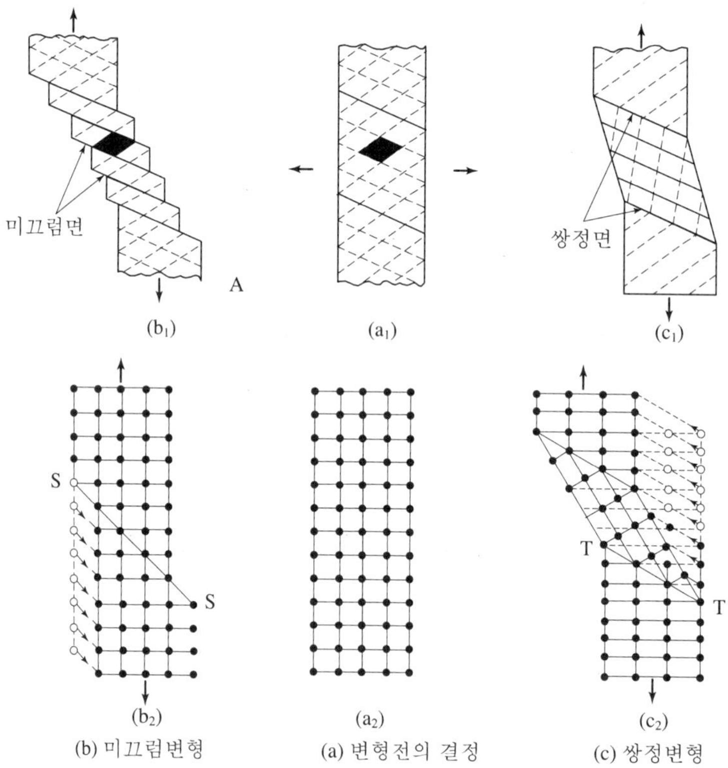


**그림 5.1** 소성변형의 모형도

위에서와 같이 미끄럼을 일으키는 변형현상을 **미끄럼변형**이라고 하며, 이 미끄럼 변형상태는 마치 겹쳐 쌓은 상자를 미끄러 움직였을 경우와 흡사하다. 금속이나 합금이 변형하는 대부분의 경우는 한 개 결정의 미끄럼변형이 집합된 결과 일어난다고 생각되며, 미끄럼면은 원자밀도가 가장 조밀한 면, 또는 그것에 가까운 면이고, 그리고 미끄럼방향은 원자간격이 가장 작은 방향이다. 이것은 그와 같은 면에서 같은 방향으로 미끄럼하는 것이 에너지가 가장 적게 들기 때문이다.

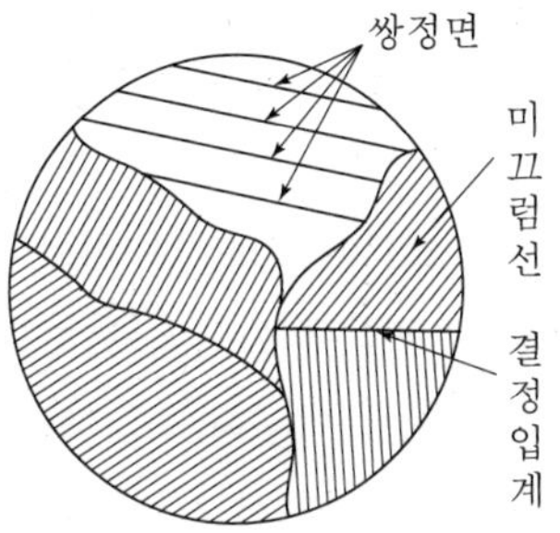


**그림 5.2** 결정립계

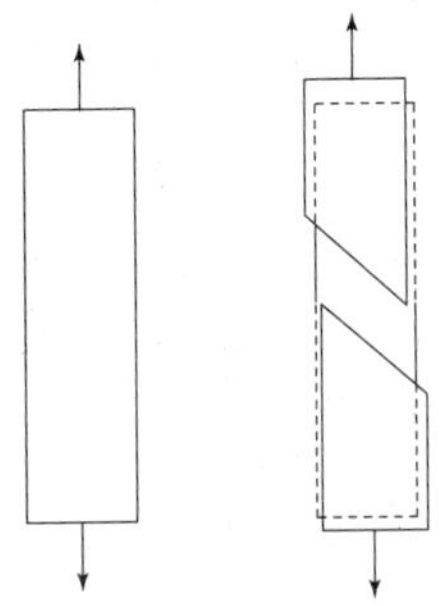

**그림 5.3** 단결정의 미끄럼변형

그러나 온도가 높아지면 원자의 열진동 에너지(energy)가 크게 되므로 다른 면에서도 미끄럼할 수 있게 된다. 그리고 미끄럼(slip)이 생겨도 결정형에는 변화가 없고 또한 결정의 불연속도 생기지 않는다.

앞의 그림 5.1에서 인장력을 가하여 변형시킬 경우, ($b_1$) 및 ($b_2$)의 미끄럼변형과는 다른 결정변형을 나타낼 경우가 있는데, 미끄럼을 일으키든지 또는 쌍정을 일으키든지는 금속의 종류의 힘의 방향 및 결정방향에 따라 다르나, 쌍정을 일으키는 경우라 하더라도 미끄럼은 보통 일어난다.

앞에서 설명된 미끄럼면(slip plane)과 미끄럼방향(slip direction)의 조합을 **미끄럼계**(silp system)라 하며, 금속은 미끄럼계가 많은 금속일수록 소성변형하기 쉽다. 따라서 육방정계에 속하는 금속이 가장 가공이 곤란하다. 실제로 Zn, Mg, Be 등은 가공하기 어려운 금속들이다.

단결정의 시편이 변형에 의하여 미끄럼을 일으키면 미끄럼면과 시편의 표면 사이에 단계가 그림 5.3과 같이 생긴다. 이것을 미끄럼선(slip line)이라 하며, 현미경이나 때로는 눈으로도 확실히 볼 수 있다. 미끄럼선에는 여러 가지 상태가 관찰되고 있다. 이 대표적인 형식은 그림 5.4에서 볼 수 있는 것과 같은 **단일미끄럼선**(single slip line)과 **층상미끄럼선**(lamellae slip line)이다.

좁은 간격의 미끄럼선의 집합을 특히 **미끄럼띠**(slip band)라 한다.

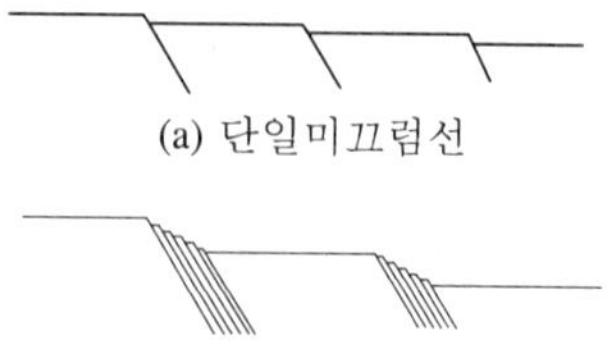

(a) 단일미끄럼선

(b) 층상미끄럼선

**그림 5.4** 단일미끄럼선과 층상미끄럼선

전자현미경에 의하여 미끄럼선의 상세한 구조를 관찰한 결과에 의하면 한 개의 미끄럼면의 미끄럼(slip)을 일으킬 수 있는 길이에는 일정한 한도가 있고, 또 미끄럼선의 간격에도 대개 일정한 최소값이 있으며, 200～2,000Å 정도이다.

한 개의 결정에는 몇 개의 미끄럼계(slip system)가 있으므로 반드시 한 개의 미끄럼계만이 작용하여 미끄럼이 일어난다고는 말할 수 없다. 동시에 2조의 미끄럼계가 작용하면 이에 따라서 시편의 표면에는 2조의 미끄럼선이 그림 5.5(b)와 같이 나타난다. 이러한 미끄럼을 **2중미끄럼**(double slip)이라 하며, 그 중에서도 단결정의 방향에 따라서는 미끄럼면은 달라도 미끄럼방향(slip direction)의 공통인 경우가 생기며, 이와 같은 경우를 **크로스 미끄럼**(cross slip)이라고 한다.

체심입방 금속 중에도 Fe은 미끄럼면의 수가 많으므로 몇 개의 미끄럼계가 작용하여 변형이 일어나며, Fe의 단결정을 시켰을 때 나타나는 미끄럼선은 단순한 직선이 되지 않고 그림 5.5(c)와 같이 곡선상으로 나타난다. 이것을 **파상미끄럼선**(wavy slip line)이라 한다.

시험편의 표면에 나타나는 미끄럼선을 자세히 관찰하면 국부적으로 미끄럼선이 휘어져 있는 부분(lattice bending)을 볼 수 있다. 이와 같은 부분은 상당한 넓이를 가진 띠모양(대상)으로 나타나므로 **변형대**(deformation band)라고 하며, 이 부근에서는 결정격자의 굽힘이나 회전(lattic rotation)이 일어나고 있다. 이때의 격자 굽힘이나 회전은 미끄럼면 안에 있어서 미끄럼방향에 수직한 방향을 축으로 하여 일어난다. 변형대의 생성은 한 개의 미끄럼면 위에서 미끄럼을 일으킬 수 있는 거리에 한도가 있으므로 변형이 국부적으로 불균일하게 되기 때문이며, 변형대는 면심입방의 금속이나 체심입방의 금속에서는 나타나나 육방계 금속에서는 나타나지 않는다.

육방계 금속에서 볼 수 있는 특정적인 변형에는 킹크 밴드(kink band)가 있다. 이것은 Cd, Zn과 같은 육방계 금속을 미끄럼면에 수직으로 압축하면 미끄럼을 일으키기가 곤란하므로 그림 5.6과 같이 변형한다. 이런 변형을 **킹크**(kink)라 하고, 킹크에 의하여 생긴 변형 부분을 **킹크 밴드**라 한다. 그림 5.6에서 P를 킹크면(kink plane)이라 하고, 이 면(plane)에서 결정의 방향이 급격히 변하고 있다. 킹크 밴드는 변형대의 특별한 경우이다.

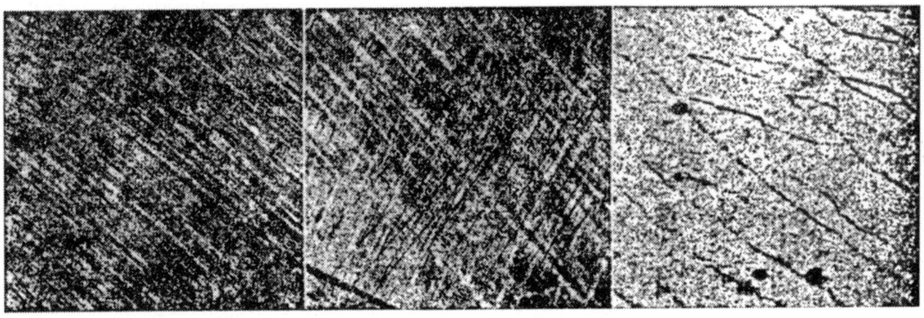

(a) 단일미끄럼선 (b) 이중미끄럼선 (c) 파상미끄럼선

그림 5.5 미끄럼선

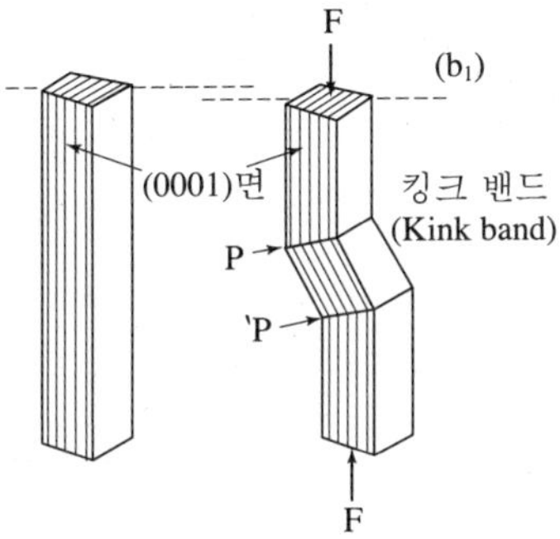


그림 5.6 킹크 밴드의 형성

## 2. 쌍정변형

소성변형에는 미끄럼변형 외에 쌍정(twin)이 있다. 쌍정이란 특정의 평면을 경계로 하여 처음의 결정과, 앞의 소성변형의 모형도 그림 5.1(c1) 및 (c2)에서와 같이 거울면에서 경계하는 것과 같은 원자배열을 가진 결정의 부분을 말한다. 즉 한 쪽의 결정이 회전을 일으킨 것과 같은 위치에 이동하여, 다른 쪽의 회전을 일으키지 않은 결정과 거울면(경상면)에서 양쪽의 원자가 서로 대칭적인 위치에 배열하는 결정으로 그림 5.1(c2)에 있어서는 TT의 방향으로 미끄럼이 일어난 결과, 결정의 방위는 TT를 경계로 하여 왼쪽과 오른쪽이 마치 TT에 거울에 놓았을 경우의 그림자와 물체의 위치 관계로 되어 있다. 바로 이와 같은 이 거울면을 **쌍정면**이라고 하며, 쌍정형성의 특징은 원자의 전단적인 이동에 의하여 형성되는 것인데, 이 전단이 일어나는 방향을 **쌍정방향**(twinning direction)이라 한다.

그림 5.7은 미끄럼변형과 쌍정변형을 다시 그려 본 것으로, 그림에서 쌍정면(twinning plane)은 지면에 수직이고, 원자는 화살표방향으로 쌍정면에 평행하게 이동하여 쌍정을 형성하나, 그 이동거리는 쌍정면에서의 거리에 비례하여 증가한다. 이것이 전단적인 이동의 특징이다.

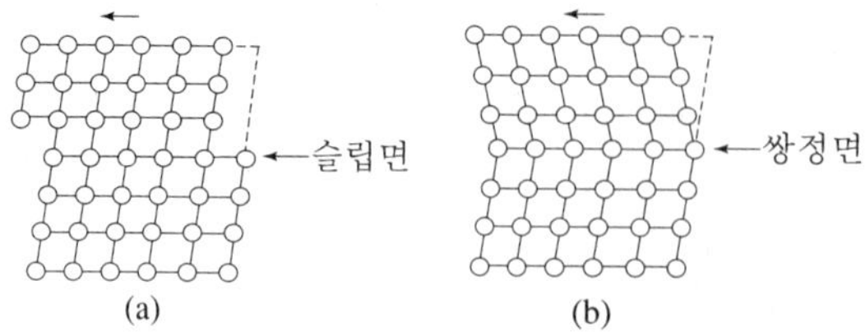


그림 5.7 미끄럼과 쌍정변형

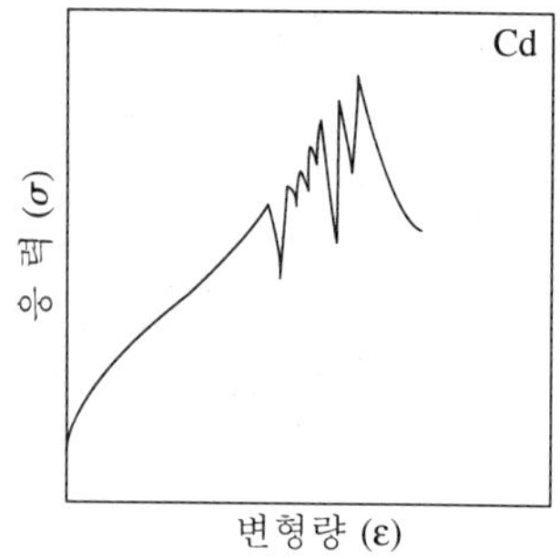


그림 5.8 쌍정생성 때의 응력-변형곡선 예

미끄럼(slip)에서는 미끄럼을 일으킨 부분과 일으키지 않은 부분의 양쪽에서 결정의 방위는 변하지 않으나 쌍정은 쌍정면의 양쪽에서 결정의 방위가 변화한다. 즉, 원래의 결정과는 다른 방향성을 가진 점에도 차이가 있다. 또 쌍정은 백만분의 몇초(micro second) 정도의 시간으로 형성되나 미끄럼에서는 미끄럼띠(slip band)가 형성되는 데에 천분의 몇 초(milli second) 정도의 시간을 필요로 한다. 또 쌍정 형성의 경우에는 미끄럼할 때의 임계전단응력에 상당한 전단력의 임계값이 명백하게 되어 있지 않다. 쌍정이 형성될 때에는 응력-변형선도 위에서 그림 5.8과 같은 응력의 감소를 볼 수 있다.

쌍정(twin) 형성은 일종의 응력완화현상이나 이와 동시에 결정의 방위가 변함으로써 새로운 미끄럼계(slip system)가 작용하기 쉽게 되는 것이 쌍정형성의 중요한 역할이다. 따라서 미끄럼계가 적으므로 소성변형하기 어려운 조밀육방정의 금속에서는 쌍정이 주요한 변형방법이 되며, 변형할 때에 많은 쌍정이 나타나고, 체심입방의 금속에서도 변형할 때에 쌍정이 나타난다.

조밀육방이나 체심입방 금속이 어느 것이나, 특히 충격적인 하중이나 낮은 온도에서 변형할 때에 많이 나타나며, 미끄럼계가 많은 면심입방의 금속에서는 변형할 때에 쌍정의 형성은 별로 없다.

금속들에서는 Sn, Sb, Bi는 대단히 쌍정이 생기기 쉽고, 다음으로 Zn, Cu, Mg 등이 생기기 쉬우며, Fe에서는 $\gamma$-Fe(면심입방격자)이 쌍정이 생기기 쉽고, $\alpha$-Fe은 상온에서는 쌍정이 생기지 않으나 저온에서는 쌍정이 생기는데, 이 쌍정은 특히 나비가 좁은 것이 특징으로써 뉴만 밴드(Neumann band)라고 한다.

쌍정의 발생에는 2가지 형식이 있다. 즉, 기계적 쌍정(mechanical twin)과 **풀림쌍정**(annealing twin)이다.

**기계적 쌍정**은 기계적인 외력, 즉 결정의 변형에 의해 나타나는 것으로 **변형쌍정**(deformation twin)이라고도 하며, $\alpha$-Fe에서 저온가공때에, 또는 충격시험에서 잘 나타난다.

**풀림쌍정**(소둔쌍정, annealing twin)은 가공한 금속을 고온으로 가열할 때, 결정립계의 이동에 따라서 형성되며, 면심입방의 금속에서 가끔 나타난다. 표 5.1과 그림 5.9는 결정격자의 쌍정면과 쌍정방향을 나타낸 것이다.

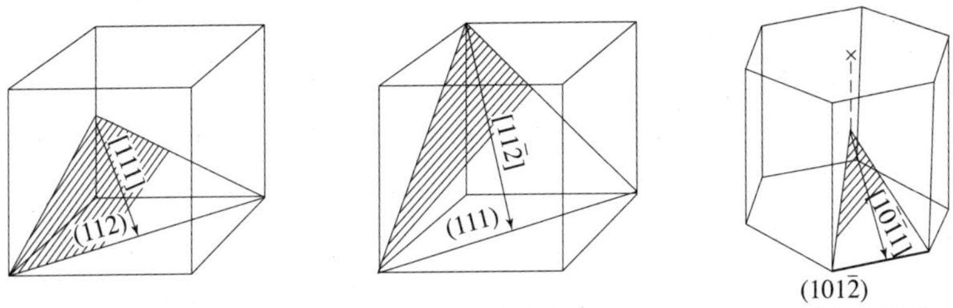


(a) 체심입방정제 (b) 면심입방정제 (c) 조밀육방정계

**그림 5.9** 쌍정면과 쌍정방향

**표 5.1** 쌍정면과 쌍정방향

| 결 정 | 쌍정면 | 쌍정방향 |
|---|---|---|
| 체심입방정 | {112} | <111> |
| 면심입방정 | {111} | <112> |
| 조밀육방정 | {10$\bar{1}$2} | <10$\bar{1}$ $\bar{1}$> |

그러나 모든 쌍정에서는 원자의 이동은 원자 간격보다 적으므로 쌍정으로는 큰 영구변형을 일으킬 수는 없다. 그러므로 큰 소성변형은 미끄럼변형에 의존하게 된다.

## 3. 전위

금속의 결정에 외력이 가하여지면 미끄럼 또는 쌍정을 일으켜 변형한다. 미끄럼을 일으키는 데에 필요한 힘은 미끄럼면에 따라서 원자의 위치를 상대적으로 이동시키는 데 필요한 힘으로, 이 힘은 미끄럼면 위에서 원자가 어느 안정한 위치로부터 옆의 안정한 위치로 이동하는 사이 원자에 작용하는 힘을 가정하여 계산할 수 있다. 이렇게 이론적으로 구한 전단응력의 값과 실제의 측정값을 비교하면 이론값이 $10^3$배 이상이나 크다. 이동하는 원자에 작용하는 힘에 관한 가정을 여러 가지로 보정하여도 역시 $10^2$배 이상의 차이가 생긴다.

이러한 사실을 설명하기 위하여 미끄럼이 일어날 때에는 원자면 전체가 동시에 이동하는 것이 아니고 원자가 1개씩 이동하여 간다고 생각하게 되었으며, 생각에 따라 이런 미끄럼이 일어나는 과정을 나타낸 것이 그림 5.10이다.

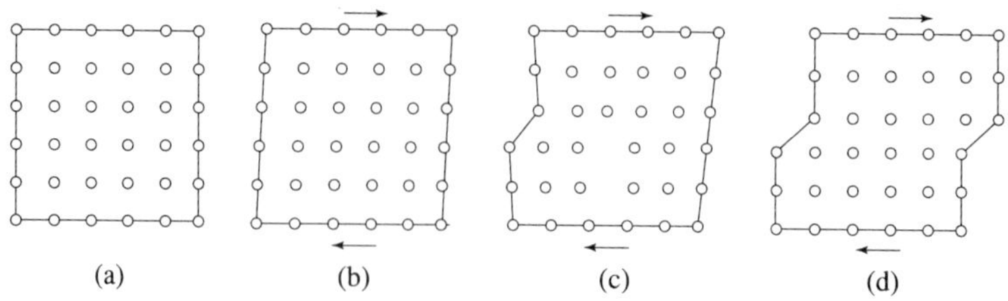


**그림 5.10** 전위의 이동에 의한 결정변형과정

외력이 가하여져도 그림 5.10(b)에서 탄성변형의 범위에서는 외력을 제거하면 처음의 (a) 상태로 되돌아간다. 그러나 외력이 증가하여 (c)와 같이 어느 한 곳에 미끄럼이 생기면 다음 차례로 미끄럼이 전하여져서, 나중에는 (d)와 같이 다른 쪽 끝에 이르러 1원자간거리의 이동을 일으킨다. 이러한 생각에 따르면 (c)와 같이 도중까지 미끄럼(slip)한 단계에서는 미끄럼면의 위와 아래에서 하나의 원자면이 중단된 곳이 생긴다. 이것을 **전위**(dislocation)라 하며, 이와 같은 원자의 배열상태에서는 전위의 두 쪽에서 원자에 작용하는 힘이 상대적이기 때문에 중심의 원자만을 움직이는 데에 필요한 힘은 비교적 작아도 좋다. 따라서 미끄럼을 일으키는 데에 필요한 전단력의 값은 생각하기보다는 훨씬 적게 된다.

이와 같은 전위의 개념은 1930년경에 테일러(Taylor)에 의하여 제안되었으며, 특히 최근에 이 이론은 급속히 진보하였고, 이와 같은 개념이 더욱 확장되어 결정격자의 결함이라는 생각으로부터 금속의 여러 가지 현상을 설명하게 되었다.

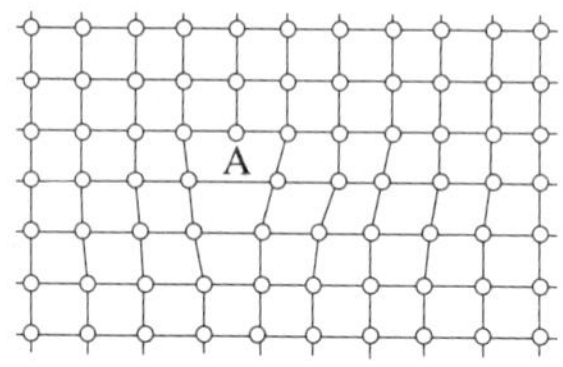


**그림 5.11** 전위의 중심

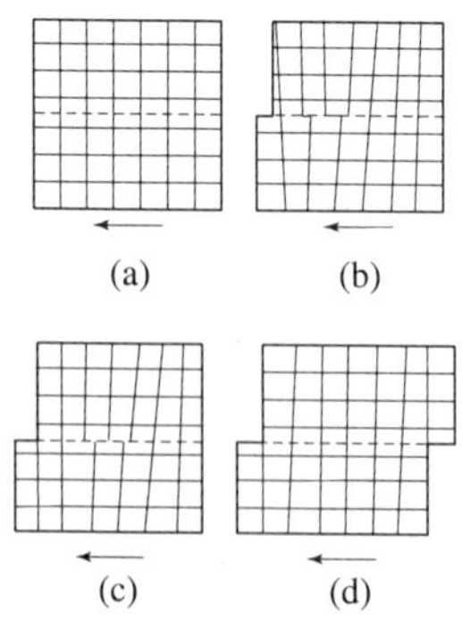


**그림 5.12** 인상(edge)전위

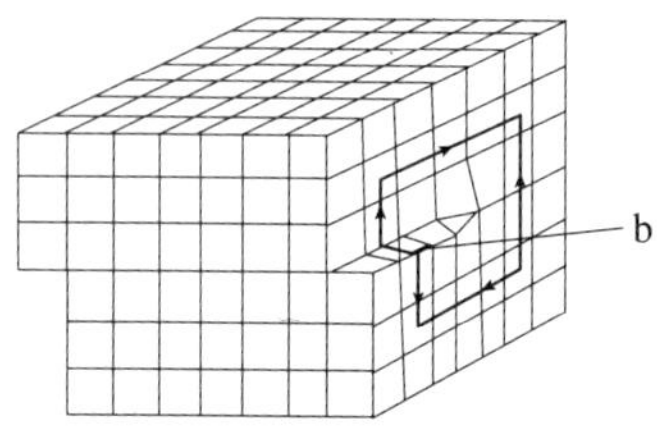


**그림 5.13** 나사식 전위

전위는 결정내부에 작은 결함이 있다고 가정하는 점에서 출발하여 생기게 되며, 일반적으로 불완전한 격자에서부터 생긴다. 앞에서도 설명하였듯이 금속결정에 큰 외력을 받으면 금속 내부에 변형이 생기고, 또한 이것으로 재료에는 **잔류응력**(residual stress)이 생기므로, 이와 같이 미끄럼을 일으키는 외력이 크면 가공경화의 정도가 크게 되어 재료의 미끄럼면에 따라서 파단이 생기게 된다.

그림 5.11에는 결정격자에 결함이 있는 것을 나타내었으며, 여기서 A는 **전위중심**이라고 하며, A를 통하여 지면에 수직된 선을 **전위선**(dislocation line)이라고 한다. 전위선이 반드시 직선으로 되는 것은 아니다.

전위에는 보통 전위인 **인상전위**(edge dislocation)와 축의 주위를 1회전 시키면서 1격자가 이동하는 식의 **나사식전위**(screw dislocation) 등이 있으나, 실제 문제에서는 각종 전위가 혼합된 **혼합전위**(mixed dislocation) 상태로 있다. 또 전위가 1회 결정 안을 통과한다면 1원자 간격의 미끄럼이 생기는 데 불과하나 실제 결정의 미끄럼에서는 대단히 많은 전위가 발생하여 이것들이 이동함으로써 눈으로 볼 수 있을 정도의 미끄럼이 발생하는 것을 쉽게 알 수 있다.

## 5.3 다결정의 소성변형

다결정을 소성변형하면 각 결정입자 내부에 미끄럼선이 발생한다. 많은 공업용 금속들은 서로 방향이 다른 결정들의 집합으로 형성되어 있으나 단지 몇 개의 결정만이 미끄럼이 일어나기 쉬운 위치에 놓일 수가 있으며, 결정면이 서로 다른 방향을 갖는 인접된 결정에 의해서 집단으로 변형되기 전에는 가공변형이 조금씩 진행된다. 한 결정에서 이동이 한 번 생기기 시작하면 응력의 분포는 전부 변형될 때까지 전달되어 또 다른 결정에 미끄럼이 일어나게 된다.

결정경계에 있어서 원자배열의 성질은 미끄럼을 저지하며, 경계구역은 약간의 원자들로 되어 있어, 이것들이 양쪽 격자로부터 일어나는 힘의 작용을 받게 되므로 중간 위치를 점유하며 양 격자 사이에 변동구역을 형성한다. 따라서 원자의 기하학적 규칙성은 결정경계에서 교란되며, 이 구역을 지나는 것은 제대로 원상에 돌아가기 힘들다.

다결정체인 실제 금속을 가공할 때에는 금속을 가공할 때에는 금속을 구성하고 있는 많은 결정의 방향이 각각 다르므로, 서로 인접한 결정에는 미끄럼면, 미끄럼방향 등이 일치하지 않는 것이 보통이므로, 결정경계에 있는 2개의 결정입자는 미끄럼요소의 간섭으로 인하여 변형이 방해되는 것이다.

일반적으로 금속재료의 결정입자가 미세할수록 재질이 굳다는 것은 결정립계의 강도에 인한 것으로 생각할 수 있으나, 주로 미세한 결정일수록 결정경계의 총면적이 크기 때문이라고 설명되며, 결정입자가 미세한 다결정의 금속일수록 미끄럼변형이나 쌍정변형이 일어나기 어려우며, 이 결과 굳고 강하게 된다.

**표 5.2** 압연의 경우

| 금 속 명 | 압연면에 평행된 방향 | 압연방향에 평행된 방향 |
|---|---|---|
| Ag, α-황동 | [110] | [112] |
| Fe, W, Mo | [100] | [110] |
| Al, Cu, Au, Ni, Pt, Fe-Ni | [110] 또는 [112] | [112] 및 [111] |
| Pb | [110] | [110] |

다면체결정은 결정입계의 영향을 받으면서 미끄럼이 생기며, 점차로 그 방향이 변하게 되므로 나중에는 일정한 방향을 갖게 되는데, 이것을 **선택방향성**(preferred orientation)이라고 하며, 가공 방법에 따라서 다르나 일반적으로 표 5.2, 3과 같은 방향성이 나타난다.

**표 5.3** 인발의 경우

| 금 속 명 | 섬유 축 방향 |
|---|---|
| Al, Pb | [111] |
| Fe, W, Mo | [110] |
| Ni, Cu, Au, Ag, Ni-Cu 합금 | [111] 및 [110] |

그림 5.14(a)에서와 같이 소성가공 전의 불규칙방향으로 배치되었던 결정이, 변형 후에는 (b)와 같이 선택방향성을 가지게 된다. 이것은 다결정체의 소성변형에 나타나는 가장 특징 있는 현상의 하나이다.

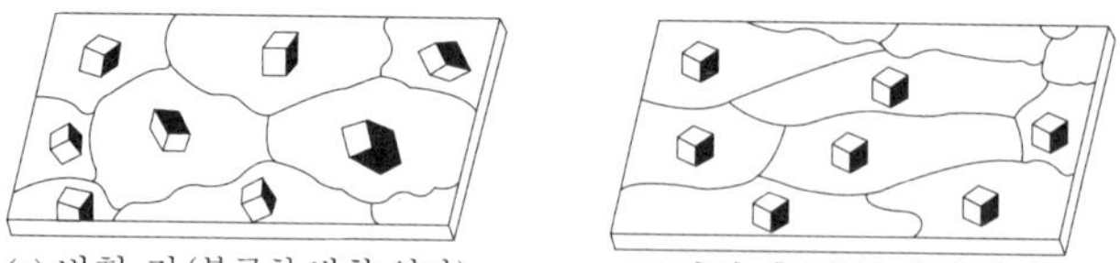

(a) 변형 전(불규칙 방향 입자) (b) 변형 후(선택 방위 입자)

**그림 5.14** 결정의 방향성

압연한 재료는 압연 방향과 평행된 방향 이외에 압연면에 평행한 방향이 정하여지므로 방향성은 표 5.2와 같이 된다. 인장 또는 냉간인발(cold drawing)가공하였을 때 잘 볼 수 있는 것은 길이 방향에 대한 일정한 결정축이며, 표 5.3과 같이 평행으로 되고, 이 축 주위의 결정

방위는 선택방향 조직을 갖는다.

이것을 특히 **섬유조직**(fiber structure)이라 하며, 이 결정축을 **섬유축**(fiber axis)이라고도 한다.

## 5.4 소성가공에 의한 영향

### 1. 고온가공과 상온가공

금속의 소성가공은 고온가공(hot working) 즉 열간가공, 상온가공(cold working) 즉 냉간가공으로 나눌 수 있다. 일반적으로 가공하는 금속의 재결정온도보다 높은 온도에서 가공하는 것을 고온가공, 재결정온도보다 낮은 온도에서 가공하는 것을 냉간가공이라고 한다.

고온가공은 주조된 잉고트(ingot)를 고온에서 가공하면 사용동력도 적고 변형이 쉬우므로 고온에서 가공하는 것이다. 그러나 매끈한 표면과 정밀한 치수의 가공은 상온가공을 한다. 상온가공을 하면 금속결정의 내부에 전위나 공격자점과 같은 결함이 증가하므로 성질이 변화한다.

즉, 금속의 기계적 성질이 변하여 인장강도, 항복점, 경도 등이 현저히 증가하고 또 피로강도, 전기저항 등도 증가되며, 상온가공에서는 가공도의 증가와 더불어 항복점의 증가가 인장강도의 증가보다 크기 때문에 항복점이 인장강도에 접근한다. 그리고 연신율 및 단면수축률은 감소한다.

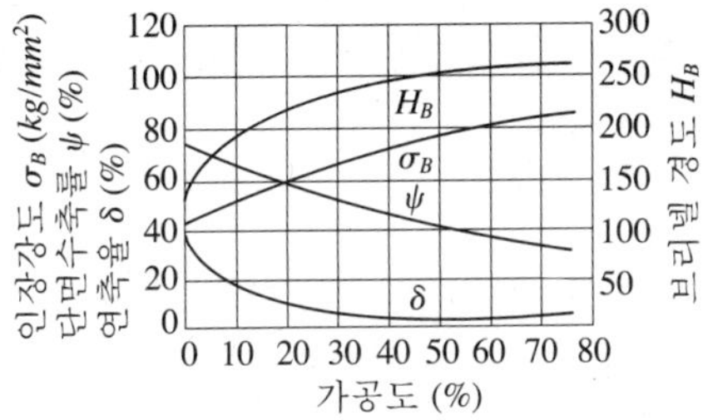


**그림 5.15** 탄소강의 기계적 성질 변화

그림 5.15는 0.12%C의 탄소강을 인발할 때의 기계적 성질을 나타낸 것이다. 가공도가 작은 범위에서는 급격히 성질이 변화하지만 가공도가 큰 구역에서는 변화가 작아진다. 보통 상온가공으로 경도가 크게 되고 강하여지는 현상을 가공경화(work hardening)라고 한다.

가공경화의 정도는 가공하는 온도에 따라 다르며, 온도가 높아지면 작아진다. 그러므로 열간가공에서는 가공경화가 생기지 않는다.

## 2. 상온가공에 의한 내부응력

내부응력은 가공도가 크게 되면 증가한다. 재료를 상온가공하면 **내부응력**(internal stress)이 생긴다. 이것을 **잔류응력**(residual stress)이라고도 한다.

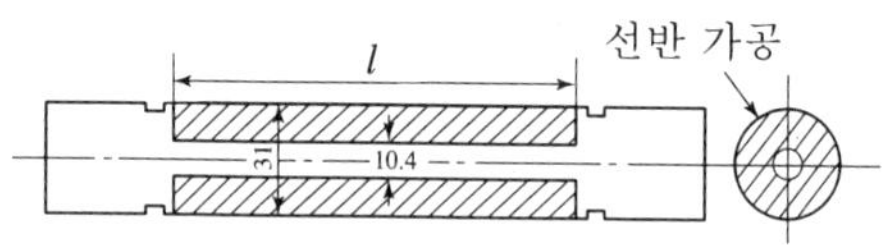


**그림 5.16** 내부응력 측정시편(보기)

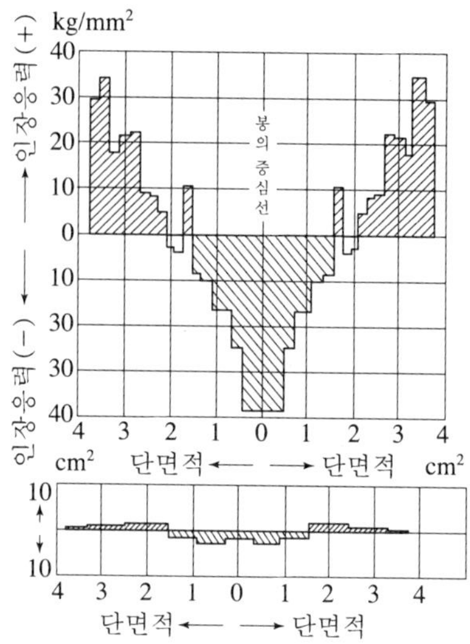


**그림 5.17** 내부응력 분포도

그림 5.16은 내부응력을 시험하기 위하여 Ni강(C 0.3%, Ni 25%)의 지름 34mm인 강재를 상온에서 인발하여 지름 31mm로 한 내부응력 시편이다. 이것을 매 0.5mm씩 바깥을 절삭하고 봉(bar)의 거리 *l*의 변화를 측정하여 이것으로부터 각각의 같은 지름을 원으로 하는 층의 내부응력을 계산하였다. 그 결과가 그림 5.17과 같은 내부응력 분포도인데, 이 그림에서 바깥층 부분에는 인장응력, 그리고 중심부에는 압축응력이 작용하고, 이것이 상당히 큰 값을 가진다는 것을 알 수 있다.

상온 인발(drawing)에서 내부에 큰 응력이 발생하는 원인은 그림 5.17의 경우 다이스와 접촉부에 인발력과 마찰력이 작용하기 때문이며, 단면의 각층 마찰은 바깥층이 될수록 크기 때문에 안쪽 중앙 부분이 더 많이 인발 변형된다. 그러므로 중심층은 바깥층으로부터 압축력을 받고 압축응력이 생긴다. 또 바깥층은 중심층에 의하여 축방향에 인장을 받게 되므로 인장응력이 생긴다.

따라서 내부응력은 가공도가 크게 되면 증가한다. 가공도가 너무 크면 중심층의 가공성은 내부보다 더욱 빨리 피로되어 균열이 생기게 된다. 내부가 인장응력의 상태에 있는 재료는 이것이 다음과 같은 상태에 사용하였을 때에는 얼마 후에 흔히 균열이 일어나기 쉽다.

① 부분적인 가열을 했을 때 : 불에 의한 균열

ⓘ 연한 부식성용액 : 응력부분의 부식에 의한 균열

ⓘⓘ 액상금속

#### 1) 시즈닝 크랙(seasoning crack)

상온가공으로 생긴 내부응력은 비록 가공중에 파괴에 이르지 않더라도 사용중에 파괴를 일으키는 중요 원인이 되는 경우가 많다. 내부응력을 받는 구조물 또는 제품에 어떠한 외력을 가하지 않은 방치상태에서 자연적으로 파괴가 되는 것을 시즌 크랙(season crack)이라고 하며, 그 예로서 황동의 프레스 제품, 스피닝(spinning) 작업품, 콘덴서 관 및 소총 탄피 등의 시즈닝 크랙은 이와 같은 물품 등이 가공경화상태(work-hardening condition)에서 사용될 때에 일어나기 쉽다.

#### 2) 부식균열(corrosion crack)

상온가공된 재료가 어떤 종류의 수용액 중에서 쉽게 부식되어 균열이 생기는 현상을 **응력부식**(stress corrosion)**균열**이라고 하며, 이 균열은 결정입자의 경계에 따라 진행되는 일이 많다. 보일러 강판의 내부 결정선균열, 특히 펀치로 뚫은 원형 리벳구멍 부분의 파열은 내부응력과 물 속의 가성 알칼리에 의한 영향에 기인한다. 이것을 **가성 메짐성**(가성취성 : caustic embrittlement)이라 하며, 650℃에서 풀림열처리함으로써 제거할 수 있다.

응력에 의한 부식의 다른 예는 스테인리스강, $\beta$-황동 및 Al-Mg 합금 등에서 볼 수 있다. 용융된 Pb과 Sn은 시료 속에 인장응력이 존재할 때 $\beta$-황동과 Ni-Cr강의 결정 경계에 침투하며, 연납은 비행기에 사용하는 Ni-Cr제 관축부분의 파괴를 일으키는 원인이 된다.

## 5.5 회복 재결정 및 결정입자의 성장

### 1. 풀림과 기계적 성질 변화

상온가공한 금속을 어떤 온도 이상으로 가열하면 가공경화되어 경도 및 강도가 크고 연신율이 작아졌던 재질이 다시 **연화**(softening)되어 전연성이 증가되며, 가공성이 **회복**(recovery)된다. 이와 같이 가열에 의하여 정상적인 성질로 회복시키는 열적 조작을 **풀림**(annealing)이라고 한다.

그림 5.18은 구리판을 풀림하였을 때의 재결정에 의한 기계적 성질의 변화를 보여준다. 즉, 풀림온도(기계적 성질의 개선을 목적으로 하여 가열하는 온도)가 어느 이상이 되면 경도, 인장강도, 탄성한도 등은 갑자기 감소하고, 반대로 연신율은 급격히 증가한다. 이와 같이 상온가공

(cold working)에 의하여 가공경화된 재료를 그 재료 특유의 온도까지 가열하여 가공 전의 처음 상태로 되돌아가게 하는 과정에는 다음과 같은 2가지 과정의 변화가 겹쳐서 생기는 것이다.

(1) 상온가공에 의하여 내부응력(내부변형)을 일으킨 결정입자가 가열에 의하여 그 모양은 바뀌지 않고 내부응력이 감소되어 가는 **회복**(recovery)이라는 과정

이 회복의 과정은 온도가 상승함에 따라 최후까지 가기 전에 (2)의 과정에 의해 중단된다.

(2) 내부응력이 있는 결정입자 가운데에 내부응력이 없는 새로운 결정의 핵이 생겨난 다음, 그 핵이 차례로 성정하여 헌 내부응력(내부변형)의 결정입자가 차차 이들의 새로운 결정입자로 치환되어 가는 **재결정**(recrystallization) 또는 조질이라는 과정

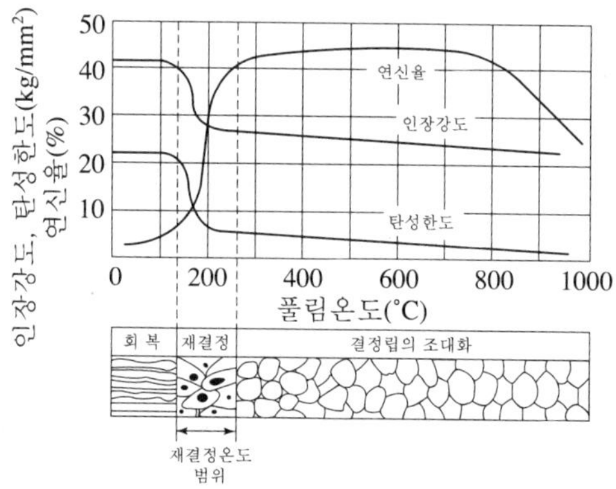


**그림 5.18** 구리판의 재결정에 의한 기계적 성질 변화

**표 1.4** 금속의 재결정온도

| 금 속 | 재결정온도 (℃) | 금 속 | 재결정온도 (℃) |
|---|---|---|---|
| Au | ~200 | Al | 150~240 |
| Ag | ~200 | Zn | 7~75 |
| Cu | 220~230 | Sn | -7~25 |
| Fe | 350~450 | Cd | ~7 |
| Ni | 530~600 | Pb | ~-3 |
| W | ~1,200 | Pt | ~450 |
| Ta | ~1,000 | Mg | ~150 |
| Mo | ~900 | | |

그림 5.18의 곡선은 위의 (1)과 (2)의 과정을 합한 결과를 나타낸 것으로, 곡선이 표시하는

것과 같이 여러 성질이 갑자기 감소 또는 증가하는 온도범위에서 재결정이 이루어지며, 재결정이 이루어지는 온도를 일반적으로 **재결정온도**(recrystallization temperature)라고 한다. 재결정온도는 금속이나 합금의 종류에 따라서 다르며, 표 5.4는 각종 금속 원소에 대한 재결정온도를 나타낸 것이다.

금속을 가열하여 회복과 재결정이 생길 경우, 회복만이 생기는 온도에서 풀림하는 것을 특히 **저온풀림**(stress relief annealing 또는 low temperature annealing)이라 하며, 재결정의 단계에서 새로운 결정핵의 발생은 결정 내의 특히 스트레인(strain)이 큰 위치, 예를 들면 결정립계라든가 또는 결정입자의 안에서는 미끄럼선의 중간 등에서 생긴다. 이와 같은 부분은 스트레인 에너지(strain energy)가 크므로 핵생성에 필요한 에너지를 부여하는 데 좋은 조건을 가지고 있기 때문이다.

그림 5.19에서 해칭(hatching)한 부분은 헌 결정이며, 새로운 핵의 발생으로 헌 결정입계가 없어지고 새로운 결정입계가 생성되어 간다. 그림에서 점선으로 나타나지고 있는 헌 결정입자는, 재결정이 생기면 전혀 내부응력이 없는 결정입자로 변환하므로 소성변형으로 생긴 성질의 변화는 급격히 정상으로 돌아간다. 재결정이 생긴 것은 현미경 관찰로써도 알 수 있으나, X선 회절로써도 새로운 결정의 반점이 나타나므로 알 수 있다.

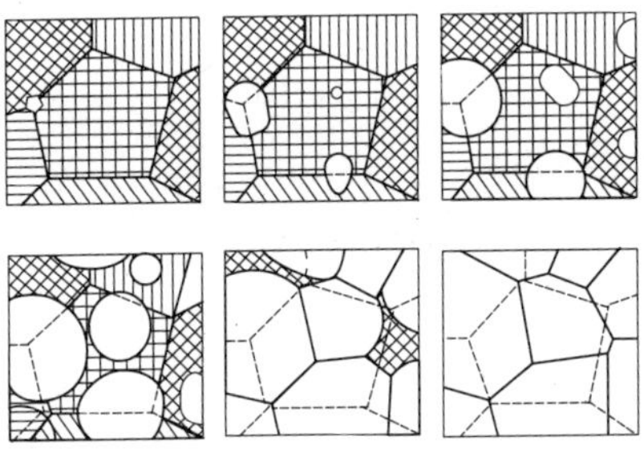

**그림 5.19** 재결정 생성 설명도

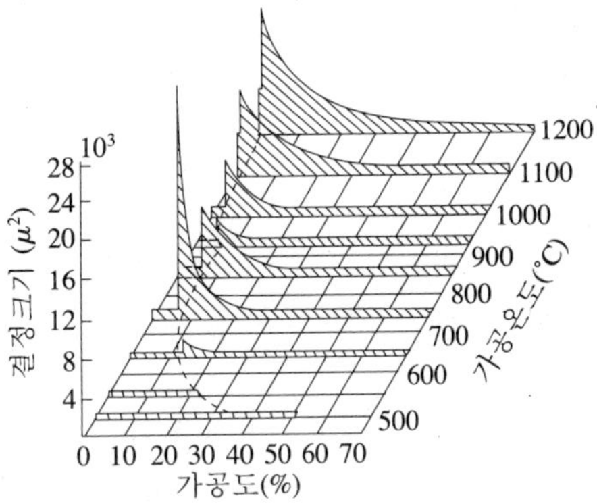


**그림 5.20** 연강의 가공도, 가열온도 및 결정입자 크기

## 2. 결정의 성장

재결정이 일어나기 시작하는 온도, 즉 재결정온도보다 한층 높은 온도로 가열하면 재결정으로 형성된 결정입자가 서로 이웃하는 결정입자와 합해짐으로써 **결정성장**(grain growth)이 생긴다. 풀림온도가 높고 또 풀림시간이 길면 눈으로도 볼 수 있을 정도로 큰 결정입자로 성장하는데, 결정입자가 크게 되면 기계적 성질이 저하되므로 필요 이상 풀림온도를 올리는 것

은 좋지 않다. 결정성장은 대부분의 경우에 새로 발생한 재결정립에서 생기며, 재결정 후의 결정입자의 크기는 가공도(%) 및 가열온도의 영향을 많이 받는다.

그림 5.20은 연강의 가공도, 가열온도 및 결정입자의 크기의 관계를 나타낸 것이며, 높은 온도에서는 결정성장의 영향이 증가된다. 그림 5.21은 풀림온도와 풀림시간의 관계를 나타내고 있으며, 새로운 작은 결정은 서로 합해져 그림 5.21에 나타낸 것처럼 처음에는 급속히 그리고 점차로는 서서히 성장한다.

그림 5.20에서와 같이 이것은 온도의 상승과 더불어 입도성장이 증가되며, 가공도가 작을수록 결정입도는 크다. 그러므로 낮은 가공도의 결정을 높은 온도에서 풀림하면 큰 결정을 얻을 수 있으며, 즉 가공도와 가열온도를 변화시키면 임의 크기의 결정입자를 얻을 수 있다.

위에서의 결정의 회복, 재결정, 성장 등의 일련의 현상은 반드시 내부응력에 원인되어 생긴다. 그러므로 내부응력이 전혀 남아 있지 않는 것은 아무리 가열하여도 어떠한 변화도 생기지 않는다. 냉간가공의 **임계가공도**는 Fe에서는 1%, Al에서는 2%, Pb에서는 1%의 연신율로 되어 있다.

결정의 성장을 방지하면서 조직의 균일화와 연화(softening)를 목적으로 하는 가열을 보통 **완전풀림**(full annealing)이라 하며, 강(steel)에서는 $A_3$, $A_1$ 온도보다 30~50℃ 높은 온도에서 풀림한다. 이것은 저온풀림과는 그 목적이 뚜렷이 다르며, 용융점이 낮은 금속에서는 상온에 방치하여도 풀림효과가 생겨서 연화하는 **자연풀림**(spontaneous annealing)과 비교가 된다. Sn 및 Pb 등이 실온(room temperature)에서 자연풀림이 생기는 것은 실온이 재결정 온도보다 높기 때문인데, 즉 다른 금속의 고온가공에 해당됨이 그 까닭이다.

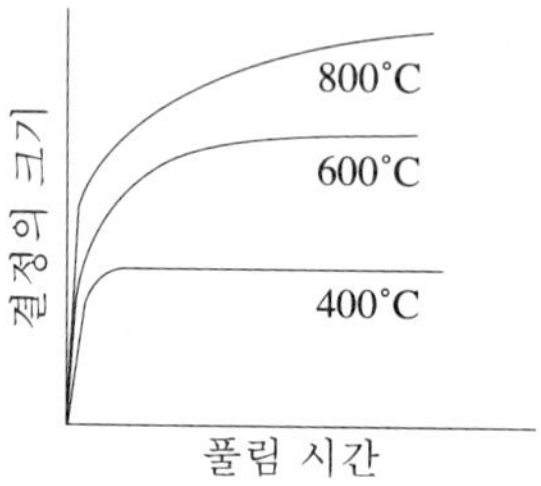


**그림 5.21** 결정성장과 풀림온도와 시간

## 5.6 소성변형의 응용

소성변형을 응용한소성가공에 속하는 가공방법에는 다음과 같은 종류가 있다.

### 1) 압연가공(rolling)

재료를 열간 또는 냉간가공하기 위하여 회전하는 로울러(roller) 사이에 금속재료의 소재를 통과시켜 성형하는 방법으로서, 판재의 제조에 이용되며, 적당한 모양을 가진 로울러를 쓰면 봉(bar), 관(pipe), 형재, 레일 등도 만들 수 있다.

### 2) 압축가공(extrusion)

상온 또는 가열된 금속을 실린더 모양을 한 컨테이너(container)에 넣고, 한 쪽에 있는 램(ram)에 압력을 가하여 밀어 낸다. 이것은 다이(die)를 통하여 재료가 소성가공되어 봉(bar), 관(pipe), 형재 등으로 제작되는 방법을 말한다.

### 3) 인발가공(drawing)

다이(die)의 구멍을 통하여 금속재료를 축방향으로 당기어 바깥지름을 감소시키면서 일정한 단면을 가진 소재로 가공하는 방법으로 봉, 관, 선(wire) 등의 제조에 이용되며, 지름 6mm 이하의 가는 선의 인발을 **선인**(wire drawing)이라 한다.

### 4) 프레스가공(pressing)

판재를 펀치(punch)와 다이(die) 사이에서 압축하여 성형하는 방법이며, **판금가공**(sheet metal working)이라고도 한다.

이 가공법은 다시 전단가공(shearing work), 굽힘가공(bending work), 압축가공(pressing work), 디프 드리잉(deep drawing) 등으로 분류된다.

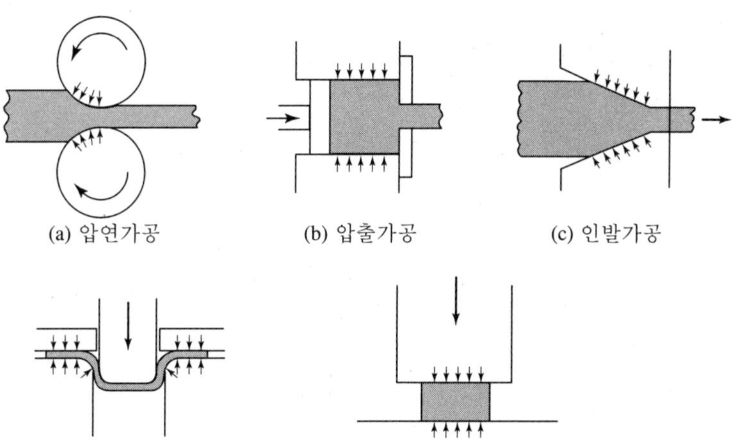

(a) 압연가공 (b) 압출가공 (c) 인발가공

(d) 프레스 (e) 단조

**그림 5.22** 소성가공법의 여러 종류

### 5) 단조가공(forging)

잉고트(ingot)의 소재를 높은 온도, 즉 보통 열간가공온도에서 적당한 단조기계로 소성가공하여 조직을 미세화시키고 균질상태로 하면서 성형하는 것으로, 자유단조와 형단조(die forging)가 있다.

### 6) 전조가공(roll forming)

작업은 압연과 비슷하나, 전조공구를 이용하여 나사(thread), 기어(gear) 등을 성형하는 가공법이다.

위에서 설명한 것들은 주로 금속재료의 소성가공으로 이들 소성가공의 특징은 정확하고 균일한 제품을 높은 생산 능률로 제조할 수 있는 것과, 성형과 동시에 재료의 성질도 개선할 수 있다. 여기에 또한 근년에 크게 발달된 플라스틱(plastic)도 가열하면 연화되어 가공성이 증가하게 되므로 주조(casting), 압출, 프레스 등의 성형가공이 널리 적용되고 있다. 이 플라스틱도 역시 소성을 이용하여 가공할 수 있으므로, 소성가공에서 취급될 가공법이지만 자세한 설명을 여기에서는 생략한다. 즉 소성가공은 각종 재료의 판재, 봉재, 관재(pipe), 단조재 등의 1차 가공에서 2차, 3차 등의 성형 작업의 분야까지 포함되어 있고, 또한 플라스틱 제품도 거의 같은 방법이 적용되므로, 같은 방식에 속하는 이 소성가공법이 매년 개발 발전되고 있다.

# 연습문제

**1.1** 금속재료와 기계재료를 구별하라.

**1.2** 금속의 특성을 설명하여라.

**1.3** 고체금속의 제조방식에는 어떠한 것들이 있나 알아보자.

**1.4** 접종(inoculation)이란 무엇인가?

**1.5** 결정(crystal) 형성에 영향을 주는 요인에는 어떠한 것이 있는가?

**1.6** 기공(blow hole)이란 무엇인가?

**1.7** 결정경계선(crystal boundary line)이란 무엇인가?

**1.8** 결정핵과 결정속도에 대해 알아 보자.

**1.9** 수상정(dendrite)이란 무엇인가?

**1.10** 주상조직(columnar structure)에 대해 설명하라.

**1.11** 1차 파이프(primary pipe)와 2차 파이프(secondary pipe)를 비교하라.

**1.12** 라운딩(rounding)과 약선(weak point)에 관계를 설명하라.

**1.13** 금속의 결정형(crystal model)에 대해 설명하라.

1.14 금속의 변태점 측정방법에는 어떠한 것들이 있는가?

1.15 BCC와 FCC 결정격자 모형을 그려 보아라.

1.16 금속의 결함검사법에는 어떠한 것들이 있는가?

1.17 매크로(macro) 검사와 마이크로(micro) 검사를 비교하라.

1.18 금속의 조직 검사에 쓰이는 여러 가지 부식제(etching solution)에는 어떠한 것이 있는가?

1.19 고용체(solid solution)에 대하여 알아 보자.

1.20 밀러 지수(Miller index)란 무엇인가?

1.21 동소변태와 자기변태를 비교 설명하라.

1.22 공정 및 포정의 기본상태도를 그려 보아라.

1.23 상률(phase rule)을 설명하라.

1.24 성분표시에서 지렛대 원리(lever reaction)란 무엇인가?

1.25 3성분 농도표시방법에 대해 설명하라.

1.26 상태도의 모양과 경도 및 전기전도도의 관계를 설명하라.

1.27 금속의 경도(hardness) 시험방법에는 어떠한 것들이 있는가?

1.28 비파괴시험방법에는 어떤 것이 있는가?

1.29 만능시험기(universal tester)로 할 수 있는 시험에는 어떤 것들이 있는가?

1.30 피로시험기(fatigue tester)의 종류를 알아 보자.

1.31 물리적 검사를 이용한 금속재료의 검사법에는 어떠한 것들이 있는가?

1.32 초음파 탐상법(supersonic test)이란 무엇인가?

1.33 화학적 검사법으로 금속재료의 결함검사를 할 때에는 어떤 방법이 사용되는가?

1.34 금속조직검사법에서 사용되는 현미경의 종류에는 어떤 것들이 있는가?

1.35 철강재료에서 많이 나타나는 결함들을 살펴보고, 그 현상 및 원인을 규명해 보자.

1.36 금속재료의 결함에서 선천적 결함과 후천적 결함을 비교 설명하여라.

1.37 유중침지법에 대하여 설명하여라.

1.38 충격시험(impact test)에 대하여 알아 보자.

1.39 인장 및 충격시험편은 어떤 모양인가?

1.40 소성가공(plastic working)이란 무엇인가?

1.41 쌍정(twin)에 대해 설명하라.

1.42 가공경화(work hardening)에 대해 설명하라.

1.43 열간가공(hot working)과 냉간가공(cold working)을 비교하라.

1.44 시즈닝 크랙(seasoning crack)에 대해 설명하라.

1.45 재결정온도(recrystallization temperature)에 대해 조사해 보자.

1.46 경정의 회복(recovery)에 대해 설명하라.

1.47 소성가공의 종류에는 어떠한 것들이 있는가?

1.48 전조(roll forming)에 대해 설명하라.

1.49 판금가공(sheet metal working)에 어떤 것이 있는가?

1.50 소성가공에 있어서의 가공완료 온도에 대하여 알아 보자.

# 제2편

# 철 강 재 료

# 제1장

# 철강의 제조법

철과 강은 일상생활에서 오랫동안 사용하여 왔으며 이들은 타금속보다 강도, 인성 등이 크고 또한 열처리에 의하여 그 기계적 성질이 개선되는 특징을 가지고 있으므로 공업적 견지에서 볼 때 가장 우수한 재료이다.

옛날에는 광석에서 직접 단조철 또는 연철(wrought iron)을 만들었으나 이러한 직접 제철법은 노력과 시간을 요할 뿐 아니라 능률이 낮으므로 근대의 제철은 간접 제철법이라 하여 일단 용철을 만들고 이것을 산화 탈탄하여 강을 만드는 간접법을 많이 이용하고 있다.

즉 강을 제조할 경우에 철광석(iron ore)으로부터 용광로(blast furnace)에 의해서 선철을 만들어 이것을 정련하여 강을 만드는 간접법을 채택하고 있다.

## 1.1 선철의 제조법

### 1. 제선 원료

#### 1) 철광석

땅 표면 중에 약 4.5% 정도 점유하고 있는 Fe은 Al, Si 다음으로 많이 존재하는 원소이다. 제련용 철광석으로서 사용되는 것은 함철 성분이 40~60% 이상이어야 경제성이 있다.

철광석은 주로 자철광(magnetite : $Fe_3O_4$), 적철광(hematite : $Fe_2O_3$), 갈철광(limonite : $Fe_2O_3 \cdot 3H_2O$), 능철광(siderite : $FeCO_3$) 등이며, 이외에 사철, 분광, 유산재 등도 특수처리에 의해서 제련용으로 될 수 있다.

### 2) 연 료

공기 중에서 신속하게 산화하여 그 산화열을 경제적으로 이용할 수 있는 물질을 연료(fuel)라 한다.

제련용 연료로서는 고체 연료인 코우크스(coke)가 가장 많이 쓰이며, 이것은 회분과 유황분이 적고 강도가 커야 한다. 코우크스는 강 점결탄과 약 점결탄을 적당히 섞어서 코우크스로에 넣고 공기를 차단하여 900~1,200℃의 고온으로 건류하여 휘발분을 제거하여 제조한다.

### 3) 용 제

광석 중의 맥석 또는 연료 중의 회분과 결합하여 녹는 점이 낮고, 유동성이 좋은 광재를 만들어 이것은 용융금속에서 용이하게 분리하기 위하여 첨가하는 것을 **용제**(flux)라 하며, 석회석(lime stone : $CaCO_3$), 백운석(약회석, dolomite : $CaCO_3$, $MgCO_3$), 형석(fluorite : $CaF_2$) 등이 주로 사용된다.

## 2. 용광로 조업

### 1) 용광로

용광로를 독일에서는 고로(hochofen)라고도 하며, 횡단면은 원형이므로 장입물의 강하, 노내 가스의 상승이 균일하고 열의 방산이 적을 뿐더러 그 분포가 균일하도록 되어 있다. 코우크스 용광로는 용광로 본체, 원료 운반 장치, 원료 장입 장치, 열풍로, 송풍기 등과 같은 구조로 되어 있다.

그림 1.1은 용광로의 구조 설명도이다.

**용광로의 용량**(capacity)은 1일 선철의 총생산량으로 정한다.

### 2) 선철의 제조

용광로는 그림 1.1과 같이 환원대, 용융대, 연소대의 세 부분으로 구분된다.

선철은 용광로에서 철광석을 환원함으로써 제조된다. 철광석을 제련할 때에는 광석 외에 연료인 코우크스와 용제인 석회석을 용광로에 번갈아 장입하고, 아래에서 축열실을 통하여 예열한 공기를 불어 넣어 연소시킨다. 용광로 아래의 바람구멍(tuyere) 부근은 코우크스의 연소로 인하여 1,600℃ 정도의 고온으로 되며, CO가스가 생겨 노 속을 올라가는데, 이 CO가스가 다음과 같이 화학반응을 일으켜 철이 환원된다.

$$3Fe_2O_3 + CO \rightarrow 2Fe_3O_4 + CO_2 \uparrow$$

$$Fe_3O_4 + CO \rightarrow 3FeO + CO_2 \uparrow$$

$$FeO + CO \rightarrow Fe + CO_2 \uparrow$$

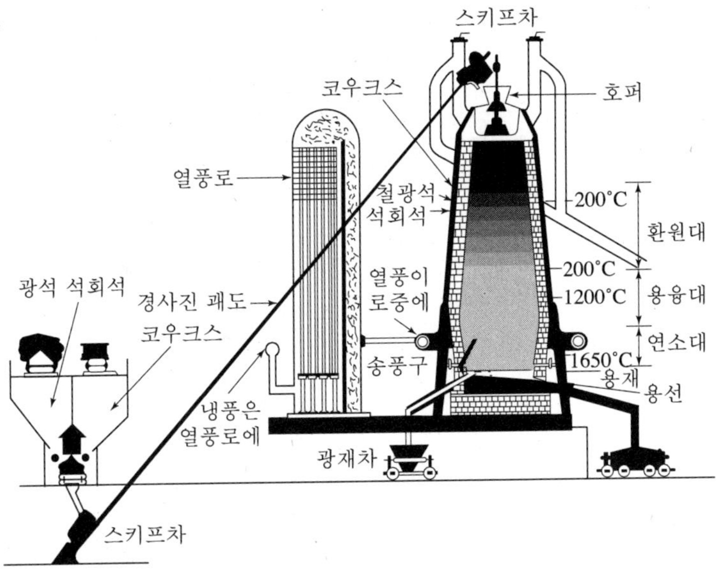


**그림 1.1** 용광로의 구조

이와 같은 반응은 간접환원이며, 대체로 용광로 제선법에서는 85~90%가 이 반응으로 환원된다.

그러나 노 속의 고온부에서 간접 환원하기 어려운 광석은 다음과 같은 직접환원에 의해서 환원되는 경우도 있다.

$$3Fe_2O_3 + C \rightarrow 2Fe_3O_4 + CO \uparrow$$
$$Fe_3O_4 + C \rightarrow 3FeO + CO \uparrow$$
$$FeO + C \rightarrow Fe + CO \uparrow$$

이와 같이 환원된 용철은 탄소 및 기타 불순물(Si, Mn, P, S)을 많이 함유한 상태로 **노상**(hearth)에 괴게 된다. 이것을 사형 또는 금형에 주입시켜 응고시킨 것이 바로 **선철**(pig iron)이며, 강철의 제조 및 각종 구조용 원료가 된다.

한편 이와 동시에 석회석($CaCO_3$)은 노의 온도가 900℃ 정도까지 상승하면 $CaCO_3 \xrightarrow[900℃\ 이상]{} CaO + CO_2 \uparrow$ 와 같이 분해되고, 여기서 생긴 산화칼슘(CaO)은 다시 철광석 속의 암석분이나 코우크스의 재 속의 산화규소($SiO_2$) 등과 화합하여 규산칼슘($CaSiO_3$)으로 되어 슬래그(slag)로서 용선의 표면에 뜬다.

$$CaO + SiO_2 \rightarrow CaSiO_3$$

광석이 용광로에 장입된 후, 용선으로 되어 노의 밑 부분에 괴는 데 약 20시간이 걸린다. 그림 1.2는 용광로내의 장입물 변화를 알려준다.

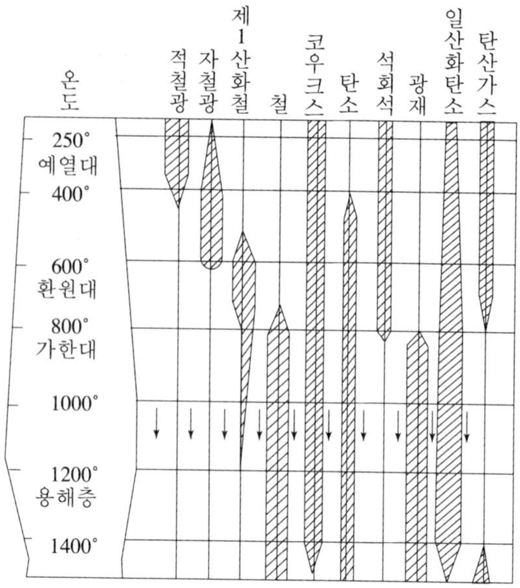


**그림 1.2** 용광로내의 장입물 변화

## 1.2 강철의 제조법

선철 중에는 C, Si, Mn, P, S 등이 포함되고 함유철분은 93% 정도이므로 융점이 낮고, 유동성이 좋아서 주조성은 양호하나 가단성이 없으므로 사용 범위가 대폭 줄어진다. 따라서 이러한 불순물을 산화 제거하여 가단성을 부여하여 준 것이 강이다.

그림 1.3은 철강의 제조공정을 보여주고 있는 것으로 제선과정은 산화철을 환원시키는 환원제련이고, 제강과정은 선철 중의 불순물을 산화 제거하는 산화정련이다. 제강법에는 평로 제강법, 전로 제강법, 전기로 제강법, 도가니 제강법 등이 있다.

평로와 전로는 일반용 강을 제조할 때, 전기로와 도가니로는 특수강을 제조할 경우에 주로 사용된다.

### 1. 전로 제강법

이 방법은 원료 용선 중에 공기를 불어 넣어 그곳에 함유된 불순물을 매우 짧은 시간 안에 신속하게 산화시켜 강재나 가스로써 제거하는 동시에 이 때 발생하는 산화열을 이용하여 외부로부터 열을 공급하지 않고 정련하는 방법이다.

전로 제강은 연료가 불필요하기 때문에 값싸게 대량 생산하거나, 강 중에 N, P, O 등의 함량이 많아서 강질이 나쁘고 값싼 고철을 이용할 수 없는 결점이 있어 현재는 특수한 경우

이외에는 이용되지 않는다.

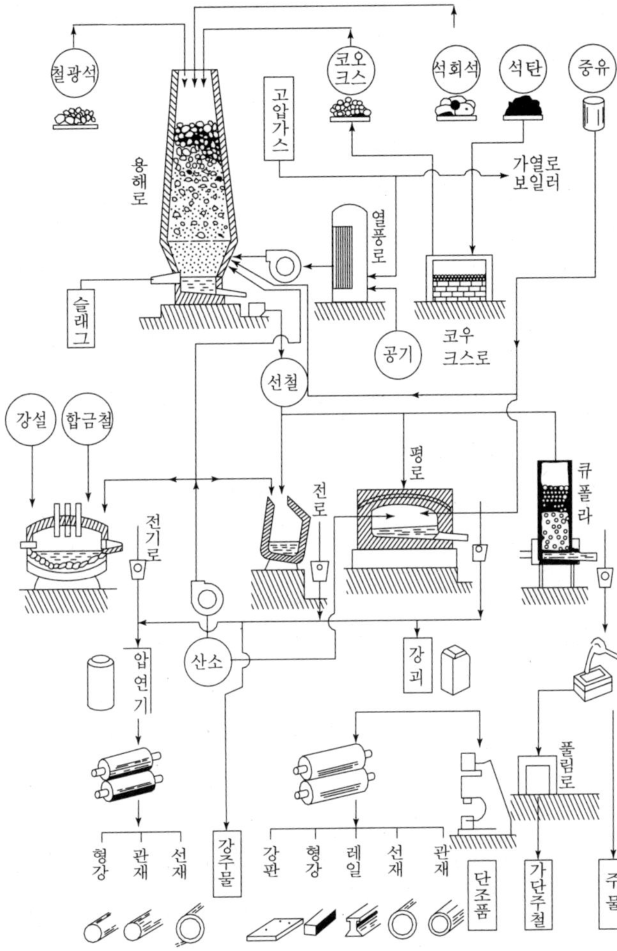


**그림 1.3** 철강제조의 공정

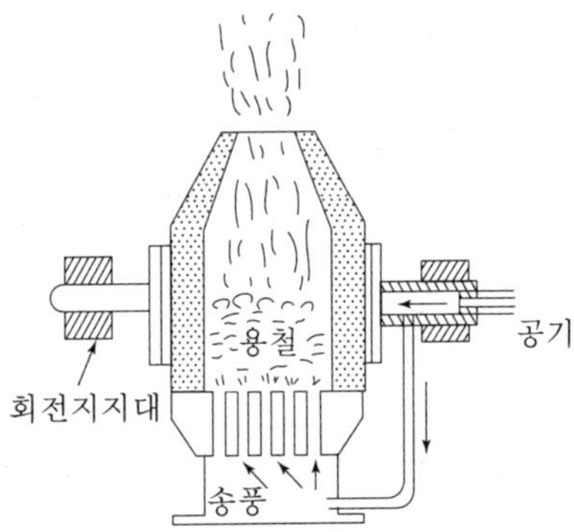


**그림 1.4** 전로의 구조

한편 전로의 용량은 1회에 최대 용해량으로 표시하며, 보통 15~30ton 범위가 널리 사용된다. 그림 1.4는 베세머(Bessemer) 전로의 구조이다.

### 1) 산성 전로법(acid Bessemer process)

용선을 가경식의 베세머 전로에 넣고 노 밑에 뚫어 놓은 수많은 바람구멍을 통하여 1.5~2.0 기압의 바람을 불어넣어 준다. 이 때 용선 중의 불순물은 공기 중의 $O_2$에 의하여 연소되어 제거되며, 동시에 연소열을 발생하여 쇳물이 냉각을 방지한다. 연소는 Si, Mn, C순으로 이루어진다. Si는 필요한 연소열을 얻기 위하여 중요한 원소이며, 그 함량이 1.5~2.5% 정도로 되어야 한다.

노 속을 규산질 내화재(산성)로 라이닝(lining)하여 용제인 석회석(염기성)을 사용할 수 없어 P 및 S의 제거가 불가능하므로 S 및 P가 적은 선철(Bessemer 선철)의 정련에만 사용된다.

### 2) 염기성 전로법(basic Thomas process)

노 속을 염기성 내화재로 사용하므로, 용선 중의 P의 제거가 가능하며, P의 함량이 높은 고인선(토머스 선철)의 제강을 할 수 있다. 베세머법과는 반대로 Si의 함량이 적고(0.3~1.0%), P의 함량이 많아야 (2.0%) 한다.

발열반응은 물론 처음에 Si이 연소하고 Mn, C 그리고 최후에 P이 연소하며, 발열도 베세머법과는 달리 끝과정에 고온이 된다. 이 염기성 조업에서 생긴 슬래그는 그 중에 포함된 인산칼슘[$Ca_3(PO_4)_2$]·인산마그네슘[$Mg_3(PO_4)_2$]으로 토머스 인비라하여 비료로 쓰인다.

### 3) L, D법

이 방법은 1953년 오스트리아의 린쯔(Linz)와 도나비츠(Donawitz)의 두 공장에서 시작한 방법으로서, 산소상취전로법 또는 **BOF법**(Basic Oxygen Furnace process)이라고도 한다.

산소상취전로법은 수냉한 산소 취입관(oxygen lance)을 통하여 용선의 바로 위에 고압의 순산소가스를 불어 넣어 제강하는 방법으로써, 노 속을 염기성 내화재로 라이닝하는 염기성법이다.

이 방법의 잇점은 강 중에 N, O, P 등을 적게 품어 평로강과 같은 양질의 강을 얻을 수 있을 뿐만 아니라, 산소 사용에 의한 열효율의 개량으로 원료 선철의 성분 범위가 넓어지고 값싼 고철의 사용량이 증가하며, 질이 좋은 강을 값싸고 능률적으로 생산할 수 있는 점이다.

## 2. 평로 제강법(open hearth furnace process)

이것은 축열식 반사로를 사용하여 장입물을 용해·정련하는 방법으로, 값싼 고철을 많이 사용할 수 있을뿐더러 우수한 강을 얻을 수 있고, 대량 생산에도 적합하여 이 제강법이 2차 대전 직후까지 세계 강철 생산의 대부분을 차지하였다.

연료로는 가스 또는 중유를 사용하며, 연료와 공기는 축열실을 통해 예열해서 노 안에 분사 연소시킨다. 이때 노 속의 온도가 1,700~1,800℃의 고온이 되므로 이것을 장입물의 용해 및 정련에 이용한다.

**평로의 용량**은 1회에 용해할 수 있는 최대량으로 표시하는데, 보통 25~400ton 범위의 것이 실용되고 있으며, 정련시간은 6~8시간 정도 소용된다. 이 평로법은 노상에 사용하는 내화재료에 의해 염기성법과 산성법으로 나뉜다.

그림 1.5는 평로의 구조를 나타낸 것이다.

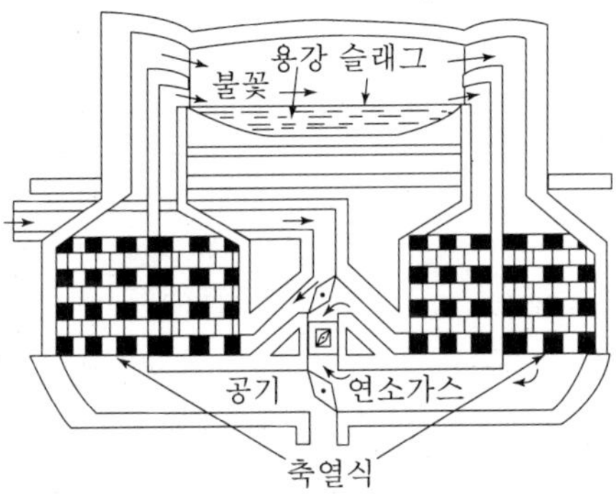


**그림 1.5** 평로의 구조

### 1) 염기성 평로법

염기성법은 가장 널리 쓰이는 제강법인데, 노상에 염기성 내화재의 소성 백운석(dolomite)이나 마그네시아(MgO)를 사용한다. 이 경우에는 주원료인 선철과 스크랩(scrap)의 배합물을 노 안에 넣어 용해한 후, 적량의 철광석, 스케일 및 망간 광석 등의 산화제를 넣어 C, Mn, Si, P 등을 산화시킨다. 다음 석회석, 형석, 코우크스 등의 용제를 가하여 슬래그를 만들고, 용강 중의 산소, 인, 유황 등의 불순물을 제거하여 마지막으로 합금철(ferro-alloy)을 첨가해서 탄소, 기타 원소의 함유량을 조절한 다음 노 중 또는 쇳물 바가지(ladle) 안에 망간철, 규소철 혹은 알루미늄 분말 등의 탈산제를 가하여, 잔존하는 산소 등을 제거하고, 강괴로 주조하든지 또는 강주물을 만든다.

이와 같이 염기성법은 산성법과는 달리 정련이 잘 이루어지므로, 비교적 불순한 원료를 사용함으로써 양질의 강철이 얻어지고, 특히 극연강의 제조가 가능하다.

### 2) 산성 평로법

규석과 같은 산성 내화재를 사용하므로 석회(CaO)를 함유한 슬래그를 만들어서 정련할 수 없으므로, 원료로는 P, S이 적은 것을 선택할 필요가 있으며, 따라서 제품의 가격도 비싸지므로 병기 또는 선재와 같은 양질의 강의 제조에만 사용한다.

### 3. 전기로 제강법

전기로 제강법은 일반 연료 대신에 전기 에너지를 열원으로 하는 전기로(electric furnace)로써 강을 제조하는 방법이다. 전기로에는 저항식, 유도식, 아크(arc)식 등이 있으며, 이 중 가장 많이 사용하고 있는 것은 그림 1.6과 같은 에루(Heroult)식 아크 전기로이다.

전기로 안의 라이닝에는 마그네샤 벽돌 위에 MgO 또는 백운석 소성 분말 등을 사용하므로 원료의 제한을 받지 않는다. **전기로의 용량**은 1회 최대 용해량으로 표시하며, 1~40ton 범위의 것이 있다.

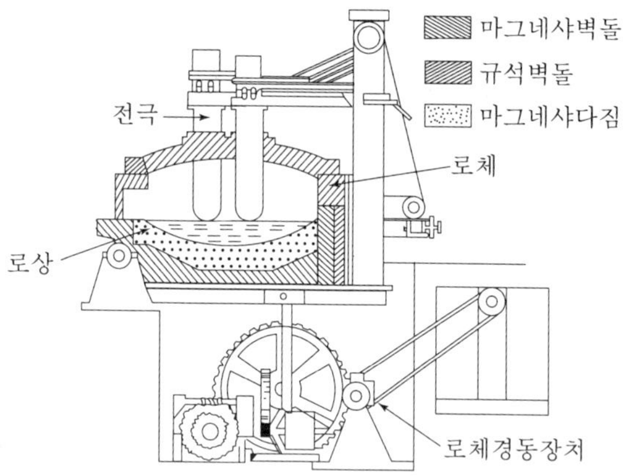


**그림 1.6** 에루식 전기로

전기로는 고온을 얻을 수 있고 용강의 산화를 방지하며 가스를 함유하는 일이 적다. 또한 온도조절로 안의 분위기 조절이 용이하며 합금 원소를 정확히 첨가할 수 있으므로 양질의 강, 공구강 및 기타 특수강의 제조에 사용된다. 그러나 전력비가 많고 탄소전극의 소모가 많은 결점이 있다.

## 1.3 철강재료의 분류

철강의 종류는 대단히 많고 분류법도 복잡하나 가장 기초적인 분류는 1876년 미국 필라델피아에서 개최된 만국 금속 업자 대회에서 제정된 것으로서 표 1.1과 같다.

**표 1.1** 철강의 분류

- 철(iron)
  - 가단철 (malleable iron)
    (1) 탄소량 보통 1.7% 이하
    (2) 단련이 된다
    (3) 인성이 크다.
    - 용융상태에서 제조된 것
      (1) slag을 함유하지 않는다.
      (2) 기계적 성질 양호
      - 용철(ngot iron)
        (1) 탄소량>0.1%
        (2) 담금질 불가능
      - 용강(ingot steel)
        (1) 탄소량 C=0.5～1.7%
        (2) 담금질 가능
    - 반 용융상태에서 제조된 것
      (1) slag을 함유한다.
      (2) 기계적 성질 나쁨
      - 연철(wought iron)
        (1) 탄소량 C<0.5%
      - 연강(wrought steel)
        (1) 탄소량 C=0.5～1.7%
        (2) 담금질 가능
  - 선 철 (pig iron) ── 주 철 또는 (cast iron)
    (1) 탄소량 1.7% 이상
    (2) 용액에 적합하나 단련 불능
    (3) 재질에 메짐성이 있음
    - 백선철(white pig iron) 또는 백주철(white cast iron)
      (1) 파면…백색
      (2) 탄소…철과 화합 상태
      (3) 성질…경도 크고 절삭 곤란
      (4) 용도…제강용으로 사용
    - 회선철(grey pig iron) 또는 회주철(grey cast iron)
      (1) 파면…회색
      (2) 탄소…일부는 흑연탄소, 일부는 화합탄소로 되어 있음.
      (3) 성질…연하여 절삭이 가능함.
      (4) 용도…각종 주물용에 적합, 일부는 제강의 원료로 사용

여기에서는 철을 가단철(malleable iron)과 선철의 두 가지로 분류하고, 이것을 각각 연철(wrought iron)과 용철(ingot iron) 및 회선철(grey pig iron)과 백주철(white cast iron)로 세분하기로 정하였다.

탄소함유량에 대한 금속 조직학상 철강재료를 분류하면 다음과 같다.

(가) 순철 < 0.02%C

(나) 탄소강(carbon steel) 0.02～2.0%C

ⓘ 아공석강(hypo eutectoid steel) 0.02～0.8%C

ⓘⓘ 공석강(eutectoid steel) 0.8%C

ⓘⓘⓘ 과공석강(hyper eutectoid steel) 0.8~2.0%C

(다) 주철(cast iron) 2.0~6.67%C

ⓘ 아공정 주철(hypo eutectic cast iron) 2.0~4.3%C

ⓘⓘ 공정 주철(eutectic cast iron) 4.3%C

ⓘⓘⓘ 과공정 주철(hyper eutectic cast iron) 4.3~6.67%C

**표 1.2** 선철과 강의 분류

- 선철
  - 파면
    - 회선철(grey pig iron)
    - 반선철(mottled pig iron)
    - 백선철(white pig iron)
  - 제조법
    - 코우크스 선철(coke pig iron)
    - 전기 선철(electric pig iron)
    - 목탄 선철(charcoal pig iron)
    - 기타
  - 용 도
    - 제강용
      - 베세머 선철(Bessemer pig iron)
      - 토마스 선철(Thomas pig irom)
      - 염기성 평로선철(basic open hearth pig iron)
      - 산성 평로선철(acid open hearth pig iron)
    - 주물용
      - 보통 주철(foundry pig iron)
      - 고급 주철(high grade cast iron)
      - 특수 주철(special cast iron)
      - 가단 주철(malleable cast iron)
      - 구상 흑연 주철(nodular graphite cast iron)
      - 냉경 주철(chillied cast iron)

공업용 순철과 강의 구별은 주로 소입성의 유무에 따라 구별되며, 강과 선철의 구별은 그 가단성과 주조성의 좋고 나쁨에 따라 구별되기도 한다.

철강재료는 파단면, 제조법, 함유 성분 등에 따라 다음과 같이 세분된다.

- 강
  - 함유성분
    - 탄소량 (탄소강 또는 보통강)
      - 아암코철(armco iron)
      - 극연강(very mild steel)
      - 연강(mild steel)
      - 반연강(semi-mild steel)
      - 반경강(semi-hard steel)
      - 경강(hard steel)
      - 최경강(very hard steel)
    - 특수성분 (특수강 또는 합금강)
      - 망간강(manganese steel)
      - 크롬강(chrome steel)
      - 텅스텐강(tungsten steel)
      - 니켈강(nickel steel)
      - 니켈 · 크롬강(nickel-chrome steel)
      - 기타
  - 제 조 법
    - 제강방법
      - 전로강(converter steel)
      - LD강(LD steel, BoF steel)
      - 평로강(open hearth steel)
      - 전기로강(electric steel)
      - 기 타
    - 탈산도
      - 림드강(rimmed steel)
      - 세미킬드강(semi-killed steel)
      - 킬드강(killed steel)
    - 주입후처리
      - 압연강(rolled steel)
      - 단강(forgings)
      - 주강(steel castings)
  - 용 도
    - 구조용강
      - 보통강(ordinary steel)
      - 저합금강(lov alloy steel)
      - 침탄강(carburized steel)
      - 질화강(nitrided steel)
      - 스프링강(spring steel)
      - 쾌삭강(free cutting steel)
    - 공구강
      - 탄소공구강(carbon tool steel)
      - 특수 공구강(special tool steel)
      - 다이스강(dies steel)
      - 고속도강(high speed steel)
      - 기타
    - 특수용도강
      - 베어링강(bearing steel)
      - 자석강(magnet steel)
      - 내식강(stainless steel)
      - 내열강(heat resisting steel)
      - 기타

# 1.4 주철과 강괴의 제조

## 1. 주철의 제조

용광로에서 얻은 선철과 강 스크랩, 주철 스크랩 등을 큐폴라(용선로)에 넣고 코우크스를 사용해서 용해한 것을 주철이라 한다.

실제 사용하는 주철 중의 탄소량은 2.8~4.5% 이내이며, 그 주조 수축률은 0.5~10% 정도로 다른 금속에 비하여 작다. 그리고 유동성이 좋아서 주물을 만들기 쉽고, 주조 온도는 대체로 1,300~1,450℃ 정도이다. 주철은 인장강도는 작으나 압축강도가 크므로 각종 구조물에 사용되고, 강에 비하여 가격이 싸다.

## 2. 강괴의 제조

제강 작업에서 얻은 용강(molten steel)은 쇳물 바가지에 받아서 주철 또는 주강제의 주형(mold)에 주입해서 강괴(steel ingot)로 만든다. 그 모양은 보통 원형, 4각, 6각, 8각 등의 기둥으로 되어 있으며, 무게는 보통 100~3,000kg이고, 큰 것은 10~15ton 정도 되는 것도 있다.

### 1) 강괴의 종류

주형에 주입하기 전의 용강의 탈산도는 응고 중의 기포 발생이나 편석과 다소 밀접한 관계가 있다. 따라서 강괴의 종류는 용강의 탈산도에 의해서 킬드강, 세미킬드강, 림드강 등으로 구분된다.

그림 1.7은 각종 강괴의 종류이다.

(가) 킬드 강괴(killed steel ingot)

용강의 탄소량이 정해진 양이 되었을 때 노속이나, 쇳물 바가지 중에 Fe-Mn, Fe-Si 또는 Al분말과 같은 강탈산제를 충분히 첨가함으로써 완전히 탈산시킨 킬드강을 말한다. 킬드강의 조괴법은 호트 톱(hot top)을 가진 상부 확대형 주형에 위에서 주입한다.

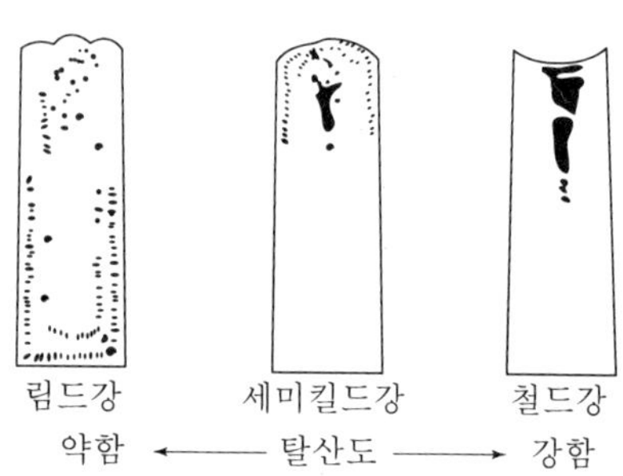


그림 1.7 탈산도의 변화에 의한 강괴

이것은 림드강보다 기포가 없고 편석도 적으나, 중앙 상부에 큰 수축관이 생겨서 그 부분에 불순물이 집적한다. 또한 재질이 균일하고, 기계적 성질이 양호하며 방향성이 좋다. 그러나 수축관이 생긴 부분은 산화되어 단조 또는 압연시 압착이 안되므로 끊어내야 하는 결점이 있다. 킬드강의 적용범위는 균질을 요하는 합금강, 단조용강, 침탄강에 적당하고, 일반적으로 C함유량이 0.3% 이상이다.

(나) 세미킬드 강괴(semi-killed steel ingot)

킬드강과 림드강의 중간 성질의 것이며 킬드강보다 탈산 정도가 적고, 용강 중에는 주형에 주입한 후 탄소와 반응하여 가스를 생성하는 산소가 약간 존재하고 있다. 주로 저탄소・중탄소강에 Si나 Al의 탈산을 가볍게 한 용강을 하부 확대형 주형의 위에서 주입하여 얻는다. 이것의 적용범위는 일반의 구조용강, 강판, 원형강에 널리 이용되며, 구조용강은 보통 0.15~0.3%C 범위이다.

(다) 림드 강괴(rimmed steel ingot)

이것은 탈산 및 기타 가스 처리가 불충분한 상태의 용강을 그대로 주형에 주입하여 응고한 림드강이다. 이렇게 하면 주입 후에도 계속하여 다량의 가스가 발생함으로써 용강은 계속해서 비등 작용(rimming action)을 하게 된다.

따라서 중앙부의 응고가 지연되며 먼저 응고한 바깥부터 주상정(columnar crystal)이 테두리(rim)에 생기게 된다. 또한 수축관도 어느 한정된 부분에 모이지 않으므로 강괴 전부를 사용할 수 있으나, 강괴 내부에 기포와 편석이 생겨 강의 재질이 균일하지 못하므로 보통 저탄소(0.15%C 이하)의 구조용 강재에 적용된다.

이 강괴의 제조법은 탈산이 불완전한 상태에서 하부 확대형 주형의 아래에서 주입하여 제조한다.

(라) 캡드 강괴(capped steel ingot)

이 강괴는 림드강의 한 변형이며, 용강을 주입한 후에 바로 마개를 하여 용강의 비등 작용을 강제로 억제하여 테두리 부를 엷게 함으로써 내부의 편석을 적게 한 것이다. 이것의 특징은 내부 결함이 적으나 표면 결함이 많다. 이 종류의 강은 박판, 스트립(strip), 주석 철판(tin plate), 형강에 사용된다.

**2) 강괴의 결함**

(가) 수축관(shrinkage pipe) 또는 수축공(shrinkage cavity)

용강의 응고시 수축에 의하여 강괴 중앙 상부에 생기는 수축 공란을 말한다. 수축관은 주로 킬드강에 많이 생기고, 림드강에는 거의 생기지 않는다.

수축관을 방지하기 위해서는 상부 확대형 주형 위에 호트 톱을 설치하여 용강을 주입하면 수축관이 호트 톱에 생성하게 되므로 강괴에는 수축관이 없게 된다.

(나) 기포(blow hole, gas bubbles)

킬드 강괴를 제외한 다른 강괴에는 가스의 방출에 의하여 외각에 관상이 기포(skin blow

hole)가 생기고, 외각부와 중심부의 경계 및 중심부에 입상의 기포가 생긴다. 강괴의 기포생성을 줄이기 위해서는 강괴 단면적을 크게, 강괴의 높이를 낮게 하고 냉각속도를 늦게 할수록 기포가 적게 생긴다. 기포 내의 가스는 주로 CO, $CO_2$, $N_2$ 가스 등이다.

(다) 편석(segregation)

용강이 주형에 주입되면 용강은 주형에 접근한 부분에서 응고하기 시작하여 불순물은 외부에서 내부로 또는 아래에서 위로 추출된다.

이와 같이 잉곳(ingot)의 안팎 또는 아래위에 화학적인 성분과 조성의 변화가 생기는 것을 편석이라 한다.

(라) 백점(white spot, flakes)

백점은 강 중에 발생하는 일종의 균열(crack)이다. 이것은 내부응력(열응력과 변태응력)의 작용에 의하여 발생하며, 또한 용강에 $H_2$를 불어 넣으면 한층 쉽게 나타난다. 이 백점은 고탄소강, 고망간강, 고니켈강, Ni-Cr강, 18-8스테인리스강 등에 나타나기 쉽다.

(마) 강괴 표면의 흠

용강의 위주입(top casting)시에 주입이 난잡하게 된 경우에는 주형의 안 벽에 강의 비말(splash)이 부착한다. 이 비말립은 급속하게 응고하며, 또한 표면이 산화하므로 잉곳에 두상의 결함을 형성하는데, 이것을 흠(scab)이라 한다.

## 1.5 강재의 종류

대형의 강괴는 분괴 압연기에서 압연하여 소형이 강편으로 만들어 다음 공정인 강재 압연기에서 제품으로 얻는다.

### 1. 강편(鋼片 : bloom)

단면 : 정4각형

크기 : 150～300mm

길이 : 1～6m

용도 : ⅰ 크랭크축, 피스톤 등의 제조에 필요한 단조용 강편(bloom)

ⅱ 빌릿(billet), 시트 바(sheet bar), 스켈프(skelp), 주석 바(tin bar) 등의 반제품의 조압연용

## 2. 빌릿(小鋼片 : billet)

단면 : 직4각형, 원형

크기 : 40~150mm 각

길이 : 1~2.5m

용도 : 봉각강(棒角鋼), 선재, 대강(帶鋼) 등의 원재료용

## 3. 슬랩(slab)

편평한 잉곳을 슬랩 압연기(slab mill)에 넣어 더욱 편평하게 한 판용강편이다. 이것은 시트 바보다 두껍다.

두께 : 50mm 이상

나비 : 300mm 이상

용도 : 후판, 중판의 압연 재료용

## 4. 시트 바(sheet bar)

강편을 조압연하여 만든 엷은 판상의 것이며, 종류가 많다.

두께 : 71~30mm

나비 : 250~500mm

길이 : 1m 이하

용도 : 박판, 중판, 규소 강판, 고급 강판 등의 엷은 강판류의 원재료용

## 5. 주석 바(tin bar)

강편을 조압연하여 주석 철판용의 판상으로 한 것

두께 : 8.1mm(또는 8.9mm)

나비 : 250mm

길이 : 736mm

주석 바용 강의 화학 성분은 다음과 같다.

C : 0.04~0.15%, Mn : 0.2~0.6%, S : 0.05%

P : <0.15%, Si : <0.12%, Cu : 0.2%

주석 바는 몇 장을 겹쳐서 열간 압연하여 주석 철판으로 하는데, 이때 판과 판이 밀착하는 것을 방지하고, 용도에 따라 강도를 주기 위하여 재료에 P, Si 성분이 적은 극연강을 사용하고, 원료강은 주로 평로강이나 또는 LD강이 사용된다.

## 6. 스켈프(skelp)

강편을 조압연한 것

두께 : 2.5~3.5mm

나비 : 100mm 전후

길이 : 5m 정도

용도 : 단접강관의 재료

스켈프용 잉곳은 토마스(Thomas)강 중 C%가 낮은 것을 이용하며, 화학조성은 다음과 같다.

C : $<$0.06%, Mn : 0.35~0.5%, P : $<$0.07%

S : $<$0.05%, Si : 미량(trace)

## 7. 바(bar)

강편을 조압연한 것

지름 : 70~120mm

길이 : 1~2m

용도 : 이음매 없는 관(seamless tube)을 만드는 원재료

## 8. 후프(hoop, 帶鋼)

극연강의 소강편을 대상으로 길게 압연하여 코일로 감은 것이며, 용접 강관이나 전봉강관을 만든다.

**제2장**

# 순 철

## 2.1 공업용 순철

순철에는 미량의 C 및 그 밖의 원소가 혼입되어 있어, 엄밀하게 100% 순철(pure iron)을 얻을 수는 없다. Fe은 99.90% 이상의 순도(purity)의 것도 얻을 수는 있으나, 연약하고 구조용 재료로서 사용할 수 없는 데 반하여 제조비용이 많이 드는 결점이 있다. 따라서 실용재료에는 불순물이 다소 함유된 99.8% 정도의 것이 가공용 선재, 판재 등으로 사용된다.

공업용 순철의 화학 성분과 조성은 다음과 같다.

**표 2.1** 공업용 순철의 성분 예

| 종류 \ 성분(%) | C | Si | Mn | P | S | Cu | O | H |
|---|---|---|---|---|---|---|---|---|
| 전해철 | 0.008 | 0.007 | 0.002 | 0.006 | 0.003 | — | — | 0.080 |
| Carbonyl 철 | 0.020 | 0.010 | — | — | 0.004 | — | — | — |
| Armco 철 | 0.015 | 0.010 | 0.020 | 0.010 | 0.020 | — | 0.150 | — |
| 연철 | 0.020 | 0.130 | 0.100 | 0.240 | 0.002 | 0.060 | — | — |
| 해면철 | 0.030 | 0.005 | 0.005 | 0.002 | 0.037 | — | — | — |
| 실험실순철 | 0.001 | 0.003 | — | 0.0005 | 0.0026 | — | 0.0004 | |

## 2.2 순철의 변태

순철을 용융상태에서 냉각하면 1,539℃에서 응고하며, 여기에서 상온으로 냉각하기까지는 $A_4$, $A_3$, $A_2$인 3개의 변태(transformation)가 생긴다.

그림 2.1에 표시한 바와 같이 이들의 변태 중 $A_3$, $A_4$의 동소변태는 원자배열의 변화가 생기므로 상당한 시간을 요한다.

가열시에는 높고, 냉각시에는 다소 저온도에서 생긴다. 그러나 자기변태인 $A_2$변태에서는 원자배열의 변화가 없으므로 가열시와 냉각시의 온도변화가 없다. 실제 작업상 가열시에는 c(불어, 가열 : chauffage)를 가열의 첨자로서 $A_{c3}$, $A_{c4}$로 나타내고, 냉각시에는 r(불어, 냉각 : refroidissement)를 냉각의 첨자로서 $A_{r3}$, $A_{r4}$로 나타낸다.

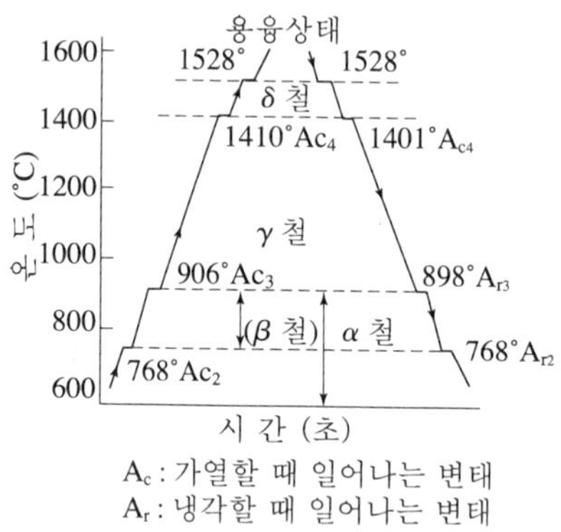


그림 2.1 순철의 변태

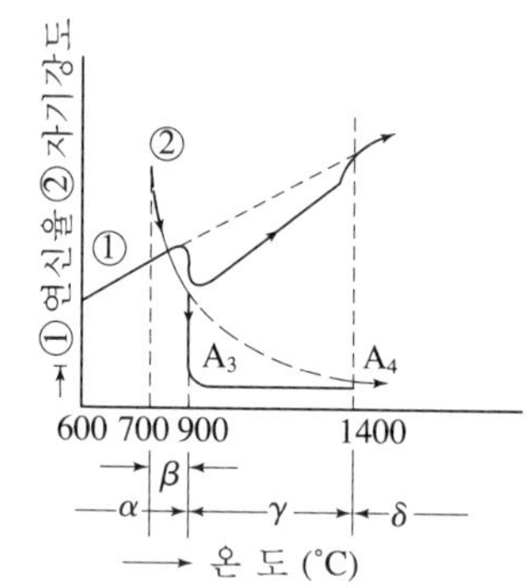


그림 2.2 변태와 성질변화(순철)

## 2.3 순철의 성질

### 1. 물리적 성질

순철의 물리적 성질(properties)은 각 변태점에서 불연속으로 변화한다. 그림 2.2는 가열시 순철의 길이와 자성의 변화를 나타낸 것이다.

선도 ①은 길이의 변화를 나타낸 것으로 $A_3$점에서는 $\alpha$-Fe(BCC)에서 $\gamma$-Fe(FCC)로 변화하지만, 표 2.2에 나타낸 바와 같이 면심입방격자는 체심입방격자보다 원자 밀도가 크고, 비체적(specific volume)이 작기 때문에 수축이 일어나고, $A_4$점에서는 체심입방격자가 되기 위해서 반대로 팽창한다.

선도 ②는 자기적 성질 변화를 나타낸 것으로 온도가 상승함에 따라서 자기의 강도는 그림 2.2와 같이 $A_2$점에서 급격히 감소한다. 그러나 $A_2$점에서 자력이 전혀 없어지는 것이 아니고, 적지만 극히 정밀한 장치를 이용하면 측정할 수 있다.

**표 2.2** 동소체의 원자밀도 및 격자정수

| 동 소 체 | $\alpha$철 | $\gamma$철 | $\delta$철 |
|---|---|---|---|
| 결정격자 | 체심입방격자 | 면심입방격자 | 체심입방격자 |
| 원자밀도 $\left(\frac{\text{원자수}}{\text{단위격자}}\right)$ | 2 | 4 | 2 |
| 격자정수(Å) | 2.87 (16℃) | 3.63(1,100℃) ↓ 3.68(1,400℃) | 2.93 (1,425℃) |

즉, 자력은 $A_3$에서 급격히 감소하고, 그 후에는 온도가 상승하여도 변화가 없으며, $A_4$에서 증가하나 $A_2$, $A_3$의 곡선을 연장하면 $A_4$ 이하의 곡선과 일치한다. 만약 $A_3$점에서 변태가 없으면 $A_3$, $A_4$ 사이는 점선과 같이 변화할 것이다. 즉 $\alpha$와 $\delta$는 동일한 격자이나 $\gamma$격자는 다르므로 $\gamma$-Fe의 자력이 아주 다른 것임을 입증하는 것이며, 그 밖에 비열, 전기저항도 똑같이 변화된다.

한편, 순철의 순도를 높이면 항자력이 적어지고, 또한 도자율이 현저히 높아지며, 이력 손실도 적다.

## 2. 기계적 성질

순철은 상온에서 전성 및 연성이 풍부하고, 단접이 풍부하며 용접성이 좋다.

표 2.3은 순철의 물리적 성질을 나타내고, 표 2.4는 순철의 기계적 성질이다.

**표 2.3** 순철의 물리적 성질

| | | | |
|---|---|---|---|
| 화학부호 | Fe | 기화잠열(cal/g) | 1,515 |
| 원자량 | 55.85 | 비열 | 0.1107(0~100℃) |
| 원자번호 | 26 | 열팽창계수 | 1.115×10-5(0~100℃) |
| 색깔 | 회색 | 열전도도(cgs) | 0.172(상온) |
| 비중 | 7.871 | 전기비저항(Ω · cm) | 9.84×10-6(상온) |
| 녹는점 | 1,535℃ | 최대 도자율 | 18,000~20,000 |
| 끓는점 | 2,880℃ | 잔류 자기 | 10,000~14,000 |
| 용융잠열(cal/g) | 64.38 | 항자력 | 0.08~0.13 |

**표 2.4** 순철의 기계적 성질

| 종 류 | 인장강도 ($kg/mm^2$) | 항복점 ($kg/mm^2$) | 연신율 (%) | 단면수축률 (%) | 탄성률 ($kg/mm^2$) | 브리넬 경도 ($H_B$) |
|---|---|---|---|---|---|---|
| 전 해 철 | 25 | 11 | 60 | 85 | – | 60~70 |
| 카아보닐철 | 20~28 | 11~17 | 30~40 | 70~80 | 20,700 | 55~80 |
| 연 철 | 30~40 | 19~29 | 20~40 | 40~70 | – | – |

## 3. 화학적 성질

순철은 고온에서 산화 작용이 심하며, 산화물의 두꺼운 표피가 이탈된다. 습기와 산소가 있으면 상온에서도 부식하며, 해수, 화학 약품 등에 내식력이 적다. 또 강산, 약산에는 침식되나 알카리성에는 침식을 받지 않는다.

## 4. 순철의 용도

순철은 기계적 강도가 낮아 그대로 기계재료로서 사용되는 예는 적으나 투자율이 높기 때문에 박판으로 변압기나 전동기에 사용되고, 카아보닐 철심은 소결재로 만들어 고주파용 압분 철심 등에 많이 사용된다.

제3장

# 탄 소 강

현재 이용되고 있는 철의 대부분은 탄소강(carbon steel)이고, 이것은 대량생산이 가능하며 가격이 비교적 저렴하고 기계적 성질이 우수하므로 다양하게 사용되는 것이다. 상온 및 고온에서 가공성이 좋으므로 단조, 압연, 인발에 의한 판, 봉, 관 등의 가공이 쉽다.

또한 탄소 함유량에 의해서 현저한 성질 변화가 있고, 특히 담금질, 뜨임, 풀림 등의 열처리에 의해서 성질을 광범위하게 변화시킬 수 있는 특징이 있으며, 그 용도도 다양하다.

## 3.1 Fe-C계의 평형상태도

그림 3.1은 Fe-C계의 평형상태도(equilibrium diagram)이다. Fe-C 합금 중 C는 용융상태에 있어서는 모두 Fe 중에 용해해서 균일한 융체를 만들고 이것을 서서히 냉각하면 그 조직은 온도와 C의 농도에 따라 변화한다. 그림 중 실선은 Fe-$Fe_3C$의 준안정선도(metastable phase diagram)를 나타낸 것이며, 점선은 Fe-C(흑연)의 안정선도를 나타낸 것이다.

그림 3.1과 같이 준안정계와 안정계를 동시에 나타낸 선도를 Fe-C계의 **복평형상태도**(double equilibrium diagram)이라 한다.

강 중에 있어서는 탄소는 시멘타이트($Fe_3C$)의 상태로 존재하므로, 이때는 준안정계의 단평형상태만을 생각하기로 한다.

이 시멘타이트는 Fe의 원자량 56과 탄소의 원자량 12로부터

$$\frac{12}{3\times56+12}\times100 \fallingdotseq 6.67\%$$

즉, 6.67%의 탄소를 함유한 백색의 침상 화합물로 대단히 경도는 크나, 메짐성이 있다. 상온에서 강자성이며, 210℃에서 $A_0$라는 시멘타이트의 자기변태점이 있고, 그 이상에서는 상자

성이다. 대략 경도는 수정과 비슷하며, 브리넬경도는 약 850 정도이다.

시멘타이트는 본래가 불안정한 금속간화합물이며, 유리된 것 또는 주철 중에 함유된 것은 600℃ 부근에서 페라이트(ferrite)와 흑연(graphite)으로 분리되기 시작하여 900℃에서는 완전히 분해되며, 분해되면 7.33% 정도의 체적의 팽창이 생긴다.

순철에는 $\alpha$, $\gamma$, $\delta$의 3가지 동소체가 있으며, 이것들은 탄소를 고용해서 각각 $\alpha$고용체, $\gamma$고용체, $\delta$고용체를 만들고 있다. 이 중에서 $\alpha$ 및 $\delta$고용체는 BCC이고, $\gamma$고용체는 FCC이다.

Fe-C선도에 있어서 각 선 및 점들의 뜻을 간단히 설명하면 다음과 같다.

A 점 : 순철의 응고점 (1,539℃)

AB 선 : 융체로부터 $\delta$고용체가 정출하기 시작하는 액상선이고, 이곡선이 오른쪽으로 갈수록 내려가고 있는 것은 탄소함유량이 증가함에 따라 $\delta$고용체의 정출하는 온도가 내려가는 것을 의미한다.

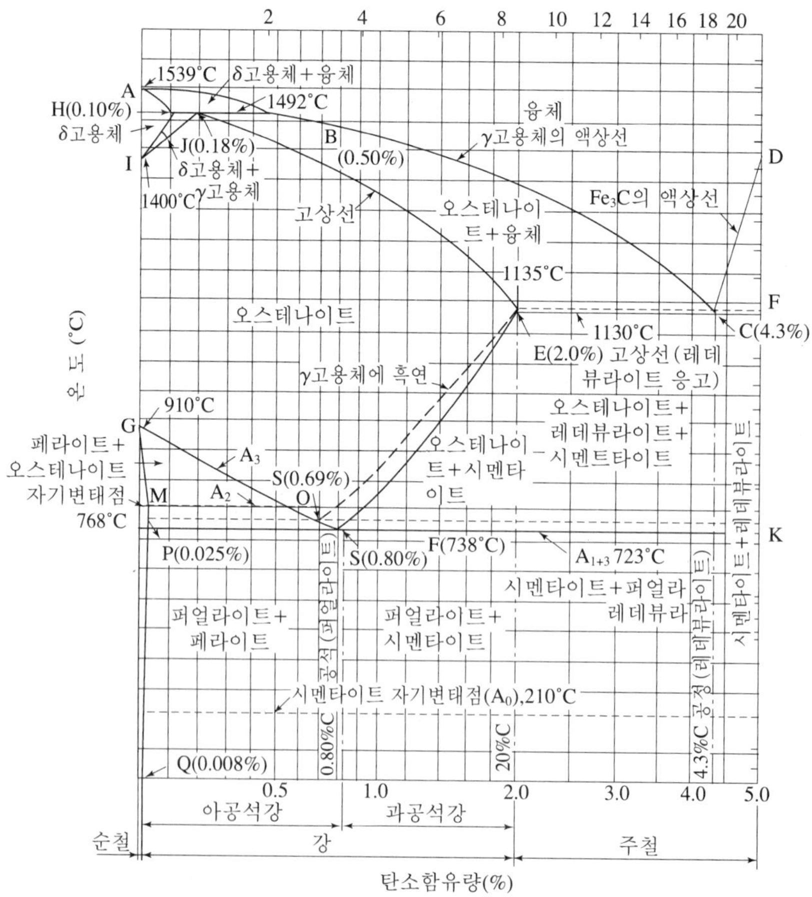


**그림 3.1** Fe-Fe3C 평형상태도

H 점 : δ고용체가 C를 최대로 고용하는 점이고, 탄소량은 0.10%이다.

AH 선 : 융체로부터 δ고용체의 정출이 종료되는 온도선이며, δ고용체의 **고상선**(solidus line)이라고 한다.

HJB 선 : 포정온도선이며, 일정한 온도 1,492℃에 있어서 탄소함유량이 0.10~0.50%의 강에서 다음과 같은 포정반응이 나타난다.

$$[\delta\text{고용체}]_H + (\text{융체})_B \rightleftarrows [\gamma\text{고용체}]_J$$

J 점 : **포정점**(peritectic point)이라 하며, 그 탄소함유량은 0.18%C이다.

N 점 : 순철의 $A_4$변태점으로서 1,401℃에서 δ고용체로부터 γ고용체를 변화한다. 즉 $[\delta\text{고용체}] \rightleftarrows [\gamma\text{고용체}]$

NH 선 : δ고용체로부터 γ고용체가 석출하기 시작하는 온도선을 나타낸다. 이것은 순철과 강의 $A_4$변태개시온도선으로서, 탄소량이 증가함에 따라 올라가고 있다.

NJ 선 : δ고용체로부터 γ고용체의 석출이 종료되는 온도선이다.

BC 선 : γ고용체의 액상선(liquidus line)으로서, 융체로부터 γ고용체가 정출하기 시작하는 온도선이다.

JE 선 : γ고용체의 고상선으로서, 융체로부터 γ고용체의 정출이 종료하는 온도선이다.

D 점 : 시멘타이트($Fe_3C$)의 응고점(1,550℃)

CD 선 : 시멘타이트의 액상선으로서, 융체로부터 시멘타이트가 정출하기 시작하는 온도선이다.

E 점 : γ고용체가 탄소를 최대로 고용하는 점이고, 탄소량은 2.0%이다.

ECF 선 : 공정온도선이며, 일정온도 1,130℃에 있어서 탄소량이 2.0~6.67%의 주철에서 다음과 같은 **공정반응**(eutectic reaction)이 나타난다.

$$(\text{융체})_c \rightleftarrows [\gamma\text{고용체}]_E + [Fe_3C]_F$$

이때 나오는 조직, γ고용체와 시멘타이트의 혼합 조직인 **레데뷰라이트**(ledeburite)를 **공정조직**이라 한다.

C 점 : **공정점**(eutectic point)이고, 탄소함유량은 4.3%이다.

ES 선 : γ고용체로부터 시멘타이트가 석출하기 시작하는 온도선이며, 이것을 $A_{cm}$변태라고 한다.

G 점 : 순철의 $A_3$변태점이며, 그 반응은 $\gamma-Fe \rightleftarrows \alpha-Fe$이고, 온도는 910℃이다.

GS 선 : γ고용체로부터 α고용체가 석출하기 시작하는 온도선이며, 이것은 강의 $A_3$변태에 상당하고, 탄소량의 증가에 따라 점차로 감소하며, 0.85%의 S점에 이르면 $A_1$

변태와 일치하게 된다.

GP 선 : $\gamma$고용체로부터 $\alpha$고용체의 석출이 종료되는 온도선이다.

M 점 : 순철의 $A_2$자기변태점이며, 온도는 768℃이다. 이것을 **순철의 큐리점**(curie point)이라고도 한다.

MO 점 : 강의 $A_2$자기변태점이며, 온도는 768℃이다.

P 점 : $\alpha$고용체가 탄소를 최대로 고용하는 점이고, 탄소량은 0.025%이다.

PSK 선 : 공석온도선이라고 부르며, 일정온도 723℃에 있어서 탄소함유량이 0.025~6.67%의 강에서 다음과 같은 **공석반응**을 한다.

$$[\gamma\text{고용체}]_S \rightleftarrows [\alpha\text{고용체}]_P + [Fe_3C]_K$$

이때 $\gamma$고용체로부터 $\alpha$고용체와 시멘타이트가 동시에 석출하여 퍼얼라이트(pearlite)라는 공석 조직을 만든다. 엄밀히 말해서 PS선은 $A_1$변태 또는 SK 선을 $A_{321}$변태라고 구별해서 부르기도 한다. 즉, $A_{321}$변태의 의미는 $A_3$, $A_2$, $A_1$의 3가지 변태가 합쳐진 것이다.

PQ 선 : $\alpha$고용체에 대한 시멘타이트의 용해도곡선이며, 상온에서 탄소가 0.008%이다.

## 3.2 강의 변태

### 1. 강의 정의

보통강(ordinary steel)이라 하면 그 성질 또는 제조법으로 정의할 수 있으나, 금속 조직학상에서 강(steel)이라 하면 Fe-C 합금 중 탄소함유량이 0.008~2.0%이며, 가단성(malleability)을 갖고 있는 것을 말한다. 금속 조직학상에는 다음과 같은 용어가 사용된다.

$\gamma$고용체 : 오스테나이트(austenite)

$\alpha$고용체 : 페라이트(ferrite)

$\alpha$고용체 + $Fe_3C$ : 퍼얼라이트(pearlite)

$\gamma$고용체 + $Fe_3C$ : 레데뷰라이트(ledeburite)

$Fe_3C$ : 시멘타이트(cementite)

## 2. 강의 $A_1$변태

$A_1$변태는 순철에는 없고 강에서만 일어나는 특유한 변태이다. 그러므로 $A_1$변태는 공석강에서 설명하는 것이 용이하다.

공석강을 X선분석을 하여 보면 $A_1$ 이상의 온도에서는 FCC격자, 즉 $\gamma$철의 원자배열을 하고 있으며 $A_1$점 이하의 온도에서는 BCC의 $\alpha$철과 시멘타이트로 되어 있음을 알 수 있다. $A_1$점 이상으로부터 공석강을 수냉하여 $A_{r1}$변태를 충분히 정지시킨 것은 C가 철 중에 고용되어 있음을 알 수 있으며, 서냉하여 $A_{r1}$변태를 완전히 완료시킨 것은 C가 유리상태의 시멘타이트로, 철과 분리된 상태로 존재함을 볼 수 있다.

이상의 결과를 종합하여 보면 공석강은 $A_1$점 이상에서는 철은 $\gamma$상태이고, 탄소의 고용상태이며, $A_1$점 이하에서는 철은 $\alpha$상태이고, 탄소는 유리상태(free state)의 시멘타이트로 존재하여 $\alpha$와 시멘타이트는 혼합상태로 존재하는 것이 명백하다. 이 상태를 공석(eutectoid) 또는 퍼얼라이트라고 한다.

이와 같은 층상 퍼얼라이트의 형성과정은 다음과 같다.

(가) $\gamma$의 결정경계에서 시멘타이트 핵이 생긴다.
(나) 시멘타이트의 핵이 성장한다.
(다) 시멘타이트의 주위에 $\alpha$가 생긴다.
(라) $\alpha$가 생긴 입자에 시멘타이트가 생긴다.

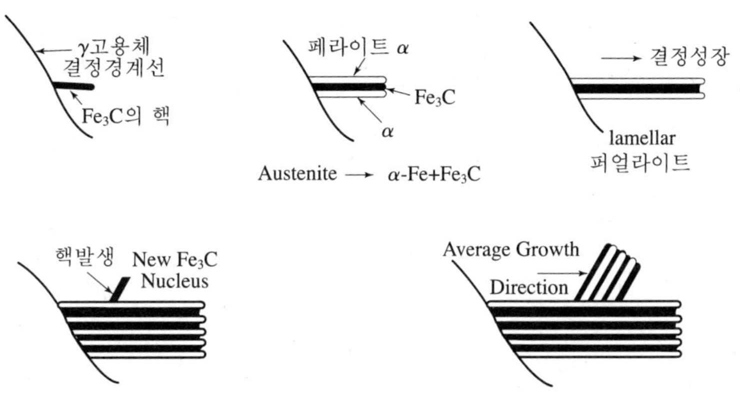


**그림 3.2** 퍼얼라이트의 핵 생성과 성장

## 3.3 탄소강의 표준조직

탄소강의 조직은 화학성분이 같아도 기계적 가공이나 열처리 등에 따라서 여러 가지로 변하고 또 탄소강 중의 퍼얼라이트(pearlite)의 양은 탄소함유량과 비례적이다. 따라서 강 중의 탄소량을 조직에서 측정하기 위해서는 그 조직을 표준상태로 한 표준조직이 절대로 필요하다.

표준조직이란 단련한 강을 $A_3$ 및 $A_{cm}$선 이상 30~50℃의 완전한 $\gamma$고용체로 가열하여 일정시간 그 온도에서 유지한 후 공기 중에서 서서히 냉각시켰을 때 나타나는 조직으로, 이러한 열처리를 불림(normalizing)이라고 한다. 이렇게 하면 가공으로 인해 조대해진 조직은 미세화되어 강의 내부조직의 변형도 제거되고, 그 화학성분도 평형상태로 된다.

표준화된 현미경 조직을 관찰해 보면 순철은 다각형의 집합체이지만 이것에 탄소가 첨가되면 ferrite(페라이트)의 결정립 사이에 까맣게 부식된 조직이 나타난다. 탄소함유가 많아짐에 따라서 검정부분이 증가하여 0.85%C에서는 전부가 검정조직으로 보이나 이것을 500배 이상 확대하면 그림 3.6에서와 같이 페라이트와 $Fe_3C$의 층상조직인 pearlite(퍼얼라이트)를 볼 수 있다.

더욱 탄소가 퍼얼라이트에서 보다 증가하면 퍼얼라이트입의 경계에 흰색의 침상조직이 나타나서 탄소량이 증가할수록 이 침상조직은 증가하는데 이것이 $Fe_3C$인 시멘타이트(cementite)인 것이다.

즉 강의 조직은 탄소량에 의해 달리하므로, 반대로 조직을 관찰하여 탄소량을 추정할 수 있다. 그림 3.3에서 3.7까지는 표준상태의 탄소강의 현미경조직을 나타낸 것이다.

흑색부분은 공석선 위에서 생긴 퍼얼라이트이다. 그러므로 사진에서 보는 바와 같이 탄소량이 증가함에 따라서 퍼얼라이트의 양이 급격히 많아짐을 알 수 있다.

흑색으로 나타나 있는 퍼얼라이트는 사실상 $\alpha$와 시멘타이트 층상으로 석출되어 있다. 그림 3.5와 3.6은 공석강을 나타낸 것이다.

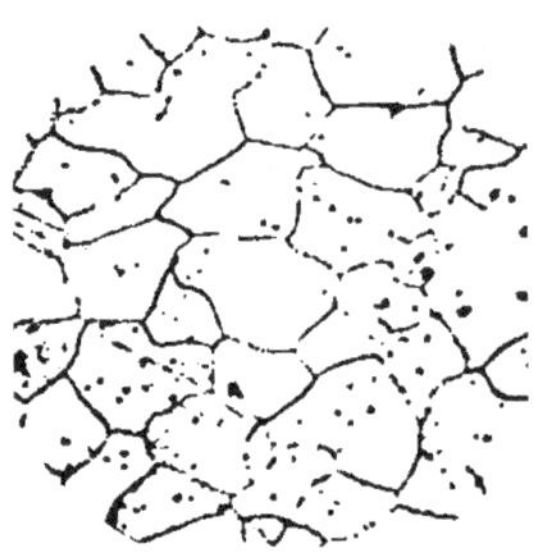

**그림 3.3** 페라이트의 다각형조직

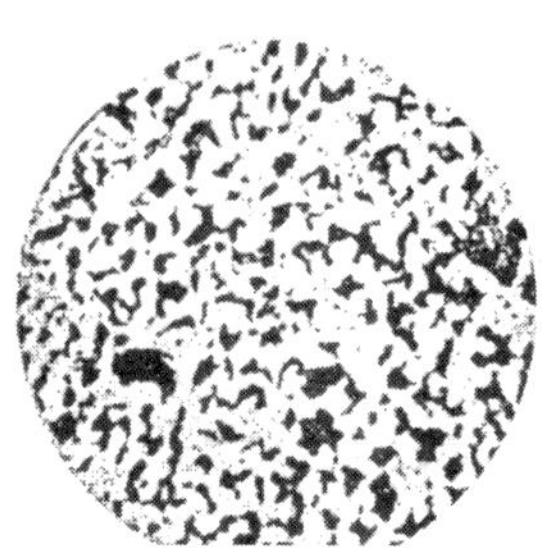

**그림 3.4** C 0.3% 아공석강

**그림 3.5** C 0.9% 공석강×100 Pearlite조직

**그림 3.6** 퍼얼라이트의 확대 · 페라이트(백색부), 시멘타이트(흑색부)

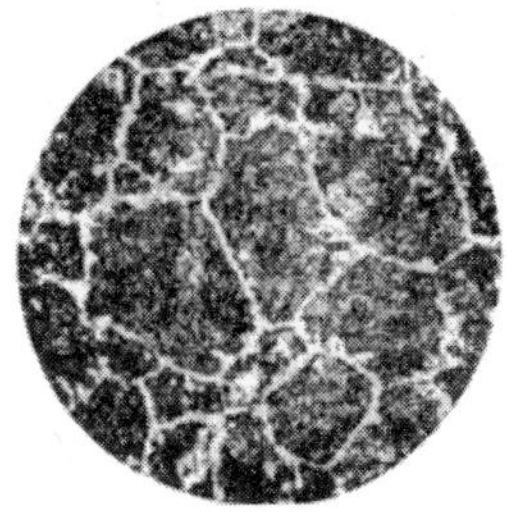

**그림 3.7** 1.32% 탄소강

표준조직이 된 강을 산으로 부식시키면 언제나 퍼얼라이트가 먼저 부식된다. 따라서 페라이트는 백색으로, 퍼얼라이트는 흑색으로 구분된다. 또한 시멘타이트와 퍼얼라이트는 동일하게 백색으로 되지만, 용이하게 구별할 수 있다.

즉, 그 외형으로 판단할 수 있으며, 특히 저탄소강에서는 페라이트는 언제나 입상으로 나타나며, 시멘타이트는 언제나 망상 또는 침상으로 나타나기 때문에 쉽게 구별할 수 있다. 또 탄소량이 0.6～0.7% 정도가 되면 페라이트도 망상으로 되어 시멘타이트와 구별하기 곤란하므로 이런 경우에는 착색실험을 하는데, 이때 피크린산($C_6H_3O_7N_3$) 2g과 가성소다(NaOH) 25g을 물 75cc에 용해시켜서 그 용액 속에 강을 넣고 5분간만 끓이면 시멘타이트는 흑색 또는 갈색으로 착색되며, 페라이트는 여전히 백색으로 나타난다.

현미경 조직에 의한 탄소량의 결정은 이미 말한 표준조직을 감별함으로써 쉽게 알 수 있다.

아공석강은 페라이트와 퍼얼라이트로 되어 있고, 과공석강은 퍼얼라이트와 시멘타이트로 되어 있다. 물론 공석강은 전부가 퍼얼라이트이다. 그러므로 공석강을 중심으로 하여 탄소량의 증감에 비례해서 페라이트, 퍼얼라이트, 시멘타이트가 비례적으로 변화하므로 시료의 현미경 조직에 의해서 탄소량을 결정할 수 있다.

그림 3.8은 강의 탄소함유량과 조직 및 화학 성분과의 관계를 나타낸 것이다. 예를 들면 0.4%의 탄소강에 있어서, 퍼얼라이트와 펄라이트의 양은 각각 $\overline{ab}$, $\overline{cd}$로 표시할 수 있다. 1.2% 탄소강에 있어서는 시멘타이트와 퍼얼라이트의 양은 $\overline{de}$, $\overline{ef}$로 표시된다. 그것은 탄소의 양이 변화하여도 별로 크게 나타나지 않으므로 구별하기가 곤란하다.

강의 표준조직과 그 성질과의 관계를 보면 다음과 같다. 페라이트는 극히 연하고 연성이 크며, 인장강도는 비교적 작다. 또, 상온에서 강자성이며, 전기전도도가 높고 담금질(quenching)에 의해서 경화하지 않는다. 시멘타이트는 대단히 경도가 높고 여리며, 인성은 거의 없다. 또, 상온에서 강자성이며 담금질해도 경화하지 않는다. 퍼얼라이트는 페라이트에 비하여 훨씬 강하고 경도가 높으며, 담금질에 의해서 더욱 경화한다.

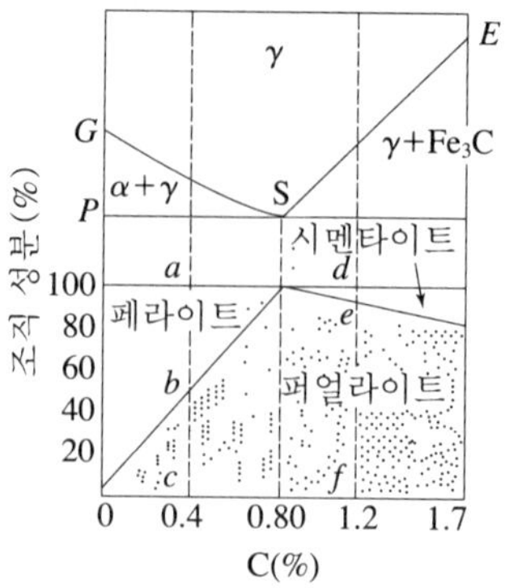


**그림 3.8** 성분과 조직

각 표준조직의 기계적 성질은 다음 표 3.1과 같다. 탄소강은 이와 같은 3가지 조직이 혼합된 것으로 아공석강의 표준상태에 있어서의 기계적 성질은 다음 식에 의해서 그 계산을 할 수 있다.

**표 3.1** 표준조직의 기계적 성질

| 성질 \ 조직 | 페라이트 | 퍼얼라이트 | 시멘타이트 |
|---|---|---|---|
| 인장강도 $(kg/mm^2)$ | 35 | 90 | 3.5 이하 |
| 연신율(%) | 40 | 10 | 0 |
| 경도 $(H_B)$ | 80 | 200 | 820 |

표 3.1에서 공랭한 아공석강의 인장강도를 $\sigma_B$라 하고, 페라이트는 $35kg/mm^2$, 퍼얼라이트는 $90kg/mm^2$이라 하면,

$$\sigma_B = \frac{35 \times F + 90 \times P}{100}$$

이 된다.

여기서, F : 페라이트 양(%)

P : 퍼얼라이트 양(%)

한편 연신율 $\varepsilon$ 및 경도 $H_B$는 다음 식으로 구할 수 있다.

$$\varepsilon = \frac{40 \times F + 10 \times P}{100}$$

$$H_B = \frac{80 \times F + 200 \times P}{100}$$

F와 P의 양은 그림 3.8에 의해서 기하학적으로 쉽게 구별할 수 있다.

$$F = \frac{(0.80 - 0.02) - C\%}{0.80 - 0.02} \times 100 = \frac{0.80 - C\%}{0.80} \times 100(\%)$$

$$P = 100 - F(\%)$$

## 3.4 탄소강의 성질

탄소강의 성질은 그 성분과 상태에 따라 크게 다르다. 여기에서는 표준상태에서의 탄소강의 성질만을 공부하기로 하고, 열처리 및 가공에 의한 성질은 다음 장에서 서술하기로 한다.

### 1. 물리적 성질과 화학적 성질

강은 순철에 가까운 페라이트(지철)와 $Fe_3C$(탄화철)의 혼합조직을 갖고 있으므로 물리적 성질도 대략 이 두가지의 조직의 혼합비율에 따라 변한다. 즉, 강 중의 탄소량에 의해서 물리적 성질은 거의 직선적으로 변화한다.

그림 3.9는 탄소량에 의한 탄소강의 물리적 성질 변화를 나타낸 것이고, 표 3.2는 탄소강의 물리적 성질을 나타낸 것이다. 그림에 의하면 탄소강의 비중(SG), 열팽창계수, 열전도도는 탄소량의 증가에 따라서 감소하나 비열, 전기저항, 항자력은 증가한다. 탄소강의 내식성은 탄소가 증가할수록 감소하고, 소량의 Cu가 첨가되면 내식성이 급증한다.

**표 3.2** 탄소강의 물리적 성질

| 비 중 | 비 열 (cal/g℃) | 전기저항 (μΩcm) (30°) | 동온도계수 | 열전도도 (cal/cm℃) (20°) | 팽창계수 (20°～100℃) | 항자력 (Oersted) | 전류자기 (Gauss) |
|---|---|---|---|---|---|---|---|
| 7.876 ～ 7.789 | 0.102 ～ 0.108 | 9.9 ～ 18.0 | 0.0056 ～ 0.0042 | 0.134 ～ 0.089 | 0.0000176 ～ 0.0000108 | 0.7 ～ 8.2 | 10.800 ～ 13.00 |

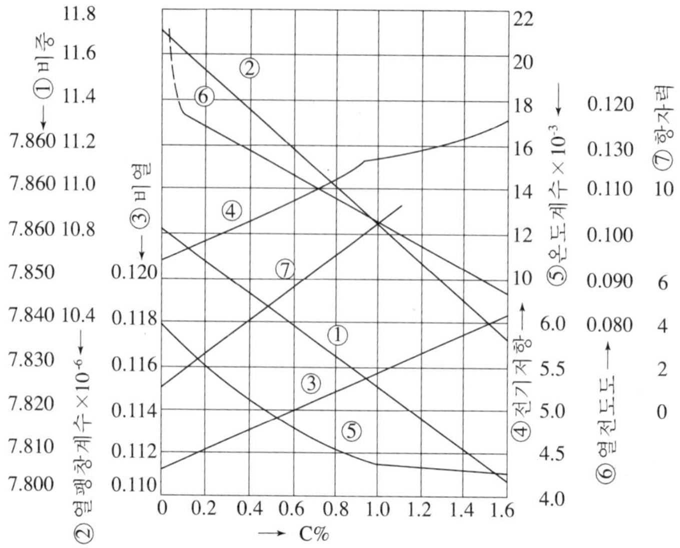


그림 3.9 강의 물리적 성질 변화

## 2. 상온에서의 기계적 성질

탄소강의 세로탄성계수 $E$는 20,000~22,000kg/mm$^2$, 가로탄성계수 $G$는 7,700~8,450kg/mm$^2$, 프와송의 비는 0.28로서 이들 상수들은 탄소함유량에 관계없이 거의 일정하다.

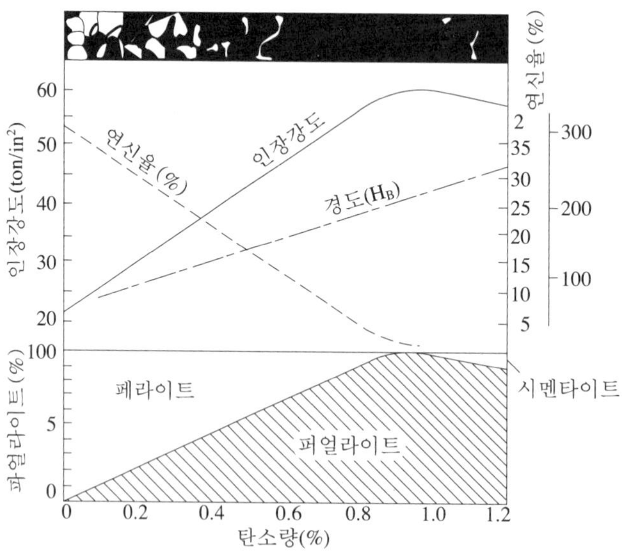


그림 3.10 탄소강의 기계적 성질 및 조직의 관계

그러나, 아공석강에서는 기계적 성질이 탄소함량에 비례하여 거의 직선적으로 변화하여서 인장강도, 경도, 항복점 등은 탄소량의 증가와 더불어 증가하고, 공석강에서 인장강도는 최대로 되며, 연신율 및 단면수축률은 탄소량과 더불어 감소한다.

과공석강에서는 시멘타이트가 망상으로 나타나므로 인장강도는 탄소가 증가하여도 감소되나 경도는 다소 증가한다. 강의 기계적 성질은 또한 제조법에 의해서도 달라진다. 즉, 전로강은 같은 탄소강의 평로강보다 강도가 크며, 산성법으로 제조된 강은 염기성으로 제조된 것보다도 강도가 크게 된다.

### 3. 온도에 따른 기계적 성질의 변화

동일 성분의 탄소강이라도 온도에 따라 그 기계적 성질은 매우 달라진다. 탄소가 0.25%인 강을 예를 들어, 0~500℃ 사이에서 일어나는 성질 변화는 그림 3.11에 나타낸 바와 같다.

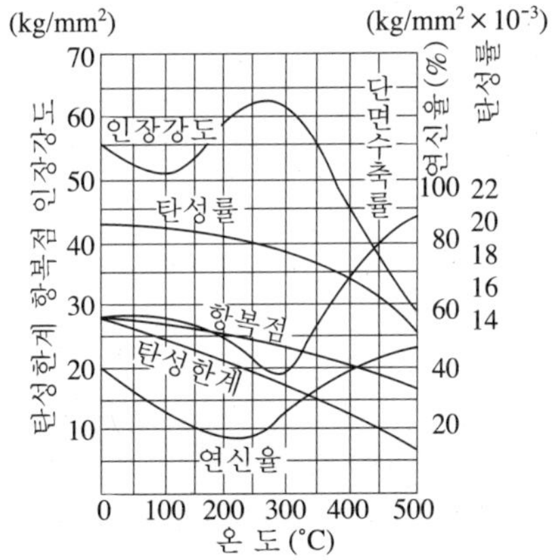


**그림 3.11** 탄소강의 온도와 기계적 성질과의 관계

탄소강의 탄성계수, 탄성한계, 항복점 등은 온도가 상승함에 따라서 감소한다. 인장강도는 200~300℃까지는 상승하여 최대가 되고, 연신율과 단면수축률은 온도상승에 따라 감소하여 인장강도가 최대가 되는 점에서 최소값을 나타내고 점차 다시 커진다. 충격값은 200~300℃에서 가장 적다.

따라서 탄소강은 200~300℃에서 가장 취약한 것이다. 이것을 청열취성(blue brittleness) 또는 청열메짐성이라 하며, 이 온도에서의 가공은 피하는 것이 좋다. 한편 이 온도범위에서 가공된 재료는 상온에서 내려와서도 그 성질을 유지하며, 킬드강에서는 이 성질이 적다.

강의 온도가 실온보다 저하되면 인장강도, 경도, 탄성계수, 항복점, 피로한계 등은 점차 증가하나 연신율, 단면수축률, 충격값 등은 감소되고 취성이 많아진다. 충격값은 온도의 강하와 더불어 어떠한 한계온도, 즉 천이점(transition point)에 도달하면 급격히 감소되고, -70℃ 부근에서는 0에 접근되고 있다. 이것을 강의 **저온취성**(low temperature brittleness)이라 한다.

## 4. 탄소 이외의 원소가 강의 성질에 미치는 영향

탄소강에는 탄소 이외에 Mn, Si, P, S, Cu 등이 함유되어 있고 또 각종 가스와 비금속 물질들이 개재되어 있어 각각 적지 않은 영향을 미치고 있다.

### 1) 망간(Mn)의 영향

이것은 탄소강에 있어서 탄소 다음으로 유용한 원소이다. Mn은 제강원료로 사용한 선철 중에서 또는 제강시에 탈산, 탈황제로도 첨가되어 그 일부가 강 중에 남아있다. 탄소강 중의 Mn량은 0.2~1.0% 정도이다. Mn의 일부는 강 중에 고용하고, 나머지는 MnS로서 결정입계에 혼재하고 있으나, 이것은 FeS의 해보다 적다.

Mn이 페라이트 중에 고용되면 다음과 같은 영향을 준다.

(가) 강의 변태점을 낮추어 담금질의 임계냉각속도를 느리게 함으로써 담금질 효과를 증가시킨다. 즉, 경화능이 대단히 좋아진다.

(나) 높은 온도에서 결정의 성장, 즉 거칠어지는 것을 감소시킨다.

(다) 어느 정도까지는 강의 경도, 강도, 인성을 증가시키는 반면에 연성은 약간 감소한다. 즉, 기계적 성질이 좋아진다.

(라) 강의 점성을 증가시키고 고온가공은 용이하나, 냉간가공에는 불리하다. 공구강에서는 담금질 균열이 생기기 쉬우므로 그 함량을 0.2~0.4%로 하고, 유냉시에는 약간 높게 한다. 세미킬드(반경) 강의 단조에는 0.6% 정도, 레일 강에는 0.8%, 연강의 경우에는 1.0%까지 함유하는 경우도 있다.

### 2) 규소(Si)의 영향

Si는 선철과 탈산제에서 잔존한 것으로, 보통 1.0~0.35%를 함유한다.

Si가 페라이트 중에 고용하면 다음과 같은 영향을 준다.

(가) 강의 인장강도, 탄성한계, 경도를 크게 한다.

(나) 연신율과 충격값을 감소시킨다.

(다) 결정입자를 조대화하고, 소성을 낮게 하여 냉간가공성이 나빠진다.

(라) 용접성을 저하시킨다.

### 3) 인(P)의 영향

원재료선에 포함되어 있던 불순물이 함유된 것이며, 강 중에서는 2가지의 형태로 존재한다. 하나는 Fe의 일부와 결합하여 인화철($Fe_3P$)로 석출하여 존재하고, 또 하나는 유리상태의 P으로 철 중에 고용하여 존재한다. 이것이 미치는 영향은 다음과 같다.

(가) 결정입자를 조대화시킨다.

(나) 경도와 인장강도를 증가시키고, 연신율을 감소시킨다.

(다) P은 특히 상온 이하에 있어서 충격값을 급격히 저하시키고, 가공시 균열이 발생하기 쉬워 여리고 약한 재질을 만든다. 이것을 **상온취성**(cold brittleness)이라고 한다. 이것을 억제하려면 P의 함량을 0.02% 이하로 하면 메짐의 해를 피할 수 있다.

(라) P은 일반 강재 중에서 약 0.06% 이하 포함되어 있으며, 이것이 균일하게 분포되어 있으면 별로 영향을 받지 않으나, 매우 편석하기 쉬운 결점을 갖고 있다. 대부분 인화철 상태로 응고시 결정입자의 주위에 편석한다. 또한 $Fe_3P$은 확산속도가 매우 느려 풀림 처리를 하여도 편석한 것이 확산되지 않고 단조, 압연을 하면 길게 늘어난다.

P이 농축된 부분에는 MnS, MnO의 슬래그 등이 함께 편석하여, P으로 인한 페라이트 띠모양 조직이 된다. 이러한 페라이트의 띠모양 조직 부분을 고스트 라인(ghost line)이라고 한다. P의 해는 탄소가 많을수록 현저하게 나타나며, 공구강은 0.03% 이하, 세미킬드 강은 0.045% 이하, 연강제는 0.06% 이하로 제한한다. 강 중의 P의 분포상황은 염화구리 용액으로 부식시켜 육안 검사로써 쉽게 검출할 수 있다.

### 4) 황(S)의 영향

강 중의 S은 대부분의 경우 Mn과 결합해서 **황화망간**(MnS)으로 존재한다. 이것은 슬래그의 일종으로 비중이 적어 대부분이 용강의 표면에 떠올라 슬래그로 제거되나, 다소는 강 중에 존재한다. 이것이 편석되어 강재의 약점이 되며, 파괴의 원인이 되기 쉽다. 만약 강 중의 Mn의 양이 충분하지 못할 경우에는 **황화철**(FeS)이 되어 존재한다. 이것은 노란색으로서 여리고 약하며, 철과 공정하여 결정립계에 그물모양으로 분포한다. 황이 FeS 상태로 존재하면 다음과 같은 영향을 받는다.

(가) S의 함유량이 0.02% 이하일지라도 강의 인장강도, 연신율, 충격값 등이 감소한다.

(나) 황화철은 용융점이 낮기 때문에 고온에 있어서 미치는 해는 더욱 크며, 열간가공시 균열이 잘 생기게 한다. 즉 1,100～1200℃의 온도에서 S의 영향으로 메짐성을 나타낸다. 이것을 **적열여림**(red brittleness)이라 한다.

일반적으로 공구강이나 열처리를 요하는 강재는 0.03% 이하, 연강은 0.05% 이하로 하는 것이 좋다. 강 중의 S의 분포 상황은 설퍼 프린트법(sulphur print method)으로 파악할 수 있다.

이 방법은 시험법에서 설명하였듯이 강재를 $H_2SO_4$ 용액 중에 침적시켜 브로마이트 인화지로 덮어서 10~20분간 방치한 후 떼어 내면 S과 $H_2SO_4$이 반응하여 황화수소($H_2S$)가 발생하여, 인화지에 흑갈색 또는 흑색의 반점이 되게 하여 S의 분포상태와 양을 아는 방법이다.

### 5) 구리(Cu)의 영향

강 중의 구리는 원료 선철 중에 흔히 고용되었던 것으로 탄소량이 많을수록 적게 포함되며, 강에 미치는 영향을 Ni과 흡사하다.

(가) $A_{r1}$변태점을 저하시킨다.
(나) 인장강도, 경도, 탄성한도 등을 높인다.
(다) 내식성을 증가시킨다.

Cu의 양이 0.5% 이하일 경우에는 별로 해롭지 않으며, 그 양이 0.25% 이하이면 열간가공성에는 영향이 없으나, 냉간가공성과 단접성을 해친다.

### 6) 비금속 개재물(non-metallic inclusion)의 영향

강 중에는 여러 가지의 비금속 개재물이 섞여 있다. 이것에는 $Fe_2O_3$, FeO, MnS, $MnO_2$, $Al_2O_3$, $SiO_2$ 등이 있으며, 이것들을 슬래그 개재물이라고도 하며, 일반적으로 강철의 성분표에는 표시되어 있지 않으나, 항상 다소의 비금속 개재물이 함유되어 있으며, 많이 개재되어 있을 경우에는 다음과 같은 영향이 나타난다.

(가) 이것은 재료의 내부에 점재하여 인성을 해치므로, 여리고 약해지는 원인이 된다.
(나) 열처리의 경우에 개재물로부터 균열을 일으키기 쉽다.
(다) 산화철, 알루미나, 철의 규산염 등은 단조나 압연 중에 균열을 일으키기 쉬우며, 적열여림의 원인이 된다.

### 7) 가스의 영향

강 중에 함유된 가스는 정련 작업시 용강 중에 존재하던 $CO_2$, CO, $O_2$, $H_2$, $N_2$ 가스 등이다. 그 양은 0.01~0.05% 정도이다.

이들의 가스가 강에 미치는 영향은 분명하지 않으나, 가스의 양이 과다할수록 강이 여리고 약해진다고 생각된다. 특히 $N_2$는 페라이트 중에 녹아들어가서 석출하여 강화시키며, $O_2$는 페라이트 중에 녹아들어가는 이외에 FeO, MnO, $SiO_2$ 등과 같이 산화물로 존재한다. 그 중에서도 FeO은 적열여림을 일으키고, $H_2$는 강에 백점이나 헤어 크랙(hair crack)의 원인이 된다.

# 3.5 탄소강의 가공

소성가공에는 고온가공과 상온가공의 2가지 형태가 있다.

## 1. 강의 고온가공

일반적으로 금속을 재결정온도 이상에서 가공하는 것을 **고온가공**(hot working) 또는 **열간가공**이라고 한다. 재결정온도 이상이라 함은 강에서는 $A_1$변태점 이상, 즉 오스테나이트 상태에서 행하는 것을 말한다.

가공온도는 탄소량에 따라서 1,050~1,200℃ 정도에서 시작하여 850~900℃에서 완성시킨다. 이 완성시키는 온도를 **마무리온도**(finishing temperature)라고 하며, 이 온도가 850~900℃보다 낮든지 높든지 하면 좋지 않다. 다음 그림 3.12는 탄소강의 가공온도를 표시한다. 만약 가공온도가 높으면 오스테나이트의 결정입도가 크게 되며, 따라서 상온에서의 페라이트와 퍼얼라이트의 입도가 조대하게 되어 재질을 저하시킨다.

또한 가공온도가 너무 낮으면 재료 표면은 깨끗하게 되고, 치수는 정확하게 되나, 가공경화는 내부변형을 발생하게 하여 인성과 경도를 약화시키는 결과를 가져 온다. 이때에는 풀림처리를 함으로써 변형을 제거하고 연화시키게 된다.

앞의 그림 3.13은 0.4% 탄소강을 고온가공한 조직을 나타낸 것이다. 그림 (a)는 마무리온도가 너무 높은 것으로 조대한 결정을 나타내고, 그림 (b)는 마무리온도가 적당하여 그 결정입자가 미세해져 있음을 나타낸 것이다.

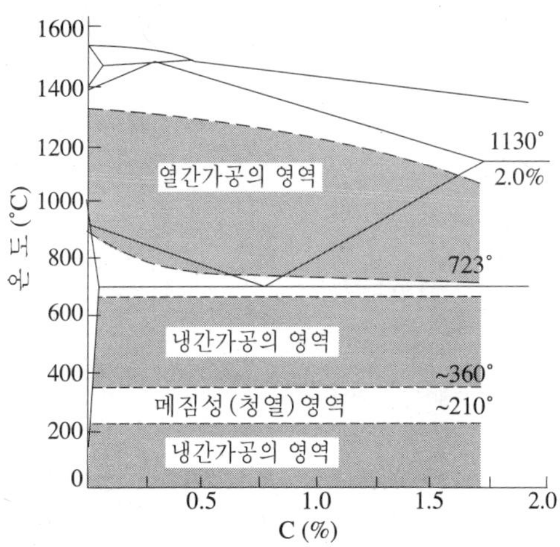


**그림 3.12** 강의 가공온도

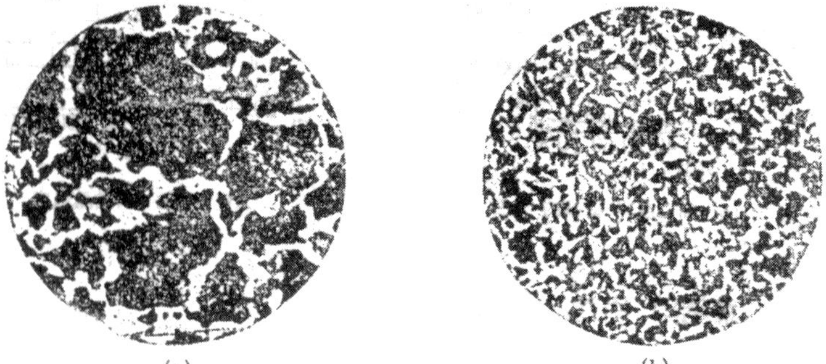

(a) (b)

**그림 3.13** 고온가공 조직

## 2. 강의 상온가공

일반적으로 금속의 재결정온도이하에서 실시하는 가공을 **상온가공**(cold working) 또는 냉간가공이라 한다. 여기서 강의 상온가공이라 함은 $A_1$변태점 이하에서 실시하는 것을 말한다.

강을 상온가공하는 것은 비경제적이지만 가공의 성질상 할 수 없는 경우에 행하며 정밀한 치수 및 평활한 가공면을 얻을 수 있는 잇점도 있다. 상온가공을 하면 강은 가공방향으로 늘어나서 그 조직이 섬유상으로 되며, 인장강도, 항복점, 경도 등은 대단히 증가하나 연신율, 단면수축률은 감소되어 여리고 약하게 된다. 그러므로 가공 도중에 풀림을 하여 연화시키지 않으면 안 된다.

그림 3.14는 0.1% 탄소강을 상온가공하였을 때의 가공도에 의한 기계적 성질 변화를 표시하고, 그림 3.15는 상온가공으로 경화된 강의 풀림에 의한 기계적 성질 변화를 나타낸 것이다. 그림 3.15에서 알 수 있는 바와 같이 강은 약 500℃ 부근에서부터 재결정이 시작된다. 그러므로 단순히 연화를 목적으로 할 때의 강의 풀림온도는 500～600℃ 정도로서 충분함을 알 수 있다.

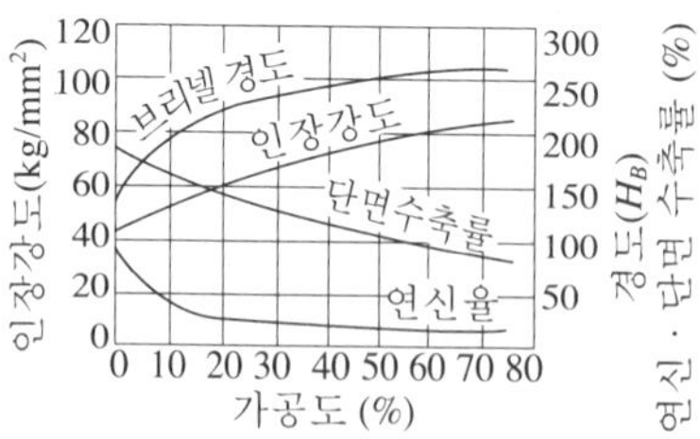


**그림 3.14** 가공도와 기계적 성질

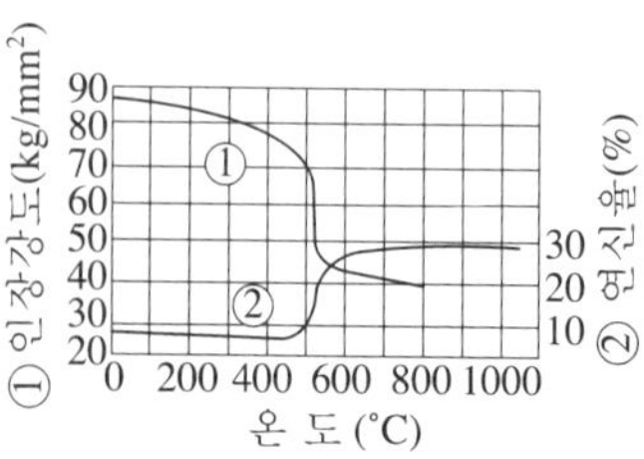


**그림 3.15** 재결정온도

## 3.6 탄소강의 용도

실용되고 있는 탄소강은 탄소량이 0.05~1.7%C까지가 보통이며 여기에는, 매우 연질이어서 가공이 용이하고 담금질효과가 거의 없는 저탄소강으로부터 너무 경질이어서 가공이 어렵고 담금질 효과가 매우 좋은 고탄소강에 이르기까지 그 종류는 매우 많다. 탄소함유량에 따라서 성질도 매우 달라지기 때문에 그 용도도 성질에 따라서 많이 달라지게 된다.

(1) 가공성을 요구하는 경우 C<0.05~0.3%
(2) 가공성과 동시에 강인성을 요구하는 경우 C=0.3~0.45%
(3) 강인성과 동시에 내마모성을 요구하는 경우 C=0.45~0.65%
(4) 내마모성과 동시에 경도를 요구하는 경우 C=0.65~1.2%

### 1. 구조용 탄소강

탄소함유량이 0.05%에서 0.6%까지의 것이 포함되는데, 현재 공업용으로 사용되는 대부분의 철강 재료가 이에 속한다. 건축이나 교량, 선박, 철도 차량, 기타 구조물에 쓰이는 판, 봉, 관, 형강 등 그 용도가 광범위하다.

표 3.3은 각종 탄소강의 화학성분을 나타냈으며, 표 3.4는 각종 탄소강의 기계적 용도를 나타낸 것이다.

보통 구조용강은 평로강 및 전로 제강에 의한 림드강이 많이 쓰이며, 대부분이 단조, 또는 압연된 상태 그대로 사용되나, 강의 본래의 성질을 보아서 열처리하여 사용하는 것이 좋다.

**표 3.3** 각종 강의 화학성분

| 종 류 | 성 분 (%) | | | | |
|---|---|---|---|---|---|
| | C | Si | Mn | P | S |
| 특별극연강 | <0.08 | <0.05 | 0.24~0.40 | <0.05 | <0.05 |
| 극 연 강 | 0.08~0.12 | <0.05 | 0.30~0.50 | <0.05 | <0.05 |
| 연 강 | 0.12~0.2 | <0.02 | 0.23~0.50 | <0.05 | <0.05 |
| 반 연 강 | 0.2~0.3 | <0.02 | 0.40~0.60 | <0.05 | <0.05 |
| 반 경 강 | 0.3~0.4 | 0.15~0.25 | 0.40~0.60 | <0.05 | <0.05 |
| 경 강 | 0.4~0.5 | 0.15~0.25 | 0.50~0.70 | <0.05 | <0.05 |
| 최 경 강 | 0.5~0.7 | 0.15~0.25 | 0.60~0.80 | <0.05 | <0.05 |

표 3.4 각종 강의 기계적 성질과 용도

| 종 별 | 기계적성질 | | | | 용 도 |
|---|---|---|---|---|---|
| | 인장강도 | 항복점 | 연신율 (%) | 경 도 | |
| 특별극연강 | 32~36 | 18~28 | 80~40 | 70~90 | 전선, 띠철 |
| 극연강 | 36~42 | 20~29 | 30~40 | 80~120 | 용접판 |
| 연강 | 38~48 | 22~30 | 24~36 | 100~130 | 일반구조용강재 |
| 반연강 | 44~55 | 24~36 | 22~32 | 120~145 | 차축, 볼트, 너트 |
| 반경강 | 50~60 | 30~40 | 17~30 | 140~170 | 철골, 차축 |
| 경강 | 58~70 | 34~46 | 14~26 | 160~200 | 실린더 |
| 최경강 | 65~100 | 35~37 | 11~20 | 180~235 | 외륜, 축 |

## 2. 판용강

용도와 제조법으로 강판을 분류할 경우에는 **후판**(두께 6mm 이상), **중판**(두께 1~6mm), **박판**(두께 1mm 이하)의 3가지로 구분한다. 후판은 재질적으로 구조용강과 아무런 차이가 없으나, 박판은 그 제조상의 요구에 의하여 다소 특수한 것이 사용된다. 박강판에는 열간압연과 조질압연에 의해서 완성되는 흑강판과 열간압연후에 냉간압연을 하는 마강판이 있다.

**흑강판**은 주로 도금철판으로 사용되며, Zn을 도금처리한 아연도철판(Zinc plate)인 **함석판**과 Sn을 도금한 주석도철판(tin plate)인 **양철판**이 있다.

**마강판**은 주로 자동차의 차체용으로 발달했으며, 표면이 아름답고 또 크게 늘일(deep drawing) 수 있는 성질을 가지므로 전기부품, 건축과 가구용, 기계부품 등에 사용된다.

표 3.5 흑강판

| 화학적성분 (%) | | | | | | 기계적성질 | | |
|---|---|---|---|---|---|---|---|---|
| C | Si | Mn | P | S | Cu | 인장강도 ($kg/mm^2$) | 항복점 ($kg/mm^2$) | 연신율 (%) |
| 0.06~0.12 | 0.02~0.08 | 0.30~0.50 | 0.04~0.08 | <0.04 | <0.2 | 30~35 | 21~25 | 27~34 |

[주] 흑강판은 냉간작업 후에 875~925℃로 풀림한다.

표 3.6 마강판

| 화학성분(%) | | | | | 연신율(%) | | 인장강도 ($kg/mm^2$) | |
|---|---|---|---|---|---|---|---|---|
| C | Si | Mn | P | S | 평판용 | 깊이 압연한 것 | 평판용 | 깊이 압연한 것 |
| 0.05～0.10 | <0.05 | 0.20～0.50 | <0.03 | <0.03 | 36 | 33 | 25 | 30 |

[주] 마강판은 압연후 600°～700℃로 풀림한다.

## 3. 선재강

### 1) 연강선재(mild steel wire rope)

이것은 보통 철선이라고 하며, 탄소함유량이 0.06～0.25%, 인장강도가 35～70kg/mm$^2$이며, KS에서는 표 3.7에 나타낸 바와 같이 4종으로 구분한다.

### 2) 경강선재(hard steel wire rope)

강괴로부터 열간압연에 의하여, 5～6mm의 지금으로 압연된 와이어 로프를 상온에서 잡아뽑아 만드는데, 탄소함유량은 0.25～0.85% 정도이고, 인장강도는 성분에 따라 다르나 같은 종류의 재료이면 지금이 작을수록 커진다. 예를 들면 0.20～0.90%C, 지름 6.0～0.2mm인 철선의 인장강도는 80～300kg/mm$^2$에 달한다.

표 3.7은 경강선재의 성분과 용도를 나타낸 것이다.

### 3) 피아노 선재(piano or music wire rope)

피아노선은 탄소함유량이 0.55～0.95% 정도의 대단히 강인한 탄소강선으로서, 잡아뽑는 중에 열처리하여 소르바이트(sorbite) 조직으로 만든 것이다.

여기서, 강을 $A_3$점 이상(보통 900℃ 정도)으로 가열하여 400～550℃의 연욕 또는 수증기 중에 담금질하는 방법인 열욕담금질로 소르바이트 조직을 얻는 과정을 **파텐팅**(partenting)이라고 하는데, 피아노선은 탄소량이 많고 P, S 등 불순물이 적은 강재로서, 인장강도는 350kg/mm$^2$ 이상인 것도 있다.

이것을 스프링으로 사용할 경우에는 탄성한도나 피로한도를 높여주기 위해서 청색의 산화피막이 생길 정도의 저온풀림(200～360℃)을 하는데 이것을 **블루잉**(bluing)이라고 한다.

표 3.8은 피아노 선재의 성분과 용도를 나타낸 것이다.

**표 3.7** 선재의 성분과 용도 (KS D 3553 · 3559)

| 강의 종류 | | 기 호 | 화 학 성 분 (%) C | Si | Mn | P | S | 용 도 |
|---|---|---|---|---|---|---|---|---|
| 연강선재 | 1 종 | MSWR 1 | 0.06~0.09 | 0.30 이하 | 0.50 이하 | 0.040 이하 | 0.040 이하 | 외장선 |
| | 2 종 | MSWR 2 | 0.09 이하 | 0.30 이하 | 0.50 이하 | 0.040 이하 | 0.040 이하 | 전신선 |
| | 3 종 | MSWR 3 | 0.15 이하 | 0.30 이하 | 0.60 이하 | 0.050 이하 | 0.060 이하 | 철선, 아연도철선, 철망, 리벳못과 나사류 |
| | 4 종 | MSWR 4 | 0.15~0.25 | 0.35 이하 | 0.60 이하 | 0.050 이하 | 0.060 이하 | |
| 경강선재 | 1종 | HSWR 1 | 0.25~0.35 | 0.15~0.35 | 0.60 이하 | 0.045 이하 | 0.045 이하 | 나사류, 경강연선, 스포크 |
| | 2종 | HSWR 2 | 0.35~0.45 | 0.15~0.35 | 0.60 이하 | 0.045 이하 | 0.045 이하 | |
| | 3종 | HSWR 3 | 0.45~0.55 | 0.15~0.35 | 0.60 이하 | 0.040 이하 | 0.040 이하 | 경강연선, 와이어 로프, 스프링양산살, 스포크 |
| | 4종 A | HSWR 4A | 0.55~0.65 | 0.15~0.35 | 0.30~0.60 | 0.040 이하 | 0.040 이하 | |
| | 4종 B | HSWR 4B | 0.55~0.65 | 0.15~0.35 | 0.60~0.90 | 0.040 이하 | 0.040 이하 | |
| | 5종 A | HSWR 5A | 0.65~0.75 | 0.15~0.35 | 0.30~0.60 | 0.030 이하 | 0.030 이하 | 와이어 로프, 스프링, 타이어 심선 |
| | 5종 B | HSWR 5B | 0.65~0.75 | 0.15~0.35 | 0.60~0.90 | 0.030 이하 | 0.030 이하 | |
| | 6종 A | HSWR 6A | 0.75~0.85 | 0.15~0.35 | 0.30~0.60 | 0.030 이하 | 0.030 이하 | 스프링, 방직용 바늘, 편침, 와이어로프 |
| | 6종 B | HSWR 6B | 0.75~0.85 | 0.15~0.35 | 0.60~0.90 | 0.030 이하 | 0.030 이하 | |
| | 7종 | HSWR 7 | 0.50~0.60 | 0.15~0.35 | 0.70~0.90 | 0.040 이하 | 0.040 이하 | 포 침 |

[주] 7종은 Cu 0.25% 이하로 한다.

**표 3.8** 피아노 선재의 성분과 용도 (KS D 3509)

| 종 류 | | 기 호 | C | Si | Mn | P | S | Cu | 용 도 |
|---|---|---|---|---|---|---|---|---|---|
| 피아노선계 | 1종 A | PWR 1A | 0.65~0.75 | 0.12~0.32 | 0.30~0.60 | 0.025 이하 | 0.030 이하 | 0.20 이하 | 일반 스프링, 전동기의 회전자, 바인드선, 와이어로프, 내연기관의 밸브 스프링, 코일 스프링 등 |
| | 1종 B | PWR 1B | 0.65~0.75 | 0.12~0.32 | 0.60~0.90 | 0.025 이하 | 0.030 이하 | 0.20 이하 | |
| | 2종 A | PWR 2A | 0.75~0.85 | 0.12~0.32 | 0.30~0.60 | 0.025 이하 | 0.030 이하 | 0.20 이하 | |
| | 2종 B | PWR 2B | 0.75~0.85 | 0.12~0.32 | 0.60~0.90 | 0.025 이하 | 0.030 이하 | 0.20 이하 | |
| | 3종 A | PWR 3A | 0.55~0.85 | 0.12~0.32 | 0.30~0.60 | 0.025 이하 | 0.030 이하 | 0.20 이하 | |
| | 3종 B | PWR 3B | 0.85~0.95 | 0.12~0.32 | 0.60~0.90 | 0.025 이하 | 0.030 이하 | 0.20 이하 | |

## 4. 쾌삭강

쾌삭강(free cutting steel)은 절삭가공이 양호하여 고속 자동절삭에 적합한 강을 말하며, 보통 강보다 P, S의 함유량을 많게 하거나, 또는 Pb, Se, Zr 등을 첨가하여 피절삭성을 향상시킨 것이다.

**황 쾌삭강**은 황의 함유량을 많게 하여 결정경계에 취약한 MnS 또는 FeS이 석출되면 칩(chip)이 짧고, 분리되기 쉬우므로 절삭속도를 크게 할 수 있고, **연 쾌삭강**은 납(Pb)을 첨가함으로써 결정입계에 Pb이 석출하여 피절삭성을 좋게 한 것이다. 일반적으로 쾌삭강은 강도가 별로 요구되지 않고, 가공면이 아름다워야 할 기계부품에 사용된다.

## 5. 레일 및 철도 외륜강

레일과 외륜은 평로, 전로강 중에 탄소가 많은 것을 이용한다. 이것은 운행중에 하중을 받으므로 인성과 경도와 내마모성이 요구된다.

레일용 강은 탄소가 0.35~0.6%의 것이 사용된다. 소형 레일은 압연가공할 때 냉각되기 쉽고, 또 완성가공온도가 저하됨으로써 함유탄소량이 적어서 경도가 아주 크게 되나, 대형 레일은 단조완료온도가 높으므로 저온가공에 의한 경화작용을 받지 않으므로 탄소량을 많게 하는 것이 보통이다.

레일은 사용중에 상온가공을 받아서 표층부가 경화되는데, 이 경우에는 마모가 적게 되는 성질을 가지고 있다. 저탄소 레일은 60~80%, 고탄소 레일은 30~40% 정도 경도가 크게 된다. 경화되면 마모가 적으나 특히 P이 많으면 냉간메짐성이 생기기 쉬우므로 실제 사용에는 P을 적게 하는 것이 좋다. P을 적게 하기 위해서는 염기성 강을 사용한다. 그러나 열대 지방에서는 상온메짐성이 적으므로 P이 많은 것을 사용하는 경우도 있다.

철도 외륜강도 인성이 크고 내충격성이 필요하다. 이것은 레일강보다 고급강을 사용하며, 보통 염기성 평로강, 전기로강, 도가니강 등이 사용된다. 기관차용의 외륜과 같이 큰 하중을

**표 3.9** 레일강의 조성과 기계적 성질

| 종 별 | 성 분 (%) | | | | | 기 계 적 성 질 | | | |
|---|---|---|---|---|---|---|---|---|---|
| | C | Si | Mn | P | S | 인장강도 (kg/mm$^2$) | 항복점 (kg/mm$^2$) | 연신율 (%) | 경도 ($H_B$) |
| 염기성 전로강 | 0.35~0.45 | 0.15 이하 | 0.6~0.8 | 0.08 이하 | 0.05 이하 | 60~70 | 31~42 | 15~20 | 165~200 |
| 평로강 | 0.25~0.4 | 0.15~0.25 | 0.6~0.9 | 0.06 이하 | 0.05 이하 | | | | |

받는 것은 담금질한 후 600℃에서 뜨임하여 소르바이트 조직으로 하여 사용한다.

표 3.9는 레일강의 성분과 기계적 성질을 나타낸 것이다.

**표 3.10** 스프링강 (KS D 3701)

| 종류 | 기호 | 화학성분(%) | | | | | | | | 용도보기 |
|---|---|---|---|---|---|---|---|---|---|---|
| | | C | Si | Mn | P | S | Cr | V | B | |
| 1종 | SPS 1 | 0.75~0.90 | 0.15~0.35 | 0.30~0.60 | <0.35 | <0.35 | – | – | – | 주로 겹판 스프링 |
| 2종 | SPS 2 | 0.90~1.10 | 0.15~0.35 | 0.30~0.60 | <0.35 | <0.35 | – | – | – | 주로 코일 스프링 |
| 3종 | SPS 3 | 0.55~0.65 | 1.50~1.80 | 0.70~1.00 | <0.35 | <0.35 | – | – | – | 주로 겹판 스프링 및 코일 스프링 |
| 4종 | SPS 4 | 0.55~0.65 | 1.80~2.20 | 0.70~1.00 | <0.35 | <0.35 | – | – | – | |
| 5종 | SPS 5 | 0.50~0.65 | 0.15~0.35 | 0.65~0.95 | <0.35 | <0.35 | 0.65~0.95 | – | – | |
| 6종 | SPS 6 | 0.45~0.55 | 0.15~0.35 | 0.65~0.95 | <0.35 | <0.35 | 0.80~1.10 | 0.15~0.25 | – | 주로 코일 스프링 |
| 7종 | SPS 7 | 0.50~0.60 | 0.15~0.35 | 0.65~0.95 | <0.35 | <0.35 | 0.65~0.95 | – | >0.005 | 주로 겹판 스프링 및 코일스프링 |

| 종류 | 열처리(℃) | | 인장시험 | | | 경도시험 |
|---|---|---|---|---|---|---|
| | 담금질 | 뜨임 | 인장강도 (kg/mm$^2$) | 연신율 (%) | 단면수축률 (%) | ($H_B$) |
| 1 종 | 830~860 유랭 | 450~500 | 110 이상 | >8 | – | 341~401 |
| 2 종 | 830~860 유랭 | 450~500 | 115 이상 | >7 | 10 이상 | 352~415 |
| 3 종 | 830~860 유랭 | 480~530 | 125 이상 | >9 | 15 이상 | 363~429 |
| 4 종 | 830~860 유랭 | 490~540 | 125 이상 | >9 | 20 이상 | 363~429 |
| 5 종 | 830~860 유랭 | 460~510 | 125 이상 | >9 | 20 이상 | 363~429 |
| 6 종 | 830~860 유랭 | 470~540 | 125 이상 | >10 | 30 이상 | 363~429 |
| 7 종 | 830~860 유랭 | 460~510 | 125 이상 | >9 | 20 이상 | 363~429 |

## 6. 스프링강

스프링은 탄성한계가 높고, 충격 및 피로에 대한 저항력이 크며, 급격한 진동을 완화하고 에너지를 축적하기 위하여 사용하므로, 스프링강(spring steel)은 사용 중에 영구변형을 일으키지 않아야 한다. 따라서 경도는 최저 $H_B$ 340 이상(그 이하는 영구변형이 일어나기 쉽다), 조직은 소르바이트 조직이 좋다.

표 3.10은 각종 스프링강의 성분과 용도, 열처리 온도와 기계적 성질을 나타낸 것이다.

## 7. 탄소공구강

구조용 탄소강과 공구용 탄소강은 조성으로는 명확한 구별이 어렵다. 대략 실용상으로는 0.60%C까지를 구조용, 0.60～1.50%C까지를 공구용으로 규정하고 있다.

탄소량이 많은 것은 경도가 크고, 적은 것은 대신 점성이 크다. 따라서 칼날이나 바이트 같은 경도가 큰 것이어야 하고, 단조용 공구와 같이 타격을 많이 받는 부품이 재료는 점성이 좋은 것을 사용하여야 한다.

공구강의 가공온도는 탄소함유량에 따라 다르나, 대략 950～1,000℃에서 시작하여 850～900℃에서 완료되며, 단조가 끝나면 조직이 거칠어지지 않도록 급랭시킨다.

공구강 중의 탄소함유량이 0.8% 이상이 되면 시멘타이트가 망상으로 나오기 때문에 그대로 쓰면 취약하므로 반드시 680～730℃에서 3～10시간 정도 풀림하여 시멘타이트를 구상화하여야 한다. 구상화한 공구강은 물, 또는 10% 소금물 중에 담금질한 후, 사용목적에 따라 적당히 뜨임한다. 사용온도가 200℃ 이상으로 되면 경도가 낮아지므로 고속절삭은 불가능하다.

공구강으로서의 구비조건을 열거하면 다음과 같다.

(1) 고온경도를 가질 것
(2) 내마모성과 점성이 클 것
(3) 열처리가 용이할 것
(4) 가공이 용이하여 값이 저렴할 것

이와 같은 조건을 만족시키기 위하여 합금공구강을 많이 사용하고 있으나 열처리법이나 가공이 간단해서 가격이 낮은 탄소공구강(carbon tool steel)을 많이 사용하고 있다.

표 3.11은 탄소공구강에 대한 KS 규격에 나타낸 것이다.

**표 3.11** 탄소공구강 (KS D 3751)

| 종류 | 기호 | 화학성분(%) | | | | | | | | 담금질 후뜨임 한경도 ($H_{RC}$) | 풀림 경도 ($H_B$) | 용도 보기 |
|---|---|---|---|---|---|---|---|---|---|---|---|---|
| | | C | Si | Mn | P | S | 풀림 | 담금질 | 뜨임 | | | |
| 1종 | STC 1 | 1.30~1.50 | <0.35 | <0.50 | <0.030 | <0.030 | 750~780 서냉 | 760~820 수냉 | 150~200 공냉 | 63 이상 | <217 | 경질바이트, 면도칼, 각종 줄 |
| 2종 | STC 2 | 1.10~1.30 | <0.35 | <0.50 | <0.030 | <0.030 | 750~780 서냉 | 760~820 수냉 | 150~200 공냉 | 63 이상 | <217 | 바이트, 커터 제자용공구, 드릴, 소형펀치, 면도날 등 |
| 3종 | STC 3 | 1.10~1.10 | <0.35 | <0.50 | <0.030 | <0.030 | 750~780 서냉 | 760~820 수냉 | 150~200 공냉 | 63 이상 | <217 | 탭, 나사 절삭용 다이스, 쇠톱날, 철공용 끌, 게이지 태엽, 면도날 |
| 4종 | STC 4 | 0.90~1.00 | <0.35 | <0.50 | <0.030 | <0.030 | 740~760 서냉 | 760~820 수냉 | 150~200 공냉 | 61 이상 | <207 | 태엽, 목공용 드릴, 도끼, 철공용 끌, 면도칼, 목공용 띠톱, 펜촉 |
| 5종 | STC 5 | 0.80~0.90 | <0.35 | <0.50 | <0.030 | <0.030 | 740~760 서냉 | 760~820 수냉 | 150~200 공냉 | 59 이상 | <207 | 각인, 스냅, 태엽, 목공용 띠톱 원형톱, 펜촉, 등사판, 줄, 톱날 등 |
| 6종 | STC 6 | 0.70~0.80 | <0.35 | <0.50 | <0.030 | <0.030 | 740~760 서냉 | 760~820 수냉 | 150~200 공냉 | 56 이상 | <201 | 각인, 스냅, 원형톱, 태엽, 우산대, 등사판, 줄 |
| 7종 | STC 7 | 0.60~0.70 | <0.35 | <0.50 | <0.030 | <0.030 | 750~780 서냉 | 760~820 수냉 | 150~200 공냉 | 54이상 | <201 | 각인, 스냅, 프레스형, 칼 등 |

[주] 각종 강재는 불순물이 Cu : 0.30%, Ni : 0.25%, Cr : 0.20% 이하라야 한다.

## 8. 주강

탄소강 주강은 **보통주강**이라고도 하며, 주강 제품 생산량의 대부분을 이룬다. 주강(cast steel)은 주철에 비하여 용해, 주입 온도가 400℃ 가량 높은 관계로 응고할 때 수축이 크고, 가스의 방출이 주철보다 고도의 기술을 요한다. 주형 재료의 내열성 및 주조방안에도 세심한

배려가 있어야 한다.

탄소강 주강은 C% 함량에 따라 C 0.20% 이하의 **저탄소주강**과 C 0.2~0.5%의 **중탄소주강** 및 0.5% 이상의 **고탄소주강**으로 분류하기도 한다. 이것은 구조용 재료 또는 기계 부분품 중에서 단조할 수 없고, 주철로는 그 강도가 부족할 때에 주강을 사용한다. 주강의 화학성분은 표 3.12와 같다.

주강은 종전에는 평로, 전로에서 제조하였으나, 최근에는 전기로가 주로 사용되고 있다. 저탄소의 연강품은 전동기, 발전기의 하우징 등에 사용되고, 고탄소강품은 강력 내마멸 부분 예를 들면 기어, 로울러, 실린더, 피스톤, 베어링 케이스, 각종 프레임(frame)에 사용된다.

**표 3.12** 주강의 성분

| C | Mn | Si | P | S |
|---|---|---|---|---|
| 0.1~0.6% | 0.6~0.9% | 0.2~0.6% | <0.05% | <0.05% |

주강제품에는 기포, 편석이 금물이므로 제강시 충분히 탈산제를 첨가하여 만들게 되므로 Mn 및 Si가 많게 된다. 주조온도는 1,500~1,550℃이며, 수축률은 연강에는 2.4%, 경강에는 2% 등의 탄소량에 따라서 변하나 보통 평균 2% 정도이다.

주조한 것은 내부응력이 생기며, 또 주조하여 방치한 것은 조직이 조대하며, 흔히 비트만시태텐(widmanstäten) 등의 약한 주조조직으로 되어 있으므로, 이것을 개선하기 위하여 풀림(annealing)처리한다. 그 온도는 $A_{c3}$ 이상 30~50℃, 냉각속도는 될 수 있는 대로 느린 것이 좋다. 풀림시간은 주조의 중량 두께에 따라 다르다.

**표 3.13** 구조용 주강의 기계적 성질

| 종 류 | 기 호 | 인장강도 (kg/mm$^2$) | 항복점 (kg/mm$^2$) | 연신율 (%) | 단면수축률 (%) | 굽힘강도 |
|---|---|---|---|---|---|---|
| 1 종 | SC 37 | 37 이상 | 18 이상 | 26 이상 | 35 이상 | 120° |
| 2 종 | SC 42 | 42 이상 | 21 이상 | 24 이상 | 35 이상 | 120° |
| 3 종 | SC 46 | 46 이상 | 23 이상 | 22 이상 | 30 이상 | 90° |
| 4 종 | SC 49 | 49 이상 | 25 이상 | 20 이상 | 25 이상 | 90° |
| 5 종 | SC 55 | 55 이상 | 28 이상 | 15 이상 | – | – |

# 제4장 강의 열처리

## 4.1 열처리의 개요

### 1. 열처리의 정의

금속을 적당한 온도로 가열한 후 적당한 속도로써 냉각하여 확산 또는 변태에 의하여 조직을 조정하거나, 내부응력을 없게하는 이외에 변태의 일부를 막고 적당한 조직으로 만들어 목적하는 성질 및 상태를 얻기 위한 조작을 열처리(heat treatment)라 한다.

열처리에 의해서 성질을 개선하기 위해서는 재료로서의 구비조건이 있어야 한다. 이것을 갖추지 못할 경우, 어떠한 가열이나 냉각을 하여도 열처리 효과를 얻을 수 없으나 그 조건인 변태와 고용한이 있으면 그 효과를 얻을 수 있다.

이 중에서 특히 변태가 있어야 하는 것은 열처리에 있어서 대단히 중요한 것으로서 강은 이 특성을 가지고 있으므로 여러 가지 열처리를 다양하게 할 수 있다. 다음에 고용한이 있어야 한다는 조건도 중요한 요소로서 이것은 석출경화하는 데 필요하다. Cu 합금이나 Al 합금은 이 확산속도에 의해서 석출 경화시키는 것이고, 침탄이나 질화 등의 처리는 강에 고용한이 있으므로 가능하게 되는 것이다.

### 2. 열처리의 기본법칙

#### 1) 가열방법

(가) 가열온도

① 변태점 ($A_1$, $A_3$, $A_{cm}$) 이상의 가열 : 풀림, 불림, 담금질

ⓘ 변태점 ($A_1$) 이하의 가열 : 뜨임

(나) 가열속도

열처리를 위한 가열속도는 보통 서서히 하는 것이 원칙이나, 급속가열을 하는 일도 있다.

ⓘ 서열(전기로, 중유로) : 풀림, 불림, 담금질, 뜨임

ⓘ 급열(고주파로, 불꽃, 용융염) : 담금질, 뜨임

### 2) 냉각방법

열처리는 가열도 중요하지만, 냉각법에 의하여 그 내용이 현저히 변하므로 열처리는 냉각법에 따라 크게 달라진다.

(가) 변태점 위에서의 냉각

ⓘ 노냉(서냉) : 풀림

ⓘ 공랭 : 불림

ⓘ 급랭 및 수냉 : 담금질, 뜨임

ⓘ 항온냉각(열욕냉각) : 오스템퍼, 마아템퍼

ⓥ 계단냉각 : 시간 담금질, 인상 담금질, 마아퀜칭

(나) 변태점 이하에서의 냉각

ⓘ 서냉(노냉) : 뜨임, 시효

ⓘ 공랭 : 뜨임, 시효

ⓘ 급랭(수냉, 유냉) : 뜨임, 시효

ⓘ 항온냉각(열욕냉각) : 베이나이트 뜨임

### 3) 냉각법의 형태

냉각법에는 3가지의 형태가 있다.

(가) 연속냉각

열처리온도에 있어서 상온까지 냉각하는 방법을 연속냉각(continuous cooling)이라고 한다.

(나) 계단냉각

냉각 도중에서 냉각속도를 바꾸는 방법을 계단냉각(stepped cooling)이라 하며, 필요한 온도 범위만을 필요한 냉각 속도로 냉각하고, 그 후는 인위적으로 냉각속도를 조절하는 방법이다.

(다) 항온냉각(isothermal cooling)

필요 온도까지 빨리 냉각하고, 그 온도를 항온 유지하여 적당한 시간이 경과한 후에 냉각(보통 공랭)하는 방법이다. 이 냉각제에 열욕(salt 또는 metal)을 사용하는 점에서 열욕냉각

(hot bath cooling)이라고도 한다.

그림 4.1은 냉각의 3가지 형태를 나타낸 것이다.

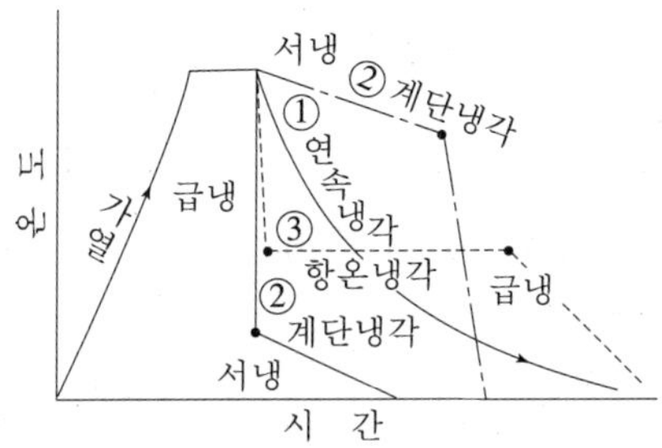


**그림 4.1** 냉각의 3형태

## 4.2 담금질

### 1. 담금질의 개요

강의 조직 중에서 오스테나이트는 탄소를 잘 고용하나 페라이트는 탄소를 잘 고용하지 않는다. 따라서 강을 오스테나이트 상태로 가열하였다가 공랭 또는 서냉을 하게 되면 조직은 오스테나이트에서 퍼얼라이트로 변태한다. 페라이트에 순간적으로 고용되었던 탄소는 확산하여 시멘타이트를 만들어 $\alpha$와 시멘타이트로 된 퍼얼라이트 조직이 된다.

그러나 여기에서 탄소가 확산하는 데는 많은 시간을 요하므로 이 확산하는 시간적 여유를 주지 않기 위하여 급랭을 하게 되면 오스테나이트에 고용되었던 탄소가 페라이트에 억지로 고용당한 조직이 된다. 이 페라이트에 탄소가 억지로 고용당한 조직을 **마텐자이트**(martensite)라 한다.

이 조직을 얻기 위한 목적으로 강을 오스테나이트 상태의 고온, 즉 $A_{321}$변태점보다 30~50℃ 정도 높은 온도로 일정기간 가열한 후 물이나 기름 중에 급랭시키는 열적 조작 방법을 담금질(소입, quenching)이라 한다.

여기에서 탄소를 순간적으로 고용한 $\alpha$상태로 변태하는 것을 **제1단계** 또는 $A_r''$변태라 하고, $\alpha$상태에 순간적으로 고용되었던 탄소가 확산하여 시멘타이트를 형성하여 $\alpha$와 시멘타이트인 퍼얼라이트 조직으로 변태하는 것을 **제2단계** 또는 $A_r'$변태라고 한다. 따라서 담금질이란 제1단계변태만 하고, 제2단계변태를 저지하는 조작임을 알 수 있다.

C가 고용된 $\gamma$-Fe $\xrightarrow{\text{냉각}}$ C가 고용된 $\alpha$-Fe $\xrightarrow[\text{(확산)}]{\text{냉각}}$ $\alpha$-Fe+$Fe_3C$

(오스테나이트) (마텐자이트) (퍼얼라이트)

제1단계변태(Ar″) 제2단계변태($A_r'$)

이와 같이 급랭에 의하여 오스테나이트로부터 퍼얼라이트 변태 도중에 얻어지는 중간 조직을 **담금질조직**이라 하며, 표준조직의 것에 비하여 경도가 높고 강도가 큰 반면에 그 질이 여리다. 이와 같이 변태점 이상에서 급랭함으로써 재료를 경화하는 작업이 담금질 조작이며, 또한 재료가 담금질에 의해 경화되는 성질을 **담금질성**(경화능, hardenability)이라 한다.

## 2. 냉각속도와 변태점의 강하

강을 담금질할 때에 변태점이 저하되며, 그 강하 정도는 냉각속도(cooling rate)에 따라 증가한다.

변태점 강하를 측정하는 방법은 여러 가지가 있으나 가장 많이 사용되는 것은 팽창과 수축의 측정에 의한 것이다. 이 방법에 의하면 순철의 $A_{r3}$변태는 서냉시켰을 때 900℃에서 일어나며, 0.26%의 선팽창을 일으킨다.

그러나 강의 $\gamma$고용체는 순철의 $\gamma$철과는 달리, 탄소를 고용하고 있으므로 공간격자와 약간 팽창되어 있다. 그러므로, 이것이 $\alpha$고용체로 변할 경우에는 순철의 경우와 같은 큰 팽창은 없으나, 그래도 상당량 팽창하게 된다.

그림 4.2는 0.85% 탄소강(대체로 공석강으로 생각함)을 가열한 후 냉각속도를 여러 가지로 다르게 하였을 때의 길이의 팽창 · 수축을 측정한 것으로서, 그림 (a)는 노냉, (b)는 공냉, (c)는 900℃에서의 유냉, (d)는 950℃에서 수냉하였을 때의 길이 변화를 나타낸 것이다.

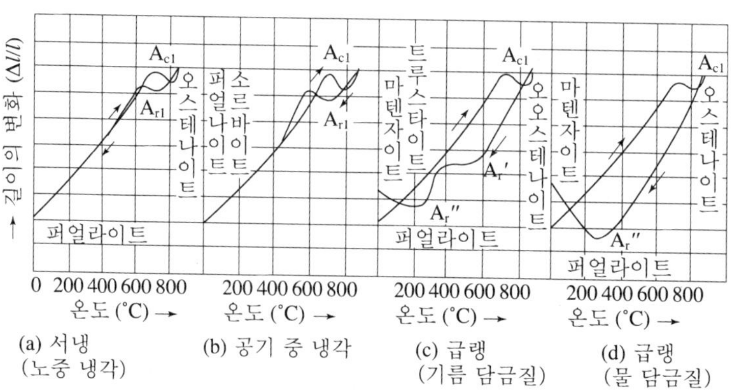


**그림 4.2** 강의 가열 냉각시의 길이 변화

그림 (a)는 서냉한 경우로서, 약 700℃에서의 시료의 팽창은 보통 $A_{r1}$변태가 일어난 것을 나타내며, 이때 생기는 조직은 퍼얼라이트이다. (b)는 공기 중 냉각으로 (a)에 비하여 냉각속도가 빨라서 변태점은 약 600℃ 정도로 다소 떨어졌다. 이때의 조직은 소르바이트가 생긴다. (c)는 길이의 변화가 두 군데서 일어났음을 알 수 있는데, 제1의 변화는 550℃ 부근에서 일어나며, 이것은 오스테나이트로부터 트루스타이트(troostiet)가 생기는 변화로서 $A_r'$변태라고 한다. 제2의 변화는 250℃ 부근에서 일어나는데, 이것은 오스테나이트로부터 마텐자이트가 생기는 변화로서, $A_r''$(또는 Ms)변태라 한다. 이때 생기는 조직은 마텐자이트와 트루스타이트가 혼합된 조직이다. (d)는 냉각속도가 가장 빠른 경우로서, 그림 (c)의 경우와는 달리 2단의 변화가 없이 약 250℃까지 변태점이 강하되어 있다. 즉, $A_r'$변태는 나타나지 않고, $A_r''$변태만 존재하며, 곡선은 아직 팽창하는 도중에 온도가 상온에 도달하였으므로 일부는 마텐자이트로 변화하고 나머지는 잔류 오스테나이트로 나타난다.

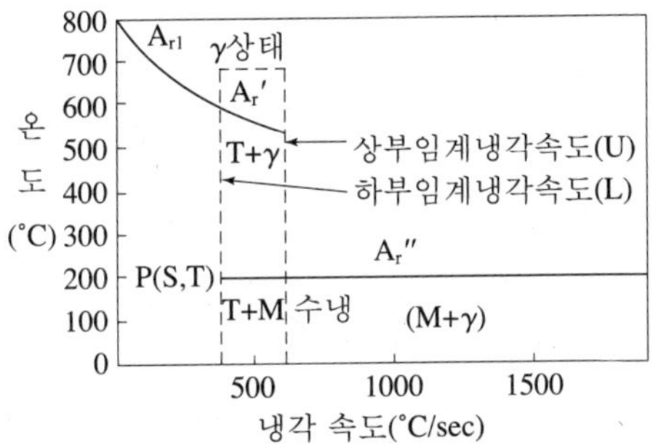


γ:오스테나이트 M:마텐자이트
T:트루스자이트 P:퍼얼라이트

**그림 4.3** 강의 임계냉각속도

냉각속도의 변화에 따라 변태점이 강하하는 상황은 그림 4.3에 의해서도 설명할 수 있다. 이 그림은 세로축에 변태온도, 그리고 가로축에 냉각속도를 나타낸 것으로서 냉각속도가 증가함에 따라서 $A_{r1}$변태점은 점차 강하하여 $A_r'$변태만이 일어난다. 냉각속도가 L로부터 U로 증가하는 중간에서는 $A_r'$와 $A_r''$의 2단의 변화가 일어나므로 조직은 트루스타이트와 마텐자이트가 공존하게 되며, 다시 U 이상으로 증가하면, $A_r'$변태는 일어나지 않고 $A_r''$변태만이 일어나서 마텐자이트와 오스테나이트의 혼합조직으로 된다.

또 그림 4.3에서 알 수 있는 바와 같이 냉각속도가 U 이상으로 되면 아무리 빠른 속도로 냉각하여도 $A_r''$변태온도는 항상 일정하게 된다. U에 해당하는 냉각속도가 **상부 임계냉각속도**(upper critical cooling rate)이며, L에 해당하는 냉각속도가 **하부 임계냉각속도**(lower critical cooling rate)이다.

## 3. 담금질 조직

강의 담금질 조직(quenching structure)은 냉각속도에 따라 오스테나이트, 마텐자이트, 트루스타이트, 소르바이트의 4종으로 표시한다.

그림 4.4는 강의 냉각에 따른 조직 변화를 보여 준다.

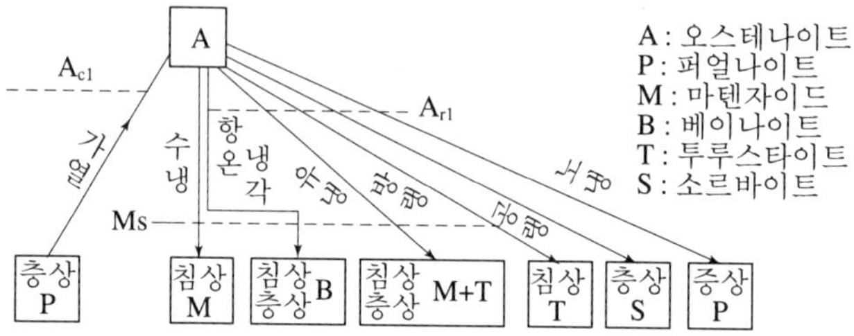


**그림 4.4** 강의 냉각에 따른 조직 변화

### 1) 오스테나이트

상온에서는 $\gamma$고용체 상태의 강을 급랭시켜 $A_{r1}$변태를 완전히 저지하였을 때 얻어지는 다각형 조직으로 보통 탄소강에서는 아무리 빠른 속도로 급랭시켜도 100%의 이 조직을 얻을 수는 없으며 마텐자이트 중에 혼재한다. 그러나 특수강에서는 담금질 효과가 좋으므로 모두 오스테나이트로 만들 수도 있다.

오스테나이트는 담금질 조직의 일종이나 탄소강에 있어서는 상온에서 불안정하여 가열하면 분해되어 마텐자이트로 변화한다. 또 오스테나이트는 비자성체로 전기저항이 크며, 경도는 낮으나 인장강도에 비하여 연신율이 크다.

### 2) 마텐자이트

마텐자이트는 $\alpha$철 중에 탄소가 과포화되어 있는 $\alpha$고용체이다. 강을 $A_{c1}$점 이상의 온도에서 수중에 담금질하면 대부분이 마텐자이트가 된다. 이것은 침상조직(acicalar structure)으로서 부식저항이 크고 경도와 인장강도는 대단히 크나, 여린 성질이 있고 연성이 적다. 브리넬 경도는 600~700 정도이며 강자성체이고, 비중은 오스테나이트, 퍼얼라이트보다 적고, 비체적은 오스테나이트, 퍼얼라이트보다 크다.

이 마텐자이트에는 $\alpha$마텐자이트와 $\beta$마텐자이트의 2가지가 있는데, $\alpha$마텐자이트는 과포화하게 고용한 준안정의 체심정방정이며, $\beta$마텐자이트는 체심입방격자로 되어 있다. 이와 같이 마텐자이트는 핵의 생성이나 성장에 의한 변태가 아니고, 성분의 확산에 의한 변태생성물인 것이다.

### 3) 트루스타이트

이 조직은 마텐자이트 조직보다 냉각속도를 조금 느리게 하였을 때 나타난다. 즉, 기름이나 온탕 중에서 급랭하든가 또는 큰 강재를 수중 담금질할 경우 재료 중앙 부분에 잘 나타난다. 한편 마텐자이트는 조직을 약 400℃에서 뜨임(tempering) 처리를 하여도 나타난다.

또한 마텐자이트 중의 $\alpha$철에 고용되었던 탄소가 확산을 하여 미립의 시멘타이트를 석출시키는데, 이때 $\alpha$철에 미립의 시멘타이트가 혼합되어 그대로 남아 있다. 트루스타이트의 경도와 인장강도는 마텐자이트보다 다소 작으나, 인성과 연성이 다소 있어 큰 경도와 약간의 충격값을 요하는 부분에 많이 쓰인다.

### 4) 소르바이트

이 조직은 트루스타이트보다도 더 냉각속도를 느리게 할 경우 나타난다. 즉, 큰 강재를 기름 중에서 냉각할 때, 작은 강재는 공기 중에서 냉각할 경우에 나타난다. 한편 마텐자이트 조직을 600℃의 고온뜨임할 경우에도 나타난다.

이 조직을 얻기 위한 열처리로는 파아텐팅, 오스템퍼링(austempering) 등이 있다. 소르바이트의 경도와 강도는 트루스타이트보다 작으나 인성과 탄성을 동시에 요하는 와이어 로프나 피아노선 등에 많이 사용된다. 소르바이트는 트루스타이트 경우보다 큰 입상 시멘타이트가 $\alpha$철 중에 혼합된 것이다.

위와 같이 담금질 조직 중 트루스타이트와 소르바이트는 퍼얼라이트와 같이 $A_{r1}$변태를 완료한 상태의 조직으로서 페라이트와 시멘타이트의 혼합조직임을 알 수 있다. 그리고 이들 3조직의 차이점은 혼합되어 있는 시멘타이트의 응집상태인 것으로, 그 응집상태는 트루스타이트가 가장 미세하고 다음이 소르바이트, 그리고 퍼얼라이트가 가장 조대하다.

## 4. 담금질 액과 담금질 온도

담금질 효과는 냉각속도에 영향을 받게 되며, 냉각제(coolant)와 밀접한 관계가 있다. 냉각액이 열처리때에 열을 빼앗는 속도는 액체의 비열, 열전도도, 점성 및 휘발성에 따르고, 그 능력은 온도에 따라 다르다.

보통 물과 기름이 많이 사용되며 기타 소금물, 비눗물 및 용융염 등이 사용된다. 기름으로는 식물성이 좋고, 또한 기름은 120℃까지 상승하여도 열처리 효과의 변화가 적으나, 물은 40℃ 이상 되면 냉각효과의 변화가 크다.

보통 물보다 냉각능력이 큰 것은 소금물(식염수), NaOH용액, $H_2SO_4$ 등이 있고, 물보다 냉각능력이 적은 것은 각종 기름이나 비눗물 등이 있다. 대체로 냉각제의 냉각능력은 교반할수록 커진다(표 4.1 참조).

**표 4.1** 냉각능의 변화

| 젓는 정도 | 기 름 | 물 | 소 금 물 |
|---|---|---|---|
| 젓지 않을 때 | 0.15~0.25 | 0.9~1.0 | 2 |
| 약하게 | 0.25~0.35 | 1.0~1.1 | 2.0~2.2 |
| 중간 정도 | 0.35~0.4 | 1.2~1.3 | – |
| 충분히 | 0.40~0.4 | 1.4~1.5 | – |
| 세게 | 0.5~0.8 | 1.6~2.0 | – |
| 아주 세게 | 0.8~1.1 | 4.0 | 5.0 |

일반적으로 담금질의 목적은 가급적 경도를 높이는데 있으므로 탄소량에 따라서 적당한 담금질 온도로 선택하여야 한다.

그림 4.5는 탄소강의 탄소함유량과 담금질 온도의 관계를 나타낸 것이다. 담금질 온도가 너무 낮으면 균일한 오스테나이트를 얻기 어려우며 또한 담금질 온도가 너무 높으면 과열로 인하여 재질의 변화하게 되어 담금질 효과가 적어진다.

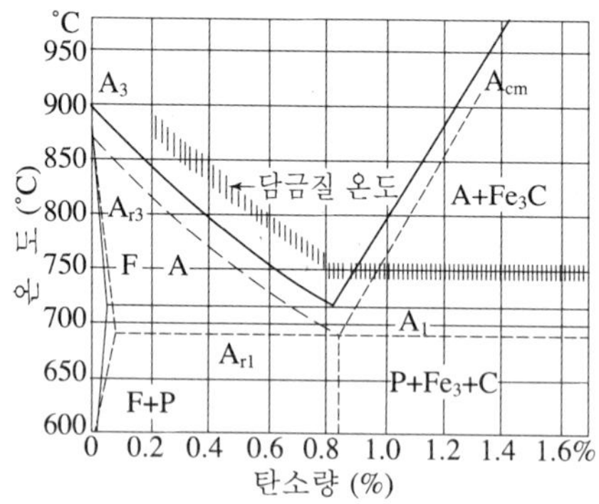


**그림 4.5** 강의 담금질 온도

따라서 담금질온도는 $A_{321}$변태점(아공석강 $A_3$점 이상, 과공석강 $A_1$, $A_{cm}$점 이상)보다도 30~50℃ 정도 높은 온도에서 가열하는 것이 좋다.

한편 담금질온도는 열처리한 물건의 크기와 관계가 있어 큰 물건은 냉각속도가 느리게 되므로 다소 높은 온도로 가열하여, 수중 또는 유중에 담금질하는 것이 좋다.

## 5. 담금질 균열과 그 방지법

재료를 경화하기 위하여 급랭하면 재료 내외의 온도차에 의한 열응력과 오스테나이트에서 마텐자이트로 Ar″변태할 때 생기는 팽창 때문에 변태응력이 발생한다. 담금질 작업을 할 때에는 이 양자가 합성하여 복잡한 내부응력이 급격히 발생하여 내부변형 또는 균열이 일어난다.

이와 같이 담금질할 때에 자주 생기는 갈라진 금을 **담금질 균열**(quenching crack)이라 한다. 담금질 균열은 강의 두께가 갑자기 변화하는 부분 또는 구멍이 뚫린 부분 등에서 특히 발생하기 쉽다. 담금질 균열을 방지하기 위해서는 다음 사항을 주의하면 된다.

(가) 급격한 냉각을 피하고, 무리없이 일정한 냉각속도로 냉각하여야 한다.
(나) 가능한 한 수냉을 피하고 유냉을 하여야 한다.
(다) 유냉을 해서 충분한 담금질 효과를 가져 올 수 있는 특수 원소가 포함되어 있는 재료를 선택한다.
(라) 부분적인 온도차를 적게 하기 위하여 부분 단면을 일정하게 한다.
(마) 재료면의 스케일(흑피)을 완전 제거하여 담금질 액이 잘 접촉하게 한다.
(바) 설계시 부품에 될 수 있는 대로 직각 부분을 적게 한다.
(사) 조립강은 세립강보다도 담금질 균열이나 변형이 잘 일어나므로 담금질 온도를 필요 이상으로 올려 결정입자를 성장하게 해서는 안 되며, 열응력을 증대시켜서도 안 된다.
(아) 길고 얇은 강편은 고온 가열 및 냉각시 변형되지 않게 패킹(packing)을 한다.
(자) 탄소함유량이 0.5% 이상의 강은 담금질에 의하여 오스테나이트가 남게 된다. 오스테나이트의 잔류는 탄소함유량이 높으며 합금원소가 많고, 담금질 온도가 높고 결정입자가 굵을수록 그 양이 증가한다. 이와 같이 담금질 후에 잔류 오스테나이트가 있을 때에는 시효변형을 일으킬 수 있으므로, 담금질 후 오랜 시간의 심랭처리(sub-zero treatment)를 하여 잔류 오스테나이트를 완전히 마텐자이트로 변태시켜야 한다.

## 6. 질량효과와 경화능

**질량효과**(mass effect)란 재료를 담금질할 때, 질량이 작은 재료는 내외부에 온도차가 없으나, 질량이 큰 재료는 열의 전도에 시간이 소요되어 내외부에 온도차가 생겨 외부는 경화가 되어도 내부는 경화되지 않는 현상이 일어난다. 따라서 내외부에 열처리 효과가 다르게 나타나며, 질량이 큰 재료일수록 담금질 효과가 감소하고, 질량이 작은 재료일수록 그 효과가 증가한다.

**강의 경화능**(hardenability)은 급랭 경화의 깊이로서 나타낸다. 이것을 **담금질성**이라고 한다. 그로스만(Grossman)에 의하면 50%의 마텐자이트에 상당하는 경계를 가지고 경화의 깊이, 즉 담금질성을 나타낸다. 이 경계는 부식에 의해서도 명확하고, 또 경도도 급변하는 점이기 때문에 알기 쉽다. 경화의 깊이는 강의 탄소함유량 이외에, 합금 원소 및 오스테나이트의 결정입도에 의해서 변화한다. 경화깊이는 $D_1$(inch) 기호로서 표시한다. $D_1$란 중심축까지 담금질 효과가 생기는 최대지름 (in)을 말하며, $D_1$가 클수록 담금질성이 좋다.

담금질성을 향상시키는 합금 원소는 B, Mn, Mo, Cr 등이고, Ni나 Si는 별로 효과가 없다. 또한 결정입도는 조대한 것이 담금질성을 향상시키는 성질을 지니고 있으므로 입도번호가 작은 것일수록 담금질성이 우수하다.

질량효과와 경화능은 상반하는 성질로서 질량효과가 작으면 경화능은 크다. 즉, 경화하기 쉽다.

미국에서는 SAE(Society of Automotive Engineers)와 AISI(American Iron and Steel Institute)의 협동으로 강철의 종류에 대하여 **조미니시험**(Jominy test)에 의한 담금질 특성 곡선의 상한과 하한을 정하고, 이것을 **경화능대**(hardenability band) 또는 **하드밴드**(H-band)라고 한다.

이 H-band를 이용하면 제품에 대한 경화 작업을 결정하고, 또는 열처리할 강재의 합리적인 설계를 할 수 있다. 그림 4.6에 H-band의 상한과 하한을 그렸다. 경화능을 측정하는 간단한 방법의 하나는 적당한 시편을 경화시키고, 그 대표될 만한 단면을 잘라서 그 단면의 직경에 따라 경도를 측정한다. 경도의 측정은 지름 위에 일정한 간격을 두고 측정한다.

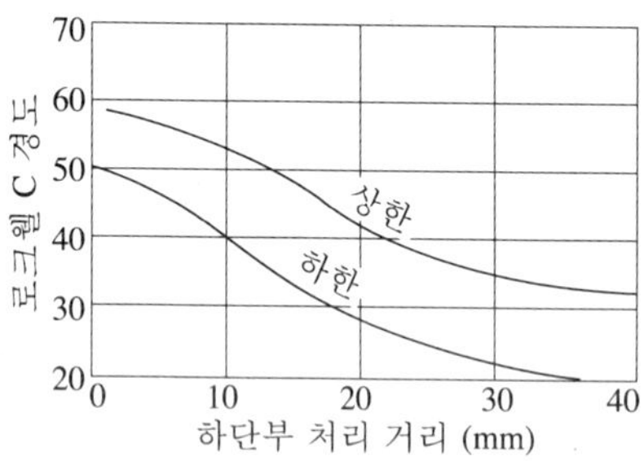


**그림 4.6** H-band 상한과 하한

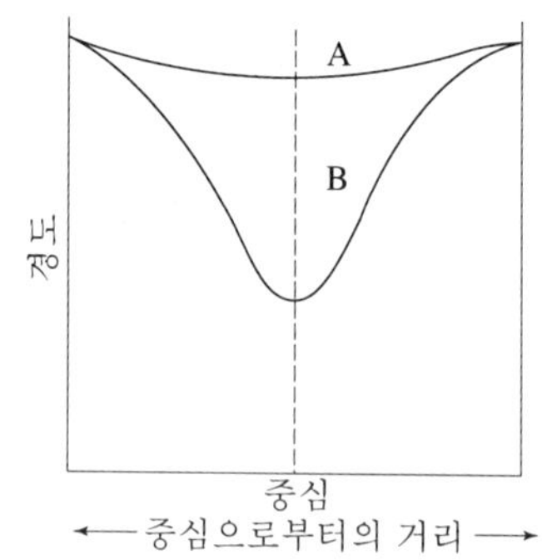


**그림 4.7** 경도의 측정 곡선

그림 4.7은 이와 같이 해서 얻은 대표적인 두 곡선을 나타낸 것이며, A는 경화능이 B보다 크다는 것을 알 수 있을 것이다.

조미니 경화능시험방법(Jominy end-quench test)이 보통 경화능의 측정에 사용되고 있다.

이 시험에 사용되는 시편은 지름 1 in, 길이 4 in이며, 시편은 먼저 적당한 담금질 온도로 가열한 다음 담금질하려는 끝을 찬물이 나오는 파이프에서 1/2 in 떨어지도록 장치한다.

이 파이프는 1/2 in의 구멍이 있고, 물의 압력은 시편이 없을 때에 물이 1/2 in 높이까지 뿜어올라오도록 조절한다. 충분히 가열된 시편은 이 장치로 급랭하여 경화한 다음 그 시편의 한쪽을 깊이 약 0.015 in 만큼 평평하게 연마하고, 그 경화한 끝에서부터 1/16인치 간격을 두고 로크웰 경도계의 C 스케일(scale)을 읽어 간다. 담금질한 시편의 맨 끝은 냉각속도가 가장 빠르고, 끝에서 멀어질수록 점점 적어지는 것이다.

그림 4.8은 조미니 시험장치를 그렸고, 그림 4.9는 어떤 합금강에 대한 방법으로 얻은 숫자를 도표화한 것이다.

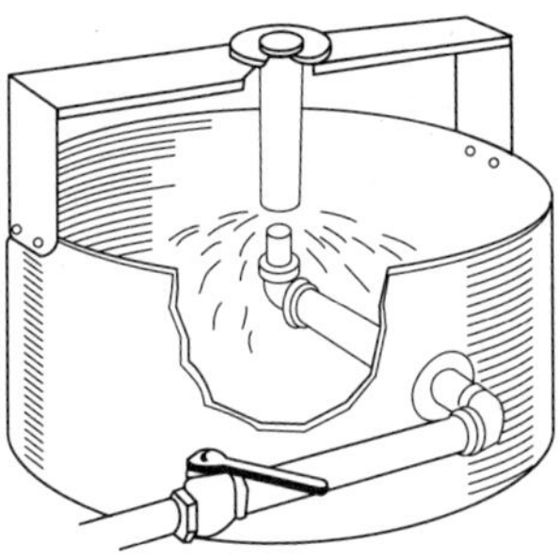

**그림 4.8** 조미니 시험장치

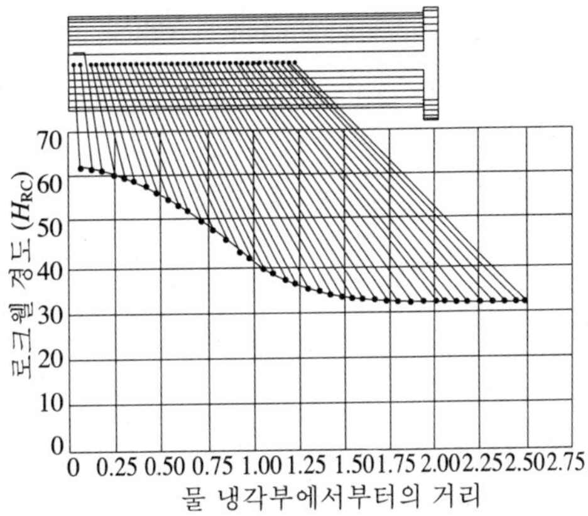


**그림 4.9** 경화능 곡선의 예

## 4.3 뜨임

담금질한 강의 경도는 크나 그 반면에 여림이 있다. 따라서 경도만 크면 어느 정도 여린 성질이 있어도 지장이 없는 줄, 칼, 면도날 등은 그대로 사용된다. 그러나 경도가 다소 낮아지더라도 인성이 필요한 기계 부품에는 담금질한 강을 다시 가열하여 인성을 증가시킨다. 이와 같이 담금질한 강을 적당한 온도로 $A_1$변태점 이하에서 재가열하여 인성을 증가시키는 열적 조작을 **뜨임**(소려, tempering)**처리**라 한다.

뜨임을 하면 담금질할 때 생긴 내부응력(열응력이나 변태응력)이 감소 또는 제거되고 불안정한 조직이 온도에 따라 비교적 균일하게 안정된 조직으로 변한다. 즉 뜨임의 목적은 담금질한 강을 강인화하는 데 있고, 이것은 뜨임온도에 따라서 **저온뜨임**과 **고온뜨임**으로 크게 나뉜다.

칼날이나 공구 등과 같이 담금질한 후 경도가 매우 높아야 하는 것에는 고탄소강을 사용하여야 하며, 뜨임 온도는 200℃ 이내의 저온뜨임을 행하여 담금질 경화로 생긴 변태응력을 제거하고, 구조용강은 조직을 소르바이트화해서 탄성과 인성이 풍부한 재료로 해야 하므로 500~600℃의 고온뜨임을 실시한다.

## 1. 뜨임에 의한 조직의 변화

담금질한 강을 재가열하면 마텐자이트는 다음과 같은 변화가 생긴다.

M(martensite) → T(troostite) → S(sorbite) → P(pearlite)

뜨임은 대개 트루스타이트까지이며, 경우에 따라서는 소르바이트까지 할 때도 있다. 소르바이트 정도로 뜨임하는 것을 인화(toughing)라고도 한다. 또한, 뜨임은 유욕(oil-bath) 또는 염욕(salt bath) 중에 수 십 분 또는 여러 시간 동안 접어 넣어 처리한다.

보통 강을 담금질한 후 뜨임하면 뜨임온도의 상승에 따라 다음과 같은 변화가 일어난다.

(1) 100~200℃에서 저온뜨임하면 담금질에서 생긴 체심정방정의 $\alpha$마텐자이트가 분해되어 체심입방정의 $\beta$마텐자이트로 변한다. 따라서 페라이트 중에 과포화되어 있던 탄소나 탄화물이 석출하고, 좀더 높은 온도인 240℃에서 뜨임하면 마텐자이트 중에 고용되었던 탄소가 전부 석출된다. 그러나 잔류 오스테나이트는 변화하지 않고 그대로 남아 있다. 240℃까지는 뜨임에 의한 담금질 경도는 많이 변화하지 않으나, 뜨임온도가 250℃를 넘으면 그 경도가 감소하게 된다.

(2) 뜨임온도가 240℃ 이상이 되면 잔류 오스테나이트는 파괴되어 마텐자이트로 변하고, 강 중에 고용되어 있던 탄화물의 대부분이 석출된다.

즉, 250℃ 부근에서부터 석출한 탄화물이 응집되어 트루스타이트로 변화하기 시작하여 350℃ 부근에서 끝난다. $\beta$마텐자이트는 300℃ 부근에서부터 트루스타이트로 변화하기 시작하여 400℃ 부근에서 변태를 끝낸다.

(3) 뜨임온도가 400℃를 넘으면 트루스타이트로부터 미세한 조직의 소르바이트가 나타나고, 600℃ 부근에서 변화를 끝낸다. 600℃ 이상이 되면 강 중의 탄화물이 절단된 후 구상화된다.

뜨임조직 중에서 400℃로 뜨임한 것은 가장 부식되기 쉬운데, 이 조직을 특히 오스몬다이트(osmondite)라 한다. 이것은 일종의 뜨임 트루스타이트이다.

## 2. 뜨임색에 의한 뜨임온도의 결정

담금질한 강의 표면을 깨끗이 닦고, 산화성 분위기에서 뜨임하면 뜨임온도와 시간에 따라 그 표면에 여러 가지 색깔이 나타난다. 이것을 뜨임색(temper colour)이라고 한다.

뜨임색은 가열로 인하여 강의 표면에 생긴 얇은 산화피막에 빛이 작용하여 생기는 간접색으로서 산화피막의 두께에 따라서 각각 다르게 나타난다. 산화피막의 두께는 가열온도가 높을수록, 또는 가열시간이 길수록 두꺼워진다.

표 4.2는 탄소강의 뜨임색과 뜨임온도의 관계를 나타낸 것이다. 뜨임온도가 일정하여도 가열 시간이 길면, 점차 고온의 색을 나타내기 쉬우므로 주의하여야 한다.

**표 4.2** 강의 뜨임온도와 뜨임색

| 온 도(℃) | 뜨 임 색 | 사용되는 탄소강공구 |
|---|---|---|
| 220 | 엷 은 황 색 | Hammer, 선반용 인물 |
| 230 | 황 색 | 수공용 인물, 선반용 인물 |
| 240 | 어 두 운 황 색 | Reamer |
| 255 | 황 갈 색 | 단조용 공구 |
| 265 | 적 갈 색 | Drill, Round tile |
| 275 | 자 색 | 목공구 |
| 285 | 자 청 색 | 충격을 받는 각종 공구 |
| 295 | 청 색 | 목공톱 |
| 310 | 엷 은 청 색 | 충격을 받는 기계부품 |
| 325 | 회 색 | 일반 기계품 |

### 3. 뜨임에 의한 성질의 변화

담금질한 강을 뜨임하면 온도의 상승에 따라서 그 조직이 점차 안정한 상태로 변화하고, 동시에 담금질할 때에 생긴 내부의 변형(또는 응력)도 제거되므로 경도, 인장강도, 항복점 등은 낮아지고, 인성 및 연성은 증가한다. 그러나 때에 따라서는 충격값이 연화와 더불어 증가하지 않고, 반대로 저하될 때가 있다. 이것은 **뜨임여림**(temper brittleness)이라고 한다.

뜨임여림에는 다음과 같은 3종류가 있으며, 이것들 중에서 가장 주의하여야 할 것은 300℃ 여림이다.

#### 1) 저온뜨임여림(300℃ brittleness ; 250～300℃)

180～200℃의 온도범위에서의 뜨임에서는 충격값이 증가하지만 250～300℃ 부근에서는 충격값의 최소값이 나타난다. 0.2～0.4% 정도의 구조용 합금강에서 많이 볼 수 있다.

#### 2) 뜨임시효여림(제1차 뜨임여림 ; 450～525℃)

500℃ 부근의 온도에서 뜨임을 하면 뜨임시간이 길어짐에 따라 충격값이 현저한 저하를 나타내는 경우가 많다. 따라서 구조용강은 이 온도에서 뜨임하는 것을 피해야 할 것이다. 이 여림의 원인은 담금질 전의 오스테나이트 결정 경계에 탄화물, 인화물 또는 질화물이 석출하는데 기인한다고 생각된다. 이 여림을 방지하기 위해서는 Mo을 첨가하는 것이 효과가 있다.

#### 3) 고온뜨임여림(제2차 뜨임여림 ; 525～600℃)

525～600℃ 온도범위에서 가열한 후 공랭시키면 취약해진다. 이것을 **뜨임서냉여림**이라고

도한다. 이것도 서냉에 의한 탄화물 등이 석출하기 때문이며, 방지책으로는 Mo을 첨가하는 것이 효과적이다.

합금원소의 양이 많은 합금강 또는 고속도강과 같이 한 번의 뜨임으로는 뜨임효과가 충분하지 않을 경우에는 뜨임을 수차 반복하는 것이 좋다. 또한 스프링강과 같은 것은 강인성을 주기 위해서 담금질한 후 400~500℃의 온도에 뜨임해 준다.

이와 같이 담금질과 뜨임을 합쳐서 **조질**(improvement by the heat treatment)이라고 하며, 강은 조질처리에 의해서 비로서 본래의 특성을 발휘한다. 상온가공한 강, 예를 들면 피아노선 등의 탄성한계(elastic limit)를 향상시키기 위해 250~370℃로 가열하는 작업을 **블루잉**(bluing)이라 한다.

즉, 소성변형을 받은 강을 이 온도로 가열하면 시효경화의 현상이 가장 빨리, 그리고 유효하게 일어나기 때문에 인장강도, 탄성한계, 경도, 피로한계 등이 증가하게 된다. 이와 같은 가열을 할 때 강은 그 표면에 청색의 산화피막이 생기는데, 이 때문에 블루잉이라는 이름이 나온 것이다. 특히, 탄성한계만을 높일 때에는 200~250℃, 피로한계를 높일 때에는 300~375℃의 블루잉이 적당하다.

그림 4.10의 (a)는 0.45% 탄소강, 그리고 (b)는 Cr-Mo 강에 대한 뜨임온도와 기계적 성질의 관계를 나타낸 것이다.

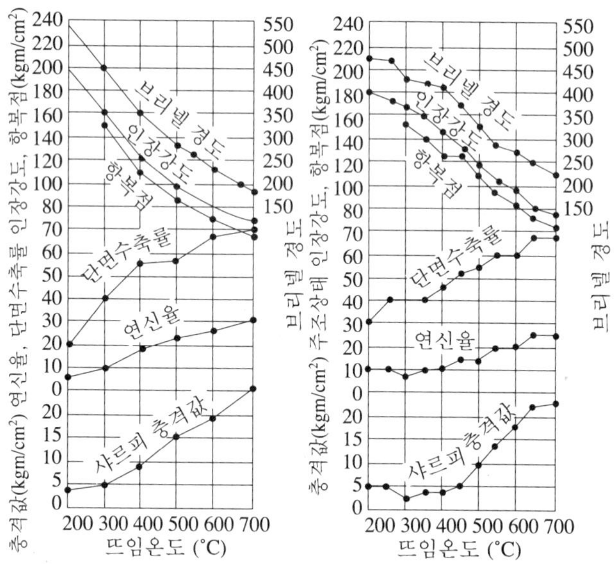


(a) 0.45% 탄소강 (b) Cr-Mo 강

**그림 4.10** 뜨임온도와 기계적 성질의 변화

### 4. 심랭처리

담금질된 강의 경도를 증기시키고, **시효변형**을 방지하기 위한 목적으로 이 0℃ 이하의 온도에서 처리하는 것을 **심랭처리**(초저온 처리 : sub-zero treatment)라 한다.

$M_f$(마텐자이트 조직으로 변화가 끝나는 온도)가 상온 이하의 재료에서는 상온에서 담금질하여도 상당히 많은 잔류 오스테나이트가 잔존하게 된다. 이것은 $M_f$점 이하의 저온까지 냉각하면 잔류 오스테나이트는 마텐자이트화하기 때문에 경도가 증가되고, 시효변형이 방지될 수 있다.

심랭처리는 담금질 직후 -80℃ 정도에서 실시하는 것이 좋으며, 이 심랭처리가 끝나면 곧이어 뜨임작업을 한다. 담금질 후에 많은 시간이 경과하면 잔류 오스테나이트가 안정화되어 그 이후의 심랭처리로는 마텐자이트화가 곤란하게 된다.

**표 4.3** 각종 심랭처리용 냉각제

| 냉 각 제 | 온 도(℃) | 냉 각 제 | 온 도(℃) |
|---|---|---|---|
| 소금 24.8%+얼음 75.2% | -21.3 | 액 체 산 소 | -183 |
| 에테르+드라이아이스 | -78 | 액 체 질 소 | -196 |
| 암모니아가스 | 0~-50 | 액 체 헬 륨 | -270 |

심랭처리하면 공구강의 경도를 증가시키고 성능을 향상시킬 수 있으며, 게이지 또는 베어링 등의 정밀 기계 부품의 조직을 안정하게 하여 시효에 의한 형상 및 치수의 변화를 방지하며, 또 특수 침탄강의 침탄층을 완전히 마텐자이트로 변화시켜 표면경화의 목적을 달성하게 하고, 스테인리스강에 우수한 기계적 성질을 주는 등, 그 응용 범위가 매우 넓다.

표 4.3은 각종 심랭처리용 냉각제이다.

## 4.4 불 림

불림(소준, normalizing)의 목적은 가공의 영향을 제거하고 결정입자를 미세하게 하며, 그 기계적 성질을 향상시켜 강을 표준상태로 하기 위함이다. 이렇게 얻은 조직을 불림조직(normal structure)이라고 하나, 표준조직과는 조금 틀린다는 것을 알아야 한다.

재료가 두꺼운 것일수록 불림조직과 표준조직은 비슷하나, 얇은 것이나 특수강 같은 것은 매우 다르다.

열처리 방법은 재료를 그림 4.11과 같이 $A_{321}$(GS 선)이나 $A_{cm}$(ES 선)보다도 30~50℃ 높은 온도의 오스테나이트로 가열한 후 불꽃색(화색)이 없어질 때까지 공기 중에서 냉각하고 그 이후는 더 서냉하면 된다.

불림처리한 강의 성질은 결정입자와 조직이 미세하게 되어 경도, 강도가 크게 증가하고, 연신율과 인성도 다소 증가한다.

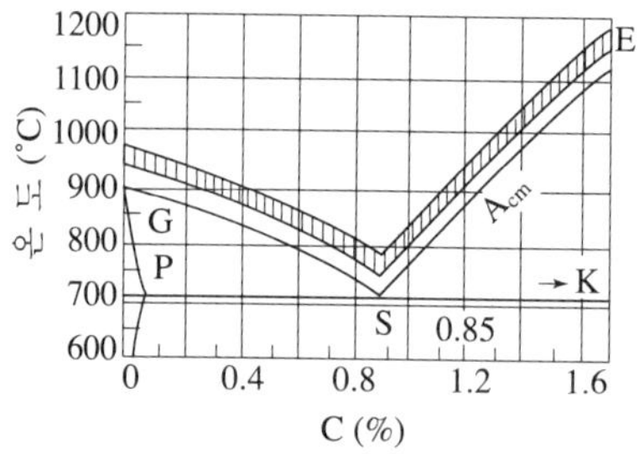


**그림 4.11** 강의 불림온도

고온으로 오랜 시간 동안 유지된 강주물이나 압연재는 오스테나이트가 크게 성장되어서 조직이 거칠고 불균일하며, 이것이 변태할 때도 역시 거친 $\alpha$와 시멘타이트로 분해하게 된다.

그러므로, 아공석강에 있어서는 $\alpha$가 거칠게 발달하며, 그 내부에는 초석 $\alpha$가 판상으로 발달한 비트만시태텐 조직(widmanstätten structure)을 만들 수 있다. 또한 공석강은 거친 펴얼라이트로 되고, 과공석강에 있어서는 시멘타이트가 크게 발달 한다.

이런 상태의 강은 기계적 성질이 좋지 못하게 된다.

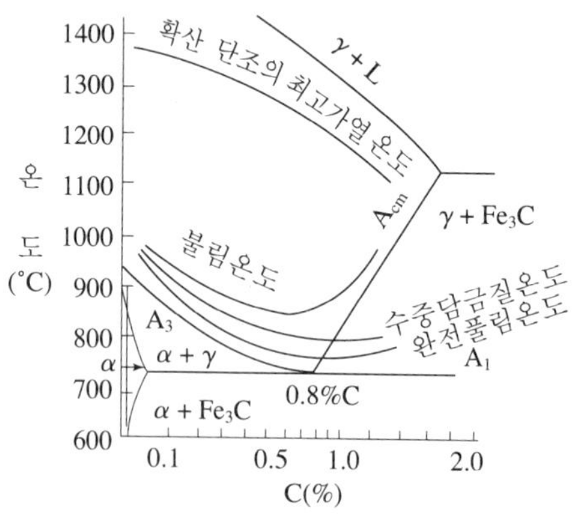


**그림 4.12** 탄소강의 풀림온도와 각종 열처리온도

# 4.5 풀 림

단조 작업한 강재는 고온에서 가공되므로 그 조직이 불균일하고 거칠다. 이와 같이 조직을 균일하게 조절하고 단조, 주조, 기계 가공에서 생긴 내부응력의 제거, 열처리로 인하여 경화된 재료 및 가공 경화된 재료의 연화 등을 위해서 강재를 적당한 온도로 가열하여 일정한 시간 동안 유지시킨 후, 노 안에서 서서히 냉각시키는 처리를 풀림(소둔, annealing)이라고 한다.

풀림온도는 아공석강에서는 $A_{321}$보다 30℃가량 또는 과공석강에서는 $A_1$보다 30℃가량 높다. 소정의 풀림온도를 넘거나 풀림시간이 너무 길면 과도 풀림(super annealing)이 되고, 조직이 거칠어져 재질이 불량하게 된다. 풀림시간은 25mm 각에 30분 정도가 적당하다. 보통강은 500℃ 정도일 때로 밖에서 공랭하여도 상관없다.

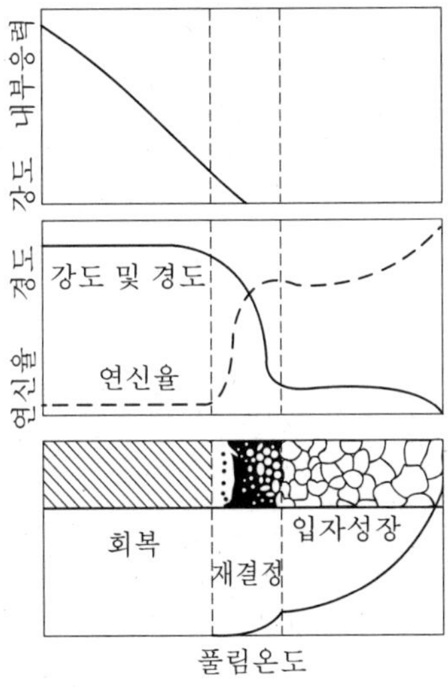


**그림 4.13** 풀림온도와 기계적 성질 및 조직

## 1. 풀림의 목적과 풀림 후 성질의 변화

### 1) 풀림의 목적

(가) 기계적 성질의 개선

(나) 피절삭성의 개선

(다) 인성의 향상(특히 상온 가공 후)

(라) 재료의 불균일의 제거

(마) 조직을 개선하고, 담금질 효과를 향상

(바) 내부응력의 제거

### 2) 풀림과 성질의 변화

그림 4.13은 냉간가공된 재료의 풀림온도와 성질 변화의 관계를 나타낸 것으로서, 풀림된 재료의 성질과 조직은 풀림온도의 영향을 받고 있는 것을 알 수 있다.

(가) 내부응력은 재결정온도까지 감소한다.

(나) 강도와 경도는 재결정온도까지 급격히 감소한다.

(다) 연신율과 단면수축률은 재결정온도까지 증가한다.

(라) 결정입도는 풀림온도 상승과 결정의 회복, 재결정, 결정의 입자 성장이 생긴다.

## 2. 풀림의 종류

풀림에는 저온풀림과 고온풀림이 있다. **저온풀림**이란, $A_1$변태점 이하에서 실시하는 것으로 응력제거풀림, 중간풀림, 재결정풀림이 있고, $A_{321}$변태점 이상에서 실시하는 **고온풀림**으로서는 완전풀림, 확산풀림, 항온풀림이 있으며, 구상화풀림은 변태점 이상, 이하에서 실시하는 경우도 있다.

그림 4.14는 탄소강의 여러 가지 풀림온도를 보여 준다.

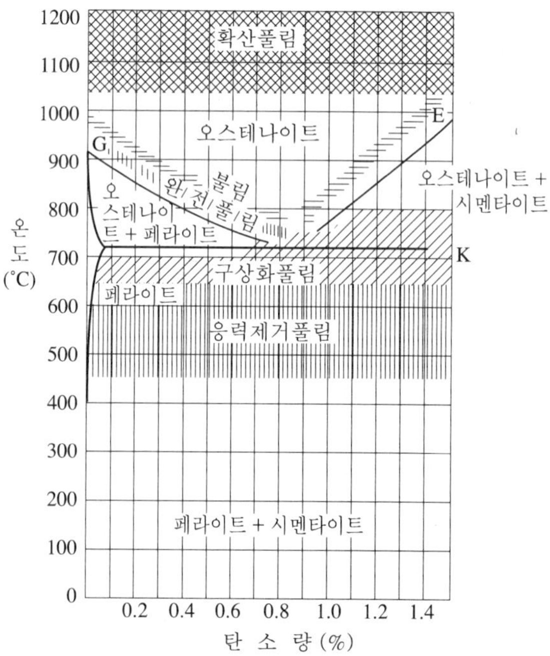


**그림 4.14** 각종 풀림온도의 범위

#### 1) 완전풀림

일반적으로 풀림이라 하면 이 완전풀림(full annealing)을 의미한다. 아공석강은 $A_{321}$보다 30~50℃ 높은 온도, 공석강이나 과공석강은 $A_1$점(723℃)보다 30~50℃ 높은 온도로 가열한 후 충분한 시간 동안 유지한 후 서냉한다.

그러나 저탄소강에서는 풀림보다 오히려 불림처리를 하고, 공구강과 같은 고탄소강에서는 500~550℃ 정도까지는 서냉하는데, 그때 노 안에서 끄집어 내어 공랭하여도 좋다. 500~550℃는 붉은 빛이 없어지는 온도로서, 이와 같이 처음에는 천천히, 다음에는 빨리 냉각하는 냉각방법을 **2단풀림**이라 한다.

서냉방법으로서 노 속(노중), 볏짚의 재 또는 석회 중에서 실시한다.

#### 2) 확산풀림

Fe-C 상태도의 고상선과 액상선의 현저한 온도의 차이에 의하여 잉곳의 결정내에 C, P 및 S의 편석이 존재한다. 따라서 주조한 그대로의 강시편을 파괴해 보면 결정입계로부터 깨어지는 경우가 많다. 그러나 1,050~1,300℃와 같은 고온에서 확산시켜 깨어 보면 파면은 결정입계를 지나지 않고, 입자 안을 지나고 있다.

확산풀림(diffusion annealing)은 특히 황화물의 편석을 없애게 하는 데 효과가 크다. Ni강에 있어서는 망상으로 석출한 황화물은 적열취성의 원인이 된다. 이것을 방지하기 위해서는 1,100~1,150℃에서 확산풀림을 한다. 이러한 확산풀림을 **안정화풀림** 또는 **균질화풀림**이라고도 한다.

#### 3) 응력제거풀림(stress-relief annealing)

재료의 잔류응력을 제거하기 위하여 적당한 온도와 적당한 시간 동안 유지한 후에 냉각하는 작업을 말하며 주조, 단조, 담금질, 뜨임, 불림, 기계가공, 냉간가공 및 용접 등을 한 후에 존재하는 잔류응력을 제거하는 데에 사용한다.

일반적으로 500~600℃로 가열하여 적당한 시간 동안 유지한 후에 서냉한다. 그 이유는 $A_1$점을 넘으면 변태 때문에 응력이 생길 것이며, 응력이 제거되기 시작하는 온도는 450℃부터이므로 적당한 온도는 500~600℃라고 할 수 있다.

응력제거에 의하여 조직상의 변화는 일어나지 않는다 하더라도 제품을 사용하고 있는 동안은 사고가 감소한다. 이 종류의 풀림은 $A_1$변태 이하에서 실시하기 때문에 **저온풀림**이라고도 한다.

#### 4) 중간풀림(process annealing)

이것은 $A_1$변태점 이하에서 실시하므로 **변태점하풀림**(subcritical)이라고도 한다. 압연 또는 신선작업에서 냉간가공 중 경화한 재료를 연화할 목적으로 행하는 풀림이다.

### 5) 재결정풀림

냉간가공한 강재를 가열하면 600℃ 부근에서 먼저 응력이 감소하고 재결정이 일어나는데, 이것을 **재결정풀림**(recrystallization annealing)이라 한다.

### 6) 구상화풀림

시멘타이트는 표준조직에서 펴얼라이트 속에 페라이트와 함께 층상으로 존재하든가, 또 과공석강에서는 결정입계에 망상으로 나타난다. 이와 같이 펴얼라이트 중의 시멘타이트가 층상 또는 망상(net state)으로 존재하면 가공성이 나쁘고, 담금질할 때 변형이나 균열이 생기기 쉬우며, 또 여리고 약하게 된다. 그러나 시멘타이트가 구상 또는 입상으로 되어 있으면 인성 및 가공성이 증가하고, 담금질이 균일하게 되며, 담금질 후에는 공구로서의 수명이 길어진다.

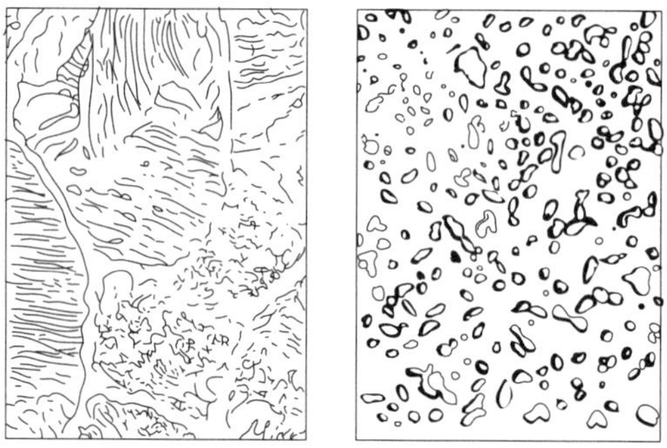

(a) 망상조직　　(b) 구상화조직

**그림 4.15** 1.2% C 과공석강

그림 4.15 (a)는 1.2% C 과공석강의 망상조직이며, (b)는 구상화된 조직을 나타낸 것이다. 따라서 공구강과 같은 고탄소강은 담금질하기 전에 반드시 시멘타이트를 구상화하여야 한다. 이런 목적을 달성하기 위하여 행하는 풀림을 **구상화풀림**(spheroidizing annealing)이라 한다. 여기서 시멘타이트가 구상화한 펴얼라이트를 **구상**(또는 입상) **펴얼라이트** 또는 **스피어러다이트**(spheroidite)라고 한다. 구상화처리에는 다음과 같은 방법들이 있다.

(가) 보통강은 $A_1$점보다 20～30℃ 높은 온도 부근에서, 또 과공석강은 750～850℃에서 한 시간 이내로 가열하여 서서히 냉각한다. 이것을 더 정확히 실험하려면 750～850℃ 정도의 온도에서 760℃까지 매시 15℃ 이하의 속도로 서서히 냉각하면 된다.

(나) $A_1$점 이하의 700℃ 부근에서 수 십 시간 풀림처리를 한다. 이것은 신선이나 압연 같은 심한 가공경화를 받은 강재, 또는 소르바이트와 같은 미세조직의 것을 구상화할 때 적합하다.

(다) $A_{c1}$점과 $A_{r1}$점 사이에서 가열과 냉각을 되풀이한다.

(라) 균일한 오스테나이트에서 마텐자이트를 만들고, 다시 600～700℃에서 뜨임하면 소르바이트 조직으로써 구상화조직이 된다.

(마) 항온변태를 이용하는 방법, 즉 변태점보다 높은 760℃ 부근에서 변태점 바로 아래의 700℃까지 냉각하고, 이 온도에 2～3시간 그냥 둔 후 꺼내어 공기 속에서 냉각시킨다.

## 4.6 강의 항온열처리

### 1. 강의 항온변태와 연속냉각곡선

강을 서서히 냉각할 때의 상태변화는 평형상태도에 의하여 알 수 있으나, 급히 냉각할 때에는 과냉현상이 일어나서 변태가 지연 또는 억제되어, 조직의 변화가 대단히 복잡하므로 평형상태에 의존할 수 없게 된다. 따라서 각종 냉각속도(냉각시간)에 따르는 변태온도 및 조직의 변화를 냉각속도(시간)에 대하여 나타낸 냉각변태곡선에 의하지 않으면 안 된다. 냉각변태곡선에는 항온냉각변태곡선과 연속냉각변태곡선이 있다.

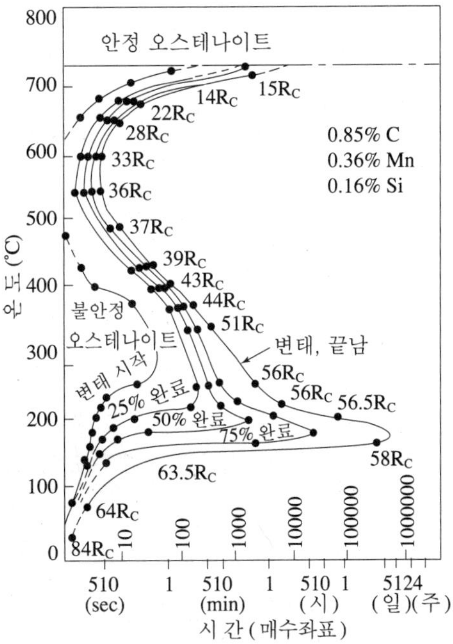


그림 4.16 베인의 S곡선

#### 1) 항온냉각변태곡선(TTT curve 또는 S curve)

강을 오스테나이트 상태에서 $A_1$점 이하의 항온까지 급랭하여, 이 온도에 그대로 항온유지했을 때 일어나는 변태를 항온변태(isothermal transformation)라 하고, 이 항온변태 및 조직의 변화를 시간에 대하여 그림으로 나타낸 것을 **항온변태곡선**(time-temperature transformation curve)이라 한다.

이 곡선은 미국의 베인(Bain)과 대빈포프(Davenport)에 의해서 처음으로 만들어 진 것이며, 그 모양이 S자이므로 **S곡선**이라고도 한다. 그림 4.16은 공석강에 대한 **베인의 S곡선**이다. 그런데, 이 베인의 곡선은 다소 그 상태가 불완전하며, 현재의 TTT곡선은 S형 대신에 다음 그림 4.17과 같은 C형으로 만들어졌다. 이것은 S곡선의 저온의 상태가 많이 변화되어 있다.

그림 4.17의 C곡선을 간단히 설명하면 다음과 같다.

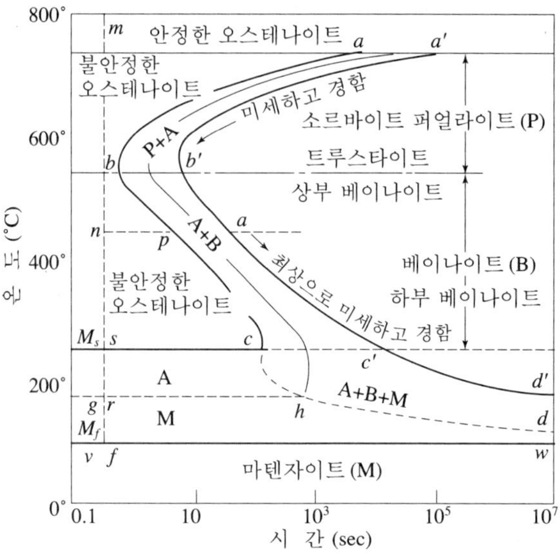


**그림 4.17** 공석강의 C곡선

그림 4.17에서 곡선 *abc*로부터 왼쪽은 불안정한 과냉 오스테나이트 상태이며, 곡선 *abc*는 $A_{r1}$변태개시선이고, *a′b′c′*는 $A_{r1}$변태종료선이다. *aa′*에서 *bb′*까지는 온도가 낮을수록 퍼얼라이트, 소르바이트, 트루스타이트 순서로 각 조직이 얻어지고, *bb′*선에서 *cc′*선까지의 온도구간에 항온냉각하였을 때는 마텐자이트와 트루스타이트의 중간상태인 **베이나이트**(bainite)라는 조직이 얻어진다. 이 곡선의 *b*점, 즉 약 560℃ 부근에서는 짧은 시간에 변태가 시작되어 급속히 변태가 완료되므로 변태속도가 최대로 되는데, 이 부분을 특히 **S곡선의 코**(nose)라고 한다.

베이나이트는 침상(acicular)을 하고 있으나 마텐자이트에 비하여 훨씬 시약에 잘 부식되며, 또 트루스타이트보다 단단하고 질기다.

변태온도가 내려가면 더욱 더 단단하고 질기게 된다. 이것은 그 온도의 고저에 따라 **상부 베이나이트** 또는 **하부 베이나이트**라고도 한다.

지금 고온의 안정한 오스테나이트를 *n*점까지 급랭시켜서 그 온도로 항온유지 해두면, *p*점에 도달하는 시간까지는 불안정한 오스테나이트가 지속되고, *p*점에 도달하면서부터 $A_{r1}$변태가 시작되어 *q*점에 이르러서 변태를 완료하여 전부 베이나이트되며, 그 후는 아무리 시간을 주어도 변화하지 않는다. 또한 고온의 오스테나이트를 *s*점까지 급랭하여 그 온도에 항온유지 시키면 불안정한 과냉 오스테나이트를 *s*점까지 급랭하여 그 온도로 *c*점에서 변태가 시작하여 *c′*점에서 변태가 완료하며, 이때 얻어지는 조직은 마텐자이트에 유사한 베이나이트이다. *s*점에서부터는 마텐자이트가 생성되기 시작하며, *f*점에서 생성이 완료된다. 그러므로 오스테나이트를 $\gamma$점까지 급랭시켜서 항온유지하면 50%의 마텐자이트로 변태하고, 나머지는 $ch$선에 도달하여 베이나이트로 변태하므로, 최후에 얻어지는 조직은 마텐자이트와 베이나이트의 혼합 조직이 된다.

그림 4.17에서 마텐자이트의 양은 시간에는 관계없고, 다만 $sf$구간의 온도에만 관계되는데, 이는 마텐자이트가 확산에 의해서 일어나는 것이 아니고 순간적인 결정격자의 변화에 의해서 생기는 때문이다. 또한 $sf$점(martensite의 생성 및 종료점)을 각각 $M_s$및 $M_f$점이라 한다.

$$
\begin{aligned}
M_s\text{점}(^\circ\text{C}) = 550 &- 350\times C\% - 40\times Mn\% - 35\times V\% \\
&- 20\times Cr\% - 17\times Ni\% - 10\times Cu\% - 10\times Mo\% \\
&- 5\times W\% + 15\times Co\% + 30\times Al\% + 20\times Si\%
\end{aligned}
$$

합금강의 $M_s$점은 윗식으로 추산하는 일이 많다.

### 2) 연속냉각변태곡선(CCT 곡선)

강재를 오스테나이트 상태에서 급랭 또는 서냉할 때의 냉각곡선을 연속냉각변태곡선(continuous cooling transformation curve)이라 한다.

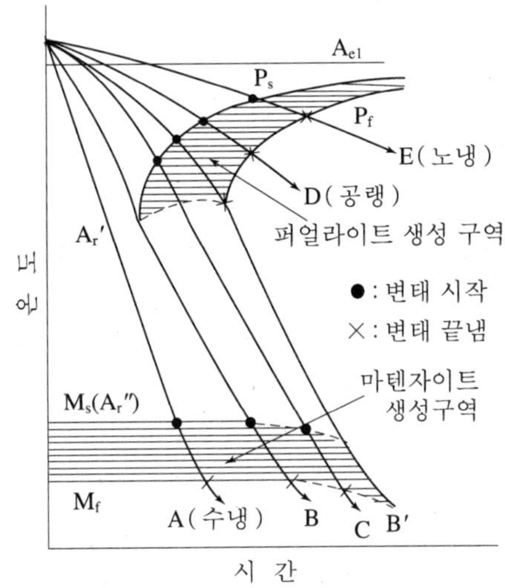


**그림 4.18** 연속냉각변태곡선

그림 4.18은 연속냉각변태곡선의 모형이다. 그림에서 냉각곡선 D, E와 같이 비교적 늦은 속도로 냉각하면 퍼얼라이트 생성선($P_s$)에서 오스테나이트는 퍼얼라이트로 변화하며, 이 $P_s$점이 저온으로 됨에 따라서 퍼얼라이트는 미세하게 된다. E곡선은 풀림, D곡선을 불림에 해당한다. C곡선은 $P_s$선을 지나 퍼얼라이트의 종료선($P_f$)을 거치지 않고 점선으로 표시된 변태 중

지선을 통과하여 변태가 일단 중지되고, 다시 저온의 $M_s$선(martensite 생성선)에 이르러 마텐자이트로 변화한다. 따라서, C와 같은 속도로 냉각하면 퍼얼라이트와 마텐자이트의 혼합조직이 얻어지는데, 기름 담금질이 이에 해당한다. A곡선과 같이 냉각하면 $P_s$선에 접하지 않으므로 전부 마텐자이트 조직으로 되며, 수중 담금질에 해당한다. B곡선과 같이 $P_s$선에 접하는 냉각속도는 퍼얼라이트(Ar′변태)를 생성하지 않고 마텐자이트( $A_r''$변태)만을 생성하는 데 필요한 최소의 냉각속도로서, 이를 **상부임계냉각속도**라 하며, 완전 담금질을 하려면 이보다 빠른 속도로 냉각하여야 한다. B′곡선과 같이 $P_f$에 접하는 냉각속도는 마텐자이트가 생성하기 시작하는 냉각속도에 해당하므로 이를 **하부임계냉각속도**라 한다.

그러나, 일반적으로 임계냉각속도(critical cooling rate)는 상부임계냉각속도를 뜻한다. 그림 4.19는 1.03%C강의 CCT곡선이다. 그림 중 ○표 위의 수치는 비커즈경도를, 기타 숫자는 변태량을 나타낸 것이다.

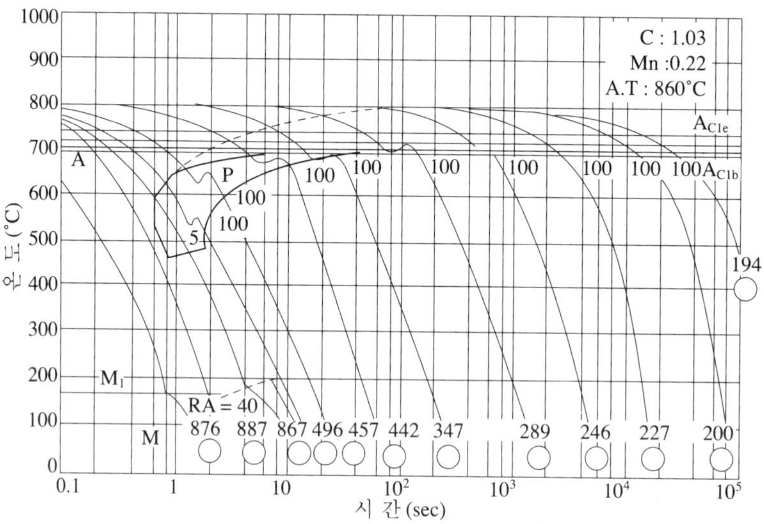


A : 오스테나이트
AT : 오스테나이트화 온도
RA: 전류 오스테나이트
M : 마텐자이트
K : 탄화물 ($Fe_3C$)
RA: 전류 오스테나이트

**그림 4.19** 1.03% C강의 CCT 곡선

## 2. 강의 항온열처리

변태점 이상으로 가열한 강을 보통의 열처리와 같이 연속적으로 냉각(급랭 또는 수냉)하지 않고, 열욕중에 담금질하여 그 온도로 일정한 시간 동안 항온유지하였다가 냉각하는 열처리를 항온열처리(isothermal heat treatment)라고 한다.

그 종류는 대략 다음과 같은 것이 있다.

(가) 항온풀림(isothermal annealing)
(나) 항온담금질(isothermal quenching)
ⓘ 오스템퍼링(austempering)
ⓘⓘ 마아템퍼링(martempering)
ⓘⓘⓘ 마아퀜칭(marquenching)
ⓘⓥ Ms퀜칭(Ms quenching)
(다) 항온뜨임(isothermal tempering)

### 1) 항온풀림

일반적으로 풀림온도를 가열한 강재를 비교적 급속히 퍼얼라이트 변태가 진행되는 온도, 즉 S곡선의 코(nose) 부근의 온도(600~700℃)에서 항온변태시키고, 변태가 끝난 후에 꺼내어 공랭한다. 보통 풀림방법에 비하여 처리시간이 단축되고, 또 노를 순환적으로 사용할 수 있는 특징이 있다. 공구강·특수강·기타 자경성이 강한 특수강 등의 풀림에 적합하다.

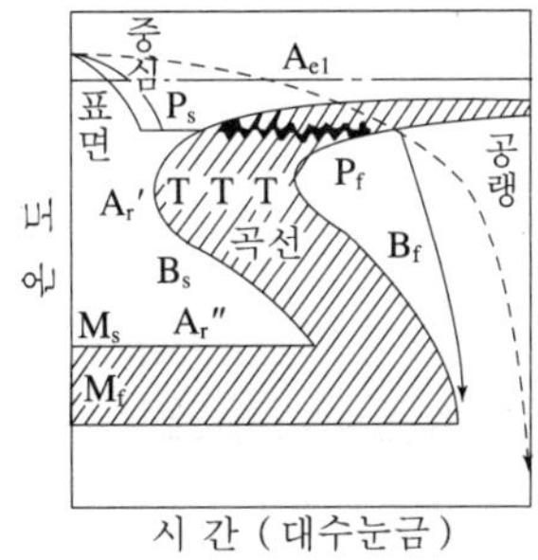


**그림 4.20** 항온풀림

그림 4.20은 항온풀림방법을 나타낸 것으로서, 그림 중 점선으로 표시한 냉각곡선은 보통풀림을 나타낸 것이다.

자경성(hardenability)이란 강을 $A_{c1}$점 이상의 온도로부터 공기 중에 냉각만 시켜도 저절로 경화하는 재료의 성질을 말한다.

### 2) 항온담금질

(가) 오스템퍼링

$A_r'$와 $Ar''(M_s)$변태점 사이의 열욕에 담금질하여 과냉 오스테나이트가 변태 완료할 때까지 항온 유지한 후 꺼내어 공랭하는 담금질 방법으로서, 이때 얻어지는 조직은 베이나이트이다.

따라서 베이 나이트 담금질이라고도 한다. $A_r'$점(약 550℃)에 가까운 오스템퍼링에서는 연한 상부 베이나이트, 그리고 $M_s$점 (Ar″)점에 가까운 오스템퍼링에 의해서는 단단한 하부 베이나이트가 얻어진다.

이 방법은 열욕에 담금질한 상태만으로도 일반의 담금질-뜨임한 것과 동일한 결과가 얻어지므로 오스템퍼링한 것은 뜨임할 필요가 없이 그대로 사용된다는 점 이외에 담금질 균열이나 변형이 적다는 장점도 있다.

그러나, 열욕중에서 냉각이기 때문에 그 냉각속도가 물의 경우보다 늦어져 크거나 살이 두꺼운 부품은 오스테나이트를 열욕 온도까지 과냉시키기 어렵게 되므로 곤란하다. 따라서 오스템퍼링할 수 있는 부품은 살이 얇고 작어야 한다.

그림 4.21은 오스템퍼링의 보기이다.

(나) 마아퀜칭

담금질 온도까지 가열된 강을 Ar″($M_s$)점보다 다소 높은 온도의 열욕에 담금질한 후, 강재의 내외가 동일한 온도로 될 때까지 항온 유지하고, 과냉 오스테나이트가 항온변태를 일으키기 전에 꺼내어 공랭함으로써 Ar″변태가 서서히 일어나도록 하는 처리이다.

마아퀜칭을 하면 수중에서 담금질한 경우보다 경도는 다소 낮아지거나, 강의 내외부가 거의 동시에 서서히 마텐자이트로 변화하므로 담금질 균열이나 변형이 생기지 않는다.

이 방법은 고탄소강 · 합금강 · 게이지강 · 공구강 · 침탄 부품 등과 같이 수중에서 급랭하면 균열이 생기기 쉽고, 또 유중에서 급랭하면 변형이 많은 강재에 적합하다. 물론 이때 얻어지는 조직은 마텐자이트이므로 처리 후 필요한 경도로 뜨임하여 사용한다.

그림 4.22는 마아퀜칭과 이의 뜨임처리를 나타낸 것이다.

(다) 마아템퍼링

이 방법은 Ar″변태구역 ($M_s$～$M_f$ 사이)의 항온처리로서, 담금질온도로 가열한 강재를 $M_s$점 이하의 열욕(100～200℃)에 담금질하여 과냉 오스테나이트의 변태가 거의 완료될 때까지

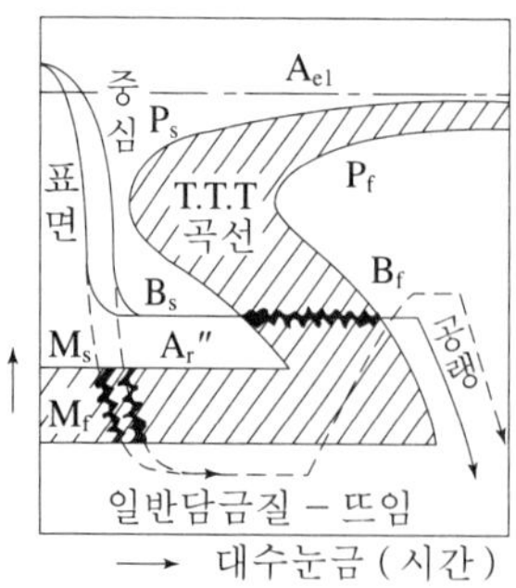


**그림 4.21** 오스템퍼링

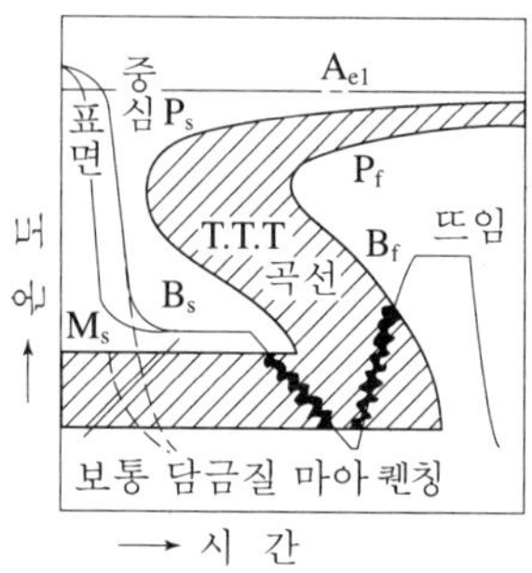


**그림 4.22** 마아퀜칭

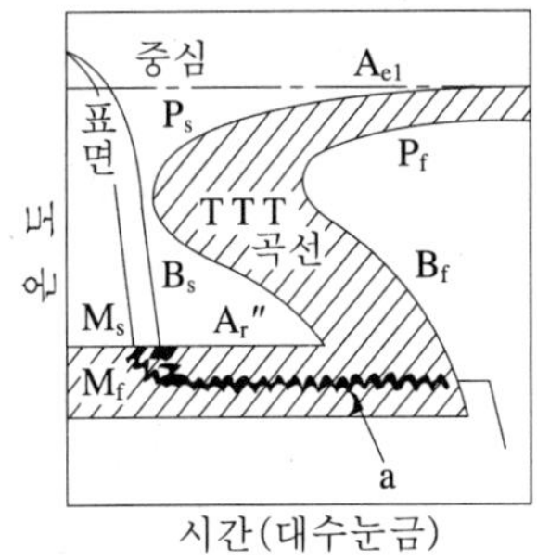


**그림 4.23** 마아템퍼링

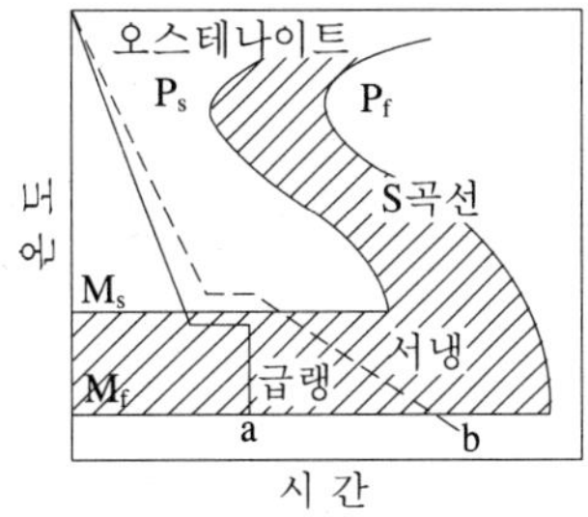


**그림 4.24** $M_s$ 퀜칭(a)와 마아퀜칭(b)

항온 유지한 후에 꺼내어서 공랭하는 방법이다. 이 방법에 의하며, 마텐자이트의 자기뜨임(selftempering), 담금질 응력의 제거 및 잔류 오스테나이트의 하부 베이나이트화에 의해서 경도를 저하시키지 않고 충격값을 높일 수 있다. 이때에 얻어지는 조직은 뜨임 마텐자이트와 하부 베이나이트의 혼합조직이다.

이 방법은 항온 유지 시간이 너무 길어서, 공업적으로는 거의 이용되지 않는다. 그림 4.23은 마아템퍼링의 보기이다.

(라) $M_s$퀜칭

이 방법은 담금질 온도로 가열한 강재를 $M_s$점보다 약간 낮은 온도의 열욕에 담금질하여 강의 내외가 동일 온도로 될 때까지 항온 유지(지름 25mm 둥근 막대에 대하여 약 5분간)한 후 꺼내어 물 또는 기름 중에 급랭하는 방법이다. 그림 4.24는 마아퀜칭과 $M_s$퀜칭을 나타낸 것이다.

보통 항온변태처리에 있어서는 열욕으로부터 꺼낸 후에 공랭하는 것이었으나, $M_s$퀜칭에 있어서는 수냉하는 것이 크게 다른 점이다. $M_s$점 바로 아래 온도에서 항온 유지하므로 강의 내외가 거의 동시에 팽창하게 되고, 또 이 온도에서 급랭하여도 강의 내외의 팽창 차는 비교적 작게 되므로 담금질 균열이 발생할 염려가 없다. 더욱이 $M_s$구역을 급랭하므로 오스테나이트의 안정화가 어려워져 잔류 오스테나이트의 양이 감소되고, 따라서 **시효변형**(aging distortion)이 적어진다.

일반적으로 재료의 기계적 성질이 시간의 경과에 따라 변화하는 현상을 시효(age)라 하고, 시효에 의한 변형을 **시효변형**이라 한다. 시효에는 대기 중에 방치할 때 생기는 자연시효와 가열 등에 의해서 일어나는 인공시효가 있다.

### 3) 항온뜨임

뜨임에 의하여 2차 경화되는 고속도강이나 다이스강 등의 뜨임에 이용되는 방법이다. 고속도강을 뜨임할 때에 뜨임온도로부터 $M_s$점(약 250℃) 부근의 열욕에 넣어 항온유지시켜서 2차 베이나이트가 생기도록 하는 처리로서 **베이나이트 템퍼링**이라고도 한다.

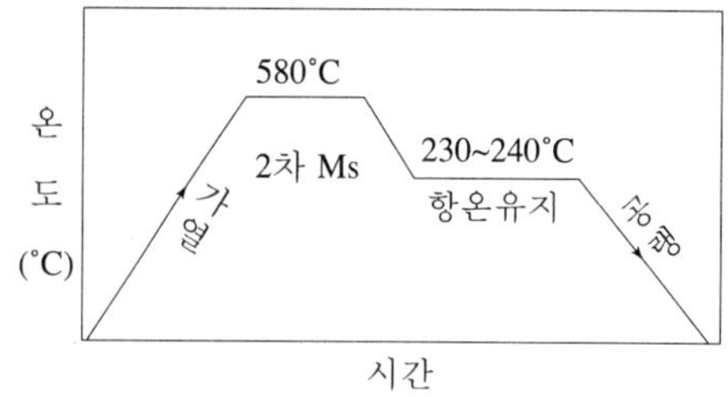


**그림 4.25** 고속도강의 항온뜨임

그림 4.25는 1,300℃에서 담금질된 고속도강을 580℃에서 뜨임한 후 다시 항온뜨임에서 베이나이트 조직을 얻는 열처리 곡선이다. 이 방법으로 처리한 고속도강 조직은 보통 뜨임으로 얻는 것보다는 경도가 다소 떨어지나 인성이 크고 절삭성이 좋다.

**열욕**(hot bath)으로는 주로 **염욕**(salt bath)이나 금속욕(metal bath)이 많이 쓰이고 있다. 염욕은 질산나트륨, 아질산나트륨, 질산칼륨, 소금, 염화바륨 등의 염을 용융시킨 것이고 금속욕은 Pb을 용융시킨 **연욕**(Lead bath)이 많이 쓰인다. 사용 열욕의 온도가 약 200℃ 미만인 경우는 기름을 가열해서 사용하는 경우도 많다.

# 제5장

# 강의 표면경화

기어, 크랭크축, 클러치, 캠, 스핀들 등의 재료는 내마모성과 인성 및 강도가 동시에 필요한 재료이므로 이들은 표면 경화를 행하여 표면경도를 증가시켜 사용하여야 한다.

표면경화법은 저탄소강이나 저탄소강에 소량의 **합금원소**(alloying element)를 함유시킨 강재에 특수한 열처리를 하여 강재 표면층의 화학 성분을 여러 가지 원소의 학산에 의해서 변화시켜 경하층을 얻은 **화학적인 표면경화법**과 강재의 화학성분은 변화시키지 않고 표면만을 경화시키는 **물리적인 표면경화법**으로 크게 나뉜다. 앞엣것에 속하는 것에는 침탄법, 질화법, 침탄질화법, 침유법, 금속침투법 등이 있고, 뒤엣것에 속하는 것은 화염경화법, 고주파 담금질법, 하드 페이싱, 쇼트 피닝법 등이 있다.

## 5.1 물리적 표면경화법

### 1. 고주파 경화법

고주파 전류를 1차 쪽에 통하게 하고 2차 쪽에 강재 부품을 놓으면, 표피효과(skin effect)에 의하여 극히 얇은 표피에 맴돌이 전류(eddy current)가 유도되어 표피는 가열된다. 또한, 주파수가 클수록 층이 얇고 또 고온으로 가열된다. 표면온도가 $A_1$점을 넘었을 때 냉각수를 분사하여 급랭하면 표면만 경화되고 내부는 그냥 있게 된다.

이것은 미국의 오하이오 크랭크축 회사(The Ohio Crank Shaft Co.)에서 제일 먼저 시작하였는데 **토코 방법**(Tocco process)이라고도 한다.

보통 실제로 사용되고 있는 주파수는 수 천 내지 수 만 사이클로서 1차 쪽의 전류는 6,000~15,000A이다. 이것에 의해서 2차 쪽 강의 표면은 수 초 이내에 적열되므로 담금질 온도에

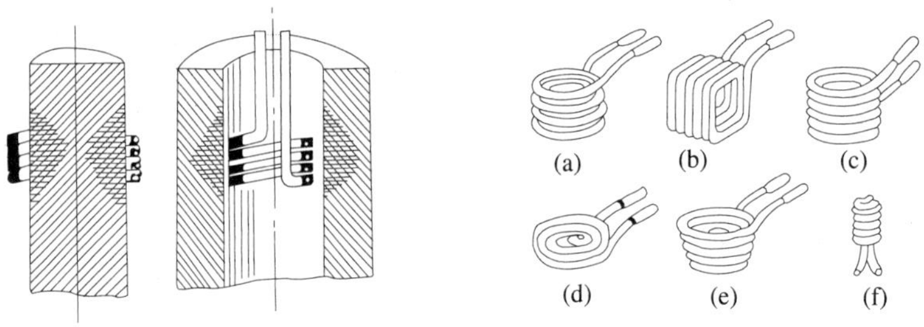

(a), (b), (c)는 축, 봉재의 담금질용, (d)는 평면의 담금질용, (e)는 치차 등의 담금질용, (f)는 구멍 내부의 담금질용

(가) 유도전류의 강도 (나) 유도자의 예

**그림 5.1** 공작물과 유도자와의 관계

도달하는 즉시 급랭하면 표면만 경화되고, 내부는 거의 변화가 없게 된다. 또 가열 시간이 수 초라는 극히 짧은 시간이므로 보통 가열때와 같이 표면의 산화, 탈탄 또는 결정입자의 조대화 등이 일어나지 않는다.

그림 5.1은 고주파 경화법에서의 공작물과 유도자의 관계를 보여 주는 것으로 코일의 적당한 것을 선택하는 것이 고주파 담금질을 잘하기 위한 첫 조건이 된다.

그러나 이러한 고주파 경화법은 표면만 가열되므로 전체로서의 변형은 적으나, 급열이나 급랭으로 인하여 재료가 변형되는 경우가 많다. 또 마텐자이트의 생성에 의한 체적 변화 때문에 내부응력이 발생하고, 따라서 경화층이 이탈되거나 담금질 균열이 생기기 쉽다. 그러므로 이러한 재료는 미리 불림을 하여, 적당히 처리하면 균열을 방지할 수 있다.

고주파 경화에 적당한 재료는 탄화물이 미세하게 분포되어 오스테나이트화가 빠르고, 또 비교적 낮은 온도에서 담금질할 수 있는 것이 좋다. 또 균열을 방지하여야 하므로 비금속 개재물과 P, S 등이 적고 균일하게 분포되어 있어야 하며, 기계가공도 용이한 것이라야 한다.

## 2. 화염경화법

화염경화법(flame hardening)을 **쇼터라이징**(shorterizing) 또는 **도펠-듀로**(Doppel-Durro) 법이라고 한다. 이 방법은 강력한 가열력을 가진 산소-아세틸렌 불꽃을 사용하여 강 표면을 빨리 적열하고, 이것이 담금질 온도에 이르렀을 때 냉각수로써 급랭시켜 표면만 경화하는 것이다. 불꽃은 산소와 아세틸렌의 혼합비가 1:1 일 때가 가장 좋다. 화염경화에 가장 적당한 재료는 고주파경화와 같으며, 탄소가 0.4~0.6%의 것이 좋다.

화염경화법은 가열 및 냉각방법에 따라서 다음 그림 5.2와 같이 3가지 형태가 있으며, (a)의 방법은 강부품의 표면을 토치로 가열한 후 냉각조(cooling tank)에 담근 후 담금질하는 방법으로 담금질 온도가 약간 높게 되기 쉬우므로 담금질 균열이 생기기 쉽고, (b)의 방법은 가열 후 불꽃을 끄고 분사장치에서 냉각수를 분사하는 방법으로 가장 많이 이용되는 방법이며, (c)의 방법은 평평한 소형 부품에 적당한 방법이며 강재를 순환하는 물 속에 담그어 담금질 부분을 수면과 같게 하거나 약간 위로하여 가열하는 방법으로 담금질균열이 적게 된다. 선반의 베드 등은 대형이지만 이 방법이 이용된다.

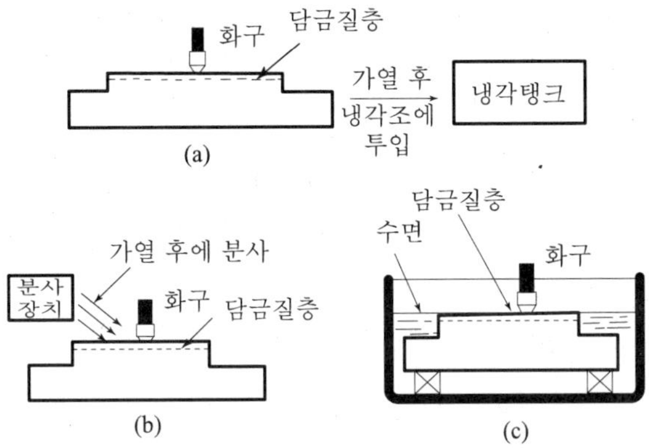


**그림 5.2** 화염경화법의 가열 및 냉각형태

## 5.2 화학적인 표면경화법

### 1. 침탄경화

저탄소강의 표면에 탄소를 침투시켜서 고탄소강으로 만든 다음에 이것을 담금질하여 경화하는 방법을 **침탄경화**(carburizing)라 한다. 이 침탄법에는 침탄처리에 사용되는 **침탄제**(carburiring agent)의 종류에 따라 고체 침탄 · 액체 침탄 · 가스 침탄 등으로 나뉜다.

#### 1) 고체 침탄법(pack carburizing)

가장 일반적인 침탄 방법으로서 침탄제로는 목탄, 입상 코우크스, 골탄 등을 사용하며, 침탄 촉진제로써는 탄산바륨($BaCO_3$)이나 탄산소다($Na_2CO_3$)를 사용하는데, 이들을 6:4의 비유로 혼합하여 연강판이나 내열강판으로 만든 침탄 상자에 넣고, 이 속에 침탄하려는 강재를 중앙에 넣어 출입을 차단하기 위하여 내화점토같은 것으로 밀폐한 후, 침탄로 중에서 900~950℃ 정도로 가열하여 4~6시간 동안 유지하면 재료 표면에 0.5~2.0mm 정도의 침탄층을 얻을 수 있다.

이때 침탄 상자 안에 있던 산소가 침탄제와 반응하여 일산화탄소(CO)를 발생시키고, 이 일산화탄소가 강재 표면에 분해하여 이산화탄소($CO_2$)와 탄소(C)가 되고, 이 C가 강재 중에 침투 확산하여 강재표면에 C가 침입되는 것이다. 여기에서 또 $CO_2$는 침탄제와 반응해서 CO가 되고, 또 CO는 분해해서 침탄되고, 이와 같은 작용이 연속적으로 반복해서 침탄이 계속되는 것이다. 침탄층의 탄소량은 0.85~0.9%가 적당하며, 1.0%를 넘으면 좋지 않다.

재료 중에 크롬(Cr)이 포함되어 있으면 탄소의 확산이 늦어져서 표층부의 탄소농도를 크게 하여 재질이 균등하지 못하므로 완화침탄이나, 또는 침탄 후 확산풀림처리를 하여 과잉침탄조직을 해소하여야 한다. 침탄속도에 가장 영향을 주는 것은 침탄온도로서 보통 900~950℃에서 행한다. 950℃ 이상에서 실시하면 내부 조직에 많은 변화를 가져오기 때문에 가급적 피하는 것이 좋다.

침탄처리때 침탄깊이도 큰 요소 중의 하나인데, 너무 깊으면 비용도 많이 들 뿐만 아니라 인성을 너무 적게 하여 재질을 해칠 우려가 있다. 또한 침탄제의 입도도 큰 영향을 주는데, 너무 입도가 작으면 열의 통과 속도가 작아져서 시간이 많이 걸리게 된다.

그림 5.3은 침탄시간과 침탄깊이의 관계를 나타낸 것이다.

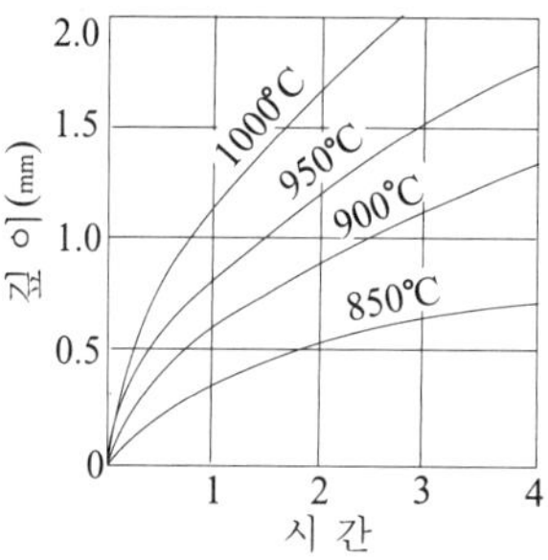


**그림 5.3** 침탄깊이와 침탄시간

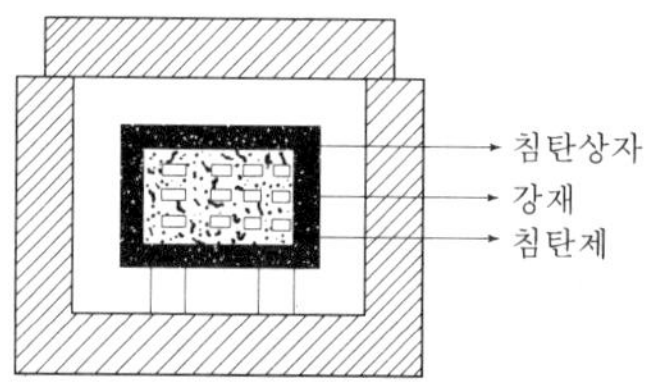


**그림 5.4** 고체침탄 가열로

## ◎침탄처리 후의 열처리

침탄 후에는 침탄 상자 중에서 그대로 서냉한 다음, 재가열하여 담금질-뜨임을 하는 것이 원칙이나, 때로는 침탄온도로부터 직접 담금질하는 것도 있으며, 특별한 경우에는 확산 풀림이나 구상화 풀림을 하기도 한다.

(가) 확산 풀림(diffusion annealing)

Cr강이나 Cr-Mo강과 같이 탄소의 확산이 늦은 것은 탄소가 표면에 집중되어 있으므로 침탄층의 탄소를 내부로 확산시킬 목적으로 하여 침탄 온도로 30분~4시간 정도 풀림을 한다.

(나) 구상화 풀림

침탄층에 나타난 망상의 시멘타이트는 담금질 전에 구상화하는 것이 바람직하다. 1차 및 2차 담금질을 행할 때에는 1차 담금질한 후에 구상화 풀림(650~700℃)을 하는 것이 좋다.

(다) 담금질

침탄은 900~1,000℃의 고온에서 오랜 시간 가열하는 처리이므로 처리품 중심부의 조직이 대단히 거칠어진다. 이러한 조직을 미세화하기 위해서 $A_{r3}$ 이상 30℃까지 가열한 후 기름 중에 1차 담금질한다. 다음에 표면의 침탄부를 경화시키기 위해서 $A_{c1}$점 이상까지 가열한 후에 수중에 2차 담금질한다. 이 처리에 의해서 침탄 강재의 표면은 마텐자이트가 되어서 경화한다.

(라) 뜨임

담금질한 것은 반드시 저온뜨임(150~180℃)을 실시하여야 한다. 저온뜨임은 침탄담금질품의 연마균열의 방지에 절대적으로 필요한 처리이며, 내마모성을 향상시키기 위해서도 좋다.

그림 5.4는 고체침탄 가열로의 한 가지 보기이며, 그림 5.5는 침탄 조직의 모양을 보여준다.

표면은 침탄에 의하여 C 함유량이 높은 펄라이트조직을 하고 있다. 이 조직을 담금질하면 표면의 침탄층만이 단단한 마텐자이트 조직으로 변한다.

**그림 5.5** 침탄조직

표면은 침탄에 의하여 C 함유량이 높은 펄라이트조직을 하고 있다. 이 조직을 담금질하면 표면의 침탄층만이 단단한 마텐자이트 조직으로 변화한다.

### 2) 액체침탄법(liquid carburizing)

이 방법은 **침탄질화법**(carbo-nitriding) 또는 **시안 청화법**(cyaniding)이라고도 한다.

침탄제로는 시안화칼륨(KCN), 시안화나트륨(NaCN) 및 페로시안칼륨[$K_4Fe(CN)_6 \cdot 3H_2O$], 페로시안화나트륨[$Na_4Fe(NC)_6 \cdot 3H_3O$] 등을 사용하고, 촉진제로는 탄산칼륨($K_2CO_3$), 탄산나트륨($Na_2CO_3$), 염화칼륨(KCl), 염화나트륨(NaCl) 등을 사용한다.

조작 방법은 위와 같은 침탄제와 촉진제를 강제 상자에 넣어 550℃ 이상으로 가열하면 용해되어 액체로 된다. 이 용액을 약 600~900℃로 가열시킨 다음 용액 중에 재료를 침적시키면 침탄과 질화가 동시에 진행되어서 C와 N가 재료 중에 침입하게 된다.

침탄제로는 보통 NaCN 54%, $Na_2CO_3$ 44%, 기타 약 2%를 혼합한 것이 가장 많이 사용되며, 800~900℃로 20~30분간 가열하면 약 0.1~0.5mm 정도의 침탄층이 생기고 침탄 부분의 탄소함유량은 0.7~1.0% 정도가 된다.

액체침탄법의 화학적인 반응은 다음과 같다.

$$2NaCN + O_2 \rightarrow 2Na(CN)O$$

$$4Na(CN)O \rightarrow 2NaCN + Na_2CO_3 + CO + N_2 \uparrow \text{ (질화)}$$

$$2CO + 3Fe \rightarrow CO_2 + Fe_3C(\text{침탄})$$

처리온도가 700℃ 이하인 경우에는 주로 실화가, 그리고 800℃ 이상의 고온인 경우에는 주로 침탄이 일어난다. 침탄깊이는 가열온도 900℃에서 30분 처리에 의하여 약 0.3mm 정도가 얻어지며, 처리온도가 높을수록 깊어진다.

표 5.1은 액체 침탄제의 종류를 나타낸 것이다.

**표 5.1** 액체침탄제의 종류

| No. | 주 성 분 (%) | | | | $BaCl_2$ | 사 용 온 도 |
|---|---|---|---|---|---|---|
| | NaCl | $Na_2CO_3$ | NaCl | KCl | | |
| 1 | 15~40 | 30~55 | 30~40 | − | − | 620~815℃ |
| 2 | 17~23 | 10~30 | 20~30 | − | 15~40 | 845~900℃ |
| 3 | 8~12 | 10~30 | 5~15 | 6~20 | 45~55 | 900~935℃ |
| 4 | 35~40 | − | − | 5~10 | 40~60 | 840~950℃ |
| 5 | 45~50 | − | 15~25 | − | ($BaCO_3$ 20~30) | 815~900℃ |
| 6 | 30~40 | 20~30 | 20~30 | − | 15~25 | 790~900℃ |
| 7 | 70~80 | 10~15 | 10~15 | − | − | 815~950℃ |
| 8 | 60~70 | 15~25 | 15~25 | − | − | 815~950℃ |
| 9 | 40~50 | 5~10 | 40~50 | − | − | 815~750℃ |
| 10 | 30~40 | − | − | 60~70 | − | 525~680℃ |
| 11 | 55~65 | (KCN 35~45) | − | − | − | 525~680℃ |

액체침탄법의 이점은 다음과 같다.

(가) 가열이 균일하고, 제품의 변형을 방지할 수 있다.

(나) 온도 조절이 용이하다.

(다) 산화가 방지되므로 가공시간이 절약된다.

그러나, 침탄제가 값이 비싸며 침탄층이 얇고, 또한 발생하는 가스가 유독한 것이 결점이다.

## ◎ 침탄 후의 열처리

(가) 담금질

고온의 처리 온도에서 그대로 담금질하면 강의 표면에 잔류 오스테나이트가 생기기 쉬우므로, 일단 공랭한 후에 재가열하여 담금질하거나, 또는 침탄 온도로부터 730~750℃까지 냉각하여 그 온도에서 직접 담금질하는 방법을 사용한다. 또 물에 담금질하지 않고 마아퀜칭을 실시하면 담금질 변형이 감소된다.

(나) 뜨임

담금질한 후에는 반드시 150℃ 정도에서 충분히 뜨임을 하여야 한다.

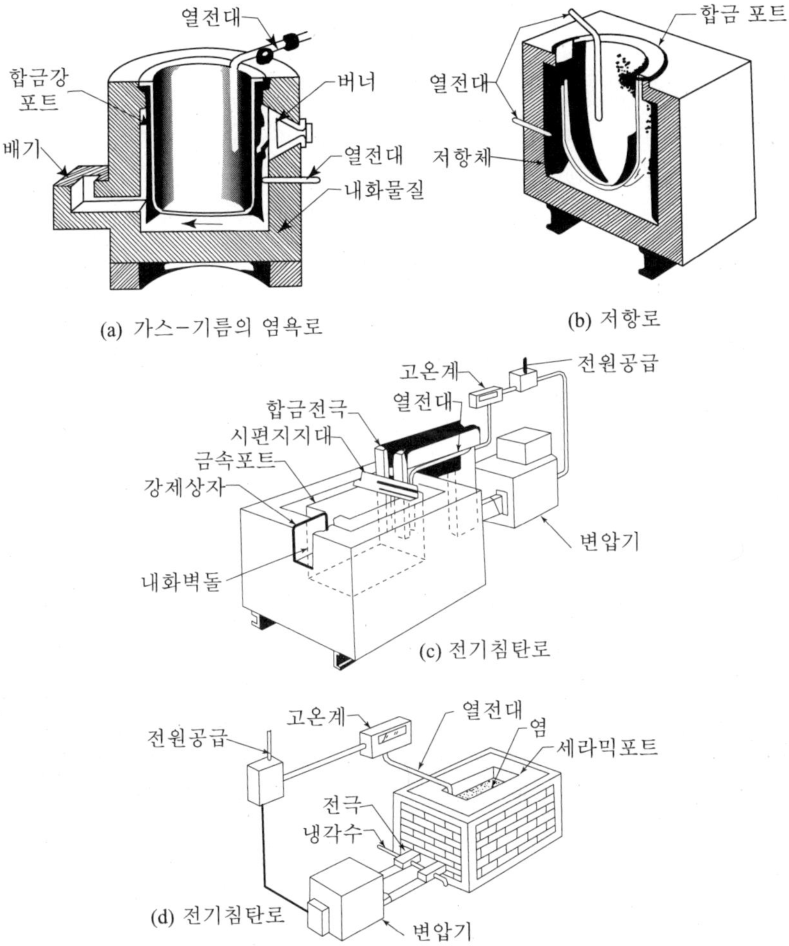


(a) 가스-기름의 염욕로

(b) 저항로

(c) 전기침탄로

(d) 전기침탄로

**그림 5.6** 액체침탄에 사용하는 염욕로

### 3) 가스 침탄법(gas carburizing)

이 방법은 주로 작은 강제품에 이용되는데 일반적으로 천연 가스나 프로판, 부탄, 메탄, 에틸렌 가스 등을 침탄제로 사용한다.

이런 가스들은 변성로 안에 넣어 N을 촉매로 해서 침탄 가스로 변성시킨 후 가열로 중에 다시 불어넣어 침탄처리를 한다.

이 가스 침탄은 가스 중의 CO나 메탄($CH_4$)이 주침탄제의 역할을 하며, 침탄되는 화학반응은 다음과 같다.

$$CH_4 + 3Fe \leftrightarrows Fe_3C + 2H_2 \uparrow$$
$$2CO + 3Fe \leftrightarrows Fe_3C + CO_2 \uparrow$$

**표 5.2** 각종의 침탄강

| 명칭 | | 기호 | 화학성분(%) C | Mn | Ni | Cr | Mo | 용도 | 비고 |
|---|---|---|---|---|---|---|---|---|---|
| 기계구조용탄소강 | 21종 | S 9 CK | 0.07~0.12 | 0.30~0.60 | | | | 방직기의 줄, 로울러 등 | 1차 880~920℃ 유냉 (또는 수냉) 2차 750~800℃ 수냉 |
| | 22종 | S 15 CK | 0.12~0.18 | 030~0.60 | | | | 캠축, 피스톤 핀 등 | 1차 870~920℃ 유냉 (또는 수냉) 2차 750~800℃ 수냉 |
| 크롬강 | 21종 | SCr 21 | 0.13~0.18 | 0.60~0.85 | | 0.90~1.20 | | 캠축, 핀 | 1차 850~900℃ 유냉 2차 800~850℃ 유냉 (또는 수냉) |
| | 22종 | SCr 22 | 0.18~0.23 | 0.60~0.85 | | 0.90~1.20 | | 기어, 스플라인 축 | 1차 850~900℃ 유냉 2차 800~850℃ 유냉 (또는 수냉) |
| 니켈크롬몰리브덴강 | 21종 | SNCM 21 | 0.17~0.23 | 0.65~0.90 | 0.40~0.75 | 0.40~0.65 | 0.15~0.30 | 기어, 축류 | 1차 850~900℃ 유냉 2차 800~850℃ 유냉 |
| | 22종 | SNCM 22 | 0.12~0.18 | 0.40~0.70 | 1.60~2.00 | 0.40~0.65 | 0.15~0.30 | 기어 | 1차 850~900℃ 유냉 2차 780~830℃ 유냉 |
| | 23종 | SNCM 23 | 0.17~0.23 | 0.40~0.70 | 1.60~2.00 | 0.40~0.65 | 0.15~0.30 | 로울러베어링, 기어 | 1차 850~900℃ 유냉 2차 770~820℃ 유냉 |
| | 25종 | SNCM 25 | 0.12~0.18 | 0.30~0.60 | 4.00~4.50 | 0.70~1.00 | 0.15~0.30 | 강력기어 | 1차 830~880℃ 유냉 (또는 공냉) 2차 750~800℃ 유냉 |
| | 26종 | SNCM 26 | 0.13~0.20 | 0.80~1.20 | 2.80~3.20 | 1.40~1.80 | 0.40~0.70 | 강력기어 강력축류 | 1차 850~900℃ 공냉 (또는 유냉) 2차 770~830℃ 공냉 (또는 유냉) |
| 니켈크롬강 | 21종 | SNC 21 | 0.12~0.18 | 0.35~0.65 | 2.00~2.50 | 0.20~0.50 | – | 피스톤핀 기어 | 1차 850~900℃ 유냉 2차 750~800℃ 수냉 (또는 유냉) |
| | 22종 | SNC 22 | 0.12~0.18 | 0.35~0.65 | 3.00~3.50 | 0.70~1.00 | – | 캠축, 기어 | 1차 830~880℃ 유냉 (또는 공냉) 2차 750~800℃ 유냉 |
| 크롬몰리브덴강 | 21종 | SCM 21 | 0.13~0.18 | 0.60~0.85 | | 0.90~1.20 | 0.15~0.35 | 피스톤핀·기어·축류 | 1차 850~900℃ 유냉 2차 800~850℃ 유냉 |
| | 22종 | SCM 22 | 0.18~0.23 | 0.60~0.85 | – | 0.90~1.20 | 0.15~0.35 | 기어·축류 | 1차 850~900℃ 유냉 2차 800~850℃ 유냉 |
| | 23종 | SCM 23 | 0.17~0.23 | 0.70~1.00 | – | 0.90~1.20 | 0.15~0.35 | 기어·축류 | 1차 850~900℃ 유냉 2차 800~850℃ 유냉 |

침탄성 가스를 침탄 가열로에 보내어 900~950℃로 3~4시간 가열하면 깊이 1mm 정도로 침탄된다. 그러나 최근에는 1,000~1,200℃의 고온침탄을 많이 쓰고 있으며, 이 방법에 의하면 침탄시간이 많이 단축된다. 또 고주파 가열에 의하여 가스 침탄을 실시하면(약 1,100℃, 침탄 시간 40분), 보통 가스침탄에 비하여 $\frac{1}{10}$ 이하의 침탄시간으로도 깊이 0.3~1.2mm 정도로 침탄된다.

### ◎ 침탄 후의 열처리

가스 침탄 후에는 800℃ 정도까지 온도를 강하한 다음에 물 또는 기름 중에 그대로 직접 담금질하는 것이 보통이나, 이때에 마아퀜칭을 하면 담금질 변형이 적게 된다. 그러나, 가스 침탄 조직은 대부분이 표면과 중심부 사이의 탄소량에 현저한 차이가 생기기 쉬우므로, 침탄 후에 확산풀림을 하고, 그 후에 다시 담금질하는 것이 좋으며, 담금질 후에는 150~180° 의 저온뜨임을 실시한다.

이상과 같은 여러 가지 방법의 침탄에 사용되는 강철은 **침탄강**(carburizing steel)이라고 하며, 그 종류를 보면 표 5.2와 같다.

#### 4) 침탄에 미치는 각종 원소의 영향

Cr은 2~3%까지는 Cr의 양과 같이 침탄량은 증가하나, 그 이상 함유하게 되면 반대로 침탄량은 감소한다. 그러나 15% 이상이 되면 전혀 침탄이 안 된다.

Ni는 함유량의 증가에 따라 침탄량도 감소한다. Ni과 Cr이 공존할 때에는 침탄량은 Cr과 함계 증가하고 Ni과 함께 감소한다. 따라서 Ni의 함유량이 적을수록 Cr의 영향은 커지고, 또 Cr의 함유량이 적을수록 Ni의 영향이 커진다.

Mn은 5% 정도까지는 영향이 거의 없다.

바나듐(V)은 2%까지는 V의 증가에 따라서 침탄량이 급격히 감소한다.

몰리브덴(Mo)은 함유량이 많을수록 침탄량이 점차 증가한다.

Si는 함유량의 증가에 따라서 침탄량은 감소하다가 4.5~5.5%부터는 침탄이 전혀 안 된다.

C는 함유량이 많으면 많을수록 침탄량은 적게 된다. 즉, 1.0% 이상의 것은 오히려 탈탄 반응이 일어난다.

## 2. 질화법

**질화법**(nitriding)은 암모니아($NH_3$)를 고온에서 가열하면 $NH_3 = N + 3H$로 되며, 이때에 발생기의 질소와 수소로 분해한다. 이 발생기의 질소는 분자 모양의 질소와 달라서 반응성이 강하기 때문에 가열된 철, 또는 강철에 접촉하면 철 또는 그 함유원소와 반응을 일으켜 질화물을 만든다. 이 질화물은 $Fe_4N$(FCC 5.9%N)과 $Fe_2N$(CPH 11.1%N)의 2가지로서 이것이 시간의 경과에 따라서 내부로 확산하여 질화층을 형성한다. 이와 같은 성질을 이용하여 강의 표면을 경화하는 것이 질화에 의한 경화법이며, 침탄에 의한 경화법과 본질적으로 다르다.

주철, 탄소강 및 Ni, Co 등을 함유하는 강철은 질화되어도 경화하지 않으나 Al, Cr, Ti, V, Mn 등을 함유하는 강철은 심하게 경화한다.

질화된 강은 표면 경도가 $H_v$ 1,000~1,200에 이르며, 내마모성과 내식성이 있어 고온에서도 안정되는 특성을 가지나, 침탄처리때보다 십여 배의 시간이 더 걸리며, 비용이 많이 드는 결점이 있다.

### 1) 질화방법

질화를 요하지 않는 부분은 미리 Sn이나 Pb-Sn 합금인 땜납 등으로 둘러싸거나, Ni의 도금을 하여 그림 5.7과 같은 질화 상자 안에 넣는다. 암모니아 가스의 유통이 잘 되게 하기 위하여 제품 사이에 틈을 벌리거나 Ni로 만든 그물 위에 제품을 늘어 놓으면 좋다. 질화 상자에 암모니아 가스를 보내어 완전히 공기를 배출한 다음, 온도를 높인다.

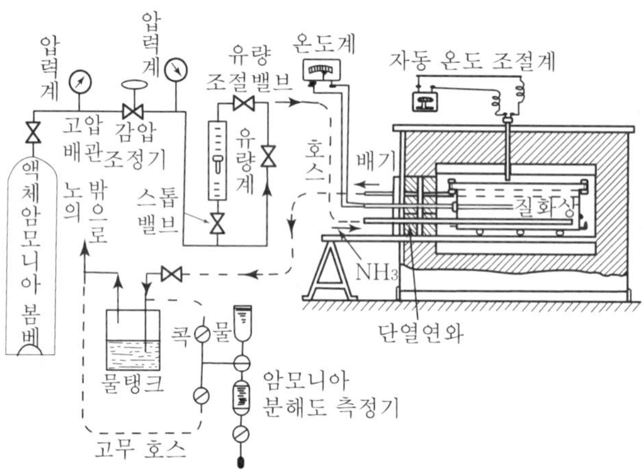


**그림 5.7** 질화로와 장치 계통도

질화된 경화면은 은회색의 빛깔을 띠며 대단히 단단하다. 질화 상자에 사용되는 재료는 13%Cr강, 21%Cr강, 18%Cr-8%Ni강 등으로서, 오랜 시간 가열에도 잘 견딘다.

### 2) 질화층의 경도와 깊이

질화온도가 높으면 최고의 경도가 얻어지지 못한다. 최고의 경도와 질화층의 깊이와의 관계를 나타낸 것이 그림 5.8인데, 질화온도가 높을수록 최고 경도는 낮아지며 질화층이 깊어진다.

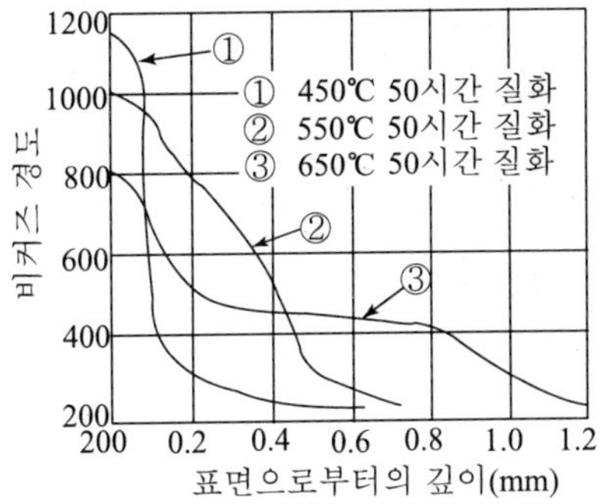


**그림 5.8** 질화온도와 최고경도

침탄법과 질화법을 비교하여 보면 표 5.3과 같이 된다. 질화강은 엔진의 실린더나 밸브, 연료를 분사하는 노즐, 핀, 기어, 각종 다이스, 절삭 공구 등에 널리 사용된다.

**표 5.3** 침탄법과 질화법의 비교

| 침 탄 법 | 질 화 법 |
|---|---|
| 1. 경도는 질화법보다 낮다. | 1. 경도는 침탄층보다 높다. |
| 2. 침탄 후의 열처리가 필요하다. | 2. 질화 후의 열처리는 필요없다. |
| 3. 침탄 후에도 수정이 가능하다. | 3. 질화 후의 수정이 불가능하다. |
| 4. 침탄층과 질화층의 깊이를 같다고 하면 침탄법이 단시간내에 같은 깊이를 얻을 수 있다. | 4. 질화층을 깊게 하려면 긴 시간이 걸린다. |
| 5. 경화에 의한 변형이 생긴다. | 5. 경화에 의한 변형이 적다. |
| 6. 고온으로 가열되면, 뜨임되며 경도가 낮아진다. | 6. 고온으로 가열되어도 경도는 낮아지지 않는다. |
| 7. 침탄층은 질화층처럼 여리지 않다. | 7. 질화층은 여리다. |
| 8. 침탄강은 질화강처럼 강철 종류에 대한 제한이 적다. | 8. 강철의 종류에 따라 많은 제한을 받는다. |

## 3. 금속 침투법

금속 침투법(metallic cementation)은 피복하고자 하는 물품을 가열해서, 그 표면에 다른 종류의 피복 금속을 부착시키는 동시에 확산에 의해서 합금 피복 층을 얻는 방법으로서, 주로 철강 제품에 대하여 행하여진다. 그 목적은 내식성 · 방청성 · 내고온 산화성 등의 화학적 성질을 향상시키는 것이 주이며, 동시에 경도와 내마모성이 증가하는 효과를 수반한다.

확산 침투 원소는 Zn, Cr, Al, Si, B 등이 있다.

### 1) 세라다이징(sheradizing, Zn 침투법)

Zn을 침투확산시키는 법으로서, 청분(blue powder)이라고 불리는 300메시(mesh) 정도의 가는 Zn 분말 속에 경화시키고자 하는 재료를 묻고, 보통 300~420℃로 1~5 시간 동안 처리해서 두께 0.015mm 정도의 경화층을 얻는 방법이다.

#### 2) 크로마이징(chromizing, Cr 침투법)

재료의 표면에 Cr을 침투 확산시키는 법으로서, 도금할 물건을 침투제인 Cr 분말(Al2O3을 20~25% 첨가) 속에 파묻고, 환원성 또는 중성 분위기 중에서 1,000~1,400℃로 가열한다. 모재로는 보통 탄소량 0.20% 이하의 연강이 사용되며, 탄소량이 그 이상으로 되면 Cr 침투가 곤란해진다. Cr이 침투된 표면층은 고 Cr의 조성이 되어 스테인리스강의 성질을 갖게 되므로 내열, 내식성 및 내마모성이 크게 된다.

#### 3) 캘러라이징(calorizing, Al 침투법)

주로 철강의 표면에 Al을 침투 확산시키는 법으로서, 알리티어룽(alitierung)이라고도 한다.

이 방법은 Al 분말을 소량의 염화암모늄과 혼합시켜 피경화 재료와 같이 회전로 중에 넣어 중성 분위기를 만든 후 850~950℃에서 4~6시간 동안 가열한다. 가열한 후에는 노 안에서 끌어 내어 다시 800~1,000℃에서 12~40시간 동안 가열하여 침투 Al이 확산되도록 한다.

#### 4) 실리코나이징(siliconizing, Si 침투법)

철강에 규소를 침투시키면 내산성이 향상된다.

#### 5) 보로나이징(boronizing, B 침투법)

철강에 붕소를 확산 침투시키면 경도가 커진다( $H_v = 1,300 \sim 1,400$ ).

## 5.3 기타 표면경화법

### 1. 쇼트 피닝

쇼트 피닝(shot peening)은 표면 냉간가공의 일종인데, 금속재료의 표면에 고속력으로 강철이나 주철의 작은 입자(0.5~1.0mm)를 분산하여 금속의 표면층을 가공경화에 의하여 표면을 경화시키는 방법으로서, 이와 같은 처리를 한 재료는 인장이나 압축에는 그다지 영향이 없으나, 휨이나 비틀림의 반복응력에 대하여서는 기계 부품의 피로한도를 뚜렷하게 증가시킨다.

### 2. 방전경화법

방전경화법(spark hardening)은 최근에 개발된 새로운 표면경화의 하나로서, 방전 현상을 이용하여 강의 표면을 침탄·질화시키는 방법이다. 즉, 음극에 탄화텅스텐(WC)이나 탄화티탄(TiC) 등의 초경합금을 사용하는데, 이것을 공구의 피경화 부분을 향하여 방전(spark)시켜서 공구 표면에 WC이나 TiC을 용착시키고, 동시에 그 열로서 주위도 경화시키는 방법이다. 전압 120V로서 50~70 μ 두께의 경화층이 얻어진다. 이 경화층의 경도는 $H_v$1,400~1,600에 달하므로 내마모성이 향상되고, 공구의 절삭 수명이 증가한다.

## 5.4 강의 산화와 탈탄

### 1. 강의 산화

열처리 가열 중에 철강이 공기 중의 산소 또는 산화성 연소 가스와 작용하여 산화철을 만드는 현상을 **산화**(oxidation)라 하고, 산화에 의해서 생긴 검고 단단한 피막(흑피)을 **스케일**(scale)이라 한다.

산화되면 철강의 손실, 다듬질면의 파괴가 일어날 뿐만 아니라 다듬질 중에 급랭을 방해하여 소위 연점(soft spot)이 생기게 되므로 주의해야 한다.

### 2. 강의 탈탄

강을 고온에서 오랜 시간 가열하면 산화되고, 이때 강 중의 탄소도 산화되어 $CO_2$ 또는 CO 가스로 되어 제거된다. 이것을 탈탄(decarburizing)이라고 한다.

이와 같이 강철 표면의 탄소함유량이 감소하면 탄소가 확산되어 탈탄부의 부족을 보충하고, 강철 전체에 있어서의 탄소함유량을 균일하게 하려는 경향이 생긴다.

그러나 탈탄속도가 확산속도보다 빠를 경우에는 강철의 표면에 탄소를 함유하지 않은 부드러운 페라이트의 부분이 생긴다. 이러한 현상은 특히 공구강과 같은 고탄소강에 있어서, 표면의 연화가 제품의 성능을 해치는 경우에는 대단히 중요한 문제가 되는 것이다.

### 3. 산화와 탈탄의 방지

큰 제품은 가열로 안에 과잉의 산화성 가스를 들여보내고 탈탄을 방지하거나, 그 진행을 억제한다. 또한 노 안에 $N_2$, 프로판($C_3H_8$), 부탄($C_4H_{10}$), 메탄($CH_4$) 등의 탄화수소계 연료가스나 목탄가스, 발생로 가스, 고로가스 등의 활성이 없는 가스를 들여보내어 강철로 만든 제품을 이들의 가스로 둘러싸서 가열하는데, 이 산화와 탈탄을 방지하기 위한 열처리로서, 특히 다음과 같은 것이 있다.

### 1) 상자 풀림(pot annealing)

연강판이나 내열 강판 또는 주철제의 상자 안에 저탄소강의 경우에는 생석회, 주철의 선반설 등을, 고탄소강의 경우는 목탄분, 골탄, 톱밥 등을 섞은 것을 제품과 함께 집어넣어 밀폐한 후, 노 안에 가열하는 것이다.

### 2) 광휘열처리(bright heat treatment)

이것은 강철 제품을 조금도 산화시키지 않고, 빛이 나는 상태에서 풀림하는 것이다. 가열과 냉각의 전공정을 통하여 강철 제품이 불활성 가스로 완전히 싸여져야 한다. 이 조작은 충분히 기밀하게 만들어진 전기로를 사용하고, 가열 전에 노 안의 공기를 불활성 가스의 분위기로 교체시킨다.

**표 5.4** 분위기 가스의 종류

| 구 분 | 종 류 |
|---|---|
| 불화성가스 | Ar가스, He가스 |
| 중 성 가 스 | 질소($N_2$), 건조수소(dry $H_2$), 암모니아($NH_3$) 분해가스 |
| 산화성가스 | 산소($O_2$), 공기, 수증기($H_2O$), 탄산가스(CO), 연소가스 |
| 환원성가스 | 수소($H_2$), 일산화탄소(CO), 탄화수소가스($CH_4$, $C_3H_8$, $C_4H_{10}$ 등) |
| 탈탄성가스 | 산화성가스, AGA101가스 |
| 침탄성가스 | 일산화탄소(CO), 탄화수소가스(CH, CH, CH 등), AGA302가스, 도시가스, 메틸알콜($CH_3OH$), 에틸알콜($C_2H_5OH$), 에테르($C_4H_{10}$) 등의 분해가스 |
| 질화성가스 | 암모니아가스 |

## 4. 산화피막의 제거

산화에 의하여 강철의 표면에 생긴 흑피 제거의 가장 간단한 처리는 산의 세척이다. 이것은 강을 산류의 용액 중에 넣어 세척하는 방법으로서, 대개 50～60℃의 15～20% 염산 수용액 및 3～10% 황산수용액이 쓰인다.

이 산의 세척에 의하여 흑피(scale)가 제거되는 것에는 철의 용해에 의한 화학적인 것과 발생기 수소에 의한 기계적인 것이 있다.

특히, 열처리품(담금질한 제품, 담금질 후 뜨임한 제품)을 산세척할 때에는 산세메짐성(pickling embrittleness, 산세척에 의해서 일어나는 수소 메짐성)을 일으키는 일이 있으므로 오랜 시간 처리는 피하는 것이 좋다. 산세척을 한 것은 더욱 물로 씻어 내고, 석회수 또는 가성소다수로 중화시킨 다음, 또다시 물로 씻고, 100～200℃의 건조실에 넣어 건조시킨다.

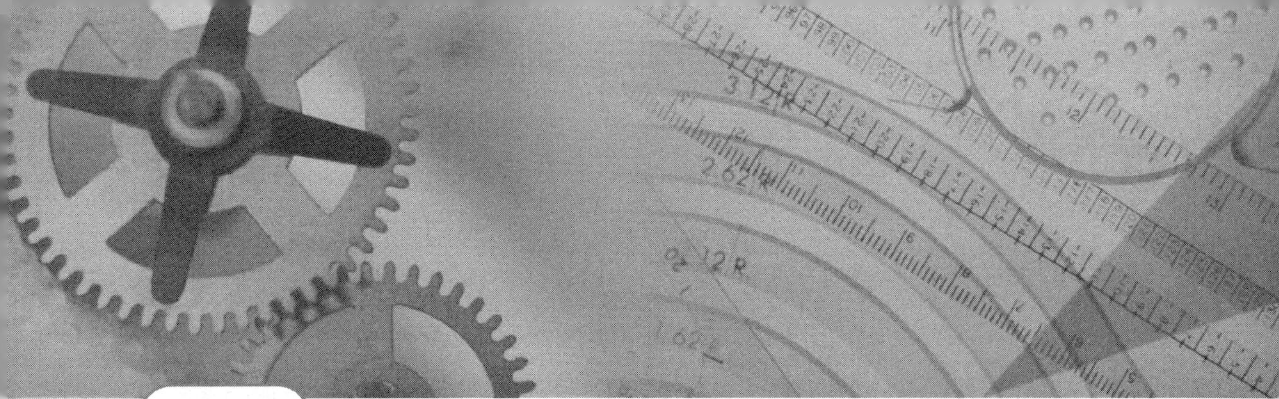

# 제6장 특수강

**특수강**(special steel)이란 보통강(탄소강)에 하나 또는 둘 이상의 특수 합금원소(제3성분)을 첨가해서, 탄소강에서 얻을 수 없는 특수한 성질을 부여하여 준 강을 말하며, **합금강**(alloy steel)이라고도 한다.

보통 특수강의 탄소함유량은 0.25~0.55% 정도이다. 합금원소의 첨가량이 1% 또는 수 %의 경우에는 저합금강으로서, 강도를 별로 요하지 않는 기계 부분품 또는 표면경화재로 사용되며, 합금원소의 함유량이 10% 이상인 고합금강은 내식, 내열, 내마모등과 같이 특수 목적재로 사용된다.

합금원소로는 Ni, Cr, Mo, Si, Ti, Al, V, B 등이 중요하며, 표 6.1은 대표적인 각 원소의 특성을 나타낸 것이다.

**표 6.1** 주요첨가원소의 특성

| 개개원소의 특성 | | 여러 원소에 공통인 특성 | |
|---|---|---|---|
| 원 소 | 특 성 | 원 소 | 특 성 |
| Ni | 인성 증가, 저온 충격 저항 증가 | P, Si, Mo, Ni, Cr, W, Mn | 페라이트 강화성 |
| Cr | 내식성, 내마모성 증가 | V, Mo, Mn, Cr, Ni, W, Cu, Si | 담금효과 침투성 향상 |
| Mo | 뜨임 여림성 방지 | Al, V, Ti, Zr, Mo, Cr, Si, Mn | 오스테나이트 결정입자의 성장 방지 |
| Mn, W | 고온에 있어서의 경도와 인장강도 증가 | V, Mo, W, Cr, Si, Mn, Ni | 뜨임 저항성 향상 |
| Cu | 공기중 내산화성 증가 | Ti, V, Cr, Mo, W | 탄화물생성성 향상 |
| Si | 전자기특성, 내열성 우수 | | |
| V, Ti, Zr | 결정입자의 조절 | | |

## 6.1 특수강의 분류

특수강을 분류하는 데에는 여러 가지 방법이 있다. 즉, 합금원소(alloying element)의 함유량에 따라 저합금강과 고합금강, 성분에 따라 Ni강, Mn강, W강, Mo강, Cr강, Ti강, B강, Co강 등으로 분류되며, 용도에 따라 특수강을 분류하면 표 6.2에 나타낸 바와 같다.

표 6.2 특수강의 분류(용도별)

- 구조용 특수강
  - 강 인 강
    - 저합금강(저탄소 고합금강)
    - 강인강(합금강)
    - 초강인강(초고장력강)
    - 흑연강
  - 표면 경화강
    - 침 탄 강
    - 질 화 강
- 특수 공구강
  - 합금 공구강
  - 고속도강
  - 시효 경화(석출 경화)합금 공구강
- 특수 용도용 특수강
  - 쾌 삭 강
    - 흑연 쾌삭강
    - 납 쾌삭강
    - 황 쾌삭강
  - 스프링강
  - 베어링강
  - 스테인리스강
  - 내 열 강
  - 내산 내식강
  - 자기용 특수강
    - 규소강
    - 자석강
  - 전열용 합금강
  - 원자력용강
  - 내마모강
  - 불 변 강
    - 인바
    - 초인바
    - 엘린바
    - 플래티나이트

## 6.2 특수강의 조직과 상태도

철과 특수 합금 원소와의 이원상태 또는 오스테나이트 영역의 형태에 따라 구분된다.

### 1. 오스테나이트 구역 확대형

1) 오스테나이트 생성형

탄소강에 Mn, Ni, Co 등의 합금원소를 첨가하면 $A_3$점은 강하하고, $A_4$점은 상승하므로, 상태도에 나타난 $\gamma$구역이 넓어진다.

이와 같은 상태도는 대략 그림 6.1과 같다.

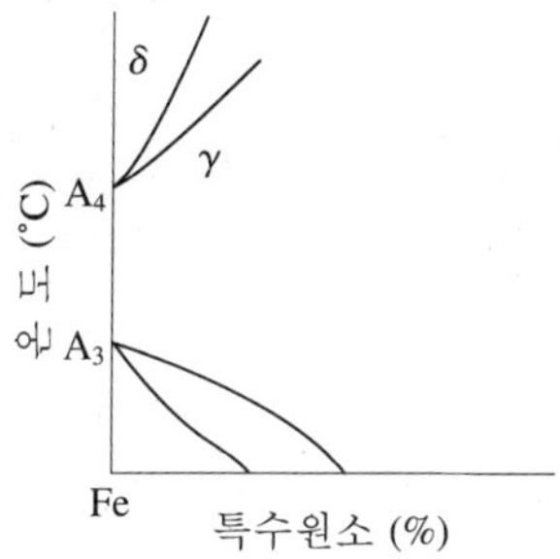


그림 6.1 오스테나이트 생성형

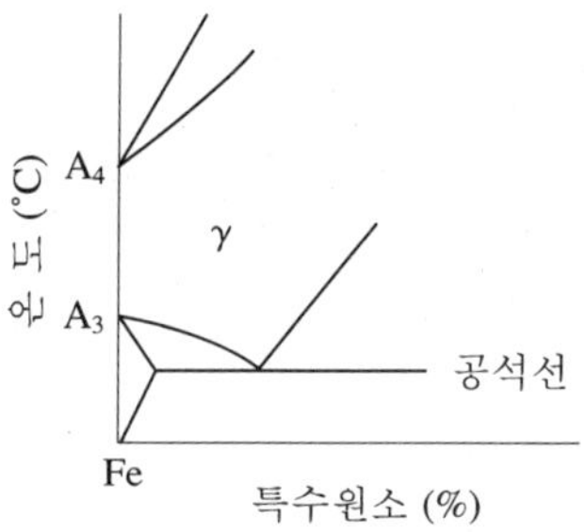


그림 6.2 공석변태형

2) 공석변태형

강에 C, N, Cu 등의 함유량이 많아지면 $A_3$점은 강하하나 공석되며, $A_4$는 상승한다. 이것이 오스테나이트 생성형과 다른 것은 공석(eutectoid)을 형성하는 점이다. 이와 같은 형의 상태도는 그림 6.2와 같다.

### 2. 오스테나이트 구역 축소형

탄소강에 Cr, W, Mo, V, Ti, Al, Be, Zr, P, As 등을 첨가하면 $A_3$점이 상승하고, $A_4$점은 강하하여 오스테나이트 영역을 축소한다. 이와 같은 상태도를 **페라이트 생성형**이라고 한다. 그림 6.3은 오스테나이트 축소형이다.

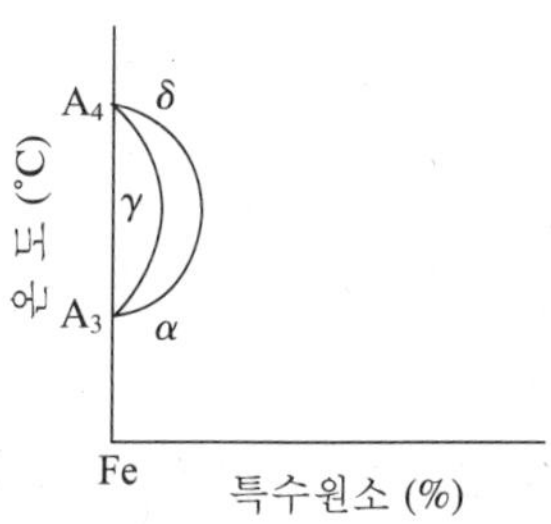


그림 6.3 페라이트 생성형

## 6.3 특수강의 열처리

특수강에 첨가된 합금원소의 효과는 화학성분상 강철에 어떤 특성을 부여하는 것 이외에 담금질할 때에 경화능을 좋게 한다. 일반 탄소강에 합금원소를 첨가하면 변태점 및 변태속도가 변화하여 임계냉각속도(critical cooling rate)에 영향을 미치게 된다.

예를 들면 0.3% 탄소강의 상부임계냉각속도는 2,500℃/sec 정도이나, 합금원소를 첨가함에 따라 그 속도가 표 6.3과 같이 아주 감소된다. 이것은 담금질에 의해서 용이하게 경화한다는 것을 뜻한다.

표 6.4는 담금질성에 미치는 합금원소의 영향을 나타낸 것이다.

**표 6.3** 각종 강의 임계냉각속도

| 강의 종류 | 조 성 | | | | 상부임계냉각속도(℃/sec) |
|---|---|---|---|---|---|
| | C(%) | Ni(%) | Cr(%) | Mo(%) | |
| 탄 소 강 | 0.3 | – | – | – | 2,500 |
| Ni강 | 0.27 | 2.86 | – | – | 700 |
| Cr강 | 0.3 | – | 0.86 | – | 551 |
| Ni-Cr강 | 0.26 | 3.22 | 0.67 | – | 250 |
| Ni-Cr-Mo강 | 0.33 | 2.86 | 0.37 | 0.32 | 150 |

**표 6.4** 담금질성에 미치는 특수원소의 영향

| 담금질성을 증가시키는 것 | 담금질성에 영향이 없는 것 | 담금질성을 나쁘게 하는 것 |
|---|---|---|
| C, Mn, P, Si, Ni<br>Cr, Mo, B, Cu, Zr, Sn<br>U, As, Sb, Be, $H_2$, $N_2$ | (Al), Ge, ($O_2$) | S, V, (Ti), Co<br>Cd, Ta, W<br>Pb, Te |

위와 같이 적량의 합금원소를 함유한 강은 담금질 효과가 좋기 때문에 두꺼운 대형 강재일지라도 중심층까지 담금질조직으로 되어서 질량 효과가 적다.

그림 6.4는 각종 강을 유중에 담금질 하였을 때 얻어지는 경화층의 깊이를 비교한 것이다.

오스테나이트 구역을 확대시키는 Ni, Mn 등은 변태점을 강하시키고, 또한 변태속도를 감소시키므로, 그 첨가량이 많아짐에 따라서 냉각속도를 증가시키는 것과 같은 효과를 준다. 한편 Cr, W, Mo 등은 탄화물을 형성하고, 탄소의 확산을 막으며, 냉각변태를 정지시킨다.

즉, 임계냉각속도를 감소시키며, 경화능을 증가시킨다. 그러므로 이러한 원소들을 함유한 강은

| 강 | 화학조성(%) | | | |
|---|---|---|---|---|
| | C | Cr | Ni | Mo |
| C강 (a) | 0.31 | | | |
| C강 (a) | 0.45 | | | |
| C강 (a) | 0.56 | | | |
| Cr강 | 0.44 | 0.60 | | |
| Mn강 | 0.41 | (Mn 1.10) | | |
| Cr강 | 0.42 | 1.58 | | |
| Cr-Mn강 | 0.38 | 1.25 | (Mn 0.80) | |
| Cr-Mo강 | 0.34 | 1.54 | | 0.31 |
| | 0.18 | 13.41 | 1.10 | |
| Ni-Cr강 | 0.34 | 0.86 | 3.12 | |
| Ni-Cr-Mo강 | 0.31 | 0.80 | 3.60 | 0.32 |
| Ni-Cr-Mo강 | 0.30 | 1.44 | 4.02 | 0.48 |
| Ni-Cr-Mo강 | 0.28 | 2.61 | 4.55 | 0.70 |
| Ni-Cr-Mo-W강 | 0.25 | 1.48 | 4.03 | 0.51 |
| Ni-Cr-Mo-W강 | (W 1.96 V 0.3) | | | |

담금질온도는 850℃. 단,(a) 950℃

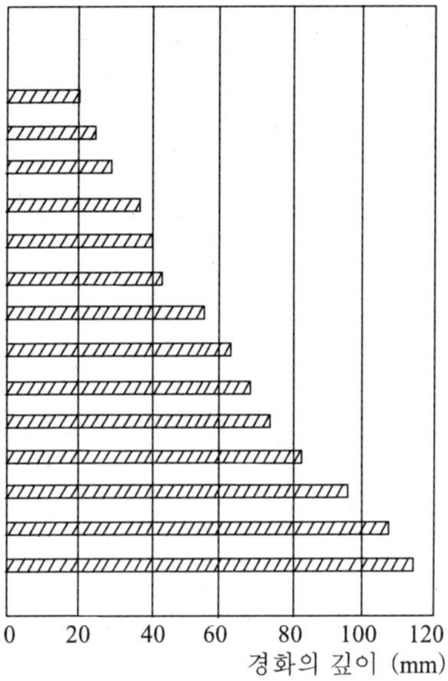


**그림 6.4** 각종 강의 담금질 효과

공랭으로도 경화하는 성질(자경성)을 가지고 있다. 이와 같이 자경성이 있는 강을 **자경강**(self hardening steel) 또는 **공기경화강**(air hardening steel)이라 한다. **자경강**은 Ni, Mn, Cr이 크며 W, Mo은 비교적 작다.

특수강은 자경성이 있으므로 급랭을 하지 않아도 충분히 경화되어, 담금질 균열이나 변형 등의 결함을 일으키지 않는 반면에 탄소강과는 달리, 풀림에 의해서 연화되기 어려운 단점도 있다. 그 이유는 특수 합금 원소의 첨가로 변태점이 쉽게 강하하여 풀림 조직이 완전한 퍼얼라이트가 아니라 소르바이트나 트루스타이트로 되기 쉽고, 강 중의 페라이트가 합금 원소를 고용하고 있기 때문에 다소 경화된다.

고Mn강이나 18-8강 등과 같이 첨가 원소량이 많은 것은 변태온도가 더욱 저하되어 있으므로, 서냉시켜서도 그 조직이 오스테나이트로 된다. 이러한 것들은 1,000~1,200℃에서 수중에 급랭시켜서 완전한 오스테나이트로 만든 것이 오히려 연하고, 인성이 증가되어서 가공하기가 용이하다. 이러한 열처리 방법을 **수인법**(water toughening)이라고 하며, 기름에서 행하면 **유인법**(oil toughening)이라 한다.

# 6.4 구조용 특수강

이것은 기계 부품 및 각종 구조물로 사용되는 것으로 기계적 성질은 물론 단조성, 피절삭성, 용접성 등과 같이 가공성이 좋아야 한다.

## 1. 강인강

강인강은 탄소강으로 얻기 어려운 강인성을 가져야 하기 때문에 탄소강에 Ni, Cr, Mo, W, V, Ti, Zr, Co, B, Si 등을 적량 첨가한 것이다. 이것 중에서 제조된 상태 그대로 사용되는 것도 있지만 적당한 조질처리를 함으로써 비로소 강인한 성능을 나타내는 것도 있다.

### 1) 저합금강

일반 구조용 강재도 인장강도가 50kg/mm$^2$ 이상이 되는 것도 얻을 수 있으나, 탄소량을 증가하면 그에 따라 강도와 경도는 커지나 충격값이 적어지고 용접이 곤란하다. 따라서 탄소강에 소량의 특수 원소를 첨가한 저합금강을 단조 또는 압연한 그대로 고장력강으로서 사용한다. 즉, 인장강도는 50kg/mm$^2$로부터 70~80kg/mm$^2$로 증가하기 때문이다.

이 강에 요구되는 여러 가지 조건을 열거하면 다음과 같다.

(가) 화학조성이 알맞아야 한다.
(나) 기계적 성질이 인장강도 > 49kg/mm$^2$, 항복점 > 32kg/mm$^2$, 연신율 20%이어야 한다.
(다) 가공성이 좋아야 한다.
(라) 용접성이 좋아야 한다.
(마) 내식성이 우수하여야 한다.
(바) 열처리하지 않아도 사용할 수 있어야 한다.

이것으로는 Mn계 강이 가장 널리 실용되며, 그 밖에도 0.18~0.35%C강, 0.5%Si강, Si-Mn계, Mn-V-Ti계, Ni-Cr-Mo계 등도 있다.

이것들은 철탑, 기중기(crane), 고압 용기 등의 구조에 사용된다.

### 2) 합금강

강도와 인성이 크고 담금질에 의해서 경화되며, 뜨임에 의해서 인화가 가장 잘 되는 대표적인 강종으로서 0.25~0.50%C강에 Ni, Cr, Mo 등을 첨가한 것이 그 대표적이다.

표 6.5 Ni-Cr강의 열처리온도와 기계적 성질 (KS D 3708)

| 기 호 | 열처리온도(℃) | | 인장강도 | 연신율 | 충격치 | 경 도 |
|---|---|---|---|---|---|---|
| | 담금질 | 뜨 임 | (kg/mm²) | (%) | (kg·m²/cm²) | ($H_B$) |
| SNC 1 | 820~880 유 냉 | 550~650 급 냉 | 75 이상 | 22 이상 | 12 이상 | 212~255 |
| SNC 2 | 〃 | 〃 | 85 〃 | 18 〃 | 〃 | 248~302 |
| SNC 3 | 〃 | 〃 | 95 〃 | 15 〃 | 8 〃 | 269~321 |
| SNC 21 | 일차유냉 850~900 이차유냉 750~790 | 150~200 공 냉 | 80 〃 | 17 〃 | 9 〃 | 235~341 |
| SNC 22 | 일차유냉 830~880 이차유냉 750~800 | 〃 | 100 〃 | 12 〃 | 8 〃 | 285~388 |

(가) Ni-Cr강

구조용 특수강 중에서 가장 중요한 강종인데, 이 중에서도 현재 가장 널리 사용되고 있는 것은 0.27~0.40%C에 Ni 1.0~3.5%와 Cr 0.5~1.0% 정도 첨가시킨 것이다. 이 성분의 범위에서는 Ni은 페라이트 중에 고용되어 그 인성을 증가시키고, Cr은 탄화물 중에 고용되어 강의 경도를 증가시켜 그 결정입자를 미세화시킨다. 담금질 후 뜨임한 것은 소르바이트 조직으로서 내마모성, 내식성, 내열성이 탄소강보다 우수하며, 높은 온도에서 오랜 시간 동안 가열하여도 결정입자의 조대화 경향이 거의 없다. 반면에 주조 또는 가공시 수지상정이나 백점(flake)이 생기기 쉽고, 열처리시 뜨임메짐(취성)을 일으키기 쉽다. 단조온도는 850~1,050℃이고, 820~880℃에서 유냉한 후 550~650℃에서 뜨임 처리한다.

(나) Ni-Cr-Mo강

구조용 Ni-Cr강에 0.3% 정도의 Mo을 첨가함으로써 강인성을 증가시키고, 담금질 질량 효과를 감소시키는 것 외에 뜨임저항을 방지할 수 있는 강을 말한다. 이것은 고급 내연기관의 크랭크축 등의 기계부품에 사용된다.

실용 성분 범위는 표 6.6과 같이 C 0.20~0.50%, Ni 1.5~2.5%, Cr 0.60~1.00%, Si 0.15~0.35%, Mn 0.35~0.80%, P, S은 0.035% 이하 정도로 830~880℃에서 기름담금질한 후 550~650℃에서 급랭뜨임하면 항복점 70~85kg/mm², 인장강도 85~100kg/mm², 연신율 15~20%, $H_B$250~350 정도 이상의 성질을 얻을 수 있다.

그림 6.5는 Ni-Cr강, Ni-Cr-Mo강, Ni-Cr-W강의 뜨임메짐을 비교한 것이다.

**표 6.6** 구조용 합금강(강인강)의 화학성분과 용도 (KS D 3708, KS D 3709)

| 강 종 | 기호 | 화학성분(%) | | | | | | | | 용도 |
|---|---|---|---|---|---|---|---|---|---|---|
| | | C | Si | Mn | P | S | Ni | Cr | Mo | |
| Cr-Ni강 | SNC 1 | 0.32~0.40 | 0.15~0.35 | 0.50~0.80 | <0.030 | <0.030 | 1.00~1.50 | 0.50~0.90 | | 소형축류, 볼트, 스텃, 이음쇠, 크랭크, 프로펠러 축, 기어, 밸브기어, 축류 |
| | SNC 2 | 0.27~0.35 | 0.15~0.35 | 0.35~0.65 | <0.030 | <0.030 | 2.50~3.00 | 0.60~1.00 | | |
| | SNC 3 | 0.32~0.40 | 0.15~0.35 | 0.35~0.65 | <0.030 | <0.030 | 3.00~3.50 | 0.60~1.00 | | |
| Ni-Cr-Mo 강 | SNCM 1 | 0.27~0.35 | 0.15~0.35 | 0.60~0.90 | <0.030 | <0.030 | 1.60~2.00 | 0.60~1.00 | 0.15~0.30 | 크랭크 축, 커넥팅 로드 |
| | SNCM 2 | 0.20~0.30 | 0.15~0.35 | 0.35~0.60 | <0.030 | <0.030 | 3.00~3.50 | 1.00~1.50 | 0.15~0.30 | 대형축, 각종 봉 |
| | SNCM 5 | 0.25~0.35 | 0.15~0.35 | 0.35~0.60 | <0.030 | <0.030 | 2.50~3.50 | 2.50~3.50 | 0.50~0.70 | 강력 볼트, 기어 |
| | SNCM 6 | 0.38~0.43 | 0.15~0.35 | 0.70~1.00 | <0.030 | <0.030 | 0.40~0.70 | 0.40~0.65 | 0.15~0.30 | 중소형 축, 기어, 축 |
| | SNCM 7 | 0.43~0.48 | 0.15~0.35 | 0.70~1.00 | <0.030 | <0.030 | 0.40~0.70 | 0.40~0.65 | 0.15~0.30 | 중소형 축, 기어, 축 |
| | SNCM 8 | 0.36~0.43 | 0.15~0.35 | 0.60~0.90 | <0.030 | <0.030 | 1.60~2.00 | 0.60~1.00 | 0.15~0.30 | 중소형 축, 봉 |
| | SNCM 9 | 0.44~0.50 | 0.15~0.35 | 0.60~0.90 | <0.030 | <0.030 | 1.60~2.00 | 0.60~1.00 | 0.15~0.30 | 중소형 축, 봉 |
| Cr 강 | SCr 1 | 0.30~0.40 | 0.20~0.50 | 0.70~1.00 | <0.030 | <0.030 | | 0.80~1.10 | | 축, 로드, 이음쇠, 볼트 |
| | SCr 2 | 0.28~0.33 | 0.15~0.35 | 0.60~0.85 | <0.030 | <0.030 | | 0.90~1.20 | | 기어, 축, 볼트 |
| | SCr 3 | 0.33~0.38 | 0.15~0.35 | 0.60~0.85 | <0.030 | <0.030 | | 0.90~1.20 | | 기어, 축, 볼트 |
| | SCr 4 | 0.38~0.43 | 0.15~0.35 | 0.60~0.85 | <0.030 | <0.030 | | 0.90~1.20 | | 기어, 축, 볼트 |
| | SCr 5 | 0.43~0.48 | 0.15~0.35 | 0.60~0.85 | <0.030 | <0.030 | | 0.90~1.20 | | 기어, 축, 볼트 |
| Cr-Mo 강 | SCM 1 | 0.27~0.37 | 0.15~0.35 | 0.30~0.60 | <0.030 | <0.030 | | 1.00~1.50 | 0.15~0.35 | 각종 축, 로드, 기어 |
| | SCM 2 | 0.28~0.33 | 0.15~0.35 | 0.60~0.85 | <0.030 | <0.030 | | 0.90~1.20 | 0.15~0.35 | 크랭크축, 볼트 |
| | SCM 3 | 0.33~0.38 | 0.15~0.35 | 0.60~0.85 | <0.030 | <0.030 | | 0.90~1.20 | 0.15~0.35 | 크랭크축, 볼트 |
| | SCM 4 | 0.38~0.43 | 0.15~0.35 | 0.60~0.85 | <0.030 | <0.030 | | 0.90~1.20 | 0.15~0.35 | 크랭크축, 볼트 |
| | SCM 5 | 0.43~0.48 | 0.15~0.35 | 0.60~0.85 | <0.030 | <0.030 | | 0.90~1.20 | 0.15~0.35 | 크랭크축, 볼트 |

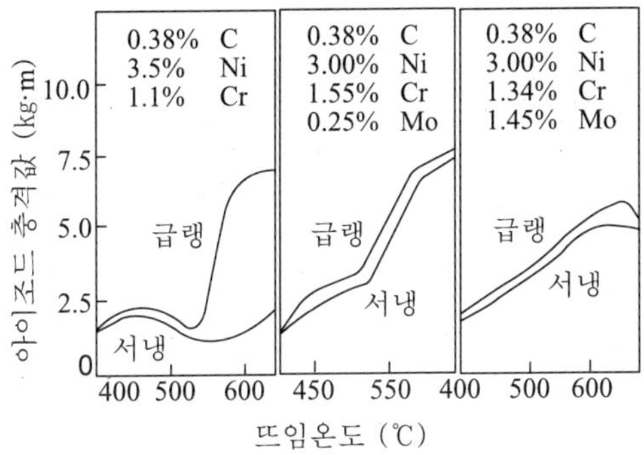


**그림 6.5** 각종 강인강의 뜨임메짐의 비교

(다) Cr-Mo강

Ni-Cr강의 Ni을 줄이기 위하여, Cr강에 소량의 Mo을 첨가하면 인장강도 및 충격저항이 큰 퍼얼라이트강이 얻어지므로 Ni-Cr강의 대용강으로 사용된다. 이것은 Ni-Cr강과 열처리 효과나 기계적 성질에 큰 차이가 없으며, 용접성도 우수하여 주로 각종 축류, 기어, 강력 볼트, 아암레버(arm-lever) 등에 사용된다.

(라) Mn-Cr강

Ni-Cr강의 Ni을 Mn으로 대치시킨 강으로서 Ni-Cr강에 비해서 질량효과가 크며, 인성이 크다. 강도는 감소되나 그 근본적인 기계적 성질에서는 큰 차이가 없다. Ni을 사용하지 않았기 때문에 값이 싸므로 많이 이용된다.

### 3) 초강인강

로케트 및 미사일용으로 제조된 초강인강은 인공위성의 실현에 의해서 더욱더 강인한 강력강이 요구되고 있다. 현재 인장강도 200kg/mm$^2$ 정도의 것까지 실용화되고 아직도 발전 도중에 있는 것이다. 이들 강종에는 Ni-Cr-Mo계에 Si, Mn, V 등을 첨가한다. 일반적으로 화학성분은 탄소를 중심으로 하여 다른 합금성분의 양도 비교적 많게 하고, P과 S은 가능한 한 적게 하여 용접성을 향상시킨다.

### 4) 흑연강

강과 주철의 장점만을 가진 것으로서, 강 중의 탄소를 흑연상태로 포함시켜 절삭성, 윤활성을 좋게 하고 또 인성도 좋은 강이다. 이것은 강 중의 탄소를 유리상태의 흑연으로 하는 열처리를 행하여야 한다.

## 2. 표면경화강

### 1) 침탄용 표면경화강

침탄용강은 연하여 절삭하기 쉬운 반면에 침탄하여 열처리한 후 중심 부분이 강인하고, 표면이 용도에 대하여 충분한 경도와 내마모성을 갖지 않으면 안 된다. 침탄용강으로는 보통 저탄소강이 사용되나 보다 우수한 성능이 요구될 때에는 Ni, Cr, Mo, W, V 등을 함유하는 특수강이 쓰인다. Ni을 첨가하면 고온으로 오랜 시간 가열하여도 거칠어지는 일이 적으므로1차 담금질을 하지 않을 수도 있다.

### 2) 질화용 표면경화강

질화강은 Al, Cr, Mo, Ti, V 등의 원소 중에서 두 개 이상의 성분을 함유한 것이 사용되고 있다. 다음 표 6.7에서 제1종, 제2종은 Al-Cr-Mo계의 것이고, 제3종은 Al-V계의 질화강을 나타낸 것이다. 그리고 질화강 중의 Mn 0.4~0.7%, Si 0.2~0.3% 정도의 것이 표준으로 되어 있다.

**표 6.7** 표준질화강의 성분 및 특성

| 종별 | 화학성분(%) | | | | | 표면 경도 ($H_V$) | 특성 |
|---|---|---|---|---|---|---|---|
| | C | Al | Cr | Mo | V | | |
| 제1종 | 0.25~0.45 | 0.90~1.40 | 1.00~1.80 | 0.25~0.45 | – | 1,100~1,150 | 경도가 아주 높고, Nitralloy라 칭한다. 용해·주조·절삭 등이 비교적 곤란 |
| 제2종 | 0.25~0.45 | 0.25~0.35 | 1.20~1.70 | 0.25~0.35 | – | 850~900 | Al을 적게 하면 표면 경도는 중간 정도. 강인·절삭이 쉽고 값이 싸므로 널리 사용됨. |
| 제3종 | 0.25~0.45 | – | 2.20~2.40 | – | 0.10~0.2 | 650~700 | Al을 함유하지 않은 Cr-V강으로서 경도는 낮으나 아주 강인해서 취급이 쉽고 대형 부분에 적당 |

최근 질화강 중에서 Al 1~2%, Cr 1.5~1.8%, Mo 0.3~0.5%를 함유하는 것이 널리 사용되나, 값이 고가이므로 C 0.4~0.5%, Cr 1.3~1.7%, Mo 0.1~0.35%의 Cr-Mo 강도 질화에 사용된다.

## 6.5 공구강과 공구재료

공구(tool)란 금속을 가공할 때 절삭, 전단 등에 사용하는 날류(인물)나 측정에 사용되는 여러 가지 기구 또는 이러한 목적을 위하여 여러 가지 보조로 사용되는 기구를 통털어서 말한다.

공구용 재료로서 구비해야 할 조건은 사용목적에 따라서 다소 차이가 있으나 대략 다음과 같다.

(가) 상온 및 고온 경도가 높을 것
(나) 내마모성이 클 것
(다) 강인성이 있을 것
(라) 열처리 및 가공 취재 방법이 용이할 것
(마) 가격이 저렴할 것

따라서 각종 공구재료로서 탄소 공구강보다 강도, 인성, 내마모성을 필요로 할 경우 사용되는 특수강은 높은 탄소량 이외에 Cr, W, Ni, Mn 중 어느 하나 이상 첨가되어 사용되고 더 고급의 공구강은 성질을 개선하기 위하여 Mo, V, Co 등을 첨가시킨다.

여기에서 편의상 합금 공구강과 고속도강으로 크게 구별할 수 있고, 이밖에 특수강은 아니지만 공구로서 주조 합금, 초경 합금 및 석출 경화 합금 등이 최근 널리 사용되고 있다.

### 1. 합금 공구강(alloy tool steel)

#### 1) 절삭용 합금 공구강

경도를 크게 하고 절삭성을 좋게 하기 위하여 탄소량을 많이 하고, 여기에 Cr, W, V 등을 첨가한 것이다.

표 6.8은 바이트(bite), 탭(tap), 드릴(drill), 절단기(cutter), 줄(file) 등과 같은 절삭용 날류(인물)을 주로 해서 성분을 나타낸 것이다.

**표 6.8** 합금 공구강의 종류와 조성 및 그 용도 (JIS 4404)

| 기 호 | 화 학 성 분 (%) | | | | | |
|---|---|---|---|---|---|---|
| | C | Si | Mn | P | S | Ni |
| SKS 1 | 1.30~1.40 | 0.35 이하 | 0.50 이하 | 0.030 이하 | 0.030 이하 | – |
| SKS 11 | 1.20~1.30 | 0.35 이하 | 0.50 이하 | 0.030 이하 | 0.030 이하 | – |
| SKS 2 | 1.00~1.10 | 0.35 이하 | 0.80 이하 | 0.030 이하 | 0.030 이하 | – |
| SKS 21 | 1.00~1.10 | 0.35 이하 | 0.50 이하 | 0.030 이하 | 0.030 이하 | – |
| SKS 5 | 0.75~0.85 | 0.35 이하 | 0.50 이하 | 0.030 이하 | 0.030 이하 | 0.10~1.30 |
| SKS 51 | 0.75~0.85 | 0.35 이하 | 0.50 이하 | 0.030 이하 | 0.030 이하 | 1.30~2.00 |
| SKS 7 | 1.10~1.20 | 0.35 이하 | 0.50 이하 | 0.030 이하 | 0.030 이하 | – |
| SKS 8 | 1.30~1.50 | 0.35 이하 | 0.50 이하 | 0.030 이하 | 0.030 이하 | – |
| SKS 4 | 0.45~0.55 | 0.35 이하 | 0.50 이하 | 0.030 이하 | 0.030 이하 | – |
| SKS 41 | 0.35~0.45 | 0.35 이하 | 0.50 이하 | 0.030 이하 | 0.030 이하 | – |
| SKS 42 | 0.75~0.85 | 0.30 이하 | 0.50 이하 | 0.030 이하 | 0.030 이하 | – |
| SKS 43 | 1.00~1.10 | 0.25 이하 | 0.30 이하 | 0.030 이하 | 0.030 이하 | – |
| SKS 44 | 0.80~0.90 | 0.25 이하 | 0.30 이하 | 0.030 이하 | 0.030 이하 | – |
| SKS 3 | 0.90~1.00 | 0.35 이하 | 0.90~1.20 | 0.030 이하 | 0.030 이하 | – |
| SKS 31 | 0.95~1.05 | 0.35 이하 | 0.90~1.20 | 0.030 이하 | 0.030 이하 | – |
| SKD 1 | 1.80~2.40 | 0.40 이하 | 0.60 이하 | 0.030 이하 | 0.030 이하 | – |
| SKD 11 | 1.40~1.60 | 0.40 이하 | 0.50 이하 | 0.030 이하 | 0.030 이하 | – |
| SKD 12 | 0.95~1.05 | 0.40 이하 | 0.60~0.90 | 0.030 이하 | 0.030 이하 | – |
| SKD 2 | 1.80~2.20 | 0.40 이하 | 0.60 이하 | 0.030 이하 | 0.030 이하 | – |
| SKD 4 | 0.25~0.35 | 0.40 이하 | 0.60 이하 | 0.030 이하 | 0.030 이하 | – |
| SKD 5 | 0.25~0.35 | 0.40 이하 | 0.60 이하 | 0.030 이하 | 0.030 이하 | – |
| SKD 6 | 0.32~0.42 | 0.80~1.20 | 0.50 이하 | 0.030 이하 | 0.030 이하 | – |
| SKD 61 | 0.32~0.42 | 0.80~1.20 | 0.50 이하 | 0.030 이하 | 0.030 이하 | – |
| SKT 1 | 0.50~0.60 | 0.35 이하 | 0.80~1.20 | 0.030 이하 | 0.030 이하 | – |
| SKT 2 | 0.50~0.60 | 0.35 이하 | 0.80~1.20 | 0.030 이하 | 0.030 이하 | – |
| SKT 3 | 0.50~0.60 | 0.35 이하 | 0.80~1.20 | 0.030 이하 | 0.030 이하 | 0.25~0.60 |
| SKT 4 | 0.50~0.60 | 0.35 이하 | 0.80~1.20 | 0.030 이하 | 0.030 이하 | 1.30~2.00 |
| SKT 5 | 0.50~0.60 | 0.35 이하 | 0.80~1.20 | 0.030 이하 | 0.030 이하 | – |
| SKT 6 | 0.70~0.85 | 0.35 이하 | 0.80~1.20 | 0.030 이하 | 0.030 이하 | 2.50~3.00 |

| 기 호 | 화 학 성 분 (%) | | | | 용 도 | 적요 |
|---|---|---|---|---|---|---|
| | Cr | Mo | W | V | | |
| SKS 1 | 0.50～1.40 | – | 4.00～5.00 | – | 바이트, 냉간인발용, 다이스 | 절삭용 |
| SKS 11 | 0.20～1.30 | – | 3.00～4.00 | 0.10～0.30 | 바이트, 냉간인발용, 다이스 | |
| SKS 2 | 0.50～1.10 | – | 1.00～1.50 | – | 탭, 드릴, 커터, 핵소오 | |
| SKS 21 | 0.20～1.10 | – | 0.50～1.00 | 0.10～0.25 | 탭, 드릴, 커터, 핵소오 | |
| SKS 5 | 0.50 이하 | – | – | – | 둥근톱, 띠톱 | |
| SKS 51 | 0.50 이하 | – | – | – | 둥근톱, 띠톱 | |
| SKS 7 | 0.20～0.50 | – | 2.00～2.50 | – | 핵소오 | |
| SKS 8 | 0.20～0.50 | – | – | – | 줄 | |
| SKS 4 | 0.50～1.00 | – | 0.50～1.00 | – | 절단용강, 펀치 스냅 | 내충격용 |
| SKS 41 | 1.00～1.50 | – | 2.50～350 | – | 절단용강, 펀치 스냅 | |
| SKS 42 | 0.25～0.50 | – | 1.50～2.50 | 0.15～0.30 | 줄, 절단용강, 펀치 | |
| SKS 43 | – | – | – | 0.10～0.25 | 광산기기용 피스톤 | |
| SKS 44 | – | – | – | 0.10～0.25 | 절단용강, 헤딩 다이스 | |
| SKS 3 | 0.50～1.00 | – | 0.50～1.00 | – | 게이지, 탭, 다이스 | 내마모불변형용 |
| SKS 31 | 0.80～1.20 | – | 1.00～1.05 | – | 게이지, 인발형재 | |
| SKD 1 | 12.00～5.00 | – | – | – | 선인 다이스, 인발형재 | |
| SKD 11 | 11.00～13.00 | 0.80～1.20 | – | 0.20～0.50 | 게이지, 인발형재, 로울러 | |
| SKD 12 | 4.50～5.50 | 0.80～1.20 | – | 0.20～0.50 | 게이지, 인발형재, 로울러 | |
| SKD 2 | 12.00～15.00 | – | 2.50～3.50 | – | 선인 게이지, 인발형재 | |
| SKD 4 | 2.00～3.00 | – | 5.00～6.00 | 0.30～0.50 | 프레스형다이케스트용다이스 | 주로열간가공용 |
| SKD 5 | 2.00～3.00 | – | 9.00～10.00 | 0.30～0.50 | 프레스형다이케스트용다이스 | |
| SKD 6 | 4.50～5.50 | 1.00～1.50 | – | 0.30～0.50 | 프레스형다이케스트용다이스 | |
| SKD 61 | 4.50～5.50 | 1.00～1.05 | – | 0.80～1.20 | 프레스형다이케스트용다이스 | |
| SKT 1 | – | – | – | – | 타이프록(type-lock) | |
| SKT 2 | 0.80～1.20 | – | – | – | 타이프록 | |
| SKT 3 | 0.90～1.20 | 0.30～0.501 | – | – | 타이프록 | |
| SKT 4 | 0.70～1.00 | 0.20～0.50 | – | – | 타이프록 | |
| SKT 5 | 1.00～1.50 | 0.20～0.40 | – | 0.10～0.30 | 타이프록 | |
| SKT 6 | 0.80～1.10 | 0.30～0.50 | – | – | 프레스형 | |

(가) Cr강

Cr은 값이 싼 첨가원소로서 대부분의 특수강에 조금씩은 전부 첨가되는 원소이다. Cr은 담금질의 경화능을 매우 많이 증가시키고, 0.5% 정도만 첨가하여도 기름담금질이 가능하며, 1% 이상이면 자경성이 풍부하게 되어 공기담금질이 가능하다.

또 Cr은 경도가 매우 큰 탄화물을 만들고 결정입자를 미세화하며, 절삭성과 내마모성을 크게 하고 절삭가공온도에서 뜨임되어 연화되지 않으며, 또한 내식, 내산성이 커서 공구강으로서 가장 알맞은 성질을 갖고 있는 특수첨가 원소이다. 따라서 Cr강은 탄소공구강에 비해서 내구력이 크고, 담금질 경화성 및 절삭성이 양호하여 널리 이용되고 있다.

(나) W강

W은 담금질 경화성과 고온경도를 증가시키고, 뜨임 저항성이나 내마모성, 절삭성 등을 향상시킨다. 자경성은 Cr강에 비해서 매우 약하기 때문에 공기 중의 담금질은 불가능하고, 냉각속도를 어느 정도 크게 하지 않으면 담금질 효과를 충분히 얻을 수 없다. W은 가격이 고가이므로, 대개 고급 절삭용 공구나 성형공구에만 사용된다.

(다) W-Cr강

Cr강과 W강의 장점을 갖춘 강으로 효과적으로 이용되고 있다.

#### 2) 내충격용 합금공구강

정, 펀치, 스냅과 같은 내충격을 가져야 하는 강종은 인성을 가져야 하기 때문에 절삭용 강종에 비해서 탄소량이 비교적 낮고 Cr, W, V 등을 첨가하여야 한다.

#### 3) 내마모불변형용 합금공구강

게이지 이외의 정밀 측정 공구로서는 경도와 내마모성이 커야 하고, 열처리에 의한 변형과 경년변형 등이 매우 적어야 한다.

#### 4) 열간가공용 합금공구강

열간가공용 프레스형과 같은 고온에 있어서의 강도와 내마모성이 요구되는 곳에는 일반적으로 탄소량을 적게 한 Cr, W, Mo, V계의 것이 사용된다.

## 2. 고속도강(high speed steel)

이것은 W, Cr, V 이외의 Co, Mo 등을 다량 함유하고 있는 고합금강으로서 절삭 공구강의 대표적인 특수강이다. 대표적인 특성은 담금질한 후 뜨임하면 $H_{RC}$스케일 약 65까지 올라가 충분한 경도를 유지하고, 계속절삭에 견디는 강인성을 갖고 있으며, 자경성이 있어 경화가 용이하며, 또한 고속도로 절삭할 때의 절삭온도상승에 상당하는 600℃ 정도가 되어도 연화되지 않는다.

이와 같이 절삭공구재료로서 적당하기 때문에 금속가공용으로는 가장 많이 사용되고 있다. 사용목적에 따라서 그 화학성분도 여러 가지 종류가 있으나, 그 대표적인 것은 W 18%, Cr 4%, V 1%를 함유한 **18-4-1형**이다.

### 1) 고속도강의 열처리

(가) 풀림(annealing)

압연 또는 단련한 강재의 경도를 낮춰 기계가공을 쉽게 할 목적으로 풀림처리를 한다. 풀림온도까지의 가열에 5~8시간, 풀림온도에서 5~8시간, 여기서 20℃/h의 속도로 600℃까지 냉각시켜 변태가 끝난 후에 방냉한다.

계단풀림을 할 때에는 풀림온도로부터 서냉해서 680~700℃가 되면 2~4시간 동안 유지하여 변태를 끝나게 한 후 노냉한다. 고속도강은 표면 탈탄이 잘 진행되므로 열처리시에는 반드시 탈탄방지제로서 보호가스나 목탄 또는 양질의 피치 코우크스를 사용하여야 한다.

(나) 담금질(quenching)

고속도강의 담금질에는 탈탄방지와 온도조절이 용이하며 열효율이 좋은 염욕로를 사용한다. 담금질 온도는 고속도강이 녹기 시작하는 온도보다 20~30℃가 낮은 1,230~1,330℃에서 실시한다. 예열은 보통 표 6.9에서와 같이 보통 것은 제1, 제2예열까지 하고, 큰 것은 제3예열까지 3차에 걸쳐 담금질온도까지 가열한다.

**표 6.9** 고속도강의 담금질 예열

| 가열방법 | 온도(℃) | 시간(min) |
|---|---|---|
| 제1예열 | 400~500 | 30~60 |
| 제2예열 | 850~900 | 15~30 |
| 제3예열 | 1,100~1,200 | 2~5 |
| 본 열 | 1,230~1,330 | 1.5~2 |

고속도강은 자경성이 풍부하므로 얇은 것은 공기 중에서 담금질하여도 충분히 경화되며, 보통 크기의 것은 40~60℃의 기름 중에 담금질하여도 무방하다. 냉각시 150℃부터 $A_r''$가 일어나므로 서냉하여야 한다. 특히, 항온 담금질을 하면 표면 탈탄을 방지하는 잇점이 있다.

(라) 뜨임(tempering)

고속도강을 뜨임하면 그림 6.6과 같이 뜨임온도가 상승함에 따라 경도는 적어져서 약 300℃에서 최저가 된다. 300℃ 이상이 되면 다시 경도는 높아져서 550℃에서 최고의 값으로 된다.

이때의 경도를 **2차경도**라 하고, 650℃에서 뜨임하면 다시 경도는 급격하게 감소한다. 한 번만의 뜨임으로는 뜨임에 의해서 마텐자이트가 충분히 안정화가 안 되므로 두 번 뜨임하는 것이 효과적이며, 이 경우 뜨임온도를 약 400℃로 하든가 아니면 첫 번째 경우의 뜨임온도와 같이 하는 것이 좋다.

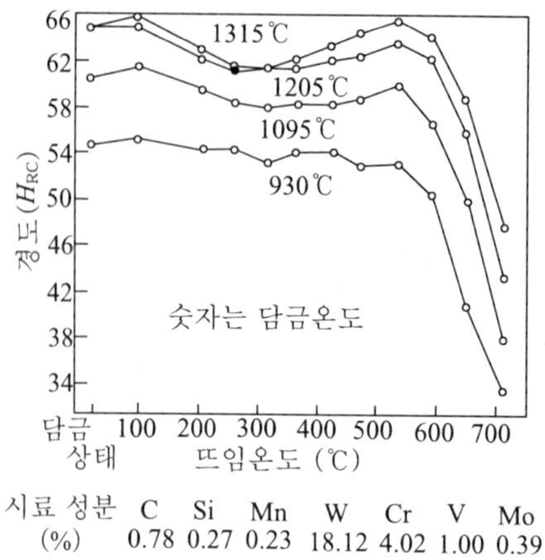


**그림 6.6** 뜨임온도와 경도와의 관계

### 2) 고속도강의 성질

풀림처리를 한 고속도강의 물리적, 기계적 성질은 담금질 후 뜨임처리한 고속도강의 그것과는 표 6.10에 나타낸 바와 같이 매우 다르다. 그리고 특히 고속도강에 포함되어 있는 탄화물의 경도는 $H_V$ 1,500～3,000까지 올라간다.

**표 6.10** 고속도강의 물리적 · 기계적 성질

| 상 태 | 비 중 | 열전도도 (cal/cm · sec℃) | 전기저항 ($\mu\Omega$-cm) | 팽창률 (0～100℃) |
|---|---|---|---|---|
| 풀림 | 8.682～8.700 | 0.065～0.075 | 40 | $9\times10^{-6}$ |
| 담금질 후 뜨임 | 8.680～8.650 | 0.040～0.055 | 50～75 | $(10～12)\times10^{-6}$ |

| 상 태 | 인장강도 ($kg/mm^2$) | 항복점 ($kg/mm^2$) | 연신율 (%) | 충격값 ($kg \cdot m/cm^2$) | 경 도 |
|---|---|---|---|---|---|
| 풀림 | 75～95 | 60～80 | 10～15 | 1.5～2.5 | $H_B$ 200～250 |
| 담금질 후 뜨임 | 150～200 | – | 2～10 | – | $H_B$ 63～68 |

담금질한 후 뜨임한 고속도강의 고온에 있어서의 기계적 성질은 그림 6.7과 6.8에 표시되어 있는 바와 같이 400～500℃까지는 강도와 경도가 유지하나 그 이상이 되면 급격하게 감소한다. 인성은 반대로 경도가 크면 낮아지고 경도가 작으면 크게 된다.

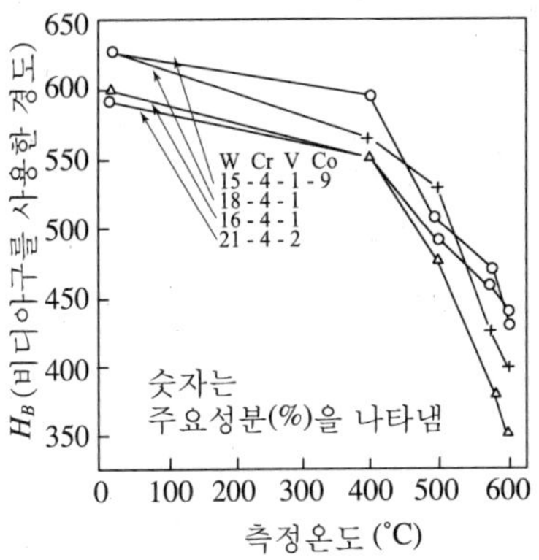


그림 6.7 고속도강의 고온경도

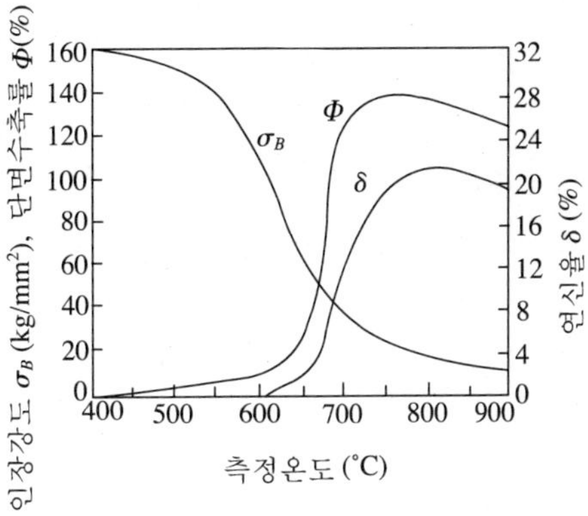


그림 6.8 고속도강의 고온에서의 기계적 성질

### 3) 고속도강에서의 각 성분의 영향

(가) W의 영향

이 원소는 고속도강(HSS)에 가장 중요한 원소로서 18-4-1형 고속도강에서는 보통 담금질한 것은 지금(matrix) 중에 약 7%, 복탄화물에 약 11% 함유되어있다. W량이 많게 되면 복탄화물의 양이 증가하며, 내마모성도 증가하나 인성은 감소한다. 절삭성능은 W량이 많을수록 향상되나 12% 이상 함유되면 큰 변동이 없고, 23% 이상이면 오히려 저하한다.

(나) Mo의 영향

W과 같이 복탄화물을 만들어 같은 작용을 하나 원자량이 W의 약 절반밖에 안 되므로 중량 %로 W의 2배의 효과를 가져 온다. 그러나 다량으로 사용하면 조직을 크게 해서 메짐을 갖게 하여 단조와 담금질이 곤란하게 되므로 보통 1% 이하 첨가하는 것이 좋다.

(다) Cr의 영향

고속도강 중의 Cr은 W, Co 그 밖의 원소에는 전연 무관하다. 절삭시험 결과에 의하면 약 4%가 가장 좋은 결과를 얻었다. Cr은 보통 담금질한 고속도강에서는 90% 이상이 기지(matrix) 중에 존재한다. 그의 영향은 담금질 경화능을 향상시켜 자경성을 나타나게 하고, 탄화물을 형성하여 경도를 매우 증가시킨다. 대신 연화되기 어렵게 하고 점성을 증가시킨다.

(라) V의 영향

V은 탄화물을 형성하는 성질이 강하여 VC과 $V_4C_3$로 대부분 존재한다. V은 고속도강을 가열시에 표면 탈탄을 적게 하고, 담금질 후 강에 충분한 인성을 부여해 준다. 18-4-1형 고속도강에서는 V 1~1.5%가 가장 우수한 내구력을 주고, W이 그것보다 적은 강이나 W-Mo계에서는 내마모성을 증가시킨다.

**표 6.11** 고속도공구강의 주요화학성분, 열처리 및 용도 예 (KS D 3522)

| 기호 | | 화학성분 (%) | | | | | | 열처리온도(℃) | | 경도 HRC | 용도 |
|---|---|---|---|---|---|---|---|---|---|---|---|
| | | C | Cr | Mo | W | V | Co | | | | |
| W계 | SKH 2 | 0.70~0.85 | 3.80~4.50 | — | 17.00~19.00 | 0.80~1.20 | — | 1,260~1,300 | 550~580 | 62~ | 일반절삭공구, 기타 각종공구 |
| W계 | SKH 3 | 0.70~0.85 | 3.80~4.50 | — | 17.00~19.00 | 0.80~1.20 | 4.50~5.50 | 1,270~1,310 | 560~590 | 63~ | 고속중절삭용, 기타 각종공구 |
| W계 | SKH 4 A | 0.70~0.85 | 3.80~4.50 | — | 17.00~19.00 | 1.00~1.50 | 9.00~11.00 | 1,280~1,330 | 560~590 | 64~ | 난삭재절삭용, 각종공구 |
| W계 | SKH 4 B | 0.70~0.85 | 3.80~4.50 | — | 18.00~20.00 | 1.00~1.50 | 14.00~16.00 | 1,300~1,350 | 580~610 | 64~ | 난삭재절삭용, 각종공구 |
| W계 | SKH 5 | 0.20~0.40 | 3.80~4.50 | — | 17.00~22.00 | 1.00~1.50 | 16.00~17.00 | 1,300~1,350 | 600~630 | 64~ | 난삭재절삭용, 각종공구 |
| W계 | SKH 10 | 1.45~1.60 | 3.80~4.50 | — | 11.50~13.50 | 4.20~5.20 | 4.20~5.20 | 1,200~1,260 | 540~580 | 64~ | 고난삭재절삭용, 기타 각종공구 |
| Mo계 | SKH 9 | 0.80~0.90 | 3.80~4.50 | 4.50~5.50 | 5.50~6.70 | 1.60~2.20 | — | 1,200~1,250 | 540~570 | 62~ | 인성을 요하는 일반절삭용, 기타 각종공구 |
| Mo계 | SKH 52 | 1.00~1.10 | 3.80~4.50 | 4.80~6.20 | 5.50~6.70 | 2.30~2.80 | — | 1,200~1,250 | 540~570 | 63~ | 비교적 인성을 요하는 고경도 재절삭용, 기타 각종공구 |
| Mo계 | SKH 53 | 1.10~1.25 | 3.80~4.50 | 4.80~6.20 | 5.50~6.70 | 2.80~3.30 | — | 1,200~1,250 | 540~570 | 63~ | 비교적 인성을 요하는 고경도 재절삭용, 기타 각종공구 |
| Mo계 | SKH 54 | 1.25~1.40 | 3.80~4.50 | 4.50~5.50 | 5.30~6.50 | 3.90~4.50 | — | 1,200~1,250 | 540~570 | 63~ | 비교적 인성을 요하는 고경도 재절삭용, 기타 각종공구 |
| Mo계 | SKH 55 | 0.80~0.90 | 3.80~4.50 | 4.80~6.20 | 5.50~6.70 | 1.70~2.30 | 4.50~5.50 | 1,220~1,260 | 570~570 | 63~ | 〃 |
| Mo계 | SKH 56 | 0.80~0.90 | 3.80~4.50 | 4.80~6.20 | 5.50~6.70 | 1.70~2.30 | 7.00~9.00 | 1,220~1,260 | 530~570 | 63~ | 〃 |
| Mo계 | SKH 57 | 1.15~1.30 | 3.80~4.50 | 3.00~4.00 | 9.00~11.00 | 3.00~3.70 | 9.00~11.00 | 1,220~1,260 | 550~580 | 64~ | 〃 |

### 4) 고속도강의 종류

피가공품의 재질과 절삭 조건에 따라서 여러 가지 고속도강이 사용되고 있다. 그 대표적인 것을 표 6.11에 나타내었으며, W계와 Mo계로 크게 구별할 수 있다.

(가) W 고속도강

고속도강의 표준형으로서 가장 널리 사용되고 있는 18-4-1형을 말한다. 여기에 18-4-2형도 같이 사용되는 수도 있다. 풀림처리를 하면 경도가 낮게 되고 기계 공작도 쉬워, 어떤 모양의 공구도 제작 용이하며, 적당하게 담금질한 후 뜨임처리를 하면 고온경도를 높이고 내마모성도 크게 향상시킨다. 풀림온도는 880～900℃, 담금질 온도는 1,250～1,300℃에서 유냉이 좋으나, 600℃ 정도에서부터는 공기 중에 서냉 또는 500～600℃의 연욕(lead bath) 중에서 항온담금질하는 것도 좋다.

(나) Co 고속도강

이 강의 특징은 용융온도가 높기 때문에 담금질 온도를 높이는 것이다. 따라서 담금질 경도는 증가시키지 않으나 담금질 후의 뜨임경도는 크게 증가시키는 장점이 있다. 결과적으로 고온경도가 증가되어 강력한 절삭 공구로서 적당하여 **고급고속도강**이라 한다. 그러나 단조가 곤란하며 균열이 생기기 쉽다.

(다) Mo 고속도강

Mo 4～10% 정도를 첨가시킨 고속도강을 말한다. 대신에 W의 양은 5～6%로 감소시켜 W-Mo형 고속도강으로서 많이 사용한다. 열처리는 탈탄이나 Mo의 휘발을 막기 위하여 염욕 가열을 해야 한다.

## 3. 경질공구합금

### 1) 주조경질합금(casted hard metal)

(가) 스텔라이트(stellite)

이것은 Co를 주성분으로 한 Co-Cr-W-C계의 합금으로서, 1907년 미국의 헤인스(E. Haynes)가 발명한 것이며, 단련이 불가능하므로 금형 주조에 의해서 소요의 형상을 만들어 사용한다. 상온에서는 담금질한 고속도강보다 다소 연하나, 600℃ 이상에 있어서는 고속도강보다 경하므로(보통 고속도강의 1.5～2.0배 정도) 절삭능력이 좋으나, 취약하여 충격에 약한 점이 결점이다.

표 6.12는 주조 경질 합금(stellite)의 성분과 용도를 나타낸 것이다.

**표 6.12** 주조경질합금의 성분과 용도

| 종 별 | C (%) | W (%) | Cr (%) | Co (%) | Ni (%) | Mo (%) | Fe (%) | 용 도 |
|---|---|---|---|---|---|---|---|---|
| 스텔라이트 계 합금 | 2~3 | 12~20 | 25~35 | 40~55 | – | – | 5~10 | 절삭용 공구 |
| | 2.8 | 25 | 26 | 41 | – | – | 4.6 | 다이스, |
| | 2.5~5.0 | 16 | 30 | 38 | 10 | 4 | – | 착암기의 빗드, |
| | 2.5~3.0 | 21 | 28 | 48 | – | – | 0~0.5 | 의료용 기구, |
| | 2~4 | 14~19 | 27~32 | 45~50 | Ta 2~7 | Mn 1~3 | 2~5 | 인견공업용 공구 |

이 합금은 Co를 주로 하는 고용체의 바탕(matrix, 기지)에 침상의 큰 탄화물로 된 공구재료이다. 브리넬 경도가 550~700 정도이며, 600℃까지는 경도의 감소가 극히 적다. 그리고 1,000℃에 가열하였다가 냉각한 후에도 먼저 경도에 복귀되며, 고온저항이 크고 내마모성이 우수한 재질이다. 각종 절삭공구로 사용되는 이외에 내마모용, 내식용, 내열용으로 내산기구, 중유 기관의 노즐, 의료 기구, 고온 다이스 등 용도가 많다.

(나) 특수백주철

스텔라이트가 Co를 다량 함유하는 고가의 것으로서, 이것을 Mo, 기타 금속으로 대치시켜 비교적 값이 싼 주조경질합금이 사용되고 있다. 이것은 보통 $H_{RC}$ 스케일(scale) 65~70 정도로 절삭용 바이트, 다이스 등에 많이 사용되며, 고속도강에 못지 않는 절삭 능력을 갖고 있다. 주성분은 C 1.7~4.0%, W 5~25%, Cr 2~30%, Co 0~15%, Mo 5~30% 정도이다.

### 2) 소결경질합금(sintered hard metal)

종래는 공구재료가 주조에 의하여 제조되어 왔으나, 현재는 분말야금의 발달에 의하여 뛰어난 절삭능력을 갖는 공구재료를 만들어 내고 있다.

**분말야금**(powder metallurgy)이란 미세한 분말상 금속을 원료로 해서 이것을 용융점 이하로 가열해서 소결(sintering)하여 제품을 만드는 방법인데, 그 제조 과정은 원료 분말을 성형, 압축, 소결의 순서에 의한다. 소결할 경우에는 수축 현상을 일으켜 밀착성을 증가시켜 강고한 형태를 갖추게 된다. 따라서 소결체는 다공성이기는 하나 표 6.13과 같이 그 경도가 $H_{RA}$ 스케일 90 이상까지 나타나기 때문에 공구재료로서 매우 좋은 성질을 갖고 있다.

소결경질합금은 WC, TiC, TaC 등의 금속탄화물을 Co로 소결한 것으로서 **탄화물소결공구**(sintered carbide tool)라고도 한다. 이 공구는 고급 고속도강으로도 절삭하기 곤란한 고Mn강, 칠드 주철, 경질 유리 등도 쉽게 절삭할 수 있다.

이것은 1928년 독일의 크루프(Krupp)회사에서 비디아(Widia)를 제조할 때부터 시작되었다. WC 분말의 900mesh 정도를 Co 분말과 혼합하여 틀(형)에 넣고 압축 성형한 후 제1차의

**표 6.13** 소결경질합금의 종류 · 조성 및 용도

| 종 류 | 기 호 | | 화 학 성 분 (%) | | | | 경 도 | 용 도 |
|---|---|---|---|---|---|---|---|---|
| | | | W | Ti | Co | C | ($H_{RA}$) | |
| S 종 (강철용) | 특호 | S F | 53~72 | 15~30 | 5~6 | 8~13 | 92 이상 | Mn강, Ni-Cr강 |
| | 1호 | S 1 | 72~78 | 10~15 | 5~6 | 7~9 | 91 이상 | 고탄소 절삭 공구 |
| | 2호 | S 2 | 75~83 | 6~10 | 5~7 | 6~8 | 90 이상 | 고탄소 절삭 공구 |
| | 3호 | S3 | 78~85 | 3~6 | 5~7 | 5~7 | 89 이상 | 내마모 기계부품용 |
| G 종 (주철용) | 1호 | G 1 | 80~92 | – | 3~5 | 5~7 | 90 이상 | 각종주물, 비철금속 |
| | 2호 | G 2 | 87~90 | – | 5~7 | 5~7 | 89 이상 | 비금속재료의 절삭용 |
| | 3호 | G 3 | 83~88 | – | 7~10 | 4~6 | 89 이상 | 내마모 기계부품 |
| D 종 (다이스용) | 1호 | D 1 | 88~92 | – | 3~6 | 5~7 | 89 이상 | 인발 다이스 |
| | 2호 | D 2 | 86~89 | – | 6~8 | 5~7 | 88 이상 | 내마모용 |
| | 3호 | D 3 | 89~92 | – | 8~11 | 4~6 | 88 이상 | 기계부품 |

[주] $H_{RA}$…로크웰 경도로, 첨자 A는 스케일(압자…다이아몬드, 하중 60kg)이다.

예비 소결을 900℃에서 하고, 조형 후 제2차의 소결은 1,400~1,450℃의 수소 기류 안에서 소결한 것이다. 그 후 미국의 **카볼로이**(Carboloy), 영국의 **미디아**(Midia), 일본의 **탕갈로이**(Tungaloy) 등의 유사품이 출현하였다.

이 소결초경합금을 크게 나누면 WC-Co계와 WC-TiC-Co계의 두 종류로 되는데, 이들은 모두 텁(tip)으로 제작한 후 자루(shank)에 경납땜(brazing)하여 사용하거나, 또는 홀더(holder)에 고정하여 사용한다.

WC-Co계의 공구재는 인성이 적으므로 충격을 받는 부분에는 부적당하나, 특히 주철, 강철물, 황동 및 경합금용의 공구로 사용하면 고속도강의 2배 이상의 속도로 절삭할 수 있다. 또 고온에서 내구력이 크므로 애보나이트, 석재 도자기, 유리 등과 같이 고속도강으로 절삭하기 곤란한 재료도 절삭할 수 있으며, 또 공구 수명도 길다.

WC-Co계에 TiC, TaC를 첨가한 것은 고탄소강, Ni-Cr강, Mn강 등 강한 재질의 절삭용으로 사용한다. TiC은 내마모성과 고온경도가 크므로 공구 수명을 증가시킨다.

1955년경부터 세라믹(ceramics)이 초경공구재료로 사용되어 고온경도가 크고, 내마모, 내열성이 우수하여 절삭중에 피절삭 재료와 공구가 융착되는 일이 없는 특징을 가지고 있다. 그러나 상온 경도 및 저항력은 그다지 크지 않다. 세라믹 공구의 결점은 인성이 적고 충격에 약하므로 강력 정밀한 공작기계가 필요하며, 큰 절삭속도에서 가공하는 것이 유리하므로 구조상 제한을 받게 된다.

**표 6.14** 공구재료의 성질 비교표

| 구 분 | 고 탄 소 강 | 고 속 도 강 | WC 공 구 | 세 라 믹 공 구 |
|---|---|---|---|---|
| 비 중 | 7.85 | 8.5~8.8 | 8~15 | 3.7~4.1 |
| 열전도율(cal/s · cm$^2$℃) | 0.07~0.00 | 0.07 | 0.05~0.18 | 약 0.05 |
| 열팽창계수 | 11~15×$10^{-6}$ | 11×$10^{-6}$ | 5~7×$10^{-6}$ | 약 8×$10^{-6}$ |
| 탄성계수(kg/mm$^2$) | 2.1×$10^4$ | 3~4×$10^4$ | 4.5~6×$10^4$ | 3~4×$10^4$ |
| 압축강도(kg/mm$^2$) | 열처리 따라 다름 | 350 | 400~560 | 200 |
| 로크웰경도 ($H_{RC}$) | $H_{RC}$ 55~62 | $H_{RC}$ 58~61 | $H_{RC}$ 88~91 | $H_{RC}$ 86~94 |
| 연화온도(℃) | 200~400 | 600 | 1,100~1,200 | 1.500 |
| 열처리 | 필요 | 필요 | 불필요 | 불필요 |
| 가 격 | 저 | 중 | 고 | 고 |

세라믹공구는 무기질의 고온 소결재의 총칭으로서 산화물, 탄화물, 질화물, 붕화물계 등이 있다. 공구 재료에 사용되는 것은 $Al_2O_3$(alumina)를 주성분으로 하는 산화물계의 세라믹으로서 1,600℃ 이상에서 소결하여 제조한 것이다. 표 6.14는 각종 공구재료의 성질을 비교한 것이다.

## 4. 시효경화합금공구(석출경화합금공구)

시효경화현상이 큰 합금, 즉 뜨임시효에 의해서 경도를 크게 증가시켜 절삭능력을 향상시킨 공구강이다. 표 6.15는 공구용 시효경화합금이다.

이 중에서 시효경화합금공구의 대표적인 것은 Fe-W-Co계, Fe-Mo-Co계 등이다.

마텐자이트화에 의해서 경화되는 것이 아니고, 석출에 의해서 경화되는 것으로 고온이 되어도 뜨임에 의하여 연화되지 않는다. 즉 700℃가 되어도 경도의 저하는 일어나지 않고 오히려 고속도강보다도 내구성이 좋다. 또한 탄소를 포함하지 않으므로 열처리시 탈탄의 염려가 없다.

**표 6.15** 시효경화합금의 성분과 열처리조건

| 재 질 | W(%) | Mo(%) | Co(%) | Fe(%) | 단조온도 (℃) | 담금질온도 (℃) | 뜨임온도 (℃) | 뜨임경도 ($H_{RC}$) |
|---|---|---|---|---|---|---|---|---|
| Fe-W-Co | 15~25 | – | 30 | 잔 | 1,100 | 1,300수냉(유냉) | 600 | 65~70 |
| Fe-Mo-Co | – | 15~25 | 30 | 〃 | 〃 | 〃 | 600 | 〃 |
| Fe-W-Cr | 20 | Cr=12 | – | 〃 | 〃 | 1,300~1,350수냉 | 650 | 61 |
| Fe-W-Mo | 20 | 12 | – | 〃 | 〃 | 〃 | 〃 | 〃 |
| Fe-W | 30 | – | – | 〃 | 〃 | 〃 | 〃 | 〃 |
| Fe-Mo | – | 20 | – | 〃 | 〃 | 〃 | 〃 | 〃 |
| Fe-Co | 20~25 | – | 75~80 | – | 1,000 | 1,400~1,450주조 | 650 | 60~65 |

# 6.6 특수용도용 특수강

## 1. 쾌삭강

일반적으로 공구강에는 P, S과 같은 불순물을 될 수 있는 대로 제한시켜 인성, 내마모성 등을 향상시켜야 한다. 물론 합금원소에 의해서도 피절삭성이 많이 달라진다. 따라서 불순물을 적게 하고, 합금원소와 그 양을 정확하게 하여 절삭성을 좋게 하며 가공정도를 향상시킨다. 또, 공구의 수명을 길게 하여 가공능률을 향상시켜야 한다. 이들 목적을 위하여 일반 구조용과 같이 S, Pb 또는 흑연을 강에 첨가시켜 그 절삭성을 향상시킨 것을 쾌삭강(free cutting steel)이라 한다.

### 1) 황 쾌삭강

강에 가장 유해한 원소인 S도 Mn, Mo, Zr과 같은 원소와 공존하면 그들의 황화물을 만들어 강의 인성을 해치지 않는다. S을 0.16% 정도 첨가시키면 MnS과 $MoS_2$을 만들고, 이들은 특수한 윤활성을 갖고 있기 때문에 절삭성이 매우 좋고, 또 수명도 길게 된다.

표 6.16은 황 쾌삭강의 성분을 나타낸 것이다.

**표 6.16** 황 쾌삭강의 화학성분

| 강종 \ 성분(%) | C | Si | Mn | Cr | Mo | W | V | S |
|---|---|---|---|---|---|---|---|---|
| 강 종 1 | 0.80 | 0.61 | 0.28 | 4.36 | 4.64 | 6.21 | 1.79 | 0.016 |
| 강 종 2 | 0.79 | 0.09 | 0.28 | 4.07 | 4.74 | 6.22 | 1.81 | 0.162 |

### 2) 납 쾌삭강

용강에 대하여 Pb은 약간의 용해도를 갖고 있어 강에 용해 또는 혼입된 Pb은 강의 응고반응에 의해서 강 중에 미세하게 분산한다. 강에 합금된 Pb은 절삭가공시 윤활제의 역할을 하여 절삭능을 크게 향상시킨다. 절삭강 향상을 위한 Pb의 첨가량은 약 0.10~0.30% 정도이다. 납 쾌삭은 대부분이 구조용 탄소강으로 사용되나 표 6.17과 같이 고탄소-납 쾌삭강도 제조되고 있다.

**표 6.17** 연 쾌삭강의 성분

| 강종 \ 성분(%) | C | Si | Mn | P | S | Cu | Ni | Cr | Pb |
|---|---|---|---|---|---|---|---|---|---|
| 강 종 1 | 0.91 | 0.14 | 0.46 | 0.019 | 0.052 | 소 량 | 0.03 | 0.07 | 0.14 |
| 강 종 2 | 0.35 | 0.29 | 1.38 | 0.029 | 0.108 | 0.20 | 0.09 | 0.08 | 0.20 |

### 3) 흑연 쾌삭강

강의 쾌삭성을 향상시키기위한 다른 방법은 강 중의 탄화물을 흑연화시키는 방법이다. 이 흑연의 작용도 Pb과 같이 윤활제 역할을 한다. 탄소량은 보통 1.5% 정도 포함된 고탄소강을 사용하며, 흑연화 방법은 강 제조시 흑연의 용해특성을 이용하는 경우도 있고, 또 열처리에 의하는 경우도 있다. 특히, Si는 흑연화를 촉진시키는 역할을 하므로 이를 수 % 첨가할 필요가 있다.

표 6.18은 흑연 쾌삭강의 성분을 나타낸 것이다.

**표 6.18** 흑연 쾌삭강의 성분

| 강종 \ 성분(%) | C | Si | Mn | Ni | Cr | Mo | W |
|---|---|---|---|---|---|---|---|
| 강 종 1 | 1.46 | 0.85 | 0.41 | – | – | – | – |
| 강 종 2 | 1.28 | 1.23 | 0.40 | – | – | – | – |
| 강 종 3 | 1.38 | 0.65 | 0.34 | – | – | 0.47 | 2.40 |
| 강 종 4 | 1.38 | 1.08 | 0.98 | 1.70 | 0.29 | 0.49 | – |

## 2. 게이지강

게이지강(gauge steel)은 블록 게이지(block gauge), 와이어 게이지(wire gauge) 등 이외에 정밀 기계 기구 등에 사용되는 것으로서, 다음과 같은 성질이 필요하다.

(가) 내마모성이 크고, 경도가 높을 것( $H_{RC}$ 55 이상)

(나) 담금질에 의한 변형 및 담금질 균열이 적을 것

(다) 오랜 시간 경과하여도 치수의 변화가 적을 것

(라) 열팽창계수는 강과 유사하며, 내식성이 좋을 것

게이지강은 C 0.85~1.2%, W 0.5~3%, Cr 0.5~3.6%, Mn 0.9~1.45%의 것이 실용되고 있으며, 사용 중의 치수변화를 일으키지 않게 하기 위하여 담금질한 후 100~150℃로 오랜 뜨임(또는 반복뜨임)하거나 심랭처리를 실시한다. 표 6.19는 게이지강의 성분을 나타낸 것이다.

**표 6.19** 게이지강의 성분 및 조성

| 종류 \ 성분 | C(%) | Mn(%) | Cr(%) | 기 타(%) | Si(%) |
|---|---|---|---|---|---|
| Johansson게이지강 | 1.2~1.26 | 0.24 | 1.23 | Ni=0.40 | 0.24 |
| 게이지강K9 | 0.94 | 9.90 | 0.73 | W=0.45 | 0.20 |
| 일본특수강EWHO | 1.54 | 0.35 | 0.50 | W=0.5~0.8 | 0.30 |
| 일본특수강EWG | 0.85 | 1.45 | 3.44 | W=3.64 | 0.35 |

## 3. 스프링용 특수강

스프링에는 보통 냉간가공의 것과 열간가공의 것이 있으며, 철사 스프링 · 얇은판 스프링 등은 앞엣것에 속하고, 판 스프링 · 코일 스프링은 뒤엣것에 속한다. 냉간가공의 스프링은 보통 강철선, 피아노선 또는 띠강(대강)과 같이 냉간가공에 의하여 경화된 소재로부터 만들어지며, 이들은 대부분이 앞에서 설명한 탄소강에 속하는 것이다. 열간가공용의 스프링에서는 0.5~1.0%C의 탄소강 이외에 Mn강, Si-Mn강, Si-Cr강, Cr-V강 등의 특수강이 쓰인다.

## 4. 베어링용강

베어링강은 보올 베어링(ball bearing) 및 로울러 베어링(roller bearing)의 보올이나 로울러 또는 외륜과 내륜 등에 쓰인다. 베어링강은 탄성한도와 피로한도가 높아야 하며, 이것에는 고탄소 크롬강이 쓰이며, 표 6.20에 그 화학 성분을 표시한다.

**표 6.20** 고탄소 저크롬강(베어링용 강)의 성분

| 종류 | 기 호 | 화 학 성 분 (%) | | | | | |
|---|---|---|---|---|---|---|---|
| | | C | Si | Mn | P | S | Cr |
| 1종 | SUJ 1 | 0.95~1.10 | 0.15~0.35 | <0.50 | <0.025 | <0.025 | 0.10~1.20 |
| 2종 | SUJ 2 | 0.95~1.10 | 0.15~0.35 | <0.50 | <0.025 | <0.025 | 1.30~1.60 |
| 3종 | SUJ 3 | 0.95~1.10 | 0.40~0.70 | 0.90~1.15 | <0.025 | <0.025 | 0.90~1.20 |

특히, 고급의 것에는 V<0.40%, Mo<0.5%를 첨가한 것도 있다. 스테인리스의 베어링용강은 C<0.65%인 13%Cr의 것이며, 기름 중(유중)에 담금질하여 사용한다.

저탄소 · 저크롬강을 사용하려면, 780~850℃에서 담금질하고, 140~160℃로 뜨임하여 $H_{RC}$ 62~65의 경도로 하여 준다.

## 5. 스테인리스강

철강은 값이 싸며 강도가 큰 유용한 금속재료이지만 녹슬기 쉬운 결점이 있다.

이것에 Cr 또는 Ni을 다량 첨가하여 내식성을 현저히 향상시킨 강으로서, 녹이 슬지 않는다 하여 불수강이라고도 한다.

스테인리스강은 1913년 브레리(Harry Brearly)에 의하여 발명된 것으로 토머스 피시(Thomas Fish) 공장의 특허품으로 화학 공업용으로부터 일용품에 이르기까지 다량으로 널리 사용되고 있다. 이 강은 수십 종에 달하고 있으나, 그 기본적인 특징은 Cr을 다량으로 함유

한 점이다. 강중에 Cr의 역할은 이것이 2·3산화크롬($Cr_2O_3$)이라는 치밀하고도 안정된 산화피막을 형성하여 내식성을 좋게 한다.

일반적으로 Cr의 함량이 12% 이상인 강을 **스테인리스강**이라 하고, 그 이하의 강은 그대로 **내식강**이라 한다.

스테인리스강을 성분에 의해서 분류하면 Cr이 주성분이 되는 Cr계와, Cr, Ni이 주성분이 되는 Cr-Ni계로 구분되고, 금속 조직학상 분류하면 마텐자이트(martensite)계와 페라이트(ferrite)계 및 오스테나이트(austenite)계로 분류된다.

이 밖에 석출 경화 스테인리스강과 저Ni의 Cr-Mn 스테인리스강과 같이 특수한 스테인리스강도 최근 나오고 있다. 표 6.21은 스테인리스강의 조직상 분류와 기본적인 특성을 나타낸 것이다.

**표 6.21** 스테인리스강의 분류와 특성

| 분류(조직상) | 강 종 | 성 분 | | 담금 경화성 | 내식성 | 굴곡 가공성 | 용접성 |
|---|---|---|---|---|---|---|---|
| 마텐자이트계 | Cr계 | C>0.15 | Cr<18 | 있 음 | 나 쁨 | 나 쁨 | 불 가 |
| 페라이트계 | Cr계 | C<0.20 | 11<Cr<27 | 전혀 없음 | 보 통 | 보 통 | 보 통 |
| 오스테나이트계 | Cr-Ni계 | C<0.20 | Cr>16<br>Ni>7 | 없 음 | 좋 음 | 좋 음 | 좋 음 |

### 1) 페라이트계 스테인리스강

Cr은 페라이트에 고용하여 내식성을 증가시킨다. C가 동시에 들어 있으면 Cr은 복탄화물($Fe_3$와 $Cr_4C$)을 만들기 쉬우며, 페라이트 속에 고용하는 양이 적어져서 내식성이 감소된다. 0.1% 이하 C, 12~18% Cr강은 연하고, 단조·압연이 가능하다. 이것은 기계적 강도 및 용접성이 요구되지 않는 자동차 부품, 화학 공업용 장치에 많이 사용된다. 18~25% Cr강과 같이 Cr량이 증가하면 0.15%C와 같이 탄소가 높아져도 페라이트 조직이 된다.

이 고Cr강은 가공성과 내식성이 중요시되는 화학 공업용과 온도가 상승하는 부분에 사용된다. 미량의 Al, Ti, Si, Mo 등을 첨가하면 C%가 약간 높아도 페라이트를 안정하게 하여 고온도에서도 오스테나이트가 나오지 못하게 한다. Cr량이 증가할수록 내산성이 증가하고 침탄성이 감소한다. 이것은 고온에서도 페라이트 조직이 나타나므로, 열처리 효과는 없으나 고온에서 오랜 시간 가열하면 결정입자의 성장을 일으키며, 특히 고Cr계에 있어서는 복잡한 $\alpha$상 변화를 하여 여려진다.

이것에 속하는 것에는 종전에 가장 널리 사용된 13%Cr강과 18%Cr강이 있으나, 이 중 13%Cr강이 대표적이다. 가공온도(단조온도)는 920~1,100℃ 정도이며 가공도중의 풀림 온도는 700~790℃, 그리고 담금질온도는 800~820℃까지 미리 예비가열(서가열)한 후 980~1,000℃까지 가열해서 2시간 정도 유지한 후, 공냉 또는 유냉한다. 풀림상태의 경도는 $H_B$200 정도이므로 가공이 가능하고, 담금질상태의 것은 $H_B$400~500의 마텐자이트 조직으로 되므로 사용 목적에 따라 적당한 온도로 뜨임한다.

이상의 페라이트계 스테인리스강의 특징을 종합하여 보면 다음과 같다.

(가) 표면을 잘 연마한 것은 공기 중 또는 수중에서 녹슬지 않는다.
(나) 내산성은 오스테나이트계에 비하여 작다.
(다) 과실 중의 유기산이나 질산에는 침식되지 않으나, 다른 산류에는 침식된다.
(라) 담금질 상태의 것은 내식성이 좋으나 풀림상태의 것, 또는 잘 연마하지 않은 것은 녹슬기 쉽다.

그림 6.9는 뜨임온도에 의한 13%Cr 스테인리스강의 기계적 성질변화를 나타낸 것이다.

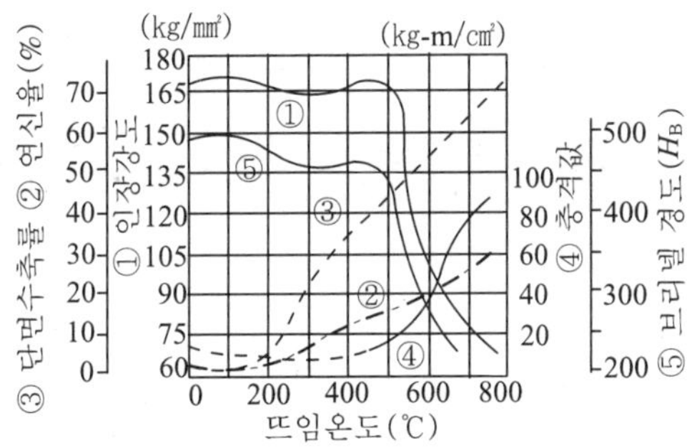


**그림 6.9** 13%Cr 스테인리스강의 뜨임온도와 기계적 성질과의 관계

13%Cr 스테인리스강 중에서 C<0.2%의 것은 봉, 관, 판, 선, 터빈, 날개, 밸브, 축, 기어, 볼트, 실내장식품 등으로 사용되고, 주물로도 쓰인다.

Cr의 함유량이 17~20%로 증가되면 내식성은 더욱 개선되나, C량이 낮은 것은 페라이트 바탕에 탄화물이 섞인 조직으로 되며, 재질이 연하고, 담금질하여도 경화하지 않으므로 강도를 요하는 곳에는 사용할 수 없다. 그러나, Ni을 2~3% 첨가하면 담금질 경화되므로 이것을 550~650℃로 뜨임하여 소르바이트 조직으로 하면 강인성과 내식성이 증가된다.

표 6.22는 스테인리스강 주강품의 성분과 열처리 및 기계적 성질을 나타낸 것이다.

**표 6.22** 스테인리스강 주강품(KS D 4103)

| 종류 | | 기호 | 화학성분(%) | | | | | | | | |
|---|---|---|---|---|---|---|---|---|---|---|---|
| | | | C | Si | Mn | P | S | Ni | Cr | Mo | Cu |
| 크롬계스테인리스강주강품 | 1종 | SSC 1 | <0.15 | <1.50 | <1.00 | <0.04 | <0.04 | <0.60 | 11.50~14.00 | – | – |
| | 2종 | SSC 2 | <0.16<br><0.24 | <1.50 | <1.00 | <0.04 | <0.04 | <0.60 | 11.50~14.100 | – | – |
| 크롬계스테인리스강주강품 | 11종 | SSC 11 | <0.10 | <1.50 | <1.00 | <0.04 | <0.04 | 5.00~7.00 | 23.00~2700 | 1.50~2.50 | – |
| | 12종 | SSC 12 | <0.20 | <1.50 | <2.00 | <0.04 | <0.04 | 8.00~11.00 | 18.00~21.00 | – | – |
| | 13종 | SSC 13 | <0.08 | <150 | <2.00 | <0.04 | <0.04 | 8.00~11.00 | 18.00~21.00 | – | – |
| | 14종 | SSC 14 | <0.08 | <1.50 | <2.00 | <0.04 | <0.04 | 10.00~14.00 | 17.00~20.00 | 2.00~3.00 | – |
| | 15종 | SSC 15 | <0.08 | <1.50 | <2.00 | <0.04 | <0.04 | 10.00~14.00 | 17.00~20.00 | 17.5~2.75 | 1.00~2.50 |

| 종류 | 열처리(℃) | | 인장시험 | | | 경도시험 $H_B$ | 단면수축률 (%) |
|---|---|---|---|---|---|---|---|
| | 담금질 | 뜨임 | 항복점 (kg/mm²) | 인장강도 (kg/mm²) | 연신율 (%) | | |
| SSC 2 | 950~980 유냉 또는 공랭 | 680~740 급랭 | >35 | >55 | >20 | 163~229 | >40 |
| SSC 2 | 950~980 유냉 또는 공랭 | 680~740 급랭 | >40 | >60 | >18 | 183~241 | >35 |
| SSC 11 | 약 950 급랭 | – | – | >60 | >10 | 183~241 | |
| SSC 12 | 약 1,100 급랭 | – | – | >45 | >25 | 123~138 | |
| SSC 13 | 약 1,100 급랭 | – | – | >45 | >25 | 123~138 | |
| SSC 14 | – | – | – | >45 | >25 | 123~138 | |
| SSC 15 | 약 1,100 급랭 | – | – | >45 | >25 | 123~138 | |

[주] 열간 압연 스테인리스강의 화학성분에 대해서는 KS D 3705를 참조

### 2) 마텐자이트계 스테인리스강

이 계의 스테인리스강은 고온에서 안정한 $\gamma$상이 냉각 도중 $\gamma \rightarrow \alpha$에 변태점을 갖기 때문에 상온에서 안정조직은 $\alpha$상이나, Cr의 함유에 의하여 용질원자의 확산이 억제되어 $\gamma \rightarrow \alpha$변태가 된다. 이러한 변태를 이용해서 여러 가지 기계적 성질을 변화시킨다. Cr의 첨가에 의해서 내식성과 강도는 크게 향상시켜 고급 공구나 날류(인물) 등에 사용된다.

13Cr강이 대표적인 것으로 열처리에 의하여 경화에 큰 영향을 주는 것은 C와 Cr의 양이다.

이것은 대체로 12~14%Cr, 0.15~0.3%C의 조성을 갖는다. 내식성에 대해서는 C는 적고 Cr은 많을수록 좋고, 탄화물의 영향을 받아 담금질성도 매우 좋으나 용접성이 나쁘며, 플림처리를 하여도 냉간가공성이 좋지 않다.

담금질 온도는 Cr의 양이 많을수록 높아져서 13%Cr일 때에는 950~980℃, 고탄소 18Cr일 때에는 1,000~1,050℃로 하여야 한다. 뜨임은 강종이나 그 목적에 따라 다르나 150~300℃ 또는 550~750℃를 택해야 하고, 중간 온도는 여림을 일으키기 쉬우므로 피하는 것이 좋다.

기계가공을 할 목적으로 풀림처리할 때에는 변태점보다 50~100℃ 높은 온도에서 서냉하는 완전풀림, 변태점 바로 아래에서 실시하는 중간풀림, 650℃ 전후의 항온변태를 이용하는 풀림으로 나눌 수 있다.

표 6.23은 마텐자이트계 스테인리스강의 기계적 성질을 나타낸 것이다.

**표 6.23** 마텐자이트계 스테인리스강의 기계적 성질

| 기계적 인성질 / 각종 AISI형 | 인장강도 (kg/mm²) | | 항복강도(0.2%) (kg/mm²) | | 연신율(2″) (%) | | 경도($H_B$) | | Izod 충격값 (ft-lb) | |
|---|---|---|---|---|---|---|---|---|---|---|
| | A | H | A | H | A | H | A | H | A | H |
| 403 | 49 | 141 | 27 | 105 | 20~30 | 10~15 | 135~160 | 380~415 | 80~110 | 20~45 |
| 410 | 49 | 141 | 27 | 105 | 20~35 | 10~15 | 135~160 | 380~415 | 80~110 | 20~45 |
| 414 | 70 | 155 | 46 | 123 | 20~30 | 10~15 | 210~250 | 400~450 | 50~80 | 30~60 |
| 416 | 49 | 141 | 27 | 105 | 15~30 | 10~15 | 138~160 | 380~415 | 80~95 | 20~45 |
| 420 | 63 | 182 | 35 | 155 | 15~30 | 2~8 | 160~190 | 530~560 | 75~80 | 8~15 |
| 431 | 74 | 165 | 63 | 130 | 20~30 | 10~17 | 220~240 | 400~440 | 50~80 | 30~60 |
| 440-A | 67 | 189 | 39 | 182 | 20~25 | 5~9 | 200~220 | 550~580 | 10~20 | 3~6 |
| 440-B | 70 | 196 | 40 | 189 | 10~20 | 2~3 | 205~230 | 570~590 | 10~20 | 2~5 |
| 440-C | 74 | 200 | 42 | 193 | 8~15 | 1~2 | 210~250 | 600~620 | 5~20 | 2~5 |

### 3) 오스테나이트계 스테인리스강

페라이트계 스테인리스강의 비산화성 산에 대한 약한 성질을 개선하기 위하여 이것에 Ni, Mo, Cu 등을 합금시킨 것이다. 즉 C<0.2%, Cr 17~20%, Ni 7~10%를 함유하는 고Cr-Ni강으로서, 그 표준성분이 18%Cr, 8%Ni이므로 **18-8형 스테인리스강**이라고 한다. 조직은 상온에서도 오스테나이트이므로 비자성이지만, 상온가공하면 소량의 마텐자이트화에 의하여 경화되고, 다소 자성을 갖게 된다. 또 담금질에 의하여 경화되지 않으며, 이것을 1,000~1,100℃로 가열하여 급랭하면 더욱 연화하고, 가공성 및 내식성이 증가된다.

고온으로부터 급랭한 것을 500~850℃ 범위로 재가열하면 고용되었던 탄소가 오스테나이

트의 결정입계로 이동하여 탄화크롬($Cr_4C$)이라는 탄화물이 석출된다. 이로 인해서 결정입계 부근의 Cr량이 감소하게 되고, 따라서 내식성이 감소되는 결과로 되어 쉽게 부식당하게 된다. 이러한 현상을 18-8강의 입계부식(boundary corrosion)이라고 한다. 입계부식의 정도가 지나치면 금이 갈라지는데, 이것을 입계균열이라고 한다. 이것의 방지책은 다음과 같다.

(가) 탄소량을 극히 소량으로 하여 탄화물($Cr_4C$)의 형성을 억제한다.

**표 6.24** 스테인리스강의 내약품성 비교

| 명 칭 | | 농 도 | 온 도(℃) | 내 약 품 성 질 | | |
|---|---|---|---|---|---|---|
| | | | | 탄소강 | Cr 13, 0.3C강 | 18-8강 |
| 아질산 | $HNO_2$ | 비중 1.41, 5% | 55 | ● | □ | ◎ |
| 암모니아 | $NH_3$ | 비중 0.88 | 15 | ◎ | ◎ | ◎ |
| 각종잉크 | | – | 20 | ● | ◎ | ◎ |
| 에테르 | $C_4H_{10}O$ | – | 15 | ◎ | ◎ | ◎ |
| 염화암모늄 | $NH_4Cl$ | 1, 5, 15, 20% | 50 | ● | △ | ◎ |
| 염화칼슘 | $CaCl_2$ | 10% | 15 | ● | △ | ◎ |
| 염화칼륨 | KCl | 냉포화 | 15~boil | ● | △ | ◎ |
| 식염 | NaCl | 3, 5, 10% | 55 | ● | △ | ◎ |
| 염산 | HCl | 0.25~농 | 20~boil | ● | ● | ● |
| 염소가스 | $Cl_2$ | – | 20 | ● | ● | ● |
| 오렌지, 커피 | | – | 15 | ● | ◎ | ◎ |
| 해수 | | – | 20 | ● | △ | ◎ |
| 과산화수소 | $H_2O_2$ | 20 용(溶) | 20 | ● | △ | ◎ |
| 가성칼륨 | KOH | 30% | 15 | ◎ | ◎ | ◎ |
| 가성소다 | NaOH | 33.66% | 15 | ◎ | ◎ | ◎ |
| 구연산 | $H_8C_6O_7$ | 10% | 15 | ● | ● | ◎ |
| 현상액 | | – | 15 | ● | △ | ◎ |
| 초산 | $C_2H_4O_3$ | 100% | 15 | ● | ◎ | ◎ |
| 표백분 | | 수중에 혼합 | 15 | ● | ● | □ |
| 수산 | $C_2H_2O_4$ | 5% | 15 | ● | ● | ◎ |
| 질산 | $HNO_3$ | 10% | 15 | ● | ○ | ◎ |
| 질산암모늄 | $NH_4NO_3$ | 11% | 15 | ● | ◎ | ◎ |
| 질산나트륨 | $NaNO_3$ | 5% | 20 | ● | ◎ | ◎ |
| 탄산암모늄 | $(NH_4)_2CO_3$ | 포화 | 20 | ● | ◎ | ◎ |
| 탄산나트륨 | $Na_2CO_3$ | 5% 또는 포화 | 20 | △ | ◎ | ◎ |
| 붕산 | $H_2BO_3$ | 5% | 15 | ● | ◎ | ◎ |
| 황산 | $H_2SO_4$ | 5, 10, 30% | 20 | ● | ● | ◎ |
| 황산 | $H_2SO_4$ | 5, 10, 30% | 60 | ● | ● | ● |

* ◎ 내식성 충분. ○ 내식 크다. □ 점식(點蝕)된다. △ 내식성 충분치 않음. ● 내식성 없음.

(나) Ti, Nb, V 등의 원소를 첨가해서 $Cr_4C$ 대신에 TiC, NbC, $V_4C_4$ 등을 만들어서 Cr의 감소를 막는 것이다.

이 18-8형 스테인리스강의 특징은 다음과 같다.

ⓘ 내산 및 내식성이 13%Cr 스테인리스강보다 우수하다.
ⓘⓘ 비자성이다.
ⓘⓘⓘ 인성이 좋으므로 가공이 용이하다.
ⓘⓥ 산과 알칼리에 강하다.
ⓥ 용접하기 쉽다.

위와 같은 장점이 있는 반면에 다음과 같은 단점도 있다.

ⓘ 염산, 묽은 황산, 염소가스($Cl_2$), 황산염 용액($Na_2SO_4$, $K_2SO_4$, $CuSO_4$)에 대한 저항이 충분하지 못하다.
ⓘⓘ 탄화물이 결정입계에 석출하기 쉽다.

용도로는 화학 공업용 기계의 실린더, 파이프, 밸브, 펌프, 냉동기 등 외에 표백공업, 제지공업 자동차용, 항공기 부품, 의료기구 등에 사용된다.

## 6.7 내열강과 내열합금

공업의 발달에 따라서 기계나 장치의 중요한 부분이 고온을 받아야 하는 경우가 많다. 화력발전, 항공기, 화학공업에 사용되는 기계의 성능을 향상시키려면 기계재료가 어느 정도까지 고온에서 견딜 수 있는지에 달려 있는 것이다.

증기터빈의 운전 온도는 600℃이며, 항공 원동기로서의 터보 제트의 터빈 날개는 750℃ 정도의 고온에 접촉된다. 화학공업에 있어서도 더욱더 고온의 작업을 요하게 되어 있으며, 고온고압에 견디는 재료가 요구된다.

### 1. 내열재료로서의 구비조건

(1) 고온에서 화학적으로 안정되어 있을 것. 즉 연소가스를 비롯하여 각종의 가스에 부식되지 않을 것
(2) 고온에 있어서의 기계적 성질이 좋을 것. 즉 고온 경도, 크리프 한도(creep limit), 전연성, 열에 대한 피로(열응력 때문에 재료가 피로현상을 일으키는 것) 등의 성질이 좋을 것

(3) 조직이 안정되어 있을 것. 즉 사용온도에서 변태를 일으키든지 탄화물이 분해하는 일이 없을 것

(4) 열팽창 및 열에 의한 변형이 적을 것

(5) 소성가공, 절삭가공, 주조, 용접 등이 쉬울 것 등의 성질이 필요하다.

## 2. 페라이트계 내열강

Fe에 Cr을 가하면 내산성이 좋아지는 반면에, Fe의 재결정온도를 상승하게 함으로써 크리프 강도가 커지는 것이다. 그러한 뜻에서 Fe-Cr계를 기본으로 하여, 이것에 여러 원소를 첨가한 페라이트계 내열강(heat resisting steel)이 있다. 표 6.25는 페라이트계 내열강의 보기를 나타낸 것이다.

**표 6.25** 내 열 강 (KS D 3704)

| 종 류 | | 기 호 | 화 학 성 분 (%) | | | | | | | 용 도 |
|---|---|---|---|---|---|---|---|---|---|---|
| | | | C | Si | Mn | Ni | Cr | Mo | W | |
| 내열강 | 1종 | HRS 1 | 0.40~0.50 | 3.00~3.50 | 0.60 이하 | – | 7.50~9.50 | – | – | 750℃까지의 내산화용 |
| | 2종 | HRS 2 | 0.35~0.45 | 2.00~2.80 | 0.60 이하 | – | 12.0~15.0 | – | – | 850℃까지의 내산화용 |
| | 3종 | HRS 3 | 0.35~0.45 | 1.80~2.50 | 0.60 이하 | – | 10.0~13.0 | 0.70~1.30 | – | 내연기관의 밸브용<br>내연기관의 배기밸브용 |
| | 4종 | HRS 4 | 0.35~0.45 | 1.50~2.50 | 0.60 이하 | 13.0~15.0 | 14.0~16.0 | – | 2.00~3.00 | 1,150℃ 이하의 내산화용 |
| | 5종 | HRS 5 | 0.25~이하 | 1.50 이하 | 1.60 이하 | 19.0~22.0 | 24.0~26.0 | – | – | 750℃의 작동 기관의 내압 부분 |

| 기 호 | 열 처 리 ℃ | | | 인 장 시 험 | | | | 충격시험 | 경도시험 |
|---|---|---|---|---|---|---|---|---|---|
| | 풀 림 | 담금질 | 뜨 임 | 항복점 $kg/mm^2$ | 인장강도 $kg/mm^2$ | 연신율 % | 단면수축률% | 샤르피 $kgm/mm^2$ | 경도 $H_B$ |
| HRS 1 | 800~900 | 980~1,080 유냉 | 800~950 공랭(유냉) | 70 이상 | 95 이상 | 15 이상 | 35 이상 | 3 이상 | 269 이상 |
| HRS 2 | 800~900 | 1,100~1,100 유냉 | 650~750 공랭(유냉) | 90 이상 | 110 이상 | 15 이상 | 35 이상 | 3 이상 | 293 이상 |
| HRS 3 | 800~900 | 980~1,080 유냉 | 800~950 공랭(유냉) | 70 이상 | 95 이상 | 15 이상 | 35 이상 | 3 이상 | 269 이상 |
| HRS 4 | 800~900 | 930~980 유냉 | – | – | 75 이상 | 30 이상 | 40 이상 | 6 이상 | 248 이하 |
| HRS 5 | 800~900 | 약 1,100 급냉 | – | – | 60 이상 | 40 이상 | 50 이상 | | 145~210 |

표 6.26 오스테나이트계 Cr-Ni 내열강

| 종 류 | 화 학 성 분 (%) | | | | | | 최고사용 온도(℃) | 용 도 |
|---|---|---|---|---|---|---|---|---|
| | C | Si | Mn | Cr | Ni | 기타 | | |
| 18-8 | <0.15 | <1.0 | <2.0 | 17~19 | 8~10 | – | 900 | 고온고압의 화학공업용, 내식성 고온 강도가 요구되는 암모니아 합성탑, 가열로 부품, 침탄상자, 가열로 부품 연도용 댐퍼, 리터트(증류기), 가스분해 장치의 발열기 등 |
| 18-8 Ti | <0.08 | <1.0 | <2.0 | 17~19 | 9~12 | Ti 5×C | 900 | |
| 18-8 Nb | <0.08 | <1.0 | <2.0 | 17~19 | 9~13 | Nb+Ta10×C | 900 | |
| 18-8 Mo | <0.08 | <1.0 | <2.0 | 16~18 | 10~14 | Mo 2.0~3.0 | 900 | |
| 18-8 Si | <0.15 | 2.0~3.0 | <2.0 | 17~19 | 8~10 | – | 980 | |
| 24-12 | <0.20 | <1.0 | <2.0 | 22~24 | 12~15 | – | 1,090 | |
| 25-20 | <0.25 | <1.5 | <2.0 | 24~26 | 19~22 | – | 1,150 | |
| 25-20 Si | <0.25 | 1.5~3.0 | <2.0 | 23~26 | 19~22 | – | 1,200 | |

페라이트 내열강은 500℃를 넘으면 강도가 갑자기 낮아지므로 석유 공업, 암모니아 공업, 열처리로의 부품 등과 같이 크리프 강도를 문제시 않는 부분에 쓰인다. 페라이트계 내열강 중에는 특히 Cr량을 적게 하여 고온메짐을 피하고, Si를 첨가하여 내산성의 저하를 보충한 **시크로 내열강**(Si-Cr 내열강)이 있는데, 그 표준성분은 0.1%C, 6.5%Cr, 2.5%Si이다.

## 3. 오스테나이트계 내열강

18-8계 스테인리스강을 주체로 하고, 이것에 Ti, Mo, Ta, W 등을 첨가하여 만든 오스테나이트 조직의 내열강인데, 표 6.25의 내열강 4종 및 5종, 그리고 표 6.26에 그 예를 들어 본다.

오스테나이트계의 내열강은 고온에 있어서 페라이트의 것보다도 내열성이 크며, 파괴강도가 높다. 오스테나이트 조직을 만들기 위하여 특히 많은 양의 Ni 또는 Mn, C, N 등을 첨가한다.

## 4. 초내열 합금

Fe을 모체로 한 오스테나이트계 내열강은 우수한 성능을 갖고 있으나, 그 이상의 고온에 견딜 합금이 필요하게 됨에 따라서 다량의 특수원소를 함유하는 철합금이나 또는 Ni, Co를 모체로 한 합금이 발달되어 이들을 일반적으로 **초내열 합금**(super heat resisting alloy)이라 한다.

표 6.27은 초내열 합금의 성분을 나타내었고, 표 6.28은 초내열 합금의 각 온도에 있어서의 파괴강도를 나타낸 것이다.

**표 6.27** 초내열 합금의 성분

| 종 류 | 화 학 성 질 (%) | | | | | | | | | | | |
|---|---|---|---|---|---|---|---|---|---|---|---|---|
| | C | Mn | Si | Cr | Ni | Co | Mo | W | Nb | Ti | Fe | 기타 |
| 19-9DL | 0.30 | 0.8 | 0.60 | 19.0 | 9.0 | — | 1.25 | 1.2 | 0.40 | 0.30 | 나머지 | — |
| 팀켄 16-25-6 | 0.10 | 1.35 | 0.70 | 16.0 | 25.0 | — | 6.0 | — | — | — | 나머지 | — |
| N-155 | 0.15 | 1.5 | 0.5 | 21.0 | 20.0 | 20.0 | 3.0 | 2.5 | 1.0 | — | 나머지 | — |
| 인코넬 X | 0.03 | 0.50 | 0.3 | 15.0 | 73.0 | — | — | — | 0.6 | 2.3 | 6.5 | Al 0.9 |
| *하이텔로이 B | 0.10 | 0.80 | 0.7 | 1.0 | 65.0 | — | 28.0 | — | — | — | 5.0 | — |
| *헤인스합금 21 | 0.25 | 0.60 | 0.60 | 27.0 | 3.0 | 62.0 | 5.0 | — | — | — | 1.0 | — |

[주] *표는 주조용 합금, 그 이외는 가공용 합금임.

**표 6.28** 초내열합금의 오랜 시간의 파괴응력 ($kg/mm^2$)

| 종 류 | 650℃ | | 730℃ | | 815℃ | | 870℃ | | 980℃ | |
|---|---|---|---|---|---|---|---|---|---|---|
| | 100 *h* | 1,000 *h* | 100 *h* | 1,000 *h* | 100 *h* | 1,000 *h* | 100 *h* | 1,000 *h* | 100 *h* | 1,000 *h* |
| 19-9DL | 36.6 | 26.7 | 19.7 | 13.4 | 12.0 | 7.0 | — | — | — | — |
| 팀켄 16-25-6 | 31.6 | 23.9 | 17.6 | 12.0 | 9.5 | 6.3 | — | — | — | — |
| N-155 | 35.2 | 28.1 | 21.8 | 16.9 | 12.7 | 9.1 | 8.4 | 5.6 | 3.5 | 1.8 |
| 인코넬 X | 56.2 | 47.8 | 33.7 | 26.7 | 19.7 | 12.7 | 12.7 | 6.3 | 2.3 | 1.6 |
| 하이텔로이 B | 35.3 | 28.5 | 24.6 | 17.9 | 13.0 | 8.9 | — | — | — | — |
| 헤인스합금 21 | 35.9 | 31.1 | 22.5 | 15.5 | 15.5 | 10.0 | 11.7 | 9.3 | 6.6 | 4.9 |

## 5. 서 어 멧

초내열합금은 내열성이 우수하나 900℃ 이상에서는 오랜 시간 사용할 수 없다. 그러므로, 900℃ 이상에서 사용할 때에는 세라믹(ceramic) 재질인 서어멧(cermet)을 피복하여 사용한다.

서어멧이란 경질 및 고융점의 비금속의 내화재와 그 보다도 융점이 낮은 금속성분에 의하여 소결시킨 복합체로서, 즉 2,000~3,500℃ 부근의 고융점을 가진 산화물(MgO, $Al_2O_3$), 탄화물(TaC, TiC, WC, SiC, $Cr_4C_2$), 붕화물($TaB_2$, CrB, $TiB_2$), 규화물($TaSi_2$, $MoSi_2$) 등과 Co, Ni, Cr, Fe 등의 금속 분말과의 복합체로서, 도자기적 성질을 가진 초내열 재료이다.

## 6.8 전기용 특수강

### 1. 규소강

전자석이나 철심(core)으로 널리 사용되고 있는 것은 순철이나, 자심은 일반적으로 교류 자장에만 사용되는 예가 많으므로, 이력손실, 항자력 등이 적어야 하고, 동시에 와류 손실이 적어야 한다. 따라서 Si강이 널리 사용되고 있다.

저탄소(0.08% 이하)에 0.5~4.5%의 Si를 첨가한 규소강(silicon steel)은 잔류 자속밀도가 작으며, 따라서 히스테리시스 손실이 적으므로, 발전기 · 전동기 등의 철심 재료에 적합하다.

Si는 상온에서 약 16% 정도까지 페라이트에 고용되며, Si량의 증가에 따라 강 중의 C를 흑연으로 유리시켜 조직을 조대하게 하므로, 규소강은 여리고, 가공이 곤란하게 된다. 따라서 Si량은 4.5% 미만으로 하는 것이 보통이다.

규소 강판의 압연은 800~1,100℃에서 하며, Si 3.5% 이하의 것은 상온가공이 가능하다. 자기적 성질을 좋게 하기 위해서는 800℃에서 2~4시간 정도로 충분히 풀림하며, 변형이 남게 히스테리시스 손실이 커진다. 현재 많이 실용되고 있는 것은 C 0.08% 이하, Si 0.8~4.3%, Mn 0.35%를 함유하는 두께 0.20~0.5mm의 얇은 판형이나 띠강이다.

**표 6.29** 규소강판의 성분

| 종 류 | C | Si | Mn | P | S |
|---|---|---|---|---|---|
| A | ≦0.1 | 0.5~0.8 | 0.2~0.35 | ≦0.04 | 0.04 |
| B | 0.1 | 0.9~1.2 | 0.2~0.35 | 0.04 | 0.04 |
| C | 0.1 | 1.8~2.3 | 0.2~0.3 | 0.04 | 0.04 |
| D | 0.1 | 3.8~4.2 | 0.1~0.2 | 0.025 | 0.02 |

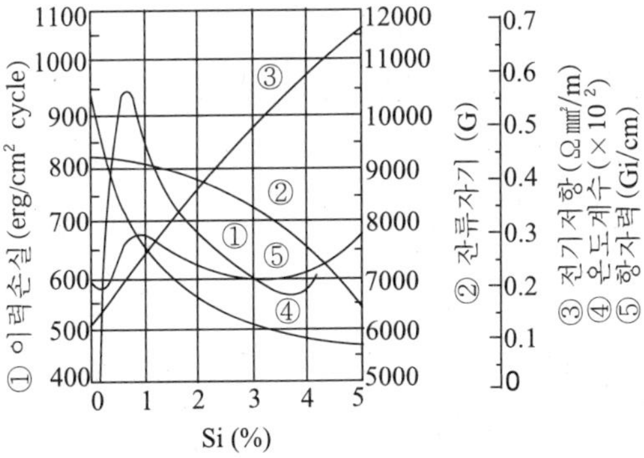


**그림 6.10** 규소량과의 전기, 자기의 성질

표 6.29는 독일 규소강판의 화학성분표이다. 또한 그림 6.10은 Si의 증가에 따른 전기 및 자기 성질 변화를 나타낸 것이다.

그림 6.10에서와 같이 이력손실의 극소점이 Si 0.15%와 Si 4.0% 부근에 있다.

(가) Si 1.0% 이내

연속적으로 운전하지 않은 발전기 또는 전동기용 철심과 고자속밀도를 요하는 전기 기계용에 쓰인다.

(나) Si 2% 내외

발전기의 모터와 유도전동기용 모터에 쓰인다.

(다) Si 3% 내외

유도전동기의 스타터와 변압기, 전동기 및 발전기의 철심 재료 등에 쓰인다.

(라) Si 4% 내외

변압기의 철심, 전화기 등에 사용된다.

## 2. 자석강

영구자석강으로 사용되는 강은 우선 자기이력곡선이 포함하는 면적이 넓어야 한다. 즉, 이력곡선에서의 잔류자기와 항자력이 커야 하며, 온도변화와 기계적인 진동 또는 산란 자장의 영향에 대해서 안정하여야 하고, 내후성도 커야 한다. 한편 강한 영구자석 재료는 결정입자가 극히 미세하고, 결정입계가 많은 것이 좋다.

초기에는 0.8~1.2% 탄소강을 수중에 담금질한 것이 사용되었으나, 그 후 5~6%W강이 더 좋은 자석재료로 쓰였고, 또한 3.5%C강도 많이 사용되었다. 그러나 근래에는 보다 강력한 자석 재료들이 출현하여 종래 대형자석이 소형자석으로 대치되어 가고 있다.

중요한 자석강(magnet steel)과 자석을 들어 보면 대략 다음과 같다.

(가) KS 자석강 : Fe-Co-Cr-W계 합금
(나) MK 자석강 : Fe-Ni-Al-적량의 Co, Cr, W계 합금
(다) OP 자석 : $Fe_3O_4$와 $CoFe_2O_4$의 분말을 소결시킨 후 자화시킨 것
(라) 쾨스테(Köster)자석강 : Fe-Co-Mn계 합금
(마) 큐니프(Cunife) : Fe-Ni-Co계 합금
(바) 알루니코(Alunico) : Fe-Al-Co계 합금
(사) 비칼로이(Vicalloy) : Fe-Co-V계 합금

표 6.30은 영구자석 재료의 표준성분과 자력을 나타낸 것이다.

표 6.30 영구자석의 조성

| 종별 | 재질 | 화학조성(%) | 성형법 | 열처리(℃) | 잔류자기 gauss | 항자력 |
|---|---|---|---|---|---|---|
| 1 | 탄소강 | C 0.6~1.2 Cr<0.5 | 단조 | 780~820 물담금질 | 8,000~7,000 | 45~50 |
| | Cr 강 | C 0.9~1.2, Cr 1.5~6 또는 Mn<2 | 단조 | 830~900 기름담금질 | 10,000~9,000 | 55~65 |
| | Co-Cr-Mo강 | C 0.2~1.2, Cr 8~10, Co 5~10, Mo<1 | 단조 | 950~1,050 기름담금질 | 9,000~7,000 | 80~150 |
| 2 | Co-Cr-W강 | C 0.7~1.0, Cr 2~4, Co 5~10, W 4~6 | 단조 | 950~1,050 기름담금질 | 9,000~7,000 | 100~150 |
| 3 | Ni-Al 합금 | Ni 15~35, Al 5~15, Fe 나머지 | 주조 | 650~700 담금유 | 9,000~5,500 | 200~500 |
| | Ni-Al-Ti 합금 | Ni 15~25, Al 5~15, Ti 3~5, Fe 나머지 | 주조 | 650~700 담금유 | 7,500~5,500 | 200~500 |
| | Ni-Al-Co 합금 | Ni 15~35, al 10~15, Co 3~10, Fe 나머지 | 주조 | 650~700 담금유 | 7,500~5,500 | 200~700 |
| 4 | Ni-Ti-Co 합금 | Ni 10~30, Ti 5~15, Co 15~30, Fe 나머지 | 주조 | 650~700 담금유 | 7,500~5,500 | 600~800 |
| 5 | Co-Cr-W 합금 | C 0.8~1.0, Cr 1~6, W 4~8, Co 25~35 | 단조 | 950~1,050 기름담금질 | 9,000~8,000 | 200~250 |

### 3. 비자성강

변압기, 차단기, 발전기의 커버 및 배전판에 자성재를 사용하면, 맴돌이 전류가 유도 발생되어 온도가 상승되므로, 이것을 피하기 위하여 비자성 재료를 사용한다.

이것은 자석강과 상반된 성질을 갖는다. 강 중에서 오스테나이트 조직은 비자성이므로 18-8계 스테인리스강 및 고Mn강 오스테나이트강 등은 비자성 재료로 사용된다.

C 0.5%, Ni 25%의 Ni강을 담금질하고, 500~600℃에서 뜨임하면 비자성이 된다. 그리고 단조 또는 압연한 것도 비자성이다. 이것은 값이 비싸므로 Ni의 일부를 Mn으로 대치한 Ni-Mn강(Ni 12~20%, Mn 5~12%) 및 Ni 5~12%, Mn 3~10%, Cr 1~5%를 함유하는 Ni-Mn-Cr강도 비자성강(non-magnetic steel)으로 사용된다.

## 6.9 전열 합금강

전열용 저항선으로 고온에서 사용하기 때문에 내열성이 요구된다. 즉, 용융점과 연화점이 높아야 하고, 내산화성이 있어야 하며, 전기 비점이 커야 한다. 또한 가공이 쉽고 값이 싸야 한다. 실용되는 전열용 합금을 표 6.31에 나타내었다.

표 6.31 실용전열용 합금강

| 구 분 | 명 칭 | 화 학 성 분 (%) | | | | | 융 점 (℃) | 저 항 (μΩ/cm) | 저항온도계수 ($10^{-4}$/℃) |
|---|---|---|---|---|---|---|---|---|---|
| | | Ni | Cr | Fe | Mn | Al | | | |
| N-Cr계 | Chromel A | 80 | 20 | | | | 1,430 | 108 | 1.1 |
| | Chromel B | 85 | 15 | | | | 1,430 | 108 | 1.1 |
| Ni-Cr-Fe계 | Chromel C | 60 | 12 | 26 | | | 1,400 | 106 | 1.7 |
| | Chrole-Nichrom | 66 | 22 | 10 | 2 | | 1,400 | 110 | 1.7 |
| Fe-Cr-Al계 | 간다아루 | | 23 | 69 | | 6 | 1,500 | 145 | 0.6 |
| | 구라아루 | | 11 | 87 | | 2 | 1,500 | 85 | 2.0 |
| | 메가히루 | | 30 | 65 | | 5 | 1,520 | 140 | 0.4 |

## 6.10 불변강

불변강(invariable steel)이라 함은 온도가 변화하여도 어떤 특정의 성질(열팽창계수, 탄성계수) 등이 변화하지 않는 강을 말한다.

### 1. 인 바(invar)

Ni 36%를 함유하는 Fe-Ni 합금으로서, 상온에 있어서의 열팽창계수가 대단히 적고, 내식성이 대단히 좋으므로 줄자, 시계의 진자, 길이의 원기, 바이메탈 등에 쓰인다. Invar는 invariable의 약칭이다. 열팽창계수는 순철의 1/10인 $1.2\times10^{-6}$이다.

### 2. 초 인바(super invar)

인바보다도 열팽창계수가 한층 더 작은 Fe-Ni-Co 합금이다. 성분조성은 Fe 50~70%, Ni 29~40%, Co<15%이고, 열팽창계수는 $0.1\times10^{-6}$이다.

### 3. 엘린바(elinvar)

상온에 있어서 실용상 탄성계수가 거의 변화하지 않는(20℃에서의 온도계수 $1.2\times10^{-6}$) Fe-Ni-Cr 합금이며, 열팽창계수도 작다. 성분조성은 Fe 52%, Ni 36%, Cr 12%이며, 탄성계수는 17,600kg/mm$^2$, 열팽창계수는 $8 \times 10^{-6}$ 정도이다. 용도로는 고급 시계, 정밀 저울 등의 스프링 및 기타 정밀계기의 재료에 적합하다. 엘린바란 탄성불변(elasticity invariable)이라는 의미를 가지고 있다.

### 4. 플래티나이트(platinite)

Ni 42～48%의 Fe-Ni 합금은 열팽창계수가 $9 \times 10^{-6}$ 정도로 유리나 백금과 거의 동일하므로 전구의 도입선으로 널리 사용된다. 전구의 도입선과 같은 유리와 금속의 봉착용 합금으로, 페르니코(fernico ; Fe 54%, Ni 28%, Co 18%), 코바르(Kovar; Fe 54%, Ni 29%, Co 17%)라는 것도 있다.

## 6.11 내한강

빙점 이하의 저온에서도 잘 견디는 강에 대해서는 아직 확정적인 단계에 이르지 못한 상태이나, 일반적으로 고탄소강보다는 오스테나이트 조직이 내한성이 강하다. 예를 들면 18-8형 스테인리스강 같은 것은 내한강으로 많이 이용되고 있다.

# 제7장 주 철

금속 조직학상으로 주철(cast iron)은 탄소량이 2.0～6.67%인 철합금을 말하며 인장강도는 강에 비하여 작고, 메짐성이 크며, 고온에서도 소성변형되지 않는 결점이 있으나, 주조성이 우수하여 복잡한 형상으로도 쉽게 주조되고, 값이 싸므로 널리 사용되고 있다.

실용 주철의 성분은 C 2.5～4.5%, Si 0.5～3.0%, Mn 0.5～1.5%, P 0.05～1.0%, S 0.05～0.15%의 범위이다.

주철은 선철과 조직상으로 비슷하므로, 같은 뜻으로 혼동되는 수가 있으나, 선철이라 함은 철광석을 용광로에서 정련한 것을 말하며, 주철이라 함은 선철과 파쇠(철설, scrap) 및 여러 종류의 합금철을 적당히 혼합하여 용선로(cupola)나 전기로, 도가니로에 넣어 용해하고, 성분을 조정해서 주형에 주입하여 주물로 만들 수 있는 것을 말한다.

## 7.1 주철의 조직과 상태도

주철 중에 함유되는 탄소량은 보통 2.5～4.5% 정도인데, 그 일부분은 유리상태로 존재하는 유리 탄소(free carbon) 즉 흑연(graphite)이며, 다른 일부분은 지금 중에 화합상태로 퍼얼라이트 또는 시멘타이트($Fe_3C$)로서 존재하는 화합 탄소(combined carbon)로 되어 있다. 주철에 함유하는 탄소량은 보통 이 2가지의 탄소를 합한 **전탄소량**(total carbon)를 나타낸다. 즉,

흑연량＋화합탄소량＝전탄소량

이와 같이 주철은 같은 탄소량이라 하더라도 그때의 성분, 용해 조건, 주입 조건 등에 의하여 흑연과 화합 탄소의 비율이 뚜렷하게 달라지며, 주철의 성질에 큰 영향을 주는 것이다. 즉, 흑연이 많을 경우에는 그 파면이 회색을 띠는 회주철(gray cast iron)로 되며, 흑연의 양이

적고 대부분의 탄소가 시멘타이트의 화합 탄소로서 존재할 경우에는, 그 파면이 흰색을 띠는 백주철(white cast iron)로 되는 것이다. 일반적으로 주철이라 함은 회주철을 말하며, 회주철과 백주철의 혼합된 조직으로 되어 있을 경우에는 반주철(mottled cast iron)이라고 한다.

회주철(gray cast iron)은 Mn량이 적고 냉각속도가 느릴 때 생기기 쉬우며 회주철은 주조하기 쉽고 절삭성이 좋아 각종 구조재로서 공작기계의 베드(bed), 내연기관의 실린더, 피스톤, 주철관, 각종 가정용품 등에 널리 사용된다. 백주철(white cast iron)은 Si량이 적고 냉각속도가 빠를 때 생기기 쉬우며 경도가 크고 내마모성이 좋아 각종 압연기의 로울러(roller), 기차 · 전차의 타이어(tire), 볼밀의 볼(ball) 등에 사용된다.

## 1. Fe-C 평형상태도

철-탄소계의 상태도에는 복평형상태도(double equilibrium diagram)와 단평형상태도(single equilibrium diagram)의 2가지 형태가 있다.

그림 7.1은 복평형상태도를 나타낸 것이며 여기서 실선은 Fe-$Fe_3C$계의 평형인 준안정평형도를, 점선은 Fe-C계의 평형인 안정평형상태도를 나타낸 것이다.

주철의 현미경 조직을 보면, 다른 원소(Si, Mn 등)를 전혀 포함하지 않는 순수한 Fe-C의 2원계에 있어서도 페라이트, 시멘타이트, 그리고 흑연의 3상으로 되어 있음을 알 수 있다. 이러한 3상공존은 2원합금의 상률에 위반되는 것이다.

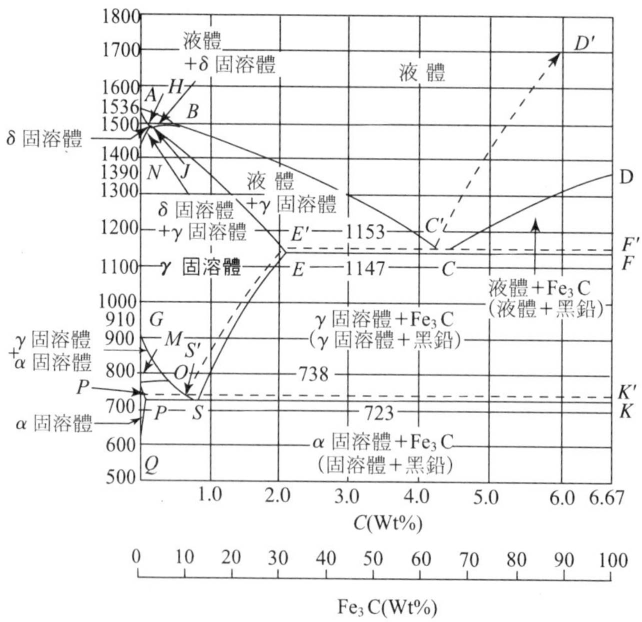


**그림 7.1** Fe-C계 평형상태도

이것을 설명하는 데 있어서 복합평형론에서는, 3상공존은 일시적인 현상에 불과하며, 시멘타이트는 불안정한 중간 상으로서 최종적으로는 Fe와 흑연으로 된다고 말하는 데 반해서, 단평형론에서는 Fe와 $Fe_3C$가 최종적인 상이라고 말하며, C는 다른 성분의 존재에 의해서 발생하는 것이라고 설명한다. 주철에 나타나는 조직을 설명하는 데 있어서는 복평형상태도가 편리하다.

그림 7.1에서 C점은 공정점이며, 4.3% C를 함유한다. C점의 왼쪽, 즉 2.0～4.3% C를 함유한 주철을 아공정주철(hypo eutectic cast iron), 그리고 C점의 오른쪽, 즉 4.3% C 이상의 주철을 과공정주철(hyper eutectic cast iron)이라 하며 C점, 즉 4.3% C에 해당하는 주철을 **공정주철**(eutectic cast iron)이라고 한다.

## 2. 주철의 조직도

주철의 조직은 냉각 속도, 조성, 흑연 핵의 생성 정도 등에 의하여 정하여진다. 이들의 요소와 조직의 관계를 나타낸 것을 마우러 **조직도**(Maurer's diagram)라고 하며, 주철의 조직 및 성질에 가장 중요한 영향을 미치는 성분은 탄소와 규소이다. 특히 규소는 흑연의 정출, 또는 석출에 큰 영향을 준다. 규소(Si)가 많으면 흑연량이 많아지며, 철과 탄소만으로는 보통의 냉각속도로서는 흑연을 정출시키기가 곤란하지만 규소(Si)가 어느 정도 함유되어 있으면 흑연의 정출이 쉬워진다. 또한 탄소량이 많을수록 흑연의 정출은 쉽다.

그림 7.2는 C와 Si량에 따른 주철의 조직 관계를 나타낸 대표적인 조직도가 바로 **마우러의 조직도**(Maurer's diagram)이다. 이때 사용한 시편은 1,400℃까지 가열하여 1,250℃에서 75mm의 건조된 모래주형에 주입하여 만든 것이다.

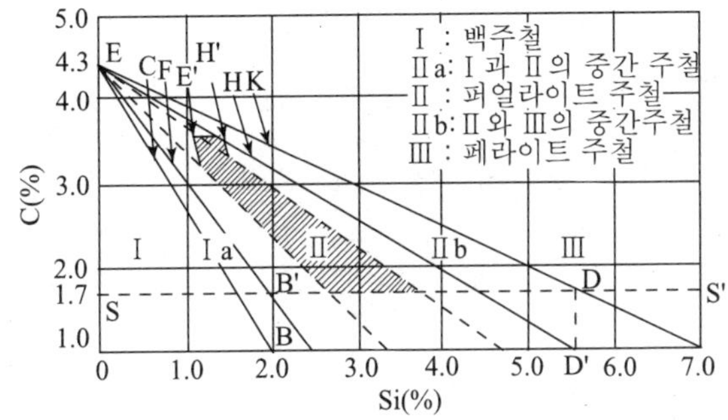


**그림 7.2** 마우러의 조직도

그림 7.2에 있어서 E점은 Fe-C계의 공정점에 상당하고, EB선은 시멘타이트 외에 흑연을 함유하는 주철의 경계선이 되는 것이다. 점 A는 C 1%, Si 7%에 상당하며, 퍼얼라이트의 유무를 나타내는 점으로서 EA선은 펄라이트를 함유하는 주철과 퍼얼라이트와 흑연만으로 된

주철과의 경계선이 되는 것이다.

또한 C 1.7%가 강과 주철과의 경계이므로 SS′선을 긋고, 점 B로부터 수선을 세워서 B′점을 구하여 EB′선을 그은 다음, SS′선과 EA선과의 교점 D에서 수선을 내리고 D′점을 구하여 ED′선을 그으면 전체가 Ⅰ, Ⅱa, Ⅱ, Ⅱb, Ⅲ의 다섯 구역으로 나누어진다.

C 3% 이상에 있어서는 E점에 모이지 않고, 위쪽으로 휘어진다. 퍼얼라이트 주철은 기계구조용 주물로서 가장 좋은 성질을 나타내는데, 그러한 조직이 되려면, 두께가 10~90mm의 주물에 있어서는 그림 7.2의 해칭 부분에 해당하는 범위의 조성이 필요한 것이다.

표 7.1은 마우러의 조직도 중 각 구역의 조직과 특성을 표시하고 있다.

**표 7.1** 주철의 조직과 종류

| 구 역 | 조 직 | 주 철 의 종 류 |
|---|---|---|
| Ⅰ | pearlite + cementite | 백주철(극경주철) |
| Ⅱa | pearlite + cementite + 흑연 | 반주철(경질주철) |
| Ⅱ | pearlite + 흑연 | 회주철(강력주철) |
| Ⅱb | pearlite + ferrite + 흑연 | 〃 (보통주철) |
| Ⅲ | ferrite + 흑연 | 〃 (연질주철) |

그림 7.3은 각종 주물의 현미경 조직을 알기 쉽게 나타낸 것으로 층상 표시는 퍼얼라이트를, 굵은 선은 흑연을 나타낸 것이다. 결국 퍼얼라이트 주철의 가장 우수한 부분은 다음 조성을 갖는다.

탄소량 = 2.7~3.2%, 규소량 = 1.0~1.8%

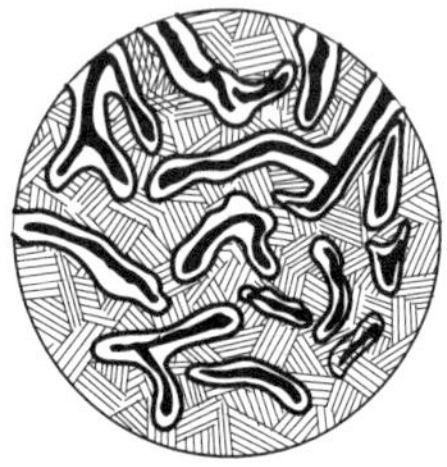

(a) 보통주철 (퍼얼라이트)+(페라이트)+(흑연)

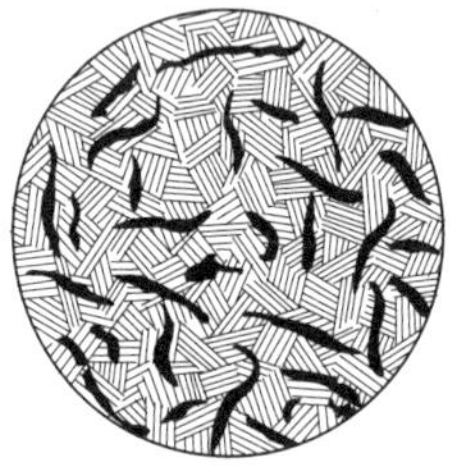

(b) 고급주철 (퍼얼라이트)+(흑연)

(c) 페라이트 주철 (페라이트)+(흑연)

**그림 7.3** 주철의 조직

## 3. 주철 중의 흑연의 모양

주철의 조직과 흑연의 모양과는 대단히 밀접한 관계를 가지며, 화학성분 · 주철의 종류 · 주입온도·냉각속도 등의 차이에 따라 조직과 흑연의 모양이 다르게 된다. 탄소와 규소의 함량이 많으면 흑연이 정출하기 쉽고, 그 파단면은 회색으로 된다. 회주철은 페라이트, 흑연, 시멘타이트 등의 3개의 기본조직을 가지고 페라이트와 시멘타이트는 퍼얼라이트를 형성하며, 때에 따라서는 P이 인화철($Fe_3P$)을 만들어, 이것에 $\alpha$철과 시멘타이트가 작용하여 인을 함유한 **삼원공정**(steadite) 조직을 만드는 경우가 있다.

주철 중의 흑연은 그 모양에 따라서 다음 6종으로 나누며, 그 중 어느 것인가에 따라 주철의 기계적 성질이 크게 달라진다.

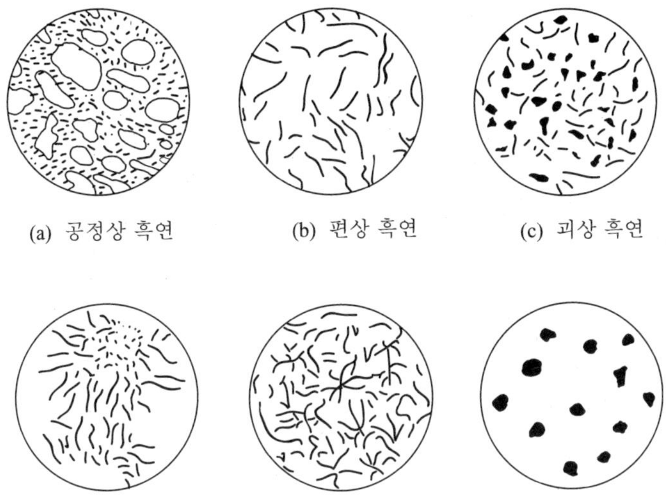

(a) 공정상 흑연 (b) 편상 흑연 (c) 괴상 흑연

(d) 장미상 흑연 (e) 국화상 흑연 (f) 구상 흑연

**그림 7.4** 흑연 모양의 모형

(1) 공정상 흑연(eutectic graphite)
(2) 편상 흑연(flake graphite)
(3) 괴상 흑연(lump graphite)
(4) 장미상 흑연(rosette graphite)
(5) 국화상 흑연(chrysanthemum graphite)
(6) 구상 흑연(spherodial graphite)

위의 흑연 조직 중에서 공정상 흑연은 작은 괴상 또는 편상 흑연의 집합체이고, 장미상 흑연은 편상과 공정흑연의 집합체로 생각할 수 있으므로, 기본형은 편상, 괴상, 구상 흑연의 3종이다. 여기서 편상 흑연은 융체로부터 생기는 것이 보통이지만 어느 것은 융체에서 생기지 않고 융체에서 생긴 과포화의 오스테나이트로부터 다시 석출하는 것이 있는데 이런 흑연을 2차

흑연이라고 부르며 이 흑연은 굵고 짧게 보이며 융체에서 생긴 길게 늘어난 상태의 1차흑연과는 분명히 다르다. 그림 7.4는 흑연 모양의 모형도이다.

### 4. 주철의 종류

주철의 종류를 분류하는 방법에는 여러 가지가 있으나, 가장 일반적인 방법은 다음과 같다.

(1) 보통주철(ordinary cast iron)
(2) 고급주철(high grade cast iron)
(3) 합금주철(alloy cast iron)
(4) 가단주철(malleable cast iron)
(5) 칠드주철(냉경주물, chilled casting)
(6) 구상 흑연주철(연성주철, spheroidal graphite cast iron)

## 7.2 보통주철

보통주철(ordinary cast iron)의 조직은 편상 흑연과 페라이트로 되어 있으며, 다소 퍼얼라이트를 함유한다. 보통주철의 조성범위는 대략 표 7.2와 같다.

**표 7.2** 보통주철의 조성 (단위 : %)

| C | Si | Mn | P | S |
|---|---|---|---|---|
| 3.0~3.6 | 1.0~2.0 | 0.4~1.0 | 0.3~1.0 | 0.06~0.1 |

### 1. 각종 성분의 영향

#### 1) 탄소의 영향

주철에 있어서의 탄소는 시멘타이트와 흑연상태로 존재하며, 주철의 성질을 개선하기 위해서는 이들 2가지 형태의 탄소가 적당히 조합되어 있어야 한다. 이것의 탄소 존재 상태는 ⅰ 냉각속도와 ⅱ 화학성분(Si량과 Mn량)에 의해서 결정된다. 즉, 냉각속도는 늦을수록, Si량은 많을수록, 그리고 Mn량은 적을수록 흑연의 양이 많아진다.

시멘타이트는 물론 주철을 단단하고 강하게 하나, 그 양이 0.9% 이상이 되면 너무 단단하여 여려진다. 한편, 흑연의 양이 많아지면 주철은 무르고 강도가 낮으나, 그 분포상태 및 형상이 미세해질수록 강도가 높아진다.

### 2) 규소의 영향

Si는 C 다음으로 중요한 성분으로서 Fe과 고용체(Si 약 16%)를 만들고, 흑연의 생성 촉진 원소이다. 주물의 주조 후의 냉각속도는 그 두께가 두꺼울수록 느리며 얇을수록 빠르다. 냉각이 빠를 경우에는 C가 시멘타이트로 되기 쉬우므로, 결국 같은 정도로 흑연을 발달시키려면 얇은 주물에서서는 Si를 다량 첨가하지 않으면 안 된다. 표 7.3은 주물의 살 두께와 Si와의 관계를 나타낸 것이다. 일반적으로 금속은 용해 후 응고하면 부피가 줄어든다. 그러나, 흑연이 발생하면 부피가 팽창한다. 따라서 Si를 첨가하면 흑연의 발생을 촉진하므로, Si를 첨가한 주철은 응고 수축이 적어져서 주조하기 쉽다.

**표 7.3** 주물의 두께와 규소량(%)

| 두께(mm) | <10 | 10~20 | 20~30 | 30~40 | 40~90 |
|---|---|---|---|---|---|
| 규소량 | 2.5~2.3 | 2.3~1.9 | 2.1~1.9 | 1.9~1.7 | 1.7~1.5 |

### 3) 망간의 영향

주철 중에는 일반적으로 0.4~1.0% 정도의 Mn을 함유한다. Mn과 Fe은 완전히 고용하며, 보통 주철의 성분에서는 탄화망간($Mn_3C$)으로서 시멘타이트 중에 고용하므로 Mn%의 증가와 함께 고상에 있어서 C의 용해도를 감소시켜 화합 탄소량을 증가시킨다. 즉, Si와 반대로 흑연의 생성을 방지한다. 또한 $Mn_3C$는 $Fe_3C$의 분해를 방지하며, 이 경향은 Si량이 적을수록 심하다.

Mn은 S과 친화력이 크기 때문에 황화철(FeS)이 존재하면,

$$FeS + Mn \rightarrow MnS + Fe$$

와 같은 반응에 의하여 황화망간(MnS)을 생성하고, 슬래그로 되어 용선과 분리되므로 S의 해를 제거할 수 있다. 그러나 탈황을 위하여 필요한 Mn의 양은 (S%×2)+0.2% 정도로서 충분하다.

Mn의 탈황작용 이외에 용선 중의 산소와 화합하여 탈산작용을 하는데, 1% Mn 이상의 다량일 경우에는 주철의 질을 강하고 단단하게 만들어서 절삭성을 나쁘게 하고, 수축률을 크게 하기 때문에 최고 1.5% 이상을 넘지 않도록 한다.

### 4) 인의 영향

주철 중에 포함되어 있는 P은 일부분 페라이트 중에 고용되나, 대개 스테아다이트(steadite

: 페라이트 + $Fe_3C$ + $Fe_3P$의 삼원공정)로서 존재한다. 스테아다이트 중의 시멘타이트는 분해하기 어렵기 때문에 P을 함유하며, 주철을 단단하고 여리게 하므로 유해한 것이다.

P이 소량이면 스테아다이트는 서로 분리하여 점재하기 때문에 영향이 적으나 0.1%의 함유량에서 그 영향이 나타나기 시작하고, 2.0% 이상이 되면 스테아다이트가 접근하여 연결되기 때문에 전체로서 심히 여리게 된다. 그러나 P이 많이 함유되면 용융점이 낮아져서 쇳물의 유동성이 매우 좋아지므로, 얇은 두께의 주물이나 특히 깨끗한 표면을 필요로 하는 주물 등에는 P의 함유량을 많게 한다.

### 5) 황의 영향

황(S)은 주물에 해로운 불순물이므로, 좋은 질의 주철에 있어서는 0.1% 이하로 제한한다. 주철 중의 S은 Fe과 화합하여 FeS, 그리고 Mn과 화합하여 MnS으로서 존재하는데, FeS은 주로 결정입자의 경계에 미립으로 균일하게 분포하며, MnS은 결정입자 안에 비교적 거친 결정을 만든다.

S은 1% 이하일 경우에 FeS은 시멘타이트 중에 고용체로 되어 있으나, 그 이상 Mn이 적을 경우에 FeS은 선상 또는 구상으로 되어 다음과 같은 해로운 작용을 한다.

(가) 유동성을 나쁘게 하여 주조 작업이 곤란하며, 정밀한 주물을 제조하기가 어렵다.

(나) 주조시 수축률을 크게 하므로 기공을 만들기 쉽고, 주조응력을 크게 하여 균열을 일으키기 쉽다.

(다) 흑연의 생성을 방해하며, 고온메짐을 일으킨다.

(라) 경점(hard spot), 역칠을 일으키기 쉽다.

## 2. 물리적 성질

보통주철의 물리적 성질은 흑연의 분포 상태 및 모양에 따라 다르나, 대개 표 7.4와 같다.

비중(SG)은 흑연 조직이 많을수록, 즉 탄소 및 규소가 많을수록 적어지고 전기전도도 및 열전도도 역시 흑연량이 많을수록 저하한다. 비열은 용융점까지는 온도의 상승과 함께 직선적으로 증가하나, 용융 후는 무관하여 일정한다.

**표 7.4** 보통주철의 물리적 성질

| 비 중 | 용 융 점 (℃) | 수 축 률 (%) | 전기전도도 ($m/\Omega mm^2$) | 선팽창계수 (0℃~100℃) | 비 열 |
|---|---|---|---|---|---|
| 7.1~7.3 | 1,150~1,250 | 0.5~1.0 | 0.5~2.0 | $10 \sim 11 \times 10^{-5}$ | 0.08~0.12 |

## 3. 기계적 성질

주철의 기계적 성질은 특히 흑연의 모양, 분포 등에 크게 좌우한다. 따라서 함유성분의 영향도 그 자신의 직접적인 영향 이외의 성분에 의한 조직이 달라지며, 이 때문에 기계적 성질이 크게 영향을 받게 되어 그 관계가 복잡한 것이다.

### 1) 인장강도와 경도

표 7.5는 회주철품에 대한 한국 표준 규격인데, 이 중에서 1종, 2종, 3종이 보통주철에 해당한다.

보통주철의 인장강도는 12~20kg/mm$^2$ 정도이며, 고급주철이나 특수주철에 있어서는 35kg/mm$^2$ 이상이다. 경도는 주로 주철 중의 시멘타이트에 의해서 달라지며, 보통주철에 있어서는 $H_B$100~200, 기계용 주철에 있어서는 $H_B$ 250 정도에 달하는 것도 있다.

Si를 고용한 페라이트의 인장강도는 30~40kg/mm$^2$, 경도는 $H_B$ 160~180이고, 퍼얼라이트의 인장강도는 80~100kg/mm$^2$, 경도는 $H_B$ 230~250인 데 비하여, 흑연은 경우 인장강도 2kg/mm$^2$ 정도이므로 이러한 것들이 혼합된 주철의 인장강도가 흑연의 모양 및 분포상태 등에 의해서 크게 좌우된다는 것은 쉽게 이해될 수 있을 것이다.

**표 7.5** 회주철품 (KS D 4301)

| 종 류 | 기 호 | 주철품의 주요살두께 (mm) | 인장시험 인장강도 (kg/mm$^2$) | 휨 시 험 최대하중 (kg) | 휨 량 (mm) | 경도시험 경 도 ($H_B$) |
|---|---|---|---|---|---|---|
| 1종 | GC 10 | 4~50 | >10 | > 700 | >3.5 | <201 |
| 2종 | GC 15 | 4~8 | >19 | > 180 | >2.0 | <241 |
| | | 30~50 | >13 | > 1,700 | >6.0 | <201 |
| 3종 | GC 20 | 4~8 | >24 | > 200 | >2.0 | <255 |
| | | 30~50 | >17 | > 2,000 | >6.5 | <217 |
| 4종 | GC 25 | 4~8 | >28 | > 220 | >2.0 | <269 |
| | | 30~50 | >22 | > 2,300 | >7.0 | <229 |
| 5종 | GC 30 | 8~15 | >31 | > 550 | >3.5 | >269 |
| | | 30~50 | >27 | > 2,600 | >7.5 | <248 |
| 6종 | GC 35 | 15~30 | >35 | > 1,200 | >5.5 | <277 |
| | | 30~50 | >32 | > 2,900 | >7.5 | <269 |

### 2) 휨강도와 압축강도

주철은 여리고 질기지 못하므로, 보통의 인장시험과 같이 연신율을 구할 수가 없으므로 봉상의 시험편에 대하여 휨시험을 실시하여 봉이 파단하였을 경우의 하중으로써 휨강도를 나타내는 동시에 파단에 이르기까지의 처짐량으로써 인성에 대한 강도를 나타내는 것이다.

KS 규격에 있어서는 지름 30mm의 환봉을 지점거리 300mm로 시험하도록 되어 있다. 주철은 여리기 때문에 인장력보다도 압축력이 걸리는 부분에 쓰이는 경우가 많으며, 내력강도가 필요하다. 내력강도는 파단하였을 때의 하중을 처음의 단면적으로 나눈값으로 나타내는데, 그 값은 연질의 회주철에 있어서는 인장강도의 3배, 경질의 회주철에 있어서는 4배 정도로 된다. 주철은 인장에 대하여 대단히 약하지만 압축에 대해서는 상당히 강하며 56~105kg/mm$^2$ 정도이다.

### 3) 고온에 있어서의 기계적 성질

주철은 400℃ 정도까지는 온도가 올라감에 따라 인장강도가 별로 떨어지지 않으나, 그 이상의 온도의 경우에는 갑자기 내려간다.

그림 7.5는 고온에 있어서의 주철의 인장강도의 변화를 나타낸 것이다.

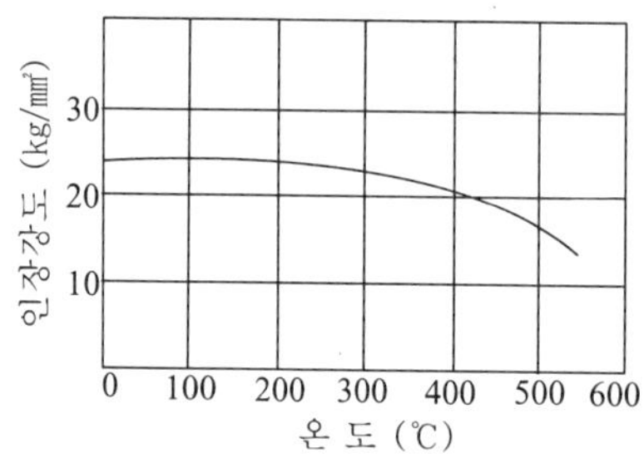


**그림 7.5** 주철의 인장강도의 변화

### 4) 탄성계수

주철의 탄성은 강철보다도 훨씬 작은데, 그 현미경 조직 특히 흑연의 모양과 분포에 의하여 뚜렷하게 달라지며, 굵은 편상 흑연을 함유한 것은 탄성한도가 낮고, 국화상 또는 장미상 흑연을 함유한 것은 탄성한도가 크다.

### 5) 기타의 성질

(가) 피로한도

주철의 피로한도는 인장강도의 약 30~50% 정도이다.

(나) 내마멸성

일반적으로 흑연이 존재하므로 윤활유를 잘 흡수하며, 마멸에 비교적 잘 견딘다.

## 4. 주철의 주조성

주조성(castability)이란 주조 작업의 난이를 나타내는 금속의 성능으로서 주조성을 좌우하는 인자는 다음과 같다.

ⅰ 용해의 난이(용융점, 열량, 액체의 산화도), ⅱ 유동성, ⅲ 수축률, ⅳ 기타(편석·기포 및 가스의 유무)

### 1) 주철의 용해온도와 유동성

주철의 용융점은 대개 1,200℃ 정도이며, 회주철이 백주철보다 약간 융점이 높고, 주철 1kg을 녹이는 데는 약 250kcal의 열량이 필요하다. 또 동일 조성이라 할지라도 금형에 주입한 주철이 사형에 것에 비해서 용융점이 낮아서 쉽게 녹는다. Mn과 S은 C가 $Fe_3C$로 되어 백주철이 되는 것을 도와 주는 원소이므로 용해시키기 쉽고, 반대로 Si는 C가 흑연으로 유리하여 회주철이 되는 것을 도와 주는 원소이므로 용해시키기 어렵다.

또한 유동성은 많은 인자에 의해서 좌우되므로 간단하게 말하기는 어려우나 가장 큰 역할을 하는 것은 온도, 조성 등이다. 동일 온도라도 C, Si, Mn은 유동성을 좋게 하며, 특히 P도 좋은 효과를 준다. 반대로 S은 주철에 극히 해로운 원소로서, 0.2% 정도로도 유동성이 불량하게 되며, 0.8% 이상이면 주조하기가 불가능하다. 양질의 주철에서는 S의 함량을 0.1% 이하로 제한한다.

### 2) 주철의 수축

대체로 금속은 용액으로부터 냉각시키면 체적이 수축하게 되는데 수축되는 정도, 즉 수축률은 금속에 따라서 각각 다르다. 수축률이 지나치게 큰 금속은 치수, 또는 모양의 변화를 가져오게 되므로 주조하기 곤란하게 된다.

주철 중에 Si량을 증가시키면 수축이 완화되고, 그 양을 더욱 증가시키면 팽창하는 경우도 있다. 이것은 Si의 영향으로 시멘타이트가 분해하여 흑연화가 계속되기 때문이라 할 수 있다. 보통 급랭하면 서냉한 것보다 수축이 크고 수축응력이 많이 생기는데, 이것 때문에 주물에 균열이 생긴다든가 또는 치수가 변화되는 일이 많다.

### 3) 편석과 기포(bolw hole)

편석이라 함은 주물의 부분에 따라서 화학적 성분과 조성이 균일하지 않은 상태를 말하며, 주물상하의 편석과 내외편석을 생각할 수 있다.

상하 편석은 비중 관계, 또는 합금의 성질상 두 층으로 융액이 분리되는 경우 등에 생기며, 내외 편석은 대체로 주물이 바깥쪽으로부터 냉각되기 때문에 초정의 조성은 융점이 높은 것(순수한 것)이 되고, 내부로 들어갈수록 낮은 것(불순한 것)이 되기 때문에 생긴다고 할 수 있다.

한편, 기포는 그 생성 원인을 2가지로 크게 나누어 생각할 수 있다. 하나는 응고시에 일어나는 체적의 수축에 의한 것이고, 다른 하나는 용철이 포함하고 있는 가스가 응고시에 방출되어 기포를 형성하고 이것이 미처 배출되지 못한 채 주물 안에 존재하는 경우이다. 이러한 기포는 주물에서 특히 유의하여야 할 것이다.

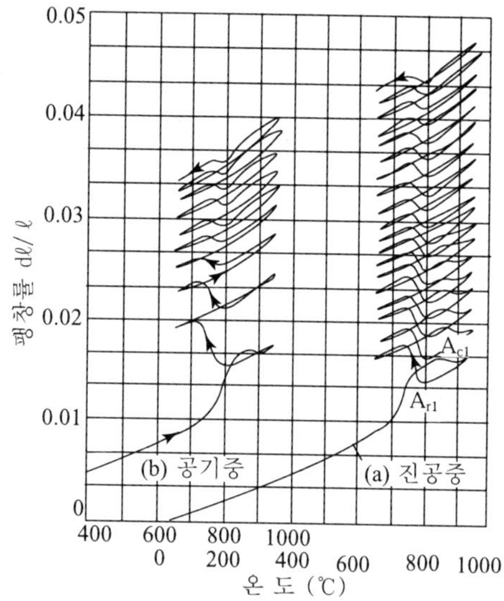


**그림 7.6** 주철의 고온팽창

## 5. 주철의 성장과 내식성

### 1) 주철의 성장

주철의 조직에 나타나는 시멘타이트는 앞서 설명한 바와 같이 불안정한 것이므로 가열하면 분해하여 Fe과 흑연(C)으로 된다. 분해의 정도는 성분, 온도, 가열 시간에 의하여 다른 것인데 Si, Al, Ni 등과 같은 흑연의 발생을 쉽게 하는 원소를 함유하고 있는 주철에 있어서는 가열되면 시멘타이트가 흑연화하기 쉽다. 분해하여 흑연이 발생하면 부피가 커지므로 그 정도가 심하게 되면 주철의 치수가 변화한다.

보통의 주철은 $A_1$점(723℃) 상하의 고온으로 가열과 냉각을 반복하면 차례로 팽창한다. 이것을 **주철의 성장**(growth of cast iron)이라고 한다. 이 현상은 고온에서 쓰이는 주철에는 중요한 문제이다.

그림 7.6은 주철을 번갈아 가열과 냉각을 반복하면서 그 팽창 및 수축의 상태를 팽창계로 기록한 선도이다.

주철의 성장 원인은 다음과 같다.

(1) 시멘타이트의 흑연화에 의한 팽창
(2) 불균일한 가열로서 생기는 균열에 의한 팽창
(3) $A_{r1}$변태에 의하여 체적 변화가 일어날 때 미세한 균열이 형성되어 생기는 팽창
(4) 페라이트 중에 고용되어 있는 Si의 산화에 의한 팽창
(5) 흡수되어 있는 가스의 팽창으로 인하여 재료가 항복되어 생기는 팽창

이러한 주철의 성장을 방지하는 데에는 다음과 같은 방법들이 있다.

(1) 조직을 치밀하게 해 줄 것. 조직을 치밀하게 하면 어느 정도 감소시킬 수 있으나, 완전히 억제할 수는 없다.
(2) 특수 합금 원소(Cr)를 첨가해서 $Fe_3C$의 흑연화를 방지한다. W, Mo 등도 좋은 방지 원소이나 가격이 높은 결점이 있다.

(3) 산화하기 쉬운 Si량을 적게 하고, 대신 내산화성 원소인 Ni를 치환한다.

### 2) 주철의 부식

일반적으로 주철의 내식성은 강에 비하여 양호하고, 특히 대기 또는 바닷물 중에 사용할 때에는 강보다 우수하다. 또, 수도관과 같은 토양 중에서 사용하면 수명이 100년 이상이나 된다.

보통 주철은 알칼리에는 상당히 잘 견디나 산(묽은 황산, 진한 황산, 질산, 염산)에는 약하므로 Cu 1% 정도를 첨가하면 부식량이 $\frac{1}{4}$ 감소한다.

## 6. 주철의 열처리

### 1) 담금질과 뜨임

주철은 화학성분과 조직이 적당할 때는 담금질을 하여 재질을 경화시킬 수 있어 브리넬 경도 ($H_B$)450~500으로 높아진다. 조직은 마텐자이트 바탕이 되나 흑연의 모양은 변하지 않는다. 담금질 한 것은 내마모성이 향상되므로 실린더의 라이너 등에 사용된다.

담금질 요령은 다음과 같다.

(1) 담금질 온도의 성분은 800~850℃
(2) 성분은 탄소 3% 이하, 망간 1.2% 이상, 인 · 유황은 가능한 적을 것
(3) 조직중의 흑연탄소는 미세해야 되며, 큰 편상 흑연은 균열의 원인이 된다. 바탕 조직은 퍼얼라이트이어야 한다.
(4) 가열은 서서히 하여 균열이 생기지 않게 한다.
(5) 냉각은 기름에 냉각한다. 물중에 냉각하면 균열이 생긴다.

담금질한 것은 뜨임하여 사용하기도 하며, 뜨임하면 조직은 소르바이트 바탕이 되며 브리넬 경도 ($H_B$) 300~350 정도가 된다. 뜨임온도는 200~250℃에서 실시한다.

### 2) 풀 림

주철 주물 중 두께 변화가 심한 것 중 특히 공작기계의 부분품, 내연기관의 부분품 등 치수의 차이가 있어서는 안 되는 중요한 부품에는 냉각속도의 차이에 따른 오랜 시간 사용에서 생기는 변형을 방지하기 위해 풀림처리를 할 필요가 있다.

풀림처리 온도는 500~600℃, 풀림시간은 6~10시간이 적당하다.

# 13 고급주철

기계의 중요 부분에는 강력하고 내마멸성이 좋은 주철이 요구된다. 이 목적에 적합한 주철이 바로 고급주철이며, KS 규격의 회주철품 4~6종이 이에 해당한다.

일반적으로 **고급주철**(high grade cast iron)이라 함은 화학 조성으로는 C 2.5~3.2%, Si 1~2%이고, 현미경 조직은 퍼얼라이트와 미세한 흑연으로 된 것이며, 기계적 성질로는 인장강도가 25kg/mm$^2$ 이상인 것을 말한다.

보통 C, Si의 양이 $\frac{(C+Si)}{1.5}=4.2\sim4.4(\%)$ (단, $1<Si<3$)의 범위가 되도록 하면 고급주철이 된다. 고급주철의 흑연의 모양은 미세한 와상(맴돌이 형상) 또는 국화상이다.

## 1. 고급주철의 제조법

인장강도가 높고 충격값이 큰 주철은 흑연량이 적고 기지를 퍼얼라이트 또는 소르바이트의 강인한 조직으로 미세한 흑연이 균일하게 분포되어 있어야만 고급주철의 성질을 기대할 수 있다. 그러므로 재료로서 전 탄소와 규소함유량이 적당한 선철을 선택하고 적당량의 연강 스크랩(scrap)을 배합해서 전기로 용해로서 쉽게 목적을 달성할 수 있다. 고급주철의 제조법에는 다음과 같은 방법이 있다.

### 1) 란 쯔(Lanz process)법

선철에 다량의 강 스크랩(강설)을 배합하여 탄소와 규소의 양을 적게 하고, C+Si의 양을 3.8~4.2%로 제한하여 용탕의 응고 기간을 비교적 빨리 하여서 흑연을 미세하게 분산시킨다. 다음에 주형을 200~500℃로 가열하여서 응고 후의 냉각을 완만하게 하여 초정 $Fe_3C$를 없이하고, 기지를 퍼얼라이트화하는 방법이다. 그러므로 큰 주물보다 작은 주물에 적용되고 있다.

### 2) 에 멜(Emmel process)법

저탄소 주철이라고 하며, 보통 용선로에 스크랩 50% 이상과 C, Si의 함유량이 비교적 많은 신선철을 배합하여 1,500℃ 정도의 온도로 용해해서 C 3%, Si 2.0%의 고급주철을 얻는다. 조직은 미세한 흑연이 균일하게 분포되어 있으며, 기지는 퍼얼라이트로 두께가 강도에 영향을 주지 않으며, 강성주물(semi-steel casting)은 거의 이 방법에 의하여 만들었다.

### 3) 코오살리(Corsalli process)법

이 방법은 용선의 C량을 2.0% 이하로 하기 때문에 전량의 $\frac{2}{3}$의 강 스크랩을 가한다. 이때, 코우크스에서의 탄소의 흡수를 적게 하기 위해서 코우크스를 석회유액에 담그어 석회막을 만들면 로 안에서 탄소의 흡수가 적게 되며, 2.0% 정도의 용탕이 1,500℃ 정도에서 된다. 이것을 주조하면 고급주철이 얻어진다.

#### 4) 피보와르스키(Piwowarsky process)법

저탄소 고규소의 재료를 사용해서 흑연을 미세화하기 때문에 전기로에서 용탕을 과열하는 방법이다. 다시 말해서 주철의 용해온도가 낮으면 기존의 흑연이 잘 용해하지 않고 남게 되며, 응고시 핵이 되어서 흑연이 성장하여 큰 편상이 되기 쉬우므로 용탕을 가열해서 흑연을 잘 용해시키면 응고시 미세한 흑연이 나오도록 되어 있다.

#### 5) 미이한(Meehan process)법

저탄소 저규소의 재료를 선택하고 화합탄소의 정출을 될 수 있는 대로 억제하기 위해서 Fe-Si(규소 철) 또는 Ca-Si(calcium-silicide) 등을 첨가해서 흑연 핵의 생성을 촉진시키는 방법이다. 이 조작을 **접종**(inoculation)**처리**라고 한다. 표 7.6은 각 제조법에 따른 고급주철의 표준화학 성분이다.

**표 7.6** 고급주철의 표준조직과 인장강도

| 제 조 방 법 | 화 학 성 분 (%) | | | 인장강도 (kg/mm²) |
|---|---|---|---|---|
| | 전 탄 소 | Si | Mn | |
| 란쯔법 | 3.2 | 0.8~1.1 | 0.7~0.8 | 28~35 |
| 에멜법 | 2.5~3.0 | 2.0~2.5 | 0.8~1.1 | 30~35 |
| 코오살리법 | 2.8 | 2.0~2.2 | 1.3 | 35~39 |
| 피보와르스키법 | 2.7~3.0 | 1.6~2.1 | — | 30~40 |
| 미이한법 | 2.8 | 1.2~1.6 | 0.6~0.8 | 35~45 |

### 2. 미이하나이트의 주철

1922년 미국 미이한(Meehan) 회사에서 레이들(ladle)중에 흑연제를 투입해서 고급주철을 만드는 간단한 방법을 발견하고 특허를 얻어 미이하나이트 명칭으로 주철을 크게 개선하였다.

주철의 결점을 없애기 위해서 일반적으로 흑연량을 감소시켜 분포를 균일하게 하고 불연속 모양으로 하는 데 성공하였다. 그러므로 원료선은 다량의 강 스크랩과 함께 용해되어서 저규소 저탄소의 합금이 되고 이것을 레이들에 넣을 때 또는 넣은 후에 적당량의 입상 Ca-Si를 첨가해서 이 첨가제(접종제)의 핵 작용, 즉 접종을 이용해서 과냉되기 쉬운 저탄소 저규소의 용탕의 과냉을 저지하고, 흑연을 적당히 발달시켜 균일 미세화의 목적에 달하고 있다.

용해는 용선로, 전기로 또는 평로 등에서 하지만, 용선로에서 할 경우가 많다. 주로 미이하나이트 주철(meehanite cast iron)은 강력 구조용, 내열용, 내마멸용, 내부식용 등에서 사용된다.

# 7.4 합금주철

합금주철(alloy cast iron)은 보통 주철에 Ni, Cr, Mo, Cu, Mg 등의 합금원소나 Si, Mn, P 등을 특히 다량 첨가하여 보통 주철에서 얻을 수 없는 훌륭한 기계적 성질과 내식, 내마멸, 내열성 등의 특성을 갖도록 한 것이다. 합금 원소 중에는 Si와 같은 흑연의 발생을 쉽게 하는 것도 있고, 반대로 Mn, Cr과 같은 화합 탄소($Fe_3C$)의 발생을 쉽게 하는 것도 있다.

**표 7.7** 각 원소의 흑연화 경향

| 원 소 명 | Al | Cu | Mn | Ni | Mo | Cr |
|---|---|---|---|---|---|---|
| 흑연화의 값 (Si=1로 가정) | 0.5 | 0.35 | -0.25 | 0.3~0.4 | -0.35 | -1.2 |

지금 흑연화의 값을 Si=1로 가정하였을 경우에, 다른 원소가 가지는 흑연화의 값을 나타내어 보면 표 7.7과 같이 된다.

여기서 부(−)의 값을 나타내는 원소는 Si와는 반대로 화합 탄소를 만드는 것을 의미하는 것이다.

## 1. 특수합금 원소의 영향

### 1) Ni

흑연화를 촉진하며, 0.1~10% 첨가하여도 조직이 미세하게 된다. Ni의 흑연화 능력은 Si의 $\frac{1}{2}\sim\frac{1}{3}$ 정도이다. Ni은 주물의 두꺼운 부분의 조직을 억세게 하는 것을 방지하며, 얇은 부분의 칠(chill)이 발생하는 것도 방지한다. 따라서, 두께가 고르지 않은 주물을 튼튼히 하고 내열, 내산화, 내알칼리성을 갖게 하며, 비자성인 오스테나이트 주철을 만들 경우는 Ni을 14~38% 첨가한다.

### 2) Cr

흑연화를 방지하고 탄화물을 안정화한다. Cr은 2~1.5% 첨가한다. 이 정도 포함시키면 퍼얼라이트 조직은 미세화되며, 경도가 증가하고 내열성, 내부식성도 좋아진다. Cr을 많이 넣으면, 특히 고온에서 내열성이 높아지나 절삭이 곤란하게 된다.

### 3) Mo

다소 흑연화를 방지한다. 0.25～1.25% 첨가하면 흑연이 미세화하여 강도, 경도, 내마멸성이 증가되며, 또한 두꺼운 주물의 조직을 균일하게 한다.

### 4) Ti

강한 탈산제이며, 동시에 흑연화를 촉진하나, 너무 많이 첨가하면 도리어 흑연화를 방해하므로 고탄소·고규소의 주철에 Ti를 첨가하면 흑연을 미세화하며 경도가 높아진다. 보통 0.3% 이하의 소량을 첨가한다.

### 5) V

강한 흑연화의 방지원소이며, 보통 0.10～0.50% 정도 첨가하면 흑연과 바탕을 미세화하고 균일하게 한다.

### 6) Cu

보통 0.25～2.5% 첨가하면 경도가 증가하고, 내마멸성이 개선되며, 내식성이 좋아진다. 내부식성은 Cu 0.4～0.5% 부근이 가장 좋고 염산, 질산, 황산에 대하여 상당히 효과적이다.

## 2. 기계구조용 합금주철

기계 구조용으로 사용된 것은 Ni 주철(0.5～2.0% Ni)이며, 이것에 다시 Cr, Mo을 동시에 배합하여 강도를 더욱 증가시킨 것도 사용된다.

Ni은 퍼얼라이트와 흑연을 미세화하여 강도를 크게 하는 동시에, 칠(냉경)을 방지하므로 절삭성을 향상시킨다.

Cr은 시멘타이트($Fe_3C$)를 안정시켜서 칠을 깊게 하고 경도를 증가시켜 내마멸성을 좋게 하고 주물의 성장을 방지하는데, 1.0% 이상으로 되면 경도가 높아져서 절삭성을 해치게 된다.

Mo은 흑연화 방지 원소이지만, 1.5% 이하의 적량을 사용하면 경도나 인장강도를 증가시키고 인성을 좋게 한다.

표 7.8은 기계 구조용 합금 주철의 예를 든 것인데, 자동차용 엔진의 크랭크, 캠축 등에도 사용된다.

**표 7.8** 기계구조용 합금주철

| 종 류 | 화 학 성 분 (%) | | | | | | | | 비 고 |
|---|---|---|---|---|---|---|---|---|---|
| | T·C | Si | Mn | P | S | Ni | Cr | Mo | |
| 자동차용주철 | 3.00~3.40 | 2.00~2.30 | 0.60~0.80 | <0.20 | <0.10 | 1.50 | 0.30~0.50 | <0.50 | |
| 공작기계용주철 | 3.00~3.25 | 1.00~2.00 | 0.50~0.90 | <0.3 | <0.10 | 1.00~1.50 | <0.60 | — | |

| 종 류 | 인장강도 (kg/mm²) | 파단강도 (kg/mm²) | 휨 량 (mm) | 경 도 ($H_B$) |
|---|---|---|---|---|
| 자동차용주철 | 24~30 | 40~51 | 10~15 | 200~220 |
| 공작기계용주철 | 25~35 | 46~55 | 12~14 | 200~250 |

[주] 표 중 T·C=전 탄소

### 3. 내마멸성 주철

보통주철에 적량의 Ni, Cr 등을 배합하면 마텐자이트 주철로 되어 표면의 브리넬 경도가 $H_B$ 600~700으로 된다. 이것이 표 7.9의 Ni-Cr 주철이다. 또한 침상 주철 또는 어시큘러 주철(acicular cast iron)은 Ni과 Cr 이외에 Mo, Cu 등을 배합하여 $A_1$변태점을 저하하여서, 흑연(C)과 베이나이트(Bainite) 조직으로 한 내마멸용 주철인 것이다.

**표 7.9** 내마멸용 합금주철

| 구분 | 종 류 | 화 학 성 분 (%) | | | | | | | 비고 |
|---|---|---|---|---|---|---|---|---|---|
| | | C | Si | Mn | Ni | Cr | Mo | Cu | |
| 내마멸용 | Ni-Cr 주철 | 3.30~3.50 | 0.75~1.25 | 0.70~0.90 | 4.50 | 1.50 | — | — | |
| | 침상(어시큘러) 주철 | 약 2.80 | 1.60~2.00 | 0.60~0.90 | 0.50~4.00 | <0.30 | 0.70~1.50 | <1.50 | |

### 4. 내열 및 내산주철

특수강에 있어서 대부분의 내산강이 내열성을 겸비하고 있는 것과 같이, 주철에 있어서도 내산주철은 대부분 내열성을 겸비한다. 또한 내산강이 페라이트계와 오스테나이트계로 구별되는 것과 같이 **내산주철**도 페라이트계와 오스테나이트계로 크게 나눌 수 있다.

페라이트계는 Si 및 Cr을 다량으로 함유하는 주철로서 대단히 단단하며, 반대로 오스테나이트계는 Ni을 함유하는 합금으로 조직은 오스테나이트이다.

### 1) 오스테나이트 주철

내산, 내알칼리, 내열성 등이 높고 비자성체이며, 전기 저항이 크고 연성, 인성이 있는 주철로서, Ni을 20% 이상 많이 함유하고 조직은 오스테나이트이다. 이것은 주로 석유 화학, 기타 화학, 공업용에 많이 사용된다. Mn은 비자성으로 하는 능력이 Ni의 2배가 되나 단단하게 하므로 피절삭성을 나쁘게 한다.

표 7.10은 비자성체의 대표적인 보기이다.

**표 7.10** 비자성의 내열, 내산주철

| 명칭 \ 성분(%) | Ni | Mn | Cr | Cu | Si |
|---|---|---|---|---|---|
| 고Ni주철 | 15~20 | – | – | – | – |
| 니크로실랄(Nicrosilal) | 18 | 1 | 2 | – | 6 |
| 니레지스트(Niresist) | 14 | – | 4 | 7 | – |

### 2) 고규소 주철

Si를 14% 정도 포함한 고규소 주철은 내산 주철로서 유명하다. 진한 열황산, 황동액, 황산과 초산 등이 혼합액 등에 대하여도 사용할 수 있다. 염산에도 어느 정도 견디나, 진한 열 염산에는 견디지 못한다. 오스테나이트 주철보다 값은 싸지만, 절삭가공이 안 되고 메짐성이 높은 것이 결점이다. 표 7.11은 고규소 내산 주철의 화학성분을 나타낸 것이다.

**표 7.11** 고규소 내산주철

| 종 류 | 화 학 성 분 (%) | | |
|---|---|---|---|
| | C | Si | Mn |
| 듀리론(duriron) | 0.20~0.60 | 14.0~14.5 | 0.25~0.35 |
| 코로지론(corrosilon) | 1.20~1.30 | 13.0~14.0 | 0.15~0.20 |

### 3) 고크롬 주철

이것은 Cr량이 15~30%인 주철로서 산, 유황, 가스 등에 강하며, 고온에 있어서도 성장하지 않는다. 또한 아주 단단하여 절삭이 불가능하며, 연삭 다듬질한다. 이것은 주로 풀림 상자나 노재용 등으로 사용된다.

## 7.5 냉경주물

적절한 성분의 주철을 금형이 붙어 있는 사형에 주입해서 응고할 때 필요한 부분만을 급랭하면, 이때 주물이 금형에 접촉해서 급랭한 표면에서 어떤 깊이까지는 매우 단단하게 된다. 다른 부분 및 금형에 접합 부분이라도 그의 내부는 서냉되어서 연하고 강인한 성질을 가지게 된다.

이와 같은 조작을 **칠**(chill)이라고 하며, 이와 같이 해서 만들어진 주물을 **냉경주물**(chilled casting)이라고 한다.

주철의 화학 성분이 적당하면 냉각 속도가 빠를 경우에 주철 중의 탄소는 흑연으로서 유리할 여유가 없고, 전부 Fe와 화합상태가 되며, 그 조직은 퍼얼라이트와 유리 시멘타이트만으로 되고, 거기다 뒤엣것의 경도는 매우 크고 파면은 백색이다. 따라서 칠(chill) 현상에 의한 경화와 마찬가지로 급랭에 의해서 경화하는 담금질 현상과는 전혀 다른 뜻을 가지며, 냉경주물의 칠 현상은 유리 $Fe_3C$의 출현에 의한 것으로 경화의 원인도 다르다. 마모작용 또는 산 등의 부식에 잘 견디어야 할 주철은 금형을 사용해서 그 부분의 바깥둘레부를 적당한 길이만큼 칠을 시킬 때가 많다. 칠드 로울, 칠드 차륜 등이 그의 예이다.

칠의 깊이는 주로 급랭의 정도, 화학성분 등으로 지배되지만 용해의 온도, 시간, 주입 온도 등에도 다소의 영향을 받는다. 가령 1,500℃까지는 용해온도가 높을수록 칠도 깊게 되지만, 이것을 넘으면 오히려 얇게 된다.

칠드 주물은 표면의 경도가 커야 된다는 것은 매우 중요한 것이다. 보통 쇼어 경도(Shore hardness) $H_S$ 60～75, 브리넬 경도(Brinell hardness) $H_B$ 350～450 정도이다. 경도가 큰 것은 유리 $Fe_3C$에 의한 것이다.

담금질한 강을 300～400℃ 정도에서 가열하면 쉽게 뜨임을 할 수 있으나, 이것은 상당히 높은 온도에서 오랜 시간 사용하여도 경도가 저하하지 않는다. 다시 말하면 칠 부분의 연화는 흑연 작용에 의해서 생기므로 여러 번 되풀이하여 가열 냉각해도 800℃ 부근까지 가지 않으면 거의 연화되지 않는다.

냉경주철은 보통주철에 비해서 특히 Si량이 적은 것이 특징이다. 이것은 칠부의 깊이를 적당히 하기 위한 것이고, Si는 주철의 흑연화를 매우 심하게 촉진시키므로 그 함유량이 많은 것은 금형을 사용해도 칠이 되지 않는다. 그러므로 사용 원료도 매우 제한된다.

표 7.12는 냉경주철의 조성과 용도를 나타낸 것이다.

주조 작업시 응고 수축량은 주물의 화학 성분, 크기의 모양, 냉각상태 등에 의해서 변하지만 칠부의 백주철 부분은 중심부의 회주철부에 비하면 보다 더 수축량이 크므로, 칠 주철이 보통 주철에 비해서 균열이 많게 된다.

냉경주철은 칠부와 회주철부로 크게 구별되며, 각각 매우 다른 성질을 가지는 것으로 동일 원소라도 이 양부에 미치는 영향이 매우 다르다. 함유된 여러 성분 중 주철의 흑연화를 조장해서 칠부를 얇게 하는 것은 C, Al, Si, P, Ti, Co, Ni 및 Cu 등이고, 이것을 방해하여 칠부를 깊게 하는 원소로는 S, V, Cr, Mn, Sn, W 등이 있다.

**표 7.12** 칠드주물의 종류와 조성(%)

| 종 별 | C | Si | Mn | P | S | Ni | Cr | Hs | 비 고 |
|---|---|---|---|---|---|---|---|---|---|
| 강재용로울 | 3.07 | 0.66 | 0.50 | 0.483 | 0.075 | | | 68 | 강편용 로울 |
| | 2.99 | 0.63 | 0.62 | 0.529 | 0.041 | | | 67 | 조강용조로울 |
| | 2.98 | 0.54 | 0.61 | 0.545 | 0.048 | | | 64 | 강판열판 마무리용 로울 |
| | 3.25 | 0.40 | 0.43 | 0.415 | 0.045 | 3.39 | 0.70 | 82 | 강판냉판용로울 |
| 특수로울 | 3.7~3.9 | 0.60~0.75 | 1.1~1.6 | 0.45~0.50 | 0.07~0.12 | | | 70~80 | 종이, 천 윤택용 로울 |
| | 3.5~3.8 | 0.7~1.0 | 0.8~1.5 | 0.3~0.70 | – | | | | 벽돌 파쇄용 로울 |
| 일반주물 | 3.4~3.6 | 0.7~0.9 | 0.6~0.7 | 0.10~0.15 | 0.06~0.07 | | | | 차륜 |
| | 3.3~3.0 | 0.3~0.4 | 0.60~0.65 | – | – | | | | 프레트회전기 |

## 7.6 구상 흑연주물

1947년 최초로 영국의 모로그(H. Morrogh)와 윌리엄즈(W. T. Williams)가 세륨(Ce)을 첨가해서 주조만으로 구상 흑연주철의 제조에 성공했으나, Ce의 값이 매우 비싸기 때문에 실용화가 어려웠다. 그 후 1949년 미국의 개너빈(A.P. Ganebin)이 Mg과 그의 합금을 사용해서 주입한 그대로 구상의 흑연을 가진 강인한 주철을 얻는 데 성공하였다. 따라서 이때부터 주철은 전부 여리다는 종래의 관념이 백지화 되었다.

이 종류의 주철은 미국에서는 **연성주철**(ductile cast iron), 영국에서는 **구상흑연주철**(spheroidal graphite cast iron), 일본에서는 **노듈러 주철**(nodular cast iron)이라고 한다.

회주철은 편상흑연(flake graphite)조직이므로 외력을 주었을 때 편상흑연을 따라 균열이 발생하기 쉬워 메짐성이 있고, 강도가 작은 결점이 있다. 흑연이 구상화된 주철은 흑연을 따라 균열이 발생하기 어렵고, 강도뿐만 아니라 연성도 크게 된다. 흑연을 구상화하려면 Ce첨가의 경우 0.02% 이상, Mg인 경우에는 0.04% 이상 함유하여야 하나, 뒤엣것이 값이 싸서 Mg 처리가 널리 행하여지고 있으나, 일본에서는 Fe-Si, Ca-Si를 첨가해서 구상 흑연주철(SG 주철)을 만드는 방법이 발전했다.

그림 7.7은 Mg를 첨가해서 구상화 흑연주철의 제조시, 잔류 Mg량과 구상 흑연화와의 관계를 나타낸 것이다.

구상 흑연주철을 제조할 때에는 S이 적은 선철을 용해하고, 여기에 Mg, Ce 등을 첨가해서 용체 중의 흑연을 소실시키고 Fe-Si, Ca-Si 등을 접종하여 흑연 핵을 형성시켜 주조한다. 흑연을 구상화시키기만 하려면 광범위한 성분의 주철에 Mg, Mg-Cu 등을 첨가하여도 좋으나 연성을 주기 위하여서는 P이 적은 구상 흑연용 주철을 사용한다. 주조 후에 900℃에서 풀림한 것은 더욱 연성이 높아진다.

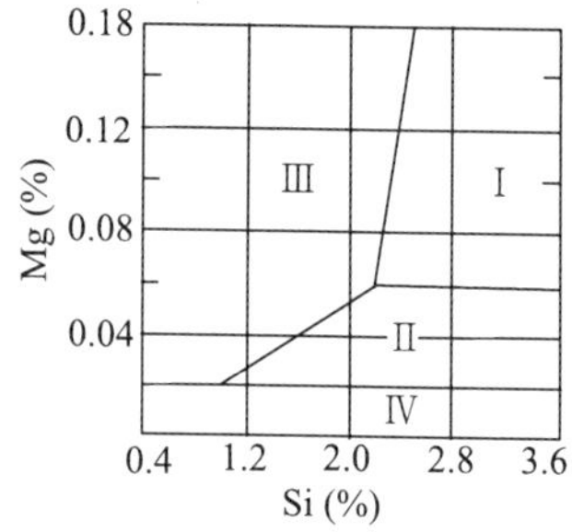


구역 Ⅰ: 구상흑연
구역 Ⅱ: 구상흑연과 의구상흑연
구역 Ⅲ : $Fe_3C$+구상흑연
구역 Ⅳ : 편상흑연

**그림 7.7** Mg량과 구상 흑연화의 관계 곡선

구상 흑연 주철은 조직에 따라 ⓘ 페라이트형, ⓘⓘ 퍼얼라이트형, ⓘⓘⓘ 시멘타이트형으로 분류된다. 그림 7.8은 각종 구상 흑연주철의 조직도이다.

그림 (a)는 페라이트 바탕에 흑연이 구상으로 존재한 것으로 연성이 크다. (b)는 바탕(matrix)이 페라이트와 퍼얼라이트로 되어 있으며, 구상 흑연 주위의 둥글고 흰 부분이 페라이트이다. 이것은 퍼얼라이트 중의 $Fe_3C$가 분해되고, 분해된 흑연이 집합하여 구상으로 되기 때문에 그 둘레가 연한 페라이트로 둘러싸여지는 것이다.

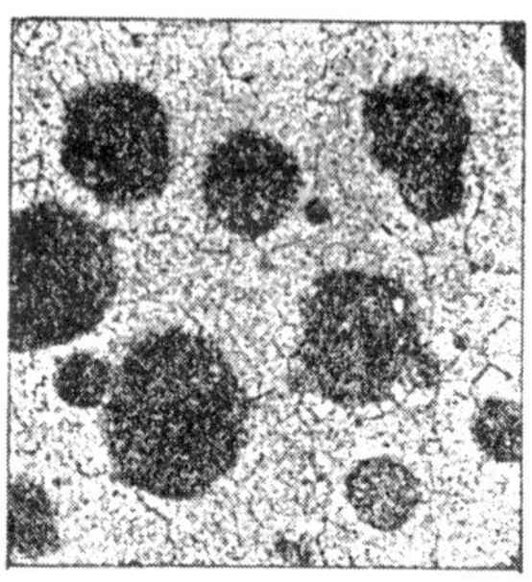
(A) 페라이트형

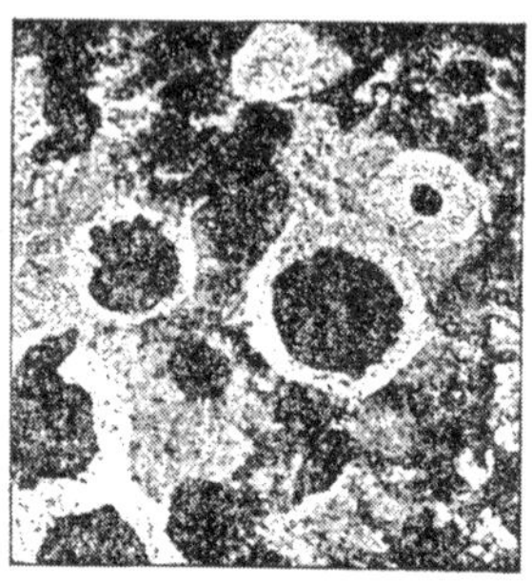
(b) 페라이트+퍼얼라이트형

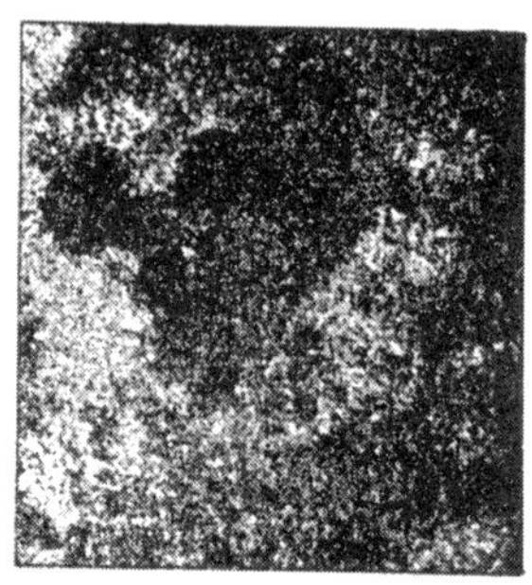
(c) 퍼얼라이트형

**그림 7.8** 각종 구상 흑연주철의 조직

이 조직은 마치 황소의 눈 모양과 같다고 하여 **불즈아이 조직**(bull's eye structure)이라고 한다. (c)는 바탕이 퍼얼라이트로된 구상 흑연 조직으로서 강인성이 있다.

표 7.13은 구상 흑연주철의 분류와 성질을 나타낸 것이다.

표 7.13 구상 흑연주철의 분류와 성질

| 명 칭 | 발 생 원 인 | 성 질 |
|---|---|---|
| 시멘타이트형(시멘타이트가 석출한 것) | i. Mg의 첨가량이 많을 때<br>ii. C, Si 특히 Si가 적을 때<br>iii. 냉각속도가 빠를 때<br>iv. 접종이 부족시 | i. 경도가 $H_B$ 220 이상이 된다.<br>ii. 연성이 없다. |
| 퍼얼라이트형(바탕이 퍼얼라이트) | 시멘타이트형과 페라이트형의 중간의 발생원인 | i. 강인하고 인장강도 60~70kg/mm$^2$<br>ii. 연신율은 2% 정도<br>iii. 경도 $H_B$=150~240 |
| 페라이트형(페라이트가 석출한 것) | i. C, Si 특히 Si가 많을 때<br>ii. Mg의 양이 적당할 때<br>iii. 냉각속도가 느리고, 풀림을 했을 때<br>iv. 접종이 양호한 경우 | i. 연신율 6~20%<br>ii. 경도 $H_B$=150~200<br>iii. Si가 3% 이상이 되면 여려진다. |

표 7.14 구상 흑연주철의 규격 (KS D 4302)

| 종 류 | 기 호 | 인 장 강 도 (kg/mm$^2$) | 내 력 (kg/mm$^2$) | 연 신 율 (%) |
|---|---|---|---|---|
| 1종 | DC 40 | 40 이상 | 28 이상 | 12 이상 |
| 2종 | DC 45 | 45 이상 | 30 이상 | 5 이상 |
| 3종 | DC 55 | 55 이상 | 38 이상 | 2 이상 |
| 4종 | DC 70 | 70 이상 | 48 이상 | 1 이상 |

표 7.14는 구상 흑연주철의 한국 공업 규격을 나타내었고, 표 7.15는 구상 흑연주철의 성분을 나타낸 것이다.

표 7.15 구상 흑연주철의 성분

| 종 류 | 성 분 (%) | | | | | | 인장강도 | 연신율 | 경 도 |
|---|---|---|---|---|---|---|---|---|---|
| | T.C | Si | Mn | P | S | Mg | (kg/mm2) | (%) | ($H_B$) |
| 강력형 | 3.40 | 0.89 | 0.70 | 0.14 | 0.015 | 0.06 | 70.0 | 1.5 | 255 |
| 고연신형 | 3.50 | 2.60 | 0.15 | 0.025 | 0.15 | 0.06 | 56.0 | 10.0 | 190 |

리이제(Resse)에 의하면 주철의 인장강도와 브리넬 경도의 관계 K는 다음과 같다.

$$K = \frac{\text{인장강도 (kg/mm}^2\text{)}}{\text{브리넬경도}(H_B)}$$

여기서, $K=0.298$ 구상 흑연주철

$K=0.11\sim0.13$ 보통주철

$K=0.35$ 주강 압연된 탄소강

주물의 두께가 증가하면 경도 및 강도는 감소하며, 두께가 100mm가 넘으면 연신율이 급격히 감소하고, 10mm 이하가 되면 백선화되기 쉽다. 그리고 5mm 이하일 때에는 완전히 백선화된다. 그러므로 10mm 이하의 두께로 설계하지 않도록 하여야 한다.

구상 흑연주철의 기지는 보통 치밀하고 편상 흑연주철의 바탕보다 다소 굳은 경향이 있다. 따라서 같은 퍼얼라이트의 밀도를 가진 것이라도 보통주철보다 내마멸성이 크다. 내열성도 보통주철보다 좋고, 또 성장도 적으며 표면이 산화하기 어렵다.

주철의 성장은 주로 시멘타이트가 분해되어 흑연이 발생함으로써 팽창하기 때문에 일어나며, $Fe_3C$가 적은 페라이트형은 성장이 적다. 그러나 열을 가했을 때 편상 흑연주철은 흑연을 따라 진행하는 산화, 균열의 성장이 구상 흑연주철에서는 방지되므로 성질이 좋아진다.

## 11 가단주철

백주철은 주조성이 좋으나 여려서 연신율이 거의 없다. 한편 주강은 강하고, 인성이 좋으나 용해 온도가 높고 주조성도 주철만큼 좋지 못하며, 표면이 고운 주물을 얻기 어렵다. 일반적으로 이 중간 성질을 가진 주물이 가단주철로서 강성선철(semi-steel)과 흡사하다.

가단주철은 연성이 큰 대표적인 주철로서 오랜 역사를 가지고 있으나 구상 흑연주철과 같이 주조상태에서도 연성을 가지는 것이 아니고, 백주철을 풀림처리하여 강인하게 만드므로, 제품의 크기에 제한을 받고 또한 제작에 시일이 걸린다.

대표적인 가단주철에는 백주철을 풀림 열처리에서 탈탄시켜 제조하는 **백심가단주철**(white heart malleable cast iron)과 흑연화를 목적으로 하는 **흑심가단주철**(black heart malleable cast iron) 및 흑연화를 목적으로 하나 일부의 탄소를 $Fe_3C$로써 잔류시키는 **퍼얼라이트 가단주철**(pearlite malleable cast iron) 등의 3종류로 구분한다.

이들의 기계적 성질을 주강과 비교하면 표 7.16과 같다.

표 7.16 가단주철, 주강 및 회주철의 비교

| 종 류 | 화 학 성 분 (%) | | | 인장강도 | 연신율 |
|---|---|---|---|---|---|
| | C | Si | Mn | (kg/mm²) | (%) |
| 백심가단주철 | 2.80~3.20 | 0.60~1.10 | <0.5 | 36 | 8 |
| 흑심가단주철 | 2.50~2.90 | 0.80~1.50 | <0.5 | 35 | 10 |
| 회주철 | 3.20~4.00 | 1.00~3.00 | 0.50~1.20 | 20 | — |
| 주강 | 0.10~0.60 | 0.25~0.60 | 0.5~1.0 | 47~61 | 12 |

## 1. 가단주철의 종류

### 1) 백심가단주철

백주철을 철광석, 밀 스케일(mill scale ; 압연작업에서 나오는 산화 표피)과 같은 산화철과 함께 풀림처리에 쓰이는 상자 안에 다져 넣어 약 950~1,000℃로 가열하면 산화철의 산소가 작용하여 백주철의 표면이 탈탄된다. 보통 이 온도에서 50~80시간 두어 표면에서 상당한 깊이까지 탈탄시킨다. 온도가 너무 높으면 산화제의 산화력에 의하여 표면에 산화층이 두꺼워진다. 백심가단주철의 제조공정에서 노 안의 공기중의 산소($O_2$)와 백주철 표면의 $Fe_3C$가 작용하여 $CO_2$로 된다. 즉,

$$O_2 + Fe_3C \rightarrow CO_2 + 3Fe$$

$CO_2$가 $Fe_3C$와 반응을 일으켜서

$$Fe_3C + CO_2 \rightarrow 3Fe + 2CO$$

또는 유리탄소와 반응하면 $CO_2 + C \rightarrow 2CO$로 되고, CO는 산화철과 반응하여 다시 $CO_2$ 가스가 생긴다.

$$3Fe_2O_3 + CO \rightarrow 2Fe_3O_4 + CO_2$$
$$Fe_3O_4 + CO \rightarrow 3FeO + CO_2$$
$$FeO + CO \rightarrow Fe + CO_2$$

이와 같이 탈탄이 진행된다.

그림 7.9는 백심가단주철의 풀림처리 공정도이다. 가열온도는 서서히 하고, 풀림온도에서는 일정한 시간 등온을 유지한 후 매시간 5℃의 간격으로 850℃까지 서냉한다. 백심가단주철의 표면이 탈탄하여 페라이트로 변하여 연하여지며 내부로 들어갈수록 퍼얼라이트가 많아져 풀림처리에 의한 흑연이 섞여서 중심부에 유리 $Fe_3C$가 남은 희고 굳은 단면이 된다. 강도는 흑심보다 다소 높으며 연신율은 작다.

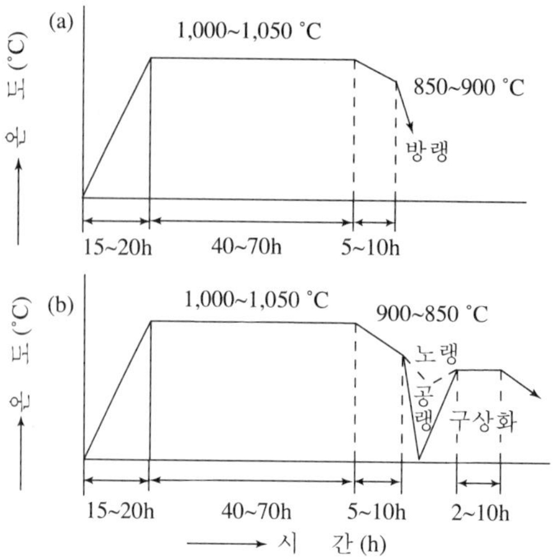


**그림 7.9** 백심가단주철의 열처리 과정도

표 7.17은 백심가단주철의 성분과 기계적 성질을 나타낸 것이다.

**표 7.17** 백심가단주철의 성분과 기계적 성질 (KS D 4305)

| 종류 | 기 호 | 화 학 성 분 (%) | | | 인 장 시 험 | | 굽 힘 시 험 | |
|---|---|---|---|---|---|---|---|---|
| | | C | Si | Mn | 인장강도 (kg/mm2) | 연신율 (%) | 굽힘각도 | 안쪽 반지름 |
| 1종 | WMC 34 | 2.80~3.40 | 0.60~1.20 | <0.60 | >34 | >5 | <120° | 40 |
| 2종 | WMC 36 | 2.60~3.20 | 0.70~1.10 | <0.50 | >36 | >8 | <150° | 40 |

### 2) 흑심가단주철

저탄소 저규소의 백주철을 풀림처리하여 $Fe_3C$를 분해시켜 흑연을 입상으로 석출시킨 것을 **흑심가단주철**이라고 한다. 백주철을 900~950℃로 가열하면 오스테나이트와 시멘타이트가 되며, 이 온도에서 20~30시간 정도 유지하면 $Fe_3C$가 분해되어($Fe_3C \rightarrow 3Fe + C$) 흑연과 오스테나이트가 된다. 즉 흑연이 석출된다. 이것을 **제1단흑연화**라고 한다.

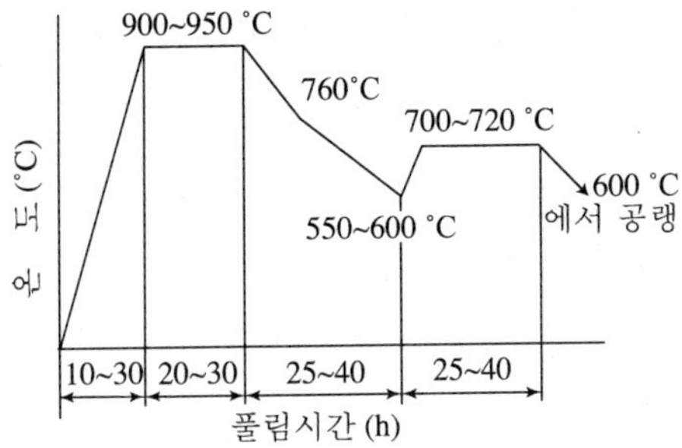


**그림 7.10** 흑심가단주철의 풀림과정의 예

이것을 냉각하면 오스테나이트는 과포화상태에 있는 C를 흑연과 $Fe_3C$로 석출시키고, $Fe_3C$는 계속하여 흑연으로 분해한다. $A_1$변태점이 되면 오스테나이트는 많은 양의 퍼얼라이트로 변태한다.

이 퍼얼라이트 중의 $Fe_3C$는 이 부근의 온도(700～730℃)에서 오랜 시간(25～40시간) 유지하지 않으면 완전히 흑연으로 분해되지 않는다. 이때의 흑연화를 **제2단흑연화**라고 한다. 따라서 흑심가단주철은 그림 7.10과 같이 보통 작업한다. 900℃에서 600℃까지의 제1단계에서 냉각은 5℃/1h의 정도로 시킨다.

표 7.18은 흑심가단주철의 성분과 기계적 성질을 나타낸 것이다.

**표 7.18** 흑심가단주철의 성분과 기계적 성질 (KS D 4303)

| 종 류 | 기 호 | 화 학 성 분 (%) | | | | 인 장 시 험 | | 굽 힘 시 험 | |
|---|---|---|---|---|---|---|---|---|---|
| | | A | Si | Mn | Cr | 인장강도 (kg/mm²) | 연신율 (%) | 굽힘각도 | 한쪽 반지름 (mm) |
| 1종 | BMC 28 | 2.50～3.20 | 0.70～1.50 | <0.60 | <0.05 | >28 | >5 | >90° | 40 |
| 2종 | BMC 32 | 2.40～2.80 | 0.80～1.40 | <0.50 | <0.04 | >32 | >8 | >120° | 40 |
| 3종 | BMC 35 | 2.30～2.70 | 0.90～1.30 | <0.40 | <0.03 | >35 | >10 | >150° | 40 |

### 3) 퍼얼라이트 가단주철

흑심가단주철의 흑연화를 완전히 하지 않고 제2단의 흑연화를 막기 위하여 제1단의 흑연화가 끝난 후에 약 800℃에서 일정한 시간 동안 유지하고 급랭하면 퍼얼라이트가 남는다. 또 제2단흑연화를 도중에서 중지하고 급랭하면 그 정도에 따라서 퍼얼라이트를 적당히 남게 하여 인장강도가 크고(45~70kg/mm$^2$), 연신율은 다소 감소된(3% 정도) 퍼얼라이트 가단주철을 만들 수 있다.

## 2. 가단주철의 용도

백심가단주철은 자동차 부속품, 방직기 부속품 등에 쓰이며, 흑심가단주철은 백심가단주철과 같이 풀림 상자에 넣을 필요가 없고 다량 생산에 적합하므로 다음과 같이 용도가 많다. 자동차, 모터사이클, 기타 차량의 프레임, 이음(joint)류, 캠, 건축용 쇠붙이, 전선의 이음부, 가정용품, 농기구, 강재의 대용물 중에 쓰인다.

퍼얼라이트 가단주철은 다소 강도가 높은 것이 요구되는 부품에서 기어, 밸브, 공구 등 기타 큰 내마멸성이 요구되는 곳에 쓰인다.

# 연습문제

**2.1** 철과 강의 분류법에 대하여 알아보자.

**2.2** 철광석의 종류를 조사하라.

**2.3** 철광석이 용광로 안에서 환원되는 상태를 설명하라.

**2.4** 제강법(steel making)에 대하여 설명하라.

**2.5** L.D 제강법이란 무엇인가?

**2.6** 순철의 종류와 용도는 무엇인가?

**2.7** 순철(pure iron)의 변태에 대해 알아보자.

**2.8** 킬드강과 림드강의 차이를 조사해 보자.

**2.9** 강(steel)의 일반적 특성은 무엇인가?

**2.10** Fe-C 상태도를 설명하라.

**2.11** $\alpha$-Fe와 $\gamma$-Fe를 비교하라.

**2.12** 청열메짐(blue shortness)에 대해 설명하라.

**2.13** 적열메짐(red shortness)에 대해 설명하라.

**2.14** 퍼얼라이트(pearlite)의 생성에 대해 설명하라.

**2.15** 탄소강에서의 5대 원소에 대해 조사하여 보자.

**2.16** 탄소강에서 탄소의 양과 기계적 성질에 대해 알아 보자.

**2.17** 탄소강의 상온메짐(cold shortness)의 원인을 생각해 보자.

**2.18** 조립강과 세립강의 성질을 비교해 보자.

**2.19** 백점(flake)과 헤어 크랙(hair crack)에 대해 설명하라.

**2.20** 철강의 열처리의 목적을 조사해 보자.

**2.21** 강의 기본조직(standard structure)은 무엇을 말하는가?

**2.22** 강의 담금질(quenching) 방법을 설명하라.

**2.23** Ar′변태와 Ar″ 변태를 설명하여라.

**2.24** 임계냉각속도란 무엇인가?

**2.25** 질량효과(mass effect)란 무엇인가?

**2.26** 심랭처리(subzero treatment)는 어떤 때에 하는가?

**2.27** 뜨임메짐(temper shortness, temper brittleness)이란 무엇인가?

**2.28** 뜨임색(tempter color)이란 무엇인가?

**2.29** 풀림(annealing)의 목적을 알아 보자.

**2.30** 고온풀림의 종류와 저온풀림의 종류를 분류해 보자.

**2.31** 풀림온도를 조사해 보자.

**2.32** 항온열처리란 무엇을 말하는가?

**2.33** TTT 곡선이란 무엇을 말하는가?

**2.34** 항온변태를 응용한 열처리 방법에는 무엇이 있는가?

**2.35** 파아노선의 특성을 조사해 보자.

**2.36** 쾌삭강(free cutting steel)이란 무엇인가?

**2.37** Ni-Cr강의 특성을 조사해 보자.

**2.38** 고주파 열처리의 우수성은 무엇인가?

**2.39** 침탄법과 질화법을 비교해 보아라.

**2.40** 방전경화법이란 무엇인가?

**2.41** 금속침투법의 종류와 그 방법은 무엇인가?

**2.42** 표면경화(case hardening)의 목적과 그 방법을 설명하라.

**2.43** 공구강의 종류를 조사하고, 그 특성을 비교하라.

**2.44** 구조용 특수강과 특수목적용 특수강을 각각 나열하고, 그들에 대하여 설명하라.

**2.45** 보통주철과 고급주철의 특성 및 그 종류는 무엇인가?

**2.46** 냉경주철의 제조법은 무엇인가?

**2.47** 가단주철의 종류와 그 특성은 무엇인가?

**2.48** 접종(inoculation)은 어떤 목적으로 실시하는가?

**2.49** 구상흑연주철과 흑심가단주철을 비교하여라.

**2.50** 구상흑연주철(nodular graphite cast iron)의 제조법과 그 조직의 특성은 무엇인가?

# 제3편

# 비철금속재료

제1장

# 구리 및 구리 합금

## 1.1 구 리

### 1. 구리의 성질

#### 1) 물리적 성질

구리의 물리적 성질은 표 1.1에 나타낸 바와 같으며, 색은 고유한 담적색이나 공기중에서는 표면이 산화되어 암적색으로 된다. 구리는 비자성체이며, 전기전도율은 은(Ag) 다음으로 우수하다.

**표 1.1** 구리의 물리적 성질

| 성 질 | 수 치 값 | 성 질 | 수 치 값 |
|---|---|---|---|
| 원자량 | 63.57 | 비열 20℃ | 0.092 cal/g/℃ |
| 결정구조 | 면심입방격자, a= 3.6057Å(20℃). 활면(111), 쌍정면(111) | 융해잠열 | 48.9 cal/g |
| | | 증발잠열 | 1,150 cal/g |
| | | 열전도도 20℃ | 0.934 $cal/cm^2/cm/sec/℃$ |
| 밀도 20℃ | 8.89 $g/cm^3$ | 도전율 | 약 101% IACB |
| 액상선온도 | 1,083℃ | 고유저항 20℃ | 1.71 $\mu\Omega$-cm |
| 고상선온도 | 1,065℃ | 저항의 온도계수 | 20℃ 0.00397/℃ |
| 끓는점 | 2,959℃ | 대자율 20℃ | $0.080\times10^{-5}$cgs 단위/g |
| 열팽창률 | | 탄성계수 | 12,000$kg/mm^2$ |
| 20~100℃ | $16.8\times100^{-6}$ | 융해시용적변화 | 4.05% |
| 20~300℃ | $1.17\times10^{-6}$ | | |

### 2) 화학적 성질

건조한 공기 중에서는 산화하지 않으나, $CO_2$ 또는 습기가 있으면 **염기성 황산동**[$CuSO_4 \cdot Cu(OH)_2$], **염기성 탄산동**[$CuCO_3 \cdot Cu(OH)_2$], 즉 구리 녹이 생긴다. 청수에서는 변화하지 않으나 염수에는 부식된다. 부식률은 0.05mm/년이다.

수소를 함유하는 환원성 분위기 중에서 Cu를 가열하면

$$Cu_2O + H_2 \rightarrow 2Cu + H_2O$$

로 반응하여 구리와 수증기로 된다. 이 수증기가 팽창하여 갈라지므로 이것을 **수소 메짐성**(수소취성), **환원 메짐성**(환원취성), **수소화**, **수소병**이라 하며, 산소를 품는 정련 구리에서 가끔 볼 수 있다.

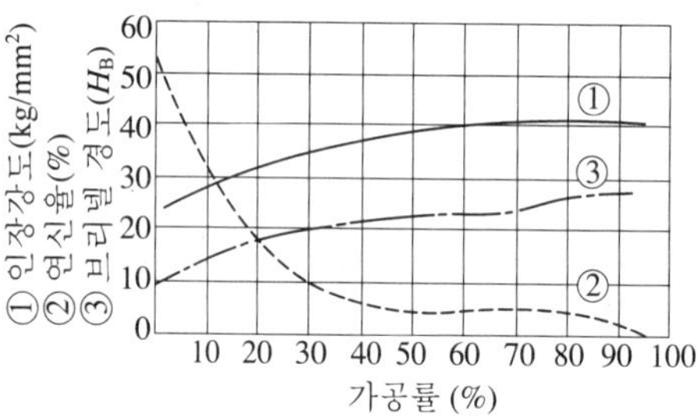


**그림 1.1** 전기구리판의 가공도와 기계적 성질과의 관계

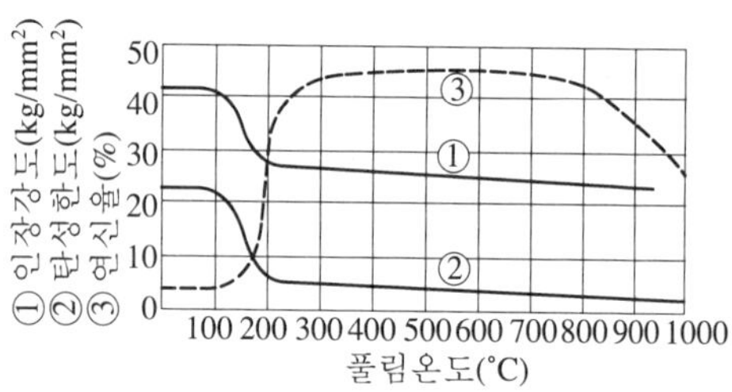


**그림 1.2** 구리의 풀림에 의한 기계적 성질의 변화

### 3) 기계적 성질

구리는 질이 연하고 가공성이 풍부하여 구리판, 선, 봉 등으로 만들기 쉽고, 냉간가공에 의하여 적당한 강도를 부여할 수 있다. 표 1.2는 구리지금(銅地金)을 보여 주고 있다.

그림 1.1은 전기구리판을 상온에서 압연하였을 때의 가공도와 기계적 성질을 나타낸 것이다.

인장강도는 가공도에 따라 증가하여 가공도 70~80% 부근에서 최대값이 되며, 상온가공(cold working) 후의 풀림 작업은 대단히 중요하다. 그림 1.2는 약 80% 압연(rolling) 가공을 받은 구리판을 각종 온도에서 풀림할 때의 기계적 성질의 변화를 나타낸 것이다.

상온가공으로 강하게 된 것은 100~150℃에서 다소 연화되며, 150~200℃에서 재결정 현상이 생겨 연화된다. 350℃에서는 가공 전의 상태로 복귀되나 완전한 풀림은 600~650℃ 정도에서 생긴다.

**표 1.2** 동판 규격 (KS D 5504-1966)

| 종 류 | 질 별 | 기 호 | 두 께 (mm) | 인장시험 | | 굴곡시험 | |
|---|---|---|---|---|---|---|---|
| | | | | 인장강도 (kg/mm²) | 연신율 (%) | 굴곡각도 (°) | 안 쪽 반지름 |
| 동판 1종 Cu 99.8% 이상 | 연 질 | CuS 1-0 | | 26 이하 | 35 이상 | 180 | 밀 착 |
| | 1/4 경질 | CuS 1-1/4H | | 22 이상 | 25 이상 | 180 | 0.5t |
| | 1/2 경질 | CuS 1-1/2H | | 25 이상 | 15 이상 | 180 | 1t |
| | 경 질 | CuS 1-H | 10 미만 | 28 이상 | — | 180 | 1½t |
| | | | 28 이상 | 26 이상 | — | — | — |
| 동판 2종 Cu 99.5% 이상 | 연 질 | CuS 2-0 | | 26 이하 | 30 이상 | 180 | 밀 착 |
| | 1/4 경질 | CuS 2-1/4H | | 22 이상 | 25 이상 | 180 | 0.5t |
| | 1/2 경질 | CuS 2-1/2H | | 25 이상 | 15 이상 | 180 | 1t |
| | 경 질 | CuS 2-H | 10 미만 | 28 이상 | — | 180 | 1½t |
| | | | 28 이상 | 26 이상 | — | — | — |

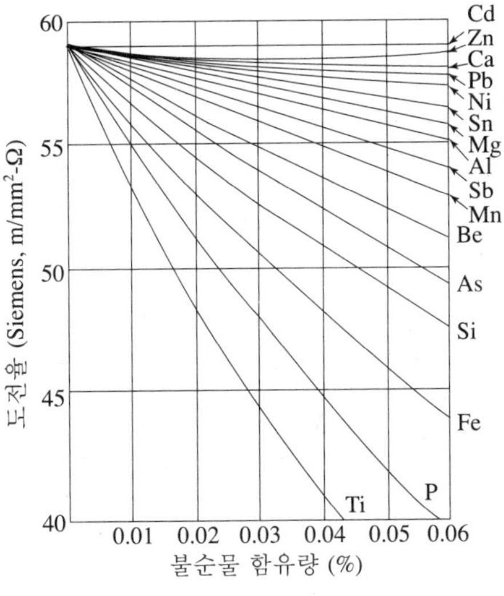


**그림 1.3** Cu의 도전율에 미치는 불순물의 영향

#### 4) 구리 중의 불순물의 영향

구리 중에 함유되는 불순물에는 비소(As), 안티몬(Sb), 비스무트(Bi), 납(Pb), 철(Fe), 황(S) 등이 있다. 비소는 소량이 구리에 고용되어 있으며, 0.5%까지는 구리의 소성을 그다지 해치지는 않으나 전기전도도를 감소시킨다. Sb도 소량은 구리에 고용해서 그 경도를 증가하고 소성을 해치는 데에는 큰 영향이 없으나 전기전도도는 해친다.

Bi와 Pb은 구리에 고용하지 않으므로 각각 0.02, 0.05% 이상으로 되면 고온여림을 일으켜 고온가공을 곤란케 한다. $O_2$는 수소의 용해도를 감소시켜서 순도가 좋은 지금을 만들 수 있다. 그러나 산화구리($Cu_2O$)로서 존재할 경우는 거의 구리에 고용하지 않으므로 현미경 조직을 조사하면 진한 자색의 점으로 섞여 있는 것을 볼 수 있다. 그 양이 많으면 구리를 여리게 하고 부식을 촉진하지만 0.5% 정도까지는 해가 없을 뿐 아니라 구리의 전기전도도를 떨어뜨리는 **고용 불순물**(고용하고 있는 불순물)을 산화물의 형체로 유리시켜 그 해를 감소시키는 작용을 한다.

Fe은 3～4%까지 고용하지만 1%를 초과하면 굳게 그리고 여리게 한다. S은 응고하면 $Cu_2S$로서 구리와 공정을 만든다. 0.5%까지는 고온가공성을 해치지 않으나 0.25% 정도에서 냉간가공이 어렵고, 0.05% 이하에서는 순 구리와 별차 없다.

## 1.2 황 동

구리는 변태점을 가지지 않으나 다른 원소와 고용체를 만들게 되므로, 합금으로 하여 그 성질을 개선할 수 있다. 황동(brass)은 **놋쇠**라고도 하며, Cu와 Zn으로 조성되는 노란색의 합금인데 실용되는 것은 45% Zn 이하의 것이다.

### 1. 황동의 조직

그림 1.4는 Cu-Zn 합금의 상태도를 표시한 것인데 Zn 함유량에 의하여 $\alpha$, $\beta$, $\gamma$ 등의 고용체를 만든다. 그러나 실용되는 것은 $\alpha$고용체와 $\alpha+\beta'$의 두 개의 상이다. $\alpha$상은 Cu에 Zn이 고용한 상이며, Zn 함유량에 따라 동적색 내지 황색이며, 연하고 인성이 크다. 주조한 것은 수지상 결정을 가지나 풀림을 하면 균일한 다각형 결정으로 바뀌며, **풀림쌍정**(소둔쌍정, annealing twin)을 나타낸다. 상 $\beta$는 $\alpha$상보다 약간 푸른 빛을 띠고, 인장강도와 경도가 $\alpha$상보다 크나 인성과 내식성이 떨어져 $\alpha$상과 공존할 때는 흑갈색으로 부식된다. $\gamma$상은 $Cu_2Zn_3$의 화합물을 모체로 하는 고용체로서 파면이 희고 매우 여려 공업적 가치가 적은 재료이다.

### 2. 황동의 성질

#### 1) 물리적 성질

황동의 빛깔은 Zn의 함유량에 따라서 표 1.3과 같이 변화되며, 비중도 거의 직선적인 변화를 Zn의 함유량에 의해서 변화한다. 그러나 전기전도도 및 열전도도는 고용체 특유의 저하를 40%Zn까지 나타내지만, 그 이상이 되면 $\beta$상이 나오므로 전도도는 상승하여 50%Zn에서 최대값을 이룬다. 냉간가공하면 전도도는 저하하며, 아연량이 많을수록 현저하다. 또 비등점이

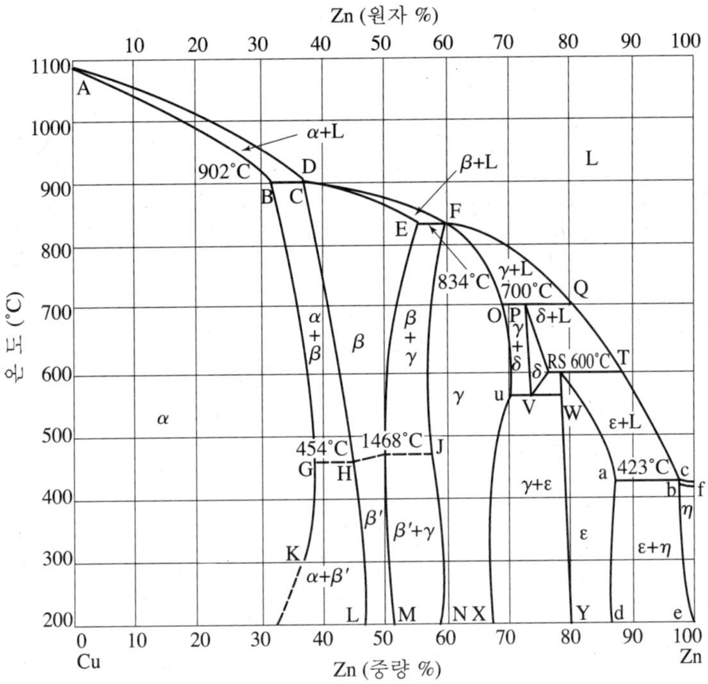


그림 1.4

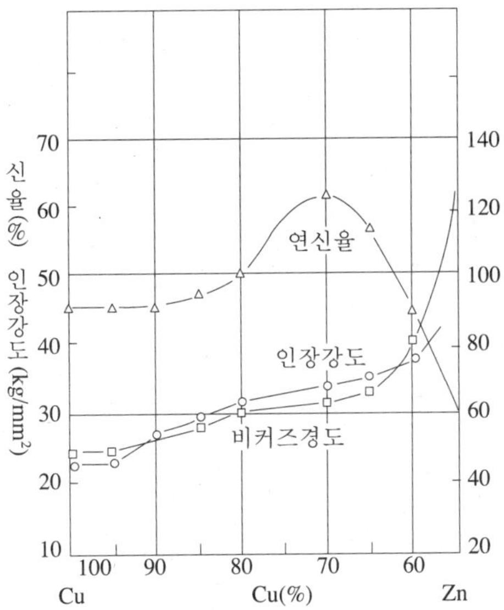


그림 1.5

7 : 3 황동은 1,150℃, 6 : 4 황동은 1,000℃ 이상 되면 Zn이 비등하므로 주의를 요하며 자성은 순수 황동에는 없다. 그러나 Fe이 불순물로 소량 함유하여도 자성을 나타내므로 각종 계기

재료로 황동을 사용할 때는 주의가 필요하다. 황동의 빛깔은 Zn의 함유량에 따라서 표 1.3과 같이 변화한다.

**표 1.3** 황동의 빛깔

| Zn(%) | 0~3 | 10 | 15 | 20 | 30~35 | 55 | | 100 |
|---|---|---|---|---|---|---|---|---|
| 빛 깔 | 구리의 붉은 색 | 노란 빛을 띤 붉은 색 | 연분홍 빛을 띤 노랑 | 초록 빛을 띤 노랑 | 황금색 | 분홍 빛을 띤 노란 색 | 엷은 분홍의 회색으로부터 차례로 은백색 | 푸른 회색 |

2) 기계적 성질

그림 1.5는 황동의 기계적 성질을 나타낸 것인데 30%Zn 부근에서 최대의 연신율을 나타내며, $\beta'$상에 가까워지면 연신율이 급격히 감소한다. 인장강도는 45%Zn( $\beta$상) 부근에서 최대값을 나타내며, 그 이상에서는 급감한다. 50%Zn 이상의 황동은 여려서 구조용에 부적합하다. 그림 1.6은 Zn이 각각 30, 40, 46%인 황동에 대한 온도의 영향을 나타낸 것이다.

상온에서는 $\alpha$ < 37%Zn의 것이 $\beta'$보다도 약하며 부드럽고 전연성이 우수하지만 고온에서는 반대로 되며, 특히 고온에 있어서 $\beta$의 전연성이 뚜렷하게 커진다. 따라서 6 : 4 황동은 고온가공에 적합하나 7 : 3 황동은 고온가공에 부적합함을 알 수 있다.

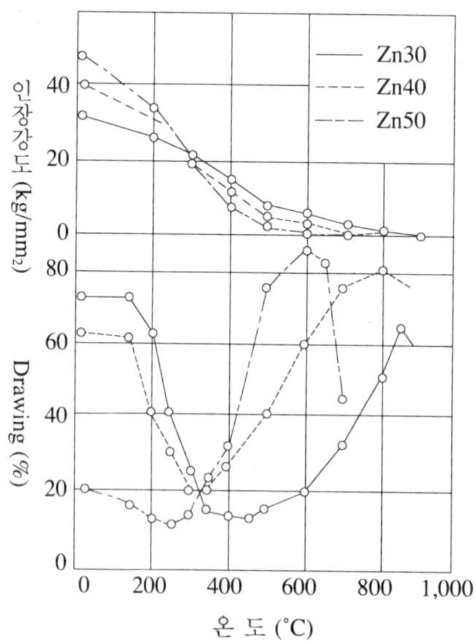


**그림 1.6** 황동의 온도상승에 따른 기계적 성질의 변화

10～37%Zn의 $\alpha$황동은 상온에서, 37～45%Zn의 $\alpha+\beta'$황동은 고온에서 가공된다.

(가) 저온풀림경화

$\alpha$황동을 냉간가공하여 재결정온도 이하의 저온도로 풀림하면 가공상태보다 오히려 경화되어 이른바 저온풀림경화(저온소둔경화, low temperature anneal hardening)가 나타난다. 이 경화의 기구에 대해서는 여러 설이 있으나 냉간가공으로 결정격자에 적층결함(stacking fault)이 생겨 그곳에 용질 원자(Zn)가 집적해서 **구이너-프레스턴 집합체**(Guinier-Preston 집합체, G.P.Zone 또는 aggregate)가 형성되기 때문에 경화한다는 설이 가장 유력하다. 이러한 경화현상은 구리 합금 스프링재의 열처리에 이용되고 있으며 이렇게 하여 얻은 제품은 냉간가공만을 하여 얻은 것보다 경도가 크고 스피링의 특성을 향상시킬 수 있다.

(나) 경년변화(secular change)

황동 가공재를 상온에서 방치하거나 또는 저온풀림경화로 얻은 스프링재가 사용 중 시간의 경과에 따라 경도 등 여러 성질이 악화된 현상을 말한다. 이 원인은 가공에 의한 불균일 변형이 균일화하는 데 기인한다고 생각되며, 이 변형의 불균일성은 가공도가 낮을수록 심하고 경년변화도 심하다.

### 3) 화학적 성질

(가) 탈아연부식(dezincification)

불순한 물 또는 부식성 물질이 녹아 있는 수용액의 작용에 의해 황동의 표면 또는 깊은 곳까지 탈아연되는 현상이며, 특히 Cl을 함유한 물을 쓰는 수관에서 흔히 볼 수 있다. 탈아연된 부분은 다공질이 되어 강도가 없어진다. 이와 같은 탈아연 부식을 막으려면 아연 조각을 연결해 두든지 Zn30% 이하의 $\alpha$황동을 쓰거나 또 0.1～0.5%의 As 또는 Sb이나, 1% 정도의 Sn을 첨가한 황동을 쓰는 것이 효과적이다.

(나) 자연균열(season cracking)

황동은 가공재, 특히 관, 봉 등의 잔류응력에 기인하는 균열을 일으키는 일이 가끔 있다. 이 현상은 잔류응력에 국한되지 않고 외부에서의 인장하중에 의해서도 일어나며, 이 경우를 특히 응력부식균열(stress corrosion cracking)이라 한다. 특히, 저장중에 갈라지는 현상을 **자연균열**(season cracking)이라 한다.

이 자연균열을 일으키기 쉬운 분위기는 암모니아, 산소, 탄산가스, 습기, 수은 및 그 화합물도 이것을 촉진한다. 이 자연균열을 방지하기 위해서는 도료나 아연도금을 실시하며, 가공재를 180～260℃로 저온풀림(응력제거풀림)을 해서 내부변형을 완전히 제거하는 것이 좋다.

(다) 고온탈아연(dezincing)

고온에서 증발에 의해 황동 표면으로부터 Zn이 탈출되는 현상을 말하며, 고온이나 표면이 깨끗할수록 심해진다. 따라서 황동을 풀림할 때는 고온 산화(ZnO, $Cu_2O$)와 탈아연이 문제되며, 무산화 분위기 중에서도 아연이 증발된다. 이것을 방지하기 위해서는 표면에 산화물 피막을 형성시키는 것이 좋다.

## 3. 보통황동의 종류와 용도

실용되는 황동은 주물용과 단련(압연)용으로 나뉘며, 황동 주물은 불순물을 많이 함유하고, 단련황동에는 연성이 풍부하고 순수한 원료가 사용된다.

### 1) 황동주물

황동주물에는 적색 황동주물(red brass casting)과 황색 황동주물(yellow brass casting)의 2가지가 있다. 적색 황동주물은 20% 이하의 Zn을 함유한 붉은 빛을 띤 아름다운 합금으로서, 납땜하기 쉬워 납땜황동이라고 한다.

**표 1.4** 황동주물 (KS D 6001-1966)

| 황동주물 종류 | 기호 | 화학성분 (%) | | | | | | 인장시험 | | 용도 |
|---|---|---|---|---|---|---|---|---|---|---|
| | | Cu | Zn | Pb | Sn | Al | 불순물 | 인장강도 | 연신율 (%) | |
| 1종 | BsC 1 | 85.0 ~ 89.0 | 나머지 (잔부) | — | — | — | Pb, Sn, Fe, Ni, Mn 및 Al의 합계는 2.0 이하 | 17 이상 | 18 이상 | 황적색이며 플랜지 등 |
| 2종 | BsC 2 | 79.0 ~ 83.0 | 나머지 | 3.0 ~ 7.0 | 2.0 ~ 4.0 | — | Fe, Ni, Mn 및 Al의 합계는 2.0 이하 | 17 이상 | 14 이상 | 배수용 및 건축용 장식품 |
| 3종 | BsC 3 | 62.0 ~ 66.0 | 나머지 | 2.5 이하 | 1.0 이하 | — | Fe, Ni, Mn 및 Al의 합계는 2.0 이하 | 18 이상 | 18 이상 | 비교적 주조가 용이하다. 일반기계 부분품 및 장식품 |
| 4종 | BsC 4 | 60.0 ~ 60.4 | 나머지 | 2.5 이하 | 0.5 ~ 1.5 | 0.5 이하 | Fe, Ni 및 Mn의 합계는 0.5 이하 | 22 이상 | 18 이상 | 내알칼리성이 양호하다. 보일러용 부품 및 내해수용 기계 부분품 |
| 5종 | BsC 5 | 58.0 ~ 62.0 | 나머지 | 2.5 이하 | 1.0 이하 | — | Fe, Ni, Mn 및 Al의 합계는 1.5 이하 | 22 이상 | 18 이상 | 2종에 비해 강도가 높고 주조성이 좋다. 일반 기계 부분품 |

황색 황동은 대략 30% 이상의 Zn을 함유하는 이른바 놋쇠의 빛깔을 한 합금으로서 강도가 비교적 크며, 일반 황동주물이 이에 속한다. 어느 것이나 주성분 외에 Sn, Pb 등을 배합하며, 또한 헌지금(고지금)을 배합하기 때문에 성분이 매우 복잡한 경우가 많다. 앞의 표 1.4는 황동주물의 성분과 용도에 대한 보기를 든 것이다.

### 2) 단련황동

압연, 단조 등의 가공에 의해 봉, 판, 파이프, 선, 기타의 재료 또는 물품으로 만들어지는 황동을 말하며, 중요한 것에는 칠삼황동과 육사황동이 있다.

칠삼황동은 $\alpha$황동으로 부드럽고 연성이 풍부하며, 육사황동은 $\alpha+\beta'$황동인데 $\alpha$황동보다 굳고 강하나 연성이 낮아 상온가공과 납땜 등이 비교적 어렵다. 따라서 600~800℃의 고온에서 압연, 단조 등에 의해 물품을 만든다.

(가) 95 Cu, 5 Zn 합금(gilding metal)

순동과 같이 연하고 압인가공(coining)하기 쉬우므로 화폐, 메달 등에 사용된다.

(나) 90 Cu, 10 Zn 합금(commercial bronze)

단동의 대표적인 것이며 디프 드로잉(deep drawing)용, 메달, 배지(badge) 등에 사용된다. 또, 색깔이 청동과 비슷해 청동 대용으로 쓰이기도 한다.

(다) 85 Cu, 15 Zn 합금(rich low 또는 red brass)

연하고 내식성이 좋으므로 건축용, 소켓, 체결구 등에 사용한다.

(라) 80 Cu, 20 Zn 합금(low brass)

전연성이 좋고 색깔이 아름다우므로 장식용 악기 등에 사용된다. 이러한 5~20% Zn의 저아연 합금을 총칭하여 **톰백**(tombac)이라 하는데 전연성이 좋고 색깔이 금에 가까우므로 모조금으로 사용되며, 박으로 하여 금박의 대용으로 쓰인다.

(마) 70 Cu, 30 Zn 합금(cartridge brass)

가공용 황동의 대표적인 것이며 판, 봉, 관, 선 등을 만들어 널리 사용한다. 자동차용 방열기 부품, 소켓, 각종 일용품, 탄피, 장식품 등으로 가공하여 이용한다. 이 종류의 황동은 가공 재료이므로, 지금을 엄선하여 불순물의 혼입을 방지하여야 한다.

(바) 65 Cu, 35 Zn 합금(high 또는 yellow brass)

$\alpha$단상합금으로서 Zn 함량이 높으며, 용도는 칠삼황동과 비슷하다.

(사) 60 Cu, 40 Zn 합금(muntz metal)

조직이 $(\alpha+\beta')$이므로 상온에서 전연성은 낮으나 강도는 크다. 아연 함량이 많으므로

**표 1.5** 황동판 규격

(a) 화학성분 (KS D 5505-1966)

| 종 류 | 등 급 | 기 호 | 화 학 성 분 (%) | | | | 대표적 용도 |
|---|---|---|---|---|---|---|---|
| | | | Cu | 불 순 물 | | Zn | |
| | | | | Pb | Fe | | |
| 황동판 1종 (7 : 3 황동판) | A급 | BsS 1A | 68.0~72.0 | 0.07 이하 | 0.05 이하 | 나머지 (잔부) | 일반 디프 드로잉, 탄피 등의 특수 드로잉 또는 압축 가공용 |
| | B급 | BsS 1B | 68.0~720 | 0.10 이하 | 0.20 이하 | 나머지 | |
| 황동판 2종 (65 : 35 황동판) | A급 | BsS 2A | 64.0~68.0 | 0.10 이하 | 0.05 이하 | 나머지 | 일반 드로잉용 |
| | B급 | BsS 2E | 64.0~68.0 | 0.20 이하 | 0.30 이하 | 나머지 | |
| | C급 | BsS 2C | 62.0~64.0 | 0.20 이하 | 0.30 이하 | 나머지 | |
| 황동판 3종 (6 : 4 황동판) | | BsS 3 | 58.0~64.0 | 0.30 이하 | 0.50 이하 | 나머지 | 일반 판금 가공용 |

[주] ① C급은 63 : 37 황동판임.
② 연질 및 경질도를 표시하는 질별의 기호는 위 기호의 뒤에 붙인다.

(b) 황동판 1종의 기계적 성질

| 종 류 | 등급 | 질 별 | 기 호 | 두께 (t) mm | 인 장 시 험 | | 굴 곡 시 험 | |
|---|---|---|---|---|---|---|---|---|
| | | | | | 인장강도 kg/mm² | 연신율 (%) | 굴곡각도 (°) | 안쪽 반지름 ×t |
| 황동판 1종 (7 : 3 황동판) | A급 | 연 질 | BsS 1A-0 | 1 미만 | 28 이상 | 38 이상 | 180 | 밀 착 |
| | | | | 1 이상 | 28 이상 | 48 이상 | 180 | 밀 착 |
| | | 1/4 경질 | BsS 1A-1/4H | | 33 이상 | 33 이상 | 180 | 0.5 |
| | | 1/2 경질 | BsS 1A-1/2H | | 36 이상 | 26 이상 | 180 | 1 |
| | | 경 질 | BsS 1A-H | | 42 이상 | — | 180 | 1.5 |
| | B급 | 연 질 | BsS 1B-0 | 1 미만 | 28 이상 | 36 이상 | 180 | 밀 착 |
| | | | | 1 이상 | 28 이상 | 45 이상 | 180 | 밀 착 |
| | | 1/4 경질 | BsS 1B-1/4H | | 33 이상 | 33 이상 | 180 | 0.5 |
| | | 1/2 경질 | BsS 1B-1/2H | | 36 이상 | 25 이상 | 180 | 1 |
| | | 경 질 | BsS 1B-H | | 42 이상 | — | 180 | 1.5 |

가격은 황동 중에서 가장 싸며, 고온가공하여 상온에서 완성하여 판, 봉 등으로 만든다. 내식성이 적고 탈아연 부식을 일으키기 쉬우나 강력하기 때문에 기계 부품으로서의 용도가 넓으며 복수기용판, 열간 단조품, 볼트, 너트, 대포 탄피 등에 사용된다.

표 1.5는 황동판 규격을 나타낸 것이다.

## 4. 특수황동

보통의 황동에 다시 다른 원소를 가하여 색깔, 내마모성, 내식성, 기계적 성질을 개선한 합금을 특수황동이라 한다. 합금원소는 Sn, Al, Si, Fe, Mn, Ni, Pb 등이며, 이러한 원소들은 황동의 $\alpha$상 또는 $\beta$상에 고용하여 그 고용 범위에서는 보통 황동의 조직과 큰 차이가 없고, 단지 $\alpha$상과 $\beta$상의 양의 비에 변화를 가져온다.

따라서 이러한 제3원소를 가한 것이 황동의 Zn량을 증감한 것과 같은 효과를 가지며, 이 의미에서 합금원소의 1량이 Zn의 $x$량에 해당할 때 이 $x$를 그 합금원소의 **아연당량**이라고 한다.

**표 1.6** 각종 원소의 아연당량

| 원 소 명 | Sn | Al | Si | Fe | Mn | Ni | Mg | Pb |
|---|---|---|---|---|---|---|---|---|
| 아 연 당 량 | 2.0 | 6.0 | 10.0 | 0.9 | 0.5 | -1.3 | 2.0 | 1.0 |

표 1.6은 길렛(Guillet)의 연구에 의한 각종 합금원소의 아연당량이다. Ni은 Cu와 전율고용하므로 아연당량은 마이너스(-)이다. 각종 합금원소를 가한 때 가정의 아연함유량 $B'$를 구하는 식은 다음과 같다.

$$B' = \frac{B + t \cdot q}{A + B + t \cdot q} \times 100$$

여기서, $A$ : 구리(%)

$B$ : 아연(%)

$t$ : 아연당량

$q$ : 첨가원소(%)

실용합금의 아연당량은 상온가공재에서는 40% 이하, 그 외의 것에서는 45%를 넘지 않는 것이 보통이다. 다음에 실용되는 특수황동에 대해 설명하기로 한다.

### 1) 주석황동(tin brass)

황동에 소량의 Sn을 배합하면 경도와 인장강도가 증가하고 연신율은 감소한다. 실용합금으로 다음 2가지가 유명하다.

(가) 애드미럴티 황동(admiralty brass)

표준조성은 71% Cu, 28% Zn, 1% Sn이다. 전연성이 좋으므로 관, 판을 만들어 증발기, 열교환기 등의 관에 이용된다.

(나) 네이벌 황동(naval brass)

표준조성은 60% Cu, 39.25% Zn, 0.75% Sn이다. 판, 봉 등으로 가공되어 용접봉, 파이프, 선박용 기계에 사용된다.

#### 2) 연립황동(leaded brass)

Pb은 $\alpha$황동에는 거의 고용하지 않고 입계 및 입내에 미립이 되어 유리하여서 존재하므로 절삭성이 좋아진다. 따라서 **쾌삭 황동**(free cutting brass) 또는 **하드 브래스**(hard brass)라 하여 정밀 절삭가공을 요하는 기어, 나사 등에 이용된다.

#### 3) 알루미늄 황동(aluminium brass)

황동에 Al을 배합하면 결정입자가 미세해지고, 특히 내식성이 커지므로 고온가공으로 관을 만들어 열교환기 관, 증류기 관 등으로 이용한다. 표준조성은 22% Zn, 1.5~2% Al이다. 알브랙(albrac)이라고도 한다.

#### 4) 규소황동(silicon bronze)

10~16% Zn의 황동에 4~5% Si를 넣은 것을 규소황동(silzin bronze)이라 하며, 주물을 만들기 쉽고 내해수성이며 강도가 포금보다 우수하고 값도 싸므로 선박 부품 등의 주물에 사용된다.

#### 5) 고강도 황동

6 : 4 황동에 Fe, Mn, Ni 등을 넣어서 여리지 않고 더욱 강력하며 또 내식성, 특히 내해수성을 증가한 것을 고강도황동(high strength brass)이라 하며, 속칭 **망간청동**(manganese bronze)이라고도 한다.

(가) Mn

Mn을 넣으면 조직 중의 $\beta$상이 증가하고, 6 : 4 황동에 8% Zn 대신 8% Mn을 넣으면 전부 $\beta$상이 된다. 그만큼 강도는 커지나 여리게 되고, 부식성도 커지므로 해수 중에서 약하게 된다. 이것은 0.5~1% Mn의 것이 많이 사용된다.

(나) Fe

1~2%의 Fe은 6 : 4 황동의 결정입자를 미세화시키고 연신율을 감소하지 않고 강도를 증가시킨다. 2% 넘으면 여리게 되고 부식이 커지므로 해롭다. 6 : 4 황동에 1% Fe 정도 품는 것을 **델타 메탈**(delta metal)이라 하고 7 : 3 황동에 2% Fe과 소량의 Sn, Al을 넣은 것을 **듀라나 메탈**(durana metal)이라 하여 주조재, 가공재로 사용한다.

(다) Ni

Ni은 아연당량이 마이너스(-)값이고 $\alpha$상의 촉진 원소로서 소량이면 효과가 없고, 고아연 합금에 많이 넣으면 $\beta$상이 많지 않은 높은 경도 합금을 얻을 수 있으며 내식성도 좋다. NM 청동(bronze)은 50% Cu, 37% Zn, 10% Ni, 3% Fe, 0.5% Al, 0.3% Mn의 조성을 가지며 강성을 요하는 선박용 프로펠러재로 사용된다.

주물용 합금은 표 1.7에서 보는 바와 같이 KS D 6007에 규정되어 있다.

**표 1.7** 고강도 황동주물 (KS D 6007-1966)

| 종류 | 화학성분 (%) | | | | | | | | | 인장강도 | | 용도 |
|---|---|---|---|---|---|---|---|---|---|---|---|---|
| | Cu | Zn | Mn | Fe | Al | Sn | Ni | 불순물 Pb | 불순물 Si | 인장강도 (kg/mm²) | 연신율 (%) | |
| 고강도황동 주물 1종 (HBs $C_1$) | 55.0 ~ 60.0 | 나머지 (잔부) | 1.5 이하 | 0.5 ~ 1.5 | 0.5 ~ 1.5 | 1.0 이하 | 1.0 이하 | 0.4 이하 | 0.1 이하 | 44 이상 | 20 이상 | 강도, 내식성 및 내수압성을 필요로 하는 주물에 적합하다. |
| 고강도황동 주물 2종 (HBs $C_2$) | 55.0 ~ 60.0 | 나머지 | 3.5 이하 | 0.5 ~ 2.0 | 0.5 ~ 2.0 | 1.0 이하 | 1.0 이하 | 0.4 이하 | 0.1 이하 | 50 이상 | 18 이상 | 선박용 프로펠러 및 일반 기계 부분품 |
| 고강도황동 주물 3종 (HBs $C_3$) | 55.0 이상 | 나머지 | 2.5 ~ 5.0 | 2.0 ~ 4.0 | 3.0 ~ 6.0 | 0.5 이하 | — | 0.2 이하 | 0.1 이하 | 60 이상 | 10 이상 | 고강도, 고경도 및 내마모성을 필요로 하는 곳에 적합하다. 기어 등 |

## 5. 양 백

백동 또는 양은(nickel silver 또는 German silver)이라고도 하며, Ni을 넣은 황동을 말한다. 색이 Ag과 비슷하므로 예부터 장식용, 식기, 악기로 사용되어 왔으며, 탄성, 내식성이 좋으므로 탄성 재료, 화학 기계용 재료에 사용된다. 조성 범위가 10~20% Ni, 15~30% Zn의 것이 많이 사용된다. 양은은 또한 전기저항이 높고 내열, 내식성이 좋으므로 일반 전기 저항체로 이용된다. 양백은 주로 가공재로 사용되나 주물로서도 밸브, 코크, 광학 기계 부품 등에 사용된다. 주물용 합금은 Zn이 20% 이상이 되면 미세한 수축공이 생겨서 수압 누수를 일으키기 쉬우므로 내수압 주물로는 20% Ni, 5~10% Zn, 2~4% Sn, 4~6% Pb의 것이 좋다.

표 1.8은 spring용 양백판을 보여준다.

**표 1.8** Spring용 양백판 (KS D 6709)

| 종 류 | 질 별 | 화 학 성 분 (%) | | | | | | 인장강도 ($kg/mm^2$) | spring (한계치) |
|---|---|---|---|---|---|---|---|---|---|
| | | Ni | Cu | Mn | Fe | Pb | Zn | | |
| 판 및 조 | spring 질<br>경 질<br>특경질<br>1/2 경질 | 16.5~19.5 | 55-58 | <0.5 | <0.25 | <0.1 | 잔부 | 78~88<br>64~75<br>72~82<br>55~67 | >63($kg/mm^2$)<br>>69($kg/mm^2$)<br>>57($kg/mm^2$)<br>>40($kg/mm^2$) |

## 1.3 주석청동

넓은 의미에서는 황동 이외의 구리합금을 모두 **청동**이라고 하나 좁은 의미에서는 Cu-Sn 합금을 말하며, 이것을 특히 **주석청동**(tin bronze)이라 한다. 주석청동은 오랜 역사를 가지고 고대의 가구, 장신구, 무기, 불상, 종 기타 금속 제품에 사용하였다. 주석청동은 황동보다 내식성이 좋고 내마모성도 좋으므로 10% Sn 이내의 것을 각종 기계 주물용, 미술 공예품 등에 사용하고 있다.

### 1. 주석청동의 조직

그림 1.7은 Cu-Sn 합금의 상태도를 나타낸 것인데 Cu에 Sn이 첨가되면 응고점이 급속하게 내려간다. $\alpha$고용체의 Sn 최대 고용량은 약 15.8%이며, 주조한 상태에서는 수지상 조직으로서, 구리의 붉은색 또는 붉은빛을 띤 노랑색을 나타내고, 부드럽고 전연성이 풍부하다.

$\beta$고용체(BCC)는 고온에서 존재하는데 이것을 담금질에 의하여 상온에서 나타나게 한 것(20% Sn에서는 $\alpha+\beta$상)은 붉은 빛을 띤 노랑색을 하며, 강도는 $\alpha$보다 크고 전연성은 떨어진다. $\gamma$고용체는 고온에 있어서의 강도가 $\beta$보다 더욱 큰 것이다.

그리고 $\delta$ 및 $\varepsilon$은 각각 청백색의 화합물 $Cu_{31}Sn_8$ 및 $Cu_3Sn$이며 굳고 여리다. 평형상태도의 점 E는 $\alpha$와 $\delta$의 공석점이다. $\beta$는 586℃에서 공석변태 $\beta \rightleftharpoons \alpha+\gamma$를 일으킨다. 이 $\gamma$는 다시 520℃에서 $\gamma \rightleftharpoons \alpha+\delta$의 공석변태를 하며, $\delta$는 350℃에 있어서 수 백 시간 풀림하면 $\alpha+\varepsilon$ 공석으로 분해하는데 실제로는 이 변화가 일어나지 않으므로 결국 상온에서는 $\alpha$초정과 $\alpha+\delta$공석으로 된다.

응고온도범위가 넓으므로 주물의 응고는 머시(mushy)형이 되어 어느 시기에는 주물 표면에서 중심부까지 고액양상의 공존상태가 된다. 편석에 의하여 잔류융액은 현저하게 주석함량

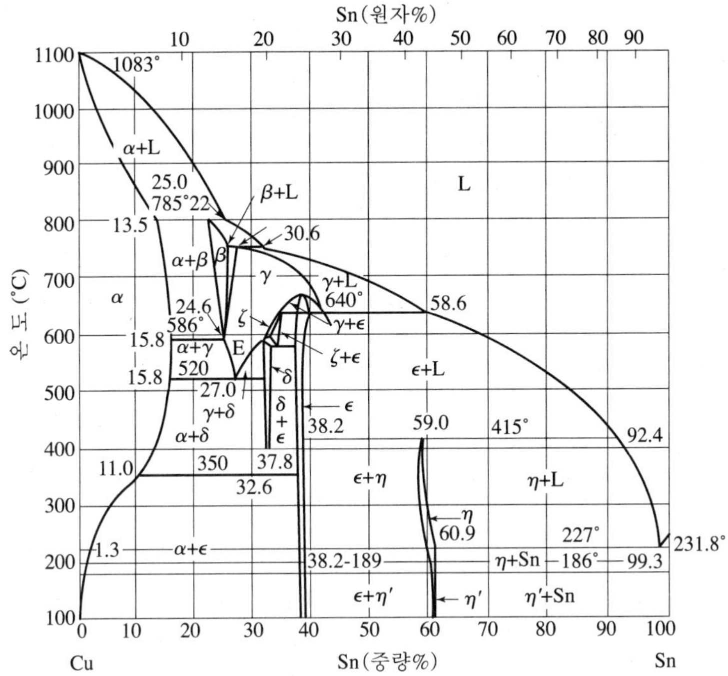

그림 1.7 Cu-Sn의 평형상태도

이 높아지고 이 융액이 내부에서 표면으로 압출되는 일이 있다. 이것을 석한(tin sweat)이라 하며, 약 20% Sn 정도의 백색합금이다.

고주석청동주물에는 이와 같이 융점이 낮은 고주석 부분이 외부에 집적하여 역편석(inverse segregation)이 나타난다.

## 2. 주석청동의 성질

### 1) 물리적 성질

비중은 큰 변화가 없고, 선팽창률도 순동과 큰 변화가 없으나, 전기전도도는 순동의 61m/Ω · $mm^2$에서 약 3% Sn까지 급감하고, 10% Sn에서 거의 $\frac{1}{10}$로 감소하고 있다. 전기저항의 온도계수도 순동의 0.00397에서 10% Sn의 0.000525로 감소하며, 열전도도도 순동의 0.934cal/$cm^2$/cm/sec/℃에서 10% Sn의 0.10cal/$cm^2$/cm/sec/℃로 감소한다.

### 2) 기계적 성질

청동의 기계적 성질은 주조할 때의 냉각속도와 열처리의 조건에 따라 조직이 균일하지 않기 때문에 결과가 잘 일치되지 않는다. 그러나 잘 풀림한 재료에 대하여 시험한 결과의 평균

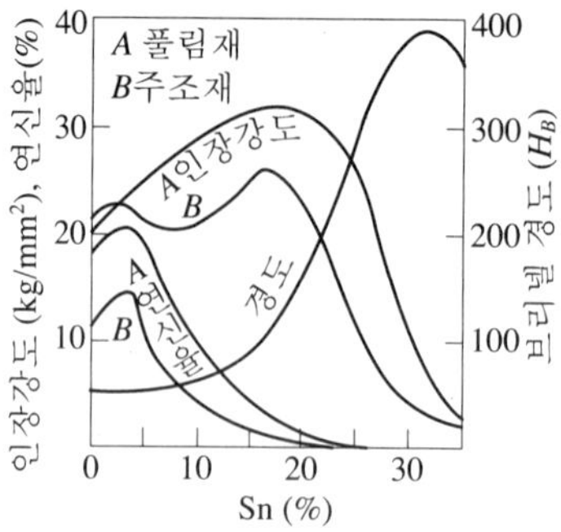


**그림 1.8** 청동의 기계적 성질

값은 그림 1.8과 같다. 그림에서 $A$는 풀림한 것의 인장강도와 연신율, $B$는 주조한 그대로, $H_B$는 풀림 후의 브리넬 경도 수를 나타낸 것이다.

인장강도의 최대값은 $\alpha$의 범위를 넘어 Sn 18% 부근에 있는데 이것은 $\alpha$고용체가 $\alpha+\delta$의 공석 조직을 포위하고 있을 때 서로 보강해 주기 때문이며, $\alpha$의 결정이 공석으로 인하여 서로 결정이 끊어질 정도로 Sn이 증가되면 강도가 급격히 저하된다. Sn 10%의 **포금**(gun metal)은 상온에서 압연가공하며, Sn량이 많은 것은 500~700℃에서 가공한 다음 최후에 상온압연한다. 상온가공시에는 가공도 10~40% 마다 한 번 씩 풀림하여야 한다. 황동에서와 같이 200~300℃에서 재결정이 일어나며, 400~600℃가 적당한 풀림온도이고, 700℃ 이상은 해롭다는 것을 나타낸다. 중요한 기계적 성질을 요약하면 다음과 같다.

(가) 인장강도

Sn의 양이 증가되면 크게 된다. Sn 17~20%에서는 최대값에 달하며, 이상에서는 감소된다.

(나) 연신율

Sn 4~5%에서 최대이고 Sn 25% 이상에서는 메짐성이 생긴다.

(다) 경도

Sn 30%에서 최대가 된다.

(라) 가공성

전연성은 황동에 비해 불량하므로 Sn량이 적은 것은 상온 및 고온에서 압연할 수 있다. 15% 이상이면 메짐성이 있어 상온가공이 곤란하고 550℃ 이상의 온도에서는 가공할 수 있다.

(마) 주조성

주조에 대해 유동성이 좋고 수축률이 적다.

### 3) 화학적 성질

주석청동은 대기 중에서 내식성이 좋으며, 부식률은 0.00015~0.002mm/year이다. 표면에 생기는 부식 피복은 $Cu_2O$(적색)층과 $2CuCO_3 \cdot Cu(OH)_2$(녹색)층이 번갈아 덮고 있는 것이다. 바닷물 중에서도 우수한 저항력을 가져 선박용 부품에 사용된다. 산 수용액 중의 부식은 산화성 산에서는 부식률이 높고(0.5mm/day), 질산 기타 유기산 수용액 중에서는 부식률이 낮으며, 상온에서는 0.025~0.05mm/year 정도이다.

### 4) 열처리

14~26% Sn의 청동은 520℃에서 $\gamma \to \alpha + \delta$의 반응을 일으키므로 이 이상의 온도에서 물 중에 냉각하면 변태가 억제되어 부드러워지고 인장강도와 연신율이 증가한다. 담금질에 의하여 연화한 것을 뜨임하면 오히려 굳어진다.

표 1.9는 청동의 담금질 온도와 기계적 성질을 나타낸 것이다.

**표 1.9** 청동의 담금질온도와 기계적 성질 (20% Sn)

| 담금온도(℃) | 420 | 476 | 545 | 620 | 720 |
|---|---|---|---|---|---|
| 인장강도(kg/mm²) | 22 | 22 | 54 | 43 | 41 |
| 연신율(%) | 2 | 1 | 5 | 6 | 1 |
| 경도($H_B$) | 156 | 152 | 144 | 129 | 140 |

## 3. 실용 주석청동의 종류와 용도

### 1) 압연용 청동

Sn 3.5~7%의 합금은 단련 및 기타 가공이 용이하며 화폐나 메달, 청동판, 선, 봉 등의 제작에 사용된다.

### 2) 포 금(gun metal)

8~12% Sn에 1~2% Zn을 넣은 것을 **포금**(gun metal)이라 하여 주물에 사용된다. 현재는 대포의 포신 재료로서 Ni-Cr강을 사용하나 옛날에는 포신을 주석청동으로 만들었으므로 이 이름이 남아 있다. 내해수성이 좋고 건전한 주물은 수압, 증기압에도 견디므로 선박 등에 널리 사용되며, 애드미럴티 **포금**(admiralty gun metal)이라고도 한다.

표 1.10은 포금의 기계적 성질을, 표 1.11은 청동주물의 성분과 기계적 성질을 나타낸 것이다.

표 1.10 포금의 기계적 성질

| 성 분 (%) | 탈 산 법 | 인장강도 (kg/mm$^2$) | 항복점 (kg/mm$^2$) | 연신율 (%) | 단면수축률 (%) |
|---|---|---|---|---|---|
| Cu=90, Sn=10 | P-Cu로 탈산 | 25.3 | 16.1 | 10.5 | 11.9 |
| Cu=90, Sn=10 | Mn-Cu로 탈산 | 32.8 | 15.8 | 24 | 25 |

표 1.11 청동주물의 성분과 기계적 성질

(KS D 6002)

| 종류 | 화 학 성 분 (%) | | | | | 인장강도 (kg/mm$^2$) | 연신율 (%) | 용 도 예 |
|---|---|---|---|---|---|---|---|---|
| | Cu | Sn | Zn | Pb | 불순물 | | | |
| 1종 | 86~90 | 7~9 | 3~5 | <1.0 | <1.0 | >25 | >20 | 베어링 sleeve, bush pump, valve, 전동기 부품, gear |
| 2종 | 86.5~89.5 | 9~11 | 1~3 | <1.0 | <1.0 | >25 | >15 | |
| 3종 | 82.0~87.0 | 4~6 | 4~7 | 4~6 | <2.0 | >20 | >15 | valve cock, 기계부품, 베어링, 소형 pump 부품, valve |
| 4종 | 86~90 | 5~7 | 3~5 | 1~3 | <1.5 | >22 | >18 | |
| 5종 | 79~83 | 2~4 | 8~12 | 3~7 | <2.0 | >17 | >15 | 급배수용 및 건축용 |

### 3) 화폐용 청동(coining bronze)

$\alpha$청동은 단조성이 좋으므로 프레스 작업이 쉽고 단단하고 강인하며 마모, 부식에 잘 견디기 때문에 화폐, 메달 등에 많이 사용한다. 보통 Sn 3~5%를 함유하고 주조성을 좋게 하기 위해 Zn 1% 내외를 첨가한다.

$\alpha$청동의 대표적인 성분은 표 1.12와 같다.

표 1.12 $\alpha$청동의 대표적 성분

| 성분 / 용도 | Cu% | Sn% | Zn% | Pb% |
|---|---|---|---|---|
| 보조화폐 | 95 | 4 | 1 | – |
| 선박용청동판 | 96~93.5 | 4~6.5 | – | – |
| 상패 | 나머지 | 3~7 | 3~2 | 2~3 |

### 4) 미술용 청동(art bronze)

동상이나 실내 장식 또는 건축물 등에 많이 사용되는 것으로 쇳물의 유동성을 좋게 하여 정밀한 주물을 만들기 위하여 비교적 많은 Zn을 첨가하고, 또 절삭가공을 쉽게 하기 위하여 Pb

을 첨가한다. 그 성분은 대략 Cu 80~90%, Sn 2~8%, Zn 1~12%, Pb 1~3% 정도이다.

종을 주조하는 재료에는 Sn 20~25%의 강하고 경도가 큰 재료를 사용한다.

#### 5) 베어링용 청동(bearing bronze)

Sn 10~14%를 함유하는 것은 연성이 감소되나 경도가 크고 내마모성이 크다. 따라서 베어링, 차축 등의 마모가 많은 부분에 사용된다. 특히 Pb을 가한 것은 철도 차량, 공작 기계 등의 고압용 베어링에 적당하다. 이 목적에 사용되는 성분은 Cu 85%, Sn 10%, Pb 5% 또는 Cu 80%, Sn 10%, Pb 10%이다. 수축률은 Sn 5~20%에서 1.5~1.7% 정도이며, Zn을 첨가하면 수축량이 감소된다.

## 1.4 특수청동의 종류와 용도

Cu-Sn 합금의 Sn의 일부 또는 전부를 Al, Mn, Ni, Si, P, Be 등으로 치환한 것을 **특수청동**이라 한다.

### 1. 인청동

청동의 탈산에 인동(Cu-P 15%)을 쓴 정도로서 P은 합금 중에 흔적 정도로 거의 없는 것과 10% Sn 이하의 청동에 약간의 P을 더 첨가하여 남게 한 것이다. 또 10% 이상의 Sn의 청동에 0.1~0.5%의 P을 배합한 것 등이 있으며, 어느 것이나 **인청동**(phospher bronze)이라 한다. Cu-P계의 상태도는 그림 1.9와 같이 공정형으로서 $Cu_3P$의 **석출경화**가 일어난다.

기계적 성질은 0.5% P 부근에서 최대의 강도로 된다. 인 청동판으로서 잘 쓰이는 것은

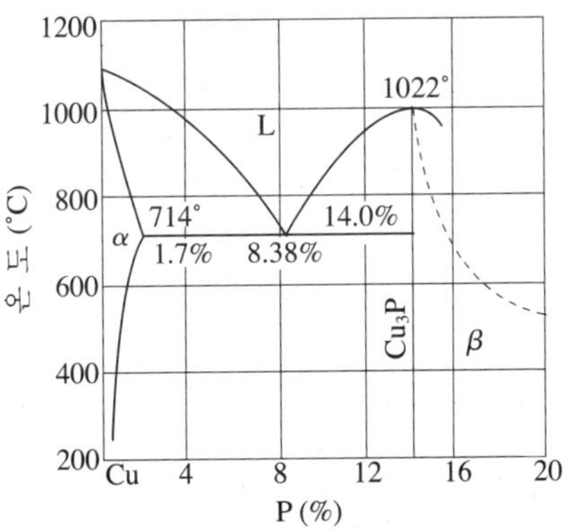


**그림 1.9** Cu-P계 평형상태도

2.0~5.0% Sn, 5.0~7.0% Sn의 2가지로서 모두 0.05~0.06% P을 함유하며 탄성, 내마모성, 내식성 등을 필요로 하는 부품에 쓰인다.

스프링용 인 청동은 보통 7~9% Sn, 0.03~0.05% P을 함유하며, **특경질**(extra hard)이라 하는 인장강도 70~75kg/mm$^2$의 것은 벤딩 가공이 잘 되지 않으나, 인장강도 60~65kg/mm$^2$의 경질(hard)의 것은 벤딩 가공이 잘 된다.

**표 1.13** 인청동의 성분과 용도 (KSD 5506)

| Sn(%) | P(%) | 용 도 |
|---|---|---|
| 8~10 | 0.5~0.7 | 밸브, 피스톤 링, 피니언, 펌프 |
| 10~12 | 0.7~1.0 | 워엄, 워엄 기어, 밸브, 모터 기어 |
| 10~12 | 1.0~1.5 | 베어링, 기타 마찰 부분 |
| 3.5~6 | 극소량 | 봉, 선, 스프링 |

**표 1.14** 인청동의 성분과 기계적 성질

| 성 분 (%) | 처 리 | 인장강도(kg/mm$^2$) | 연 신 율 (%) |
|---|---|---|---|
| Sn 3.5~6<br>P 극소량 | 뽑아 낸 선<br>풀림한 것 | 70~110<br>35~45 | –<br>– |
| Sn 8~9<br>P 극소량 | 주 물 | 26.5 | 30 |
| Sn < 9<br>P 극소량 | 압연한 것<br>풀림한 것 | 41~54<br>31 | 27~17<br>64~57 |

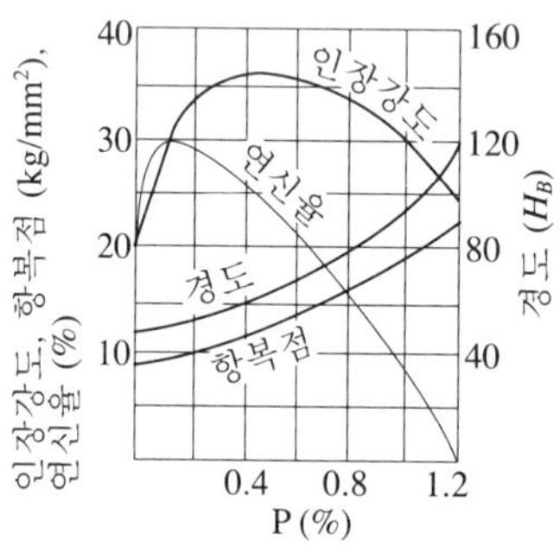


**그림 1.10** Sn 10% 청동에 대한 P의 효과

인청동은 탄성, 내마모성, 내식성이 좋으므로 인청동 주물에도 많이 쓰인다. 인청동의 성분과 용도, 인청동의 성분과 기계적 성질을 표 1.13, 14에 각각 나타내었다.

그림 1.10은 Sn 약 10%의 청동에 대한 P 효과로서 P=0.5% 부근에 강도의 최대값이 나타나 있다.

## 2. 연청동

주석 청동 중에 Pb을 3.0~26% 품은 것은 그 조직 중의 Pb이 거의 고용하지 않고 입간에 점재하여 윤활성이 좋으므로 베어링, 패킹(packing) 등에 널리 이용된다. Cu-Pb계 상태도는 그림 1.11에서 보는 바와 같이 36~87% Pb 사이는 비중 차에 의해서 $L_1$, $L_2$의 2층으로 분리되고 954℃에서 편정반응하여 $L_1$이 소실하며, $L_2$로부터는 Cu를 정출하고 326℃에서 Pb을 정출하여 응고를 완료하므로 응고온도 범위가 넓다.

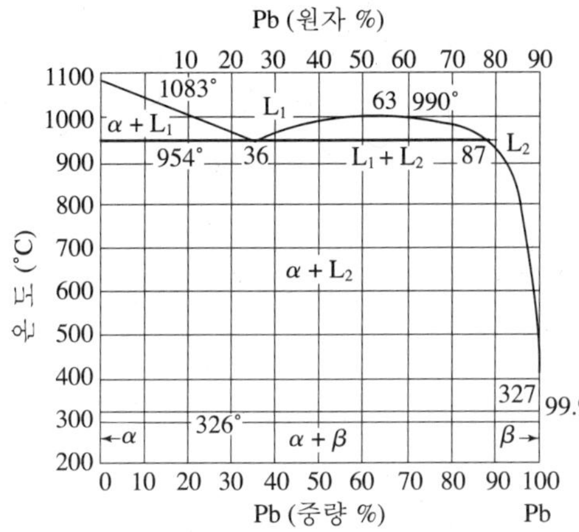


**그림 1.11** Cu-Pb계 평형상태도

Cu의 초정은 그 밀도가 융액보다 작아서 부상하는 경향이 있어 중력 편석하기 쉽고 또 응고 온도범위가 넓어서 역편석하여 때로는 연한(lead sweat)을 일으킨다. 따라서 균일한 주조조직을 얻으려면 용탕을 급랭하기 위해 칠(chill) 등을 이용하여야 한다. 또 주입온도를 저하시켜야 하며, 조직을 미세화하기 위해 Ti, Zr 등을 넣은 것이 필요하다.

연청동 주물로 사용되는 것의 조성은 3.0~11% Sn, 3.0~26% Pb, 1% 이하 Ni 범위로 각종 기계용의 중고속 하중의 베어링용으로 이용된다.

## 3. 알루미늄 청동

약 12%의 Al을 함유하는 구리합금을 말한다. Al청동(aluminium bronze)은 황동 또는 청동에 비하여 강도, 경도, 인성, 내마모성, 내피로성 등의 기계적 성질 및 내열성, 내식성이 좋으므로 화학 공업용 기기, 선박, 항공기, 자동차 등의 부품으로서 적당한 재료이다. 그러나 그 사용량은 황동에 비하여 소량이다.

이것은 주조성, 가공성, 용접성이 떨어지기 때문이다. 즉, 용해 중의 Al이 산화하여 굳고 강한 산화 Al을 이루고, 유동성을 나쁘게 하는 동시에 융합 손실을 크게 한다.

그림 1.12는 Cu-Al계 상태도를 나타낸 것이다. Al은 Cu에 약 9.4%까지 고용하여 $\alpha$고용체를 만든다. 그러나 그 이상으로 되면 $\beta \to \alpha + \delta$의 변태를 일으킨다. $\alpha$조직의 것은 구리빛의 붉은 색깔 또는 황금색(5~12% Al)을 나타내고, 강인하고 전연성이 풍부하며 상온, 고온 가공을 할 수 있다. 그리고 $\alpha + \delta$조직의 것은 황금색 빛에 흰 빛을 띠며 굳고 여려서 전연성이 나빠 상온가공이 불가능한 것인데 약 600~900℃로 가열하여 $\alpha + \beta$의 조직으로 되면 전연성이 좋아지며 고온가공이 쉬워진다. 여기서 $\delta$는 $Cu_2Al$ 화합물이므로 대단히 굳고 여리다.

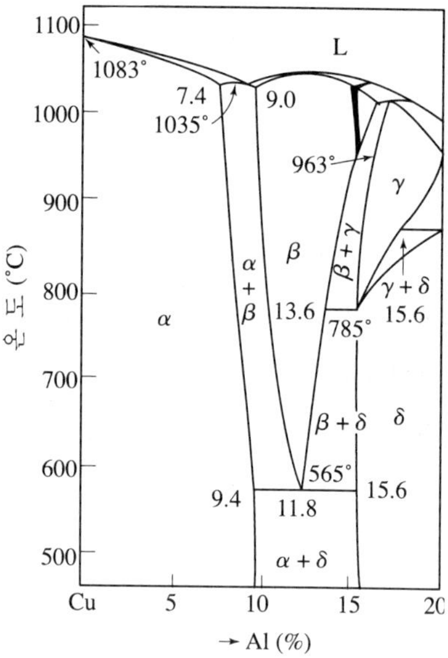


**그림 1.12** Cu-Al 합금의 Cu측 상태도

그림 1.12에서 보는 바와 같이 8~11% Al의 것은 모래형의 주물에 있어서는 결정입이 커지며, 더욱이 $\beta$상이 $\alpha + \delta$로 공석변태를 일으키기 때문에 여리고 약해진다. 이것을 **자기풀림**(self annealing)이라 하며, 이 주물의 결점인데 이러한 결점을 없애기 위하여 $\beta$상의 상태에서 담금질하면 $\alpha + \delta$상으로 되지 않고 $\beta'$($\beta$의 중간상)의 바늘 모양의 조직으로 되어 경화한다. 따라서 Al 청동도 Al의 함유량이 높은 것에 있어서는 청동과 같이 열처리에 의해서 경화할 수 있다.

Al 청동은 주물과 단련용으로 사용되고 또한 내해수, 내산 합금으로서는 모조금, 선박용 프로펠러축, 펌프의 부품 및 기타의 화학 공업용 재료에 적합하고, 내열합금으로서는 내마모성을 요하는 기어나 자동차 엔진의 밸브, 베어링 메탈 등에 적합하다. Al 청동은 일반적으로 Ni, Fe, Mn 기타의 원소를 첨가하여 특수 Al 청동으로서 사용한다. 이 중에서 $\beta$상의 분해를 늦추고 $\beta \to \alpha + \delta$를 억제하여 $\delta$상의 석출에 의한 자기풀림을 방지하는 동시에 주조성을 개선하여 결정을 미세화한 것에 아암즈 **브론즈**(arms bronze)가 있다. 이것은 강인하고 내식성이 좋으며, 성분은 8~12% Al, 0.5~2% Ni, 2~5% Fe, 0.5~2% Mn, 나머지 Cu이며, 60~85kg/$mm^2$의 인장강도를 가진다.

또 노보스톤(Novostone) 특허합금은 Al 7.5%, Mn 12%, Ni 2%, Fe 2.5%의 조성의 것으로 서냉 메짐성에 관계없도록 제조된 합금이다.

### 4. 규소청동

Cu에 탈탄을 목적으로 소량의 Si를 첨가한 것을 보통 **규소청동**(silicon bronze)이라 한다. Si는 약 4.7% 정도까지 상온에서 Cu 중에 고용해서 인장강도를 증가시키고 내식성과 내열성을 좋게 한다.

또 전기전도율도 좋고 0.03~0.3% Si의 것을 규소동이라 부르며, 전선으로 쓰인다. **에버듀르**(Everdur)는 3~4% Si, 1~1.2% Mn을 함유하며, **허큘로이**(Herculoy)는 0.75~3.5% Si, Fe 1.6% 이하, Mn 1.5%, Sn 1.6%, Zn 1.5%, Ni 0.6%, Pb 0.05% 함유하며, 강력하고 내식성이 우수하므로 화학 공업용으로 쓰인다.

특히 3.2~5% Si, 9~16% Zn을 함유하는 합금을 **실진청동**(silzin bronze)이라 하며, 내식성이 대단히 강력하고 주조성이 좋으므로 포금보다 우수한 합금으로서 터빈의 날개, 선박용의 기계 부품 등에 쓰인다. 또 5% 정도의 Al을 첨가한 **특수 실진청동**은 풀림여림을 일으키지 않으며, 내산·내식성을 강화할 수 있다.

**표 1.15** Silzin 청동주물 (KS D 6014)

| 종 류 | 화 학 성 분 (%) | | | | | 인장강도 (kg/mm²) | 연신율 (%) | 특성 |
|---|---|---|---|---|---|---|---|---|
| | Cu | Si | Zn | Mn+Fe | 불순물 | | | |
| Silzin 청동주물<br>($SzBrC_1$) 1종<br>($SzBrC_2$) 2종<br>($SzBrC_3$) 3종 | <br>84~88<br>78.5~82.5<br>80~84 | <br>3.5~4.5<br>4.0~5.0<br>3.2~4.2 | <br>9~11<br>14~16<br>13~15 | <br>–<br>–<br><0.5 | <br><0.6<br><0.6<br><0.5 | <br>>35<br>>45<br>>40 | <br>>25<br>>12<br>>20 | 유동성이 좋고 강도가 높다<br>뜨임취성이 적다 |

### 5. 니켈 청동

청동에 10% 내외의 Ni을 배합하면 조직이 치밀하고 강인성이 풍부하며, 내식성도 크기 때문에 수압 주물에 적합하게 된다.

#### 1) Cu-Ni-Al계 합금(10% Ni, 2% Al, 1% Zn)

이 합금은 850℃ 부근에서 물 중에 담금질하여 400~600℃로 뜨임하면 인장강도가 68~85kg/mm², 연신율이 25~35%, $H_B$가 170~200으로 된다. 이 합금은 뜨임에 의해 굳어지는 특징이 있다. 그리고 고온에서의 기계적 성질이 좋으며 내압·내열성이 크기 때문에 증기기관이나 내연기관용 재료로 쓰인다.

#### 2) Cu-Ni-Si계 합금(corson합금)

이 합금은 $Ni_5Si_2$의 석출에 의한 경화를 나타낸 것인데 95% Cu-0.5% $Ni_5Si_2$의 것은 열처리에 의해 인장강도 88～105kg/mm$^2$, 연신율 0.5～1%, 도전율 35～45%이다. 주로 통신선, 전화선 등에 쓰인다.

### 3) Cu-Ni-Zn계 합금

이 합금은 황동에 Ni을 넣은 것으로 양백, 양은이라고 하며, 황동에서 설명한 바와 같다.

## 6. 망간 청동

Cu에 Mn을 주요 합금 원소로 첨가한 것인데, 그 주물은 50～60kg/mm$^2$의 인장강도, 24～30kg/mm$^2$의 탄성한도, 20～40%의 연신율을 나타내며, 기계적 성질이 우수할 뿐 아니라 바닷물이나 광산수 등에 대한 내식성이 좋으므로 선박과 광산용의 기계 부품, 밸브, 프로펠러 등에 많이 쓰인다. 또 가공재는 터빈의 날개, 나사, 볼트 등에 쓰인다. 냉간압연한 것은 60～80kg/mm$^2$의 인장강도를 가진다.

또 망간동은 약 300℃까지는 강도를 거의 저하시키지 않으므로 증기밸브, 증기기관 등에 이용되며, 또 전기저항이 높고 저항온도계수가 작기 때문에 전기계기, 저항선 등에도 쓰인다.

실용합금으로서는 망가닌(manganin), 이사벨린(isabellin), A 합금(alloy) 등이 있다. 표 1.16에 이러한 합금의 화학 조성을 나타낸 것이다.

**표 1.16** Cu-Mn계 전기저항 재료의 화학조성

| 재 료 명 | Cu | Mn | Ni | Al | Fe |
|---|---|---|---|---|---|
| manganin | 83 | 12 | 2 | | |
| isabellin | 84 | 13 | | 3 | |
| Novokonstant | 82.5 | 12 | | 4 | 1.5 |
| A-alloy | 85 | 9.5 | | 5.5 | |

## 7. 베릴륨 청동

베릴륨 청동(beryllium bronze)은 Cu에 소량의 Be(2～3%)을 첨가한 것인데 시효경화성이 뚜렷하다. 그리고 Cu 합금 중에서 최고의 강도(약 100kg/mm$^2$)를 가지며, 특수강에 견줄만하다. 피로한도, 내열성, 내식성이 모두 우수하므로 베어링 메탈, 고급 스프링 등에 쓰여지나 산화하기 쉽고 비싼 것이 결점이다.

## 8. 기타 Cu 합금

### 1) Cu-Cd계 합금

Cd 1%를 함유하는 Cu-Cd 합금은 큰 인장강도와 좋은 전도도를 가지므로 송전선이나 안테나선으로 사용된다.

### 2) Cu-Ag계 합금

Ag을 3~5% 함유하는 Cu-Ag선은 큰 인장강도와 우수한 전기전도도를 가지므로 전신선, 전극, 전기 접점 등에 사용된다.

### 3) Cu-In계 합금

인듐(In) 10% 부근이 시효경화를 나타내므로 상당히 강력한 합금이 되나, 비싸서 실용화되기 곤란하다.

### 4) Cu-Sr계 합금

스트론튬(Sr)은 구리합금의 기포(blow hole) 제거에 효과가 있다.

### 5) Cu-Nb계 합금

니오븀 또는 콜롬븀(Nb) 1.5% 이하의 Cu 합금은 재결정점을 상승시키는 효과가 있다.

### 6) Cu-Ti계 합금

Cu-Ti 합금은 Cu-Be 합금에 유사한 강도를 갖는다. Cu-Be-Ti계 합금에는 **CTB 합금**, 그리고 Cu-Ti-Ag계로서 **CTA 합금**이 있다.

그밖에 텔루르(Te), 셀렌(Se) 등은 Cu에 첨가하여 쾌삭성을 부여한다.

### 7) 소결 베어링 합금(sintered bearing metal)

Cu 가루에 Sn 가루를 8~12%, 흑연 4~5%를 혼합하여 압축 성형하여 900℃의 고온에서 소결하면 흑연을 함유한 청동으로 된다. 이것은 다공질이 되므로 윤활유를 체적 비율로 흡수할 수 있게 된다. 그러므로 기름 중에 침적하였다가 베어링으로 사용한다. 경하중의 상태이고, 급유가 곤란한 용도에 무급유 베어링으로 사용한다. 이것을 보통 **오일리스 베어링**(oilless bearing)이라고 부른다.

**표 1.18** 소결 베어링용 합금의 기계적 성질

| 경화처리 전의 기계적 성질 | | 경화처리 후의 기계적 성질 | |
|---|---|---|---|
| 인장강도($kg/mm^2$) | 연 신 율 (%) | 인장강도($kg/mm^2$) | 연 신 율 (%) |
| 38~58 | 30 이상 | 100 이상 | 3 이상 |
| 50 이상 | 8 이상 | 115 이상 | 2 이상 |
| 55 이상 | 4 이상 | 120 이상 | 1.5 이상 |
| 65 이상 | 2 이상 | 125 이상 | − |

## 제2장 알루미늄과 그 합금

### 2.1 Al의 개요

알루미늄(aluminium, Al)은 규소 다음으로 지구상에 많이 존재하는 원소이다. 비중은 2.7로서 Mg(1.74)와 Be(1.85)를 제외하고는 실용금속 중 가장 가벼운 금속이다. 주조가 용이하고, 다른 금속과 잘 합금되어 상온 및 고온가공이 쉽다. 대기중에서 내식성이 강하고 전기 및 열의 양도체이다. 따라서 Al의 용도는 해마다 증가되어 가는 현상이다. 즉, Al은 선, 박, 판, 가루 등으로 사용되고, 특히 송전선에 최고로 좋다. Al의 판은 자동차, 항공기, 가정용기, 화학 공업용 용기 등에 사용되고, Al 박은 의약품, 식품의 포장용으로 이용되며, Al 파이프는 전기 재료 등에 쓰인다. 또한 Al 가루는 산화의 방지, 도료, 화학 제조에 사용된다.

Al의 주물을 많이 소비하는 곳은 자동차 공업 분야이며, 이것은 중량을 경감시키고, 타이어를 절약할 수 있으므로 고급차 중에는 Al차라고 부르는 것도 있다. 또 항공기 방면에서도 발동기의 피스톤, 그랭크 케이스 등에 사용되는 동시에 비행기의 날개, 동체 및 프로펠러 구조물의 골격 등에 사용된다.

**표 2.1** 알루미늄의 1번 지금의 공업 표준성분

| 종 별 | Al % | Si % | Fe % | Cu % |
|---|---|---|---|---|
| 특종(Al 0) | >99.85 | <0.12 | <0.12 | <0.01 |
| 1종(Al 1) | >99.7 | <0.20 | <0.20 | <0.01 |
| 2종(Al 2) | >99.5 | <0.30 | <0.30 | <0.02 |
| 3종(Al 3) | >99.0 | <0.60 | <0.60 | <0.02 |
| 4종(Al 4) | >98.0 | <1.50 | <1.50 | <0.03 |

Al은 광석 보크사이트(bauxite, $Al_2O_3 \cdot xH_2O$)로부터 제련한다. 보크사이트는 $Al_2O_3$ 이외의 $SiO_2$, $Fe_2O_3$도 포함하므로 보크사이트로 만든 $Al_2O_3$을 용융한 빙정석 중에서 가열 및 전기분해하여 얻은 Al 중에는 불순물로서 Fe, Si를 함유한다.

이와 같이 1차 전해로 얻은 지금을 **1번지금** 부스러기로 만든 재생 지금을 **2번지금**이라고 부른다. 앞의 표 2.1은 1번지금의 공업표준의 일례를 나타낸 것이다.

## 2.2 Al의 성질

### 1. 물리적 성질

알루미늄의 물리적 성질은 표 2.2와 같고, Al의 전기전도도는 Cu의 약 65%이며, 불순물의 다소에 관계가 크다. 가장 유해한 원소는 티탄(Ti)이고 다음은 Mn, Zn, Cu, Si, Fe의 순서이다.

**표 2.2** Al의 물리적 성질

| 순 도 | 비 중 (20℃) | 융점 (℃) | 선팽창계수 (20~100℃) | 비 열 (100℃) (cal/g) | 전기전도 (Cu 100%) | 전기비저항 (상온가공 20℃) (μΩ-cm) | 저항온도계수 (10~30℃) |
|---|---|---|---|---|---|---|---|
| 99.996% | 2.6989 | 660.2 | $23.86\times10^{-6}$ | 0.2226 | 64.94% | 2.6548 | 0.00429 |
| 99.0% 이상 | 2.71 | 643~657 | $23.5\times10^{-6}$ | 0.2297 | 59% | 3.052 | 0.0115 |

그림 2.1은 Al의 전기전도도에 미치는 불순물의 영향을 나타낸 것으로서 이에 의하면 Cr, Mn, V, Ti 등은 해가 크다는 것을 알 수 있다. 그러나 실제로 Al 지금중의 불순물의 대부분은 Si, Fe, Cu이며, 250~300℃에서 충분히 풀림하면 전도도가 많이 향상된다. Al을 송전선으로 사용할 때에 Al 99.6% 이상으로 하고 Cr, Mn, V, Ti의 양을 규격으로 제한하는 나라도 있으나 보통은 Fe, Si, Cu와 Ti만을 정량으로 하고 나머지를 전부 Al으로 취급하는 일이 많다.

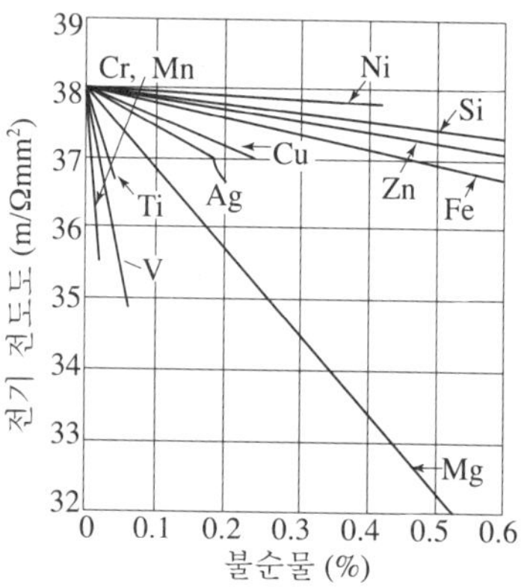


**그림 2.1** Al의 전기전도도에 미치는 불순물의 영향

## 2. 기계적 성질

Al의 기계적 성질도 타금속과 같이 불순물의 함유량 및 열처리에 따라서 변화한다. 표 2.3은 이것의 변화이다.

Al은 상온에서 판, 선으로 압연가공하면 경도와 인장강도가 증가하고 연신율이 감소한다. 그 한 예를 표 2.4에 나타내었다.

**표 2.3** Al의 기계적 성질

| 순도 / 성질 / 냉간가공도(%) | 99.4% Al | | 99.6% Al | | 99.8% Al | |
|---|---|---|---|---|---|---|
| | 인장강도 (kg/mm²) | 연신율 (%) | 인장강도 (kg/mm²) | 연신율 (%) | 인장강도 (kg/mm²) | 연신율 (%) |
| 0 | 8.3 | 46 | 7.7 | 49 | 7.0 | 48 |
| 33 | 11.7 | 12 | 10.6 | 17 | 9.3 | 20 |
| 67 | 14.2 | 8 | 14.4 | 9 | 11.6 | 10 |
| 80 | 15.4 | 7 | 14.9 | 9 | 12.7 | 9 |

**표 2.4** Al의 압연가공에 의한 기계적 성질의 변화

| 종 류 | 가 공 | 인장강도 (kg/mm²) | 항 복 점 (kg/mm²) | 연 신 율 (%) | 브리넬경도 ($H_B$) |
|---|---|---|---|---|---|
| 연 질 Al판 | 풀림한 것 | 9 | 2.8 | 35 | 23 |
| 반경질 Al판 | 50% 상온가공 | 12 | 10 | 7 | 32 |
| 경 질 Al판 | 75% 상온가공 | 17 | 14.5 | 5 | 44 |

상온가공에 의하여 경화한 것을 가열하면 150℃ 정도에서 연화되기 시작하여 300~350℃에서 완전히 연하게 된다. 온도가 더욱 높아짐에 따라 점차 강도가 감소되나, 연신율은 400~500℃에서 극히 증대된다. 따라서 압연(rolling) 및 압출(extrusion) 등의 가공은 이 온도 범위에서 하게 된다.

그림 2.2는 냉간압연재의 풀림온도와 기계적 성질을 보여 준다.

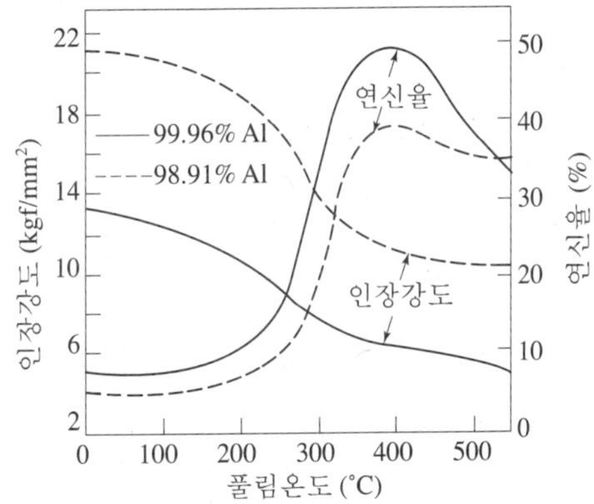


**그림 2.2** 냉간압연재의 풀림온도와 기계적 성질

### 3. 화학적 성질

Al은 그 표면에 생기는 산화 피막의 보호 작용 때문에 내식성이 좋다. 대기 중에서는 보통 내식성이 좋으나 부식률은 대기 중의 습도와 염분 함유량, 불순물량, 성질 등에 관계한다. 농촌에서 0.001mm/year, 해상에서 0.11mm/year, 공업지대에서 0.07mm/year의 부식률이다.

탄산염, 크롬산염, 초산염, 황화물 등의 중성수용액에서는 내식성이 좋으나, 염화물 용액 중에서는 나빠진다. 또, 산화용액 중에서는 수소이온 농도의 증가에 따라 부식이 증가하고 황산, 인산 중에서는 침식되며, 특히 염산 중에서는 빠르게 침식된다.

## 2.3 Al의 방식법

알루미늄 표면을 적당한 전해액 중에서 양극 산화처리하면 산화물계의 피막이 생기고, 이것을 고온 수증기 중에서 가열하여 다공성을 없게 하면 방식성이 우수한 아름다운 피막이 얻어진다. 이 방법에는 수산법, 황산법 등이 있다. 이것은 양극산화 피막법으로서 다음 표 2.5와 같은 것이 있다.

**표 2.5** 양극산화피막법

| 종 류 | 전해액 | 전 류 | 특 징 |
|---|---|---|---|
| alumite 법(수산법) | 수 산 | 직 류 | 황금색의 경질 피막 형성 |
| alumilite 법(황산법) | 황 산 | 교 류 | 무색의 연질 피막 형성 |

## 2.4 Al 합금의 처리법

### 1. Al-Cu 합금의 시효경화

항공기의 발달에 따라서 가볍고 강한 합금이 요구되므로 Al 합금의 연구가 대단히 발전을 하여 왔다. Al은 Fe과 같은 변태점이 없으므로, Al의 성질을 개선하는 데 변태를 이용할 수 없다. 그러나 Al 합금의 상태도는 그림 2.3과 같이 5.65% Cu까지는 $\alpha$고용체, 54% Cu에서 화합물 $CuAl_2(\theta)$를 형성하며, 33% Cu에 있어서는 $\alpha$와 $\theta$가 공정을 만든다.

지금 4% Cu의 Al-Cu 합금을 500℃로 가열하면 $\alpha$고용체가 되며, 그것을 상온까지 서냉하면 $fgh$선을 지나서 $\theta$를 석출하여 $\alpha+\theta$의 조직으로 된다. 그러나 500℃에서 담금질하면 급랭에 의하여 $\theta$가 석출할 시간적인 여유가 없기 때문에 상온에 있어서도 고온의 경우와 같은 양의 Cu를 고용한 $\alpha$고용체로 되는 것이다. 이와 같은 상태를 과포화고용체라고 하며, **과포화고용체**를 얻는 조작을 **용체화처리**라 한다. 고온에서 급랭하여 과포화 상태가 얻어지는 것은 Al-Cu 합금만이 아니라 고용곡선을 가지는 합금 일반에 공통되는 것이다.

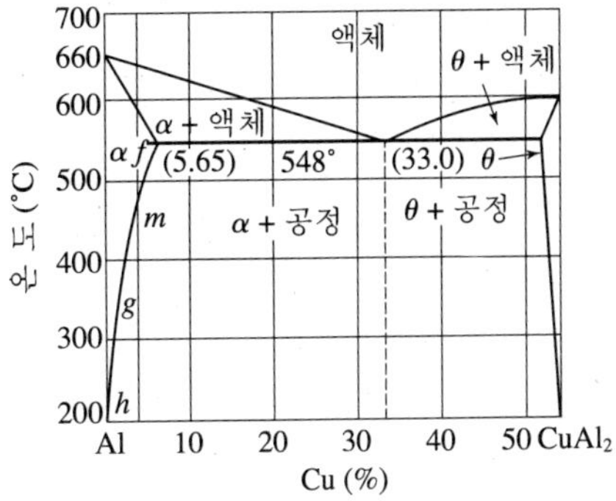


**그림 2.3** Al-Cu계 평균상태도

그림 2.4는 Al에 6% 이하의 Cu를 첨가한 합금의 인장강도를 나타낸 곡선이다. 곡선 ①은 고온에서 서냉하였을 경우의 인장강도를 나타낸 것이다. 상온에서의 고용한도 범위(0.5% Cu 이하) 안에서는 $ab$ 곡선과 같이 Cu의 증가에 따라 인장강도가 증가하는데 이는 Cu를 고용하기 때문이다. Cu%가 고용한도(0.5% Cu 정도)를 지나서 증가할수록 $\alpha$ 고용체로부터 석출하는 $CuAl_2$의 양이 증가하므로 인장강도는 Cu%의 증가에 따라 $bc$ 곡선과 같이 증가한다. $\alpha$고용체의 Al-Cu 합금을 고온에서 급랭할 경우에는 상온에 있어서 $\alpha$고용체로 되기 때문에 그 인장강도는 $\alpha$고용체 자체의 강도로 나타나며, Cu %의 증가에 따라서 $\alpha$고용체의 양이 증가하므로 인장강도도 따라서 커지는데 $b$ 곡선의 연장선인 $bd$ 곡선으로 나타난다.

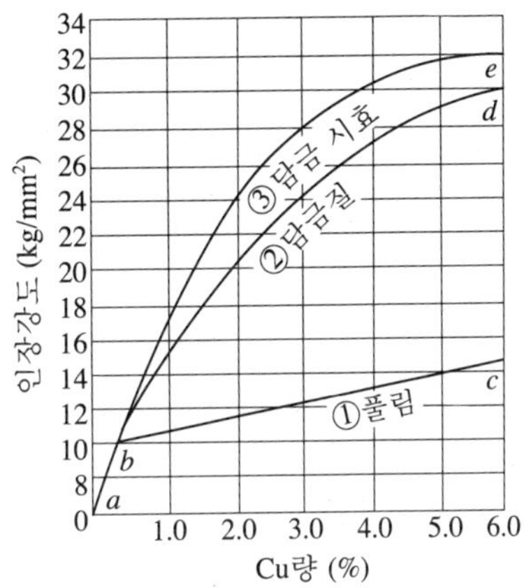


**그림 2.4** Al-Cu 합금의 기계적 성질

그러나 담금질하여 얻어진 과포화고용체는 상온에 있어서 불안정하며, 안정상태인 $\alpha+\theta$로의 변화가 일어난다.

즉, $\alpha \rightarrow \alpha+\theta$

이와 같은 변화는, 상온에서 오랫동안 방치하거나 온도를 조금 높이면 $\theta(CuAl_2)$상이 석출하여 $\alpha+\theta$에 접근하려고 한다. 이 경우 완전히 풀림되면 원래의 서냉한 상태, 즉 $bc$ 곡선으로 나타난다. 그러나 $\alpha \rightarrow \alpha+\theta$의 변화의 도중에 강도가 증가하는 곳이 있다.

곡선 $be$는 담금질한 Al-Cu 합금을 160℃로 15~60시간 가열하였을 경우의 강도를 나타낸 것인데, 담금질하였을 경우의 강도곡선 $bd$보다도 큰 수 값을 나타낸다.

이와 같이 과표화고용체를 상온 또는 고온에 유지함으로써 시간의 경과에 따라 합금의 성질이 변화하는 것을 **시효**(aging)라고 하며, 특히 시효에 의하여 경화하는 현상을 **시효경화**

(age hardening)라 한다. 시효에는 실온으로 방치하는 **자연시효**(natural aging)와 실온보다 높은 온도(100～160℃)에서 그 작용을 빠르게 하는 **인공시효**(뜨임 시효, artifical aging)의 2가지가 있다. 이러한 시효 현상은 Al의 (100)면에 Cu 원자가 모여서 극히 미세한 2차원적 결정이 형성되어 경화의 원인이 되는 것이며, 이것을 **Guinier Preston aggregate**(또는 G. P. Zone)라 한다.

Guinier Preston aggregate에는 2가지 형이 있으며, 처음에 부분적으로 규칙적 배열을 하는 aggregate( I )이 생기고, 이것이 다음에 규칙적 배열을 갖는 aggregate( II )가 된다. 시효온도가 높으면 고용체로부터 완전한 결정을 이루는 석출상( $\theta'$ )이 분리하게 되며 이 $\theta'$ 석출상태에서 재료는 최고경도가 된다.

시효온도가 더욱 높거나 시효시간이 길어지면 $\theta'$ 상이 고용체 격자에서 분리하여 $\theta$상으로 석출해서 연화가 일어나 **과시효**(over aging)의 상태가 된다.

요컨대 Al-Cu 합금(2～4.5% Cu)은 과포화고용체에서 $\theta$상의 석출까지 다음과 같은 과정을 거친다.

과포화고용체→aggregate( I )→aggregate( II )→ $\theta'$ →고용체+ $\theta$

이러한 시효현상은 다른 알루미늄 합금에도 있으며, G. P. Zone의 출현에 의한 경화에는 Al-Cu-Mg계, Al-Zn계, Al-$Mg_2Si$계, Al-Ag계 등이 있고, 또 Al-$Mg_2Si$계, Al-Cu-Mg계 등은 인공시효로 2단 시효를 나타낸다.

## 2. Al 합금의 열처리의 실례

표 2.6에는 Al-Cu 합금(4.5% Cu)의 판재의 상온시효를, 표 2.7에는 듀랄루민판의 상온시효를 나타낸 것이다.

**표 2.6** Al-Cu(4.5% Cu) 5mm판, 250℃, 2시간 가열, 수중냉각, 상온시효

| 시효시간 | 인장강도(kg/mm$^2$) | 비례한도(kg/mm$^2$) | 연신율(%) | 경도($H_B$) |
|---|---|---|---|---|
| 담금질 직후 | 26.1 | 7.0 | 28 | 78 |
| 1 | 26.5 | 7.0 | 27 | 80 |
| 2 | 26.9 | 6.5 | 27 | 84 |
| 3 | 27.3 | 8.5 | 28 | 86 |
| 6 | 28.0 | 8.0 | 26 | 91 |
| 15 | 28.9 | 9.0 | 27 | 94 |
| 50 | 29.0 | 10.0 | 27 | 95 |
| 500 | 29.3 | 10.0 | 27 | 97 |

표 2.6에서 보는 바와 같이 시효에 의하여 500시간 후의 기계적 성질의 상승률은 인장강도가 12%, 경도가 약 24%인데 비례한도는 약 43%이다. 비례한도가 상승하는 것은 시효의 특징이다.

**표 2.7** 듀랄루민 5mm판(4.0% Cu, 0.46% Mg, 0.5% Mn, 0.3% Si) 2시간 가열, 수중냉각, 상온시효

| 시효시간 | 인장강도(kg/mm$^2$) | 비례한도(kg/mm$^2$) | 연신율(%) | 경도($H_B$) |
|---|---|---|---|---|
| 담그질 직후 | 35.6 | 9.5 | 27 | 89 |
| 1 | 37.7 | 11.5 | 27 | 108 |
| 2 | 38.8 | 14.0 | 27 | 107 |
| 3 | 38.9 | 15.0 | 25 | 108 |
| 6 | 40.1 | 16.0 | 27 | 118 |
| 15 | 41.0 | 16.5 | 27 | 118 |
| 50 | 42.2 | 19.0 | 26 | 126 |
| 500 | 43.5 | 21.0 | 27 | 130 |

**표 2.8** 듀랄루민 475℃로 담금질한 후 여러 온도로 시효시켰을 경우

| 담금질 후의 보존온도(℃) | 유지한 시간 | 성질 변화의 정도 |
|---|---|---|
| 액체공기 | — | 변화 없음 |
| -20℃ | 6 | 변화 없음 |
| 0 | 6 | 변화 없음 |
| 20 | 6 | 인장강도 4kg/mm$^2$ 붙어남 |
| 100 | 6 | 인장강도 8kg/mm$^2$ 붙어남 |
| 150 | 2 | 완전히 성숙함 |

**표 2.9** 듀랄루민(4% Cu-0.5% Mg-0.5% Mn)의 5mm판을 520℃로 2시간 가열 후 수냉하고 바로 각 온도에서 2시간 뜨임했을 경우

| 뜨임온도(℃) | 인장강도(kg/mm$^2$) | 비례한도(kg/mm$^2$) | 연신율(%) | 경도($H_B$) |
|---|---|---|---|---|
| 담그질 직후 | 36.0 | 10.0 | 26 | 60 |
| 50 | 43.5 | 20.0 | 26 | 125 |
| 100 | 43.5 | 20.0 | 27 | 127 |
| 150 | 41.0 | 18.0 | 30 | 120 |
| 200 | 40.0 | 21.0 | 18 | 124 |
| 250 | 34.3 | 18.5 | 14 | 112 |
| 300 | 27.5 | 10.0 | 15 | 101 |
| 350 | 22.6 | 5.5 | 21 | 77 |
| 400 | 26.1 | 6.0 | 25 | 79 |
| 450 | 28.8 | 7.0 | 26 | 80 |

표 2.8에서 0℃ 이하로 유지하면 시효하지 않음을 알 수 있다.

표 2.9에서는 판의 두께와 용체화하는 시간 관계를 알 수 있다. 다만 표 2.10의 것은 주로 판에 대한 것이며, 주물의 경우는 표 2.11에 나타낸 바와 같이 훨씬 긴 시간 가열하여야 한다. 그것은 주조만 한 상태의 금속간 화합물은 용체화하기 어렵기 때문이다.

**표 2.10** 재료의 두께와 가열

| 두께범위(mm) | 시간(분) | 두께범위(mm) | 시간(분) |
|---|---|---|---|
| 0.5 이하 | 25 | 2.0~6.0 | 40 |
| 0.5~2.0 | 30 | 6.0~10.0 | 50 |

그리고 판의 경우에도 가열을 할 때 될 수 있는 대로 용체화하는 시간을 짧게 하지 않으면 안 된다. 그것은 긴 시간 가열하면 중심부의 Cu나 그밖의 내식성을 해치는 원소가 겉부분에 확산하기 때문이다. 담금질할 경우 용체화처리로에서 꺼내어 물 중에 담금질하기까지의 시간은 되도록 짧은 편이 좋다. 단련재의 경우는 수초 이내, 주물의 경우에는 1분간 이내로 하는 편이 좋다. 복잡한 주물 등은 물 중에서 급랭하면 국부적인 변형이 일어나므로 온탕 또는 공기 중에서 냉각해도 좋다. 다만 냉각속도가 느릴 경우에는 시효 후의 강도가 다소 작아질 뿐만 아니라 내식성도 다소 낮아진다.

**표 2.11** 모래 주형 주물

| *합금 명 | 표 준 성 분 (%) | | | | | | 열 처 리 온 도 (℃) | |
|---|---|---|---|---|---|---|---|---|
| | Cu | Si | Mg | Zn | Ni 또는 Cr | Mn | 담금질 | 뜨 임 |
| 122 | 10.0 | – | 0.2 | – | – | – | 510×12시간 | 155×(10~12)시간 |
| 142 | 4.0 | – | 1.5 | – | Ni 2.0 | – | 520× 6시간 | 343×(1~3)시간 |
| 195 | 4.5 | 0.8 | – | – | – | – | 515×12시간 | 155×(12~16)시간 |
| 355 | 1.3 | 5.0 | 0.5 | – | – | – | 526×12시간 | 155×(8~10)시간 |
| 356 | – | 7.0 | 0.3 | – | – | – | 538×12시간 | 246×(2~4)시간 |

[주] * 이 번호는 미국 알루미늄 회사(Alcoa 회사)의 것임.

주물의 상온시효는 담금질 후 5일간 정도에서 상당히 단단해지지만 그 후에도 진행되며 완전히 끝나는 데는 3개월 정도를 필요로 하므로 실제에 있어서는 인공시효(뜨임시효)를 시킨다(표 2.11 참조). 뜨임 시간은 짧은 시간의 것을 선택하는 편이 경제적이므로 되도록 높은 온도의 뜨임을 사용한다.

## 2.5 주물용 Al 합금

Al 합금은 주조성이 우수하여 대부분 모래형(사형) 주물로 사용되며, 주조상태에서 사용되는 것과 열처리를 하여 기계적 성질을 개선하여 사용하는 것이 있다. 그리고 단련용 Al 합금의 대부분은 열처리로 강도를 크게 하는 것이 많다.

주조용 합금에는 첨가되는 합금 원소의 양이 많고, 단련용은 그 양이 적다. 주조에는 모래형(사형) 외에 금속형, 가스형, 다이 캐스팅 등이 사용되고 있다. 주조용 합금은 일반용, 내열용, 내식용 등의 3종으로 분류되며, 중요 합금은 다음과 같다.

일반용 주조 Al 합금 ① Al-Cu ② Al-Si ③ Al-Zn
내열용 주조 Al 합금 ① Al-Cu-Ni ② Al-Si-Ni
내식용 주조 Al 합금 ① Al-Mg-Si

표 2.12는 알루미늄 합금 주물을 보여 준다.

**표 2.12** aluminium 합금 주물 (KS D 6008)

| 종 류 | 기 호 | 합 금 계 | 종 류 | 기 호 | 합 금 계 |
|---|---|---|---|---|---|
| 1종A | $AC_1A$ | Al-Cu | 4종D | $AC_4D$ | Al-Si-Mg |
| 2종A | $AC_2A$ | Al-Cu-Si | 5종A | $AC_5A$ | Al-Cu-Ni-Mg |
| 2종B | $AC_2B$ | Al-Cu-Si | 7종A | $AC_7A$ | Al-Mg |
| 3종A | $AC_3A$ | Al-Si | 7종B | $AC_7B$ | Al-Mg |
| 4종A | $AC_4A$ | Al-Si-Mg | 8종A | $AC_8A$ | Al-Si-Cu-Ni-Mg |
| 4종B | $AC_4B$ | Al-Si-Cu | 8종B | $AC_8B$ | Al-Si-Cu-Ni-Mg |
| 4종C | $AC_4C$ | Al-Si-Mg | 8종C | $AC_8C$ | Al-Si-Cu-Mg |

Al 합금은 열처리를 단독으로 또는 2가지 이상 시행하기 때문에 제품의 성질은 그 성분규격과 동시에 열처리법도 명확히 표시하여야 한다. 따라서 Al 합금에서는 합금규격의 뒤에 다음과 같은 Al 열처리 기호를 붙인다.

F : 제품 그대로(즉 압연, 압출, 주조한 그대로)
O : 풀림한 재질(압연한 것에만 사용)
H : 가공경화한 재질(여기서는 다음과 같은 보조 기호를 쓴다.
$H_1n$ : 가공경화를 받은 그대로
$H_2n$ : 가공경화 후 적당한 풀림처리를 받은 재질
$H_3n$ : 가공경화 후 안정화처리를 받은 재질

$n$에는 다음과 같은 숫자를 기입한다.

$n=2(\frac{1}{4}$ 경질), $4(\frac{1}{2}$ 경질), $6(\frac{3}{4}$ 경질), 8(경질), 9(초경질)

W : 담금질처리 후 시효경화가 진행중인 재료

T : F, O, H 이외의 열처리를 받은 재질

$T_2$ : 풀림한 재질(주물에만 사용)

$T_3$ : 담금질처리 후 상온가공경화를 받은 재질. 단, 이것은 굽힌 것을 펴는 정도의 가공이고, 가공도가 클 때는 $T_{36}$을 사용한다.

$T_4$ : 담글질처리 후 상온시효가 완료된 재질

$T_5$ : 담금질처리를 생략하고 뜨임처리만을 받은 재질

$T_6$ : 담금질처리 후 뜨임된 재질

$T_7$ : 담금질처리 후 안정화처리를 받은 재질

$T_8$ : 담금질처리 후 상온가공경화, 다음에 뜨임된 재질

$T_9$ : 담금질처리 후 뜨임처리, 그 다음에 상온가공경화를 받은 재질

$T_{10}$ : 담금질처리를 생략하고 뜨임한 다음에 상온가공경화를 받은 재질

## 1. Al-Cu계 합금

Al-Cu계 합금은 담금질과 시효에 의하여 강도가 증가하며 내열성과 강도, 연신율, 절삭성 등이 좋으나 고온 여림이 크며, 주물의 수축에 의한 균열 등의 결점이 있다.

실용되고 있는 것으로는 4% Cu, 8% Cu, 12% Cu 등의 3가지가 있다.

### 1) 4% Cu 합금

KS Al 합금 주물 1종 A가 이에 속하며, 미국에서 특히 알코아(Alcoa) 195로서 널리 사용된다. 이것에 0.2~1% Mg을 첨가한 것은 열처리 효과가 크므로 내연기관의 크랭크 케이스, 브레이크 슈우(break shoe), 기타 강도를 요하는 부품에 쓰인다.

### 2) 8% Cu 합금

알코아의 No. 12합금이 이에 속하고, 자동차 부품, 다이캐스팅 용 합금(die casting alloy) 등에 쓰이며, 주물용 합금의 대부분은 이 합금이다.

### 3) 12% Cu 합금

영국에서 많이 사용되는 합금으로서 고온에 잘 견디므로 자동차 피스톤, 기화기, 방열기, 실린더, 기타 수압이 큰 부분에 쓰인다. 현재는 이들의 합금을 개량하여 Fe을 적량 첨가하여 주물의 수축에 의한 균열을 방지하는 동시에 Ti을 첨가하여 결정입자를 가늘게 한다.

## 2. Al-Si계 합금

이 합금의 상태도는 그림 2.5와 같이 단순한 공정형으로 그 중 Si의 용해도가 작으므로 열처리효과는 기대할 수 없으나 공정점 부근의 조직은 기계적 성질이 우수하고 용융점이 낮으므로 많이 사용된다. 공정 부근의 성분을 독일에서는 **실루민**(silumin)이라 하고, 미국에서는 **알팩스**(alpax)라고 한다.

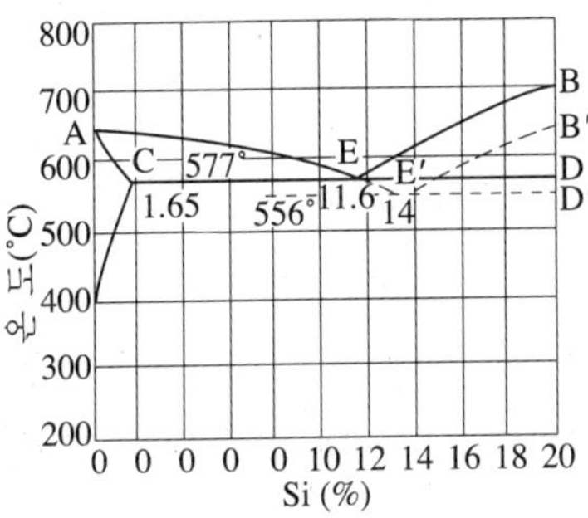

**그림 2.5** Al-Si계 평형상태도

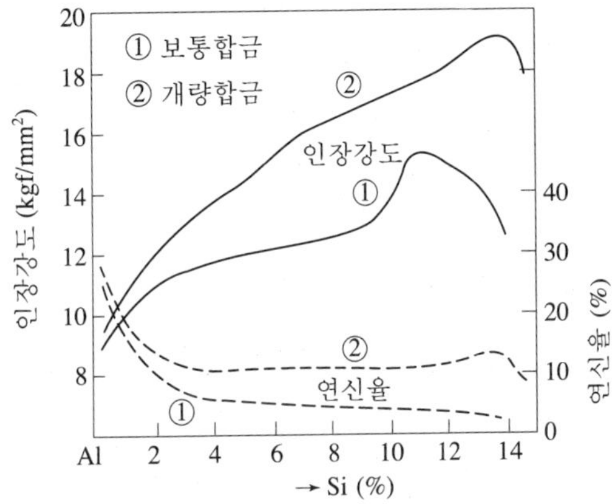

**그림 2.6** Al-Si 합금의 기계적 성질

공정 부근의 조성의 주조 조직에 나타나는 Si는 육각판상의 거친 결정이므로 여려서 실용할 수 없다. Al과 Si의 공정점은 11.6% Si 577℃이나 여기에 극소량의 Na(0.05~0.1%)이나 불화 알칼리, 금속 나트륨, 가성소다, 알칼리염 등을 첨가하면 조직이 미세화되어 강력하게 되며, 공정점은 14% Si 556℃로 이동한다. 이러한 처리를 **개량처리**(modification)라 한다.

그림 2.6에서와 같이 최대 효과는 14% Si 부근에서 나타나고 있다. Al에 Si를 직접 용해시키기는 어려우므로 20~50% Si의 중간 합금을 만들어 이것을 용융 Al에 배합한다. 용해시 철 도가니를 써서, 높은 온도로 가열하면 Fe이 불순물로 용입되기 쉽다.

개량 효과를 얻기 위해 ⓘ 불화물을 쓰는 법, ⓘⓘ 금속 Na을 쓰는 법, ⓘⓘⓘ 가성소다 쓰는 법 등이 있으나 금속 Na을 가장 많이 사용한다. 널리 실용되고 있는 11~14% Si를 함유하는 합금이 실루민(silumin) 또는 알팩스(alpax)라고 하며, 대표적인 5% Si, 10% Si, 13% Si의 용도를 표 2.13에 나타내었다.

표 2.13 실루민의 용도

| | |
|---|---|
| Si 5% 모래형 | 건축재료, 자동차, 선박기구, 계기의 하우징, 화학 공업 기구 |
| Si 5% 금 형 | 취사용 기구, 용기 및 기계 부품 |
| Si 10% 모래형 | 옥외에서 사용하는 주물, 기계용 주물 |
| Si 13% 정 제 | 증발기, 선박・차량용 기구 |

Al-Si계 합금을 더욱 강력하게 하기 위하여 Mg을 첨가한 것을 **감마 실루민**( $\gamma$-silumin, Al, 9% Si, 0.5% Mg)이라 하며, Mg을 넣어 $Mg_2Si$상에 의한 시효성을 준 합금이다. 같은 목적으로 실루민(silumin)에 Cu를 넣어 $\alpha$를 강화하고 $CuAl_2$상에 의한 시효성을 준 것에 구리-실루민(Cu-silumin, Al, 9% Si, 3% Cu)이 있다.

## 3. Al-Zn계 합금

이 합금은 주조성이 좋고 값이 싼 특징을 가지고 있으나, 100℃ 이상에서는 인장강도와 경도 등이 작아지므로 피스톤과 같은 고온용에는 부적당한다. 내식성도 우수하지 못하다. 그러므로 Al-Zn-Cu 합금으로 만든다.

8~12% Zn, 2~5% Cu의 Al 합금을 **$L_5$ 합금** 또는 도이칠란트 합금이라 하며, 모래형 주물로서 인장강도 13~20kg/mm$^2$, 연신율은 1~10%이다.

## 4. Al-Cu-Si계 합금

Al-Si계 합금의 Si의 약 반을 Cu로 대치한 것과 같은 것으로서 **라우탈**(lautal)이라고 칭한다. 라우탈은 실루민의 결점인 가공 표면의 거칢을 없앤 것으로 Cu 3~4.5%, Si 5~6% 함유한 것이 많이 사용되며, 강력한 것을 요구할 때에는 Si를 늘리고 표면이 고운 것을 요구할 때에는 Cu를 늘린다. 압출재, 단조재, 주조용으로 사용되고, 이 합금의 기계적 성질은 표 2.14에 나타내었다.

표 2.14 Cu 4%, Si 3% 함유한 주조용 라우탈 합금의 기계적 성질

| 성 질 | 모 래 형 주 물 | | 금 속 형 주 물 | |
|---|---|---|---|---|
| | 주조한 것 | 열처리한 것 | 주조한 것 | 열처리한 것 |
| 인장강도(kg/mm$^2$) | 12~26 | 16~25 | 17~25 | 2~3 |
| 연신율(%) | 4 | 4 | <10 | <10 |
| 브리넬경도 ($H_B$) | 65~70 | 65~70 | 65~80 | 90~110 |

## 5. 내열용 Al 합금

자동차, 항공기, 그 외 내연기관의 부품 특히 피스톤, 실린더 커버 등은 사용중에 350℃ 이상으로 견디어야 하며, 또한 강도도 커야 한다. 주철 피스톤을 사용하면 중량이 무겁고 연료소비량이 많아 손실이 크다. 그러므로 고온에 잘 견디고 팽창계수, 마찰계수가 작고 열전도도가 크며, 마멸이 적은 것이 피스톤으로서 필요한 조건이다. 이 목적으로 Al 합금의 첨가 원소로는 Cu, Ni, Mn, Si 등이며, 이들은 강도증가에도 유용한 원소이다. 현재 널리 사용되고 있는 피스톤용 합금에는 Y 합금(Y alloy), 로우엑스(Lo-Ex), 코비탈륨(Co-bitalium) 등이 있다.

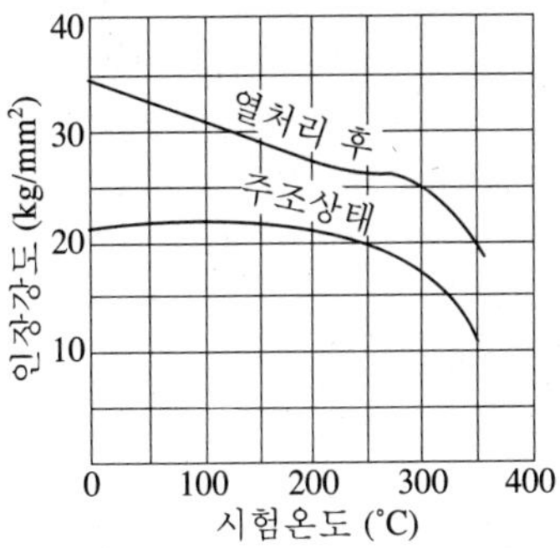


**그림 2.7** Y 합금 고온강도

### 1) Y 합금(Y alloy)

이 합금은 영국의 국립 물리 연구소(National Physical Laboratory)에서 연구된 것으로 4% Cu, 2% Ni, 1.5% Mg의 Al 합금이다. $\alpha$고용체 중에 3원 화합물인 $Al_5Cu_2Mg_2$가 경화 석출물로 되어 열처리에서 석출경화한다.

열처리는 510～530℃의 온수 중에 냉각한 후에 약 4일간 상온시효시킨다. 인공시효처리할 경우에는 100～150℃에서 한다. 주로 피스톤에 사용되나 주조시 기공이 생기기 쉬우므로 주의를 요한다. 그림 2.7과 같이 고온강도가 크므로 내연기관의 실린더, 피스톤, 실린더 헤드 등에 사용된다.

### 2) 로우엑스(Lo-Ex)

이 합금은 Low Expansion이라는 뜻으로서 미국의 Alcoa사의 No. 132가 이에 속한다.

12～14% Si, 1.0% Cu, 1.0% Mg, 2～2.5% Ni을 첨가한 특수 실루민으로서 Na 처리를 한다. 내열성이 우수하고 열팽창이 적으므로 피스톤 재료에 널리 사용된다.

### 3) 코비탈륨(Cobitalium)

Y 합금의 일종으로서 Ti과 Cu을 0.2% 정도씩을 첨가한 것으로 피스톤에 사용된다. 표 2.15는 각종 피스톤 합금의 성분 예이다.

표 2.15 피스톤용 합금의 성분 예

| 명 칭 | Al | Cu | Si | Mg | Fe | Mn | Ni | Ti | 기 타 |
|---|---|---|---|---|---|---|---|---|---|
| Y 합금 | 나머지 | 3.5~4.5 | 0.8 | 1~2 | 0.8 | – | 1~2.5 | – | – |
| Lo-Ex | 나머지 | >1.0 | 13~14 | 1.0 | 0.9 | – | 2~2.5 | – | – |
| Cobitalium | 나머지 | 1~5 | 0.5~2.0 | 0.4~2 | 1~2 | – | 0.4~2 | 0.2 | Cr 0.2~1 |
| RR 53 | 나머지 | 2.25 | 1.25 | 1.6 | 1.4 | | 1.3 | 0.1 | – |
| KS 245 | 나머지 | 4.5 | 14 | 0.7 | 0.5 | 1.0 | 1.5 | – | – |

## 2.6 다이 캐스팅용 Al 합금

다이 캐스팅용 Al 합금에는 여러 가지가 있으나, 많이 쓰이는 것은 Alcoa의 No. 12 합금, 라우탈, 실루민, Y 합금 등이 있으며, KS 규격에도 제정하고 있다.

다이 캐스팅용 합금으로서 특히 요구되는 성질은 ⓘ 유동성이 좋을 것, ⓘⓘ 열간메짐성이 적을 것, ⓘⓘⓘ 응고수축에 대한 용탕보급성이 좋을 것, ⓘⓥ 금형에 점착하지 않을 것 등이다.

표 2.16 Al계의 다이 캐스팅 규격 (KS D 6006)

| | | 기 호 | Cu | Si | Mg | Zn | Fe | Mn | Ni | Sn | Al | 인장강도 | 연신율 |
|---|---|---|---|---|---|---|---|---|---|---|---|---|---|
| 알루미늄다이캐스팅합금 | 1종 | Al DC 1 | 0.6 이하 | 11.0~13.0 | 0.1 이하 | 0.5 이하 | 1.3 이하 | 0.3 이하 | 0.5 이하 | 0.1 이하 | 나머지 (잔부) | 20 이상 | 2.0% 이상 |
| | 2종 | Al DC 2 | 0.6 이하 | 9.0~10.6 | 0.4~0.6 | 0.5 이하 | 1.3 이하 | 0.3 이하 | 0.5 이하 | 0.1 이하 | 나머지 | 26 이상 | 3.0% 이상 |
| | 3종 | Al DC 3 | 0.2 이하 | 0.3 이하 | 0.4~1.1 | 0.1 이하 | 1.8 이하 | 0.3 이하 | 0.1 이하 | 0.1 이하 | 나머지 | 24 이상 | 4% 이상 |
| | 4종 | Al DC 4 | 0.12 이하 | 1.0 이하 | 2.5~4.0 | 0.4 이하 | 0.8 이하 | 0.4~0.5 | 0.1 이하 | 0.1 이하 | 나머지 | 24 이상 | 5% 이상 |
| | 5종 | Al DC 5 | 0.6 이하 | 4.5~6.0 | 0.3 이하 | 0.5 이하 | 2.0 이하 | 0.3 이상 | 0.5 이하 | 0.1 이하 | 나머지 | 18 이상 | 3% 이상 |
| | 6종 | Al DC 6 | 2.0~0.45 | 4.5~7.5 | 0.3 이하 | 0.1 이하 | 1.3 이하 | 0.3 이상 | 0.5 이하 | 0.3 이하 | 나머지 | 20 이상 | 2% 이상 |
| | 7종 | Al DC 7 | 0.2~0.45 | 7.5~9.0 | 0.3 이하 | 0.1 이하 | 1.3 이하 | 0.5 이하 | 0.5 이하 | 0.3 이하 | 나머지 | 24 이상 | 2% 이상 |
| | 8종 | Al DC 8 | 0.2~0.45 | 10.5~12.0 | 0.3 이하 | 0.1 이하 | 1.3 이하 | 0.5 이하 | 0.5 이하 | 0.35 이하 | 나머지 | 26 이상 | 1% 이상 |

[주] 기계적 성질은 KS 규격이 아니고, JIS 5202를 참고로 제시한 값임.

이 합금에 Si를 첨가한 것은 융점이 낮은 공정을 생성하여 용탕의 유동성을 좋게 하고, Si %가 공정성분에 가까워지면 응고온도 범위가 좁아 용탕보급성이 좋아지며, 열간메짐성이 적어서 균열의 발생을 억제할 수 있기 때문이다. Cu는 고용하므로 소지를 강화하고 주형의 점착성을 감소한다. Fe은 점착성을 더욱 감소하고, 금형의 침식을 저하시킨다.

그러나 너무 많으면 Fe이 많은 금속간화합물을 생성시켜 경점(hard spot)이 나타나 절삭성, 내식성을 해치므로 주의하여야 한다. Mn은 Fe을 품는 합금의 경점의 형성을 조장하므로 넣지 않는 편이 좋다. Mg을 함유한 합금은 내식성, 기계적 성질이 좋으므로 다이 캐스팅에도 이용된다. 그러나, 유동성을 해치는 것이 좋지 못하다.

도전율이 높은 것을 요구할 때에는 고순도 Al을 사용하고 Mn, Ti, Cr 등을 적게 하여야 한다.

## 2.1 가공용 Al 합금

가공용 Al 합금을 크게 나누면 내식성 합금계와 고강도 합금계로 나눌 수 있다. 합금의 명칭은 미국의 Alcoa사의 합금명이 널리 사용되고 있는데, 이것은 가공용 합금에 모두 S를 붙이고, 그 앞의 두 자리 숫자로 합금의 계통을 나타낸다. 1954년 미국 알루미늄 협회에서 가공재에 대하여 그 합금번호(AA number)를 통일하여 사용하게 되었다.

이 합금번호는 네 자리 숫자로 되어 있으며, 왼쪽에서 첫 자리 숫자는 다음과 같은 합금계를 나타낸다.

1,000번대(Al 99.00% 이상)
2,000번대 Al-Cu계 합금
3,000번대 Al-Mn계 합금
4,000번대 Al-Si계 합금
5,000번대 Al-Mg계 합금
6,000번대 Al-Mg-Si계 합금
7,000번대 Al-Zn계 합금
8,000번대 기타
9,000번대 예비

둘째 자리 숫자는 그 합금이 개량된 때에 붙이는 번호이고, Alcoa 표시법에서는 A, B, C에 해당한다. 그 다음의 두 자리 숫자, 즉 10대의 숫자는 합금번호를 표시하며, 예를 들면 A 17S 합금은 2017, A 24S 합금은 2024와 같이 나타낸다. 단, 순 Al의 경우에 한해서 10대의 숫자는 순도의 소숫점 이하의 숫자를 그대로 표시하며, 예를 들면 99.50%인 때는 1050이다.

## 1. 내식성 합금

### 1) Al-Mn 합금

실용합금으로는 2% Mn 이하의 것이 사용되며, Al-1.2% Mn의 3003(Alcoa 3S)은 가공성, 용접성이 좋으므로 각종 저장용 통, 기름통(유조) 등에 이용된다. Al에 Mn을 넣으면 재결정 온도가 상승하므로 완전히 풀림하려면 410℃로 2시간 정도 가열하여야 한다.

### 2) Al-Mn-Mg 합금

실용합금으로 3004(Alcoa 4S) 합금이 있으며, 그 조성은 Al, 1.2% Mn, 1% Mg이다. 3S 합금보다 강하고 냉간가공상태의 내력은 고강도 합금과 비슷하다.

### 3) Al-Mg 합금(hydronalium 또는 maganlium)

주조용으로도 사용되며, 가공용으로도 이용된다. 2~3% Mg 합금은 주괴에서 용이하게 가공할 수 있으나, 3% 이상이 되면 결정편석이 증가하여 적당한 온도에서 예비 가공을 하여야만 메짐성을 방지할 수 있다.

실용합금은 6% Mg 정도가 보통이고, 특수 목적에는 10% Mg도 쓰인다. 내해수성이 좋고, 피로강도의 온도에 따른 변화가 적고 용접도 가능하다.

### 4) Al-Mg-Si계 합금(aldrey)

Alcoa 51S, 53S 등이 이에 해당되며, 강도와 인성이 있고, 많은 양의 가공 변형에도 견디며 내식성이 우수하다. Mg과 Si가 금속간화합물 $Mg_2Si$를 만들고, 석출과정에 의한 시효경화성이 있다. 또, 열처리에 의하여 기계적 성질이 개선된다. 담금질은 560℃까지는 온도가 높을수록 효과적이나 120~200℃를 넘으면 국부적인 용해가 일어나 산화하기 때문에 여려진다. 담금질 후 120~200℃로 수십 시간 저온 가열하여 인공시효경화를 완성시킨다.

## 2. 고강도 Al 합금(강력 합금)

### 1) Al-Cu-Mg계 합금

(가) 듀랄루민(duralumin)

2017 합금(Al, 4% Cu, 0.5% Mg, 0.5% Mn)에 해당하며, 500~510℃에서 용체화처리 후 수냉하여 상온시효경화시키면 그림 2.8과 같이 기계적 성질이 개선되며, 강도가 크고 성형성도 좋다. 가공은 용체화처리 후 시효경화 전에 하는 것이 보통이다. 이와 같이 용체화처리 후의 냉간가공은 처음의 시효경화 속도를 크게 하나 가공 후의 경화량은 가공도가 클수록 적어진다. 시효 후 다시 냉간가공하면 시효경화는 더욱 진행된다. 2014(Al, 4.4% Cu, 0.8% Si,

0.8% Mn, 0.4% Mg)는 강도, 성형성, 경도가 높고 $T_4$처리재는 2024 합금보다 강도가 적으나 $T_6$ 처리하면 2024 합금과 같은 강도를 가진다. $T_6$처리는 170℃에서 10시간 정도가 좋다.

(나) 초듀랄루민(super duralumin, SD)

2024 합금(Al, 4.5% Cu, 1.5% Mg, 0.6% Mn)으로 $T_4$처리를하면 약 48kg/mm$^2$의 강도를 가지며, 항공 재료로 사용된다. $T_6$처리하면 $T_4$처리한 것에 비하여 강도는 같으나 내력이 상승하고 연신율이 감소한다. 인장강도 50kg/mm$^2$ 이상의 듀랄루민을 말한다.

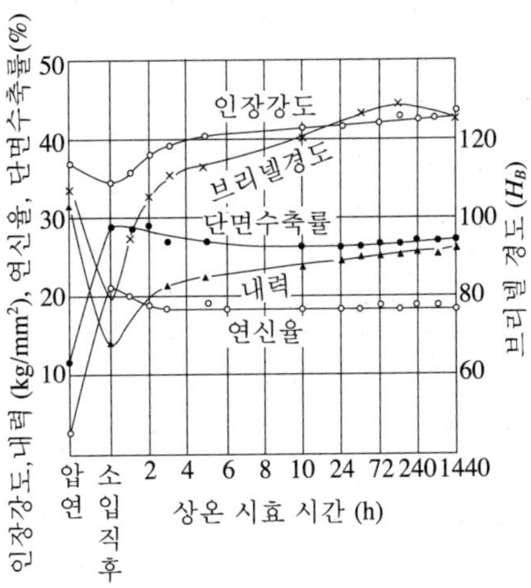


**그림 2.8** 듀랄루민판의 상온시효

### 2) Al-Zn-Mg계 합금

이 계에 속하는 것으로서 초초 듀랄루민(extra super duralumin, ESD)이라 하며, 항공기용 재료에 쓰인다. **ESD 합금**은 1.5~2.5% Cu, 7~9% Zn, 1.2~1.8% Mg, 0.3~1.5% Mn, 0.1~0.4% Cr을 함유한다. Alcoa 75S 등이 이에 속하며 인장강도 54kg/mm$^2$ 이상의 듀랄루민을 말한다.

이 밖에 **HD 합금**(5.5% Zn, 1.2~2% Mg, 0.7~0.8% Mn, 0.25~0.3% Cr)이 있으며, 이것은 고온변형저항이 낮은 특징이 있고, 420℃에서 용체화하여 20일 상온시효시키면 인장강도 50kg/mm$^2$, 내력 28kg/mm$^2$, 연신율 15%의 특성을 가진다.

**표 2.17** 가공용 Al 합금봉의 화학성분과 열처리

| 종류 | | 화학성분 (%) | | | | | | | | 열처리온도(℃)(참고치) | | |
|---|---|---|---|---|---|---|---|---|---|---|---|---|
| | | Cu | Si | Fe | Mn | Mg | Zn | Cr | Al | 소둔 | 용체화처리 | 시효경화처리 |
| 내식 Al 합금봉 | 3003 | 0.05~0.2 | <0.6 | <0.7 | 1~1.5 | – | <0.1 | – | 나머지 | ~410공냉 | – | – |
| | 3203 | <0.05 | <0.6 | <0.7 | 1~1.5 | – | <0.1 | – | 나머지 | ~410공냉 | – | – |
| | 5052 | <0.1 | Si+Fe | <0.45 | <0.1 | 2.2~2.8 | <0.1 | 0.15~0.35 | 나머지 | 340~410공냉 | – | – |
| | 5056 | <0.1 | <0.3 | <0.4 | 0.05~0.2 | 4.5~5.6 | <0.1 | 0.05~0.2 | 나머지 | 340~410공냉 | – | – |
| | 5083 | <0.1 | <0.4 | <0.4 | 0.3~1 | 4~4.9 | <0.25 | 0.05~0.25 | 나머지 | 340~410공냉 | – | – |
| | 6061 | 0.15~0.4 | 0.4~0.8 | <0.7 | <0.15 | 0.8~1.2 | <0.25 | 0.04~0.35 | 나머지 | 340~410공냉 | 515~550수냉 | 170~180℃, 7.5~8.5h |
| | 6063 | <0.1 | 0.2~0.6 | <0.35 | <0.1 | 0.45~0.9 | <0.1 | <0.1 | 나머지 | – | 515~525수냉 | ~175℃ ~8h |
| 고력 Al 합금봉 | 2011 | 5~6 | <0.4 | <0.7 | – | – | <0.3 | – | 나머지 | – | 520~530수냉 | ~160℃, ~14h |
| | 2014 | 3.9~5 | 0.5~1.2 | <0.7 | 0.4~1.2 | 0.2~0.8 | <0.25 | <0.1 | 나머지 | 340~410공냉 | 495~505수냉 | 170~180℃, 8~12h |
| | 2017 | 3.5~4.5 | <0.8 | <0.7 | 0.4~1 | 0.2~0.8 | <0.25 | <0.1 | 나머지 | 340~410공냉 | 495~510수냉 | – |
| | 2024 | 3.8~4.9 | <0.5 | <0.5 | 0.3~0.9 | 1.2~1.8 | <0.25 | <0.1 | 나머지 | 340~410공냉 | 480~500수냉 | 190~195℃, ~16h |
| | 7075 | 1.2~2 | <0.4 | <0.5 | <0.3 | 2.1~2.9 | 5.1~6.1 | 0.18~0.35 | 나머지 | 340~410공냉 | 460~470수냉 | 115~125℃, 22h 이상 |
| | 7N01 | <0.25 | <0.3 | <0.4 | 0.2~0.9 | 1~2.2 | 3.8~5 | <0.3 | 나머지 | ~410로냉 | ~450공냉 | ~120℃, ~24h |

비고 : 2011 합금은 Bi 및 Pb를 각각 0.2~0.6% 함유

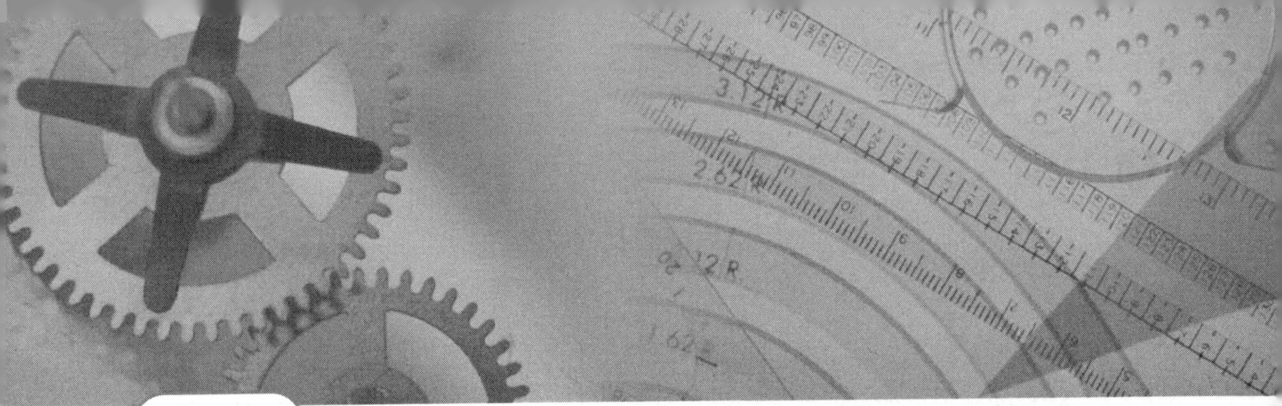

# 제3장 니켈과 그 합금

## 3.1 니켈의 개요

Ni은 면심입방격자의 원자 배열로서, 353℃에서 자기변태를 가지며, 니켈 지금으로는 전기 전해법으로 만들어지는 전해 니켈이 대부분이나, 몬드법(Mond process)이라는 제련법에 의해 제조되는, 전해 니켈보다 순도가 높은, 구상의 몬드(mond)니켈도 사용된다. 니켈 지금에 대한 KS규격의 종류와 화학 성분을 나타내면 표 3.1과 같다.

**표 3.1** 니켈 지금의 규격 (KS D 307-1966)

| 종류 | 화학성분 (%) | | | | | | | | |
|---|---|---|---|---|---|---|---|---|---|
| | Ni+Co | Co | Fe | Cu | Pb | Mn | C | S | Si |
| 특 종 | 99.95 이상 | 0.30 이하 | 0.02 이하 | 0.005 이하 | 0.001 이하 | 0.002 이하 | 0.02 이하 | 0.001 이하 | 0.005 이하 |
| 1 종 | 99.95 이상 | – | 0.02 이하 | 0.005 이하 | 0.0015 이하 | 0.002 이하 | 0.02 이하 | 0.001 이하 | 0.005 이하 |
| 2 종 | 99.85 이상 | – | 0.04 이하 | 0.03 이하 | 0.005 이하 | – | 0.02 이하 | 0.005 이하 | |
| 3 종 | 98.00 이상 | – | 1.00 이하 | 0.30 이하 | – | – | 0.25 이하 | 0.05 이하 | |

니켈은 구조용 특수강, 스테인리스강, 내열강 등의 합금 원소로서 가장 많이 사용되나 순니켈재, Ni-Cu 합금, 양백, 전기 저항용 합금, Ni도금으로도 많이 사용된다.

### 1. Ni의 성질

#### 1) 기계적 성질

Ni은 흰색의 인성이 있는 금속이며 니켈은 열간 및 냉간 가공이 용이하다. 연한 니켈판은 인장강도 42~56kg/mm$^2$, 경도( $H_{RB}$) 50~75, 연신율 45~35%이며, 경판은 인장강도 70~75kg/mm$^2$, 경도( $H_{RB}$) > 95, 연신율 2~23%이다. 니켈의 물리적 및 기계적 성질은 표 3.2와 같다.

**표 3.2** 니켈의 물리적 및 기계적 성질

| | | | |
|---|---|---|---|
| 비 중 | 8.9 | 온도비점(0~100℃) | 0.0069/℃ |
| 융 점 | 1,455℃ | 자기변태점 | 353℃ |
| 비 점 | 약 2,730℃ | 자기감응률 | 600가우스 |
| 비 열(100℃) | 0.1123cal/g | 인장강도(풀림) | 32.3kg/mm$^2$ |
| 열전도도(25℃) | 0.22(CGS) | 내력(풀림) | 5.9kg/mm$^2$ |
| 열팽창계수(0~100℃) | 13.3×10$^{-6}$/℃ | 연신율(풀림) | 30% |
| 전기비저항(20℃) | 6.8 μΩ/cm | 탄성률(25℃) | 22,500kg/mm$^2$ |

#### 2) 화학적 성질

니켈은 대기 중에서는 부식되지 않으나 아황산가스를 품은 공기에는 심하게 부식된다. 증류수, 바닷물, 알칼리성 염류 수용액에도 내식성은 좋아 0.127mm/year 정도이다. 공기 중에서도 500℃ 이상에서는 서서히 산화하나 750℃ 이상에서는 산화 속도가 커진다.

## 3.2 Ni-Cu 합금

### 1. 조직 및 성질

Ni-Cu계 합금은 전율고용체를 형성하므로 성질은 화학조성에 따라 서서히 변하며, 따라서 새로운 상의 출현에 의한 급격한 성질의 변화는 없다. 이 합금의 전기저항은 그림 3.1에서 보는 바와 같이 약 50% Ni에서 최대가 되며, 저항의 온도계수도 50% Ni에서 최저값이 된다. 기계적 성질은 Cu에 Ni이 첨가됨에 따라 강도, 경도가 증가하여 60~70% Ni에서 최대가 된다. 냉간가공 후 저온도로 풀림하면 강도와 탄성한도가 증가한다.

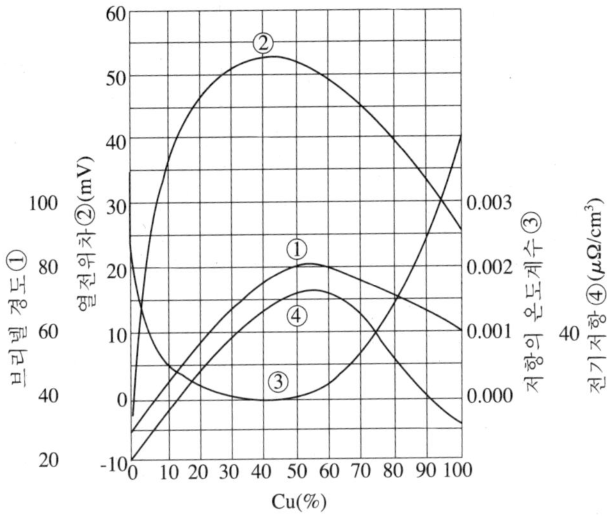


**그림 3.1** 니켈동계 합금의 기계적 및 전기적 성질

## 2. 실용 합금

### 1) 10～30% 합금(백동, cuprous nickel)

가공성이 좋아 두께 25mm에서 1mm까지 중간풀림하지 않고 압연할 수 있다. 또한 깊은 가공에 적합하고, 열간가공성도 좋으며, 내식성이 좋아 화폐, 열교환기 등에 인용된다.

### 2) 40～50% Ni 합금(constantan, Ferry, Copel, Eureka, Advance)

전기저항이 크고 온도계수가 낮으므로 통신기, 전열선 등의 전기저항 재료로 쓰인다. 또 Cu, Fe, Pt 등에 대한 열기전력 값이 높으므로 열전대선으로도 쓰인다. 내산, 내열성, 가공성도 좋다.

### 3) 60～70% Ni 합금(Monel metal)

캐나다의 산성 매트(matte)를 배소(roasting)하여 목탄으로 환원한 자연합금이며 고온에서도 강하고 내식성, 내마모성이 우수하므로 판, 봉, 선, 관, 주물 등으로써 증기 밸브, 갱내 기계, 화학공업 용기 등에 쓰인다. 또 다른 원소를 가한 것에 각종 모넬 메탈(Monel metal)이 있다.

(가) R Monel : 소량의 S(0.035%)을 넣어 강도는 희생시키고 쾌삭성을 개선한 것

(나) K Monel : 2.75% Al을 넣은 것이며, 용체화 열처리한 것을 뜨임하면 석출경화성이 나타나 경도를 증가시킨다.

(다) KR Monel : K Monel에 C를 높게 하여(0.28C) 쾌삭성으로 한 것

(라) H Monel : (3% Si), S Monel(4% Si) : Si를 넣어 강도를 증가시키고, 열처리에 의

한 석출경화성이 생긴다.

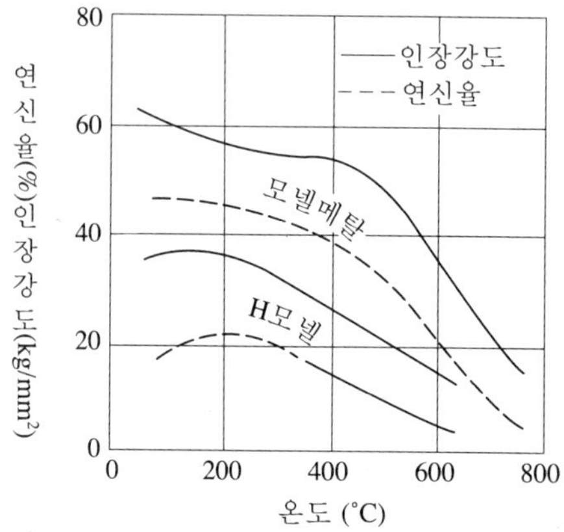


**그림 3.2** 모넬메탈의 온도상승에 따르는 기계적 성질의 변화

## 3.3 Ni-Fe 합금

Ni-Fe 합금은 Ni강 또는 Ni-Cr강으로서 용도가 많으나, 그 조성에 따라서 여러 가지 특성이 있으며, 주로 전자기 재료에 이용된다.

### 실용 합금

1) 인바아(invar)

36% Ni, 0.2% C, 0.4% Mn을 함유한 Fe-Ni계 합금으로서 열팽창계수가 $1.2\times10^{-6}$로 보통 강의 $\frac{1}{12}$이며, 내식성도 좋으므로 줄자, 표준자, 시계의 추, 바이메탈(bimetal) 등에 사용된다.

2) 슈퍼 인바아(super invar)

30~32% Ni, 4~6% Co, 나머지 Fe의 합금으로 20℃의 팽창계수가 0에 가깝다.

3) 엘린바아(elinvar)

인바아 중의 Fe의 일부를 Cr으로 치환한 것으로 팽창계수가 작은 동시에 탄성계수의 온도에 따른 변화가 적어 시계의 스프링으로 사용하면 효과적이다. 많이 사용되는 성분은 33~

35% Ni, 60~53% Fe, 4~5% Cr, 0.5~2% Mn, 0.5~2% Si, 0.5~2% C이다.

#### 4) 플래티나이트(platinite)

42~48% Ni을 함유하는 것으로 열팽창계수가 $9\times10^{-6}$으로 유리나 백금선과 비슷하므로 전구의 봉입선으로 사용된다.

#### 5) 니켈로이(nickalloy)

50% Fe, 50% Ni 합금을 말하며, 해저 전선에 감아 자기유도계수를 증가시켜 이 합금을 사용하지 않는 것보다 4배의 속도로 송신할 수 있다고 한다.

#### 6) 퍼어말로이(permalloy)

70~90% Ni, 10~30% Fe을 함유한 합금으로 투자율이 높고 약한 자장내에서의 투자율도 높다.

#### 7) 퍼어민바아(perminvar)

20~75% Ni, 5~40% Co, 나머지 Fe인 것으로 가장강도의 어느 범위 내에서 일정한 투자율을 가지며, 고주파용 철심에 사용된다.

## 3.4 Ni-Cr계 합금

이 합금의 특징은 다음과 같다.

(1) 전기저항이 대단히 크다.
(2) 내열성이 크고 고온에서 경도 및 강도의 저하가 적다.
(3) 내식성이 크고 산화도가 적다.
(4) Fe 및 Cu에 대한 열전 효과가 크다.

이와 같은 특성을 이용하여 열전대, 전기 저항선에 이용된다.

### 1. 니크롬

15~20% Cr의 합금으로서 전열선으로 널리 사용된다. Fe을 첨가한 전열선은 전기저항 및 온도계수는 증가하나 고온에서의 내산성이 저하되며, Ni-Cr선은 1,100℃까지, 그리고 Fe을 첨가한 Ni-Cr-Fe선은 1,000℃ 이하에서 사용된다.

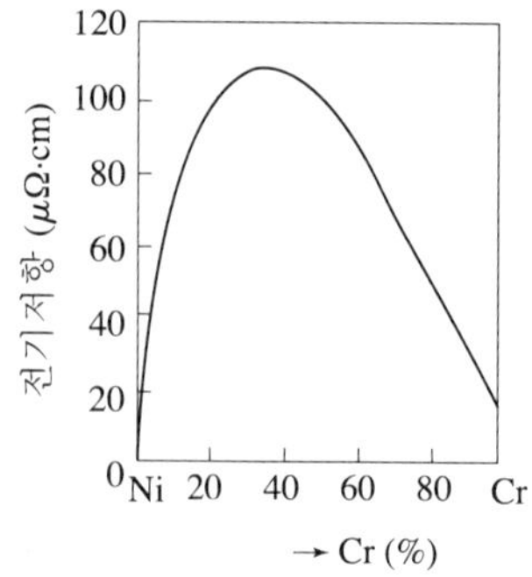


**그림 3.3** Ni-Cr 합금의 전기비저항

표 3.3은 이들의 성분과 용도를 나타낸 것이다.

**표 3.3** 니크롬의 성분과 성질

| 종 류 | 화 학 성 분 (%) | | | | | | | 저항률 | 최고사용온도 |
|---|---|---|---|---|---|---|---|---|---|
| | Ni | Cr | Cu | Fe | Al | Mn | Si | ( μΩ cm) | (℃) |
| Ni-Cr 합금 | 84 | 15 | | – | | 1 | – | 95 | 1,100 |
| | 79 | 20 | | – | | 1 | – | 100 | 1,150 |
| Ni-Cr-Fe 합금 | 60 | 12 | | 26 | | 2 | – | 109 | 1,100 |
| | 70 | 18 | | 11 | | 1 | – | 105 | 1,000 |
| Alumel | 94 | 1 | | 0.5 | 2.0 | 2.5 | 1.0 | 33 | 1,200 |
| Constantan | 40~45 | – | 50~60 | 0.5 | 2.0 | 2.5 | 1.0 | 50 | – |

## 2. 열전대선

열전대에는 Ni-Cr, Ni-Cu계 합금으로서 사용하며, 800℃ 이하에는 Fe과 콘스탄탄(constantan) 또는 Cu와 **콘스탄탄**이고, 1,000~1,200℃까지에는 **크로멜-알루멜**(chromel-alumel)을 사용한다. 그리고 1,600℃에는 Pt-Pt · Rh(13% Rh) 열전대를 사용한다.

그림 3.4는 온도에 따른 열전위차이고, 표 3.4는 성분 및 전기저항을 나타낸 것이다.

**표 3.4** 열전대재료의 성분

| 명 칭 | Ni % | Cr % | Cu % | 기 타 | 전기저항 ( μΩ $cm^3$) | 온도계수 |
|---|---|---|---|---|---|---|
| 크로멜 "A" | 80 | 20 | – | – | 104 | 0.00011 |
| 크로멜 "P" | 90 | 10 | – | – | 70 | 0.0054 |
| 알루멜 "B" | 96 | – | – | Al 3.5<br>Fe 0.5 | 33 | 0.0012 |
| 콘스탄탄 | 40~50 | – | 55~60 | – | 50 | 0.0000 |
| 코 펠 | 44 | – | 55 | – | 50 | 0.0000 |

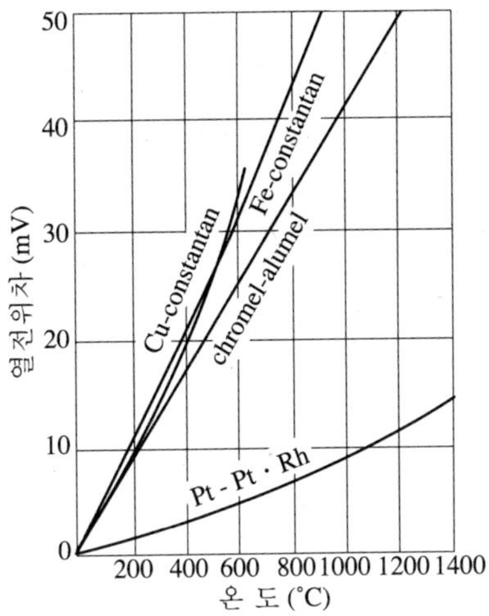


**그림 3.4** 각 열전대의 열기전력(mV)

## 3. 전기저항선

저항선은 전기의 저항이 큰 것을 목적으로 한다. 양백 및 Ni-Cr 등과 같은 저항의 온도계수가 0에 가까운 망가닌(manganin), 콘스탄탄(costantan), 어드밴스(advance) 등이 있다. 전열용, 정밀 측정기 및 표준 저항으로 사용된다.

표 3.5는 전기저항선의 종류와 성분을 나타낸 것이다.

**표 3.5** 전기저항선의 종류와 성분(%)

| 종 별 | | 화 학 성 분(%) | 비 저 항 ($\mu\Omega$cm) | 온 도 계 수 |
|---|---|---|---|---|
| 전열용 | 양 백 | Ni 5~30, Zn 0~25, 나머지 Cu | 20~40 | 0.0002~3 |
| | Fe-Ni | Ni 70, Fe 29, Mn 1 | 92 | – |
| | Ni-Cr 1호 | Ni 80, Cr 20 | 100 | 0.00015 |
| | Ni-Cr 2호 | Ni 60, Cr 20, Fe 20 | 110 | 0.00023 |
| 저항용 | 망 가 닌 | Ni 2~5, Cu 70~85, Mn 12 | 45 | ±0.00001 |
| | 콘 스 탄 탄 | Ni 40~45, Cu 55~60 | 50 | ±0.00005 |
| | 어 드 밴 스 | Ni 44, Cu 54, Mn 1, Fe 0.5 | 49 | ±0.00001 |

## 4. 내열 및 내식용 Ni계 합금

내열용에는 해스탈로이(hastelloy), 인코(inco), 인코넬(inconell), 니모닉(nimonic), 일리움(illium) 등이 있다. 고온에서 산화에 잘 견디고 또한 내식성도 우수하다.

표 3.6은 내열용 재료의 종류와 성분을 나타낸 것이다.

**표 3.6** 내열용 재료의 종류와 성분(%)

| 명 칭 | Ni | Cr | Fe | Mn | Si | Ti | Al | 기 타 |
|---|---|---|---|---|---|---|---|---|
| 인코넬 W | 나머지 | 15 | 6 | 05 | 0.5 | 2.5 | 0.7 | – |
| 인코넬 X | 나머지 | 15 | 7 | 0.7 | 0.4 | 2.5 | 0.7 | Nb 1 |
| 니모닉 80 | 나머지 | 21 | 0.7 | 05 | 0.5 | 2.5 | 0.7 | – |
| 니모닉 90 | 나머지 | 20 | 0.5 | 0.5 | 0.5 | 2.5 | 0.6 | Co 16 |
| 인 코 700 | 나머지 | 15 | 0.5 | Mo 3 | Nb 1 | 2 | 3 | Co 28 |
| 일리움 G | 46 | 22.5 | 6.5 | 1.25 | 0.05 | Mo 6.4 | – | Co 2 |
| 해스탈로이 A | 20 | <1 | 5 | <3 | <1 | Mo 28 | – | – |
| 해스탈로이 C | – | 17 | 5 | <1 | <1 | Mo 17 | – | – |

## 5. 바이메탈

열팽창계수가 다른 것을 이용하여 열팽창이 작은 Fe-Ni계의 인바아(invar)와 열팽창계수가 비교적 큰 황동의 두 종류의 금속을 합판으로 만들어 항온기(thermostat)의 온도조절용의 변환기 부분에 사용하는 것을 **바이메탈**(bimetal)이라 하며 175℃ 이상의 온도에서는 42~46%을 함유하는 Ni강이 사용된다.

## 6. 선플래티넘(sun-platinum)

Ni 91%, Cr 7%, Ag 1%, 기타 1%로서 연마면의 광택이 아름답고 연한 성질을 가지며, 납착이 용이하여 치과 재료에 많이 쓰인다.

제4장

# 마그네슘과 그 합금

## 4.1 마그네슘

Mg은 비중이 1.74로서 Al에 비하여 약 35% 가벼우며, Mg 합금은 실용되는 합금 중에서 가장 가볍다. 주물로서의 비강도는 Al 합금보다 우수하므로 항공기나 자동차 부품, 전기 기기, 선박, 광학 기계, 인쇄 제판 등에 이용되며, 구상 흑연주철의 첨가제로도 많이 쓰인다.

**표 4.1** Mg의 물리적 성질(Mg 99.8%)

| | | | |
|---|---|---|---|
| 비 중(20℃) | 1.74 | 응 고 수 축 률 | 3.97~4.2% |
| 융 점 | 650℃ | 고 유 저 항 | 4.46 μΩ-cm(20℃) |
| 비 점 | 1,107℃ | 비 열 | 0.25cal/g(25℃) |
| 열 전 도 도(18℃) | 0.376cal/cm$^2$/cm/℃/sec | 연 소 열 | 5,995cal/g |

고온에서 발화하기 쉬우므로 가루(분말)나 박으로 만들어 사진용 플래시(flash)로 사용하기도 하나 금속덩어리는 위험하지는 않다. 공작 기계로 절삭할 때에 절삭열로 인하여 깎은 칩(설)이 연소할 때가 있으며, 물을 뿌리면 화력이 더욱 커져서 위험하므로 주철의 절칩(절설)을 준비해 두었다가 이것으로 불을 끈다.

건조한 공기 중에서는 산화하지 않으나 습한 공기 중에서는 표면이 산화 Mg 또는 탄산 Mg으로 되어 이것이 내부의 부식을 방지한다. 바닷물에 대단히 약하여 수소를 방출하면서 용해한다. 내산성은 극히 나쁘나 내알칼리성은 강하다. Fe을 함유할 때 내식성이 극히 나쁘며, Mn의 첨가로 Fe의 유해작용을 어느 정도 방지할 수 있다.

**표 4.2** Mg 합금주물

(KS D 6016)

| 종류 | 기호 | 화학성분(%) | | | | | | 인장강도 (kgf/mm$^2$) | 내력 (kgf/mm$^2$) | 연신율 (%) | 참고 | | | | |
|---|---|---|---|---|---|---|---|---|---|---|---|---|---|---|---|
| | | | | | | | | | | | 용체화처리 | | 인공시효 | | 적용 |
| | | Al | Zn | Mn | RE | Zr | Mg | | | | 온도 (℃) | 시간 (h) | 온도 (℃) | 시간 (h) | |
| 1종 | MgC 1-F<br>MgC 1-$T_6$ | 5.3~6.7 | 2.5~3.5 | 0.15~0.6 | — | — | 나머지 | >18<br>>24 | >7<br>>11 | >4<br>>3 | —<br>380~390 | —<br>10~14 | —<br>230 | —<br>5 | 일반용 주물 |
| 2종 | MgC 2-F<br>MgC 2-$T_6$ | 8.1~9.3 | 0.4~1.0 | 0.13~0.5 | — | — | 나머지 | >16<br>>24 | >7<br>>11 | —<br>>3 | —<br>410~420 | —<br>16~24 | —<br>215 | —<br>4 | 일반용 주물 |
| 3종 | MgC 3-F<br>MgC 3-$T_6$ | 8.3~9.7 | 1.6~2.4 | 0.1~0.5 | — | — | 나머지 | >16<br>>24 | >7<br>>13 | —<br>— | —<br>405~410 | —<br>16~24 | —<br>220 | —<br>5 | 일반용 주물 |
| 5종 | MgC 5-F<br>MgC 5-$T_6$ | 9.3~10.7 | <0.3 | 0.1~0.5 | — | — | 나머지 | >14<br>>24 | >7<br>>11 | —<br>>2 | —<br>420~425 | —<br>16~24 | —<br>230 | —<br>5 | 일반용 주물 |
| 6종 | MgC 6-$T_6$ | — | 3.6~5.5 | — | — | 0.5~1.0 | 나머지 | >24 | >14 | >5 | — | — | 220 | 8 | 고력 주물 |
| 7종 | MgC 7-$T_5$<br>MgC 7-$T_6$ | — | 5.5~6.5 | — | — | 0.6~1.0 | 나머지 | >27<br>>27 | >18<br>>18 | >5<br>>5 | —<br>480~485 | —<br>10 | 150<br>130 | 48<br>48 | 고력 주물 |
| 8종 | MgC 8-$T_5$ | — | 2.0~3.1 | — | 2.5~4.0 | 0.5~1.0 | 나머지 | >14 | >10 | >2 | — | — | 215 | 5 | 내열용 주물 |

# 4.2 주조용 Mg 합금

이 종류의 합금은 첫째 Mg-Al계 합금이며, 여기에 소량의 Zn과 Mn을 넣은 것이 유명한 엘렉트론(Elektron) 합금이다. 그 다음은 Mg-Zn계 합금이며, 지르코늄(Zr)을 첨가해 결정입자 미세화 작용에 의하여 주조성이 좋고 복잡한 주물도 주조가 가능한 새로운 합금이다.

그외에 희토류 원소 또는 토륨(Th)의 첨가로써 크리프(creep) 특성이 좋은 내열성 Mg 합금이 있어, 제트 엔진(jet engine) 등의 구조 재료에 사용된다.

표 4.2는 우리 나라에서 사용되는 주물용 Mg 합금의 KS규격이다.

## 1. Mg-Al계 합금

그림 4.1은 Al 10% 이내의 Mg-Al계 합금의 기계적 성질을 나타낸 것이다. 인장강도는 6%에서, 연신율과 단면 수축률은 4%에서 최고가 되며, 경도는 비례적으로 증가된다. 따라서 4~6% Al 범위가 제일 우수하다.

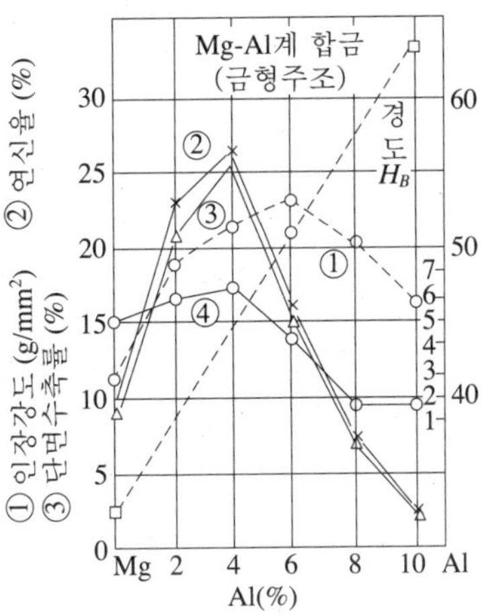


**그림 4.1** Al 10% 이내의 Mg-Al계 합금의 기계적 성질

이 합금은 비중이 Mg 합금 중에서 가장 작고 용해, 주조, 단조가 쉬우며, 비교적 균일한 제품을 얻을 수 있다. 이 합금 중 Al 7% 이상을 함유한 것은 425℃로 가열하여 급랭하면 특수한 조직이 되어 그 전후의 온도로 담금질한 것에 비하여 인장강도, 연신율이 모두 크다. 425℃에서 담금질한 것은 상온에서는 시효경화를 일으키지 않으나, 150~200℃로 수 시간 뜨임하면 인장강도, 경도가 증가하고 연신율이 감소한다. 이것은 인공경화에 의해 석출 분리되어 경화 작용을

일으키기 때문이다.

미국의 도우 메탈 회사(Dow Metal Co.)에서 만드는 **도우 메탈**(Dow metal)은 이 합금의 대표적인 것이다. 그 성분과 기계적 성질을 표 4.3과 4.4에 나타내었다.

**표 4.3** 도우 메탈의 성분과 용도

| 명 칭 | Al | Zn | Cu | Cd | Mn | 용 도 |
|---|---|---|---|---|---|---|
| 도우 메탈 F | 4.0 | 0.3 | – | – | – | 전성, 연성을 요하는 주물과 단조물, 내식성 |
| 도우 메탈 E | 6.0 | 0.25 | – | – | – | 강력 주물, 단조물 |
| 도우 메탈 D | 8.5 | 0.15 | 2.0 | 1.0 | 0.5 | 복잡한 주물 |
| 도우 메탈 T | 2.0 | 0.20 | 4.0 | 2.0 | – | 열전도가 좋은 주물, 단조물 |

**표 4.4** 도우 메탈의 기계적 성질

| 종 류 | | 비 중 | 인장강도 ($kg/mm^2$) | 탄성한계 ($kg/mm^2$) | 연신율 (%) | 브리넬 경도 ($H_B$) |
|---|---|---|---|---|---|---|
| 모래형 주 물 | F | 1.76 | 18.2 | 6.3 | 8 | 44 |
| | D | 1.84 | 15.4 | 9.8 | 2 | 58 |
| 압 출 가공물 | F | – | 27.3 | 15.4 | 16 | 53 |
| | D | – | 33.0 | – | 7 | 62 |

## 2. Mg-Al-Zn계 합금

이 계의 대표적인 것에는 **엘렉트론**(Elektron)이 있다. Mg 90% 이상, Al+Zn 10% 이하로 되어 있으며, 이 밖에도 Mn, Si, Cd, Ca 등을 소량 함유하는 것이 있다. 이중 Al+Zn이 많은 것은 주로 주물용 재료이다.

특히, 내연기관의 피스톤에 사용할 목적에는 고온 내식성을 향상하기 위하여 Al을 증가하고, 이 밖에 Cu, Sn, Si, Cd 등을 배합하여 공정 온도를 높이고 경도와 강도를 증가시킬 목적으로 Zn, Cd, Mn 등을 첨가한다.

## 3. Mg 희토류계 합금

이 합금은 250℃까지의 내열성을 가지며, Zr을 첨가해서 결정입자를 미세화한 것이다. 희토류 원소는 보통 **미시 메탈**(misch metal) ; (52% Ce, 18% Nd, 5% Pr, 1% Sn, 24% La, 기타)로서 첨가되며, 이로써 주조성이 개선되고 내압주물이 얻어진다.

### 4. Mg-Th계 합금

토륨(Th)도 희토류 원소와 같이 Mg의 크리프 강도를 향상시키는 유효 원소이다. Th만으로 건전한 주물을 얻기 곤란하므로 Zr을 첨가하고 있다.

### 5. Mg-Zr계 합금

Mg 합금에 Zr을 첨가하면 현저하게 결정입자를 미세화하고 결정입자 사이에 수축이 없는 건전한 주물을 얻을 수있으며, 또 가공성도 개선된다.

**표 4.5** Mg 주물의 기계적 성질에 미치는 Zr의 효과

| 종 류 | 상 태 | 인장강도(kg/mm²) | 내 력(kg/mm²) | 연신율(%) |
|---|---|---|---|---|
| 공업용 순 Mg | 주물 | 9.5 | 1.8 | 6.0 |
| Mg, 0.68%Zr | 주물 | 16.5 | 3.8 | 13.1 |
| Mg, 0.66%Zr | 주물 | 17.9 | 6.0 | 18.5 |

## 4.3 가공용 Mg 합금

### 1. Mg-Mn계 합금

이 계에는 $M_1A$ 합금(Mg, 1.2% Mn, 0.09% Ca)이 있으며, 값도 싸고 보통 강도, 용접성, 고온가공이 우수하고, 내식성도 비교적 좋다. Mn은 Mg 중의 Fe 용해도를 감소시키고 내식성을 개선한다. 또 Ca은 결정입도를 조절하나, 0.3% 이상이면 용접 균열이 생기기 쉽다. 부족하면 압연이 곤란하다.

### 2. Mg-Al-Zn계 합금

가공용으로 가장 많이 사용되는 합금이며 Al함량이 많을수록 강도가 크다. AZ 31B, AZ 61A 등이 이것에 속하며, 강도가 큰 것은 AZ 80A 합금이고, $T_5$ 열처리를 하면 성능이 향상된다. 사진 제판용에 이용하는 합금으로는 **PE** 합금(Mg, 3.25% Al, 1.2% Zn)이 있다.

**표 4.6** 가공용 Mg 합금의 화학조성

| ASTS 합금 기호 | 화학조성(%) | | | | | | | | | | | | |
|---|---|---|---|---|---|---|---|---|---|---|---|---|---|
| | Al | Mn min | Zn | | Rare Earths | Th | Ca | Si max | Cu max | Ni max | Fe max | 불순물 | Mg |
| AZ 31B | 2.5~3.5 | 2.20 | 0.7~1.3 | – | – | – | 0.04 max | 0.30 | 0.05 | 0.005 | 0.005 | 0.30 | Bal |
| AZ 31C | 2.5~3.5 | 0.20 | 0.6~1.4 | – | – | – | 0.04 max | 0.30 | 0.10 | 0.03 | – | 0.30 | Bal |
| AZ 61A | 5.8~7.2 | 0.15 | 0.4~1.5 | – | – | – | – | 0.30 | 0.05 | 0.005 | 0.005 | 0.30 | Bal |
| AZ 80A | 7.8~9.2 | 0.15 | 0.2~0.8 | – | – | – | – | 0.30 | 0.05 | 0.005 | 0.005 | 0.30 | Bal |
| M 1A | – | 1.20 | – | – | – | – | 0.08~0.14 | 0.30 | 0.05 | 0.01 | – | 0.30 | Bal |
| HM 21A | – | 0.35~0.80 | – | – | – | 1.5~2.5 | – | – | – | – | – | 0.30 | Bal |
| HM 31A | – | 1.2 | – | – | – | 2.5~3.5 | – | – | – | – | – | 0.03 | Bal |
| ZE 10A | – | – | 1.0~1.5 | – | 0.12~0.22 | – | – | – | – | – | – | 0.30 | Bal |
| ZK 11 | – | – | 1.3 | 0.7 | – | – | – | – | – | – | – | – | Bal |
| ZK 31 | – | – | 3.0 | 0.7 | – | – | – | – | – | – | – | – | |
| ZK 60A | – | – | 4.8~6.2 | 0.45 min | – | – | – | – | – | – | – | 0.30 | Bal |

[주] A=알루미늄, E=희토류, H=토륨, K=지르코늄, M=망간, Z=아연, 많은 첨가별 원소를 먼저 붙인다.

**표 4.7** Mg 합금 압연판의 기계적 성질

| 합 금 | 인장강도 (kg/mm²) | | 인장응력 (kg/mm²) | | 연신율(%) | | 압축응력 (kg/mm²) | |
|---|---|---|---|---|---|---|---|---|
| | 대표값 | 최소값 | 대표값 | 최소값 | 대표값 | 최소값 | 대표값 | 최소값 |
| AZ 31 B-O | 25.9 | 22.2 | 15.4 | 12.6 | 21 | 12 | 11.2 | 8.4 |
| -H24 | 34.3 | 27.3 | 22.2 | 20.3 | 15 | 4 | 18.2 | 17.5 |
| -H26 | 34.3 | 25.9 | 21.7 | 18.2 | 9 | 6 | 16.1 | 14.7 |
| HK31 A-H24 | 25.9 | 23.8 | 20.3 | 18.2 | 8 | 4 | 17.5 | 14.0 |
| ZE10 A-H24 | 26.6 | 25.2 | 19.6 | – | 12 | 4 | 18.2 | – |
| -O | 23.1 | 21.0 | 16.1 | – | 23 | 15 | 11.2 | – |
| HM21A | 23.8 | – | 17.5 | – | 10 | – | 10.5 | – |
| ZK11-F | 25.2 | – | 18.9 | – | 12 | – | – | – |
| ZK31-F | 26.6 | – | 20.3 | – | 12 | – | – | – |

## 3. Mg-Zn-Zr계 합금

Mg에 Zn을 첨가하면 주조 조직이 조대화하므로 Zr을 넣어서 결정입자를 미세화함과 동시에 고용온도도 510℃로 올라가므로 열처리 효과도 향상된다. 또, 이 계의 합금은 압출재로 우수한 성질을 가진다.

## 4. Mg-Th계 합금

HM21A, HM31A 합금이 이에 속하고 판재, 단조재로 사용되며, 내열성이 좋고, 300~350℃의 고온 사용에 적합하다.

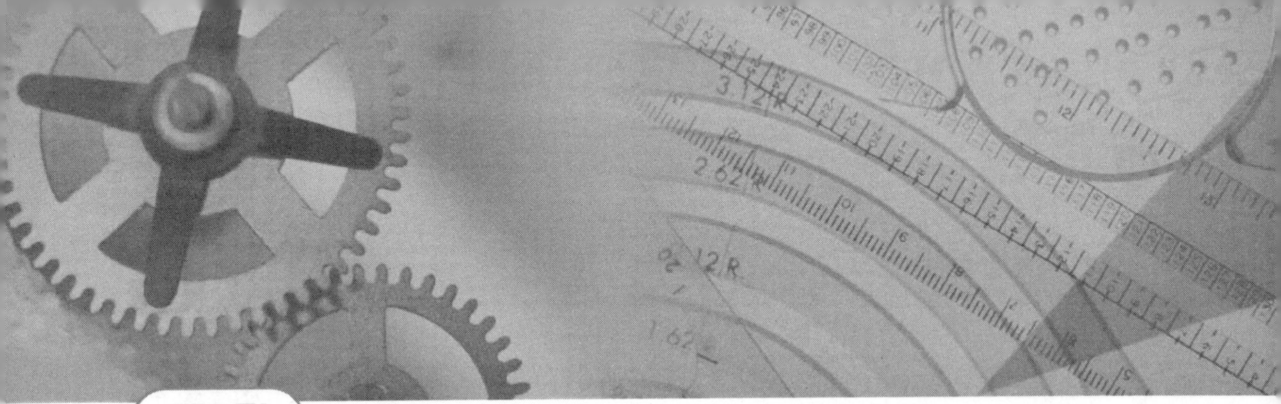

# 제5장 아연, 주석, 납, 저융점 금속과 그 합금

## 5.1 아연과 그 합금

### 1. 물리적 성질

청색을 띤 백색 금속이며, 조밀육방격자이다. 고온의 증기압이 높고, 비점이 비교적 낮은 특성이 있다.

불순물 중 가장 해로운 Fe은 0.008% 이상이 되면 경질의 $FeZn_7$ 상이 나타나 인성을 해친다.

**표 5.1** Zn의 물리적 성질

| | |
|---|---|
| 원자번호 30 | 비 열(20℃) 0.0915cal/g |
| 원자량 65.38 | 전도율 28.27% IACS |
| 밀도(25℃) 7.133g/cm$^3$ | 고유저항 5.916 $\mu\Omega$-cm |
| 융 점 420℃ | 융해잠열 24.09cal/g |
| 비 점 906℃ | |

### 2. 기계적 성질

Zn은 주조상태에서 조대 결정이 되므로 인장강도나 연신율이 낮고 여려서 상온가공할 수 없다. 그러나 열간가공하여 결정을 미세화하면 용이하게 가공할 수 있다.

순수한 Zn은 가공도 20～30%까지는 가공도의 증가에 비례하여 경도가 증가한다. 그러나 가공도가 30% 이상 되면 경도는 감소한다. 이것을 연화현상이라 한다.

불순물이 많은 Zn은 가공 후에 석출경화가 일어난다.

## 3. 화학적 성질

건조한 공기 중에서는 거의 산화되지 않으나 수분과 탄산가스가 있으면 표면에 염기성 탄산아연[$ZnCO_3 \cdot Zn(OH)_3$]의 피막을 만들어 부식이 내부에 진행하는 것을 방지하므로 철판에 Zn도금(함석)하여 이용한다. 산, 알카리, Cu, Fe, Sb 등의 불순물은 부식을 촉진하며, 물의 온도 65~75℃에서 부식이 심하다.

**표 5.2** Zn 지금의 화학성분 (KS D 2351)

| 종 류 | 기 호 | 화학적성분 Zn | Pb | Fe | Cd | Sn | 비 고 |
|---|---|---|---|---|---|---|---|
| 1 종 | Zn 1 | >99.995 | <0.003 | <0.002 | <0.002 | <0.001 | 전기아연 |
| 2 종 | Zn 2 | >99.99 | <0.007 | <0.005 | <0.004 | – | 전기아연 |
| 3 종 | Zn 3 | >99.97 | <0.02 | <0.01 | <0.005 | – | 전기아연 |
| 4 종 | Zn 4 | >99.6 | <0.3 | <0.02 | <0.1 | – | 증류아연 |
| 5 종 | Zn 5 | >98.5 | <1.3 | <0.025 | <0.4 | – | 증류아연 |
| 6 종 | Zn 6 | >98.0 | <1.8 | <0.1 | <0.5 | – | 증류아연 |

## 4. Zn 합금

### 1) 다이 캐스팅용 Zn 합금

Al은 중요한 합금원소이며 강도, 경도, 유동성을 개선한다. 저순도의 Zn 합금 다이 캐스팅은 고온에서 입간부식을 일으키므로 고순도의 Zn 지금(99.99% Zn)을 사용한다. 이에는 ZAMAK3(Zn, 4% Al, 0.04% Mg), ZAMAK5(Zn, 4% Al, 1% Cu, 0.03% Mg) 등이 실용되고 있다.

표 5.3은 Zn 합금 다이 캐스팅의 규격을 나타낸 것이다.

**표 5.3** Zn 합금 다이 캐스팅의 KS 규격 (KS D 6005)

| 아연합금 다이 캐스팅 종류 및 기호 | 화학성분 (%) Al | Cu | Mg | 불순물 Pb | Fe | Sn | Cd | Zn | 기계적 성질 인장강도 (kg/mm²) | 연신율 (%) | 경도 ($H_B$) |
|---|---|---|---|---|---|---|---|---|---|---|---|
| 1종 (Zn 1) (1) | 3.5~4.3 | 0.75~1.25 | 0.03~0.08 | 0.007 이하 | 0.10 이하 | 0.005 이하 | 0.005 이하 | 나머지 | 33 | 7 | 91 |
| 2종(Zn1) (2) | 3.5~4.3 | 0.25 이하 | 0.03~ 이하 | 0.007 이하 | 0.10 이하 | 0.005 이하 | 0.005 이하 | 나머지 | 29 | 10 | 82 |

### 2) 가공용 Zn 합금

가공용 Zn 합금에는 Zn-Cu계, Zn-Cu-Mg계, Zn-Cu-Ti계 등이 있다.

Zn-Cu-Ti 합금을 **hydro-T-metal**(0.12% Ti, 0.5% Cu, 소량의 Mn, Cr)이라 하며 선, 판, 봉으로 가공되며 용접, 납땜이 가능해 건축용, 전기 기기 부품 등에 쓰인다.

### 3) 금형용 Zn 합금

다이 캐스팅용 합금과 거의 같은 것을 사용하나 Al, Cu량을 증가하여 강도, 경도를 크게 한다. 이 합금은 약 4% Al, 3% Cu, 소량 Mg으로 된 것이며, KM 합금(영국), Kirksite(미국), ZAS(일본) 등이 유명하다.

**표 5.4** 금형용 Zn 주조품의 성질

| | 인장강도 ($kg/mm^2$) | 연신율 (%) | 충격값 (m-kg) | 브리넬 경도 ($H_B$) | 항압력 ($kg/mm^2$) |
|---|---|---|---|---|---|
| KM 합금 | 24 | 1.2 | 0.51 | 109 | 79 |
| ZAS | 27 | 3 | 0.55 | 120 | 47 |
| Gmoodie | 27 | – | – | 105 | – |

## 5.2 주석과 그 합금

Sn의 주요한 용도는 주석도금(석도철판)이며, 그밖에 구리합금(Cu+Sn), 베어링 메탈(Sn+Cu+Sb) 땜납 등으로도 이용되며, 달리 독이 없으므로 의약품, 식품 등의 포장용 튜브로서 사용된다.

물리적 성질은 은백색의 연한 금속이며, 동소변태가 있다. 변태점 이상에서 안정한 백주석($\beta$-Sn, white tin)이 회주석($\alpha$-Sn, grey tin)으로 변태되며, 이 변태가 시작되면서 급속히 진행하여 분말로 된다. 이것을 **주석 페스트**(tin pest)라 한다.

표 5.5는 Sn의 물리적 성질을 보여 주고 있다.

기계적 성질은 고온에서는 강도, 경도, 연신율이 모두 저하하며, 화학적 성질은 강산, 강알칼리에는 침식되나 중성에는 내식성을 가지며, $O_2$가 있으면 부식은 가속된다.

주석합금 중 납은 Pb-Sn 합금상태의 땜납으로 사용되는 것이 가장 잘 알려진 것이지만 그밖에 4~7% Sb, 1~3% Cu의 **백랍**(pewter 석기 또는 britania metal)은 장식용에 이용되고, 0.4% Cu를 품는 Sn은 **경석**이라 하며 의약품, 그림물감 등의 튜브로 사용된다.

표 5.5 Sn의 물리적 성질

| 비 중 (150℃) | 용융점 (℃) | 비등점 (℃) | 열팽창계수 (0~100℃) | 융해잠열 (cal/g) | 수축률 (%) |
|---|---|---|---|---|---|
| 7.2984 | 231.9 | 2,270 | $23 \times 10^{-6}$ | 14.5 | 2.7 |

땜납은 붙여지는 금속의 종류에 따라 여러 가지가 있으나, 어느 것이나 붙임을 당하는 모재보다는 낮은 온도에서 녹아야 하며 합금을 만들어서 잘 밀착되는 것이 필요하다. 땜납은 용융점 또는 경도에 따라서 일반적으로 연납과 경납으로 구별한다.

연납(soft solder)…보통 일반적으로 말하는 납땜.

경납(hard solder)…황동납, 금납, 은납, 동납 등 용융점이 높은 납.

연납의 성분과 그 용도를 표 5.6에 보여 주고 있으며 경납 중의 황동납의 성분과 그 용도를 표 5.7은 보여 주고 있다.

표 5.6 연납의 성분 및 용도 (KS D 6704)

| 성 분 | | 용 융 점 | 용 도 |
|---|---|---|---|
| Sn | Pb | | |
| 25 | 75 | 262~270 | 토취(취관)납땜, 연공용 |
| 30 | 70 | 254~262 | 건축 큰 주석판 세공 |
| 40 | 60 | 234~242 | 황동, 주석판 |
| 50 | 50 | 210~220 | 전기 및 가스계기용 주석판 |
| 60 | 40 | 185~195 | 저용융 합금납 |
| 70 | 30 | 188~196 | 정밀한 부분땜 |
| 95 | 5 | 220~227 | 위생상 고려를 요하는 부분 |

표 5.7 황동납의 성분과 용도

| Cu% | Zn% | 용융점 (℃) | 붙여질재료 | Cu% | Zn% | 용융점 (℃) | 붙여질재료 |
|---|---|---|---|---|---|---|---|
| 33 | 67 | 808 | 6.4황동 | 60 | 40 | 890 | 구리, 청동 |
| 50 | 50 | 880 | 7.3황동 | 66 | 34 | 913 | 철, 강 |

## 5.3 납과 그 합금

Pb은 융점이 낮고 가공이 쉬워 예부터 인류가 사용해 온 금속 중의 하나이다. 땜납, 수도관, 활자 합금, 베어링 합금, 건축용에 쓰이고, 실용 금속 중 가장 밀도가 유연하며, 전연성이 크고 융점이 낮으며 내식성이 우수하고 방사선의 투과도가 낮은 것이 특징이다.

**표 5.8** 납의 물리적 성질

| | | | |
|---|---|---|---|
| 비 중(22℃) | 11.34(99.9%) | 열전도도(0℃) | 0.083cal/cm · sec · ℃ |
| 융 점 | 325.6℃(99.9%) | 전기비저항(20℃) | 20.648 $\mu\Omega$ · cm |
| 비 점 | 1,725℃ | (340℃) | 97.867 $\mu\Omega$ · cm |
| 팽창계수(17~100°) | $29.3\times10^{-6}$/℃ | 온도계수(20~40)℃ | $3.36\times10^{-3}$/℃ |
| 비 열 | 0.0305cal/g | | |

순납은 상온에서 재결정되며, 크리프(creep)가 용이하다. 따라서 강도, 특히 크리프 저항을 높이려면 Ca, Sb, As 등을 첨가하면 효과적이다. 화학적으로 안정하여 내식 금속에 널리 사용된다.

또, 경수 및 천연수에서는 표면에 불활성의 탄산염 피막이 생겨 그 이상 Pb이 용해하지 않으므로 수도관에 사용한다. 또한 이것은 증류수에 용해되며, 인체에도 유독하다.

Pb-As(arsenical lead) 합금은 케이블 피복용에 쓰이고, 성분은 0.12~0.2% As, 0.8~0.12% Sn, 0.05~0.15% Bi, 나머지가 Pb이며, 강도와 크리프 저항이 우수하다. 4~8% Sb을 함유한 Pb 합금은 **경연**(hard lead)이라 하며 판, 관 등에 쓰인다.

활자 합금도 Pb을 주성분으로 하는 Pb-Sb-Sn계 합금이며, 활자 합금은 용융 온도가 낮고 주조시 응고가 끝날 때 수축이 적은 것이 요구되므로, Sb를 넣어 응고시 약 1% 팽창하여 경도를 상승시키고 용융점을 저하시키게 한다.

표 5.9 저융점 합금의 성분과 용융점

| 명 칭 | 용융점 (℃) | Bi (%) | Cd (%) | Pb (%) | Sn (%) | Hg (%) | 비 고 |
|---|---|---|---|---|---|---|---|
| 우드 메탈(Wood's metal) | 71 | 50 | 12.5 | 25 | 12.5 | – | 사원합금 |
| 리포위쯔 합금(Lipouitz alloy) | 70 | 50 | 10 | 26.7 | 13.3 | – | 사원합금 |
| 사원공정 | 70 | 49.5 | 10.1 | 27.3 | 13.1 | – | 사원합금 |
| 다아세트 합금(D'Arcerts alloy) | 93 | 50 | – | 25 | 25 | – | 삼원합금 |
| 뉴우튼 합금(Newton's alloy) | 94.5 | 50 | – | 31.2 | 18.8 | – | 삼원합금 |
| 삼원공정 | 91.5 | 51.6 | 8.1 | 40.3 | – | – | 삼원합금 |
| 삼원공정 | 95 | 52 | – | 31 | 17 | – | 삼원합금 |
| 삼원공정 | 103 | 40.7 | 31.4 | – | 27.9 | – | 삼원합금 |
| 로즈 합금(Rose's alloy) | 79 | 50 | – | 28 | 22 | – | 삼원합금 |
| 비스무드 땜납(Bismuth solder) | 113 | 40 | – | 40 | 20 | – | 삼원합금 |
| 기타 Hg 저용융 합금 | 60 | 53.5 | – | 17 | 19 | 10.5 | 사원합금 |
| Hg 저용융 합금 | 70 | 44.5 | – | 30 | 15.5 | 10 | 사원합금 |
| 사원공정 | 58 | 50 | – | 18 | 11.6 | 21.4 | 사원합금 |
| 오원공정 Bi-Pb-Sn-Cd-In | 47 | 48 | 5.0 | 23 | 8 | In 19 | 오원합금 |
| 브란트 메탈(Brant's metal) | 38 | 48 | – | 23 | 23 | 6 | 사원합금 |
| 이원공정 Bi-Pb | 124 | 55.5 | – | 44.5 | – | – | 이원합금 |
| 이원공정 Bi-Sn | 138 | 57 | – | – | 43 | – | 이원합금 |
| 이원공정 Bi-Cd | 144 | 60 | 40 | – | – | – | 이원합금 |
| 이원공정 Sn-Cd | 176 | – | 32 | – | 68 | – | 이원합금 |
| 이원공정 Pb-Sn | 183 | – | – | 38 | 62 | – | 이원합금 |
| 이원공정 Sn-Zn | 199 | – | – | – | 91 | Zn 9 | 이원합금 |
| 이원공정 Sn-Ag | 221 | – | – | – | 96.5 | Ag 3.5 | 이원합금 |

## 5.4 저융점 합금

저융점 합금(이융합금, 가용합금, fusible alloy)은 융점이 낮고 녹기 쉬운 것을 말하며, 일반적으로 Sn 융점(232℃) 보다 낮은 융점을 가진 합금을 총칭한다.

이것은 Sn, Pb, Cd, Bi 등의 각 금속간에 구성되는 이원 또는 다원계의 공정합금으로 거의 모두가 되어 있다. 용도는 전기 퓨즈, 화재 경보기, 저온 납땜 등에 사용된다.

제6장

# 티탄 및 그 합금

## 6.1 티탄(titanium ; Ti)

Ti 및 Ti 합금이 실용재료로서 사용되기 시작한 것은 1948년 이후의 일이나 이 금속은 ⓘ 가볍고 ⓘⓘ 강하며 ⓘⓘⓘ 열에 견디고 ⓘⓥ 내식성이 있는 등 우수한 성질을 갖추고 있으므로 급격히 활용이 진전되고 있어 앞으로 중요한 금속재료로서 기대가 되고 있다.

**표 6.1** Ti의 물리적 성질

| | | | |
|---|---|---|---|
| 원 자 번 호 | 22 | 선팽창계수 | $8.8\times10^{-6}$ |
| 원 자 량 | 47.90 | 열전도율 (cal/cm²/sec/℃/cm) | 0.041 |
| 비 중 | 4.507 | | |
| 융 점 | 1,730℃ | 전기비저항( $\mu\Omega$ · cm) | 55 |

표 6.1의 Ti의 물리적 성질에서도 알 수 있는 것과 같이 융점이 비교적 높다든지 또 열팽창계수가 작으며, 열전도율이 적고, 전기저항이 높은 것이 화학적으로는 중요한 관심의 대상이 되고 있으며 기계적 성질에서 고온에서의 비강도가 높고 크리프 강도가 크고 스테인리스강보다도 우수한 내식성으로 600℃까지에서의 고온 산화가 거의 없는 것 등은 괄목한 성질이다. 그림 6.1은 고온에 있어서의 Ti의 비강도를 다른 소재들과 비교하여 보여 주고 있다.

이런 여러 성질들이 항공기, 로켓재료, 가스 터빈 재료, 화학공업용 기계기구 등에서 중요시되는 까닭들이다. 그러나 아직 가격이 비싸 일반화되고 있지는 못한 실정이다. 순 Ti의 공업용 순도는 99.0~99.2%로서 가공경화성이 좋아 WC 초경질 공구에 TiC를 15% 이하 함유시켜 절삭능률을 향상시키며 TiC, $TiO_2$의 형태로 Co와 소결해서 제트기관 등의 초고온 재료로 사용된다.

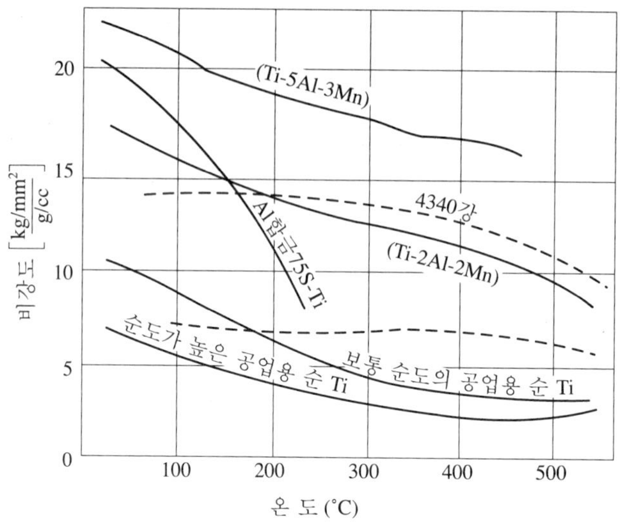


**그림 6.1** 고온에 있어서의 비강도(인장강도/밀도)의 비교

표 6.2는 공업재료 중 비강도가 가장 우수한 Ti와 다른 금속재료들과의 비교값들이다.

**표 6.2** 중요 금속의 인장강도와 비중의 비교값(비강도)

| 금속원소 | 용해점 (℃) | 팽창계수 | 탄성한도 ($kg/mm^2$) | 비 중 | 냉간가공 최대강도 | 인장강도/비중(비강도) |
|---|---|---|---|---|---|---|
| Ti | 1,730 | $8.8\times10^{-6}$ | 11,250 | 4.51 | 91 | 20.2 |
| Fe | 1,539 | $11.6\times10^{-6}$ | 20,380 | 7.87 | 70 | 8.9 |
| Ni | 1,455 | $13.2\times10^{-6}$ | 21,000 | 8.90 | 81 | 9.1 |
| Cu | 1,083 | $16.5\times10^{-6}$ | 11,250 | 8.90 | 53 | 5.9 |
| Al | 660 | $23.7\times10^{-6}$ | 7,030 | 2.70 | 4 | 5.2 |
| Mg | 650 | $25.0\times10^{-6}$ | 4,570 | 1.74 | 25 | 14.4 |

## 6.2 티탄의 합금

순금속 Ti는 500℃까지는 내력이 커서 초듀랄루민(duralumin) 및 18-8 stainless steel보다 우수하나 제트엔진의 터빈 블레이드(turbin blade)용 내열재료와 같이 700~800℃부근에서도 상당한 강도를 필요로 하는 곳에는 사용하기가 어렵다. 또 순금속 Ti은 내식성이 우수하다고 하나 함유가스에 따라 크게 영향을 받기도 하고 강도도 좀더 개선될 수도 있겠다. 이런 점들을 고려해서 개발된 것들이 Ti의 합금들이다.

그림 6.2는 Ti과 기타 중요 재료와의 고온강도를 보여 준다.

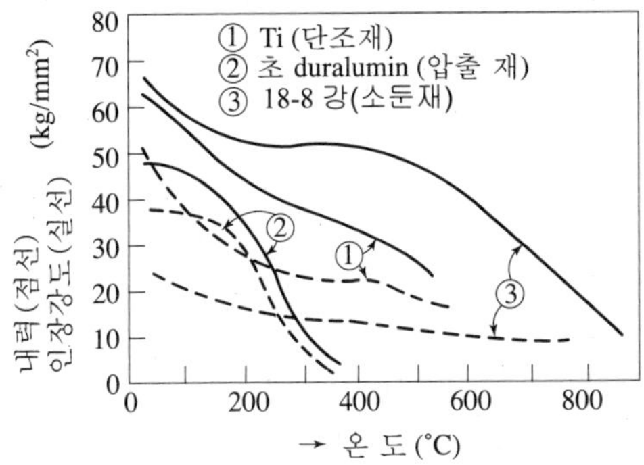


그림 6.2

## 1. Ti-Mn 합금

실용되고 있는 것은 Mn 6.5∼9.0% 불순물로서 N 0.07% 이하, C 0.15% 이하, $H_2$ 0.015% 이하, Fe 0.50% 이하, $O_2$ 0.30% 이하, 나머지 Ti로서 약 300℃까지는 사용 가능하며 판재, 구조재로서 사용된다. 미국에서 개발된 Mn 7% 첨가의 C-110M은 인장강도 106kg/mm$^2$, 항복점 100kg/mm$^2$, 연신율 14%이다.

Ti-Mn계의 Mn을 4%로 감소시키고 Al 4%를 첨가한 것은 RC 130B 또는 C-130M이라고 하며 크리프(creep) 특성이 특히 우수하다.

**표 6.3** Ti 합금의 실례

| 조 성 (%) | 상 태 | 인장강도 (kg/mm$^2$) | 내 력 (kg/mm$^2$) | 연신율 (%) |
|---|---|---|---|---|
| Ti, 5Al, 3Mn | 풀 림 | 100 | 90 | 15 |
| | 열 처 리 | 128 | 117 | 15 |
| Ti, 2Al, 2Mn | 풀 림 | 73 | 60 | 22 |
| Ti, 5Al, 2Cr, 1Fe | 열 처 리 | 117 | 790 | 15 |
| Ti, 6Al, 4V | 풀 림 | 98 | 91 | 15 |
| | 열 처 리 | 119 | 105 | 13 |
| Ti, 8Mn | 풀 림 | 91 | 81 | 18 |
| Ti, 13V, 11Cr, 3Al | 풀 림 | 95 | 91 | 16 |
| | 열 처 리 | 119 | 126 | 6 |

## 2. Ti-Al 합금

Ti-Al계의 2원합금은 잘 사용되지 않고 Sn, Fe, V 등을 첨가하여 사용한다.

Ti-Al-Sn계의 Sn 2.5%, Al 5% 합금은 비중 4.44로서 순금속 Ti보다 가볍고 항복점이 70~90% kg/mm$^2$으로 주요 용도는 600℃까지의 가스 터빈의 구조재로 사용되며 A-110AT 라고도 부른다.

Ti-Al-V계의 합금은 Al 4%, V 4%가 많이 사용되며 420℃까지의 고온 크리프(creep) 저항이 크므로 가스 터빈의 blade 및 disc 등에 사용된다.

이 밖에 Ti-V-Cr-Al계의 V 13%, Cr 11%, Al 3%는 고 creep 저항합금으로 사용되고 있으며 이 합금은 가공성, 용접성 및 담금질성이 우수하다.

표 6.3은 일반적으로 사용되는 Ti합금의 실제 예의 조성과 기계적 성질을 보여 준다.

# 제7장

# 베어링 합금

베어링으로 사용되는 것에는 Pb 또는 Sn을 주성분으로 하는 베어링 합금의 총칭인 화이트 메탈(white metal, 백색합금)과 Cu-Pb 합금, 주석 청동, Al 합금, 소결합금, 주철 등이 있다.

베어링으로서 필요한 조건은 축속도, 하중의 대소, 사용 장소 등에 따라 다음과 같은 조건을 갖추어야 한다.

(1) 하중에 대한 내구력을 가질 수 있을 정도의 경도, 내압력을 가질 것
(2) 축에 적응이 잘 될 수 있을 정도로 충분한 점성과 인성이 있을 것
(3) 주조성, 피가공성이 좋고 열전도율이 클 것
(4) 마찰계수가 적고 저항력이 클 것
(5) 소착에 대한 저항력이 클 것
(6) 내식성이 좋고 값이 쌀 것

이상의 성질을 구비한 합금으로서 주석 바탕 또는 Pb 바탕의 화이트 메탈, Cu-Pb 합금 등이 널리 사용된다.

## 7.1 주석계 화이트 메탈

이 계의 합금을 흔히 배빗 메탈(babbit metal)이라고 하며, 주로 Sn-Sb-Cu계 합금이며, 성분 범위는 Sn 75~90%, Sb 3~15%, Cu 3~10%이고 Sn의 일부를 Pb로 치환한 것도 있다. Sb 및 Cu %는 많아짐에 따라 경도, 인장강도, 항압력이 증가하며 해로운 불순물로서는 Fe, Zn, Al, Bi, As 등이 있다.

배빗 메탈의 장점은 다음과 같다.

(1) 경도가 Pb를 주성분으로 하는 것보다 크고, 큰 하중에 견디며 바닥은 인성이 있어서 축과 잘 어울리고 충격과 진동에도 잘 견딘다.
(2) 축에 늘어붙는 성질이 없고 열전도도가 크므로 고속도, 큰 하중의 기계용에 적합하다.
(3) 높은 온도에서도 성능이 크게 나쁘지 않으며 유동성과 주조성이 좋으므로 큰 베어링으로 만들기 쉽다.

## 7.2 납계 화이트 메탈

### 1. Pb-Sb-Sn계 합금

이 계의 합금은 Sb, Sn %가 높을수록 항압력은 커진다. Sb %가 너무 많아 Sb 고용체나 $\beta$화합물 상이 많아지면 경하고 여려진다.

**표 7.1** 화이트 메탈의 규격 (KS D 6003)

| 화이트 메탈 종류 | 기호 | 화학 성분 (%) | | | | | | | | | | | | | 적용 |
|---|---|---|---|---|---|---|---|---|---|---|---|---|---|---|---|
| | | Sn | Sb | Cu | Pb | Zn | As | 불순물 | | | | | | | |
| | | | | | | | | Pb | Fe | Zn | Al | Bi | As | Cu | |
| 1종 | WM 1 | 나머지 | 5.0~7.0 | 3.0~5.0 | — | — | — | 0.50 이하 | 0.08 이하 | 0.01 이하 | 0.01 이하 | 0.08 이하 | 0.10 이하 | — | 고속고하중용 |
| 2종 | WM 2 | 나머지 | 8.0~10.0 | 5.0~7.0 | — | — | — | 0.50 이하 | 0.08 이하 | 0.01 이하 | 0.01 이하 | 0.08 이하 | 0.10 이하 | — | 고속고하중용 |
| 3종 | WM 3 | 나머지 | 11.0~12.0 | 4.0~5.0 | 3.0 이하 | — | — | — | 0.10 이하 | 0.01 이하 | 0.01 이하 | 0.08 이하 | 0.10 이하 | — | 고속중하중용 |
| 4종 | WM 4 | 나머지 | 11.0~13.0 | 3.0~5.0 | 13.0~15.0 | — | — | — | 0.10 이하 | 0.01 이하 | 0.01 이하 | 0.08 이하 | 0.10 이하 | — | 고속중하중용 |
| 6종 | WM 6 | 44..0~46.0 | 11.0~13.0 | 1.0~3.0 | 나머지 | — | — | — | 0.10 이하 | 0.05 이하 | 0.01 이하 | — | 0.20 이하 | — | 고속소하중용 |
| 7종 | WM 7 | 11.0~13.0 | 13.0~15.0 | 1.0 이하 | 나머지 | — | — | — | 0.10 이하 | 0.05 이하 | 0.01 이하 | — | 0.20 이하 | — | 중속중하중용 |
| 8종 | WM 8 | 6.0~8.0 | 16.0~18.0 | 1.0 이하 | 나머지 | — | — | — | 0.10 이하 | 0.05 이하 | 0.01 이하 | — | 0.20 이하 | — | 중속중하중용 |
| 9종 | WM 9 | 5.0~7.0 | 9.0~11.0 | — | 나머지 | — | — | — | 0.10 이하 | 0.05 이하 | 0.01 이하 | — | 0.20 이하 | 0.30 이하 | 중속소하중용 |
| 10종 | WM10 | 0.8~1.2 | 14.0~15.5 | 0.1~0.5 | 나머지 | — | 0.75~1.25 | — | 0.10 이하 | 0.05 이하 | 0.01 이하 | — | — | — | 중속소하중용 |

Sn %가 낮은 합금에 As를 1% 이상 넣으면 소지가 미세화하여 강화된다. As 첨가에 의해 고온에서의 기계적 성질이 좋아지고 100~150℃정도로 오래 가열되어도 연화를 억제할 수 있다.

납계와 주석계 화이트 메탈을 비교하면 내소착성은 별차 없고 피로강도는 납계가 약간 나쁘나 값이 싸므로 많이 사용되고 있다.

### 2. Pb-Ca-Ba-Na 합금

이 종류의 합금에 Lurgi metal(Pb, 0.4% Ca, 2.8% Ba, 0.3% Na 합금), Bahn metal(Pb, 0.7% Ca, 0.6% Na, 0.05% Li 합금) 등이 있다. Ca 등과 같이 산화하기 쉬운 원소를 품으므로 내식성이 좋지 않으나, $Pb_3Ca$ 등이 공정조직 중에 미세하게 존재하므로 철도 차량용 등에 쓰인다.

## 7.3 Cu계 베어링 합금

Cu계 합금에는 켈밋(kelmet)이라고 하는 Cu-Pb 합금 외에 주석 청동, 인 청동, 함연청동 등이 있다.

Cu-Pb계 합금은 응고할 때 Pb의 진한 용융금속이 저온도까지 남아 편석하기 쉬우므로 좋은 조직을 얻으려면 냉각 조건을 적당히 하여야 한다. Pb함량이 많을수록 피로강도는 낮으나 마모 효과는 커진다. 또, Ni을 넣으면 편석이 억제된다. Cu-Pb계 베어링은 내소착성이 좋고, 화이트 메탈보다 내하중성이 크므로 고속 고하중용 베어링으로 적합하여 자동차, 항공기 등의 주베어링으로 쓰인다.

## 7.4 카드뮴계, 아연계 합금

카드뮴(Cd)은 고가이므로 별로 사용되지 않으나, Cd에 Ni, Ag, Cu 등을 넣어 경화한 합금은 고온에서의 경도와 피로강도가 화이트 메탈보다 우수하여 하중이 큰 고속 베어링에 사용된다.

Zn계는 고순도의 Zn 지금을 얻을 수 있게 됨에 따라 인청동과 비슷한 특성을 가지고 있으며, 화이트 메탈보다 경도가 높으므로 전차용 베어링 등에 사용된다. 오스트레일리아에서 개발된 것으로 Alzen 305가 있는데, 조성은 30~40% Al, 5~10% Cu, 나머지 Zn이며, 브리넬 경도( $H_B$) 100~150, 비중 4.8이다.

## 7.5 함유 베어링

다공질 재료에 윤활유를 품게 하여 항상 급유할 필요를 없게 한 것이다. 소결함유 베어링은 미국에서 오일라이트(Oilite)라는 상품명으로 시판된 것이 처음이며, Cu계 합금에는 Cu-Sn-C 합금이 가장 많이 쓰인다. 제조법은 5~100 $\mu$의 Cu 가루와 주석, 흑연 가루를 혼합하고 윤활제 혹은 휘발성 물질을 가한 후 가압성형하여 환원 기류 중에서 400℃로 예비 소결 후 800℃로 본 소결해서 만든다. 이렇게 얻어진 것은 10~40% 부피의 윤활유를 품게 된다.

표 7.2는 소결 함유 베어링의 조성 예를 나타낸 것이다.

**표 7.2** 소결 함유 베어링

| 종 류 | | 화 학 성 분 (%) | | | | | | | 함유율 용량(%) | 압축강도 (kg/mm²) |
|---|---|---|---|---|---|---|---|---|---|---|
| | | Cu | Fe | Sn | Pb | Zn | C | 기타 | | |
| Cu 계 | 1종 | 나머지 | – | 8~11 | – | – | 3 이상 | 0.5 이하 | 18 이상 | 15 이상 |
| | 2종* | 나머지 | – | 11 이하 | 3 이하 | 5 이하 | 3 이상 | 0.5 이하 | 18 이상 | 15 이상 |
| Fe 계 | 1종 | – | 나머지 | – | – | – | 3 이하 | 3 이하 | 18 이상 | 20 이상 |
| | 2종 | – | 나머지 | – | 3~15 | – | 3 이하 | 3 이하 | 18 이상 | 20 이상 |
| | 3종 | 3~25 | 나머지 | – | – | – | 3 이하 | 3 이하 | 18 이상 | 20 이상 |

[주] *Pb, Zn의 한 가지 또는 두 가지 다 포함한다.

## 제8장

# 귀금속 및 고융점 금속과 그 합금

귀금속은 Ag, Au, Pt, Pd, Ir, Os 등이다. 일반적으로 내식성이 풍부하고 생산량이 적기 때문에 화폐, 장식품, 화학 약품, 내식용, 치과용, 전기 재료 등에 쓰인다. 물리적 성질을 들면 표 8.1과 같이 대부분이 고융점 금속이며, 또 결정계는 면심입방격자이기 때문에 어느 것이나 전연성이 풍부하다. 화학적 성질 가운데 내식성은 표 8.2에 나타낸 바와 같이 원소에 따라 약간의 차이가 있다.

**표 8.1** 귀금속의 물리적 성질

| | Ag | Au | Pt | Pd | Ir | Os | Rh | Ru |
|---|---|---|---|---|---|---|---|---|
| 비 중 | 10.49 | 19.32 | 21.45 | 12.02 | 22.5 | 22.57 | 12.44 | 12.2 |
| 융 점(℃) | 960.8 | 1,063 | 1,769 | 1,552 | 2,454 | 2,700 | 1,966 | 2,500 |
| 비 점(℃) | 2,210 | 2,973 | 4,530 | 3,980 | 5,300 | 5,500 | 4,500 | 4,900 |
| 열전도도(cal/cm · sec · ℃) | 1.0 | 0.17 | 0.17 | 0.17 | 0.14 | – | 0.21 | – |
| 전기저항($\times 10^{-6}\Omega \cdot$ cm) | 1.59 | 2.19 | 2.19 | 10.8 | 5.8 | 9.5 | 4.5 | 7.6 |
| 결정 구조 | FCC | FCC | FCC | FCC | FCC | CPH | FCC | CPH |
| 격자상수 | $a=$ 4.0744 | $a=$ 4.0701 | $a=$ 3.9158 | $a=$ 3.8824 | $a=$ 3.8312 | $a=$ 2.7298 $c=$ 4.3104 | $a=$ 3.7957 | $a=$ 2.6934 $c=$ 4.2730 |

[주] FCC : 면심입방격자, CPH : 조밀육방격자

**표 8.2** 백금족 귀금속의 화학적 성질

| | 조 건 | Pt | Pd | Ir | Os | Rh | Ru |
|---|---|---|---|---|---|---|---|
| 진한 황산 | 실온 | A | A | A | A | A | A |
| 진한 질산 | 실온 | A | D | A | D | A | A |
| 왕수 | 22℃ | D | D | A | D | A | A |
| 진한 염산 | 22℃ | A | A | A | A | A | A |
| 진한 정린산 | 100℃ | A | B | A | D | A | A |
| 시안화칼륨용액(5%) | 100℃ | C | D | — | — | A | A |
| 진한 나트륨용액 | 100℃ | A | D | B | D | B | D |
| 염소 (습) | 실온 | B | C | A | A | A | A |
| 브롬 (습) | 실온 | C | D | A | D | A | A |
| 요드 (습) | 실온 | A | A | A | B | B | D |

[주] 내식성 A : 우, B : 양, C : 가, D : 불가

## 8.1 금과 그 합금

Au(gold)은 전연성이 매우 커서 $10^{-6}$cm 두께의 박으로 가공할 수 있을 정도이다. 왕수 이외에는 침식되지 않고 산화도 되지 않는다.

Au의 재결정 온도는 가공도에 따라 40~100℃이며, 순도 표시법으로서 1,000으로 하는 순금도(finess)와 순금을 24karat(carat)으로 하는 두 가지가 있다. 또 금화에는 경도를 크게 하기 위해 10% 가량 Cu를 첨가한다. 치과용 금 이빨로서는 Ag 5%, Cu 3% 나머지 Au %가 사용되며, Ni 13~37%, Cu 1.6~4.5%, Zn 1.3~1.7% 나머지 Au %로 된 **White Gold**도 사용된다. 58% Au, 3.3% Ag, 31% Cu, 3.5% Ni, 4% Zn 합금을 **핑크 골드**(pink gold)라 하며 이들은 장식용에도 사용된다.

표 8.3과 표 8.4는 순금의 물리적 · 기계적 성질을 나타낸 것이다.

**표 8.3** 순금의 물리적 성질

| | | | |
|---|---|---|---|
| 비 중(20℃) | 19.32 | 팽창계수(20℃) | $14.2\times10^{-9}$/℃ |
| 융 점 | 1,063℃ | 전기비저항(0℃) | 2.19 μΩ · cm |
| 끓는점 | 2,970℃ | (20℃) | 2.35 μΩ · cm |
| 비 열(18℃) | 0.0312cal/g | 온도계수(0~100℃) | 0.004/℃ |
| 열전도도(0℃) | 0.71cal/cm/sec · ℃ | | |

표 8.4 순금의 기계적 성질

| 상태 \ 성질 | 인장강도 (kg/mm²) | 항복점 (kg/mm²) | 연신율 (%) | 브리넬 경도 ($H_B$) | 종탄성계수 (kg/mm²) |
|---|---|---|---|---|---|
| 주 조 | 12.6 | – | 30 | 33 | 7,560 |
| 가공 { 풀림 | 13.3 | – | 45 | 25 | 8,120 |
| 가공 { 60% 가공 | 22.4 | 21 | 4 | 58 | 8,050 |

## 8.2 백금과 그 합금

백금(platinum)은 최고순도 99.99% 백금, 99.5% 백금, 99.3% 백금, 99.0% 백금의 4종으로 구별되며 이리듐을 함유하는 일이 많다.

백금은 회백색의 귀금속으로 광택이 강하며 비중이 21.45이며 연성 전성은 크며 산소와의 친화력이 적고 왕수 이외의 약품에는 잘 용해되지 않고 화학약품에 대하여 안정하다.

용도로는 소형의 전기로 저항선, 각종 장신구, 치과용 합금, **Pt-Rh** 열전대(Rh 10 또는 13%)로 고온도계(1,500~1,600℃)에 사용된다.

Pt-Ir(10~20%) 합금은 경도와 내산성이 크며 표준자(표준척 ; Ir 15% 함유) 및 표준중추(Ir 20% 함유)에 사용되고 또한 전기 접점과 화학 공업용 도화선 등에 사용된다.

표 8.5은 백금의 성질을 보여 주고 있다.

표 8.5 백금의 물리적 및 기계적 성질

| | | | |
|---|---|---|---|
| 비 중(20℃) | 21.45 | 신 율(소둔) | 24~40% |
| 융 점 | 1.773.5℃ | 종탄성계수 | 15,820kg/mm² |
| 비 점 | 약 4,530℃ | 비커즈 경도 ($H_v$) | |
| 비 열(0℃) | 0.0314cal/g | (가공) | 97~130 |
| 열전도도 | 0.165cal/cm · sec · ℃ | (소둔) | 38~52 |
| 팽창계수(20/℃) | $8.9\times10^{-5}$/℃ | 열간가공온도 | 800~1,200℃ |
| 전기비저항(0℃) | 9.83 μΩ · cm | 고온인장강도(400℃) | 9.14kg/mm² |
| (20℃) | 10.6 μΩ · cm | (800℃) | 5.62kg/mm² |
| 온도계수(0~100℃) | $3.925\times10^{-3}$/℃ | (1,000℃) | 2.81kg/mm² |
| 인장강도(가공) | 24~32kg/mm² | | |
| 풀림 | 12~18kg/mm² | | |

## 8.3 은과 그 합금

Ag은 은백색의 금속으로 전연성은 Au 다음으로 $2.5\times10^{-5}$cm 두께의 은박으로 가공할 수 있고, 열 및 전기 전도도는 금속 중 가장 크다. 염산, 황산, 질산에 침식된다. 은은 단체로서 천연적으로 산출된 것으로 오래 전부터 알려진 장식품 가정용 기구에, 그리고 화폐에 사용되었다. 은화용으로 92.5% Ag, 7.5% Cu를 **화폐은**(sterling silver)이라 하여 영국 화폐로 사용되고, 90% Ag, 10% Cu을 **주화용 은합금**(coin sliver)이라 하여 미국 화폐로 사용된다.

전기 접점용 합금으로는 Ag-Mo, Ag-W, Ag-Ni 등이 있다.

표 8.6은 은의 물리적 성질을 그리고, 표 8.7은 은의 기계적 성질을 보여 준다.

**표 8.6** 은의 물리적 성질

| | | | |
|---|---|---|---|
| 비 중(20℃) | 10.497 | 팽창계수(0~100℃) | $19.68\times10^{-6}$/℃ |
| 융점(산소를 함유한다) | 960.5℃ | 도전율 | 108.4% |
| 비 열(0℃) | 0.0559cal/g | 전기비저항(20℃) | 1.59 μΩ · cm |
| (100℃) | 0.0568cal/g | 온도계수(0~100℃) | 0.0041/℃ |
| 열전도도(0℃) | 1.00cal/cm · sec · ℃ | | |

**표 8.7** 순은의 기계적 성질

| 인장강도 (kg/mm²) | 항 복 점 (kg/mm²) | 연신율 (%) | 수축률 (%) | 비커즈 경도 ($H_V$) | 종탄성계수 (kg/mm²) |
|---|---|---|---|---|---|
| 13~16 | 5.5 | 48~54 | 91 | 25~27 | 7,210~7,910 |

## 8.4 이리듐, 오스뮴, 팔라듐

어느 것이나 은백색이며, 순금속으로는 별로 사용되지 않는다. 만년필 촉에 붙이는 것은 이리도스민(iridosmine)이라 하여 천연산의 백금족 원소의 합금이며, 40% Ir, 17~45% Os에 소량의 루테늄(Ru), 백금(Pt), 로듐(Rh) 등을 품은 것이다.

팔라듐(Pd)은 전기 접점, 화학 공업의 촉매로 사용되며, 상온에서 부피의 850배의 H를 흡수하는 특이한 성질을 가지며 Au이나 Ag의 첨가 원소로도 사용된다.

표 8.8 이리듐 및 백금족 금속의 물리적 성질

| 특 성 | 이 리 듐 | 오 스 뮴 | 로 듐 | 르 데 늄 |
|---|---|---|---|---|
| 비 커 즈 경 도 | 170(풀림)<br>370(가공) | 약 400 | 51(풀림)<br>210(가공) | 220(주조의 그대로)<br>390(가공) |
| 모 스 강 도 | 6~6.5 | 7.0 | 6.0 | 7.5 |
| 종 탄 성 계 수 | 53,200kg/mm$^2$ | 56,500kg/mm$^2$ | 29,750kg/mm$^2$ | 42,000kg/mm$^2$ |
| 전 연 성 | 취약하다 | 취약하다 | — | 취약하다 |
| 열 간 가 공 온 | 1,200~1,500℃ | — | — | 1,500~2,400℃ |

표 8.9 팔라듐의 물리적 및 기계적 성질

| | | | |
|---|---|---|---|
| 비 중(20℃) | 12.02 | 도전율(20℃) | 16m/Ωmm$^2$ |
| 융 점 | 1,554℃ | 전기비저항(20℃) | 10.8 μΩ · cm |
| 비 열(0℃) | 0.0584cal/g | 온도계수(0~100℃) | 0.00377/℃ |
| (1,000℃) | 0.0743cal/g | 인장강도(풀림) | 17.0~21.0kg/mm$^2$ |
| 열전도도(18℃) | 0.168cal/cm · sec · ℃ | (50%가공) | 33.0kg/mm$^2$ |
| 팽창계수(20℃) | 11.76×10$^{-9}$/℃ | 종탄성계수 | 11,200~12,250kg/mm$^2$ |

## 8.5 코발트와 그 합금

Co는 은백색의 금속이며, 비중 8.9, 융점 1,480℃으로 내열용 합금, 영구자석 합금, 촉매 등으로 쓰인다.

대표적인 합금으로는 스텔라이트(stellite), 비탈륨(vitallium), 리프랙트 얼로이(refract alloy) 등의 내열합금과 Co-elinvar 등의 특수 합금이 있다.

스텔라이트는 40~67% Co, 20~27% Cr, 2~30% Ni, 0~6% Mo, 0~7% W, 기타 C, Fe, Mn 등을 품는다.

## 8.6 텅스텐과 그 합금

W은 회백색의 체심입방격자이며 비중 19.3, 융점 3,410±20℃이다. 융점이 높아 용해가 곤

란하고 광석을 처리해 얻은 $WO_3$ 가루를 850℃ 정도에서 수소환원하여 분말야금으로 성형한다. 이 **분말야금법**(powder metallurgy method)은 현재 각종의 금속 합금에 널리 사용된다.

W은 상온에서는 안정하나 고온에서는 $O_2$ 또는 수증기에 접하면 산화되고, 분말탄소, $CO_2$, CO 등과 접하면 탄화물을 만든다. 비열이 극히 작으므로 [0.032cal/g℃(20℃)] 조금만 가열하면 고온이 된다. 또한 융점이 높으므로 세선으로 하여 전구, 진공관의 필라멘트(filament)로 사용하고, 재결정에 의한 입자 성장을 방지하려면 $Al_2O_3$, $Na_2O$ 또는 $SiO_2$ 0.2%를 가한다. 이것을 **도우핑**(doping)이라 한다.

## 8.7 몰리브덴과 그 합금

Mo은 은백색의 체심입방격자이며 비중 10.2, 융점 2,625℃이다. 공기 중의 상온에서는 안정하나 고온에서 산화하기 쉽다. 또한 염산, 질산에 침식되며, 알칼리 용액에 침식되지 않는다. 고온강도도 높고 강의 첨가 금속 원소, 전기 저항선, 진공관재 등에 쓰이며 Mo-V, Mo-Ti 등의 내열합금으로 이용된다.

Mo의 가는선(세선)은 인장강도 250kg/mm$^2$에 달하며 세선(0.12～0.038mm), ribbon으로 사용되는 때도 많다.

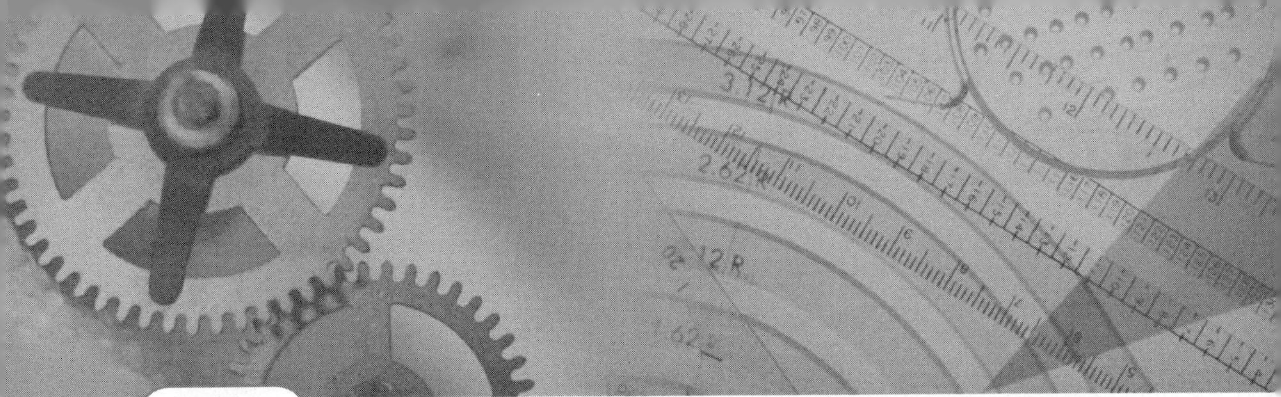

제9장

# 신금속 및 특수금속

## 9.1 신금속의 개요

신금속이라고 하는 것은 최근의 과학 기술의 발전과 더불어 신시대의 요청으로 개발되고, 공업적으로 생산된 새로운 금속과, 종래부터 사용된 금속 중에서 특별히 고순도의 금속과 특수목적 용도가 개발된 금속을 말한다.

신금속 중에는 희유금속(rare metal)에 속하는 것이 많다. 금속원소 중에는 지구에 극소량밖에 없어 희유한 것과 지각에 상당한 양이 존재하나, 그 원소가 활성이 커서 고순도의 금속으로 만들기 어렵기 때문에 희유한 것도 있다. 신금속 중에는 종래 알려져 있는 원소가 새로운 시대적인 새 용도에 쓰이기 때문에 신금속이 되는 것과, 새로운 합금으로 발견되었기 때문에 신금속으로 취급되는 것 등이 있다.

신금속을 용도에 따라 다음 5종으로 크게 분류할 수 있다.

ⅰ 항공 및 우주항행용 재료 : Ti, Be, Mo 등
ⅱ 전자용 재료 : Ge, Si, W, Mo, Se, Cs, Mn, Bi, Te 등
ⅲ 원자로용 재료 : U, Th, Pu, Zr, Be, Hf, Cd, Bi, Na 등
ⅳ 내식용 재료 : Ti, Zr, Ta, Mo, Hf 등
ⅴ 합금 원소용 재료
  ㉠ 철강합금용 : Nb, Ta, B, Ti, V, Te, Mo, Co 등
  ㉡ 비철합금용 : Be, Ti, Zr, Te, In, Se, Th, Li, Hg, Ca, Ba, B, Na 및 희토류 원소

신금속에 속하는 각종 원소들이 특수 목적에 사용되는 중요한 특성과 용도를 조사하면 표 9.1과 같다.

**표 9.1** 각종 신용도 금속의 특징

| 원소 기호 | 원 소 명 | 용융점 (℃) | 금속 또는 합금의 중요특성 | 중 요 한 용 도 |
|---|---|---|---|---|
| B | 붕 소 | 2,400 | 열중성자의 흡수가 크고 강의 경화능이 크다. | 원자로, 제어, 차폐재, 합금 원소 (Fe 및 Al용) |
| Ba | 바 륨 | 710 | 합 금 용 | 합금원소(연납합금) |
| Be | 베릴륨 | 1,284 | 열중성자의 흡수가 작고 산란이 크다. | 원자로, 반도체 및 연료 피복제 합금원소(Cu, Al, Mg 등 합금) |
| Bi | 비스무트 | 271 | 저용점 합금 전자 공업용 합금 | 액체 금속, 반도체, 자석 합금 |
| Ca | 칼 슘 | 850 | 합 금 용 | 연납합금원소 |
| Cd | 카드 뮴 | 321 | 열중성자 흡수성 크다. | 원자로 제어재 Cu, Al 합금용 및 도금용 |
| Ce | 세 륨 | 600±50 | 합 금 원 소 | 발화합금용(철합금) |
| Co | 코 발 트 | 1,495 | 고융점 원소 및 합금 | 내열합금, 세라믹, 철강 합금 |
| Ca | 칼 슘 | 29.78 | 저융점, 고비등점(1983℃) | 액체 금속, 합금 원소 |
| Ge | 게르마늄 | 958±10 | 반 도 체 | 트랜지스터, 다이오드 |
| Hf | 하 프 늄 | 2,130±15 | 열중성자의 흡수성이 크고 내식성이 우수하다. | 원자로 제어재, 내식용 합금 |
| Hg | 수 은 | -38.89 | 저 융 점 | 소다 공업 전극 용접 합금원소, 액체금속 |
| In | 인 듐 | 156.0 | 저 융 점 | 트랜지스터, 합금원소, 베어링용 |
| K | 칼 륨 | 63±1 | 저 융 점 | 액체 금속, 합금 원소(Na-K합금) |
| Li | 리 듐 | 186±5 | 합 금 용 | 합금 원소(Mg 합금), Al 용접제 |
| Mo | 몰리브덴 | 2,622±10 | 고융점, 합금용 | 전자관, 내열합금, 철강합금 |
| Na | 나 트 륨 | 97.9 | 저 융 점 | 액체 금속, Al개질용 Na-K 합금 |
| Nb (Cb) | 니 오 브 (크롬비움) | 2,415 | 고융점, 내식성 | 원자로, 연료 피복재, 내열 합금 합금 원소 |
| Pu | 플루토늄 | 639.5 | 인 공 원 소 | 핵연료(핵분열성 인공 원소) |
| R. E | 희토류원소 | − | 합 금 용 | 합금 원소(Mg 합금) |
| Se | 셀 렌 | 217 | 정 류 특 성 | 정류기, 전자 공업용, 합금 원소 |
| Si | 규 소 | 1,430±20 | 반 도 체 | 트랜지스터, 다이오드, 태양전지 |
| St | 스트론튬 | 770±10 | 합 금 용 | 합금 원소(구리 합금) |
| Ta | 탄 탈 | 2,996±50 | 고 융 점 | 전자 공업용 내열 및 내식 합금용 |
| Te | 텔 루 르 | 452 | 합 금 용 | 합금 원소(구리 합금) |
| Tl | 탈 륨 | 303 | 염의 감광성이 크다. | 감광 재료, 쥐약 |
| Ti | 티 탄 | 1,820 | 가볍고, 내열 | 항공 재료, 내식 및 합금용 |
| U | 우 라 늄 | 1,132 | 핵분열성 | 핵 연 료 |
| V | 바 나 듐 | 1,720 | 고온, 내식용 | 원자로 재료 |
| W | 텅 스 텐 | 3,410±20 | 최고 용융 원소 | 원자 공업용 및 전구용, 합금원소 |
| Y | 이 트 륨 | 1,490 | 내열, 내식용 | 원자로 재료, 합금 원소 |
| Zr | 지르코늄 | 1,845 | 열중성자의 흡수가 적다. | 원자로용 구조재, 내식재, 합금 원소(Mg, Cu 등) |

## 9.2 항공 및 우주항행용 금속재료

1. 항공 및 우주항행용 재료의 발전

종래의 프로펠러(propeller) 추진식의 항공기용 재료에는 Al과 Mg 합금이 기체구조재료 및 엔진 재료(engine materials)에 사용되었다. 제트 엔진(jet engine)시대에 돌입하면서 기체 재료에는 내열 Mg 합금 및 Ti 합금으로 발전되었고, 엔진 재료에는 내열합금으로 고융점 합금(refractory alloys) 및 수퍼 얼로이(super alloys)들이 발달되었다.

우주 항공 과학 기술이 발전됨에 따라서 미사일(missile)로부터 인공위성(artifical satellite) 시대로 발전되고, 이에 필요한 재료들이 활발히 연구되고 있다. 소련의 인공위성 No.1은 Al합금이고, 미국의 뱅가드 로켓(Vanguard rocket)의 외곽은 Mg 합금이며, 그 표면에는 $SiO_2$의 피복을 하였다. 그리고 로켓의 연료분사로서 고온을 받은 부분에는 스테인리스계의 내열 강재들이 사용되었다. 그러나 우주 로켓의 경우에 지구에 귀착하기 위하여 낙하 가속도의 증가와 더불어 대기와의 마찰열로 가열되어 버언 아웃(burn out)될 염려가 있으므로 기체의 냉각이 중요한 문제로 된다. 이것에 대한 해결책으로 산화 Be의 선단추체를 붙여서 이 재료의 우수한 열전도도와 큰 증발잠열을 이용한 기체의 냉각방안이 개발되었다. Be은 우주선의 지구 귀환용 히트 실링(heat sealing)에도 사용된다. 또한 Be과 그 산화물은 원자로 재료로도 사용된다.

**표 9.2** Be의 물리적 성질

| 밀도 | 1.85g/cc | 열챙창계수 | $1.723\times18^{-8}$cm/cm/℃ |
|---|---|---|---|
| 용융점 | 1,285℃ | 열전도도 | 0.38 |
| 비열 | 0.5cal/g/℃ | 전기전도도 | 구리의 40~45% |

## 9.3 전자공업용 금속재료

### 1. 게르마늄과 그 합금

게르마늄(Ge)은 은회색의 원소로서 Ag, Sn, Cu, Zn, Pb 등의 광석 중에 미량이 존재한다. 이것은 금속 제련의 부생산물로서 생산되며, 비중 5.32, 용해점 959℃, 비점 2,700℃이고, 60

0∼700℃까지는 별로 산화하지 않는다.

특히 고순도의 것은 조운 멜트(zone melt)로서 nine nine (999 999 999) 또는 ten nine(9 999 999 999) 이상의 당결정 Ge이 얻어진다. 내열성이 적어 70℃ 이상에서는 반도체 특성이 격감된다.

불순물로서 영향이 큰 원소에는 Cu, Ni, Fe, Mn 등이 있다. Ge의 중요한 용도는 반도체 재료로서 저주파용 및 초고주파용의 트랜지스터에 사용되고, 또한 다이오드(diode) 정류기, 광전 변압기에 사용된다. Ge의 기타 용도에는 적외선에 투명한 점을 이용하여 적외선분광기에 사용하며, 또한 굴절률이 크므로 분산도가 큰 Ge 유리에 사용된다.

그리고 절대온도 0도(zero degree) 부근까지 측정할 수 있는 저온도계에도 이용된다.

Ge 합금에서 Au-Ge 합금은 용융점이 낮고 응고시에 팽창하므로 치과용 및 정밀 주물에 쓰인다. 그리고 Ge 12%의 Ge-Au 합금은 359℃에서 녹으며 금납에 사용된다. Cu-Mn 합금에 Ge 0.4∼1%를 첨가하면 가공성이 증가된다.

## 2. 실리콘 또는 고순도 규소

전자 공업에 사용되는 실리콘(Si)은 고순도 규소이다. 그 비중은 2.33, 용융점 1,420℃, 비점 2,480℃, 전기저항 $23\times10^{4}\Omega$-cm이다. 금속 실리콘의 제조는 여러 가지가 있으나 할로겐화물(예, $SiCl_4$, $BiBr_4$, $SiHCl_3$)을 아연, 수소 등으로 환원하든가 또는 열분해하여 침상, 입상, 봉상 Si를 만드는 방법이 사용되고 있다. 이것을 사용하여 다시 부유대역정제(floating zone refining)하여 순도를 높인다.

실리콘의 단결정 제작은 실리카(silica) 도가니 중에서 진공 또는 불활성 가스를 사용하여 단결정의 종자(seed)의 선단을 용융액에 접촉시키면서 3∼5rpm으로 회전시키면 단결정을 형성시킨다.

실리콘의 중요한 용도는 트랜지스터, 다이오드, 대전력정류기, 일반 정류기, 태양전지, 마이크로 웨이브(microwave) 검파기 등이다. 특히 텔레비전, 전자 계산기, 자동 조정 관계의 부품, 우주·항공기 기기용의 발진 및 증폭용 트랜지스터 등에 쓰인다. 인공위성 및 무인 등대 등의 전파 공급용 전원 태양 전지(solar cell) 등 용도가 많다. 규소의 산화물은 내열성이 우수하여 내열재료에 사용된다. 그리고 C, B, Ti, Zr과 Si의 산화물들은 내산화성이 크므로 내열성과 높은 경도를 연구하는 곳에 사용된다. SiC는 연삭재료로서도 가치가 크다.

## 9.4 원자로용 재료

원자로는 원자로의 핵에너지를 발생시켜 동력원으로 이용하는 장치로서 핵연료로서 $U^{233}$, $U^{235}$ 또는 $Pu^{239}$ 등이 사용되고 있으며 원자핵분열의 연쇄반응을 제어하면서 유지할 수 있도록 된 장치로 열 energy 또는 방사선 중성자(또는 $\gamma$선)의 이용을 사용목적으로 하고 있다.

따라서 원자로용 재료는 요구조건이 대단히 특수하고 엄격하다. 즉 원자로용 재료에서는 ⓘ 원자핵적인 성질, ⓘⓘ 방사선에 대한 성질, ⓘⓘⓘ 부식에 대한 성질, ⓘⓥ 고온에 대한 성질 등이 고려되어야 한다.

예로서 그림 9.1에 표시한 것과 같이 그 구성요소로서는 핵연료, 감속재, 반사체, 냉각재, 제어장치, 구조재, shield재 등이 있다.

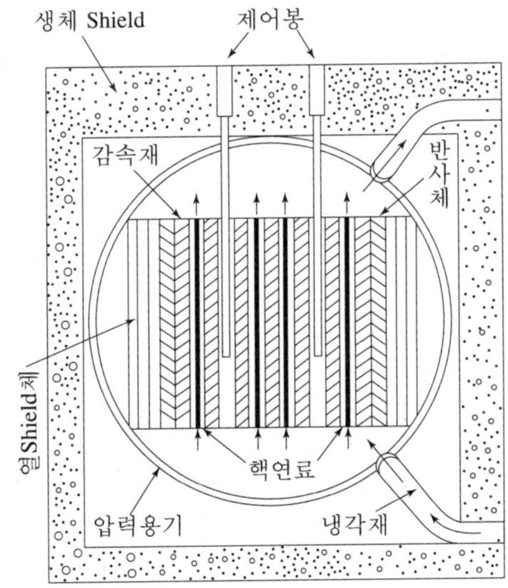


**그림 9.1** 원자로(열중성자로)의 설명도

### 1. 핵연료

핵연료란 핵분열반응을 일으키는 원자핵을 함유하는 물질로서, 이에는 $U^{233}$, $U^{235}$ 및 $Pu^{239}$가 있으며, 원자로에서 가장 중요한 재료이다.

$U^{233}$은 $Th^{232}$(천연 Th)가 1개의 중성자를 흡수하여 만들어지는 물질로서, 천연에는 존재하지 않는다. $U^{236}$은 천연 U내에 약 0.7% 함유되어 있다.

$Pu^{239}$는 $U^{238}$(천연 U중에 약 99.3%)이 1개의 중성자를 흡수하여 되는 것이다. 핵연료에 대해 $Th^{232}$, $U^{238}$과 같이 핵연료로 변환되는 물질을 친물질(fertile material)이라 한다.

**표 9.3** 우라늄의 물리적 성질

| |
|---|
| 비 중(25℃) : 19.05±0.02(고순도) |
| 변태점 : α(사방정)→β(정방정) 668℃ |
| β(정방정)→γ(체심입방정) 778℃ |
| 융 점 : 1,132° ±1℃ |
| 비 열(25℃) : 6.612±0.007cal/deg · mol |
| 열전도도(70℃) : 0.071cal/cm/sec · ℃ |
| 선팽창계수(25~100℃) : α-U a축 $17.74\times10^{-6}$/℃ |
| b축 $-0.68\times10^{-6}$/℃ |
| c축 $22.0\times10^{-6}$/℃ |

**표 9.4** 우라늄(풀림상태)의 기계적 성질

| 온 도(℃) | 내 력(kgf/mm²) | 인장강도(kg/mm²) | 연신율(%) |
|---|---|---|---|
| 실 온 | 17.6 | 63.2 | 13.5 |
| 300 | 12.6 | 22.5 | 43.0 |
| 500 | 4.2 | 7.0 | 57.0 |

### 1) 우라늄(uranium)

천연 uranium내에는 $U^{234}$, $U^{235}$ 및 $U^{238}$의 3가지 동위원소가 있으며, 이들의 존재비는 0.0057% $U^{234}$, 0.714% $U^{235}$, 99.28% $U^{238}$이다. $U^{235}$는 천연에 존재하는 유일한 핵연료이며, $U^{238}$은 $Pu^{239}$의 친물질이다.

$U^{234}$는 적은 양이며, 그다지 중요하지 않다. $U^{235}$를 인공적으로 0.714% 이상의 함량으로 농축한 것을 농축우라늄(enriched uranium)이라 하며 표 9.3은 uranium의 물리적 성질, 표 9.4는 기계적 성질을 표시한 것이다.

순수한 우라늄 U은 은백색의 금속이나, 공기 중에서는 빨리 산화하여 검은 색의 피막으로 둘러싸인다. 또한 U은 $\alpha$, $\beta$, $\gamma$의 동소체를 가지고 있으며, 보통 원자로용 연료로서 사용되는 것은 $\alpha$상태의 것이다. 그러나 U이 $\alpha$는 사방격자의 3축의 방향에서 그의 선팽창계수가 현저히 다르므로, 다결정체의 $\alpha$-U에 가열냉각을 되풀이하면 주름살이 지든가 또는 성장을 일으키는 결점이 있다. 이와 같은 열 cycle은 U연료의 방사선조사에 의해 반드시 생기게 된다. 따라서 이와 같은 성장을 일으키지 않는 핵연료, 즉 다음과 같은 여러 가지의 순금속 U 이외의 형태로서 우라늄이 사용되고 있다.

(1) 고용체형 U 합금

(2) 분산형 연료

(3) ceramic 연료

(4) 액체연료

(1)의 고용체형 U 합금으로는 Mo을 약 9%를 함유하는 U-Mo 합금이 있으며, 이 합금은 Mo의 첨가로 고온의 $\gamma$영역이 상온까지 확대된 체심입방정이므로 성장, 변형의 우려가 없다.

(2)의 분산형 연료란 등방적 성질을 가지는 비분열성금속의 기지내에 U 또는 그 화합물을 미립자로써 분산시킨 것으로 이와 같은 연료에서는 열적성질이 기지금속에 가까워지므로, 성장 또는 주름살이 생기지 않는다. 이에 속하는 연료에는 U을 10~25% 함유하는 U-Al 합금, $UO_2$ 분말과 비분열성금속, 예를 들면 Al 분말과 혼합성형한 분말성형체 등이 있다.

(3)의 ceramic 연료는 $UO_2$와 같은 ceramic의 pellet를 연료로 사용하므로 U의 변태, 이방성에 기인하는 결점이 없으며, 고온에 견디고 부식, 방사선조사 등에도 강하다.

(4)의 액체연료는, 액체 Bi에 U를 용해 또는 미립자로 하여 현탁시킨 것과 같은 것으로 성분변형 등의 우려는 없다.

또한 U는 내식성이 극히 빈약한 금속이므로, 내식성이 좋은 금속으로 피복하여 사용된다. 환봉의 피복은 보통 canning 또는 sheath라 불리며, 판의 피복은 clad라 한다. 피복재로서는 구조용 재료가 사용된다.

### 2) 토륨(thorium)

Th는 원자로내에서 중성자조사를 받아 열중성자에 의해 분열할 수 있는 $U^{233}$을 생성하는 친물질로서, 자원이 풍부하며 중요한 energy원으로 주목되고 있다. 표 9.5는 Th의 물리적 성질을 표시한 것이다. Th는 U보다 가볍고 Pb와 거의 비슷한 비중의 은백색의 금속으로, 공기중에서는 U과 같이 빨리 산화하여 암회색피막을 생성한다. 또한 Ag 또는 Cu와 같은 정도로 연하나, 융점은 상당히 높다. 게다가 입방정이므로 연료로 사용할 때 U과 같은 성장, 변형문제는 일어나지 않는다. Th의 기계가공성, 소성변형은 모두 양호하다.

**표 9.5** Th의 물리적 성질

| |
|---|
| 비 중 : 11.72 |
| 변태점 : $\alpha$(면심입방)→$\beta$(체심입방) 1,400℃±25℃ |
| 융 점 : 약 1,750℃ |
| 비열(99.3℃) : 6.59cal/mol/deg |
| 열전도도(100℃) : 0.090cal/sec·cm·℃ |
| 선팽창계수(30~100℃) : $11.5\times10^{-6}$/℃ |

### 3) 플루토늄(plutonium)

Pu는 $U^{238}$이 원자로내에서 열중성자를 흡수하여 2회의 $\beta$붕괴를 거쳐서 생기는 인공원소이다. 또한 친물질로서의 U부터 화학적으로 분리하여 순 Pu를 만들 수 있으므로 고농축핵연료로서 사용할 수가 있다. Pu는 핵연료로서 대단히 중요시되는 물질이나 Pu에는 다음의 2가지 어려움이 있다.

**표 9.6** Pu의 변태

| 변 태 | 변태점(℃) | 용적변화(%) $\Delta V=\frac{V_2-V_1}{V_1}$ |
|---|---|---|
| $\alpha\rightarrow\beta$ | 122 | 8.9 |
| $\beta\rightarrow\gamma$ | 206 | 2.4 |
| $\gamma\rightarrow\delta$ | 319 | 6.8 |
| $\delta\leftarrow\delta'$ | 452 | -0.1 |
| $\delta'\rightarrow\varepsilon$ | 480 | -0.3 |
| $\varepsilon\rightarrow$융액 | 640 | – |

[주] 결정계 : $\alpha$(단순단사), $\beta$(체심단사), $\gamma$(면심사방), $\delta$(면심입방), $\delta'$(체심정방), $\varepsilon$(체심입방)

하나는 강한 $\alpha$방사능에 의한 취급곤란, 다른 하나는 복잡한 결정구조와 비교적 저온에 있는 다수의 변태점에 의한 사용상의 어려움이 있다. 표 9.6은 Pu의 변태로, 이로부터 Pu는 융점 640℃ 이하에 6개의 동소체가 있음을 알 수 있다. 또한 변태에 따라서는 체적변화가 심하게 일어난다. 따라서 Pu는 순수상태로 사용되는 일은 적으며, Pu와 U의 산화물 또는 탄화물끼리를 배합한 ceramic연료로 사용한다.

## 2. 감속재

감속재(moderator)란 원자로내의 원자핵반응에 관여하는 중성자의 속도를 감소시켜 늦은 반응이 일어나게 하기 위한 재료이다. 따라서 우수한 감속재로서의 조건은 중성자가 1회의 충돌로 감속되는 energy $\xi$ 및 감속재의 산란단면적 $\sigma_s$가 크고 중성자가 원자로내에서 유효하게 작용하기 위한 흡수단면적 $\sigma_a$가 작아야 한다.

이 감속재의 성능은 감속능 $N\sigma_s\xi$, 감속화 $\xi\sigma_s/\sigma_a$로써 표시된다( $N$은 단위체적내의 원자핵수).

표 9.7은 감속재의 감속능과 감속비를 표시한 것이다. 중성자흡수단면적이 큰 재료는 감속재로서는 적당하지 못하므로 감속비가 큰 것일수록 감속재로서 효과적이다. 중요한 것은 중수,

흑연이며 그 외에 경수 또는 Be, BeO, $Be_2O$ 등이 사용된다. 이들 중에서도 특히 중수가 탁월한 성능을 가지고 있다.

**표 9.7** 주요감속재의 성질

| 물 질 | 밀 도 | 열중성자흡수 단면적(barn) | 감 속 능 | 감 속 비 |
|---|---|---|---|---|
| 중 수 $D_2O$ | 1.1 | 0.0026 | 0.18 | 2,100 |
| 경 수 $H_2O$ | 1 | 0.60 | 1.5 | 70 |
| 흑 연 C | 1.62 | 0.0045 | 0.06 | 170 |
| Be | 1.85 | 0.009 | 0.16 | 150 |
| BeO | 2.8 | 0.0092 | 0.11 | 180 |
| $Be_2O$ | 2.4 | – | 0.16 | 145 |
| 참 고 Al | 2.7 | 0.22 | 0.0058 | 0.45 |

### 3. 반사체

반사체(reflector)란 원자로의 로심으로부터 외부로 도망가고자 하는 중성자를 반사시켜 노내로 보냄으로써 중성자의 배출을 적게 하는 것이다. 따라서 감속재와 같은 성질이 요구되므로, 반사체로서는 감속재와 같은 물질이 사용되는 일이 많다. 이 중에서도 특별히 적합한 반사체는 Be, BeO이다. Be는 비중 1.85, 융점 1,285℃의 회색금속이다. BeO은 융점 2,530℃로 1,700℃에서도 내산화성이 있다. 이들은 모두 경하고 전연성이 부족하므로 분말을 압축성형하여 소결 후에 사용한다.

### 4. 냉각재

냉각재(coolant)란 원자로의 노심으로부터 열을 노외부로 배출하기 위한 매체이다. 냉각재로서 필요한 성질은 ⅰ 원자핵적 성질로서 중성자의 흡수가 적을 것, 중성자조사에 의한 분해, 방사성의 생성이 없을 것, 만약 방사성 동위원소가 생성되더라도 그 반감기가 짧을 것. ⅱ 열적 및 유체적 성질로서 열용량이 크고 소요 pump 동력이 작고 열전도율, 비등점이 높고 증기압융점이 낮을 것이다.

일반적으로 냉각재로서는 물(水), 액체금속 및 가스(gas)의 3종류가 있다. 액체금속은 고온에서 사용하여도 증기압이 낮고, 열교환에서의 열전도율이 높은 것이 장점이므로 가장 적합한 냉각재라 하겠다. 그러나 액체금속은 물 또는 가스에 비해 그 피복재와 순환계의 재료를침식하는 결점이 있으며, 현재 이 침식성이 비교적 작은 Na 또는 Na-K 합금이 사용되고 있다.

융점이 낮은 것으로는 Na-K 합금이 유리하다.

물은 열적 성질면에서 냉각재로서 극히 좋은 성질을 가지고 있으나 증기압이 높고 비등점이 낮고 감속비가 큰 것이 결점이다. 또한 공기나 He, $CO_2$와 같은 가스는 열적 및 유체적 성질은 액체금속 및 물보다는 떨어진다.

**표 9.8** 냉각재의 열적 성질

| 냉각재 | 열중성자 흡수단면적 (barn) | 열전도율* (kcal/kg℃) | 비 열 (kcal/kg℃) | 융 점 (℃) | 비 점 (℃) |
|---|---|---|---|---|---|
| 기체 $N_2$ | – | 0.027 | 0.25 | – | – |
| 기체 He | 0.008 | 0.143 | 1.24 | – | – |
| 기체 $CO_2$ | – | 0.019 | 0.20 | – | – |
| 기체 공기 | 1.4 | 0.027 | 0.24 | – | – |
| 액체 $H_2O$ | 0.60 | 0.586 | 1.0 | 0 | 100 |
| 액체 Na | 0.49 | 74.2 | 0.33 | 98 | 888 |
| 액체 Na-K | 0.96 | 22.0 | 0.27 | 19 | 825 |
| 액체 Li | 65 | – | – | 179 | 1,317 |

* 100℃, 1atm

## 5. 제어재

제어재(control material)란 원자로의 활동도를 제어하기 위한 재료로서, 열중성자를 잘 흡수하는 재료가 사용된다. 즉, 이 재료의 봉을 로내에 삽입 또는 인출하면서 로의 활동도를 제어하게 된다. 열중성자흡수단면적이 큰 금속으로서는 Hf(115 barn), In(196 barn), Hg(380 barn), B(750 barn), Cd(2,400 barn), Sm(6,500 barn), Gd(44,000 barn) 등이 있으나, 현재 제어재로서 실용되는 것은 순금속으로서 Cd, Hf 합금으로서는 함붕소강(2%B), 은합금(Ag-In-Cd) 등이다. Cd는 연하므로 일반적으로는 청동판 또는 stainless강에 Cd 피복하여 사용한다.

Hf는 원자로용 재료로서 개발된 금속으로 비중 13.1, 융점 2,222℃, 상온에서 조밀육방정이나 1,300℃ 부근에 변태점이 있고 체심입방정이며, 인장강도는 상온에서 40kg/mm$^2$ 이상 연신율 35% 정도이다. 따라서 가공은 그다지 어렵지 않다. 열중성자흡수단면적은 Cd보다 1자리 작으나 내식성은 Cd 보다 양호하다. 경도(Hv) 200 정도로 제어봉으로서는 순 Hf가 사용된다.

## 6. 구조재

구조재(structural material)란 원자로의 노심부, 또는 그 부근에 사용되는 구조재료를 말한다. 따라서 이와 같은 재료는 보통구조재와는 달리 중성자에 대한 성질 외에 내열, 내식성, 방사선손상에 관한 성질 등이 고려되어야 한다. 열중성자에 대해서는 그 흡수단면적이 작은 것이 좋다.

이상의 성질로 볼 때 구조재로서 주목되는 것이 Mg, Al, Zr, Nb 및 그 합금으로 기타 Ti나 18-8 stainless강 등의 내식내열합금이 사용되는 일도 있다.

**표 9.9** 중성자흡수단면적이 작은 금속

| 금 속 | 열중성자흡수단면적(barn) | 금 속 | 열중성자흡수단면적(barn) |
|---|---|---|---|
| Be | 0.009 | Al | 0.22 |
| Bi | 0.032 | Ca | 0.43 |
| Mg | 0.059 | Na | 0.49 |
| Si | 0.13 | Sn | 0.65 |
| Pb | 0.17 | Zn | 1.1 |
| Zr | 0.18 | Nb | 1.1 |

표 9.9는 열중성자 흡수단면적이 작은 금속을 보여 준다.

Mg 및 Al은 흡수단면적이 비교적 작고 또한 상당한 내식성이 있으며, 합금시에는 강도도 유지되나, 고온에서는 강도부족이 일어나는 결점이 있다.

Zr도 열중성자흡수단면적이 0.18 barn으로 비교적 작고 stainless강 또는 Ti에 비하면 내식성과 고온강도도 지니므로 원자로용 구조재료로서는 중요한 것이다.

Zr은 비중 6.49, 융점 1,852℃, 열팽창계수 $5.89\times10^{-6}$(20℃), 비전기저항 44.1 $\mu\Omega\cdot$cm (20℃), 열전도율 0.040cal/cm · sec · ℃, 862℃ 이하에서는 조밀육방정( $\alpha$상), 이상에서는 체심입방정( $\beta$상)이다.

Zr의 산류에 대한 내식성은 Ti와 비슷하며, 유체금속에 대한 저항은 Na 또는 Na-K 합금에 대해서는 600℃ 정도까지 또한 Li, Sn, Pb-Bi 합금의 융액에 대해서는 300℃ 정도까지는 양호하다.

그러나 순Zr는 고온강도가 작고 200℃ 이상에서는 연화하여 creep 저항치는 상온값의 약 반이 된다. 그러므로 Zr의 내식성을 떨어뜨리지 않고 열중성자흡수단면적이 그다지 증가하지 않는 범위에서 합금원소를 첨가하여 고온강도를 높인 Zr 합금이 사용된다. 이것이 zircaloy이다.

Nb은 비중 8.57, 융점 2,468℃로 체심입방정으로 열중성자흡수단면적이 고융점 금속 중 가장 작으며, 냉간가공에 의한 강도를 700℃ 정도까지 유지한다. 그러므로 Zr보다 고온강도가 큰 재료로서 주목되고 있다. 또한 Nb-V, Nb-Zr 합금은 고온의 기계적 성질을 더욱 개량한 Nb 합금이다.

**표 9.10** zircaloy 합금

| 종 류 | 화 학 성 분 (%) | | | | | 내 력 ($kgf/mm^2$) | | 인장강도 ($kgf/mm^2$) | |
|---|---|---|---|---|---|---|---|---|---|
| | Sn | Fe | Ni | Cr | Zr | 실온 | 500℃ | 실온 | 500℃ |
| zircaloy 1 | 2.5 | – | – | – | 나머지 | – | – | – | – |
| zircaloy 2 | 1.5 | 0.12 | 0.05 | 0.1 | 나머지 | 30.2 | 13.3 | 45.0 | 23.2 |
| zircaloy 3 | 0.25 | 0.25 | – | – | 나머지 | 26.0 | 9.8 | 42.2 | 18.3 |
| zircaloy 4 | 1.5 | 0.15 | – | 0.1 | 나머지 | – | – | – | – |

18-8 stainless강도 원자로용 구조재료로서 주요부분에 사용된다. 18-8 stainless강은 내식성이 좋고 강도도 고온에서 상당히 크며, 흡수단면적이 3내외로 비교적 작은 특징을 가지고 있다. 또한 금속재료는 원자로 중에서 중성자조사를 받으면 보통 내력, 인장강도가 증가하며, 연신율은 저하하여 취약하게 된다.

**표 9.11** 방사선조사에 의한 stainless강의 기계적 성질 변화

| stainless강의 성분(%) | | | | | 조사중성자량 (nvt) | 내 력 $kgf/mm^2$ | | 인장강도 $kgf/mm^2$ | | 연신율 (%) | | 충격치 $kgm/cm^2$ | | 경 도 HV | |
|---|---|---|---|---|---|---|---|---|---|---|---|---|---|---|---|
| C | Ni | Cr | Ti | Si | | 조사전 | 조사후 | 조사전 | 조사후 | 조사전 | 조사후 | 조사전 | 조사후 | 조사전 | 조사후 |
| 0.1 | 9 | 18 | 0.6 | – | $2.43\times10^{20}$ | 22.3 | 65.5 | 62.5 | 80.0 | 71.3 | 37.0 | 24.1 | 8.2 | 163 | 250 |
| 0.06 | 9 | 18 | – | – | $2.43\times10^{20}$ | 20.7 | 31.5 | 65.8 | 66.5 | 76.0 | 56.0 | 18.6 | 8.4 | 161 | 263 |
| – | 14 | 20 | – | 2.5 | $3.2\times10^{20}$ | 28.2 | 55.2 | 60.0 | 72.2 | 60.5 | 38.4 | – | – | 183 | 330 |

## 7. shield재

shield재란 원자로의 최외부의 벽으로, 여러 가지 방사선이 원자로부터 외부로 나오는 것을 저지하여 인체를 보호하는 역할을 하는 것이다. 원자핵의 붕괴 또는 분열에 있어서 $\alpha$입자, $\beta$입자, $\gamma$선 등 여러 가지 energy의 중성자, 핵분열파편, $(n, p)$ 반응에 의한 양자 등이 발생하나, 이 중 shield에 관해 특히 문제가 되는 것은 물질의 투과력이 큰 $\gamma$선과 중성자이다. 따라서 shield재로서는 고밀도(3.2~4.2), 고함수량의 것이 적합하다. 이 점으로 볼 때 cement 구

조물은 상당히 안정된 형의 다량의 수분을 함유하며, 골재에 적당한 것을 선정하면 상당히 고밀도로 만들 수 있고 열중성자흡수단면적이 큰 물질을 균일하게 혼합할 수 있으며 임의형상, 치수의 것으로 만들 수 있고, 영구적인 구조강도를 유지할 수 있는 점 등 많은 이점을 가지고 있으므로 이용되고 있다.

이 목적을 위한 cement로서는 portland cement, magnesium oxychloride cement, alumina cement, phosphate cement 등이고 중량골재로서는 철자철광, 사철갈철광, 적철광, 중정석 등이며, 중성자선 shield용 골재로서는 회붕석, borcalcite 등 함붕소화물을 사용한다.

## 9.5 소결합금

### 1. 분말야금과 그 특징

금속 가루 혹은 비금속 가루, 또는 산화물, 탄화물, 규화물, 붕화물, 질화물 등의 각종 화합물을 첨가 사용하여 용해하지 않고 제품을 만드는 기술로서, 가루를 원료로 하여 특수한 성질의 재료를 만들거나 또는 기계 가공 공정을 거치지 않고 제품의 형상으로 만드는 성형법이다.

고디지(Godidge)가 금속 W 제조 이후, 1923년에는 시로에티(Schroetey)가 Co 가루로서 WC 소결 공구 특허를 얻었고, 1927년 크루프(Krupp)회사에서 비디아(widia)를 제조한 후부터 더욱 널리 알려졌다. 현재 분말야금(powder metallurgy) 방법은 WC 공구 이외에 베어링 재료, 자석 재료, 내열재 등 특수 형상 가공물 등의 제조에 사용된다.

### 2. 소결 베어링 합금

이 재료는 소결체 내부에 분포되어 있는 공극 중에 윤활유를 침투시켜서 이것이 베어링의 작동 중에 자기 급유로 작용하는 형태로서 쓰이는 베어링 합금이다. 이들은 자기 윤활 베어링, 무급유 베어링(oilless bearing) 또는 함유 베어링 등으로 명명되고 있다.

미국에서 처음 제작한 오일라이트(Oilite)라는 상품명의 제품이 출현한 이후에 이 계의 베어링에는 Cu계와 Fe계가 있으나, 어느 것이나 소결 베어링은 베어링 특성을 좋게 하기 위해서 흑연을 첨가하여 조정하고 있다. 공극으로서는 용적비 40% 정도의 것이 제조 가능하나 보통 것은 15~30%이다. 여기에 함유되는 기름은 중량비로 약 2~6% 가량이다. 표 9.12는 소결 베어링 합금(metal powder sintered bearing alloy)의 성분과 성질을 나타낸 것이다.

**표 9.12** 소결 베어링 합금

| 종 류 | | 화 학 성 분 (%) | | | | | | | 함유율 | 압축강도 |
|---|---|---|---|---|---|---|---|---|---|---|
| | | Cu | Fe | Sn | Pb | Zn | C | 기타 | 용량(%) | (kg/mm²) |
| Cu계 | 1종 | 나머지 | – | 8~11 | – | – | 3 이하 | 0.5 이하 | 18 이상 | 15 이상 |
| | 2종 | 나머지 | – | 11 이하 | 3 이하 | 5 이하 | 3 이하 | 0.5 이하 | 18 이상 | 15 이상 |
| Fe계 | 1종 | – | 나머지 | – | – | – | 3 이하 | 3 이하 | 18 이상 | 20 이상 |
| | 2종 | – | 나머지 | – | 3~15 | – | 3 이하 | 3 이하 | 18 이상 | 20 이상 |
| | 3종 | – | 나머지 | 11 이하 | 3~15 | – | 3 이하 | 3 이하 | 18 이상 | 20 이상 |

## 3. 분말야금의 기계부품

최근 기계 부품(machine parts)에 분말 소결 제품을 사용하기 시작하고 있으며, 대표적인 것에는 가장 성형성이 우수한 청동계가 제일 처음에 제작되었고, 그 후 청동계 합금이 널리 이용되고 있다. 7 : 3 황동에 P 0.3% 첨가하면 연신율이 12~48%까지 증가한다. 양백 또는 모넬 메탈 소결 제품 등은 내식성이 필요한 복잡한 부품에 사용된다. Fe계 분말야금 제품도 점차 증가되고 있으나, 철 합금화한 것은 높은 강도가 얻어지고, 열처리 침탄 질화 등도 가능하다. 또, 온도 저하를 위한 Fe-B 및 Fe-P의 공정 조성이 사용되며, 각종의 기어 부시(bush) 등을 만든다.

최근에는 스테인리스강 분말제품이 개발되고 있으며, 기계부품으로 널리 사용되는 Fe-Cu 소결합금(sintered alloy)은 시효성과 높은 강도로 각광을 받고 있다. Cu 7~10%의 성분은 최고 강도 85~95kg/mm$^2$에 달한다.

## 4. 내열부품

최근에는 제트 엔진, 로켓 부품의 내열 재료로서 분말 제품이 널리 이용된다. 특히 금속의 산화물, 탄화물, 규소화물, 질화물 등과 금속 가루를 결합체로 혼합한 제품으로 서어밋(cermet)이 특히 중요시된다. 이것은 고온강도 및 내충격 저항이 크고, 고온 내식성 등이 대단히 우수하다.

# 연습문제

**3.1** 구리의 물리적 성질에 대하여 설명하라.

**3.2** 황동의 빛깔과 성분에 대한 특징은 무엇인가?

**3.3** 구리의 수소메짐성이란 무엇인가?

**3.4** 황동에서 나타나는 탈아연현상(dezincification)이란 무엇인가?

**3.5** 6 : 4 황동과 7 : 3 황동을 비교하여 보아라.

**3.6** 아연당량을 이용한 아연함유량을 계산하는 공식은 무엇인가?

**3.7** 고강도황동이란 무엇인가?

**3.8** 양백(German silver)의 주요 성분은 무엇인가?

**3.9** 애드미럴티(admiralty) 황동은 주로 어디에 사용되는가?

**3.10** 청동과 황동이 큰 특징을 비교해 보자.

**3.11** 미술용 청동에 대해 조사해 보자.

**3.12** 베어링용 청동의 성분과 그 특징에 대해 알아 보자.

**3.13** 포금(gun metal)이란 무엇인가?

**3.14** 인청동의 특성을 설명하라.

**3.15** 실진청동(silzin bronze)에 대하여 설명하여라.

**3.16** 호이슬러 합금(Heusler alloy)의 특성과 그 성분을 말하라.

**3.17** 실루민(silumin)합금이란 무엇인가?

**3.18** Y-합금(Y-alloy)에 대해 설명하라.

**3.19** 로엑스(Lo-Ex)의 특성을 말하라.

**3.20** 듀랄루민(duralumin)의 특성을 말하라.

**3.21** 알루미늄의 개량 처리(modification treatment)에 대해 설명하라.

**3.22** 다이 캐스팅(die casting)으로 사용되는 Al 합금의 종류에는 어떠한 것들이 있는가?

**3.23** 일렉트론(Elektron)과 도우 메탈(Dow metal)에 대해 설명하라.

**3.24** 콘스탄탄(constantan)과 모넬 메탈(Monel metal)의 주요 성분은 무엇인가?

**3.25** 열전대선과 전기저항선의 중요성분과 그 특징을 조사해 보자.

**3.26** 바이메탈(bimetal)이란 무엇인가?

**3.27** 실용되고 있는 Ti합금에는 어떤 것들이 있는가?

**3.28** Ni-Cr합금에 대하여 조사하여 보자.

**3.29** 활자 합금(type alloy)의 특성을 조사하여 보자.

**3.30** 배빗 메탈(Babbit metal)에 대하여 설명하라.

**3.31** 켈밋 합금(kelmet alloy)의 특성을 말하라.

**3.32** 오일리스 베어링(oiless bearing)의 성분과 특성에 대해 설명하라.

**3.33** 저융점 합금(fusible alloy)의 종류 및 특성을 조사해 보자.

**3.34** 땜납의 종류를 조사해 보자.

**3.35** 연납의 성분과 경납의 성분을 비교해 보고 그 용융점도 조사해 보자.

**3.36** 비강도에 대해 조사해 보자.

**3.37** 베어링계 합금의 특성은 무엇인가?

**3.38** 화이트 메탈(white metal)의 주성분은 무엇인가?

**3.39** 희토류 원소(R. E. element)에 대해 그 중요 종류를 조사하자.

**3.40** Au의 특성과 그 중요 합금의 종류를 말하라.

**3.41** Pt의 공업적 가치에 대하여 설명하라.

**3.42** 분말야금법(powder metallurgy)이란 무엇인가?

**3.43** 귀금속의 종류를 조사해 보자.

**3.44** 고용융점 금속의 대표적인 것은 무엇인가?

**3.45** 신금속의 정의(definition)는 무엇인가?

**3.46** 원자로용 방사성 원소에는 어떤 것들이 있는가?

**3.47** 원자로용 재료가 구비할 조건에는 무엇이 있는가?

**3.48** 원자로의 감속재, 냉각재, 반사체에 대해 알아 보자.

**3.49** 우주 항공용 재료가 구비하여야 할 조건에는 어떤 것들이 있는가?

**3.50** 초내열용 재료의 특성은 무엇이고 종류에는 어떤 것들이 있나 조사해 보자.

# 제4편

# 비 금 속 재 료

# 제1장

# 비금속재료의 범위

## 1.1 기계재료에서의 비금속재료

기계를 구성하고 있는 재료에는 금속재료가 대부분을 차지하고 있다. 그것은 금속이 강도가 크고, 경도가 높고 또한 가공성이 우수하므로 그 가치가 인정되었기 때문이다. 금속과 합금은 그 종류가 많아 각각의 필요성을 만족시키고 있으나 우리가 필요로 하는 것을 금속재료로 전부 충족시킬 수는 없다.

기계공업에 쓰이는 재료에는 앞에서 설명한 금속재료 이외에 내화물, 연마재, 숫돌, 시멘트, 유리 등의 무기질로 되는 **무기재료**와 목재, 접착제, 합성수지, 고무, 도료, 윤활제 등의 유기질로 되는 **유기재료**인 비금속재료도 많이 쓰인다.

## 1.2 비금속재료의 종류

비금속재료는 그 종류가 대단히 많으나, 기계재료로서 가장 중요시되는 내용에 대하여만 설명하기로 한다.

(1) 기초용 재료
(2) 내화재료와 보온재료
(3) 연삭재료
(4) 패킹 및 벨트용 재료
(5) 합성수지
(6) 윤활유 · 절삭유
(7) 도료
(8) 기타 재료

**제2장**

# 기초용 재료

## 2.1 석재와 벽돌

### 1. 석 재

기초재료로 가장 많이 사용되며, 내구력이 큰 우수한 재료이지만 성형이 비교적 어려운 때가 많고, 또 큰 것은 운반에도 불편하다. 이런 점에선 콘크리트의 특성에는 부족하다.

**표 2.1** 석재의 성질

| 명 칭 | 비 중 | 압축강도 (kg/cm²) | 함수율 (%) | 내구성 | 내화성 |
|---|---|---|---|---|---|
| 화강암 | 2.65 | 1,700 | 0.3 | 우 수 함 | 약 함 |
| 안산암 | 2.5 | 1,500 | 2.5 | 좋 다 | 좋 다 |
| 응회암 | 1.45 | 180 ~ 700 | 17.2 | 좋지않음 | 좋 다 |

석재의 성질은 성인, 산지의 조건에 의하여 여러 가지로 다르며 한편 방향에 따라서도 차이가 생긴다. 또 석재의 종류에 따라 성질이 다르다. 표 2.1은 석재의 성질을 표시한다. 일반적으로 석재의 인장강도는 압축강도의 $\frac{1}{10} \sim \frac{1}{20}$ 로서 대단히 약하다. 그러므로 인장력이나 벤딩 모멘트가 작용하는 부분에는 사용에 어려움이 있다.

화강암은 압축력에 대한 저항이 크고 내구력도 좋아 널리 쓰이나 내화성이 약하다. 이것은 화강암은 석영, 운모, 장석 등의 혼합물로서 각 구성 요소들의 열팽창계수가 다르기 때문이다.

### 2. 벽 돌

보통 벽돌(붉은 벽돌)은 점토를 주원료로 하여 성형한 것을 소성한 것이다. 표 2.2는 벽돌의 치수와 허용차를 표시하고, 표 2.3은 벽돌의 등급과 품질을 표시한 것이다.

**표 2.2** 벽돌의 치수 및 허용차

| 구 분 | 길 이 | 폭 | 두 께 | 비 고 |
|---|---|---|---|---|
| 치 수(mm) | 210 | 100 | 60 | 일반용 |
| | 225 | 109 | 60 | 보일러용 |
| 허용차(±%) | 3 | 3 | 4 | |

**표 2.3** 벽돌의 등급과 품질

| 등 급 | 압축강도(kg/cm²) | 흡수율(%) |
|---|---|---|
| 상 급 | 150 이상 | 20 이하 |
| 보 통 급 | 100 이상 | 23 이하 |

<주> 상급은 형상이 좋고 터짐 및 흠집이 적다. 보통급은 형상이 보통이고 심한 터짐이 없어야 한다.

## 2.2 시멘트(cement)

### 1. 시멘트의 정의

시멘트(cement)의 본래의 뜻은 물체와 물체를 붙이는 접착 물질(adhesive substance)을 말하나 여기서 시멘트라 함은 접착용 무기질 분말을 말하며, 물로 개어 방치하면 경화한다.

### 2. 시멘트의 분류

#### 1) 포틀랜드 시멘트(portland cement)

포틀랜드 시멘트는 보통 시멘트라고 부르는 것으로 전 시멘트 생산량의 80% 이상을 차지한다. CaO 63~66%, $SiO_2$ 21~23%, $Al_2O_3$ 5~7%, $Fe_2O_3$ 3~4%의 조성을 하며, 석회석과 점토, 규석, 산화철 등의 원료를 배합하여 약 1,450℃로 회전로에서 소성한 작은 덩이인 클링커(clinker)라 하는 것에 소량의 석고를 첨가하고 미분말로 만든 것이 포틀랜드 시멘트이다.

표 2.4는 포틀랜드 시멘트의 화학 조성을 표시한다.

**표 2.4** 포틀랜드 시멘트의 화학 조성(%)

| 포틀랜드 시멘트 | $4CaO \cdot Al_2O_3 \cdot Fe_2O_3$ | $3CaO \cdot Al_2O_3$ | $3CaO \cdot SiO_2$ | $2CaO \cdot SiO_2$ |
|---|---|---|---|---|
| 보통 포틀랜드 시멘트 | 8.5<br>9.1<br>9.5 | 9.1<br>9.5<br>10.1 | 49.9<br>58.6<br>53.9 | 30.2<br>21.2<br>24.5 |
| 조강 포틀랜드 시멘트 | 10.6<br>7.6 | 6.5<br>9.3 | 65.9<br>59.3 | 15.4<br>14.0 |

### 2) 조강 시멘트

이 시멘트는 처음에는 고급 시멘트라고 불렀으나, 그 후 조강 시멘트(high early strength portland cement), 단기고강도 시멘트 등으로 불리고 있다. 이것은 표 2.4와 같이 포틀랜드 시멘트와 화학성분이 유사하고 제조방법도 유사하나 성분 조절로 28일까지 강도증가가 많아 공사기일을 단축할 수 있는 장점이 있다.

### 3) 고로 시멘트(portland blast furnace cement)

이것은 포틀랜드 시멘트에 소량의 석고와 고로에서 배출된 염기성 슬래그를 급랭하여 39~40% 첨가한 것을 분쇄하여 만든 것이다. 보통시멘트보다 경화성은 느리지만 황산염을 함유하는 물에 대한 저항이 크기 때문에 바다나 또는 지하수에서의 기초 공사용에 널리 사용된다.

### 4) 규산질 시멘트(silica cement)

시멘트 클링커에 규산질 혼합제 20~25%와 소량의 석고를 배합한 것으로 고로 시멘트와 더불어 혼합시멘트라 한다. 고로 시멘트와 규산질 시멘트는 내수성과 내화학성이 보통 포틀랜드 시멘트보다도 우수하다.

### 5) 기타 시멘트

(가) 알루미나 시멘트(alumina cement) : CaO와 $Al_2O_3$를 대략 같은 양으로 혼합한 것으로 짧은 기간에 높은 강도를 발생시킬 수 있다.

(나) 마그네시아 시멘트(magnesia cement) : 마그네시아를 주성분으로 한 시멘트로서 기계적 강도가 크고, 목재 위에 발라 부식을 방지하는 데 쓰이고 있다.

## 3. 시멘트의 성질

시멘트에는 산화칼슘, 산화규소, 산화알루미늄 등의 염류가 주성분으로 되어 있어 이것이 물을 만나면 화학 작용을 일으켜 응고한다. 이를 수화작용이라고 하며, 새로운 화합물이 형성되면서 응고가 진행됨에 따라 굳어진다. 시멘트의 성질은 조성만으로 결정되는 것이 아니고 제조 조건, 입자의 크기 등에 영향을 받는다. 시공할 때 충분히 습기를 주거나, 또는 물 속에서 양생시키면 강도는 증가한다. 일반적으로 응고시간은 주수에서 한 시간 후에 응고를 시작하여 10시간 내에 끝나게 되어 있다.

그러나 이와 같은 수화작용에 따른 응고는 표 2.5와 같이 함유하고 있는 시멘트 성분의 영향을 받는다.

**표 2.5** 수화작용의 구분

| 수화작용 화합물 | 수 화 작 용 |
|---|---|
| $3Ca \cdot Al_2O_3$ | 주수 후 곧 물과 작용하여 응고하기 때문에 초기의 강도 형성에 영향이 크다. |
| $3Ca \cdot SiO_2$ | 주수 후에 4시간경부터 수경작용이 시작되어 28일경에 끝난다.<br>7~28일의 강도 발생에 효과 있다. |
| $2Ca \cdot SiO_2$ | 주수 후에 5시간경부터 수경작용이 생기고 28일 이후의 강도 발생에 영향이 크다. |
| $4CaO \cdot Al_2O_3 \cdot Fe_3$ | 주수 후 서서히 경화 작용하여 장기 강도 발생에 효과가 있다. |

또, 저장중에 수분 등과 혼합하면 풍화하여 품질이 나쁘게 되므로 습기가 적은 곳에 저장하여야 한다.

**표 2.6** 시멘트의 강도

| 종 류 | 압 축 강 도(kg/cm$^2$) | | | 굽 힘 강 도 | | |
|---|---|---|---|---|---|---|
| | 3일 | 7일 | 28일 | 3일 | 7일 | 28일 |
| 보통 시멘트 | 35 이상 | 70 이상 | 150 이상 | 10 이상 | 20 이상 | 30 이상 |
| 조강 시멘트 | 80 〃 | 100 〃 | 250 〃 | 20 〃 | 35 〃 | 55 〃 |
| 고로 시멘트 | 35 〃 | 70 〃 | 150 〃 | 10 〃 | 20 〃 | 30 〃 |
| 규산질시멘트 | 35 〃 | 70 〃 | 150 〃 | 10 〃 | 20 〃 | 30 〃 |

표 2.6은 시멘트의 강도를 표시한다. 시멘트가 포장에서 끄집어 내었을 때 굳어져 있는 것은 풍화작용을 받은 것으로 이것을 사용하면 강도가 떨어진다. 그러므로 저장법과 저장시간에

주의할 필요가 있다.

## 2.3 모르타르(mortar)

모르타르라 함은 시멘트와 모래를 물로 개어서 섞은 것인데 벽돌의 접합, 바닥이나 벽의 겉바르기(상도), 장치한 볼트를 고정할 경우 등에 사용한다. 모르타르의 배합비율은 사용하는 곳에 따라 다른데, 시멘트와 모래의 용적 비율은 보통 1 : 1~1 : 3 정도의 것이 적당한다.

**표 2.7** 모르타르의 배합과 용도

| 배합 비율(시멘트 : 모래) | 용 도 | 두 께(mm) |
|---|---|---|
| 1 : 1 | 벽돌 쌓기의 틈새 | – |
| 1 : 2 | 벽 및 바닥 다듬질 | 약 15 |
| 1 : 3 | 벽돌 · 벽틈 쌓기용 | 약 10 |

## 2.4 콘크리트(concrete)

### 1. 콘크리트의 정의

콘크리트라 함은 시멘트와 모래, 자갈(이들은 골재라고 함)을 물로 개고 혼합하여 만들어진 것인데, 시멘트를 물로 개어 혼합한 것은 시멘트 페이스트(cement paste)라고 불린다. 따라서 골재를 시멘트 페이스트로 굳혀서 강도와 치밀성을 준 것이 콘크리트인 것이다.

골재는 물리적, 화학적 작용에 저항성을 주어 응결할 경우의 용적 변화를 작게 한다. 시공작업에 지장이 없는 한 거친 골재의 양이 많고 지수가 클수록 경제적이다. 골재가 가늘고 거친 것이란 5mm체의 위에서 통과하지 않는 것을 말하는 것이다. 물은 청수가 좋으며, 무근 콘크리트이면 바닷물도 좋다. 물-시멘트의 비는 시멘트에 대한 물의 중량비로 표시하는데, 일반적으로 이 비가 작을수록 강도, 내구성, 수밀성 등이 좋으며, 용적 변화가 적을수록 좋은 콘크리트로 된다.

콘크리트의 배합은 정확하게는 계산과 실험에 의하는 것이 좋으나, 일반적으로는 다음과 같은 습관적인 배합비율에 따른다. 다음의 수 값은 시멘트, 모래, 자갈의 용적비를 나타낸 것이다.

1 : 1 : 2 압축강도, 수밀성 등이 필요한 경우

1 : 1 : 3　앞에것 정도의 압축강도는 없으나, 같은 목적
1 : 2 : 4　**표준배합**이며 철근 콘크리트
1 : 2 : 5　기계의 기초, 교각, 교대, 보통의 바닥, 벽
1 : 3 : 6　큰 응력을 받지 않는 괴상의 구조물
1 : 4 : 8　자중만을 받을 정도의 괴상의 구조물

콘크리트는 배합하여 잘 갠 후에는 곧 사용하도록 하며, 혼합 시간이 오래된 것은 사용하기 직전에 물을 넣지 말고 다시 잘 혼합하고 비벼야 한다. 그리고, 틀에 넣을 때에는 바이브레이터(bibrator)로 다지든가 또는 장대 같은 것으로 잘 다져서 채운 후에는 약 10일 동안 진동을 주지 않도록 하고, 직사광선 등은 될 수 있는 대로 피해야 한다. 또, 건조와 겨울에 어는 것을 방지한다. 가급적 오랫동안 **양생**하고, 그 위에 적어도 1주일은 충분히 수분을 보급하여 양생하는 것이 중요하다. 조강 포틀랜드 시멘트에서는 3일간 유지하면 되며, 보통 양생 온도는 15~35℃가 가장 적당하므로 추운 때에는 얼지 않도록 보온하는 것이 필요하다. 일단 콘크리트가 얼면 잘 굳어지지 않는다. 즉 콘크리트의 양생중에는 낮은 온도나 건조, 하중, 충격 등은 피하도록 할 점을 주의해야 한다. 표 2.8은 콘크리트의 배합과 용도를, 표 2.9는 실제 배합 재료량의 예를 나타내고 있다.

**표 2.8** 콘크리트의 배합비(부피)와 특징

| 번 호 | 시멘트 : 모래 : 자갈 (배합비) | 특징 또는 용도 |
|---|---|---|
| (1) | 1 : 1 : 2 | 압축강도 및 수밀성이 크다. |
| (2) | 1 : 1 : 3 | (1)보다 압축강도가 작다. |
| (3) | 1 : 2 : 4 | 표준 배합, 철근 콘크리트 및 일반용에 사용 |
| (4) | 1 : 2 : 5 | 기계 기초, 교량, 바닥 및 벽에 사용 |
| (5) | 1 : 3 : 6 | 그다지 크지 않은 하중에 사용 |
| (6) | 1 : 4 : 8 | 자중만을 받는 장소에 사용 |

**표 2.9** 콘크리트 1m$^3$를 만드는 데 필요로 하는 재료의 양

| 배합비 (용적) | 시 멘 트 | | 모 래 | 자 갈 |
|---|---|---|---|---|
| | kg | 포대 | m$^3$ | m$^3$ |
| 1 : 1 : 2 | 603 | 14.40 | 0.390 | 0.780 |
| 1 : 2 : 4 | 344 | 8.15 | 0.445 | 0.890 |
| 1 : 3 : 6 | 241 | 5.74 | 0.465 | 0.935 |
| 1 : 4 : 8 | 186 | 4.43 | 0.480 | 0.960 |

일반적으로 콘크리트의 강도는 시멘트의 종류, 물-시멘트의 비율, 양생법(콘크리트를 만든 후에 그 강도를 크게 하기 위해 적당한 온도 및 습도를 유지하는 법), 시멘트와 골재의 양적 관계, 골재의 종류, 품질 등에 따라 다르다. 일반적으로 콘크리트 1 : 2 : 4(표준배합)의 강도는 표 2.10과 같다.

**표 2.10** 콘크리트(1 : 2 : 4)의 압축강도

| 시멘트 종류 | 물-시멘트비 | 압 축 강 도(kg/cm²) | | |
|---|---|---|---|---|
| | | 3일 | 7일 | 28일 |
| 일반 포틀랜드 시멘트 | 0.63 | 63 | 124 | 256 |
| 조강 포틀랜드 시멘트 | 0.64 | 114 | 212 | 340 |
| 고로 시멘트 | 0.67 | 63 | 128 | 294 |
| 규소 시멘트 | 0.63 | 49 | 99 | 222 |
| 알루미나 시멘트 | 0.60 | 359 | 397 | 496 |

## 2. 콘크리트의 성질

콘크리트의 비중은 약 2.3이고, 무게는 약 2,300~2,350kg/m$^3$ 정도이다. 콘크리트의 강도는 혼합 후 28일의 강도를 표준으로 한다. 압축강도는 100~400kg/cm$^2$이나 보통 150~250kg/cm$^2$의 범위가 많다. 인장 및 굽힘에는 약하며, 인장강도는 압축강도의 약 $\frac{1}{10}$, 그리고 굽힘강도는 압축강도의 약 $\frac{1}{5}$ ~ $\frac{1}{7}$ 정도이다. 철근 콘크리트는 철근으로 인장 또는 굽힘 강도를 보강하는 데 쓰이고 있다. 일반적으로 철근은 콘크리트 속에서는 녹이 잘 슬지 않는다.

콘크리트는 굳어질 때 수분이 감소되면서 0.5mm/m 정도의 수축이 생기므로 이것이 원인이 되어 균열이 생기는 일도 있다. 콘크리트의 열팽창계수는 $7 \sim 13 \times 10^{-5}$정도이나 골재 및 수분에 따라 다르다. 시멘트의 조성으로 볼 때 $3CaO \cdot SiO_2$가 많으면 열팽창이 많고, $4CaO \cdot Al_2O_3 \cdot Fe_2O_3$, $2CaO \cdot SiO_2$, $3CaO \cdot Al_2O_3$의 순서로 팽창이 감소된다. 온도 110℃ 이상이 되면 경화 시멘트는 수축이 생기고 골재는 팽창되므로 균열이 생긴다. 그리고 700℃ 부근이 되면 팽창하여 균열을 일으켜 파괴를 일으킨다.

일반적으로 산성(acid)에는 침식되나, 희석된 알칼리성에는 안정하고 진한 알칼리에는 약간씩 침식된다. 시멘트 중의 알칼리성은 골재와 반응하여 콘크리트를 약화시킨다.

## 3. 콘크리트의 양생

콘크리트를 만들었을 때에는 강도를 크게 하기 위하여 적당한 온도와 습도를 유지해야 한

다. 콘크리트의 노출면은 가마니, 포대 또는 모래 등을 덮어, 항상 습윤상태를 유지하는 것이 좋다. 이것은 콘크리트가 충분히 경화하는 데 반드시 필요한 조건이다. 적당한 양생 온도는 15~35℃이지만 4℃ 정도의 저온에서도 오랫동안 습도를 주어 양생하면 충분한 강도가 얻어진다.

콘크리트는 -3℃에서 언다. 이와 같은 저온에서는 물과 골재를 가열하여 24℃에서 콘크리트를 만드는 것이 좋다. 그리고 그 위를 가마니 또는 볏짚으로 덮어두는 것이 좋다. 보온할 경우의 보온시간은 약 10℃에서 72hr, 그리고 5℃에서는 120hr가 필요하다. 동결방지에는 NaCl 및 KCl 등을 사용하는 일도 있다. 그림 2.1은 양생중의 콘크리트의 강도 관계를 표시한다.

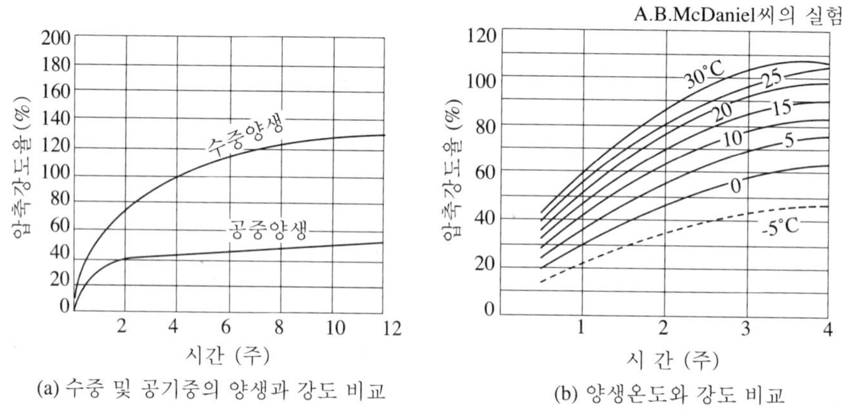


그림 2.1 콘크리트의 강도 비교

## 4. 콘크리트의 기타 성질

일반적으로 시멘트는 각종 유기산, 무기산에 대하여 침식된다. 또 약한 알칼리 용액에는 안정하나, 강한 용액에는 침식된다. 시멘트 중의 알칼리는 골재와 반응하여 콘크리트를 열화시킨다. $Na_2SO_4$, $K_2SO_4$, $(NH_4)_2SO_4$ 등의 황산염은 침식성이 크다. 물에 의한 침식도 유기산, 무기산의 영향이 크다.

콘크리트에는 투수성이 있다. 따라서 각종 방수제가 쓰인다. 이 목적에는 광물 분말제, 유지제, 금속 비누제 등을 단독 또는 혼합한 것이 각종 상품명으로 쓰이고 있다.

콘크리트 착색은 석출하는 칼슘에 침식되지 않는 무기 안료로 착색하는 것이 널리 쓰인다. 예를 들면 산화철, 황토, 카본, 산화크롬 등이 사용된다.

# 제3장 내화재료와 보온재료

## 3.1 내화물

### 1. 내화물의 의미와 분류

내화재료(refractory material) 또는 내화물(refractories)이란 고온공업에서 이용되는 고열에 잘 용융되지 않는 요업재료를 말하며, 불꽃 온도(100～1,200℃)에 불연성인 방화재료와 혼돈하여서는 안 된다. 어느 온도 이상에 견디는 것을 내화물로 한다는 것을 일률적으로 정하는 것은 불가능하나 우리 나라 공업 표준 규격에서는 내화물이란 제에겔 코운(Seger cone) 26번(SK 26) 이상의 내화도(1,580℃)를 가지는 것이라고 규정지었다. 그러나 내화물의 성능은 내화온도만을 가지고 규정짓기는 힘들다. 사용되는 분위기가 산성인지 환원성인지, 또는 노내에서 분진, 슬래그, 글라스(glass) 등과 접촉하는지 아닌지에 따라 달라진다.

### 2. 내화물의 분류방식

내화물에는 여러 가지 분류방법이 있다.

(1) 내화번호에 따른 분류
(2) 내화물의 화학적 성분에 따른 분류
(3) 열처리 및 형상에 따른 분류
(4) 사용원료 및 사용로에 따른 분류

내화번호를 기준으로 한 분류에서 저급(또는 하급)은 SK 26～29까지, 보통급(또는 중급)은 SK 30～33까지, 고급(또는 상급)은 SK 34～37까지, 그리고 최고급은 SK 38 이상으로 분류하며,

한편 화학성분으로 분류하면 다음과 같은 것이 있다.

ⓘ 산성내화물 : $RO_2$ : $SiO_2$ 등이 주성분으로 된 것
ⓘⓘ 중성내화물 : $R_2O_3$ : $Al_2O_3$, $Cr_2O_3$ 등이 주성분으로 된 것(여기서 R : Radical[기]임)
ⓘⓘⓘ 염기성내화물 : RO : MgO, CaO 등이 주성분으로 된 것

열처리에 따라서 소성 내화물, 용융 내화물, 불소 내화물 등이 있고, 형상에 따라서는 보통형, 이형, 분말형으로 분류한다.

내화물의 여러 가지 분류방식 중 화학성분에 의한 것과 가열처리에 따른 분류가 가장 내화물을 이해하는 데 적합한 분류방법이다. 표 3.1은 화학성분에 따른 분류를, 표 3.2는 가열처리에 따른 내화물의 분류를 보여 준다.

**표 3.1** 화학조직에 따른 내화물의 분류

| 분 류 | 종 류 | 주요 화학 성분 |
|---|---|---|
| 산성 내화물 | 규석질 | $SiO_2$ |
| | 반규석질 | $SiO_2(Al_2O_3)$ |
| | 납석질 | $SiO_2$, $Al_2O_3$ |
| | 샤모트질 | $SiO_2$, $Al_2O_3$ |
| 중성 내화물 | 고알루미나질 | $Al_2O_3(SiO_2)$ |
| | 탄소질 | C |
| | 탄화규소질 | SiC |
| | 크롬질 | $Cr_2O_3$, $Al_2O_3$, MgO |
| 염기성 내화물 | 포스터라이트질 | MgO, $SiO_2$ |
| | 크로마그질 | MgO, $Cr_2O_3$ |
| | 마그네샤질 | MgO |
| | 돌로마이트질 | CaO, MgO |

**표 3.2** 가열처리에 따른 내화물의 분류

| 분 류 | 특 징 |
|---|---|
| 소성 내화물 | 소성해서 소결한 내화물 |
| 용융 내화물 | 원료를 용융하여 주조한 내화물 |
| 불소성 내화물 | 열처리를 하지 않은 내화물, 즉 화학적 결합재를 써서 성형한 다음 건조만 하여 사용하는 내화물 |

## 3. 내화물의 구비조건 및 내화도

### 1) 내화물의 구비조건

다음과 같은 구비조건을 갖추어야 한다.

(가) 형상 및 치수가 적합하고 잘 소결되어 있을 것

(나) 내화도가 클 것

### 2) 내화도

내화도의 표시는 한국 KS에서는 SK(Segel kegel의 약자), 미국은 PCE(PCE : Pyrometric Come Equivalent의 약자) 또는 Orton cone의 내화번호를 사용한다.

일반적으로 내화도는 제에겔 코운이 사용된다. 제에겔 코운은 각종 원료의 배합비율을 변화시켜 용융점을 바꾸어 SK 0.22에서 SK 42번까지의 59종이 있다. 즉, 내화도(refractoriness)란 내화물의 내화성의 정도를 말하는 것이다.

### 3) 내화도의 측정

내열재료의 내화도를 결정할 때에는 검사할 내화재료의 시료를 0.3mm 이하로 분쇄하고 소량의 텍스트린 용액으로 반축해서 그림 3.1과 같은 모양의 제에겔 코운(segel cone)이라고 부르는 작은 삼각뿔로 구워서 만든 표준시험편과, 이것과 같은 형상으로 만든 내화시험편을 동시에 가열하여 시험편이 굽혀서 꼭지부분이 바닥에 맞닿을 때에 그것과 같은 상태를 표시하는 표준시험편의 번호로써 내화도를 표시한다. 제에겔 코운의 치수와 배치 방법은 그림 3.1에 표시한 것과 같다.

판의 재질은 시험재료가 알루미나질 · 점토질 · 규석질의 경우에는 알루미나질의 것을, 마그네샤질 · 크롬질의 경우에는 크롬질을 사용하며 밑부분을 약 4mm 묻으며 가열속도는 800℃ 이하에서는 매분 10℃로, 가열 방법은 코운의 꼭지부분이 굽히기 시작하면서부터 1분간에

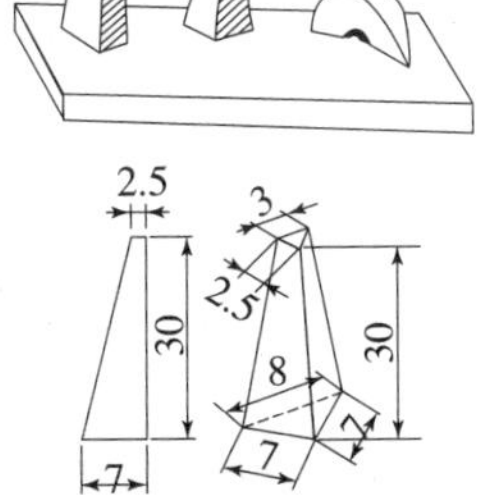


**그림 3.1** 제에겔 코운의 치수와 배치 방법

**표 3.3** 제에겔 코운의 화학조성과 연화온도

| 제에겔코운의 번호(SK) | 화 학 조 성(중량 %) | | | | 용융연화점 (℃) |
|---|---|---|---|---|---|
| | $Al_2O_3$ | $SiO_2$ | $K_2O$ | CaO | |
| 26 | 나머지 | 58.8 | 3.80 | 5.35 | 1,580 |
| 27 | 나머지 | 58.8 | 1.38 | 1.92 | 1,610 |
| 28 | 나머지 | 58.8 | 0 | 0 | 1,630 |
| 29 | 나머지 | 47.0 | 0 | 0 | 1,650 |
| 30 | 나머지 | 35.3 | 0 | 0 | 1,670 |
| 31 | 나머지 | 29.4 | 0 | 0 | 1,690 |
| 32 | 나머지 | 23.5 | 0 | 0 | 1,710 |
| 33 | 나머지 | 17.7 | 0 | 0 | 1,730 |
| 34 | 나머지 | 14.7 | 0 | 0 | 1,750 |
| 35 | 나머지 | 11.8 | 0 | 0 | 1,770 |
| 36 | 나머지 | 9.8 | 0 | 0 | 1,790 |
| 37 | 나머지 | 7.8 | 0 | 0 | 1,825 |
| 38 | 나머지 | 5.9 | 0 | 0 | 1,850 |
| 39 | 나머지 | 3.9 | 0 | 0 | 1,880 |
| 40 | 나머지 | 1.9 | 0 | 0 | 1,920 |
| 41 | 나머지 | 0.7 | 0 | 0 | 1,960 |
| 42 | 나머지 | 0 | 0 | 0 | 2,000 |

3~5℃의 속도로 한다. 환원성 분위기에서 가열하였을 때 시험편에 탄소가 부착하면 제에겔 코운이 잘 굽혀지지 않으므로 산화성 분위기가 되도록 조심한다.

표 3.3은 제에겔 코운의 번호와 화학조성과 연화온도를 표시한다.

## 4. 내화재료와 내화물

내화물은 위에서 설명한 내화도를 제에겔 코운 번호로 표시하여 SK 26~29를 저급내화물, SK 30~34를 보통내화물, 그리고 SK 35 이상을 고급내화물이라 한다. 내화물의 특성은 내화도 이외에 열전도도, 가열 및 냉각에 의한 균열, 기계적인 강도 등도 고려되고 있다. 내화물은 화학적인 성질에 따라 산성 내화물, 염기성 내화물 및 중성 내화물 등의 3종으로 분류되고 있다.

(가) 산성 내화물
- 점토질 ; 샤모트(chamotte), 납석 벽돌
- 규석질 ; 규석, 반규석, 규석 샤모트 벽돌

(나) 중성 내화물
- 고알루미나질 ; 실리마니트(silimanit), 코르하트(corhart) 벽돌
- 크롬질 ; 크롬벽돌, 지멘지트(siemensit) 벽돌
- 탄화규소질
- 탄 소 질

(다) 염기성 내화물 ⎧ 마그네샤질
⎨ 크롬마그네샤질
⎩ 돌로마이트질

이들 중 중요한 각종 내화물의 조성과 성질 및 사용하는 곳에 대하여 설명하면 다음과 같다. 산성 내화물에서

#### 1) 점토질 내화물

생점토의 이른바 카올리나이트(kaolinite, $Al_2O_3 \cdot 2SiO_2 \cdot 2H_2O$)가 주체로 되어 있으며, 50% 전후의 $SiO_2$와 30~35% 정도의 $Al_2O_3$로 조성된다. 생점토를 가열하면 500~600℃에서 카올리나이트의 화합수를 잃게 되고, 1,000℃ 이상이 되면 실리마나이트(silimanite, $Al_2O_3 \cdot SiO_2$), 뮬라이트(mullite, $3Al_2O_3 \cdot 2SiO_2$)의 결정으로 된다. 그리고 한 번 소성한 점토는 거듭된 가열에 대해서도 안정되어 있으므로 균열, 변형 등을 일으키지 않기 때문에 내화물로서 사용할 수 있다.

**샤모트 벽돌**은 점토를 SK 10~13(1,300~1,380℃)으로 소성하여, 분쇄해서 얻은 샤모트에 10~30%의 생점토를 배합하여 성형소성(SK 10~13)한 것이다. 샤모트 벽돌은 화학적 및 물리적 강도가 상당히 크며, 가격도 싸기 때문에 일반 내화물로서 널리 쓰이고 있다. 샤모트는 같은 질의 벽돌설(연와설)을 써도 좋으며, 그 입자도 1~5mm의 것을 여러 가지로 혼합한 편이 물리적 성질을 향상시킨다. 양질의 샤모트 벽돌은 내화도가 32~33 CuO, $Fe_2O_3$, MgO 등의 불순물이 증가하면 SK 30(1,670℃) 이하로 되는 수도 있다.

**납석벽돌**은 납석 및 납석질 점토를 원료로 한 것인데, 일반적으로 화합수가 적으므로, 일차적으로 소성할 필요가 없으며 그대로 성형 소성할 수 있다. 소성 온도는 샤모트보다 낮다. 내화도는 SK 26~34이며, 하중 연화점이 낮고 연화속도가 비교적 빠르다. 압축강도가 크며 슬래그 용융철강에 대한 내식성도 우수하며 우리 나라 내화물의 대부분이 이 납석벽돌이며 가공이 쉽고 값도 싸서 널리 사용되고 있다. 샤모트벽돌의 좋은 것과 거의 같은 정도이다.

#### 2) 규석질 내화물

순규석의 결정은 수정석영인데, 내화도는 KS 32~33(1,710~1,730℃)이며, 가열에 의하여 그 결정형이 변하여 팽창하므로, 일단 소성한 다음에 사용한다.

**규석벽돌**은 규석을 한 번 800~900℃로 가열한 다음, 8~12cm 정도로 거칠게 분쇄하여 석회유(CaO 1.5~2.0%)를 배합해서 다시 분쇄 성형하여 SK 17~18(1,480~1,500℃) 정도로 소성한 것이다. 석회유 대신에 폐액 또는 당밀 등을 쓰는 수도 있다. 소성은 될 수 있는 대로 고온에서 오랜 시간 하는 편이 좋다. 규석벽돌은 가열 후의 수축이 적고, 용융점 가까이까지 높은 강도를 가지므로 고온에서 가스가 새어서는 안 되는 환열실이나 리터어트(retort : 증

류기)의 벽 등에 쓰인다.

**반규석벽돌**은 점토와 규석을 적당히 섞어서 소성한 것인데, 샤모트의 가열에 의한 수축성과 규석의 팽창성을 이용하여 너무 팽창도 수축도 하지 않는 성질을 갖게 한 벽돌이다. 야금로, 배소로 등에 사용되고 내화도는 SK 28~30 정도로 낮은 편이나 수축 팽창이 적고 높은 온도가 아니면 강도가 크다. 규석이 적은 성분의 것을 **규석 샤모트 벽돌**이라고 하는 수가 있다. 이것은 산성도가 높은 샤모트 벽돌이라 할 수 있다.

중성 내화물에서

### 1) 고알루미나질 내화물

앞서 설명한 바와 같이, 점토는 카올리나이트($Al_2O_3 \cdot 2SiO_2 \cdot 2H_2O$)를 주체로 하여 $SiO_2$, 기타의 불순물을 함유하고 있는 것인데 이것에 보크사이트(bauxite, 철반토) 및 기타의 $Al_2O_3$질의 것에 배합해 가면, 차례로 내화도를 증가하며, $Al_2O_3 \cdot SiO_2$의 성분으로 되면, 고온에서 실리마나이트(silimanite, $Al_2O_3 \cdot SiO_2$)의 결정으로 되고 다시 물라이트(mullite, $3Al_2O_3 \cdot 2SiO_2$)의 결정으로 된다. 순 실리마나이트의 내화도는 SK 38(1,850℃), 물라이트는 SK 39(1,880℃)이다.

**고알루미나질 소성벽돌**은 물라이트, 코란덤(corundum), $SiO_2$계 유리로 조성되는데, 그 보기로서 실리마나이트(silimanit)는 인도산의 고알루미나 원료인 카야나이트(kyanite)를 1,300~1,700℃로 가열하여 분쇄하고 자토와 혼합한 다음 성형 소성한 것인데, 내화도는 SK 38~39(1,850~1,880℃)에 달한다. 이 종류의 벽돌은 높은 내화도 및 높은 침식 저항성을 필요로 하는 곳에 적합하며 샤모트 벽돌보다는 지속성이 있고 성적이 좋다.

### 2) 크롬질 내화물

크롬 벽돌은 크롬 철광을 1~2mm로 분쇄하고 석회 혹은 생점토를 배합하여 성형 소성한 것이다. 일반적으로 석회를 배합하여 성형한 것은 점토를 배합한 것보다 내화도가 높다(SK 38, 1850℃), 그리고 $Cr_2O_3$의 양은 크롬 광석에 의하여 각각 다르며, 30~62%의 범위에 걸친다.

**크롬질 전융벽돌**로 지멘지트(siemensit)가 있는데 이것은 $Cr_2O_3$, $Al_2O_3$, MgO를 거의 같은 양씩 함유하고 있으며, 비중이 크고 내화도도 SK 42(2,000℃)에 달한다.

### 3) 탄화규소질 내화물

탄화규소(SiC)를 점토, 석회 기타의 점결제와 함께 성형 소성한 것인데, 내화도 및 하중연화온도가 극히 높을 뿐만 아니라 열의 전도가 좋은 특색을 지니며, 벽돌 및 파이프로서도 쓰이는데, 공기와 접촉하면 서서히 산화한다.

### 4) 탄소질 내화물

흑연 및 흑연질 벽돌설(연와설)을 생점토와 함께 분쇄 성형하고, 500~1,000℃로 환원소성한 것인데 내화도, 하중 연화 온도, 열전도율, 전기전도도가 크므로 전호로, 고로의 노저, 도가니 등에 쓰인다.

염기성 내화물에서

### 1) 마그네샤질 내화물

마그네샤벽돌은 마그네사이트(magnesite, $MgCO_3$)를 1,500～1,600℃로 완전소성(dead burning) 후 분쇄해서 소량의 물과 혼합하여 성형 소성(SK 16, 1,460℃)한 것이다. 원료인 마그네사이트는 순수한 것보다는 4～12%의 $FeCO_3$, 1～5% $CaCO_3$, 1～5%의 점토질, 그리고 특히 3～4%의 철분의 경우에는 우량한 마그네샤 벽돌을 만들 수 있으며 염기성 평로, 전기로의 바닥 등에 사용한다.

### 2) 크롬 마그네샤질 내화물

크롬철광 및 마그네샤 클링커(magnesia clinker)를 원료로 한 것인데, 내화도와 하중 연화 온도가 높으며, 온도의 급변에도 잘 견디므로 염기성 평로 등에 쓰인다. 마그네샤 벽돌과 크롬 벽돌의 부족한 성질들을 서로 보완한 것이다.

### 3) 돌로마이트(dolomite)질 내화물

돌로마이트 클링커(dolomite clinker)에 크롬철광, 마그네샤 클링커를 섞어서 소성한 것이다. 내화도가 높고 염기성 슬래그 등에 대한 저항성이 크므로 염기성 제강로 등에 사용된다. 표 3.4는 내화물의 성질과 용도를 보여 준다.

**표 3.4** 내화물의 성질과 용도

| 구 분 | | 규석벽돌 | 샤모트 벽돌 | 납석벽돌 | 크롬벽돌 | 마그네샤벽돌 |
|---|---|---|---|---|---|---|
| 내화도(SK) | | 31～33 | 28～35 | 28～33 | 36～38 | 36～40 |
| 참(眞) 비중 | | 2.3～2.4 | – | – | 3.7～4.2 | 3.5～3.8 |
| 열팽창률(%, 1,000℃) | | 1.1～1.4 | 0.4～0.8 | 0.5～0.9 | 0.9～1.2 | 0.8～1.0 |
| 압축강도(kg/cm$^2$) | | 150～300 | 100～450 | 100～300 | 250～400 | 350～500 |
| 하중연화온도(℃) | | 1,550～1,700 | 1,100～1,500 | 1,200～1,400 | 1,300～1,450 | 1,450～1,550 |
| 비열(100～1,000℃) | | 0.20～0.29 | 0.22～0.29 | 0.21～0.23 | 0.21～0.23 | 0.25～0.32 |
| 열전도도(c.g.s) | | 0.002～0.005 | 0.003～0.004 | 0.003～0.004 | 0.003～0.004 | 0.013～0.009 |
| 화학성분 (%) | $SiO_2$ | 92～96 | 50～70 | 50～70 | 5～12 | 5～8 |
| | $Al_2O_3$ | 0.5～1.5 | 22～55 | 25～45 | 12～25 | 2～10 |
| | $Fe_2O_3$ | 1.2～0.5 | 1.0～1.4 | 1.0～3.5 | 20～28 | 3～6 |
| | $CaO$ | 1.5～3.5 | 0.5～1.0 | 0.3～1.0 | 0.2～0.7 | 0.7～1.2 |
| | $MgO$ | 0.1～0.5 | – | – | 16～22 | 75～88 |
| | $Cr_2O_3$ | – | – | – | 30～35 | – |

| 구 분 | 규석벽돌 | 샤모트 벽돌 | 납석벽돌 | 크롬벽돌 | 마그네샤벽돌 |
|---|---|---|---|---|---|
| 고온화학성 | 산 성 | 산 성 | 산 성 | 중 성 | 염기성 |
| 용 도 | 평로의 천정, 슬래그선 이상의 벽, 코우크스로, 축열실, 전기로의 뚜껑, 반사로 천정 | 용광로, 열풍로, 제강용(쇳물받이, 노즐, 스토퍼 등) 가열로, 동제련로, 배소로, 발생로, 보일러, 석회로, 유리용 도가니로, 회전로 등 | 쇳물받이, 큐폴러, 발생로, 유리용 도가니로, 일반요업용 소성로, 연도 등 | 평로, 전기로 슬래그선 이하의 벽, 돌로마이트로 등 | 평로, 전기로, 슬래그선 이하의 벽 |

## 5. 특수내화물

### 1) 지르코니아 내화물

고온 공업의 발달에 따라 여러 가지 특수 내화물이 개발되고 있다. 그 중 지르코니아(zirconia, $ZrO_2$)는 융점이 2,710℃나 되고, 내침식성이 크며 열전도율이 적도, 고온에서 전기저항이 작다는 등의 성질을 가지고 있다. 따라서 2,500℃ 정도의 내화물로서, 또는 1,400℃ 이상의 고주파 전기로의 도체로서 사용되고 있다. 최근에는 서어밋(cermet)의 원료로도 사용된다.

### 2) 토리아 내화물

산화토륨(thoria : $ThO_2$)의 융해점은 약 3,000℃이고, 이것으로 만든 도가니는 2,500℃ 이상의 고온에 견디며, 백금, 로듐 등의 측정에 사용된다. 열팽창계수가 크므로 온도의 급변에 약하다. 염기성에는 강하나 탄소와 고온도에서 탄화물을 만든다.

### 3) 캐스터블, 플라스틱 내화물

일반적으로 내화물은 일정한 모양으로 성형하여 고온으로 소성하는 것이었으나, 요즈음에 와서 불소성 내화물 또는 미리 일정한 모양으로 성형하지 않은 내화물이 나오게 되었다. 종래에는 일정한 모양으로 성형한 것이 내화물이라고는 하지만, 일정한 모양을 가지고 있기 때문에 오히려 불편한 수도 있어서, 축로 현장에서 소요되는 모양으로 시공하여 그대로 사용할 수 있는 내화물이 차차 발달하게 되었다.

(가) 캐스터블 내화물

캐스터블 내화물(castable refractories)은 점토질, 샤모트 같은 것을 골재로 하고 여기에다

수경성 시멘트를 가한 것으로, 무게비로 15~16%의 물을 가하고 일반 콘크리트와 같은 방법으로 시공하면, 대략 24시간 정도에서 경화하여 소성 내화물과 똑같은 성능을 가지게 된다.

(나) 플라스틱 내화물

플라스틱 내화물(plastic refractories)은 최근에 발달한 새로운 노재이다. 보일러, 가열로 같은 곳에 사용하여 좋은 결과를 얻음에 따라, 차차 각 방면에서 관심을 가지게 되었다. 이것은 고온에서 안정한 내화성 골재와 점토, 그 밖에 점력이 있는 재료를 배합해서 물로 잘 이겨 진흙 모양으로 한 것이다.

배합하는 점토의 양을 늘리면, 고온에서 사용했을 때의 수축이 커지므로, 골재의 입도 조정, 점토의 선택 같은 것이 문제가 된다. 플라스틱 내화물은 ⓘ 크롬광을 주로 한 것, ⓘⓘ 점토질 또는 알루미나철을 주로 한 것의 두 종류로 크게 나눌 수 있다.

## 6. 내화 모르타르

내화 벽돌 사이의 접합부에 사용하는 것으로서, 벽돌을 균일하게 밀착시켜 내화의 수리를 위해 노 안벽에 도포 또는 다져붙여서 사용하는 가루를 내화 모르타르(refractory mortar), 내화 시멘트(refractory cement)라고 한다.

내화 벽돌의 슬래그 또는 용융금속에 의한 화학적 침식은 접합부분이 가장 심하다. 한편, 접합부는 벽돌의 열팽창에 의한 파괴를 방지하는 데 필요하므로, 내화 모르타르는 그 질의 선정, 사용량 등 축로상 중요한 것이다.

내화 모르타르의 선정 원칙으로는

(1) 사용하는 내화벽돌과 되도록 동질인 것을 사용한다.
(2) 내화도는 벽돌보다 SK 1~3번 낮은 것을 선정한다.
(3) 고온에서도 다소 접착력을 가지며, 고온도에서 벽돌에 가까운 질이 되어 균열변형 등을 일으키지 않는 것을 사용한다.

예를 들면 다음과 같다.

(1) 규사 80, 점토 15, 유기질 5, 물 10(규석 벽돌용) 1,540℃
(2) 내화 점토분 65, 점토 20, 물 15(샤모트 벽돌용) 1,480℃
(3) 디아스포어 소성물 75, 디아스포어 점토 25(고알루미나 벽돌용) 1,730℃
(4) 크롬철광 90, 점토 5, 합성 결합제 5(크롬 벽돌용) 1,930℃
(5) 마그네샤 벽돌 부스러기 90, 타르 10(마그네샤 벽돌용) 1,790℃

표 3.5는 내화 모르타르의 화학성분의 예이다.

**표 3.5** 내화 모르타르의 화학성분(예)

| 종류 \ 성분 | $SiO_2$ | $Al_2O_3$ | $Fe_2O_3$ | CaO | MgO | 기 타 |
|---|---|---|---|---|---|---|
| (1) 규산질 | 76.84<br>89.5 | 14.89<br>6.68 | 0.23<br>0.80 | 0.73<br>0.14 | 0.24<br>0.17 | 나머지<br>〃 |
| (2) 샤모트 및 납석질 | 58.41<br>48.40 | 35.43<br>46.40 | 1.20<br>1.64 | 0.21<br>0.48 | 0.71<br>0.63 | 나머지<br>〃 |
| (3) 마그네샤질 | 7.24<br>12.06 | 4.40<br>11.55 | 3.30<br>4.54 | 1.19<br>0.28 | 82.80<br>68.84 | 나머지<br>〃 |
| (4) 알루미나질 | 10.55<br>29.76 | 85.74<br>64.80 | 1.46<br>3.25 | 1.28<br>0.89 | 0.29<br>0.54 | 나머지<br>〃 |
| (5) 수경성 알루미나질 | 10.22<br>28.21 | 80.11<br>62.24 | 1.64<br>1.20 | 6.53<br>6.25 | 0.26<br>0.22 | 나머지<br>〃 |

## 3.2 보온재료

보온재료(heat insulator)는 일반적으로 다공질이고, 그 조직 중에 공기층이 있어 보온 역할을 하게 된다. 금속 보온재의 경우에는 공기층 이 외에 방사열을 방사시키므로 더욱 보온 효과를 올리는 것도 있다. 보통 사용되는 보온 재료에는 재질에 따라 유기질 보온 재료, 무기질 보온 재료, 금속질 보온 재료(Al foil) 등으로 분류한다.

**표 3.6** 내화, 단열, 보온재의 구분

| 구분 | 내용 |
|---|---|
| 내 화 | 공업 규격에서 내화도가 SK 26(1,580℃) 이상의 것으로 규정되어 있다. |
| 내화 단열재 | 내화물과 단열재의 중간에 속하는 것으로, 단열 효과가 있으면서 내화도가 높은 것으로, 대략 1,300℃ 이상에 견디는 것이다. |
| 단 열 재 | 850~900℃ 이상 1,200℃ 정도까지 견디는 것이다. |
| 보 온 재 | 800℃ 이하 300℃ 정도까지 견디는 무기질의 것과, 200℃ 정도까지 견디는 유기질의 것이 있다. |
| 보 냉 제 | 대부분 100℃ 이하의 냉온을 유지시키는 것이다. |

보온재의 사용 용도를 살펴보면 유기질 보온재는 140~150℃ 이하, 광물질 섬유, 규소토 분말 등은 500℃ 이하, 탄산마그네슘($MgCO_3$)은 300~350℃ 이하, 그리고 단열 벽돌은 1,400~1,500℃ 정도이다. 그리고 금속 단열재는 500℃ 이하로 보고 있다.

## 1. 유기질보온재료

유기보온재료(organic heat insulator)에는 식물・동물의 섬유질(fiber)을 압축한 것과 지중해지방에서 산출되는 서양 코르크 등이 있다. 예를 들면 양모, 털, 솜, 펄프 등은 섬유상태로서 보온용에 사용되고 있다. 이것들은 수분을 흡수하면 보온효과가 불량하게 되므로 잘 건조된 상태에서 사용하도록 해야 한다. 동물 및 식물 보온재에서 너무 고착압력이 크면 공기층이 없어 보온 효과가 저하되고, 고착압력이 작으면 내부에서 대류작용이 생겨 보온이 나쁘므로 일반적으로 80~100kg/m$^3$의 힘으로 고착한다. 섬유질 보온재료 이외에 세포 중에 공기를 함유하여 보온 역할을 하는 것으로는 코르크가 있다. 코르크에는 세포막이 있어 물의 침투를 저지하므로 내습성이 크고, 방냉재로 적합하다. 최근에는 코르크 입자와 적당한 접합제를 첨가하고 압축하여 만든 코르크 합판도 사용되고 있다. 일반적으로 유기보온재는 낮은 온도에 대한 보온에 널리 쓰인다.

## 2. 무기질보온재료

무기보온재(inorganic heat insulator)는 고온 보온재로서 널리 사용된다. 여기에는 석면(asbest), 암면(rock wool), 슬랙 울(slack wool), 글라스 울(glass wool) 등의 섬유질 보온재와 탄산마그네슘 규소토 등과 같은 분말보온재가 있다. 탄산마그네슘 85%와 석면 15%의 배합은 가장 열전도율이 작은 보온재로서 300℃ 이하에서 주로 사용된다. 광물섬유로 된 석면도 널리 사용되고 있다. 이것은 400℃ 이상에서는 서서히 분해하고, 800℃ 부근에서는 보온성이 상실된다. 글라스 울(glass wool)은 유리질로 만든 섬유로서 역시 보온 목적에 사용되고 있다. 일반적으로 섬유상 보온재는 전기를 통하지 않는 부도체이고 내열성도 좋다. 한편 탄산마그네슘 분말(사용 온도 300℃ 정도) 및 석면을 첨가한 것은 보일러, 화학 장치(약 500℃까지) 등의 보온에 사용된다. 또 단열을 목적으로 할 때에는 무게가 가벼운 단열 벽돌(사용 온도 약 800℃까지)를 사용한다.

## 3. 금속단열재

알루미늄 포일 단열재(aluminum foil insulator)는 극히 얇은 알루미늄 포일 0.007~0.050mm를 적당한 공기층을 두고 겹친 것이다. 일반적으로 알루미늄 단열재는 여러 겹으로 겹쳐서 6~10mm 정도의 두께로 사용한다. 금속 단열재에는 알루미늄 이외의 얇은 강철판 위에 Pb 또는 Sn의 합금을 붙여 부식을 방지한 것도 사용된다.

## 4. 단열벽돌과 단열내화벽돌

### 1) 단열벽돌(heat-insulating brick)

규소토를 주성분으로 한 저온용 단열벽돌이다. 비중은 0.5~0.9, 기공률 55~75%, 압축강도 20~70kg/cm$^2$, 사용온도 850~1,200℃ 범위이다.

표 3.7은 단열벽돌의 규격의 예이다.

**표 3.7** 단열벽돌의 규격

| 종별 \ 성질 | 비 중 | 압축강도 | 최고사용온도 | 열전도율(350℃) |
|---|---|---|---|---|
| 1종 | 0.70 이하 | 20kg/cm$^2$ 이상 | 850(℃) | 0.14 이하 |
| 2종 | 0.70 이하 | 20kg/cm$^2$ 이상 | 900(℃) | 0.14 이하 |
| 3종 | 0.70 이하 | 20kg/cm$^2$ 이상 | 950(℃) | 0.15 이하 |
| 4종 | 0.70 이하 | 20kg/cm$^2$ 이상 | 1,000(℃) | 0.15 이하 |
| 5종 | 0.07 이하 | 20kg/cm$^2$ 이상 | 1,100(℃) | 0.17 이하 |
| 6종 | 0.07 이하 | 20kg/cm$^2$ 이상 | 1,200(℃) | 0.17 이하 |

### 2) 단열내화벽돌(insulating fire brick)

내화점토를 주성분으로 한 고온용 단열 내화벽돌로서 경량내화벽돌이라고 한다. 이것은 내화점토에 가연성물질을 첨가하여 1,400~1,500℃에서 소성하여 다공질로 한 것이다. 비중은 0.8~1.2, 기공률 50~70%, 압축강도 30~110kg/cm$^2$, 열전도율 $\lambda$=0.18~0.35kcal/m · h · ℃이다.

표 3.8은 단열내화벽돌의 규격이다.

**표 3.8** 단열내화벽돌의 규격

| 종별 \ 성질 | 비 중 | 압축강도 | 최고사용온도 | 열전도율(350℃) |
|---|---|---|---|---|
| 1종 | 0.80 이하 | 20kg/cm$^2$ 이상 | 1,300(℃) | 0.18 이하 |
| 2종 | 0.08 이하 | 20kg/cm$^2$ 이상 | 1,400(℃) | 0.18 이하 |
| 3종 | 0.08 이하 | 20kg/cm$^2$ 이상 | 1,500(℃) | 0.20 이하 |
| 4종 | 1.2 이하 | 50kg/cm$^2$ 이상 | 1,300(℃) | 0.30 이하 |
| 5종 | 1.2 이하 | 50kg/cm$^2$ 이상 | 1,400(℃) | 0.33 이하 |
| 6종 | 1.2 이하 | 50kg/cm$^2$ 이상 | 1,500(℃) | 0.35 이하 |

# 제4장 연삭재료

## 4.1 연삭재(abrasive)

보통 금속의 표면을 연삭하는 연삭재 또는 도금한 면의 버핑(buffing)에 사용하는 연마제(polishing, buffing, lapping powder)로는 금속의 산화물 또는 탄화물과 같이 용융점이 높은 물질의 분말을 사용한다. 산화철($Fe_2O_3$), 산화크롬($Cr_2O_3$), 알루미나($Al_2O_3$) 등이 있고 천연산 다이아몬드, 루비, 강옥 등과 같이 굳은 물질 등이 있으나 산출량이 적으므로 주로 인조 연삭재가 널리 사용되고 있으며, 그 중에서 산화물, 탄화물 등이 많이 사용된다.

**표 4.1** 연삭재, 연마제의 종류

<table>
<tr><td>천연산 연삭재, 연마제</td><td colspan="3">강옥 · 에머리 · 다이아몬드 · 석영, 규소토, 황옥, 규석, 활석, 산화금속 광물</td></tr>
<tr><td rowspan="6">인조연삭재</td><td rowspan="2">아런덤<br>(용융 알루미나)<br>(Arundum)</td><td>A<br>(arundum)</td><td>경도는 작으나 인성이 크다.<br>연강의 거친 연삭에 적당</td></tr>
<tr><td>WA<br>(white arundum)</td><td>경도 크고 강도 크다.<br>고속도강, 공구강 연삭에 적당</td></tr>
<tr><td rowspan="2">카버런덤<br>(carborundum)<br>(탄화규소)</td><td>C<br>(carborundum)</td><td>주철, 도자기, 석재의 연삭 및 연마 사용</td></tr>
<tr><td>GC<br>(green carborudum)</td><td>극히 굳은 입자로서 초경합금 연삭에 적당</td></tr>
<tr><td colspan="2">탄화붕소(boron carbide)</td><td>다이아몬드 다음으로 경도가 크고 취성이 있다. 초경 공구, 보석 연삭</td></tr>
<tr><td colspan="2">탄화텅스텐(tungsten carbide)</td><td>절단 숫돌, 정밀 래핑제</td></tr>
<tr><td>래핑제 · 버핑제</td><td colspan="3">산화철($Fe_3O_3$), $Cr_2O_3$, 소성 알루미나, MgO</td></tr>
<tr><td>연마사포지</td><td colspan="3">에머리 연마포지 · 아런덤 연마 사포지 · 카보런덤 연마 사포지 · 특수 연마 사포지</td></tr>
</table>

## 4.2 천연산 연삭재 · 연마제

### 1. 다이아몬드(diamond)

다이아몬드는 천연산 중에서 가장 경도가 크며, 절삭 공구 및 경도가 큰 재료의 연마 등에 사용한다.

### 2. 에머리(emery)

이것은 루비, 사파이어 등의 알루미나($Al_2O_3$)질의 강옥에 미세한 $Fe_2O_3$가 산재한 것으로서 연마 사포, 버핑에 쓰인다.

### 3. 점토 · 규소토

입도가 미세하고, 또한 연하므로 다듬질, 버핑 등에 적합하다.

## 4.3 인조연삭재

### 1. 산화 알루미늄($Al_2O_3$)

알루미늄의 원광석인 보크사이트 또는 순수한 알루미나를 전기로에서 고온 용융한 것을 분쇄하여 만든다. 일명 아런덤(arundum)이라고도 하며, 순수한 백색 산화 알루미늄(WA)과 순도가 낮은 갈색 산화 알루미늄(A)의 2종류가 있다. WA는 딱딱하고 취성이 있으며, A는 좀 경도가 낮으나 WA보다 취성이 작다. 연삭 숫돌에 사용된다.

### 2. 탄화규소(SiC)

탄화규소는 규석과 탄소를 원료로 하여 전기로에서 만든 것으로 카보런덤(carborundum)이라고도 한다. 이것에는 순도가 높은 녹색탄화규소(GC)와 불순물이 많은 흑색탄화규소(C)의 2종류가 있다. 이상의 4가지 중에서 경도는 A, WA, C, GC의 순으로 높으며, A는 고속도강과 같은 경도와 강도가 높은 연삭에 쓰인다. WA는 일반적으로 담금질강, 그리고 C는 주철, 자기, 알루미늄 합금 등 딱딱하고도 메짐성이 있는 것 또는 전성이 큰 비철금속 등의 연삭에 쓰이며, GC는 칠드 주물, 초경 합금 등의 연삭에 사용된다.

표 4.2 Moh's 신 경도표

| | | |
|---|---|---|
| 1. 활석 | 6. 정장석 | 11. 용융 지루콘 |
| 2. 석고 | 7. 석영 유리 | 12. 용융 알루미나 |
| 3. 방해석 | 8. 수정 | 13. 탄화규소 |
| 4. 형석 | 9. 황옥 | 14. 탄화붕소 |
| 5. 인회석 | 10. 석류석 | 15. 다이아몬드(diamond) |

### 3. 탄화붕소(BC)

탄화규소(SiC)보다도 경도가 크고 분말로서 보석류의 연마, 연삭 숫돌로서 초경 공구, 초경 노출, 초경 다이스 등의 가공에 쓰인다. 표 4.2 경도표는 탄화붕소의 경도가 얼마나 큰가를 잘 보여 주고 있다.

## 4.4 인조연마제

### 1. 산화철($Fe_2O_3$)

산화철(iron oxide)의 분말은 판유리의 다듬질 연마에 쓰이고, 또한 극히 작은 미분말은 유지연마제로서 금속의 연마제로 쓰인다.

### 2. 산화크롬(chrome oxide)

산화크롬은 값이 비싸지만 분말로서 우수한 연마제이다. 정밀한 래핑제로서 금속 및 도금면의 다듬질에 쓰인다.

### 3. 소성 알루미나($Al_2O_3$) 및 MgO

금속의 현미경 시편 폴리시용 및 유지성 연마제로 사용된다.

## 4.5 천연 숫돌

천연 숫돌로 사용되는 것에 사암, 화강암, 응회암, 석영조면암, 점판암 등이 있다. 사암·화강암은 거친 숫돌에, 응회암·석영조면암은 중간 숫돌에, 점판암은 다듬질 숫돌에 적합하다.

## 4.6 인조 숫돌

주로 인조 연삭재를 분쇄하여 규정된 입도를 만들어 이것을 각종의 결합제로써 성형하여 일정한 형상으로 만든다. 이것을 소성하여 숫돌로 만든다. 기계 공장에서 많이 쓰이는 것이 이것이며 A, WA, C, GC 등 연삭재(abrasive)들이 사용된다.

### 1. 입도(grain size)

입자의 크기인 입도는 1인치 사이에 체눈의 수로써 표시한다. 예를 들면 20메시의 입도는 $1 in^2$에 400개의 체눈이 통과하고, 다음 입도의 체에 걸려 남는 크기를 표시하며 연삭숫돌을 선택할 때에는 어느 정도 크기의 입자를 가진 것인지를 확인해야 한다. 이 입자의 크기를 **입도**(grain size)라 하며, 그 입자번호는 연삭숫돌에 명시되어 있다. 표 4.3은 입도번호와 입자의 평균 크기와의 관계를 나타낸 것인데, 보통 연삭에는 거친 입도, 다듬질 연삭에는 고운 입도의 것을 쓰고, 또 딱딱하고 메진 재료에는 고운 입도, 반대의 경우에는 거친 입도의 것을 사용한다.

**표 4.3** 입도번호와 입자의 크기

| 구 분 | 입 도 (#) | 평균지름 (mm) | 구 분 | 입 도 (#) | 평균지름 (mm) |
|---|---|---|---|---|---|
| 억센입자 | 10 | 2.5 | 극히 가는 입자 | 150 | 110 |
| | 12 | 2.0 | | 180 | 88 |
| | 14 | 1.7 | | 220 | 75 |
| | 16 | 1.4 | 미분말입자 | 240 | 67 |
| | 20 | 1.2 | | 280 | 57 |
| | 24 | 0.85 | | 320 | 48 |
| 중간입자 | 30 | 0.7 | | 400 | 40 |
| | 36 | 0.6 | | 500 | 34 |
| | 46 | 0.4 | | 600 | 28 |
| | 54 | 0.35 | | 700 | 24 |
| | 60 | 0.3 | | 800 | 20 |
| 가는입자 | 70 | 0.25 | | 1,000 | 16 |
| | 80 | 0.21 | | 1,200 | 13 |
| | 90 | 0.18 | | 1,500 | 10 |
| | 100 | 0.15 | | 2,000 | 7.9 |
| | 120 | 0.13 | | 2,500 | 6.3 |
| | | | | 3,000 | 5.0 |

## 2. 결합도

연삭 입자를 결합체(binder)가 고정하는 강도를 **결합도** 또는 **경도**라고 한다. 일반적으로 결합도가 작은 숫돌일수록 약하다. 결합도 표시에는 F에서 Z까지의 기호를 사용한다.

결합도는 연삭능률에 많은 영향을 준다. 일반적으로 연삭입자의 마모와 연삭숫돌의 마모가 일치될 때 가장 좋은 연삭능률이 얻어진다.

**표 4.4** 경 도

| 극 연 | 연 | 중 | 중경 | 경 | 극경 |
|---|---|---|---|---|---|
| F.G | H.I.J.K | L.M.N | O.P.Q | R.S.T.U | W.Z |

연삭입자만 마모되고 연삭숫돌이 마모되지 않은 경우에는 연삭숫돌의 눈이 막혀서 잘 연삭되지 않는다. 또한 연삭입자가 마모되지 않는 상태에서 탈락되어도 능률이 떨어진다. 굳은 재료 연삭에는 연한 숫돌을 쓰고, 연한 재료 연삭에는 굳은 숫돌을 사용한다.

## 3. 조직(structure)

입자의 밀도를 연삭 숫돌의 조직이라 하여 억센 절삭에도 밀도가 작은 것, 다듬질 연삭에는 밀도가 큰 것을 쓴다. 또, 가공물이 연한 곳에는 거친 것, 반대인 경우에는 고운 것을 각각 쓴다. 조밀의 정도를 나타내는 기호는 표 4.5와 같다. 노르톤(Norton) 회사에서는 0～12단계로 분류하고 있으며 주로 조, 중, 밀 등의 3종으로 구분하고 있다.

**표 4.5** 숫돌의 조직 기호

| 조밀의 단계 | 밀 | 중 | 조 |
|---|---|---|---|
| 조직 기호 | 0, 1, 2, 3 | 4, 5, 6 | 7, 8, 9, 10, 11, 12 |

## 4. 결합제(binder)

결합제에는 도자기질로 소결하여 굳힌 비트리파이드 결합법(V ; vitrified process), 규산소다를 사용한 실리케이트 결합법(S ; silicated process), 유기 결합제인 고무질 결합법(R ; rubber process), 셸락(E ; shellac) 결합법, 합성수지를 사용한 레지노이드 결합법(T ; resinoid process) 등의 5종이 있다.

표 4.6 각종 결합제와 연삭 숫돌

| 결합제 | | | 연삭숫돌 |
|---|---|---|---|
| 종류 | 기호 | 주성분 | |
| 비트리파이드결합제 | V | 장석·점토 | 장석·점토 연삭 입자 →성형/건조→ 고온 소성 (약 1,300℃) |
| 실리케이트 결합제 | S | 물유리(규산소다) | 장석·물유리 연삭 입자 →성형/건조→ 가열 소성 (약 300℃) |
| 레지노이드 결합제 | T | 베이클라이트 합성수지 | 베이클라이트 연삭 입자 →가열/가압→성형(160～180℃) |
| 고무결합제 | R | 생고무 | 생고무·유황 연삭 입자 →혼합 연합/성형→가열 |
| 셀락결합제 | E | 셀락 | 셀락 연삭입자 →혼합→성형 |
| 비닐결합제 | PVA | 폴리비닐아세탈 | 연삭 입자 폴리비닐아세탈 →가열/성형→ |

비트리파이드 결합법은 결합도를 변화시키는 범위가 넓고 조직이 균일하고 연삭력도 좋아 널리 쓰이고 있다. 실리케이트법은 연삭할 때 발열에 약하다. 그러나 대형 연삭 숫돌의 제작에 적합하다. 그리고 유기 결합제를 사용한 것을 엘라스틱 결합법(elastic process)이라고도 하며, 이것은 탄성이 큰 장점이 있다. 그러므로 절단 연삭숫돌, 작은 숫돌 제조에 쓰인다.

## 5. 연삭숫돌의 표시법

연삭숫돌의 표시는 다음 순서에 따른다.

(1) 연삭숫돌의 재료(종류) (2) 입도 (3) 경도(결합도)
(4) 조직 (5) 결합제 (6) 숫돌 형상
(7) 치수(외경 D×두께 T×구멍지름 H) (8) 제조 기호 (9) 제조 연월일

예를 들면 다음과 같이 표시하며 (1)～(5)항까지는 꼭 이 순서대로 기입해야 한다.

예 : WA·46·K·8·V·No.1·D205×16×19.05

# 4.7 연마포지 및 유성연마제

## 1. 연마포지

면포에 아교, 합성수지, 고무 등의 접착제로 연삭입자를 부착시킨 것으로서 연삭입자에는 용융 알루미나, 에머리, 탄화규소 등의 3종이 쓰인다. 용융 알루미나와 에머리로 만든 것은 경도가 큰 재료에, 그리고 탄화규소는 연한 금속의 연마에 쓰인다. 입도는 #60에서 #400까지 쓰이고 있다. 연마포지에 쓰이는 연마제는 일명 도장연마제(coated abrasive) 또는 가요성연마제(flexible abrasive)라고도 한다. 연마포지의 재질에는 연마포, 연마지 및 내수연마지 등이 있으며 미국에서는 연마지재질을 A, B, C, D, E 등급으로 나누고 A는 섬세한 연마에, C · D는 중간 정도, E는 큰 강도를 요구하는 데 사용하고 헝겊받침(연마포)은 면포 T로써 알려진 강하고 가벼운 것을 사용하기도 하고 특히 종이나 헝겊의 혼합물로 된 것은 강하고 신축성과 지구력이 요구되는 것에 이용하고 있다.

표 4.7 유지성 연마제의 특성과 용도

| 명칭(상품명) | 연 삭 입 자 | 특 성 및 용 도 |
|---|---|---|
| 백 봉 | 알루미나 | 경질 금속의 처음 연마, 중(中)연마용<br>스테인리스, 크롬 등 연마 |
| 청 봉 | 산화크롬 | 크롬 도금, 니켈 도금의 다듬질 연마<br>크롬, 스테인리스 및 기타 경질금속의 다듬질 및 광택작업 |
| 적 봉 | 양질의 산화철 | 금, 은, 백금 및 도금 연마와 광택 연마 작업<br>황동 및 고급 동제품의 연마 및 광택 작업 |
| 에머리베스트 | 에머리, 알루미나 | 일반 철강재의 거친 연마용 |
| 그로즈 | 산화철 | 중(中)연마보다도 더 고급 연마용<br>철강, 스테인리스, 황동, 알루미늄 등 연마용 |
| 도리포리 | 무수규산 | 동합금, 아연, 알루미늄 등 중연마용 |
| 밴지이 | 미정질무수규산 | 베이클라이트, 셀룰로이드, 에보나이트, 합성수지, 목공품 등의 다듬질 및 광택 |

## 2. 유지성연마제

연마제를 지방산, 지방, 수지 등으로 결합시킨 것으로서, 버핑(buffing) 작업으로 도금한 면의 다듬질 연마, 금속 표면의 다듬질 연마 등에 쓰인다.

제5장

# 패킹 및 벨트재료

## 5.1 정의와 용도

패킹(packing)의 목적은 가스 및 액체 등이 새는 것을 방지하기 위하여 사용하므로 어느 정도 변형이 가능한 것이 사용된다. 또, 사용 장소에 따라 내열성 및 내유성 등 여러 성질이 요구된다.

패킹의 용도는 공작 기계, 펌프, 압축기, 배관, 내연기관, 증기기관, 항공기, 자동차, 철도 차량, 유압 프레스, 화학 기계 및 장치, 밸브 등 접합부 및 접촉면의 기밀을 유지하고 유체가 새는 것을 방지하므로 그 사용범위가 넓다. 유체의 종류가 물, 공기, 각종 가스, 증기, 산(acid), 알칼리, 오일 등이 있고 이들을 혼합하면 그 종류는 수 백 종이 되므로 재질 및 형상도 다종다양하다. 따라서 어떤 패킹을 선정하는가는 기계, 장치, 기계의 종류, 유체의 성질, 사용압력, 온도 등의 각종 조건을 고려해야 한다.

기체나 액체를 취급하는 구조 부품의 접합면은 다듬질 정밀도를 높이면 볼트 죄임만으로도 상당한 기밀을 유지할 수 있지만 이와 같이 가공하려면 비용이 많이 든다. 그러나 접촉면을 그다지 정밀하게 다듬질하지 않아도 패킹을 사용하면 쉽게 기밀을 유지할 수 있으므로 패킹이 널리 쓰이는 것이다.

벨트(belt)는 힘의 전달에 쓰이는 것으로 기계에 적응성이 있어야 하며 미끄러지지 않고 강도가 큰 것이 좋으며 불균일한 늘어남이 생겨서는 안 된다.

일반적으로 쓰이는 패킹 및 벨트에는 가죽류, 고무류, 플라스틱 및 면, 마 등이 있다.

# 5.2 재료의 특성

## 1. 재료의 구비조건

패킹 및 벨트 재료로서의 구비조건은 사용 장소, 사용 조건 등에 따라 다르나 중요한 것은 다음과 같다.

(1) 유연하고 탄력성을 가질 것
(2) 강인하고 내구력이 클 것
(3) 화학적(내구, 내온, 내식 등)으로 안정하고 오래 사용하여도 변화 없을 것
(4) 내열 및 내마모성이 클 것
(5) 가공이 쉽고 가격이 쌀 것

## 2. 패킹 및 벨트 재료

패킹에 사용되는 재료에는 석면, 가죽, 고무, 대마, 목면, 펠트, 코르크, 연한 금속, 페인트 등 그 종류가 많고, 단독으로 또는 조합하여 각종 형상으로 사용되므로 그 종류가 대단히 많다. 또 패킹의 성능을 향상시키기 위하여 흑연, 유지, 연마제, 화학 약품 등을 배합하여 만들기도 하므로 여러 가지의 목적과 형상에 따라 분류방식도 다양하나 여기서는 기본 재료에 의한 것만을 설명해 본다.

### 1) 가죽(피 : leather)

가죽에는 소, 물소, 말, 양 등의 가죽이 쓰인다. 가죽은 생피 상태로는 썩거나, 건조도에 따른 결과로서 여리게 되므로 가죽에 유연성, 강인성, 내화성, 방수성 및 통기성 등을 가지게 하기 위하여 타닌(tanning)처리 및 크롬처리, 기름처리, 명반처리 등을 해서 사용한다.

타닌(tanning) 가죽은 타닌 용액 중에 건조하여 탈수(건조탈수)한 생피를 담가서 익힌 것이다. 이 방법으로 익힌 가죽은 일반적으로 치밀하고 단단하며 잘 늘어나지 않는 특징을 가지는데, 내열성은 떨어진다. 적갈색의 두꺼운 가죽이 얻어지며 큰 벨트 등에 쓰인다. 크롬처리한 가죽은 청록색으로서 늘어나기 쉬우며 내열성이 우수하다. 기름처리한 가죽은 엷은 황색을 띠며 세탁할 수 있으나 늘어나기 쉽다. 명반처리한 가죽은 순백하고 흡수하면 단단해진다. 주로 털가죽의 유혁에 쓰인다.

대표적 방법인 타닌처리 가죽과 크롬처리 가죽의 성질을 표 5.1과 5.2에 보여 주고 있다.

표 5.1 가죽의 일반적 성질

| 가죽처리방법 | 인장강도 ($kg/cm^2$) | 연신율(%) | 색 깔 | 가죽질 | 내연성 | 섬유 |
|---|---|---|---|---|---|---|
| 타닌처리제조 | 330~420 | 23~25 | 적갈색 | 굳 다 | 적 다 | 치 밀 |
| 크롬처리제조 | 420~430 | 47~48 | 청록색 | 유연하다 | 우수하다 | 억세다 |

표 5.2 가죽 처리법에 따른 기계적 성질

| 가죽 종류 | 타닌 처리 제조 | | 크롬 처리 제조 | |
|---|---|---|---|---|
| | 인장강도($kg/cm^2$) | 연 율(%) | 인장강도($kg/cm^2$) | 연 율(%) |
| 쇠가죽 벨트 | 330~420 | 23~25 | 420~430 | 47~48 |
| 어린 쇠가죽 | 310~420 | 28~32 | 300~310 | 39~56 |
| 말 가 죽 | 110~170 | 44 | 160 | 58 |
| 상어 가죽 | 93~120 | 42 | 150 | 42 |

가죽과 가죽의 접착에는 소맥 단백질 글루텐(gluten)이나 셀룰로이드(celluloid)를 초산 알루미나에 녹인 것, 혹은 비닐(vinyl)계 수지를 용제에 녹인 것, 합성고무를 주체로 한 본드(bond, 결합체 ; 가죽을 철에 2,150$kg/cm^2$의 강도로 접착함)를 쓴다.

가죽(leather)은 유연하고 강인하며 내수성이 있어 패킹(packing)이나 벨트(belt) 소재로 많이 사용하고 있으나 가죽의 결점으로는

(1) 가공품과 같이 균일성을 유지하기 곤란하고, 크기에 제한을 받는다.
(2) 다공 섬유질이고 열에 약하다.
(3) 알칼리성에 약한 것 등이다.

따라서 사용에 제한을 받고 있다. 가죽 패킹은 수압, 유압 압축공기 등을 취급하는 기계장치의 봉 또는 램(ram)에 쓰이며, 온도가 높은 열기관이나 고속 기관 등에는 부적당하다.

## 2) 고 무

(가) 생고무

고무나무에서 딴 레이텍스(latex ; 고무 성분을 함유하는 유액)를 60% 정도로 농축한 것 혹은 개미산 등을 가하여 굳힌 다음, 판이나 덩이로 만든 것이 생고무이며, 인장강도가 10~20$kg/cm^2$, 연신율이 1,000~1,300%이고, 약품에 침식되기 쉽다. 생고무는 황(S)과 함께 가열하면 반응을 일으켜서 강하고 화학적인 내구력을 증가한다. S의 양에 의하여 연질과 경질로

나뉜다.

(나) 연질고무

생고무에 몇 %의 S과 기타 성분을 배합하여 성형가열을 하는 **가황**을 거쳐서 급랭 또는 방랭하여 만들어진다. 이 가황고무는 시일이 경과함에 따라 나빠지며 표면에 균열이 생겨서 노화한다. 그리고 가황고무로부터 반대로 생고무로 되돌릴 수는 없으며, 재생고무는 생고무와는 전연 다르다.

(다) 경질고무(ebonite)

이것은 생고무에 30% 이상의 황을 집어넣어 오랜 시간 가열해서 만든 것인데 내산성, 내알칼리성, 전기 전열성 및 가공성이 우수하며, 비교적 값이 싸다. 인장강도는 70～630kg/cm$^2$, 압축강도는 703～1,055kg/cm$^2$이다.

이렇게 고무는 가공성이 우수하고, 전기 절연성이 좋으며, 탄력성도 좋고, 내열성도 좋으나, 천연고무는 시일이 경과함에 따라 노화현상이 일어나 탄력성이 없어지고 표면에 흠집이 생기는 결점이 있어, 요즈음에는 천연고무의 결점을 보충한 인조고무가 생산되어 내유성, 내열성, 내노화성 등을 해결하고 있다. 예로, 규소와 산소를 첨가 주체로 한 것으로의 **규소고무**인 인조고무는 내열성, 내한성이 좋고 260～-55℃의 범위까지 탄성을 가지며, 불소를 첨가해서 만든 **불소고무**는 내열성, 내약품성이 우수하다.

표 5.3은 인조로 만든 고무인 합성고무의 성질과 용도를 천연고무와 함께 비교하여 보여 준다.

**표 5.3** 합성고무의 성질과 용도

| 종 류 | 최고 인장강도 (kg/mm$^2$) | 연신율 (%) | 배 합 제 | 특 징 | 용 도 |
|---|---|---|---|---|---|
| 천연고무 | 350 | 650 | | | |
| 부우너(buna) S | 280 | 650 | 카본블랙 | 내열성, 절연성 큼 | 전기 절연물 |
| 부 우 너 N | 320 | 600 | 〃 | 내유성 대단히 큼<br>내마모성 큼 | 자동차 타이어 |
| 네오프렌 (neoprene) | 300 | 820 | 〃 | 내유성, 내마모성, 내노화성, 내산성 좋음 | 자동차 타이어, 특수 군수품 |
| 지오콜(thiokol) A | 60 | 370 | 카본블랙 | 내유, 내열, 내노화, 내수성 좋음 · 악취 있음 | 내유 호우즈, 송유관, 내유 전선 |
| 지오콜 B | 120 | 610 | 〃 | A의 개량품 · 악취 없고, 기계적 성질 좋음 | 내코로나 전선 |
| 염화비닐 | 270 | 170 | 가소제 30%. 가황불능 | 내약품, 내유, 내수성 큼 | 도금 탱크, 산탱크(산조), 석유 수송관, 독가스 마스크 |

### 3) 섬유제품

목면, 면사, 대마 등의 섬유 제품을 그대로 벨트 및 패킹에 사용하는 일도 있으나, 일반적으로 몇 겹씩 합쳐서 사용하는 일이 많다. 내습성을 좋게 하기 이하여 특수한 물질을 칠하든지 침투시켜 사용하는 일이 많다. 일반적으로, 고무와 층상으로 만들어 사용한다.

섬유 제품으로 만든 벨트 및 패킹 등은 나비가 넓고, 긴 것도 쉽게 만들 수 있으나 늘어나고 열에 약하며, 또 내구력이 작은 결점이 있다.

# 제6장 합성수지

## 6.1 합성수지의 일반적 성질

외력을 가하면 자유로 영구변형을 하는 성질을 가소성(plasticity)이라 하며, 일반적으로 플라스틱(plastic)이라 불리는 것은 가열 또는 동시에 압력을 가하면 유동성이 되고, 냉각 혹은 화학 변화에 의하여 단단하고 강하게 되는 합성품이다.

초기의 제품이 천연수지와 닮았으므로, 합성수지라고 불리게 되었으며 미국에서는 합성섬유와 합성고무를 포함해서 플라스틱이라고 부르고 있다. 합성수지는 거의가 유기질인데 불소수지, 규산수지 등의 발달에 의하여 유기와 무기의 경계성에도 우수한 제품이 나오게 되었다.

합성수지는 단독으로 형성하여 쓰는 경우와 석면, 펄프, 유리섬유 등의 섬유를 넣어서 기계적 성질을 개선하여 쓰는 경우, 포나 종이 등과 번갈아 겹쳐서 형성한 소위 적층품으로서 쓰는 경우 등이 있다. 그리고 액상으로서 도료 또는 접착제로서 쓰이는 것도 있다. 합성수지는 전기절연재료, 기계부품, 화학장치 부품, 파이프 등에 널리 쓰인다.

합성수지는 그 경화 현상으로부터 **열경화성수지**(thermosetting resins)와 **열가소성수지**(thermoplastic resins)의 두 종류로 크게 나눌 수 있다.

열경화성수지는 가열하여 가압 성형하면 다시 가열하여도 연하여지거나 용융되지 않으나, 열가소성수지는 성형 후에 가열하면 연하여지고, 냉각하면 다시 본래 상태로 굳어지는 성질을 가지고 있다.

합성수지의 공통된 성질을 열거하면 다음과 같다.

(1) 가볍고 튼튼하다(비중은 1～1.5)
(2) 가공성이 크고, 성형이 간단하다.

(3) 전기절연성이 좋다.

(4) 산, 알칼리, 유류, 약품 등에 강하다.

(5) 단단하나 열에 약하다.

(6) 투명한 것이 많으며, 착색이 자유롭다.

(7) 비중과 강도의 비인 비강도는 비교적 높다.

(8) 내열성은 금속재료보다 못하며 50~300℃이다.

## 6.2 합성수지의 분류

합성수지는 가소성과 온도와의 관계에서 다음과 같이 2개로 크게 나뉜다.

(1) 열경화성수지(thermosetting resins)

(2) 열가소성수지(thermoplastic resins)

일반적으로 열경화성수지는 페놀수지, 요소수지 등이 이것에 속하며 가열하면 화학적 변화가 생기며 유동성을 상실하게 되나 강하게 가열하면 용융되지 않고 분해한다.

한편, 열가소성수지는 가열하면 작은 힘으로도 유동하고 화학적 변화가 생기지 않으며, 가열 냉각을 반복하여도 상온에서 물리적 성질 변화를 볼 수 없다. 열가소성수지에는 스티롤수지, 염화비닐수지, 아크릴수지, 폴리에스테르 등이 있다.

**표 6.1** 합성수지의 성질 및 용도

| | 종 류 | 특 징 | 용 도 |
|---|---|---|---|
| 열경화성수지 | 페놀수지 | 경질, 내열성 | 전기 기구, 식기, 판재무음기어 |
| | 요소수지 | 착색 자유, 광택이 있음 | 건축 재료, 문방구 일반 성형품 |
| | 멜라민수지 | 내수성, 내열성 | 책상판, 테이블판 가공 |
| | 폴리에스테르수지 | 성형이 쉽고, 가볍고 튼튼함 | 판상 형상판 판재 |
| | 규소수지 | 전기 절단성, 내한성, 내열성 | 전기 절연 재료, 도료, 그리스 |
| 열가소성수지 | 스티롤수지 | 성형이 쉽고, 투명도가 큼 | 고주파 절연 재료, 잡화관, 판재 |
| | 염화비닐 | 가공이 용이함 | 마루, 건축 재료 |
| | 폴리에틸렌 | 유연성이 있음 | 판, 필름 |
| | 초산비닐 | 접착성이 좋음 | 접착제, 껌 |
| | 아크릴수지 | 강도가 크고, 투명도가 특히 좋음 | 방풍 유리, 광학 렌즈 |

## 6.3 열경화성수지

열경화성수지는 기계적 강도가 크고, 내열성이 좋아서 기어, 베어링 케이스, 핸들, 소형 기구의 프레임 등에 쓰인다.

### 1. 페놀 수지(phenol resins)

페놀, 크레졸 등과 포르말린을 반응시켜 만든 것으로서 페놀수지의 대명사처럼 쓰이는 것으로, 1909년에 발명된 상품명 베이클라이트(bakelite)라는 상품명으로 널리 알려져 있다. 나뭇조각, 솜, 석면 등 각종 물질을 충분히 섞어 만든 제품이 전기기구, 가정용품 등에 사용되고 있다. 또 종이, 천, 석면 등과 함께 겹쳐쌓아서 전기기구용 재료, 베어링 등에도 사용된다. 액체 상태의 것은 페인트 또는 접착제로도 사용된다.

페놀 수지는 기계적 성질이 우수하고 비교적 가격이 싸며 전기 절연성, 내약품성, 치수 안정성이 좋고 값이 싸나 착색이 잘 안 되고 성형가공 후 선반작업 및 드릴로 뚫기 등의 절삭가공은 쉽지 않으나 전기 절연물, 전화기, 핸들 가재 기구, 기어, 프로펠러, 선체 부품, 장식품대, 라디오 상자, 광고 간판 등에 쓰인다.

### 2. 요소수지(urea resins)

흰색을 하고 있는 요소수지는 강도, 내수, 내열, 전기 절연성 등에서는 다소 떨어지나 가공성 및 착색이 용이하고 아름다운 상품을 만드는 데 적당하다. 내수·내열성은 멜라민, 지요요소 등을 첨가하면 성질이 많이 개선된다. 요소수지는 커피 가열기, 식탁 기구, 진열 상자, 가재 도구, 버튼, 전기부품 등으로 사용되며 접착제, 소부 에나멜의 제조 등에도 쓰인다. 다소의 흡습성이 있고 오랜 기간 지나치게 건조하면 균열이 생긴다.

### 3. 멜라민 수지(melamine)

멜라민은 무색의 가벼운 침상 결정이다. 아름답고 착색이 자유로운 멜라민은 요소수지보다 강도, 내수성, 내열성이 우수하다. 멜라민 수지는 사용 목적에 따라 멜라민과 포르말린, 석탄산, 요소 등을 합성하여 각종 성형품, 접착제, 페인트, 섬유조제에 쓰이고 있으며, 가격이 싸다.

### 4. 실리콘 수지(silicone resins)

실리콘 수지 —Si—O—Si—O 결합으로서 고분자물질의 종류와 결합기(基)의 개수에 따라

수지상, 고무상, 유상, 그리스 등이 있다.

실리콘 수지는 내열·내수성이 우수하고, 전기 절연성이 좋다. 실리콘 수지는 일반 합성수지보다 내열성이 100℃ 이상 우수하고, 기계 가공성도 좋다.

한편 실리콘 오일계는 절연유, 고온 윤활유, 확산 펌프용 오일, 주물용 내열 오일 등에 쓰인다.

### 5. 폴리에스테르 수지

기계적 강도 특히 충격치가 플라스틱 중에서 가장 크며, 충격치/비중은 금속과 대등하다. 유리섬유 등을 보강재로 성형하면, 항공기 재료, 자동차의 차체, 보트 등에 응용된다.

### 6. 베이클라이트

베이클라이트는 페놀계 수지로 페놀, 크레졸 등과 포르말린을 반응시켜 만든 것이다. 나뭇조각, 솜, 석면 등 각종 물질을 충분히 섞어 만든 제품이 전기 기구, 가정용품 등에 사용되고 있다. 또 종이, 천, 석면 등과의 적층품으로서, 전기 기구용 재료, 베어링 등에도 사용된다. 액체상태의 것은 페인트 또는 접착제로도 사용되는 등 그 용도가 많다.

## 6.4 열가소성수지

### 1. 스티렌 수지(styrene resins)

스티렌 수지는 스티렌의 중합체이고 스티롤 수지라고 부른다. 비중이 1.05~1.07로서 합성수지 중에서도 가벼운 편이다. 성형이 쉽고, 화학약품에 대하여 안정하므로 전기재료, 장식품, 가정용품에 사용되는 대표적인 열가소성수지이다. 일반적으로 폴리스티렌(polystyrene)은 150℃에서 연화하고 250℃ 이상에서는 해중합(depolymerise)되어 단일체의 스티렌으로 된다. 특히 고주파 절연재료, 투명한 광학 기계재료 등에도 쓰인다.

### 2. 염화비닐(vinyl chloride)

화학적, 전기적, 기계적 성질이 우수한 염화비닐은 석회석, 석탄, 소금 등을 원료로 하기 때문에 다른 공업재료와는 달리 원료의 자급이 쉽다. 내산, 내알칼리성이 풍부하고 황산, 염산, 수산화나트륨 등의 약품이나 바닷물에 녹거나 부식되는 일이 없으며, 기름이나 흙에 파묻혀도 침식되지 않는다. 제품은 내외의 면이 모두 매끈하다. 비닐 파이프는 마찰계수가 작아 물에 있을 때에는 잘 부착하지 않아서 유량 수송에 적합하다. 전기 및 열에 부도체이며 전기적 부식 염려도 없어 전선관이나 수도관에 적당하다. 비중은 1.4로 철의 $\frac{1}{5}$, 납의 $\frac{1}{8}$로서 가벼우며 부서지지 않고 가공이 쉬우나 열에 약하다. 필름 시이트 각종 압출품, 성형품, 발포제품 등에도 이용된다.

### 3. 폴리에틸렌(polyethylene)

폴리에틸렌 수지는 무색 투명하며, 내수성, 성형성, 전기 절연성이 좋다. 더구나 산알칼리성에도 강하고 120~180℃로 가열하면 끈끈한 액체가 되기 때문에 사출(injection)성형이 용이한 좋은 성질을 가지고 있다. 석유 상자, 브러시 등으로부터 장난감에 이르기까지 그 제품은 헤아리기 어려울 정도이다.

폴리에틸렌은 비중 0.92~0.96으로 염화비닐보다 가벼우며 유연성이 있고, 60℃에서도 경화되지 않는다. 충격에 대해서도 강하여 해머로 때려도 파손되지 않고 내화성도 고무나 염화비닐보다 좋다.

### 4. 초산비닐 수지(vinyl acetate resins)

초산비닐수지는 상온에서는 고무와 유사한 탄성을 나타내나 천연 고무와는 특성이 약간 다르다. 용제는 벤졸, 아세톤 등에 쓰이고, 무미무독, 접착성, 투명 등의 특성을 이용하여 접착제, 도료, 성형재료 등에 쓰인다. 또한 최근에는 츄잉껌의 원료에도 쓰인다.

최근에 초산비닐과 염화비닐을 혼합하여 중합한 합성수지는 변형이 적어 축음기의 레코드판에도 사용되고 있다. 비닐계의 중합품은 레인코트, 에어프론, 밴드, 전기기구, 타일, 필름, 식탁용 커버, 합성섬유 등에도 쓰인다.

### 5. 아크릴 수지(acrylic resins)

아크릴 수지는 투명성이 좋고 탄성이 크며, 햇빛에 노출되어도 변색이 잘 되지 않으므로 안전유리의 중간층 재료, 케이블의 피복 재료, 도료 등에 쓰인다. 일반적으로 벤젠, 아세톤, 유기산 등에는 용해되나 알콜, 물, 사염화탄소, 식물유 등에는 용해되지 않는다. 폴리메틸 메타크릴 수지(polymethyl methcrylate resins)는 유기유리(organic glass)로서의 광학 특성이 우수하여 렌즈 제작에 사용된다. 이외에 각종 장식품, 식품류, 밸브, 테이블, 항공기 방풍 유리, 치과 재료, 시계 부속, 도료 등에 사용된다. 제품의 인젝션 모울딩(injection moulding)에 적합하다.

### 6. 메타크릴 수지(metacrylate)

빛깔이 없고, 가벼우며, 끈기가 있는 한편 연화점도 높고, 전기적 성질이 좋다. 방풍유리, 광학 및 이과학 기계, 전기기구 등에도 쓰이나 생산량이 적고, 값이 비싸다.

### 7. 폴리아미드 수지(polyamide)

이것에는 나일론이 있으며 내열성, 내충격성, 기계적 강도, 자기 윤활성이 우수하고 기어, 베어링 등의 소형기계 부품으로서 널리 쓰인다.

## 6.5 합성수지의 용도

합성수지는 이제 여러 분야에서 급진적으로 사용하게 되었는데 이것은 기계적 강도, 내열성 등은 금속재료보다는 떨어지나, 일반적으로 비중이 작고 투명성, 탄성, 내식성, 전기절연성, 착색성 등에서는 금속재료에서는 찾을 수 없는 성질을 갖고 있기 때문이다. 합성수지의 기계재료로서의 응용을 설명하면 다음과 같다.

### 1. 베어링

합성수지로 만든 베어링은 ⅰ 내식성이 우수하며, ⅱ 마찰계수가 작고 동력이 작아도 된다. ⅲ 내마모성이 있으며, ⅳ 윤활이 간단하고 유(수)하의 절단이 없으며, ⅴ 운전이 조용하고, ⅵ 이종금속간에 나타나는 전해작용이 없고 전기화학적 부식의 발생이 일어나지 않으며, ⅶ 가벼움 등의 특징을 가지고 있다.

재료로서는 현재 주로 phenol 수지적층품, nylon, teflon(불소수지), tellurine(acetal 수지), polycarbonate 수지 등이 사용되고 있다. 일반적으로 bakelite로서 불리는 phenol 수지는 수윤활성이 좋고 중하중에 견디며, 내마모성을 지니고 있다. 또한 충전재의 면포가 함유성을 가지므로 jet engine의 roller bearing의 보지기 등에 사용된다. nylon은 충전재 없이도 기계적 강도가 크고 무급유로 사용할 수 있는 특징이 있다. 따라서 nylon제의 베어링은 윤활제가 적든가 또는 전혀 필요 없는 곳에 부식이나 마모가 심한 곳에 적합하며, 성형으로 만들어지는 것 또는 봉재나 관재로서 만드는 것들이 있다.

Teflon은 마찰계수가 0.05～0.1로서 대단히 작으며, 200～300℃의 고온에서 내마모성이 대단히 우수하다. 따라서 teflon제 베어링은 고온용 베어링으로서 또한 부식제에 견디는 베어링으로서 이용된다.

표 6.2 합성수지의 특성비교

| 종류 | | 페놀수지 무충전 | 요소수지 셀룰로스 충전 | 멜라민수지 셀룰로스충전 | 폴리에스테르유리 섬유충전 | 규소수지 유리섬유 충전 | 염화비닐수지 경질배합 | 폴리스티렌수지 일반용 | 폴리에틸렌 중(中)밀도 | 불소수지 3불화에틸렌 | 섬유소에스테르셀룰로이드 | 메타크릴수지 | 폴리아미드수지6 나이론 |
|---|---|---|---|---|---|---|---|---|---|---|---|---|---|
| 가공특성 | 성형가공성 | 가능 | 우수 | 우수 | 우수 | 가능 | 우수 | 우수 | 우수 | 우수 | 좋음 | 우수 | 우수 |
| | 압축성형온도(℃) | 132~160 | 135~175 | 145~180 | 75~160 | 135~175 | 175~205 | 130~205 | 150~190 | 230~280 | 85~120 | 150~215 | – |
| | 압축성형압력(kg/cm²) | 140~350 | 180~560 | 100~420 | 3.6~140 | 70~350 | 100~140 | 70~700 | 140~350 | 35~1,050 | 140~350 | 140~700 | – |
| | 사출성형온도(℃) | – | – | – | – | – | 170~200 | 160~210 | 135~300 | 225~290 | – | 160~260 | 205~315 |
| | 사출성형압력(kg/cm²) | – | – | – | – | – | 1,400~3,800 | 700~2,000 | 560~1,400 | 1,400~2,800 | | 700~1,400 | 700~1,700 |
| 물리적특성 | 비중 | 1.25~1.30 | 1.47~1.52 | 1.45 | 1.35~2.0 | 1.68~2.0 | 1.35~1.55 | 1.04~1.06 | 0.926~0.940 | 2.1 | 1.35~1.40 | 1.17~1.20 | 1.13 |
| | 인장강도(kg/cm²) | 490~560 | 420~915 | 350~420 | 700~1750 | 280~350 | 350~360 | 350~630 | 85~250 | 400 | 490~560 | 560~770 | 750~840 |
| | 연신율(%) | 1.0~1.5 | – | 0.6 | 0~5.0 | – | 5~15 | 1.0~2.5 | 50~500 | 100~200 | 40~45 | 3~10 | 90~320 |
| | 압축강도(kg/cm²) | 700~2,100 | 1,760~2,450 | 2,350 | 1,050~2,100 | 630~1,050 | 700~900 | 800~1,100 | – | 2,250~5,600 | 1,500~2,450 | 840~1.250 | 470~680 |
| | 투명도 | 투명~반투명 | 반투명~불투명 | 반투명~불투명 | 불투명 | 불투명 | 투명~불투명 | 투명~불투명 | 반투명 | 투명~반투명 | 투명~불투명 | 투명~불투명 | 반투명~불투명 |
| 열적특성 | 열전도도($10^{-4}$cal/sec) | 3~6 | 7~10 | 6.5~8.5 | – | 7.51~7.54 | 3~7 | 2.4~3.3 | – | 6 | 5 | 4~6 | – |
| | 비열(cal/℃g) | 0.38~0.42 | 0.4 | – | – | 0.24~0.30 | 0.2~0.3 | 0.32 | – | 0.22 | 0.3~0.4 | 0.35 | – |
| | 열팽창계수($10^{-5}$/℃) | 2.5~6.0 | 2.7 | 4.5 | 2~5 | 0.8 | 5~6 | 6~8 | – | 10 | 8~12 | 5~9 | 8~13 |
| | 연속사용내열성(℃) | 120 | 75~80 | 120 | 150~175 | >315 | 55~70 | 65~80 | 105~120 | 200 | 약 60 | 60~88 | 80 |
| | 열변형온도(℃) | 115~127 | 130~140 | 130 | >205 | 350~480 | 60~75 | 65~90 | 49~65 | – | 60~71 | 70~90 | 260~340 |
| 노화특성 | 흡수율 24h(%) | 0.1~0.2 | 0.4~0.8 | 0.1~0.6 | 0.06~0.23 | 0.1~0.2 | 0.1~0.4 | 0.03~0.05 | <0.01 | 0.00 | 1.0~2.0 | 0.3~0.4 | 1.9~3.3 |
| | 내일광성 | 서서히 변색 | 양호 | 양호 | 약간변색 | 거의불변 | 오랜기간 후에변색 | 약간 엷은 황색으로 됨 | 흑색배합이 외는 표면에균열 | 극히 안정 | 변색 여려짐 | 강도저하 | 약간변화 |
| | 내약산성 | 양호 | 양호 | 불변 | 거의불변 | 불변또는 약간변화 | 거의불변 | 불변 | 저항성큼 | 〃 | 약간변화 | 거의불변 | 견딤 |
| | 내강산성 | 내산화성에 약함 | 표면이 침식 | 분해함 | 침식됨 | 〃 | 〃 | 산화성산에 약함 | 산화성산에 약함 | 〃 | 분해 | 산화성산에 약함 | 침식됨 |
| | 내약알칼리성 | 양호 | 약간변화 | 불변 | 불변 | 〃 | 〃 | 불변 | 저항성큼 | 〃 | 약간변화 | 거의불변 | 불변 |

## 2. 치 차

합성수지로 만든 치차는 ⅰ 충격에 강하다. ⅱ 마모에 강하다. ⅲ 잡음이 적다(silent gear로서 작업의 능률이 높다). ⅳ 가벼우므로 기동 torque가 작다. ⅴ 급유의 필요가 없다. ⅵ 내식성이 있다 등의 많은 특징이 있다.

치차재료로서는 베어링재료와 같이 phenol 수지, nylon, 염화 vinyl, tellurine, polycarbonate 수지, 때로는 불소수지 등이 주로 사용된다.

phenol 수지적층품의 치차는 이전부터 자동차, 제지기계, 인쇄기계, 정밀기계 및 기타 분야에서는 silent gear로서 사용되고 있으나, 최근에는 nylon도 사용되고 있다.

nylon 치차는 사출성형이 가능하므로 다량생산이 가능하며, 성형품은 기계가공 없이도 제품이 될 수 있다. 그리고 bakelite제보다도 더욱 소리가 작은 것이 특징이다.

polycarbonate 수지는 치수의 안정성, 내열성이 우수하며 creep 변형, 흡수율이 작고 충격치가 크므로 치차재료로서만이 아니라 기타 기계재료에도 많이 이용되고 있다.

## 3. 기계장치의 hausing

합성수지로 만든 hausing은 ⅰ 충격저항이 크므로 어느 정도 작은 충격으로서는 우그러드는 일이 없으며, ⅱ 가벼우며 강하다. ⅲ 열전도율이 작으므로 겨울에도 냉한 감이 없다. ⅳ 전기절연성이 크며, 감전이 되지 않는 특징을 지니고 있다.

**표 6.3** 각종 구조재료의 강도 비교

| 구 조 재 | | 비중 ($\rho$) | 인장강도 $\sigma_B$ (kg/mm²) | 강성률 $E$ (kgf/mm²) | 비강도 $\sigma_D/\rho$ | 비강성 $E/\rho$ |
|---|---|---|---|---|---|---|
| 일반구조용 압연강재(SB 41) | | 7.8 | 42 | 21,100 | 5.4 | 2,700 |
| stainless 강(SUS 302 반경) | | 7.9 | 105 | – | 13.3 | – |
| 초duraluminc(2024 T3) | | 2.8 | 47.5 | 7,000 | 17.0 | 2,500 |
| 초초duralumin(7075 T6) | | 2.8 | 55.9 | – | 20.0 | – |
| magnesium 합금(ZK 60A) | | 1.8 | 36.4 | – | 20.2 | – |
| titanium 합금(RC 130B, Ti-4 Al-4 Mn) | | 4.5 | 100 | 10,000 | 22.2 | 2,220 |
| ERT | EP+riving(filament winding) | 2.0 | 130 | 6,000 | 65 | 3,000 |
| | UP+주자직 cloth | 1.8 | 33 | 2,200 | 18.4 | 1,220 |
| | UP+roving cloth | 1.7 | 26 | 2,000 | 15.3 | 1,180 |
| | UP+평직 cloth | 1.7 | 26 | 1,600 | 15.3 | 940 |
| | UP+matte | 1.6 | 10 | 1,000 | 6.3 | 630 |

비고 : EP : epoxy수지, UP : 분포화 polyester

현재 이러한 목적에 사용되고 있는 재료는 주로 phenol 수지, polycarbonate 수지, urea 수지 등의 성형품 및 불포화 polyester, phenol 수지에 충전재를 넣은 것이다. 이들 중에서도 불포화 polyester 등 열경화성수지에 지름 5~8 $\mu$의 유리섬유(인장강도 100~300kgf/mm$^2$, 비중 2.54)를 충전재로서 가하여 성형한 것은 대단히 강력하며, 이를 fiber glass reinforced plastics(약어로 FRP)라 부른다.

이 강화 합성수지는 기계적 강도가 대단히 크며, 또한 대단히 가벼운 특징을 가지고 있으므로 항공기부품, 주정 body, 자동차 body, 욕조, 기계장치의 cover 등에 널리 이용되고 있다.

표 6.3은 강화 합성수지의 성능을 다른 구조용 재료와 비교한 것이다.

## 4. 화학기계장치의 부품

합성수지가 점차적으로 기계재료의 부품으로 대체되어 가는 최대원인은 내식성 때문이다. 이런 의미에서 plastics은 화학기계장치용 재료로서 이제 더욱 그 사용범위가 확대되어 갈 것으로 기대된다.

현재 이 방면의 주요재료로서는 불소수지, 경질 염화 vinyl, phenol 적층품 등을 들 수가 있다.

불소수지인 teflon은 합성수지 중에서 가장 내식성이 우수하며, 고온고압의 불소 및 3불화 염소 및 용융 alkali 금속에만 침식되며, 기타 화학약품에는 전혀 침식되지 않는다. 또 내열성, 내한성이 좋고 합성수지에서는 드물게 -70°~260℃의 넓은 온도범위에서 사용할 수 있는 특징을 가지고 있다. 따라서 화학공업용의 조, 솥, 관의 내면에 접착시켜 내식성을 주든가 gasket 또는 packing으로서 금속 및 기타 규소고무 등과 조합하여 사용된다.

경질염화 vinyl도 내식성이 우수하며 상온에서는 산, alkali, alcohol, 염 등에도 침식되지 않는다. 또한 성형가공이 용이한 특징도 있으므로 수도용, 화학공업용 등의 조, 관 및 이들의 부속품으로서 stainless강 또는 Pb과 대체되어 가고 있다.

다만 저온에서는 취약하며, 고온이 되면 약하게 되므로 그 사용온도는 -10°~60℃의 범위이다.

phenol 수지포적층품은 내식, 내습성이 우수하며, 치수의 안정성도 있다. 그리고 가벼운 관계로 열교환기 등의 부품에 적합하다.

**표 6.4** 합성수지의 내식성

| 수지 \ 화학약품 | | 유산 | | 염산 | 초산 | 초산 | NaOH | | Na CO$^3$ 용액 | 염수 | ace-ton | ethyl alcohol | | tolu-ene | 증류수 |
|---|---|---|---|---|---|---|---|---|---|---|---|---|---|---|---|
| | | 3% | 30% | 10% | 10% | 5% | 1% | 10% | 2% | 10% | | 50% | 95% | | |
| 열경화성수지 | phenol 수지 성형품<br>적층품 | ○<br>○ | ○<br>○ | ○<br>○ | ○<br>○<br>발포 | ×<br>○<br>발포 | ○<br>○ | D<br>D | ×<br>퇴색 | ×<br>○<br>팽윤 | ×<br>× | ×<br>× | ×<br>× | ×<br>× | ×<br>발포 |
| | fur fural phenol수지 | ○ | ○ | ○ | ○ | × | ○ | D | × | × | × | × | × | × | × |
| | urea 수지 | ○ | ○ | ○ | ○ | × | × | 약간 퇴색 | × | × | × | × | × | × | × |
| | melaminc 수지 | ○ | ○ | 퇴색 | ○ | × | × | × | × | × | × | × | × | × | × |
| 열가소성수지 | 염화 초산 vinyl | × | × | × | × | × | × | × | × | × | 용해 | × | × | 고무상 | × |
| | 염화 vinyl | × | × | × | × | × | × | × | × | × | 팽윤 | × | × | 팽윤 | × |
| | 염화vinylidene (saran) | × | × | × | × | × | 퇴색 | 취화 | × | × | 약간 ○ | × | × | 약간 ○ | × |
| | ethyl cellulose | × | × | × | × | × | × | × | × | × | 용해 | 용해 | 팽윤 | 팽윤 | × |
| | cellulose acetate | ×<br>팽윤 | ○<br>D | D | D | 팽윤<br>× | ○ | D | 팽윤<br>× | × | 용해 | 용해 | 용해 | × | × |
| | 초산 cellulose | × | × | × | × | × | × | × | ○ | ○ | 용해 | × | 용해 | 용해 | × |
| | acryl 수지 | × | × | × | × | × | × | × | × | × | 용해 | 팽윤 | 팽윤<br>○ | 용해 | × |
| | polystyren | × | × | × | × | × | × | × | × | × | 용해 | × | × | 용해 | × |
| | polyet | × | × | 팽윤 | × | × | × | × | × | × | × | 팽윤 | 팽윤 | 팽윤 | × |
| | teflon | × | × | × | × | × | × | × | × | × | × | × | × | × | × |
| | poliamide(nylon) | 약간 ○ | D | D | 취화 | × | × | × | × | × | × | × | × | × | × |

비고 : × : 영향 없음 ○ : 변식 D : 분해

제7장

# 윤활유 및 절삭유

## 7.1 윤활유

### 1. 윤활유의 작용

베어링과 축, 또 피스톤과 실린더 등과 같이 서로 접촉하면서 운동하는 기계의 접촉면에서 마찰을 감소시키기 위하여 윤활유(lubricant)를 사용한다. 윤활유의 큰 사용 목적은 마찰 부분을 윤활하는 것이지만, 다음과 같은 작용도 중요하다.

(가) 열흡수 제거 작용 : 마찰 부분에 발생하는 열을 기름에 흡수 제거하는 작용을 한다.
(나) 밀봉 작용 : 피스톤과 실린더의 틈을 밀봉하여 가스의 누출을 방지한다.
(다) 청정 작용 : 운전중에 생기거나 혼입되는 고형물을 마찰면에 부착시키지 않고 제거한다.
(라) 밀폐 작용 : 밖에서 들어가는 먼지나 가스로부터 마찰면을 보호한다(그리스 등).

이상의 작용을 목적으로 하는 윤활유는 여러 가지가 있으나 중요한 것으로서는 스핀들(spindle)유, 다이나모(dynamo)유, 터빈유, 기계유, 모터유, 실린더유 이외에 그리스 , 왁스와 같은 반유동체의 것, 흑연, 운모 같은 고체도 있다.

### 2. 윤활유의 종류와 성질

#### 1) 윤활유의 종류

윤활유에는 광물성 윤활유, 지방성 윤활유, 혼성 윤활유, 그리스(grease) 등으로 크게 분류할 수 있다. 이외에 수용성 윤활유, 실리콘유, 불소유, 부동성 정밀 기계유 등과 같은 특수제품도 있다.

### 2) 윤활유의 성질

윤활에서 일반적으로 시험되는 성질은 비중, 색상, 점도, 점도지수(viscosity index), 유성(oilness), 탄화가, 산가, 산에 대한 안정성(stability), 인화점, 응고점, 항유화도(demulsibility) 및 부식성 등이다. 또한 지방성유의 경우에는 옥소가 및 비누화성에 대한 측정이 필요하다. 이들 중에서 점도지수라는 것은 오일의 점도가 온도에 따라 변화되는 성질의 크기를 나타내는 값으로서 이 값이 큰 것일수록 변화성이 작은 것을 의미한다.

일반적으로 지방성 윤활유는 광물성유에 비하여 윤활성이 우수하고, 인화점 및 점도지수가 높으나, 산화에 대한 안정성이 떨어지는 큰 결점이 있다. 광물유는 안정성이 우수하다.

## 3. 광물성 윤활유의 용도

표 7.1은 광물성 윤활유의 표준적인 종류, 성질, 용도를 표시한다. 스핀들유는 경질이고, 냉동기유는 저온에서 굳지 않는다. 다만 냉각제가 염화에틸의 경우에는 글리세린[glycerine ; $C_2H_5(OH)_2$]을 쓴다. 터빈유는 항유화성이 크다. 머시인유는 겨울용에는 응고점이 -10℃ 이하의 것, 엄동용에는 -25℃ 이하의 것이 쓰인다. 광물성 엔진유는 수증기나 물과 접촉하여 유화해서 윤활성을 가진다. 모빌유와 디젤엔진유는 내연기관유이며, 대기 중에서 고열을 받는 한편 운전 정지의 경우에 냉각되는 점을 고려하여, 인화점이 높고 화학적 안정성이 좋으며, 점도지수가 크고 응고점이 낮은 것이 쓰인다. 실린더유도 인화점은 높다.

## 4. 지방성 윤활유 및 혼성 윤활유

지방성 윤활유는 광유와는 현저하게 다르다. 지방성 윤활유는 광유에 비하여 안정성이 불량하다. 요드값(옥소가) 100 이하의 비교적 안정한 지방유를 **불건성유**, 100~130의 오일을 **반건성유**, 130 이상의 것을 **건성유**라고 한다.

**혼성 윤활유**는 취입지방유(70~110℃의 온도로 공기를 불어넣어 점도를 높인 지방유)와 광유를 섞은 것을 말하며, 엔진유, 절삭유 등에 쓰인다.

윤활유에 사용되는 것은 불건성유와 반건성유이다.

표 7.2는 지방성 윤활유의 성질과 용도를 표시한다.

**표 7.1** 광물성 유활유의 종류와 용도

| 명칭 | 제품의 종류 | 인화점 (℃) | 점도(레드우드수) | | | 응고점 (℃) | 용도 |
|---|---|---|---|---|---|---|---|
| | | | 30℃ | 50℃ | 100℃ | | |
| 스핀들유 | 백 스핀들유<br>60 스핀들유 | >130<br>>130 | 60±15<br>60±15 | >35<br>>35 | | < -10<br>< -10 | 정방기의 스핀들, 소형 전동기 기타 경하중 기계의 윤활 |
| 냉동기유 | 150냉동기유 | >155 | 150±20 | >60 | | < -30 | 냉동 및 제빙 또는 냉방용 각종 압축기의 윤활 |
| 다이나모유 | 110다이나모유 | >170 | | 110±20 | | < -10 | 대형 전동기 및 발전기 기타의 고속 베어링의 윤활 |
| 터빈유 | 90터빈유 | >180 | <350 | 90±15 | | < -15 | 각종 터빈 및 기타의고속 베어링의 윤활 |
| 머시인유 | 특 머시인유<br>120 머시인유<br>160 머시인유 | >160<br>>150<br>>160 | | 140±20<br>120±20<br>160±20 | | < -10<br>< 5<br>< 5 | 일반 기계의 외부 윤활, 객화차의 차축의 윤활, 석유 발동기의 내부 윤활 |
| 마리인엔진유 | 마리인엔진유 | >180 | | 350±50 | >55 | < -5 | 선박용 증기 기관의 베어링, 제지기의 압착 로울, 습식 착암기 및 압연기의 로울넥 등의 윤활 |
| 모빌유 | 30번 모빌유<br>40번 모빌유 | >185<br>>195 | | 280±20<br>280±30 | >50<br>>55 | < -5<br>< 0 | 자동차 기타의 내연 기관 및 소형 압축기의 내부 윤활, 고하중의 베아링 또는 지회전의 기어 박스의 윤활 |
| 디젤엔진유 | 250디젤엔진유<br>B350디젤엔진유 | >190<br>>210 | | 250±20<br>325±25 | >50<br>60±5 | < -10<br>< -10 | 디젤 엔진, 가스 엔진, 압축기, 진공 펌프등의 윤활, 기타의 고하중, 저회전 속도의 베어링 및 기어 박스의 윤활 |
| 실린더유 | 90 실린더유<br>120 실린더유<br>과열 실린더유 | >200<br>>240<br>>260 | | | 90±10<br>120±20<br>190±20 | < 0<br>< 5<br>< 7 | 증기기관의 실린더 및 밸브의 윤활, 자동차의 기어 및 각종 고하중의 베어링의 윤활 |
| 유동파라핀 | 유동파라핀 | >150 | 85±15 | >45 | | <-20 | 정밀 기계, 계기류의 윤활 |
| 페트롤레이텀 | 페트롤레이텀<br>(peterolatum) | 포마드 모양, 중성, 융점>40℃, 산가<0.1, 수분<0.1%, 회분<0.02%, 부식 시험 합격 | | | | | 방청용 |

표 7.2 지방성 윤활유의 특성과 용도

| 특성 / 종류 | 비중(15℃) | 응고점(℃) | 요드값 | 비누화값 | 윤활제 용도 |
|---|---|---|---|---|---|
| 채 종 유 | 0.913~0.916 | -2~-12 | 96~108 | 170~176 | 절삭유, 혼성 윤활유의 원료 |
| 면 실 유 | 0.921~0.926 | +4~0 | 100~120 | 192~195 | 혼성유의 원료 |
| 콩 기 름 | 0922~0.934 | -7~-18 | 114~132 | 183~195 | 절삭유, 혼성유의 원료 |
| 피마자유 | 0.960~0.966 | -10~-18 | 80~90 | 176~186 | 항공기 및 고속 엔진 윤활용 |
| 낙화생유 | 0.918~0.925 | +3~-7 | 90~102 | 180~200 | 방직, 모직기유, 정밀 기계유 |
| 동 백 유 | 0.915~0.916 | >-15 | 80~85 | 187~193 | |
| 고래기름 | 0.924~0.925 | − | 110~130 | 187~197 | 혼성 윤활유의 원료 |
| 쇠 기 름 | 0.913~0.918 | +4~5 | 55~60 | 195 | 절삭유, 혼성 윤활유 |
| 돼지기름 | 0.914~0.918 | +10~0 | 65~75 | 195 | |

## 5. 그리스 및 고체윤활유

그리스는 광유 또는 혼성유에 석회 비누 혹은 소다 비누를 혼합한 것으로서 상온에서는 연질의 반고체이고 온도 상승과 더불어 액상으로 된다. 그리스는 기계에서 손이 잘 미치지 않는 위치의 마찰부나 오일을 사용하기 곤란한 부분에 사용한다.

그리스의 장점은 ⅰ 마찰면이 저속, 고온, 고압에 노출될 경우, ⅱ 액상으로는 주유가 곤란한 경우, ⅲ 먼지나 부식성 가스를 받을 경우 ⅳ 기름이 많이 샐 경우, ⅴ 점도가 특히 큰 것을 요구할 경우, ⅵ 충격이 많을 경우 또는 축의 틈이 큰 베어링의 경우 등에 적합한 것이다.

그리스에는 녹아서 떨어지기 시작하는 온도, 즉 **적점**(dropping point)이 쓰인다. 보통 그리스에는 적점이 80~100℃ 및 60℃ 이하에서 쓰이는 일반 기계용의 **캅그리스**와 적점이 130~

표 7.3 그리스 조성과 용도

| 명 칭 | 조 성 | 특성및용도 |
|---|---|---|
| 캅 그리스 | 석회비누+광유<br>광유 함유량 70~80%,<br>점도 50R 이상의 광유 | 적점 80~100℃, 60℃ 이상에는 부적당함. 일반 기계의 베어링용 |
| 파이버 그리스 | 소다비누+광유<br>광유 함유량 70~80%,<br>점도 50R 이상의 광유(30℃) | 적점 130~150℃. 비교적 고온도에 견딘다. 150℃ 부근까지 사용. 수분없는 베어링부에 사용 |
| 기어 그리스 | 석회비누+광유<br>광유 함유량 65~80%,<br>광유 온도 100℃에서 점도 50R 이상 | 적점 60~80℃<br>주로 고하중 베어링에 사용 |

150℃인 파이버 그리스 및 적점이 60~80℃의 고하중 기어용의 기어 그리스의 세 가지가 있다. 그리고 특수 그리스에는 고온용, 고압용, 저온용 등의 여러 종류가 있다.

표 7.3에 그리스의 특성과 용도를 표시하였다.

그리스 외에 반유동체의 것인 윤활유에는 왁스(wax)가 있으며 또 고체인 흑연, 운모, 2황화몰리브덴도 윤활제로 사용된다. 어느 것이나 1 $\mu$ 정도의 미립자이며, 그대로 또는 기름이나 그리스, 혹은 수중에 분산시켜서 사용한다. 상품으로는 기름과 흑연의 오일닥, 물과 흑연의 아크아닥, 기름과 2황화몰리브덴의 몰리코트, 그리스 와 2황화몰리브덴의 리키몰리 등이 있다.

## 7.2 절삭유

### 1. 절삭유의 목적

절삭유의 사용 목적을 열거하면 다음과 같다.

(1) 공구인선을 냉각시켜 공구온도상승에 따르는 경도저하를 막는다.

(2) 가공물을 냉각시키고, 가공온도상승에 의한 가공정밀도가 저하되는 것을 방지한다.

(3) 공구인선과 칩(chip) 사이에 침윤하여 윤활작용을 하고, 공구 마모를 적게 하며 가공 표면을 좋게 한다.

(4) 칩(chip) 제거작용을 하여 절삭 작업을 용이하게 한다.

절삭제는 가공물 및 공구의 냉각능력, 공구의 마찰성 및 칩을 제거하는 성질 등을 가지고 있다.

일반적으로 위와 같은 성질은 상호연관성이 있으므로 전체 조건을 전부 만족시킬 수 있는 절삭유를 얻는다는 것은 극히 어려운 일이다.

### 2. 절삭유의 종류

#### 1) 알칼리성 수용액

이것은 냉각작용이 좋은 물에 방부제로서 알칼리성을 첨가한 것으로, 특히 연삭작업에 많이 사용된다. 중크롬산 수용액은 하나의 실례이다.

#### 2) 유화유

광유에 비누를 첨가하면 유화유는 냉각작용이 좋고, 윤활성도 있다. 값이 싸므로 일반 절삭용에 널리 쓰이며, 용도에 따라 물을 섞어 쓴다.

### 3) 광 유

경유, 기계유, 스핀들유 및 혼합유로서 윤활작용은 좋으나 냉각작용은 약하여 경절삭에 쓰인다.

### 4) 동식물유

돈유(lard), 올리브유, 종자유(seed oil), 피마자유, 콩기름, 기타 경유 등은 윤활작용이 강력하고 냉각작용도 좋은 편으로 다듬질 가공에 많이 쓰인다. 또한 저속 절삭, 기어 절삭 및 마모방지가 필요할 때 사용한다.

### 5) 광유, 동식물유의 혼합유

혼합 비율을 바꿈으로써 각종 성능을 가진 절삭유를 만들 수 있어 작업에 따라 적당한 혼합비를 사용한다. 일반적으로 강력 절삭, 밀링 절삭, 나사 절삭 등에 사용하며 재질이 강인한 것에는 동식물유를 많이 첨가한다.

### 6) 첨가제

절삭제의 성능을 향상시키기 위해 사용하는 첨가제에는 유황(S), 황화물, 흑연, 아연, 분말 등이며 동식물계의 절삭유에 첨가하고, 인산염, 규산염 등은 수용성 절삭유에 첨가한다. 또한 최근에는 표면활성을 위하여 4염화탄소($CCl_4$)도 첨가한다.

### 7) 절삭제의 이용

잘삭제는 충분한 양을 사용하는 것이 좋으며, 저속에서 중절삭할 때에는 윤활성이 큰 것을 사용하고, 고속에서 경절삭할 때에는 냉각성이 큰 것이 필요하다.

**표 7.4** 절삭제의 이용

| 재 질 | 황 삭 | 다 듬 질 절 삭 | 나사(screw) 절삭 |
|---|---|---|---|
| 연 강 | 가용성유 | 가용성유, 등유 | 가용성유, 종유 |
| 공 구 강 | 〃 | 각종 동식물유 | 종유, 라아드(lard) |
| 합 금 강 | 〃 | 각종 동식물유, 가용성유, 비눗물 | 벤졸, 테레빈유, 등유 |
| 주 강 | 〃 | — | 가용성유, 비눗물 |
| 가 단 주 철 | — | 유화유 | 종유 |
| 주 철 | — | 등유(칠드 주철용) | 〃, 등유 |
| 황 동 | 가용성유 | — | 〃 |
| 청 동 | 〃 | — | 〃 |
| 동 | 〃 | — | 〃 |
| Al | 〃 | 등 유 | 〃, 가용성유 |
| 듀 랄 루 민 | — | 〃 | 〃 |
| 실 루 민 | 〃 | 〃 | 등유, 종유, 가용성유 |

# 제8장 도 료

## 8.1 도 료

### 1. 도료의 개요

도료(paint)는 유동성의 물질상태로서 물체의 표면에 바르면 얇은 층을 만들고 시간이 지나면 굳어져서 물체의 표면에 밀착된 연속피막을 만들고, 오랜 기간 물체면을 보호하며 미화한다.

도료(paint)는 재료의 부식방지 또는 겉보기를 좋게 하기 위하여 사용하나 특수한 목적으로서는 방화, 방수, 발광 혹은 전기 전열을 위해 하는 때도 있다. 도료는 안료를 적당한 전착제인 액체 성분에 용해 또는 뒤섞어서 만든다.

도료는 그 성분에 의하여 페인트와 바니시로 분류된다. 그 원료는 여러 종류가 있으나 성분적으로 나누면 다음과 같다.

- 도료
  - 전착제
    - 도막을 구성하는 성분 (도막 형성 요소)
      - 유동체-건성유
      - 고체-수지
    - 도막에 남지 않는 성분-용제 (도막 조성 요소)
  - 안료(고체 성분)
    - 착색안료
    - 체질안료
    - 특수안료

일반적으로 전착제만으로 된 도료를 투명도료라 하고, 보일유(boiled oil)나 바니시(varnish) 등은 이것에 속하며, 이들의 전착제에 안료를 가하여 착색하고 불투명하게 만든 도료를 각각 유성 페인트, 에나멜(enamel) 페인트라 하며, 전착제가 물인 것을 수성 페인트라고 한다.

도료는 그 조성에 따라 다음과 같이 분류한다.

- 도료
  - 페인트
    - (1) 유성 페인트
    - (2) 수성 페인트
    - (3) 에나멜 페인트
  - 바니스
    - (1) 유성 바니스
      - 천연수지 유성 바니스
      - 합성수지 유성 바니스
    - (2) 정제 바니스
      - 천연수지 바니스
      - 합성수지 바니스
      - 셀룰로스계 도료
        - 질산 셀룰로스 도료(래커)
        - 식초산 셀룰로스 도료
        - 벤질 셀룰로스 도료
    - (3) 옻칠
  - 에나멜

## 2. 페인트

안료를 액체의 전착제로 섞어 비빈 것으로 건조도막은 불투명하다. 전착제는 물, 기름, 니스 등이며, 이들에 의한 도료를 각각 수성 페인트, 유성 페인트, 에나멜(enamel) 페인트라고 한다. 안료는 착색의 목적으로 주로 사용되나, 이 착색 안료 이외에 단순히 증량의 목적으로 사용할 때는 체질안료라고 한다.

## 3. 바니스

유성 바니스는 천연수지 또는 합성수지 등을 건조성이 풍부한 지방유와 중합하고, 적당한 용제에 용해한 것이다. 정제 바니스는 천연수지 또는 합성수지를 적당한 용제에 그대로 용해한 것이다. 정제 바니스 중 질산 셀룰로스, 식초산 셀룰로스 및 벤질 셀룰로스 등의 셀룰로스계 염의 수지를 사용한 것을 일반 셀룰로스계 도료라 하고, 질산 셀룰로스를 사용한 것은 래커(laquer)라 한다.

옻칠은 옻나무의 수액이다. 옻칠액은 습기가 많은 방에 두면 건조 도료가 된다. 이것은 천연 옻칠액에 함유되어 있는 산소의 작용으로 산화중합이 생기기 때문이다. 옻칠은 그 성상에서 볼 때 천연 바니스에 속한다.

# 8.2 각종 도료

## 1. 방청도료

이것은 주로 철강 표면에 녹이 나는 것을 방지하기 위해 쓰이며 유성이 많다.

(가) 연단도료

일명 광명단 도료라고도 한다. 연단($Pb_3O_4$)을 아마인유에 혼합한 연단도료는 녹을 방지하기 위하여 사용된다. 이것은 밀착력이 강하고, 풍화에 견디는 단단한 피막을 형성하여 방식성이 좋다. 주로 하도용에 널리 쓰인다.

(나) 산화철도료

산화철($Fe_2O_3$)을 아마인유 또는 보일유와 혼합한 도료이다. 도료질이 연하고 가격이 싸므로 옛날부터 쓰이나 효과에 문제점이 있다.

### 3) 아산화연도료

일명 연분도료라고도 한다. 이것은 산화 연분에 아마인유를 혼합하여 만든 것이다. 도료가 치밀하고 방청 효과가 크다.

### 4) 크롬 산연도료

적색 크롬산연($PbCrO_4$)을 안료로 하는 유성 페인트이다. 이 안료는 중성이고 기름과 반응을 일으키지 않으며, 도막은 연하고 방청력이 크다.

### 5) 알루미늄 분말도료

은백색의 알루미늄 분말과 유성 바니스를 혼합하여 만든 도료이다. 알루미늄 도료는 방청력이 크나 이것의 효과를 크게 하기 위해서는 하부 도료로서 유성 페인트를 칠하는 것이 좋다.

### 6) 흑연 페인트

흑연을 안료로 하는 유성 페인트이다. 흑연 페인트는 내식성이 크나 전착제로 사용하는 보일유의 성질에 많이 좌우된다.

## 2. 내산도료

내산도료는 피복면을 산화 물질에 의한 부식으로부터 보호하는 목적에 쓰이는 것인데, 아스팔트계 도료, 페놀, 쿠마론(cumarone) 등의 각 합성수지계 도료, 염화고무계 도료, 셀룰로스계 도료(높은 농도의 산에는 부적당함), 옻(漆)계 도료 등이 있다.

### 3. 내열도료

소부 도료가 일반적으로 내열도료로 사용되며, 소부 니스, 멜라닌(melanin) 도료, 실리콘 도료 등으로 구별된다.

소부 니스에는 100~120℃로 소부하는 투명 니스와, 180℃ 이상으로 소부하는 흑색 니스가 있다. 멜라닌 도료의 내열도는 150℃ 정도이며, 실리콘 도료의 내열도는 약 200℃로 내열도료 중 가장 내열도가 좋다.

### 4. 경금속도료

Al, Mg 등의 경합금의 부식 방지 도장의 목적에 사용하는 도료이다. 일반적으로 경금속은 타금속에 비해 도료의 밀착성이 불량하므로 반드시 경금속용의 밑칠 도료로서 밀착성이 좋은 것을 선택해야 한다.

경금속은 풍화성이 있을 뿐만 아니라, 해수에 대한 부식성이 크므로 이것을 방지하는 도료가 필요하다. 경금속 도료에 사용되는 안료에는 티타늄 백색, 활석 분말, 알루미늄 분말 등이 좋다.

### 5. 전기절연도료

전기절연도료에는 주로 니스가 널리 쓰인다. 특히 내열성이 우수한 절연 도료에는 실리콘 수지 도료가 있다. 고주파 무선 장치 등에는 절연성이 높은 도료로서 폴리스티롤 도료와 폴리에틸렌 도료가 있다.

### 6. 발광도료

인광체의 분말을 적당한 전착제에 섞은 도료인데, 빛이나 방사선에 닿으면, 인광 또는 형광의 현상을 나타낸다. 인광체로는 미량의 Cu를 함유하는 황화아연(ZnS)이 가장 많이 쓰인다. 이 발광 도료에는 빛이 지나간 후, 일정 기간 발광하는 **축광성도료**, 미량의 방사선 원소(보기로서 취화라듐)를 가지고 발광하는 **자발광성도료**, 자외선이나 X선 등의 투사를 받았을 때만 발광하는 **형광성도료**의 세가지가 있다.

### 7. 내알칼리성 도료

알칼리에 대한 내구성이 큰 도료로서 에폭시 수지(epoxy resins), 스티렌(styrene) 부타티엔(butadiene) 공중합(다른 분자간의 중합)수지계, 염화고무계, 아스팔트계, 옻계 등의 도료가 있는데, 그 중에서도 에폭시 수지는 훌륭하나 값이 비싸며, 기타의 것은 비교적 값이 싸기 때문에 콘크리트용 도료로 된다. 일반적으로 유성 페인트는 기름에 분해하므로 알칼리에 사용할 수 없다. 콘크리트는 염기성이므로 내알칼리성 도료가 쓰인다.

## 8. 내유도료

내유성 도료에는 염화 고무계, 질산 셀룰로스계, 아크릴산 수지계의 각종 도료 및 합성수지계 소부 도료가 쓰인다.

## 9. 수성도료

건축물의 벽, 천정의 도장에 쓰이는 도료는 수용성 도료이다. 수용성 도료로 널리 쓰이는 것은 카세인 도료이며, 건조된 도료의 막은 다른 것의 접착제를 사용한 수성도료에 비해 내수성이 강하다.

# 연습문제

**4.1** 기계재료에서의 비금속재료의 역할에 대하여 설명하여라.

**4.2** 기계재료의 범위와 금속재료의 범위는 어떠한가?

**4.3** 중요한 기계재료의 종류를 얘기해 보아라.

**4.4** 기초용 재료에서 석재의 특성은 무엇인가?

**4.5** 시멘트(cement)란 기계재료에서 어떤 곳에 사용되나?

**4.6** 시멘트는 어떻게 분류할 수 있는가?

**4.7** 시멘트의 성질에 대해 얘기해 보아라.

**4.8** 시멘트의 강도에 대해 서로 얘기해 보자.

**4.9** 모르타르(mortar)에서 시멘트와 모래의 비율에 대해 얘기해 보자.

**4.10** 콘크리트(concrete)의 정의는 무엇인가?

**4.11** 콘크리트 배합에서 표준배합시의 시멘트, 모래, 자갈의 비율은 어떤가?

**4.12** 콘크리트의 양생에서 주의해야 할 점에 대하여 얘기해 보자.

**4.13** 기계재료에서 내화재료의 필요성을 말하여 보아라.

4.14 내화재료에서 SK란 무엇을 나타내는 기호인가?

4.15 내화물에서 산성, 염기성, 중성 내화물을 비교 설명해 보아라.

4.16 내화도의 측정방법에 대하여 토론해 보아라.

4.17 산성 내화벽돌에는 어떤 것이 있는가?

4.18 염기성 내화벽돌에는 어떤 것이 있는가?

4.19 카본 내화벽돌이란 무엇인가?

4.20 내화 모르타르와 벽돌과의 관계를 조사해 보자(내화도, 산성, 중성, 염기성).

4.21 보온재료란 무엇인가?

4.22 유기질 보온재와 무기질 보온재를 설명하여라.

4.23 단열벽돌(heat insulation brick)에 대해 간략히 설명하여라.

4.24 단열내화벽돌의 사용 온도를 조사해 보자.

4.25 연삭재(abrasive)의 종류를 조사해 보자.

4.26 천연산 연삭재의 종류에는 어떤 것이 있는가?

4.27 인조산 연삭재의 종류에는 어떤 것이 있는가?

4.28 천연 숫돌에 사용되는 것에는 어떤 것이 있는가 조사해 보자.

4.29 입도 표시에서 mesh에 대해 설명해 보자.

4.30 결합도를 표시하는 방법에는 어떤 기호가 사용되는가?

4.31 연삭숫돌의 조직은 어떻게 구분하는가?

4.32 연삭숫돌의 결합제(binder)의 종류와 그 표시 기호를 조사해 보자.

4.33 연삭숫돌의 표시순서를 알아 보자.

4.34 연삭숫돌을 실제 준비하여 그 표시된 기호를 읽어 보자.

4.35 연마지에 대해 조사해 보자.

4.36 패킹 재료란 무엇인가?

4.37 패킹(packing) 재료의 구비조건은 무엇인가?

4.38 패킹 재료의 종류를 조사해 보자.

4.39 가죽 패킹의 장점과 단점을 조사해 보자.

4.40 가죽의 일반적 성질과 그 처리방법을 설명해 보아라.

4.41 합성수지의 공통적 성질은 무엇인가?

4.42 기계재료에서 합성수지의 사용성을 얘기하여 보아라.

4.43 합성수지에서 열경화성수지란 무엇인가?

4.44 합성수지의 종류를 크게 나누어 보아라.

4.45 열가소성수지의 종류에는 어떤 것이 있는가?

**4.46** 합성수지의 가공법을 조사해 보자.

**4.47** 윤활유의 중요 작용은 무엇인가?

**4.48** 윤활유의 종류 및 특성을 조사해 보자.

**4.49** 절삭유의 사용 목적을 얘기해 보자.

**4.50** 도료의 종류와 그 특성을 조사해 보자.

# 제5편

## 신 소 재

신소재란 금속, 무기물(無機物), 유기원료(有機原料) 및 이들을 조합한 원료를 기초로 하여 고도의 제조 및 가공기술 또는 상품화기술을 사용하여 종래에 없던 새로운 특성과 용도를 만들어 내는 소재를 일컫는다.

신소재는 크게 다음과 같이 분류할 수 있다.

- 신소재
  - 금속계 신소재
    - 형상기억합금
    - 수소저장합금
    - 비정질금속재료
    - 초탄성 및 초소성재료
    - 초내열합금
    - 리퀴드메탈
    - 고강도합금
    - 희토류합금
  - 무기계 신소재
    - 파인세라믹스
    - IC 기판재료
    - 자성재료
    - 유전재료
    - 생체재료
    - 광학적 기능재료
    - 기계구조재료
    - 형광재료
  - 유기계 신소재
    - 의료용 고분자
    - 전기용 고분자
    - 환경친화성 고분자
    - 정보산업용 고분자
    - 광자기용 고분자
    - 엔지니어링용 고분자
  - 초전도재료
  - 반도체재료
  - 열전재료
  - 복합재료
    - 고분자기지 복합재료(PMC)
    - 금속기지 복합재료(MMC)
    - 세라믹스기지 복합재료(CMC)
  - 환경재료
  - 나노재료
  - 코팅재료
    - 광촉매 코팅

# 제1장

# 금속계 신소재

## 1.1 형상기억합금(Shape Memory Alloy)

형상기억효과란 처음에 주어진 특정 모양의 것을 인장하거나 소성변형된 것이 가열에 의하여 원래의 모양으로 돌아가는 현상을 말한다.

금속 또는 합금의 기억기능은 1960년대 후반 Ti-Ni 합금인 니티놀에 형상기억효과(shape memory effect)가 있다는 것을 미해군 연구소에서 처음 발견하여 연구되었다. 금속의 형상기억효과의 원인은 냉각시의 응력유기 마텐자이트 변태나 또는 이때 생긴 마텐자이트조직 내의 가동쌍정 경계가 가열시의 역변태 과정에서 앞의 변태와 똑같은 경로를 거쳐서 모상으로 복귀하는 성질 때문인 것으로 알려져 있다.

형상기억합금은 변형응력을 가한 때에는 일반금속과 같으나 하중을 제거한 후에는 겉보기 소성변형이 남으며 이들 변형은 합금을 Ar″변태온도 이상의 범위로 가열하면 변형전의 상태로 되돌아 간다. 또한 초탄성 합금을 항복구역까지 변형한 후 하중을 제거하면 원상태로 되돌아 간다.

최근에는 Sputter를 이용하여 Ti-Ni 및 Ti-Ni-Cu 합금 등의 형상기억합금 박막(Shape Memory Alloy Thin Films)을 제조하는 기술이 개발되어 있다.

형상기억합금은 온도에 따른 구조변화가 그 기능의 기본이 되나 구조 및 자성의 상(相) 변화가 그 기능의 기본이 되고 있는 재료에는 탄성계수 변화에 온도 의존성이 작은 elinvar합금, 치수변화에 온도 의존성이 작은 invar합금, 반대로 치수 변화에 온도 의존성이 큰 bimetal용 합금 등이 있다.

형상기억합금은 일상 생활용품중에서 요즘 널리 쓰이고 있는 여성용 브래지어나 치열 교정용 등이 있으며, 유압배관계통의 파이프 이음쇠, 원자력잠수함이나 선박의 배관, 해저송유관의 파열보수공사, 냉난방겸용 에어컨, 전자렌지, 인공위성부품, 인공위성 안테나, 발전기, 화재경보기, 수술용 클립, 의족, 의치, 인공심장밸브 및 감응장치 등에 쓰이고 있다.

그림 1.1, 1.2, 1.3은 형상기억합금의 응용 예를 나타낸 것이다.

**그림 1.1** Shape-Memory Alloy (SMA) thin film microdevices

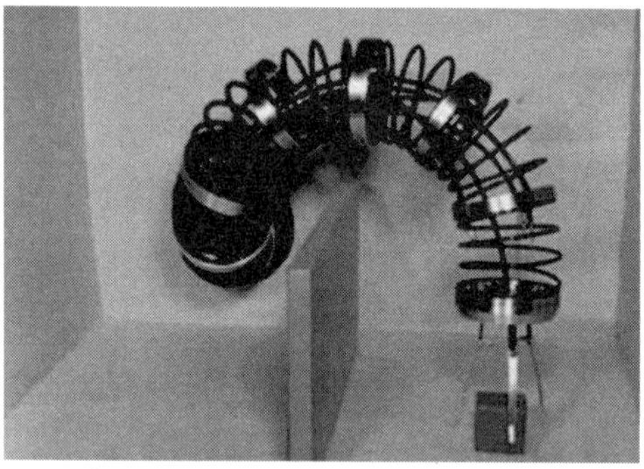

**그림 1.2** Active Endoscope (SMA Robot)

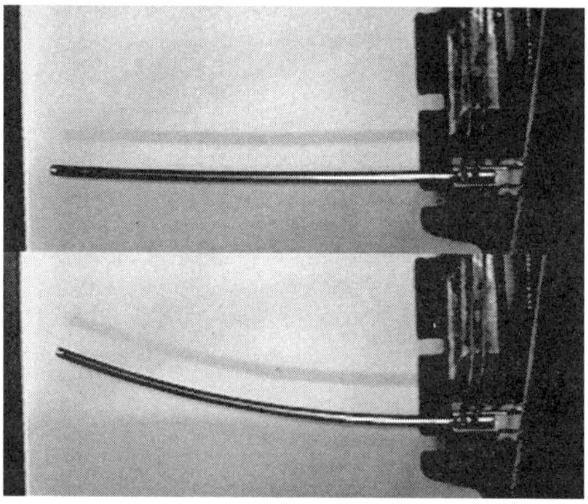

**그림 1.3** The active forceps in stretching and bending states(SMA)

## 1.2 수소저장합금(Hydrogen Storage Alloys)

수소와 반응해서 금속 수소화물의 형태로 수소를 포착하여 가열하면 이것을 방출하는 특성을 가지는 성질의 합금을 수소저장합금이라고 한다.

1960년에 네덜란드의 필립스사(社)에서 란탄-니켈계(系)의 수소저장합금을 최초로 개발하였다. 수소저장 합금은 일반적으로 금속 수소화물을 만들기 쉬운Ⅱa~Ⅴa족 금속(희토류, TI,Zr 등)과 만들기 어려운 Ⅵa~Ⅷ족 원소( Mn, Fe, Co, Ni)를 조합한 2성분 또는 다성분계 금속간의 화합물로서 다음의 조건을 만족하는 것이 좋다.

(1) 활성화가 쉽고 수소저장량이 많을 것.
(2) 수소의 흡수 방출속도가 클 것.
(3) 수소저장합금의 유효열전도도가 클 것.
(4) 생성열이 수소 저장시에는 작고 열저장시에는 클 것.
(5) 평형수소압 차이가 작을 것.
(6) 넓은 조성범위에서 일정한 평형압을 가지며 수소저장시 실온 부근에서 해리압이 2-3기압일 것.
(7) 수소의 흡수 방출 반복시에도 합금의 미분화가 잘 되지 않고 성능이 감소되지 않을 것.
(8) 불순물($O_2$, $H_2O$)에 대하여 안전성이 클 것.
(9) 합금의 구입이 쉽고 가격이 저렴할 것.

수소저장 합금 제조는 주로 분말을 이용하고 있다. 용융법으로는 진공이나 불활성 분위기에서 고주파용해, 아크용해, 전자빔용해 등을 이용하여 용해한 후 필요에 따라 성분을 균질화시키기 위해 열처리후 용기에 충전시킬 때 미세하게 분쇄한다. 이외에 미분말 제어 및 열전도성 개선을 위한 방법으로 박막화, 비정질화, 마이크로캡슐화 등이 연구되고 있다.

응용분야로는 수소의 저장 및 운송에 필요한 수소봄베의 대용, 자동차용 연료원, 열-화학에너지 변환용, 축열시스템, 히트펌프(heat pump), 열-기계에너지 변환용, 공압 액츄에이터(간호용 리프트, 로보트의 액츄에이터), 케미컬 엔진, 수소의 정제 분리용, 고순도 수소가스의 정제, 수소 동위체의 분리, 에너지저장(잉여전력저장), 연료전지, 촉매작용, 수소화물센서와 같은 것이 있다.

또한, 일본 마즈다 자동차회사에서는 니켈 수화물을 이용한 수소저장합금을 사용하여 수소를 자동차의 연료로 사용하는 연구가 진행되고 있으며, 미국의 Energy Conversion Devices of Troy사는 니켈수소화물 전지 기술을 이용해 연료전지용 수소를 저장하는 기술을 개발하였다.

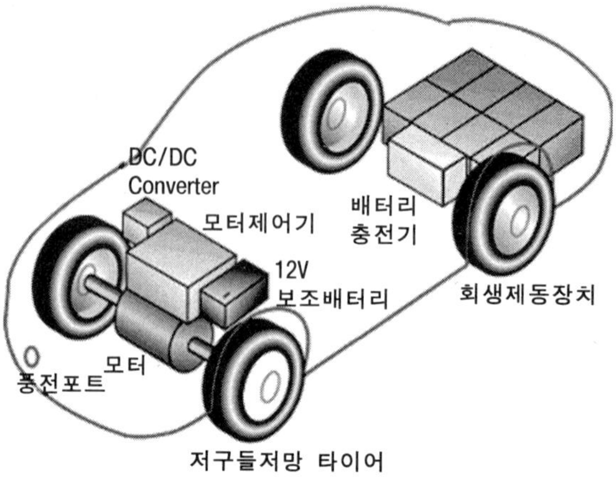


그림 1.4 전기자동차 구조

한편 그림 1.4와 같이 전기자동차 및 하이브리드자동차에 대부분 사용하고 있는 Ni-MH전지는 기존의 Ni-Cd전지에서 Cd극을 수소저장합금으로 대체한 것으로서 음극에 수소저장합금(M), 양극에 수산화니켈($Ni(OH)_2/NiOOH$)이 사용되며, 분리막으로는 Ni-Cd전지와 같은 내알칼리성의 나일론 부직포, 폴리프로필렌 부직포 및 폴리아미드 부직포 등이 사용되고 있다. 또한 전해액은 이온전도성이 최대로 되는 5~8 M KOH 수용액이 사용되고 있다.

이 중에서 수소저장합금의 용도로서 가장 주목받고 있는 분야가 수소자동차, 저온의 폐열회수, 로봇의 액츄에이터, 난방시스템 등이다.

## 1.3 비정질금속재료(Amorphous Metal)

1960년대 초부터 개발되었으며 비정질 합금조성은 TM-X로 표시되며 TM은 천이금속(Fe, Co등)이나 귀금속원소(Au, Pb)이고, X는 유리질 비금속원소(B, Si, C, P등)를 나타내는 것으로서 X를 원자 15~30% 함유하는 공정점 부근의 조성을 가지고 있다.

1980년대에는 Cu-Zr, Ni-Zr, Cu-Ti 등의 금속-금속계 비정실 합금보다 금속-비금속계 비정질 합금에 대한 연구가 더 많이 이루어지고 있다.

비정질 합금은 금속-Metalloid 계와 금속-금속 계로 구분되며 금속원소는 전이금속, 1가 귀금속, 다가 금속, 희토류 금속 등으로 구분된다.

급냉법에 의한 비정질 합금 형성조건은 다음과 같다.

① 융점으로부터 유리 전이점까지의 온도영역을 임계냉각속도 이상으로 빠르게 통과한다.

② 상온에서 방치하여도 결정화되지 않는 안정한 구조를 갖는다.

비정질 합금의 대부분은 금속-반금속을 조합한 것으로 조성은 용질원소의 원자율이 약 20%이다. 유리의 융액은 온도의 감소에 따라 점성이 증가하여 원자의 확산속도가 감소하며 융액상태로 응고한다. 이 응고온도를 유리온도 Tg라 한다. 그런데 금속에서는 점성의 온도의 존성이 작아 온도가 감소하더라도 확산속도가 빨라 결정이 되기 쉽기 때문에 응고해서 결정이 된다. 그러나 만약 융액을 매우 빨리 냉각하면 확산의 진행이 대부분 이루어지지 않은 채로 급속히 과냉되어 결정핵을 생성하지 않고 유리온도까지 내려가서 비정질화한다. 이때 고려되는 것은 비정질화하는데는 용융점부터 유리온도까지 융액이 빨리 과냉되는 것이 필요하다. 따라서 공융계합금에서 공융조성 부근의 것이 비정질화하기 쉽다.

비정질 합금이 형성되는 금속-금속 계 및 금속-Metalloid 계에서 공통적으로 나타나는 특징은 상태도상에서 공융점(Eutectic Point)을 갖고 있고 공융점 부근에서 비정질이 형성된다는 점이다. 공융점 부근에서는 융점이 낮아지고 결정화가 되기 쉬운 온도영역인 융점(Tm)에서 유리 전이점(Tg)까지의 온도구간 Tm－Tg를 빠르게 통과함으로써 결정화되지 않고 비정질합금이 된다.

비정질 구조를 유지하기 위해서는 그 구조를 상온에서 방치하여도 결정화되지 않아야 한다. 예를 들어 액체 헬륨 온도(4.2 K)에서 진공증착법으로 Au, Fe, Ni 등의 비정질 금속박막을 얻어도 이들은 100 K 정도의 저온에서도 결정화된다. 비정질 상태는 열역학적으로 비평형 상태이며 실온에서도 열적 에너지에 의해 구성원자의 재배열이 일어나고 보다 안정한 결정상태로 되려는 경향이 있다. 그런데 원자지름이 큰 원자 사이에 작은 원자가 들어가 있으면 구성원자의 움직임을 제한하여 안정한 상태를 유지하게 된다. 따라서 상온 부근 또는 보다 높은 온도에서 안정한 비정질 합금을 얻기 위해서는 B, Si, P 등의 Metalloid 원자와 같은 원자반경이 작은 유리형성 원소(Glass Forming Element)가 필요하다.

비정질 합금은 고강도와 인성을 겸비한 기계적 특성이 우수하고 또한 높은 내식성 및 전기저항성과 고투자율성, 초전도성이 있으며 브레이징 접합성도 좋다. 실용적인 면에서 고분자재료 콘크리트 등의 보강재나 타이어코드로서 응용되고 있고 크롬과 인을 함유한 스테인리스계 비정질 재료는 기존 재료보다 내식성이 우수하여 면도날 제조 등에 이용된다. 또한 테프론 코팅에 견디는 열안정성이 높은 비정질 재료는 정확한 치수의 넓은 비정질 리본을 제조할 수 있으며 이것은 자기투자율, 즉 연자성(軟磁性)이 우수하므로 도난방지용 재료나 자기헤드 등에 이용된다.

비정질 금속의 구조는 최대로 산란된 불규칙한 원자 배열을 하고 있으므로 결정과 같이 이방성이 없고 특정한 슬립면이 없으며 입계, 쌍정, 적층 결함등과 같은 국부적인 불균일조직, 즉 결정 결함이 존재하지 않는다. 또한 유리나 고분자 물질과는 달리 단순한 원자구조를 가지면서 금속결합 특유의 성질을 나타낸다.

비정질 합금은 경도와 강도가 일반 금속 재료보다 훨씬 높아서 Fe 합금은 $400kg/mm^2$, Co 합금은 $300kg/mm^2$, Ni기 합금은 $270kg/mm^2$의 인장 강도를 나타내며 파괴 강도와 탄성률과의 비는 0.025~0.03, 경도와 인장 강도와의 비는 2.5~3 정도가 된다. 경도는 Hv 300~1000이다.

금속이 용융상태에서 1010℃/sec 이상으로 초고속 냉각되면 거의 모든 금속 및 합금은 비정질화 될 수 있으나 실제로는 최대 105~106℃/sec 정도의 냉각속도 밖에 얻지 못하고 있으므로 선택적으로 비정질 합금이 제조되고 있다.

비정질 금속은 구성금속 원자의 배열이 장거리의 규칙성이 없는 불규칙한 구조로 되어 있으며 기계적인 성질이 우수한 특징을 가지고 있다.

비정질 합금의 기계적 성질은 급냉조건이나 열처리에 의하여 크게 변화하며 비정질이 결정화하는 온도 이상에서 완전한 취성을 나타내고 이 온도 이하에서도 장시간 유지하면 취화한다.

또 상온에서도 부식을 일으키며 수소취성을 나타내므로 강도를 요하는 재료로 사용할 때는 Cr 등을 첨가하여 내식성을 부여하고 상온부근에서 사용하는 것이 바람직하다.

비정질 합금의 제조방법으로는 기체 상태에서 직접 고체상태로 초급냉시키는 방법과 화학적으로 기체상태를 고체상태로 침적시키는 방법 및 레이저를 이용한 급냉방법 등이 있다. 냉각 조건으로는 냉각속도가 빨라서 결정질 고체의 생성과정을 피할 수 있어야 하고 융체가 고체화 될 때 최종 온도가 유리질 형성온도보다 낮아야 한다. 용해된 금속을 제트형식으로 급회전하는 롤러나 냉금(chill block)에 분사해주면 리본 형태로 형성되며 기계적, 자기적 성질 및 내식성이 우수하므로 2차 가공이 거의 필요 없게 되어 제조설비 규모나 인건비도 절약된다.

아직까지는 비정질 합금의 리본 폭이 50mm 이내로 제조되고 있으나 폭을 더욱 넓혀서 제조할 수 있으면 그 응용범위가 넓어질 것이다. 또 이 합금은 고주파 및 저주파 철심재, 자기헤드재, 자기차폐 재료로 사용되고 있으며 연자성 합금으로는 Fe-Si-B계와 Fe-Ni-B계 및 Fe-Co-B계가 실용되고 Ni은 연성증가, Cr은 내식성증가 Mo은 강도와 전기저항성 향상, Co는 포화자속증가, C는 히스테리시스루프를 사각형태로 하는 영향을 주며 P는 합금을 열분해시키는 경향이 있다. 또한 비정질 합금막의 핵연료처리용 방식재료, 골프클럽의 샤프트 등 그 이용 개발범위가 확대되고 있다.

비정질 합금 재료는 그림 1.5와 같은 변압기용 철심 재료, 오디오 및 비디오 테이프용 고투자율 재료(자기 헤드), 광자기 메모리용 자성박막 재료등에 응용된다.

변압기용 아몰퍼스 합금은 철이나 코발트, 규소 등을 원재료로 하여 용융상태로 부터 급냉각해 만드는 비결정재이다. 변압기용 아몰퍼스 합금은 미국 아라이드 시그널사에서 거의 독점하고 있으며, 이를 변압기용 철심으로 가공하면 규소 강판 철심 변압기에 비해 자속이 철심을

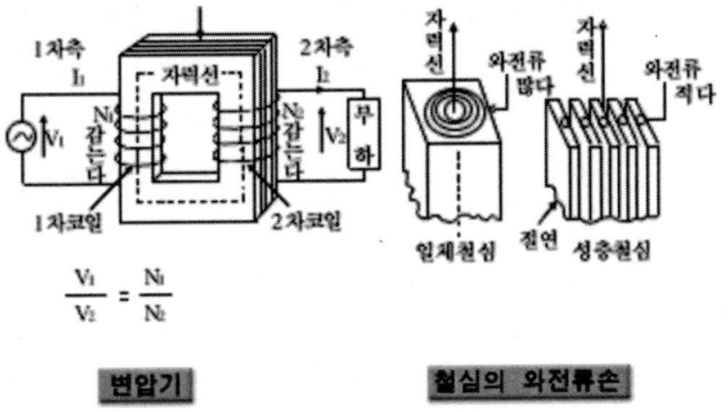


그림 1.5 변압기 철심 구조

통과할 때의 에너지 손실이 적다. 판의 두께가 규소강판에 비교해 1/10로 매우 얇으며, 와(渦)전류 손실(자속의 변화로 철심내에 전력이 생겨, 전류가 흘러 발생하는 저항 손실)도 낮아진다. 특히 공장에서 가공작업이 끝나, 동력기기에 전력 부하가 걸리고 있지 않을 때에도 발생하는 무부하손실은 규소강판 변압기보다 70%나 줄일 수 있다.

## 1.4 초탄성 및 초소성재료

초탄성이란 형상기억효과와 같이 특정한 모양의 것을 인장하여 탄성한도를 넘어서 소성 변형시킨 경우에도 하중을 제거하면 원상태로 돌아가는 현상을 말한다.

한편 금속 재료가 유리질처럼 늘어나는 특수한 현상을 초소성이라 하며 Ti와 Al계 초소성 합금이 있다. 초소성은 일정한 온도 영역과 변형속도의 영역에서만 나타나며 300~500% 이상의 연성을 가지며, 초소성 영역에서는 강도가 낮고 연성은 매우 크므로 작은 힘으로도 복잡한 형상으로 성형가공이 가능하며 온도가 저하되면 강도 등의 기계적 성질이 우수해져 실용할 수 있게 된다. 초소성 재질은 결정입자가 극히 미세하며 외력을 받았을 때 슬립변형이 쉽게 일어난다. 결정입자는 10$\mu$ 이하의 크기로서 등방성이며 초소성 온도영역에서 결정입자의 크기를 미세하게 유지하기 위해서 2차 상(相)이 모상의 결정입계에 미세하게 분포된 공정 또는 공석조직을 나타낸다.

또한 소성 변형중의 결정입계에 응력집중을 극소화시키기 위해서 2차 상의 강도와 차이가 적고 결정입계의 유동성이 좋아야 하며 결정입계가 인장응력에 의해 쉽게 분리되지 않아야 한다.

초소성 성형기술에는 blow forming, gatorizing 단조법, SPF/DB법 등이 개발되어 있다.

blow 성형법은 가스 성형이라고도 하며 주로 판상의 알루미늄계 및 티타늄계 초소성재료를 15～300psi의 가스 압력으로 어느 형상에 양각 또는 음각하거나 금형을 사용하지 않고 자유성형하는 방법으로서 성형에너지 소모가 적고 값싼 공구 사용과 복잡한 형태의 통이나 용기를 단순공정으로 제조할 수 있는 장점이 있다.

gatorizing 단조법은 껌을 오목한 형상의 틀에 밀어 넣어 양각하는 것과 유사한 방법으로 성형하는 기술로서, Ni계 초소성합금으로 터빈디스크를 제조하기 위해 개발되었다. 이 방법으로 내크리프성이 우수한 고강도 초내열합금으로된 터빈디스크를 기존 품질보다 훨씬 우수하게 제조할 수 있다.

또 SPE/DB 방법은 초소성 성형법과 고체상태에서 용접하는 확산적합(DB) 기술이 합쳐진 신기술로서 가스압력으로 성형하며, 고체상태의 확산에 의해 초소성 온도에서 용접이 용이하기 때문에 초소성 재료를 사용할 경우에만 가능하다. Ti계는 SPF(Super Plastic Forming)/DB(Diffusion Bonding)라는 성형기술을 이용하여 항공기 구조재를 제조하는데 쓰이고 있다.

초소성 현상은 미세결정립 초소성이나 변태 초소성이나 입계가 활성화되어 생기는 현상으로서 고상접합 기술에 응용된다. 고상접합의 예로서 탄소강과 주철의 접합면을 가압하여 변태점 상하의 온도구역에서 열 사이클을 되풀이 하면 접합면의 경계층은 완전히 없어지고 연속된 조직이 되어 단단하게 접합된다. 따라서 주조품의 주조결함 보수에도 이용할 수 있다.

특히 티타늄합금 완전히 접합되므로 초소성 성형과 확산접합(SPF/DB)이 동시에 가능하기 때문에 전투기 동체 프레임의 일체성형에 쓰이고 있다.

## 15 초내열합금(Super Heat Resisting Alloy)

초내열합금이란 고온에서 산화 및 부식에 잘 견디고 크리프 및 열피로 현상이 발생하지 않는 재료로서 입자분산강화합금 · 결정제어합금을 합쳐 초내열합금이라 하며, 보통 1000℃ 이상의 고온에 견딜 수 있도록 만들었으며 제트 엔진의 터빈 날개 등에서 사용된다. 금속계 내열재료에는 700～1000℃의 온도 범위에서 사용되는 초내열재료인 Fe-Ni기 합금, Co기 합금, Ni기 합금, 분산강화합금, 공정 일방향 응고합금, Mo기 합금, Cr기 합금 및 W기 합금 등이 있다.

초내열합금은 주로 Ni기 합금이며 $\gamma'$상이라고 부르는 고강도의 결정을 이루고 있다. $\gamma$상은 Ni과 동일한 결정구조를 하고 있고 Ni 원자의 위치에 여러 가지 원자가 무질서하게 치환된 구조를 하고 있다. $\gamma'$상은 $Ni_3Al$ 이라는 금속간 화합물을 기본으로 규칙화된 면심입정구조를 하고 있다. Ni기 초내열합금은 $\gamma$량이 20～30 % 까지는 단조할 수 있지만 그 보다 $\gamma'$량이 많아지면 소성가공이 곤란하므로 주조법을 이용한다.

제트엔진의 터빈이나 화력발전소의 터빈에서의 운전온도는 더욱 높아져가고 있기 때문에 이러한 문제들을 해결하기 위한 시도가 이루어지고 있으나, 사용되는 재료의 내열 한계온도 때문에 한계에 봉착하고 있다. 이에 선진 각국에서는 현재 사용되어 지고 있는 대표적인 내열 합금인 Ni기 초합금보다 우수한 내열성능을 가지는 초내열 복합재료의 개발을 서두르고 있다. 지난 10년간 Nb/Nb-silicide 복합재료를 구조용 내열재료로 사용하기 위한 다양한 연구가 이루어져 왔다. 초내열 복합재료의 기지로 사용되는 금속 (Base metal)은 약 2000℃를 상회하는 고용점을 가지는 고용점계 금속들이 사용되고 있다. 대표적인 대표적인 금속재료로는 Nb, Mo, Ta, W, Fe, Al이 있다.

초내열합금은 가스 터빈과 그림 1.6과 같은 제트 엔진이 등장하면서 개발되기 시작해 최근 에너지의 효율적 이용과 절약, 그리고 고온에서 운전되는 기기 및 장비의 종류가 차츰 많아지면서 관심이 높아가고 있다.

철계합금은 섭시 750℃ 이상에서는 강도가 낮아지고 니켈기나 코발트기 합금보다 특성이 약간 나쁘지만 가격이 싸므로 비교적 저온에서 사용되는 디스크나 로터 등에 쓰이고 있다.

초내열합금은 고온 강도와 내산화성에서 우수한 내열재료로 미국에서 생산되는 초합금의 약 80퍼센트가 제트엔진용 부품으로 소비되고 있다. 이밖에 증기 터빈, 자동차 및 선박용 엔진의 배기 밸브등에 사용된다. 그리고 우주선, 석유 화학 플랜트, 원자로에도 사용되고 있다.

제트엔진은 연료를 태워 뒤쪽으로 분출하여 추진력을 얻는다. 연료를 태우기 위해서는 많은 양의 공기를 필요로 하기 때문에 공기 흡입구를 크게 하고 동시에 공기를 빨아 들이기 위한 팬이 부착되어 있다. 나사(NASA)에서는 엔진 안전 시험의 하나로 닭을 초속 500미터에서 팬에 충돌시켜서 그 충격에도 팬이 부러지지 않는 실험이 의무화 되어 있다.

그림 1.6 Jet Engine

## 1.6 리퀴드메탈(Liquidmetal)

'21세기 꿈의 신소재'로 불리는 리퀴드메탈은 티타늄보다 3배의 강도를 나타내며 부식이 전혀 없고 공정과정이 플라스틱과 유사해 공정비용을 감축할 수 있는 신소재로 적용범위가 매우 광범위해 최근 업계의 관심을 모으고 있다.

리퀴드메탈은 지르코늄을 주원료로 하는 합금으로 철보다 가볍지만 강도가 3배 이상 강하며 생산원가는 철의 33% 수준인 신소재로 알려져 있다.

그림 1.7과 1.8은 리퀴드메탈의 응용 예를 나타낸 것으로서 현재 연구하고 있는 응용분야는 90년대 걸프전, 발칸전쟁시 투입돼 방사능유출로 국제적 환경문제를 일으킨 열화우라늄탄 대체, 우주항공분야의 티타늄 소재 대체, 인공관절, 인공뼈, 치아이식 및 의료기구, 휴대폰, MP3 등 전자제품 외장재료, 스키, 스케이트 등 스포츠용품, 부식방지용 해양 및 화학산업 등에 이용된다.

리퀴드메탈의 특성은 다음과 같다.

(1) 항복강도가 크다(High Yield Strength)
(2) 경도가 크다(High Hardness)
(3) 강도가 크다(Superior Strength/Weight Ratio)
(4) 탄성한계가 크다(Superior Elastic Limit)
(5) 부식에 대한 저항성이 크다(High Corrosion Resistance)
(6) 내마모성이 크다(High Wear-Resistance)
(7) 독특한 음색이 있다(Unique Acoustical Properties)

그림 1.7 Liquidmetal Alloy

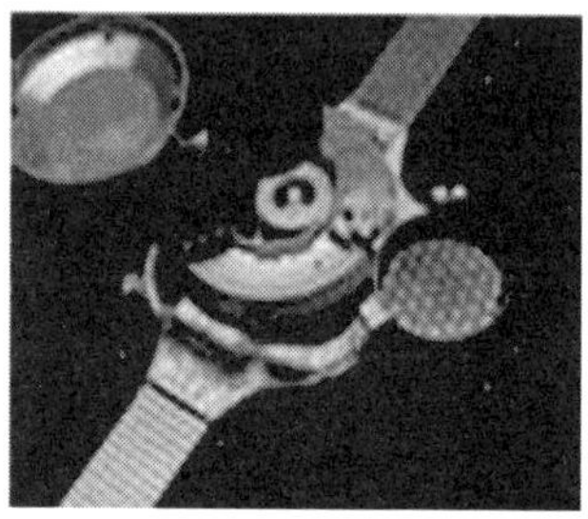

그림 1.8 우주개발 프로젝트

## 1.7 고강도 합금

고강도합금은 고비강도재료로서 초강력강, 티타늄합금, 알루미늄합금이 있으며, 구조재료용으로 금속간화합물이 있다.

고비강도재료는 강도($\sigma$)를 비중($\rho$)으로 나눈 값으로서 단위 중량에 대한 강도가 큰 재료를 말한다. 즉 경하고 강한 재료를 말하며 항공기나 로켓 등의 고속비상체나 우라늄 농축용 원심분리기에 사용되고 있다.

금속재료의 고강도 메카니즘에는 고용강화, 입계강화, 석출강화, 가공강화 기구가 사용된다.

초강력강은 50여종 이상이 개발되었으며 여러 합금원소를 조합해서 강화한 강, 진공중에서 용해하여 불순물 함량을 낮추거나 담금질에 의해 조직을 제어한 강이 있다.

초강력강은 합금원소량에 따라 저합금(5% 이하), 중합금(5~10%), 고합금(10% 이상)으로 분류하고, 탄소함량에 따라 중탄소, 저탄소(0.2~0.1%), 극저탄소(0.03% 이하)로 분류된다.

개발초기에 개발된 Ni-Cr-Mo계 강(저탄소 및 저합금)은 인장강도가 1000 MPa이었으나 현재는 2100 MPa까지 향상되어 항공기 이착륙장치에 사용되고 있다.

마르에이징강은 탄소함량을 매우 낮게 하고 Ni, Co, Mo, Ti을 첨가하여 마르텐자이트 조직으로부터 금속간 화합물을 석출시킨 강으로서 최고강도가 2400 MPa 까지 실용화되어 있다.

특히 미국의 INCO 사에서 개발한 13Ni-15Co-10Mo 강은 인장강도가 2750 MPa 로서 환경 취화와 용접성을 개선한 강이다. 한편 인장강도를 이 보다 더 개선하려면 결정립을 미세화하는 기술이 필요하며, 현재 기술로서는 결정립을 미세화하여 극한강도인 4300 MPa을 달성한 사례도 있다.

티타늄 합금은 가볍고 내식성이 우수하여 주로 항공기 재료로 사용되고 있다. 티타늄 합금의 합금원소는 고온상인 $\beta$를 안정화시키는 원소와 저온상인 $\alpha$상 영역을 확장하는 $\alpha$안정화 원소가 있다.

티타늄 합금은 $\alpha$형 합금, $\alpha-\beta$형 합금 및 $\beta$형 합금이 있으며, 고온과 극저온에서는 $\alpha$형 합금이, 상온부근에서는 $\beta$형 합금이 유리하며 $\alpha-\beta$형 합금은 만능형 합금이다. 특히 Ti-6Al-4V 합금은 만능형 합금으로서 전체사용량의 75 %를 차지하고 있으나 가공성이 부족하다는 단점이 있다.

알루미늄합금은 듀랄루민이 주로 사요되고 있으며, 특히 민간 항공기에 약 80 % 정도 사용되고 있다. 현재 항공기의 기체에 사용되는 알루미늄 합금은 2000(Al-Cu-Mg)계와 7000(Al-Zn-Mg)계의 시효경화형 합금이다.

구조재료용 금속간 화합물은 석출물을 미세하게 분산시킨 듀랄루민이 있다. 또한 Ni 기의 내열합금 중에서 $Ni_3Al$ 계 금속간 화합물을 전체 체적의 60 %가 되도록 만든 합금은 면심입방구조를 갖고 있으며 고온일수록 강도가 증가하는 특성을 나타낸다.

금속간 화합물 중에서 특히 티타늄과 알루미늄의 화합물은 탄성률이 높아서 고강도를 나타낸다. 또한 일반적으로 금속간 화합물은 가공성이 나빠서 단조나 압연 등을 할 수 없기 때문에 이를 개선하기 위한 연구가 많이 진행되고 있다.

NiAl 화합물은 용해 후에 연강 통에 밀봉처리하면 고온에서 압출이 가능하게 되고 결정립이 미세화 되어 연성이 향상되고 상온에서도 인장이 가능하다. 또한 액체급냉법은 결정립을 현저히 미세하게 하고 입계편석을 억제하기 때문에 연성이 개선된 금속간 화합물을 만들 수 있다.

## 1.8 희토류 합금

희토류재료는 초전도재료, 자성재료, 반도체 재료 및 뉴세라믹스 재료로 사용된다.

주기율표 상에서 ⅢA 족의 원소군(La족 15원소 및 Sc와 Y) 17종은 희토류로 총칭된다. 불완전하게 충진되어 있는 4f 궤도에 연유하는 전자특성 때문에 각종 소재의 첨가원소로서 뿐만 아니라 특이한 물성과 기능적 성질을 나타내므로 자성재료, 광학재료, 전자재료 등 첨단산업용 소재로 쓰이고 있다. 희토류 금속의 제조는 1827년 Mosander에 의해 시작되었으나 1900년대초 오스트리아 von Welsbach가 용융염전해법으로 mischmetal을 얻은 이후 본격화 되었다. 희토류 원소간의 화학적 성질이 유사하고 반응성이 강하기 때문에 당시 기술로는 혼합희토의 상호분리, 환원, 정제 등에 포함된 여러 난제를 해결할 수 없었을 것이다.

과학기술의 발달로 산업용 희토류 화합물이나 금속소재의 생산이 가능하게 되었다. 현재까지 정립된 희토류 관련 소재제조 공정은 크게 분리, 환원, 정제(고순도화)으로 대별된다. 희토류 정광으로부터 출발하여 화학적 특성과 사용목적에 따라 혼합희토류화합물, 혼합희토류금속, 정제희토류화합물, 정제 희토류금속으로 구분되어 제조되고 있다.

희토류 금속에는 여타 금속이 갖지 못하는 독특한 물성을 가지고 있어 철강・합금의 첨가제, 영구자석, 수소저장합금, 광자기기저장매체 등 산업적으로 널리 이용되고 있다. 전반적인 희토류 소재의 용도를 표 1.1, 1.2에 요약하여 나타냈다. 현재 산업적으로 가장 수요가 많은 희토류금속은 미시메탈(mischmetal)로 전체 금속 용도의 90% 이상을 점하고 있는 반면 분리 희토류 금속은 상당히 제한적으로 활용되고 있다. 가장 큰 이유는 분리 희토류 금속이 고가라는 점과 활용측면에서도 미시메탈이 큰 문제점을 야기하지 않기 때문일 것이다. 물론 분리・정제의 어려움과 고반응성으로 인하여 고순도 분리 희토류금속이 제대로 공급되지 못해 기능탐색이나 소재화에 대한 연구개발이 지체되어 왔다는 점도 간과할 수는 없을 것이다.

**표 1.1** 희토류 금속 소재의 응용분야

| 응용분야 | | | 희토류 금속 | 비 고 |
|---|---|---|---|---|
| 금속 | 철강 | 구상화 주철 | Ce | ○ 강의 청정효과<br>○ 철강중 S,C의 구상화<br>○ 결정립 미세화<br>○ 수소취성억제<br>○ 용접성, 내산화성↑<br>○ 강도, 경도, 내식성↑ |
| | | 각종 특수강 | MM, Ce, $RESi_2$ | |
| | 비철 | 전기저항합금, Mg 합금,<br>특수 동합금,<br>Galfan(ZnAl합금 도금강판) | MM | ○ 합금의 구조성↑<br>○ 합금의 열안정성 ↑<br>○ 전기전도도, 강도 ↑<br>○ 고온가공성 ↑<br>○ 용접성 ↑<br>○ 내충격성 ↑<br>○ 고온내산화성 ↑ |
| | | 고온내산화성 합금<br>(MCrAlY(M=Ni and/or Co)) | Y | |
| | | 우주항공용 합금(Al-8Fe-4Ce) | Ce, MM | |
| | | Ni, Co계 초내열합금 | La, Ce, MM | |
| | | 산화물 분산강화합금 | Y, Ce | |
| | | 금속간화합물 소재 | Ce | |
| | | 급속 응고 합금 | Ce, Er, Nd, Y | |
| | 공정 | 환원제 | La, Ce, MM | ○ 고반응성 |
| | | Getter | MM | ○ Gas 흡수 |
| 원자로 | | 중성자흡수제(R-Hydride) | Gd, Dy, Y, Ce | ○ 온도 안정성↑ |
| 서메트 바인더 | | | La, Ce, MM | |
| 수소저장 합금 | | 수소저장<br>열화학에너지 변화<br>수소정제 분리<br>전지(NiMH) | La, MM | ○ 수명↑<br>○ 수소저장능력↑ |
| 열전재료 | | RS, RSe, RTe | | ○ 열기전력↑ |
| 전자방사 | | $LaB_6$ | La | ○ 전자방사율↑ |
| 자성재료 | | 초자왜재료(Tb-Fe, Dy-Fe) | Tb, Ty | ○ magnetostrictiopn↑↑ |
| | | 거대자기저항재료 | La | ○ magnetoresistance↑↑ |
| | | 자성축냉재 | Er | ○ 자기비열↑,Tcurie ↓ |
| | | 광자기기록재료(RFeCo) | Tb, Gd, Dy | ○ Kerr effect↑ |
| | | 영구자석(SmCo 및 Nd-Fe-B) | Sm, Pr, MM, Nd | ○ ferrite의 10배의 세기 |
| 발화금속 | | 민수 및 군수용 | Ce, MM | ○ 발화특성 |
| 개발중 신소재 | | 초전도물질($RNi_2B_2C$) | Er, Y, La, Lu | ○ 초전도 안정화(TC↑) |
| | | 자기냉동소재 | Gd | ○ magnetic enthalpy↑ |
| | | 차세대 영구자석($Sm_2Fe_{17}N_x$) | Sm | ○ 자기 및 내산화성↑ |
| | | 반도체 barrier용 | Yb, | |
| | | Lser diode의 clouding layer | Eu | |

[주] MM : 혼합희토류금속

**표 1.2** 희토류 원소별 활용분야

| 응용분야 | Ln족 | Sc | Y | La | Ce | Pr | Nd | Sm | Eu | Gd | Tb | Dy | Ho | Er | Tm | Yb |
|---|---|---|---|---|---|---|---|---|---|---|---|---|---|---|---|---|
| METTALLURGY | | | | | | | | | | | | | | | | |
| Ferrous | | | | | | | | | | | | | | | | |
| Low alloy steel | ○ | | | ○ | | | | | | | | | | | | |
| Stainless | ○ | | ○ | ○ | | | | | | | | | | | | |
| Cast iron | ○ | | | ○ | ○ | | | | | | | | | | | |
| pyrophoric | ○ | | | | | | | | | | | | | | | |
| Non-ferrous | | | | | | | | | | | | | | | | |
| Mg alloys | ○ | | ○ | ○ | | ○ | ○ | | | | | | | | | |
| Al-alloys | ○ | | | ○ | | | ○ | | | | | | | | | |
| Ti-alloys | ○ | | | ○ | ○ | | ○ | | | ○ | | | | | | |
| Hi Temp. metals | ○ | | ○ | ○ | | | | | | | | | | | | |
| Co-alloys | ○ | | | ○ | ○ | | | | | | | | | | | |
| GLASS | | | | | | | | | | | | | | | | |
| Polishing | ○ | | | | ○ | | | | | | | | | | | |
| Decolorizing | ○ | | | | ○ | | | | | | | | | | | |
| Coloring glass | | | | | ○ | ○ | ○ | | | | | | | | | |
| Filters | | | | ○ | ○ | ○ | ○ | | | | | | | | | |
| Infrared | | | | ○ | | ○ | | | | | | | | | | |
| Ultraviolet | | | | | ○ | ○ | | | | | | | | | | |
| Gamma ray | | | | | ○ | | | | | | | | | | | |
| Optical glass | | | | ○ | ○ | | | | | | | | | | | |
| Photosensitive | | | | | ○ | | | | | | | | | | | |
| CERAMICS | | | | | | | | | | | | | | | | |
| Enamels & glazes | | | ○ | | ○ | ○ | | | | | | | | | | |
| Coating | ○ | | | ○ | ○ | | | | | | | | | | | |
| Refractories | | | ○ | ○ | ○ | | | | | | | | | | | |
| ALUMINATION | | | | | | | | | | | | | | | | |
| Carbon arc | ○ | | | | | | | | | | | | | | | |
| Optical lasers | | | | | | | | ○ | | ○ | | | | | | |
| MISCELLANEOUS | | | | | | | | | | | | | | | | |
| Catalysts | | ○ | ○ | ○ | ○ | | ○ | ○ | | ○ | | ○ | | | | |
| Phosphors | ○ | ○ | ○ | ○ | ○ | ○ | ○ | ○ | ○ | ○ | ○ | ○ | ○ | ○ | ○ | |
| Electronics | | | | | | | | | | | | | | | | |
| Cathodes | ○ | | ○ | ○ | ○ | ○ | ○ | | | ○ | | | | | | |
| Getters | ○ | | | | ○ | | | | | | | | | | | |
| Ferrites & magnets | | | | ○ | | | | | | | | | | | | |
| Computer Elements | | | | ○ | | | | | | | | | | | | |
| Garnets | | ○ | ○ | ○ | | ○ | ○ | ○ | ○ | ○ | ○ | ○ | ○ | ○ | ○ | ○ |
| Capacitors | | | ○ | ○ | ○ | | ○ | ○ | | | | | | | | |
| Semiconductors | | | | ○ | ○ | | | ○ | | ○ | | | | ○ | | |
| Nucleonics | | | | | | | | | | | | | | | | |
| Control | | | | | | | | ○ | ○ | ○ | | ○ | | | | |
| Fuel | | | | | ○ | | | | | | | | | | | |
| Shielding | ○ | | | | | | | | | | | | | | | |
| Structural Materials | | | ○ | | ○ | | | | | | | | | | | |
| Diverse | | | | | | | | | | | | | | | | |
| Propellant | | | | | ○ | | | | | | | | | | | |
| Phamaceuticals | | | | ○ | ○ | | | | | | | | | | | |
| Metal finishing | ○ | | | | ○ | | | | | | | | | | | |
| Analysis | ○ | | | | ○ | | | ○ | | | | | | | | |

**표 1.3** 희토류를 활용하는 산업분야

| | | | |
|---|---|---|---|
| 1. 수소저장합금 | 6. 고체전해질 | 11. 유약과 안료 | 16. 철강재료 |
| 2. 자성체 | 7. 유전체 | 12. 광학유리 | 17. 원자로의 이용 |
| 3. 광자기기록재료 | 8. 구조재료 | 13. 촉매 | 18. 농업의 이용 |
| 4. 초전도체 | 9. 소결재료 | 14. 발광재료 | 19. 임상진단 이용 |
| 5. 연료전지재료 | 10. 연마재 | 15.전자방사 재료 | |

최근에는 반도체-통신 분야에서도 새로운 응용가능성도 보이고 있는 등 희토류 금속의 산업적 활용에도 새로운 전기가 이루어 지고 있다. 일례로 반도체 소자 제조시 Al/Yb/GaAs 구조에서 Yb층은 Schottky barrier의 높이를 제어할 수 있음이 발견되었다. 또 Eu는 double-hetero structure PbEu/SeTe infra laser diode에서 clouding layer를 형성하는 소재로서 이용되고 있다. 그런데 이러한 기술에는 필히 초고순도(ultra-high purity)의 분리 희토류금속 소재가 상업적으로 요구된다는 사실이다. 즉 소재내부에 잔류하는 불순물(trace impurity)은 최종제품의 품질에 나쁜 영향을 끼치기 때문이다. 따라서 희토류금속 소재의 고순도화는 자체 고유특성 연구에는 물론 새로운 기능과 산업적 활용확대를 위해서도 매우 중요하다.

희토를 활용한 관련 산업분야는 매우 다양하며, 활용분야를 세부적으로 열거하면 대략 표 1.3과 같다. 이들 중에서 현재 산업적으로 활용이 큰 분야는 수소저장합금, 유리공업, 세라믹스, 촉매산업, 자성재료, 발광재료 등이며, 금속, 유리, 세라믹, 조명, 촉매, 형광체, 자성재료 등 각 분야에서 활용됨을 알 수 있다.

# 제2장 무기계 신소재

## 2.1 파인세라믹스

'Fine Ceramics'라는 용어는 입자가 일반세라믹에 비해 미세하다는 뜻에서 유래된 것으로 의미를 국한시키고 있어 엄밀한 의미에서보면 'New Ceramics'나 'Advanced Ceramics'가 더 적합한 표현이다. 'Fine Ceramics'라는 용어는 주로 일본에서 사용되고 있으며, 미국이나 유럽에서는 'New Ceramics'나 'Advanced Ceramics'로 통용되고 있는 것으로 알려졌다.

파인세라믹스는 조직이 미세하다는 의미의 fine과 비금속 물질을 고온처리하여 만든 물질의 총칭인 ceramics의 합성어로써, 세라믹스가 가지고 있는 특정 기능을 최대한 발휘할 수 있도록 고도로 정제된 천연 원료 또는 인공 합성 원료를 소결시켜 특수기능을 갖도록 제조가 공된 무기재료로 정의되고 있다.

파인세라믹스는 화학조성상 산화물 세라믹스와 비산화물 세라믹스로 나눌 수 있으며 재료의 기능성에 따라 분류하면, 내열, 전열성 등의 열적 기능성 재료, 내마모성, 연마성 등의 기계적 재료, 절연성, 도전성 등의 전기전자 재료가 있다. 산화물 세라믹스 중 $Al_2O_3$계는 파인세라믹스의 대표적인 소재로서 높은 절연성을 이용하여 전기전자부품으로 가장 먼저 응용되었으며 내식성, 내마모성, 높은 강도 등 뛰어난 물성으로 최근 산업기계부문에 사용되고 있으며, zirconia 소재는 상온에서 높은 강도, 인성을 보유하여 기존 소재로는 불가능했던 각종 산업용 cutter제품에 이용되고 있다.

그림 2.1와 2.2는 파인세라믹스 제품의 한 예이다.

파인세라믹스는 타재료에 비해 경량, 고경도, 내열성, 내식성, 불연성 등의 장점과 충격에 약하다는 단점을 가진 소재여서 장단점을 고려한 제품의 설계 및 신가공, 신제조법에 의해서만이 비로소 첨단의 기능을 가질 수 있는 소재다. 파인세라믹스는 전자기술은 물론 화공, 금속, 재료 등 모든 기술의 충분한 축적이 요구되는 기술집약적 산업이며, 타산업에 비해 기술발전의 속도가 매우 빠르므로 이에 대응한 기술수준을 유지하기 위한 지속적인 연구개발이 필요한 산업이다. 또한 전자산업의 진보는 대부분이 전자재료의 기술개발에서 비롯되고 있기 때문에 전자기술의 향상에 미치는 영향이 크고 자동차, 기계 등의 고기능 부품에 대한 응용은 기계관련산업의 기술고도화에 기여하는 바가 큰 것으로 알려져 있다. 파인세라믹스는 상품특성으로서 소재의 다종류성, 용도의 다양성, 소재의 복합사용성, 고부가가치성 등이 있고 수요특성으로서 시장의 고도성, 수요규모의 소량성, 짧은 라이프사이클 등이 있다.

생산특성으로서는 기술 집약성, 다품종 소량생산성, 적은 원료 제약성을 가지고 있어 위험부담이 큰 산업이다.

파인세라믹스는 우나라의 전략산업인 항공・우주, 자동차, 자동화기기, 가전, 반도체 산업 등에 필수적인 소재로써 고부가가치적이고 기술집약적인 첨단산업지향적 구조로의 전환을 위해서는 육성이 불가피한 산업이다. 파인세라믹스는 재래산업에 기술파급 및 응용으로 방대한 시장창출력을 보유하고 있으며 핵심기술확보, 원가절감, 생산성향상 등 향후 타산업의 국제경쟁력을 결정짓는 주요인으로 작용할 것으로 전망된다.

또한 파인세라믹스는 타산업과의 관련 효과가 큰것으로 평가되고 있는데, 전자부품을 구성하는 핵심부품의 70～80%가 파인세라믹스이고 내마모, 내열, 고강도 등의 특성이 우수하여 기계분야의 핵심소재로 부각되고 있으며 원자력, 에너지, 정보통신, 항공・우주, 해양개발, 생체 및 의료산업 등 첨단산업기술과 차세대 산업기술의 핵심재료로 중요한 산업적 위치를 지킬 것으로 보인다.

전자 세라믹스 재료 및 이를 응용한 부품은 전기・전자분야에 있어서 매우 광범위한 수동전자 부품 및 수동적 기능역할에 사용되고 있다. 이는 특히, 기판 및 저항재료, 추전기능 및 유전재료, 트랜스듀서 및 압전재료, 나아가 페라이트와 같은 자성재료에 사용된다. 이러한 전자 세라믹스는 정보통신, 컴퓨터, 우주항공과 같은 전자공학분야와 군사적, 공업적 분야의 발전과 함께 괄목할 성장을 해왔다.

이같은 분야에 전자 세라믹스 재료가 응용되는 기본 특성 중의 하나는 우수한 절연성, 양호한 자발분극, 효율적인 에너지 변환 특성, 자화특성, 또는 온도 및 인가전압에 따른 저항변화의 비선형 특성 등에 기인한다.

전자재료분야에는 세라믹콘텐서, 페라이트, 필터, 반도성소자, 압전소자 등에 응용되고 있으며 산소 및 각종 가스센서, PTC Thermistor, HDD용 박막자기헤드기판, EMC용 Silica Filler, 열전재료, metallized product, 태양전지 등에 응용되고 있다.

생체・화학분야는 치과용 도재분말, 촉매담체, 다공성 세라믹 담체 등에 응용되고 있다.

파인세라믹스는 다음과 같은 특성을 이용한 제품이 만들어지고 있다.

## 1. 압전성

압전성이란 힘을 가하면 전압이 발생하고 반대로 전압을 가하면 힘이 발생하는 현상을 말한다. 압전성은 최초에 수정, 전기석, 로셀염 등의 단결정에서 발견되었지만 강유전체인 티탄산바륨의 발견으로 세라믹 압전체가 실현됐다. 이와같은 세라믹 압전체는 티탄산연-지로코늄산연계(PZT) 압전체가 발견된 이후 이에 대한 응용이 급속히 전전되었다. PZT는 압전특성, 온도특성, 경시특성이 우수하며 싼 가격으로 양산할 수 있어 압전착화소자, 압전버저, 압전트랜스 등 다량으로 사용되고 있다. 그러나 이와같이 응용분야가 확대되어 감에 따라 재료에 대한 요구도 한층 세분화되고 고도화되어 상당히 가혹한 조건에서도 견딜 수 있는 것이 요구되고 있다. 이러한 재료로써 PZT계에 제3성분을 첨가한 3성분계를 포함하여 많은 수의 재료가 개발되고 그들의 성과에 따라 현재 그 실용화가 이루어지고 있다.

최근 PZT계의 기본 성분계의 하나인 티탄산연계의 압전체가 개발돼 점차 실용 단계에 이르고 있다. 이 단계의 세라믹스는 유전율이 작고 결정의 이방성이 크며, 큐리온도가 높다는 등 우수한 장점을 갖고 있어 소결의 곤란성 때문에 실용화가 늦어진 것으로 하이드로폰용 링상 진동자, 초전센서, 가속도계에 그 응용을 꾀하고 있다. 또 ZnO압전박막, PZT와 고분자수지와의 복합재료 등도 개발됐다.

## 2. 절연성

Steatite, Forsterite, MgO, $Al_2O_3$, BeO, AlN 등의 세라믹스는 전기절연성이 우수하고 또 고주파에서 유전손실이 적어 각종 절연재료로써 이용되고 있다. 특히 알루미나는 내열성, 강도, 경도, 절연내력이 이들 세라믹 중에서 가장 크고 또 열전도성도 상당히 크기 때문에 세라믹스 절연재료의 주류를 점하고 있으며 전자관재료, IC기판 및 실리콘 정류기, 용기, 진공 스위치용기, 서멀 헤드기판, 세라믹 히터 등으로 널리 이용되고 있다. 이들 세라믹스 절연재료의 최근 진전은 기반기술의 개발이 이루어진데도 그 원인이 있다. 즉 내열성, 강도, 유전손실, 고온 절연성 등의 특성이 우수한 재료가 개발되고 또한 새로운 성형법을 이용해 치수정도 및 표면성상이 양호한 세라믹스의 제조기술과 금속과의 접합기술 등이 발달함에 따라 그 응용면이 확대될 수 있었다.

알루미나 이외에도 마그네시아, 산화베릴륨을 주체로 하는 세라믹스도 우수한 절연특성을 가지고 있으며, 최근 사용이 증대되고 있다. 마그네시아는 고온의 절연저항이 크고 알칼리 침식 등에 강한 성능을 가지고 있지만 대기중에서 수화하여 그 성능이 떨어지기 때문에 실드히터 절연물 등으로 밀봉한 상태에서만 사용할 수 있다. 산화베릴륨은 금속 알루미늄보다도 열전도율이 크고 전기절연성이 우수한 절연물로써 이상적인 절연재이지만 대기중에서 산화베릴륨 분말의 독성이 문제가 되고 있다. 최근 질화알루미늄과 탄화규소에 미소량의 산화베릴륨을 첨가해 소결함으로써 열전도성이 매우 높고 전기 절연성도 큰 세라믹스가 개발됐다.

## 3. 유전성

전기절연재료를 전장하에 두면 분극이 생기는 물질을 유전체라고 한다. 세라믹중에는 큰 분극을 나타내는 것이 있어 컨덴데서에 이용되고 있다. 컨덴서로 이용되기 위해서는 비유전율이 커서 전하를 다량 축적할 수 있고 분극시 에너지를 열로써 잃지 않기 위해 유전손실이 작고 또 절연내력이 클 필요가 있다. 세라믹 컨덴서는 기본적으로 산화티탄・티탄산마그네슘・티탐산칼슘 등 $TiO_2$를 함유한 것, 티탄산바륨계의 고유전율을 갖는 것, 티탄산바륨계나 티탄산스트론튬의 세라믹스를 반도체화하고 결정입계나 전극과의 계면을 이용한 반도체 세라믹 컨덴서가있다. 최근 전자부품의 고밀도화가 더욱 진척되고 부품을 칩화하여 회로기판에 자동장착하는 움직임이 활발하며, 이에따라 컨덴서의 소형화, 대용량화의 요구는 점 더 커지고 있다.

## 4. 반도성

서미스터(Thermistor)는 서멀 센서티브 레지스터(Thermal Sensitive Resistor)의 약칭으로 NTC(부의 온도계수) 서미스터와 PTC(정의 온도계수) 서미스터가 있다. 보통 세라믹스는 온도의 상승과 함께 전기저항이 감소하는 특성이 있다. NTC서미스터는 이 특성을 이용한 것으로 온도보상, 온도센서 등에 널리 이용되고 있다. 주로 NTC서미스터로써는 천이 금속산화물을 주체로 한 세라믹이 있다. 최근 전자회로는 소형화, 집적화되고 있으며 서미스터에 대해서도 집적도를 높이는 요구가 많아지게 되었다. 이 때문에 서미스터 특성도 집적도를 높이는 페이스트상으로서 하이브리드 IC 등에 사용되고 있는 후막저항과 마찬가지로 후막화하는 기술이 행해지고 있으며, 적외선검지용으로서도 실용화되고 있다. 티탄산바륨에 미량의 희토류원소, 망간, 안티몬 등의 산화물을 첨가하여 반도체화한 것으로 큐리온도 부근에서 전기저항이 현격하게 증가한다. 즉, PTC특성이 있게 된다. PTC 서미스터는 조성의 변동에 의해 큐리점을 대폭적으로 이동시키고 저항이 급격하게 변화하는 점의 온도도 -70℃에서 140℃로 변화하기에 발열체 소자로서 널리 이용되고 있다. 이 PTC서미스터의 발열특성과 하니컴 성형기술을 결합시킨 것으로 PTC하니컴 세라믹이 있다. 현재 PTC하니컴 세라믹은 헤어드라이어, 온풍난방기, 의류건조기, 침구건조기, 식기전조기 등의 가전제품에 활용되고 있고 또한 공업용 열풍발생장치 등으로서 이용되고 있다.

비선형 반도체는 가변저항기(Varistor)에 많이 이용된다. 바리스터는 Variable Resistor의 약칭이고 비직선적인 전류・전압 특성을 나타낸다. 통상적으로 저항체는 오옴의 법칙에 따라 전류와 전압의 관계가 직선이지만 SiC 및 ZnO계 세라믹스에서는 이런 관계를 현저하게 벗어난다. 특히 ZnO에 $Bi_2O_3$ 등의 첨가물을 가해서 소결한 세라믹스는 특정의 전압으로부터 급격히 전류가 흘러나온다. 이것은 서지를 흡수하는 장치로써 이용된다. 그밖에 가변저항기로서 실용화되고 있는 것은 SiC계, 복합페로브스카이트계, $TiO_2$계, $Fe_2O_3$계 등 여러 가지다.

가스 흡착형 반도체는 가스센서에 많이 이용되며 가스센서는 반도체식과 접촉연소식의 2종류가있는데, 반도체식은 히터로써 고온으로 유지된 반도체(ZnO, SnO, $Fe_2O_3$)에 가연개스가 접촉되면 그 전기저항이 감소하는 성질을 이용한 것으로서 CO, $H_2$, $NO_2$, 탄화수소 등 각종 가스의 검출에 이용되고 있다. 또한 $TiO_2$, Ni-Ferrite, ZnO, $MgCr_2O_3$+$TiO_2$ 등은 반도체형의 습도센서로 습도계에 이용되고 있다.

## 5. 자성

세라믹 자성재료의 대표적인 것은 페라이트다. 페라이트는 철화합물의 소결체이고 전기저항이 높은 고주파에서도 과류손실이 적은 것을 이용한 것으로, 자속통로로써 이용되는 소프트페라이트(Soft Ferrite, 스핀넬형 및 가네트형)와 단자구조를 갖고 보자력을 증대시킨 영구자석의 하드페라이트(Hard Ferrite, Magnetoplumbite형)가 있다. 실용화되고 있는 대부분의 소프트페라이트는 망간 및 니켈 페라이트와 비자성의 아연 페라이트의 고용체이고 각종의 고주파 자심으로 사용되고 있다. 소프트페라이트를 제조할 때에 약간의 $Fe^{+2}$ 이온을 첨가해서 유전율을 높임과 동시에 CaO, $SiO_2$ 등을 미량 첨가해서 입자간에 고저항의 절연층을 만들고 교류저항을 높이는 세라믹 특유의 처리를 한다. 하드페라이트에는 바륨 페라이트보다도 항자력이 큰 스트론튬 페라이트가 연구되고 있으며, 에너지적이 높고 또한 저온감지가 개선된 자석이 출현하고 있다. 페라이트 자석은 금속자석에 비해 경량이고 비교적 용이하게 여러 가지의 형태로 성형할 수 있으며, 가격도 싸기 때문에 여러분야에 사용할 수 있다. 최근 새로운 형의 기억소자로서 자기버블메모리가 실용화되었다. 이것은 GGG(Gd, Ga Garnet, $Gd_3Ga_5O_{12}$)의 단결정판 위에 자기 가네트 박막을 성장시킨 디바이스용 기판(Epitaxial Wafer)이다.

## 6. 구조재료용 세라믹스

파인세라믹스는 다른 고체 물질 즉, 플라스틱이나 금속에 비해 화학적으로 매우 안정할 뿐 아니라 내마모성, 내열성, 고강도를 지니고 있어 새로운 공업재료로 주목되고 있다. 따라서 최근에는 절삭공구, 미캐니칼씰, 밸브, 노즐, 베어링, 금속가공용 다이스, 연마재, 내마모성 특수 라이너 등의 기계적 재료로 사용되고 있으며, 특히 탄화규소를 비롯한 비산화물계 세라믹스의 발전은 구조재료분야에서 금속대체의 가능성이 높아지고 있다. 알루미나, 질화규소계 절삭공구는 고온강도, 고경도, 내모성이 우수하여 성능면에서 종래의 모든 공구재보다 우수하며, 특히 고속절삭이 가능하여 생산성을 높일 수 있다

그림 2.1 박막회로성형용 알루미나 회로기판

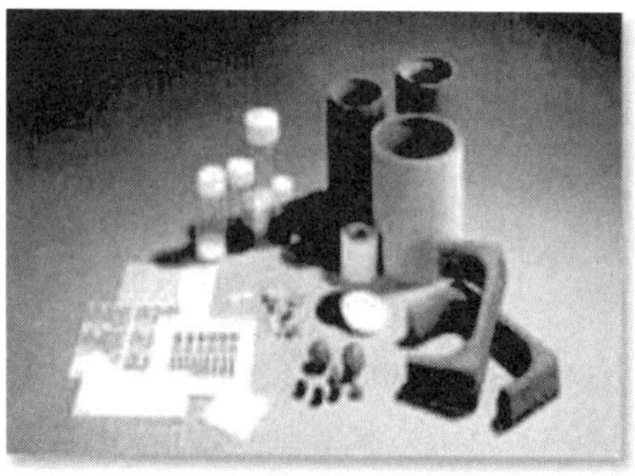

그림 2.2 파인세라믹스 제품

## 2.2 IC 기판재료

세라믹 · 알루미나 등의 수동재료를 기판으로 하여 그 표면에 형성된 막회로와 트랜지스터나 다이오드 등과 같은 개별 능동소자 · 부품을 납땜 등의 방법으로 접속한 것을 집적회로라 하고, 두 종류의 집적회로와 개별 단독소자의 조합으로 구성한 집적회로(IC)를 혼성집적회로라고 한다. IC기판 재료로써 $Al_2O_3$, SiC, AlN 등이 사용된다.

알루미나($Al_2O_3$)는 내열성이 강해 내열용 소켓이나 특히 자동차 엔진 점화 플러그의 절연제로 많이 사용되고 있다.

최근에는 전자공학분야의 초소형화로 고집적도의 IC, 특히 수 mm의 실리콘 칩에 수만 개의 소자를 넣는 초고밀도 집적회로(LSI)가 만들어지게 되었는데 아무리 작은 소자라도 수만 개가되면 열이 발생한다. 이 열을 제거할 수 있는 열전도가 좋은 기판이나 패키지(package)

를 필요로 하는데 열이 문제가 되지 않는 IC면 기판이나 패키지는 플라스틱으로 충분하다. 그러나 고집적도의 LSI 와 혼성집적회로(Hybrid IC) 등 발열이 문제가 되는 기판과 패키지는 열전도도가 에폭시계 플라스틱에 비해 30배 정도 큰 알루미나 등의 절연체 세라믹스가 널리 이용되고 있다.

전자공학의 발달에 따라 IC의 고집적화가 진보해서 작은 소자가 내는 열도 합해지면 무시할 수 없으므로 열에 약한 반도체소자에는 큰 위협이 된다. 여기서 특별히 요구되는 것이 가능한 한 열전도가 좋아서 발생하는 열을 빨리 발산시키는 것이다. 이러한 절연 세라믹스는 LSI와 모듈(module) 기판과 패키지에는 매우 유용할 것이다.

알루미나계도 열전도가 좋은 것이 장점의 하나인데 이것보다 훨씬 열전도가 좋고 방열성이 좋으며 게다가 절연성도 좋은 세라믹스로 만든 고열전도성 세라믹스 기판이 있다.

질화알루미늄(AlN)계 세라믹스는 열전도율이 알루미나계의 수배가 되는 것이 장점이며 열팽창률은 알루미나보다 실리콘에 가까운 특성이 있다. 질화알루미늄은 산화이트륨($Y_2O_3$)을 첨가하여 섭씨 1,800℃ 정도의 온도에서 압력을 가할 필요가 없는 상압소결법으로 만들 수 있으므로 생산이 용이하다. 또 이와 같이 산화이트륨을 첨가하면 열전도가 좋아져서 고온소성한 질화알루미늄과 비슷해지고 알루미나계의 5배 이상의 고열전도성 특성을 갖게 된다. 이 질화알루니늄계 세라믹스는 LSI와 초단파용의 전력 모듈 기판이나 패키지 외에 발광다이오드의 방열성기재, 자동차 엔진의 점화계모듈 기판 등 특징을 살린 용도에 사용되고 있다. 그림 2.3은 시판되고 있는 집적회로기판을 나타낸 것이다.

탄화규소(SiC)계 세라믹스는 옛날부터 경도가 큰 장점을 이용하여 연마제로 많이 사용되어 왔다. 탄화규소계 세라믹스는 또 내열성이 좋으므로 내화벽돌로 사용되거나 반도체적인 발열체로 전기로용의 히터로도 사용되는 등 여러가지 특성을 가진 세라믹스다. 탄화규소계 중에서 순도가 큰 것은 절연체이고, 보통 정도의 탄화규소는 미량의 불순물이 들어 있는 경우는 일종의 반도체가 된다. 그래서 이 반도체에 전류를 흘리면 열이 발생하는 히터로 사용할 수가 있다. 여기서 다루고 있는 것은 절연체 세라믹스이며 기판재료로서의 탄화규소이므로 전류가 흘러서는 곤란하다. 탄화규소에 약간의(수% 이하) 산화베릴륨(BeO)을 혼합・소성하여 만든 세라믹스 탄화규소는 열전도도가 알루미나나계보다 10배 정도 크고 질화알루미늄계의 2배 정도로 뛰어나 고열전도성이 유지된다. 열팽창률은 알루미나계의 반 정도이고 질화알루미늄계와 같은 정도로 실리콘 칩에 가깝다. 이런한 점은 LSI 기판에 꼭 알맞지만 유전율이 알루미나계나 질화알루미늄의 5~10배 정도 큰 것이 결점이다. 이 때문에 전기신호 전달의 지연이 생기기 쉬우므로 목적에 따라서는 회로패턴을 짧게 하는 연구가 필요하다.

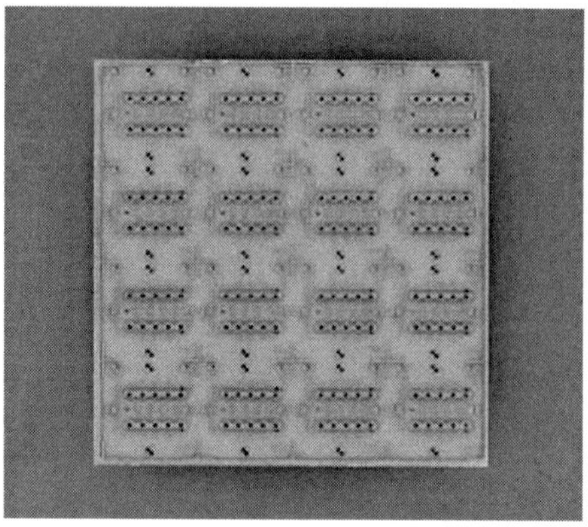

그림 2.3 박막집적회로기판

## 2.3 자성재료

희토원소를 활용한 자석은 speaker나 휴대전화의 소형화에 획기적인 전기를 마련했다고 해도 과언이 아니다. 이에는 Sm-Co계 자석과 Nd-B-Fe계 자석을 크게 대별된다. 우선 이들 재료의 특성을 보면 표 2.1에 나타난 바와 같이 Sm-Co 계 자석은 포화자화가 1.1~1.2 TOe 정도이고 Nd계 자석은 1.6TOe정도이다. 신개념의 자성재료인 Sm-Fe-N계는 거의 Nd계 자석과 버금가는 포화자화를 보이고 있다. 또한 Curie온도로 보면 Sm-Co계가 단연 크게 나타나고 Nd계와 Nitride계가 매우 낮다. 다만 이방성자계의 크기는 Sm-Co계 자성재료가 매우 큼을 알 수 있다.

한편 희토류 영구자석에서 소결자석과 본드자석의 특성을 보면 표 2.2에서 보는 바와 같이 보자력이나 최대 energy 값은 같은 종류의 자석일 때는 단연 Nd계 자석이 Sm-Co계 자석보다 훨씬 양호함을 알 수 있다. 또한 잔류자속밀도에서도 Nd계 자석이 월등한 특성을 지니고 있다.

차세대자석으로는 $Sm_2Fe_{17}N_x$와 같은 질화물계, 교환 spring자석, hybrid자석 등에 대한 연구가 진행되고 있다. 이 외에도 희토류계 soft ferrite에 대한 연구개발도 많이 이루어지고 있고 magnetostriction, 거대자기저항재료 등에 대한 연구개발도 진행되고 있다.

**표 2.1** 희토류 영구자석재료의 특성

| 화합물 | 포화자화(T) | 이방성자계 (MA/m) | Curie온도 (°K) |
|---|---|---|---|
| $SmCo_5$ | 1.14 | 23.0 | 1,000 |
| $Sm_2Co_{17}$ | 1.25 | 5.2 | 1,193 |
| $Nd_2Fe_{14}B$ | 1.60 | 5.3 | 586 |
| $Sm_2Fe_{17}N_{x(x\sim3)}$ | 1.57 | 21.0 | 747 |

**표 2.2** 희토류계 영구자석의 특성

| | 종 류 | 잔류자속밀도(T) | 보자력 (MA/m) | 최대에너지적 (kJ/m³) |
|---|---|---|---|---|
| 소결자석 | 이방성 $SmCo_5$ | 0.88~0.92 | 0.95~1.59 | 150~165 |
| | 이방성 $Sm_2Co_{17}$ | 1.10~1.16 | 〉0.63 | 220~255 |
| | 이방성 $Nd_2Fe_{14}B$ | 1.33~1.39 | 〉1.03 | 335~365 |
| 본드자석 | 이방성 $SmCo_5$ | 0.55~0.70 | ~0.80 | 100~125 |
| | 이방성 $Sm_2Co_{17}$ | 0.57~0.89 | 0.45~0.88 | 88~215 |
| | 등방성 $Nd_2Fe_{14}B$ | 0.35~0.76 | 0.12~0.56 | 58650~150 |
| | 이방성 $Nd_2Fe_{14}B$ | 0.83~0.90 | 0.60~1.31 | 190~215 |

## 2.4 유전재료

절연체의 양면에 전극판을 밀착시키고 전원을 연결하면 이 절연체(+) 쪽에 (-)쪽에 (+)의 전기가 유도되어 전기분극이 일어난다. 이와 같이 전기분극이 생기는 것을 유전체(誘電體)라 하며 세라믹스 가운데서 이 작용이 강한 것이 유전체 세라믹스다.

유전체는 1920년대 Titania가 자기에 실용화되면서 시작하여 Mg 및 Ca-Titanate가 1940년대에 개발되었고, 1950년대에는 Ba-Titanate계가 개발되어 유전율을 40정도로 향상시켰으나 1980년대에 극초단파 대에서 고유전율을 가지는 희토계 Ba-Titanate를 개발하게 되었다. 유전체로 활용은 유전율을 크게 향상하는 계기를 주었고 80년대에서부터 그 연구가 활발하였다.

일반적으로 강유전체란 자발분극(Spontaneous Polarization)을 가지고 있으며 외부 전계(Electrric Field) 에 의하여 분극반전을 일으킬 수 있는 물질이다.

강유전체의 대표적인 물질은 PZT, BST, BTO($Bi_4Ti_3O_{12}$), SBT, STNO가 있다.

강유전체는 압전성(Piezoelectric)과 초전성(Pyroelectric)을 동시에 가지며, 상전이 온도 이상에서는 비극성(non-polar)인 상유전상(Paraelectric Phase), 그 이하에서는 극성인 강유전상으로 존재하게 된다.

거의 모든 강유전체는 $ABO_3$의 화학식을 갖는 페로브스카이트(Perovskite) 구조를 가지며 강유전체의 이러한 특성을 이용하여 개인 휴대용 야시경이나 위성을 이용한 위치추적 장치인 GPS, 자동차의 야간 시야 확보를 위한 장치 등을 개발할 수 있다.

강유전체(Ferroelectrics)와 상유전체를 비롯한 각종 유전재료는 MLCC, 마이크로파 유전체등의 다양한 용도로 사용되는 주요한 재료이다.

유전체로서 세라믹스를 이용하는 것은 여러 종류의 축전기, 절연체로 이용하는 것은 IC 기판이나 팩시밀리 등의 열전도 헤드의 기재, 반도체로는 서미스터(Thermistor)와 바리스터(Varistor), 압전체로는 압전 음향필터, 초음파 진동자, 버저, 착화소자, 압전 센서, 압전 초음파 모터, 엑츄에이터 등에 쓰인다. 자성체로는 고주파 안테나와 고주파 코일의 코어(core), 자기 테이프 등이다.

## 2.5 생체재료

생체재료란 과학 기술의 발달로 인간의 수명이 연장되면서 노쇄해 가는 인체의 일부분이나, 질병 또는 사고 등으로 잃어 버린 기능을 치환, 보충하기 위해 생체에 직접 이용되는 인공재료를 말한다. 그 종류로는 Stainless-Steel, Co/Cr 및 Ti합금 등의 금속재료와 PMMA (Polymethyl-Methacrylate), 고밀도 폴리에틸렌 등의 고분자재료 및 Bioglass, 수산화 아파타이트, 알루미나 등의 바이오세라믹스가 있다. 바이오세라믹스는 생체조직과 화학결합을 이루는 생체활성 (Bioactive) 재료와 결합을 이루지 않는 불활성(Bioinert) 재료로 분류되는데 생체활성재료에는 수산화 아파타이트, TCP (Tricalcium Phosphate), Bio glass, Glass-Ceramics 등이 있으며, 불활성재료에는 카본세라믹스, 알루미나, $MgO-Al_2O_3-SiO_2-TiO_2$계 등이 있다. 이들 Bio-Ceramics는 주로 Ca, P, K, Na등의 원소를 주성분으로 하여 제조되기 때문에 생체에 독성이 없을 뿐 아니라 금속/고분자재료에 비해 생체 친화성이 우수하여 인공신장, 인공치아 및 치근, 인공뼈, 인공관절 등에 사용되고 있다.

특히 인간에 이식되어 사용되는 재료는 생물학적, 기계적, 제조사용상등의 까다로운 조건을 전부 만족시켜야만 가장 좋은 생체재료로 이용될 수 있다. 이러한 생체 대체 재료중 금속은 시간에 따른 금속이온의 용해와 용해된 금속이온이 인체내에서 바람직하지 못한 영향을 끼치며, 고분자재료는 성형성이 뛰어나고 내화학성이 있지만 내구성 및 강도 면에서는 아직도 열세를 면치 못하고 있다. 반면 세라믹 생체 대체 재료는, 성형성 및 기술적 조작성이 나쁘고 가격이 비싼 점이 단점이지만 내구성, 내화학성이 좋아서 생체 대체 재료로 주로 연구되고 있다. 특히 성형 방법의 개선, 파단 강도의 증가와 생체 친화력 증대 방법 연구 등을 통하여 인공뼈, 뼈 충진재, 인공 치아 및 치근, 인공 신장, 인공 관절 등에 응용하고 있다. 그림 2.4와 2.5에서 보는바와 같이 바이오세라믹스는 생체조직과 화학결합을 이루는 생체활성재료와 결합을 이루지 않는 불활성재료로 분류되는데 생체활성재료에는 수산화아파타이트, 바이오글라스, 글라스세라믹스 등이 있으며, 불활성재료에는 카본세라믹스, 알루미나 등이 있다.

생체활성 세라믹스는 생체 내에서 화학적으로 반응하고 뼈와 자연스럽게 강하게 접착하므로 생체불활성의 금속, 고분자 및 생체불활성 세라믹스와는 다른 새로운 뼈의 수복재료이다.

생체활성 세라믹스는 자연스럽게 접착되는 우수한 재료인데 반해 세라믹스는 역학적 특성이 문제점으로 작용하고 있다. 즉, 파괴강도 및 인성이 금속에 미치지 못하고 강한 힘이 가해지면 파괴되고, 천연의 뼈보다 유연성, 전연성이 없기 때문에 예기할 수 없는 힘에 의해서 파괴될 가능성이 있는 등의 결점이 있기 때문에 앞으로 파괴강도 및 인성을 증대하는 개선이 필요하다.

바이오 세라믹스는 크게 생체관련 세라믹스와 생화학관련 세라믹스로 구분된다. 생체관련 세라믹스는 고분자나 금속에는 없는 우수한 생체 친화성을 가진 인공뼈나 치과재료 등의 경조직 대체용 기능재료와 인공혈관, 인공기관 등의 연조직 대체재료를 의미하며, 생화학관련 세라믹스에는 Bioreactor용 다공질 세라믹스가 대표적이라 할 수 있다.

바이오세라믹스는 생체내 치료용으로도 사용되고 있다. 신장의 투석에는 요소의 분해, 분해생성물의 제거를 위해서 유리아제를 고정한 다공질의 알루미나, 흡착제로서의 인선지르코늄, 알루미나, 산화지르코늄 등의 입자가 사용되고 있는데 이는 모두 세라믹스이다. 또 미생물을 이용한 세라믹스가 있는데 이는 생체촉매인 효소 및 효소를 생성하는 미생물을 고정하고 그 작용을 연속

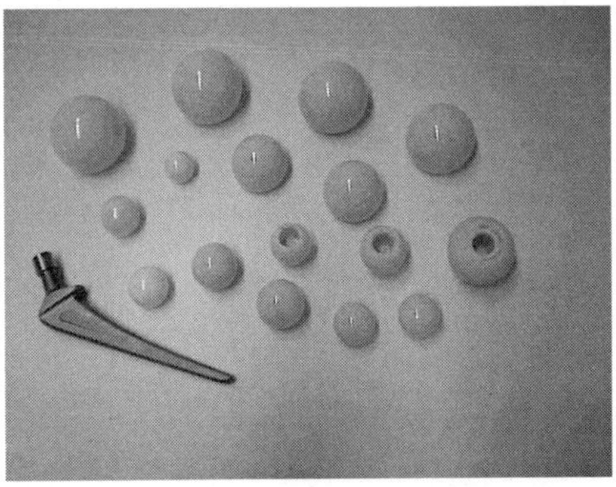

**그림 2.4** Bioceramics(Hip Joint Component)

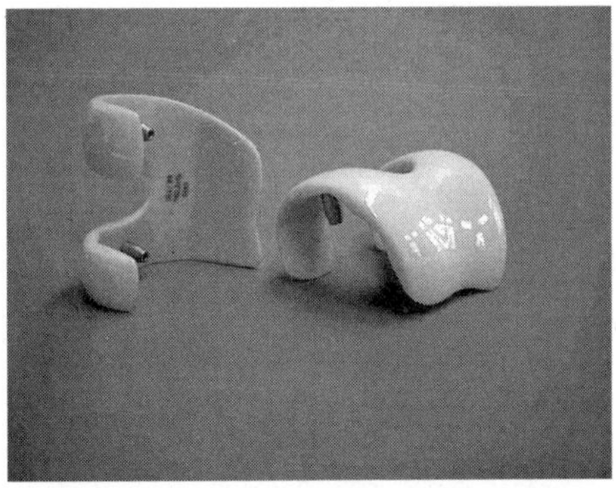

**그림 2.5** Bioceramics(Knee Joint Component)

적으로 효율을 좋게 발휘시키기 위한 담체로서 세라믹스를 이용하고 있다. 이는 세라믹스 다공체에 화학적 안정성(내용해성), 내잡균성, 형상안전성 등의 특징이 있기 때문이다.

## 2.6 광학적 기능재료

광학적 기능성세라믹스는 적외선방사성, 감광성, 투광성, 도광성, 광굴절성, 포토크토믹, 광선택반사성, 광전자방사성, 편광성, 발광 및 형광성 세라믹스로 분류된다.

적외선 방사 세라믹스는 적외선 방사 재료속에 전열선 등의 가열체를 삽입하여 제작한 것이며, 가열체가 적외선 방사 재료를 가열하면 그 재료의 성분 및 특성에 따라 근적외선, 중적외선, 원적외선을 방사하게 된다.

원적외선의 파장범위를 정확하게 구분하기는 어려우나 일반적으로 4㎛부터 1000㎛(1mm)까지의 범위로 정의하고 있다. 특히 산업 분야에서 열원으로 이용되는 파장 영역은 2.5㎛~25㎛의 영역이 많이 이용되고 있다.

원적외선 복사체는 저온(상온)에서부터 고온으로까지 다양하게 이용되고 있으며, 그 특성 때문에 주로 세라믹 원료를 이용하고 있다. 또한, 복사 세라믹 원료는 Allumina, Silica, Zirconia, Titania를 기초로 한 것 등이 있으며, 점토광물, Clay, Mica, Coldierlite, Petalite, Mullite, Cordierite-Mullite, Sphene 등의 천연광물을 이용하는 것도 있다.

투광성 세라믹스는 제조시 투명화에 기여하는 인자로는 고순도화, 원료조성의 조절, 기공의 감소, 석출물의 감소, 이방성감소가 있다.

투광성 세라믹스가 되기 위해서는 원료 자체의 성질이 중요하며 산란을 적게 하기 위해서는 결정미립자에 이방성이 적은 것을 고르고 다시 세라믹스의 성형 및 소성의 과정에서는 압력과 첨가물을 적절하게 하고 소결의 분위기를 공기 중 환원성기체 또는 산화성기체 등 여러 가지로 연구하여 기공이 생기는 것을 가능한 억제하여야 한다.

대표적인 투광성세라믹스는 알루미나($Al_2O_3$), 마그네시아(MgO), 지르코니아($ZrO_2$)가 있으며 나트륨 램프, 스테레오 비디오 안경 등에 쓰인다.

선택적 광반사성 재료로는 열반사 유리가 있으며, 감광성 재료로는 Photochromic Glass가 있다. 투광 편광성 재료는 (Pb, La)(Zr, Ti)$O_3$가 있으며 형광성 재료(레이져 다이오드, 발광 다이오드, 레이져 용)는 GaP, GaAs, GaAsP, $Al_2O_3$가 있다.

물질 내부의 전자에 광자(Photon)가 충분한 에너지를 갖고 충돌하면, 광자 에너지는 전자의 운동에너지로 전환되어 이차 전자 방출과 유사한 전자 방출 현상이 발생한다. 이렇게 방출된 전자를 광전자(Photoelectron)라 한다.

광전자 방출 현상의 주 응용은 광검출기로서 스핀 편극 전자선용 GaAs가 전자원으로 사용된다.

## 2.7 기계구조재료

세라믹스의 열적 기능, 기계적 기능,내식적 기능을 이용한 세라믹스다. 절삭공구나 고효율 열기관재 등에 이용된다.

세라믹스는 내열성 및 화학적 내식성이 우수할 뿐만 아니라 기계적 강도 및 경도가 크고 열충격 저항성이 우수하므로 오래 전부터 여러 용도로 사용되어왔다. 특히, 최근 세라믹스의 열적, 화학적 안정성과 기계적 특성을 이용하여 여러 구조 부품으로의 사용이 활발하게 이루어지고 있으며 그림 2.5와 같은 재료를 구조재료 세라믹스라 부르고 있다.

구조용이라 하면 시멘트 · 석고 · 유리라든지 별돌 등 바로 올드 세라믹스가 차지하고 있는 주요한 용도이다. 파인 세라믹스 구조재료는 고강도 · 고경도, 뛰어난 내열성 · 내식성 · 내마모성 · 경량성 등 원래 세라믹스가 장점으로서 지니고 있던 여러 특성을 각별히 현저하게 구현한 재료이다.

구조재료 세라믹스는 탄화규소, 질화규소, 질화알루미늄, 지르코니아, 알루미나등 천연원료로는 얻을 수 없는 것을 인공적으로 합성하여 고순도의 원료를 제조한 후 최근 개발된 제조방법으로 제조하고 있다. 구조재료 세라믹스 제품은 지르코니아질 칼, 가위, 장식품등 일반용 제품 및 내마모 라이닝, 메카니칼 실, 절삭공구, 볼베어링등 산업용 제품과 각종 엔진용 부품 및 우주 왕복선 본체의 단열재료로 실리카 화이바 소결체가, 고온 부분에서는 카본질 화이바와 매트릭스로 된 복합 재료가 사용되고 있다.

그림 2.5 구조재료 세라믹스

이와 같은 재료는 엔진용 부재 · 고속절삭공구용 재료 · 노즐 · 베어링 등, 종래의 세라믹스나 금속재료가 미치지 못했던 극히 가혹한 온도 · 응력 · 마모 조건하에서 사용되는 기계부재로서의 용도를 개척하는 것이다.

## 2.8 형광재료

Phosphor란 그리스어로서 "light bearer"라는 의미를 나타내며, 일반적으로 발광성 고체물질을 의미하며 형광체로 칭한다. 형광체의 개발은 우리 인간 문명의 발전에 직접적인 영향을 미쳤으며, 앞으로 고도화된 산업사회로의 발전을 위하여 혁신적인 형광체의 개발이 요구되어진다. 예로 들면, CRT(cathod-ray tube), TV, PDP (plasma display panel), FED(field emission display)와 같은 디스플레이에서부터 형광램프, LED(light emitting diode) 및 반도체 레이저 이르기까지 발광소자에 이르기까지 우리 생활의 여러 분야에 널리 사용되고 있다. 현재까지 상용된 발광체는 응용분야에 따라 다양하게 개발되어오고 있으며, 현재 실용화된 형광체의 응용은 다음과 같이 4가지로 분류할 수 있다: (1) 형광램프 및 레이저와 같은 광원, (2) CRT와 같은 디스플레이 디바이스, (3) X-선 스크린 및 scintillator와 같은 검출기, (4) 영구 형광 페인트. 표 2.3은 디스플레이에 주로 사용되고 있는 몇 가지 무기물 발광소자의 특성을 보여주고 있다. 우리가 TV을 시청할 때 등장인물이 적색이나 청색 혹은 줄무늬 옷을 입었을 경우 잔상이 오랫동안 지속되거나 overlapping이 일어나서 눈이 상당히 피로함을 느낄 수 있다. 이것의 주된 원인은 형광체가 방출하는 루미네센스 스펙트럼의 폭이 매우 넓어서 색의 순도가 낮거나 혹은 양자효율이 낮은 현상에서 기인된다. 따라서, 차세대 디스플레이 개발을 위하여 발광효율 및 안정성 및 휘도가 높으며 잔영이 없는 형광체의 개발이 요구되어진다. 내부 d 전이금속들과는 달리 f 궤도함수에 원자가 전자를 가지고 있는 란탄족 금속들은 f 궤도함수로부터 유발되는 독특한 물리 · 화학적 특성을 가지고 있어 촉매, 광학, 전 · 자기 합금, 세라믹, 센서 등 다양한 분야에 사용되고 있는 고부가치가 높은 무기소재이다. 특히, 분광학적 측면에서 란탄족 금속이온이 나타내는 가장 특징적인 특성은 전자 전이에서 초과민(hypersensitivity) 현상이 관찰되어지는 것이다. 일반적으로 수용액 상태에서는 매우 약한 흡수 혹은 형광 전이가 금속 이온의 배위환경에 따라 특성 전이의 강도가 수 십 배~수 백 배 증가한다. 희토류 이온들 중에서 $Ho^{3+}$ 및 $Er^{3+}$ 이온들은 흡수전이에서 초과민 흡수 전이를 보여주며, $Sm^{3+}$, $Eu^{3+}$, $Tb^{3+}$ 및 $Dy^{3+}$ 이온들은 루미네센스 전이에서 초과민 현상을 보여주고 있다. 이들 이온들이 나타내는 다양한 흡수 혹은 방출 전이에서, 각 전이의 상대적 세기는 금속 이온 주위에 배위 하고있는 리간드의 환경에 매우 민감하다. 이러한 란탄족 금속이온들이 갖고 있는 이러한 광학적 특성은 차세대 발광소자로서의 잠재력을 가지고 있다. 특히, PDP, FED에서부터 LED, EL(electroluminescence) 및 LCMD(light conversion molecular device)의 개발에 있어서 광 효율이 뛰어난 란탄족 금속 착물의 합성 및 특성 규명은 중요한 연구과제가 되고 있다.

희토류 관련 제품에서 단위 중량당 단가가 가장 비싼 제품중의 하나다. IT산업에서 정보를 육안으로 볼 수 있게 해주는 표시소자에 널리 활용되는 CRT 및 PDP 등의 발광체나 에너지 절약형 3파장 형광등 발광재료가 희토류 원소로 만들어진다. 이들 제품에 활용되는 발광재료의 연구는 1950년대에 활발히 이루어져 1960년대에 실용화가 되었다.

**표 2.3** 디스플레이에 사용되는 무기물 발광소자의 특성

| Phosphors | Color | Persistence/Q.E. | Application |
|---|---|---|---|
| Zn2SiO4:Mn | green | medium(25 msec) | oscilloscope |
| ZnS:Cu | blue-green | medium(35 μsec) | oscilloscope |
| $ZnCdS_2$:Cu | yellow-orange | medium(40 μsec) | oscilloscope |
| ZnS:Ag+$ZnCdS_2$:Ag | white | medium(40 μsec) | monochrome T.V. |
| $MgSiO_3$:Mn | red-orange | medium long (52 msec) | radar |
| (Ca,Mg)$SiO_3$:Ce | purple | very short(2.8 μsec) | flying spot scanner |
| ZnS:Ag+$ZnCdS_2$:Ag+ $Y_2O_3$:$Eu^{3+}$ | blue + green + red | medium short (200 μsec) | color T.V. |
| $Y_2O_2S$:Tb | green | medium(25 msec) | display |
| $Gd_2O_2S$:Tb | green | medium(25 msec) | display |
| $SrP_2O_7$:Sn | blue | Q.E.(86 %) | commercial lamp |
| (Sr,Mg)$_3$($PO_4$)$_2$:Sn | pink | Q.E.(84 %) | commercial lamp |
| $BaSi_2O_5$:Pb | U.V. | Q.E.(75 %) | commercial lamp |
| $SrFBBO_2$:Eu | U.V. | Q.E.(-) | commercial lamp |
| $YVO_4$:Dy | yellow | Q.E.(90 %) | commercial lamp |
| $YVO_4$:Eu | red | Q.E.(89 %) | commercial lamp |
| $Y_2O_3$:Eu | red | Q.E.(92 %) | commercial lamp |
| GaP:Zn | red | Q.E.(15 %) | LED |
| GaN | blue | Q.E.(0.005) | LED |
| GaAs:Si+$YF_3$YbEr | green | Q.E.(0.1 %) | LED |
| ZnSe | yellow | Q.E.(0.1 %) | LED |
| $In_{0.32}Ga_{0.58}P$ | amber | Q.E.(0.1 %) | LED |

표 2.4는 발광중심의 형태와 발광특성을 표시한 것이다.

현재는 CRT용 형광체 기술은 성숙단계로 볼 수 있으며, TBL의 경우에도 제품생산이 성장단계에 있다. 한편 최근에 초기상태인 PDP의 형광체는 정립단계에 이르고 있는 상황이며 모두, 휘도 증진에 연구가 모아지고 있다.

비희토계 발광체는 녹색과 청색 계열이고 희토계열에는 3색의 발광이 가능하다. 그러나 현재 실제 사용되고 있는 발광체는 표 2.4에 보인 바와 같이 적색계열은 모두 Eu을 사용하고 있고, 녹색 및 청색계열의 형광체는 장치에 따라 다름을 알 수 있다. 여기에는 각각의 display 및 형광등에 따라 발광하는 조건이 달라 그에 적합한 화합물을 제조한다.

그 외에 각기 장비에 따르는 형광체을 정리하여 표 2.5와 표 2.6에 표기하였다. 이 표에 의하면 각각의 장비에 따라서 형광체가 다르고 또 같은 색을 발생시키는데 활성물질이 다름을 알 수 있다. 이와 같이 많은 형광체 물질에 대하여 밝기, 휘도, 온도안정성, 대조 특성 등 발광 특성을 향상시키기 위해 많은 연구가 진행되고 있다.

**표 2.4** 발광중심의 형태와 발광특성

| | Type | 대표적인 보기<br>임자물질 : 발광중심 | 발광색 | 피크파장 (nm) | 반값폭 (nm) | 감쇄시간 (μs)* |
|---|---|---|---|---|---|---|
| 비란탄족류 | Pair | ZnS : Cu, Al | 녹색 | 531 | 74 | 20 |
| | 착이온 | $CaWO_4$ | 청백 | 410 | 100 | 18 |
| | $s^2$-sp | $Ca_{10}(PO_4)_6F_2$ : $Sb^{3+}$ | 청색 | 480 | 120 | 17 |
| | 3d-3d | $Zn_2SiO_4$ : Mn | 녹색 | 525 | 33 | 25000 |
| 란탄족원소 | 4f-5d | $YAlO_3$ : $Ce^{3+}$ | 근자외 | 370 | 58 | 0.03 |
| | | $Ba_2MgSi_2O_7$ : $Eu^{3+}$ | 청록 | 500 | 80 | 0.4 |
| | 4f-4f | $Y_2O_2S$ :$Eu^{3+}$ | 적색 | 626 | 2 | 520 |
| | | $Y_2O_2S$ : $Tb^{3+}$ | 녹색 | 542 | 3 | 1100 |
| | | $Y_2O_2S$ : $Pr^{3+}$ | 녹색 | 514 | 8 | 9 |

**표 2.5** CRT, PDP, TBL 용 형광체의 종류 및 조성

| 용도별 \ 형광체 | 적 색 | 녹 색 | 청 색 |
|---|---|---|---|
| CRT | $Y_2O_2S$ : Eu | ZnS : Al,Au,Cu | ZnS : Ag,Cl |
| PDP | $(Y,Gd)BO_3$ : Eu | $Zn_2SiO_4$ : Mn | $BaMgAl_{10}O_{17}$ : Eu |
| TBL | $Y_2O_3$ : Eu | $LaPO_4$ : Ce,Tb | $BaMgAl_{10}O_{17}$ : Eu |

표 2.6 주요 표시소자 기기의 형광체

| display | phosphor | emission | | color coordinate | |
|---|---|---|---|---|---|
| | | color | peak(nm) | x | y |
| CRT | ZnS:Ag | blue | 450 | 0.147 | 0.06 |
| | ZnS:Cu,Al | y-green | 530 | 0.285 | 0.617 |
| | ZnS:Cu,Au,Al | y-green | 535 | 0.306 | 0.602 |
| | $Y_2O_2S$:Eu | red | 626 | 0.649 | 0.343 |
| PRT | ZnS:Ag,Al | blue | 450 | 0.419 | 0.051 |
| | $Y_3Al_5O_{12}$:Tb | y-green | 545 | 0.342 | 0.572 |
| | $Y_2SiO_5$:Tb | y-green | 544 | 0.335 | 0.575 |
| | $Zn_2SiO_4$:Mn | g-yellow | 525 | 0.205 | 0.714 |
| | $Y_2O_3$:Eu | red | 611 | 0.648 | 0.347 |
| PDP | $BaMgAl_{10}O_{17}$:Eu | blue | 454 | 0.147 | 0.067 |
| | $Zn_2SiO_4$:Mn | green | 525 | 0.242 | 0.708 |
| | $BagAl_{12}O_{19}$:Mn | green | 517 | 0.182 | 0.732 |
| | (Ba,Sr,Mg)O.a$Al_2O_3$:Mn | green | 515 | 0.145 | 0.747 |
| | (Y,Gd)$BO_3$:Eu | red | 611 | 0.641 | 0.356 |
| | $Y_2O_3$:Eu | red | 611 | 0.648 | 0.347 |
| VFD | ZnS:Ag+$In_2O_3$ | b-purple | 450 | 0.147 | 0.06 |
| | ZnS:Zn+$In_2O_3$ | blue | 465 | 0.146 | 0.16 |
| | ZnO:Zn | green | 505 | 0.246 | 0.419 |
| | ZnS:Cu,Al+$In_2O_3$ | y-green | 530 | 0.285 | 0.617 |
| | (Zn,Cd)S:Ag+$In_2O_3$ | y-green | 550 | 0.392 | 0.565 |
| | (Zn,Cd)S:Ag+In2$O_3$ | g-yellow | 570 | 0.45 | 0.53 |
| VFD | SnO2:Eu | orange | 588 | 0.607 | 0.391 |
| | (Zn,Cd)S:Ag+$In_2O_3$ | y-orange | 595 | 0.534 | 0.455 |
| | (Zn,Cd)S:Ag+$In_2O_3$ | orange | 629 | 0.587 | 0.45 |
| | (Zn,Cd)S:Ag+$In_2O_3$ | red | 650 | 0.64 | 0.358 |
| ELD | $SrGa_2S_4$:Ce | blue | 455 | 0.15 | 0.1 |
| | $CaGa_2S_4$:Ce | blue | 468 | 0.15 | 0.19 |
| | SrS:Ce | b-green | 475 | 0.3 | 0.5 |
| | ZnS:Tb | purple | 543 | 0.3 | 0.6 |
| | ZnS:Mn | orange | 585 | 0.5 | 0.5 |
| | CaS:Eu | red | 648 | 0.68 | 0.31 |
| | ZnS:Mn | red | 585 | 0.65 | 0.35 |
| | ZnS:Mn/SrS:Ce | white | 475/585 | 0.44 | 0.48 |
| lamp | $Ca_{10}(PO_4)_6(F,Cl)_2$:Sb,Mn | white | 480/575 | - | - |
| | (Ba,Sr)(Mg,Mn)Al10$O_{17}$:Eu(BAM) | blue | 455 | 0.144 | 0.166 |
| | $(Sr,Ca,Ba,Mg)_{10}(PO_4)_6Cl_2$:Eu(SCA) | blue | 447~483 | - | - |
| | (La,Ce)$PO_4$:Tb(LAP) | green | 543 | 0.36 | 0.574 |
| | $Ca_{10}(PO_4)_6Cl_2$:Tb(CAT) | green | 543 | 0.36 | 0.576 |
| | $GdMgB_5O_{10}$:Tb,Ce(CAT) | green | 543 | 0.361 | 0.572 |
| | $Y_2O_3$:Eu(YOX) | red | 611 | 0.648 | 0.347 |

차세대 정보표시 소자로 주목을 받고 있는 PDP의 고 칼라화는 형광체의 특성에 좌우되고 있다. PDP에 이용되고 있는 적, 청, 녹색의 형광체는 고온열화 및 피로특성의 개선이 요구되고 있어 산화물계의 형광모체를 사용하고 있다. 이 중 PDP용 청색 형광체로 사용되고 잇는 BAM 계열의 형광모체는 $BaMgAl_{10}O_{17}$, $BaMgAl_{14}O_{23}$ 및 $BaMg_2Al_{16}O_{27}$ 등이 알려져 있으며, 결정성에 따라 발광효율이 크게 변한다는 것이 알려져 있다. 결정성이 우수한 $BaMgAl_{10}O_{17}$을 형광모체로 하는 청색 형광체는 penning gas (Ne+Xe) 방전에 따른 147 nm 파장의 들뜸에 의해 높은 양자효율, 색순도 및 짧은 잔광시간의 특성을 가지고 있으나, $Eu^{2+}$의 농도 quenching 및 칼라센터들의 열화로 인한 발광휘도와 양자효율 감소하여 full color 구현에 문제점이 제기되고 있다.

제3장

# 유기계 신소재

유기계 신소재로는 기능성고분자 재료가 있으며 선택흡수, 도전성(導電性), 압전성(壓電性) 등의 특성을 갖추고 있는 고분자로서 해수 담수화막, 해수 중의 우라늄 분리, 생체재료(生體材料) 등에 쓰인다.

기능성고분자는 다음과 같이 크게 분류할 수 있다.

### 1) 압(壓)·초(焦)전성 고분자(Piezoelectric and Pyroelectric Polymer)

압력의 변화 또는 온도의 변화에 의하여 전기를 발생시키는 고분자로서 Poly Vinylidene Fluoride가 있다. 열검지기, 적외선검지기, 음파 탐지기, 마이크로폰, 무접촉 스위치 등에 사용된다.

### 2) 전기전도성 고분자(Conductive Polymers)

고분자 자체로서 혹은 도핑에 의하여 전기전도성을 띠는 고분자로서 대개 주사슬 내에 짝이중결합을 가지고 있는 것이 특징이다. Polyacetylene, Polyaniline, Polypyrrole, Polythiophene, Poly Sulfur Nitride 등과 같은 것이 있다. 전도성 고분자를 전극물질로 사용한 플라스틱전지는 단위 질량당 전기에너지의 저장용량이 크다는 장점이 있다. 전도성 고분자 중에는 빛에 의하여 전도도가 증가하는 광전도현상(Photoconductivity)을 나타내는 것도 있고, 전도성 고분자의 전기발광(Electroluminescence)을 이용한 발광 소자도 개발되는 등 응용성이 매우 다양하다.

### 3) 감광성 고분자

감광성수지라고도 하며, 빛에 의하여 다리 걸침이 되어 용해도가 감소하거나, 반대로 사슬이 끊어져 용매에 대한 용해도가 증가하는 성질을 이용하여 음화나 양화를 만드는 데 사용된다. 특히 전자산업에서 집적회로를 만드는 석판술(Lithography)에 사용된다.

#### 4) 생 · 의료용(Biomedical) 고분자

인공장기 · 인공피부 · 인공혈관 등과 같은 생체접합성 고분자와 서방성(徐放性)의약용 고분자 등이 이에 속한다.

#### 5) 분리막용 고분자

고분자 막으로서 어떤 특수한 성분만 선택적으로 투과시키는 성질을 가지는 고분자. 이러한 고분자막은 물질의 분리 및 정제에 사용된다. 인공신장용 투석막은 이러한 고분자분리막의 한 종류이다.

#### 6) 자기특성 고분자

상자기성을 가지는 고분자로서 홀전자를 가지고 있어야 한다.

#### 7) 비선형 광학특성 고분자

빛을 조사하면 그 광에너지의 일부를 조사한 주파수의 2배 ·3배 등의 주파수를 가지는 빛으로 변화시켜 주는 고분자이다.

#### 8) 이온교환수지

불용성 고분자에 이온성 작용기를 첨가하여 그 반대이온(Counter Ion)이 수용액 중의 다른 이온과 교환이 가능하도록 만든 것. 수용액 속의 이온의 분리 및 제거에 사용된다.

#### 9) 고정화 촉매 및 효소

촉매나 효소를 고분자사슬에 결합시켜 둠으로써 반응생성물의 분리를 쉽게 할 뿐 아니라 사용 후에도 회수하여 재사용할 수 있게 한 것이다.

#### 10) 액정 고분자

고분자 주사슬이 배향되어 있어서 기계적 물성 및 광학적 물성이 뛰어나고 노트북, 휴대전화 PC 모니터 등에 이용되고 있다.

또한 기능성 고분자(Functional Polymer)는 다음과 같은 분야에도 활용되고 있다

① 생체의료기능 소재
질병의 진단, 치료 및 예방 목적의 생체적 합성이 우수한 신기능 생체재료로서 체내이식용 및 체외순환용 인공장기 소재

② 생체지능인식 소재
인공효소, 분자센서, 바이오 지능소자용 소재

③ 분리막을 이용한 혈액정화 인공장기
인공신장용 혈액투석기, 혈액투석여과기, 혈액여과기, 혈장분리기, 혈장성분분획기, 혈액

흡착관류기, 백혈구제거여과기, 인공심폐기 등의 혈액정화용 순환계 인공장기 소재

④ 분리막 및 분해성고분자 소재

수질환경 오염방지와 정화용 분리막, 환경친화성 및 생체친화성 기능소재

## 3.1 의료용 고분자

의료용 고분자로는 생체 및 의료용으로 사용되는 고분자로서 인공장기 · 인공피부 · 인공혈관 등과 같은 생체 접합성 고분자와 서방성(徐放性)의약용 고분자 등이 이에 속한다.

또한 분리막용 고분자막이 있으며 어떤 특수한 성분만 선택적으로 투과시키는 성질을 가지는 고분자로서 물질의 분리 및 정제에 사용된다. 인공신장용 투석막은 이러한 고분자분리막의 한 종류이다.

생체이용 분야에서는 Bioseparator, Bioreactor, Biosensor에 이용하는 고분자로 세분된다.

인공 신장기는 만성신부전증 환자의 혈액 속에 있는 노폐물이나 독성물질을 걸러주는 장치로 1943년 임상실험에 성공한 뒤 여러 가지 형태로 개발됐다. 그 중 가장 보편화된 혈액투석기는 혈액중의 요소가 고분자 투석막(속이 비어 있는 원통 모양의 분리막으로 안쪽지름은 머리카락보다 불과 3~4배 긴 정도이며 막의 두께는 약 10 $\mu$m)을 통해 투석액으로 빠져 나오도록 한 것이다. 혈액여과기는 요소뿐 아니라 입자가 더 큰 찌꺼기까지 걸러낸다. 인공 심폐기는 심장이나 폐를 수술할 때 폐를 대신해 산소를 공급하고 이산화탄소를 제거하는데 사용되며 현재로서는 영구적으로 폐의 기능을 대행해 주는 장치를 개발하는 것은 요원해 보인다. 인공 신장과 인공 심폐기는 국내에서도 개발되어 실용화되고 있다.

인공혈관은 1952년 나일론관이 최초로 사용된 후 폴리에스터, 테플론 섬유를 천처럼 직조한 인공혈관이 많이 사용되고 있다. 대동맥처럼 혈액흐름이 빠른 부위는 이와 같은 인공혈관을 사용할 수 있으나 직경 4 mm이하의 소구경 혈관은 피가 응고(엉김)되어 내부가 막히므로 기존의 재료로서는 성공하지 못하고 있다. 고분자재료 표면의 구조를 변화시켜 혈전을 줄이려는 연구가 세계적으로 경쟁적으로 진행되고 있다.

## 3.2 전기용 고분자

전기용 고분자로는 압(壓) · 초(焦)전성 고분자(Piezoelectric and Pyroelectric Polymer)

가 있는데 압력의 변화 또는 온도의 변화에 의하여 전기를 발생시키는 고분자로서 Poly Vinylidene Fluoride가 있다. 열검지기, 적외선검지기, 음파 탐지기, 마이크로폰, 무접촉 스위치 등에 사용된다.

그림 3.1은 Piezoelectric Film을 나타낸 것이며, 표 3.1은 압전재료의 특성을 비교한 것이다.

또한 고분자반도체가 있으며 유기(有機)반도체라고도 한다. 고분자가 반도체의 성질을 가지는 경우를 말하며 유기화합물에서는 탄소-탄소 이중결합이 길게 공액할수록 그들 $\pi$ 전자의 전자상태를 나타내는 띠구조의 $\Delta EG$는 감소하고, 전자가 흐르기 쉽게 된다.

고분자반도체는 고분자의 특징인 배향성을 이용하여, 전기전도성에 이방성을 임의로 쉽게 부여할 수 있다는 이점을 가진다. 고분자반도체로는 다환방향족화합물이 있으며 폴리-$P$-페닐렌 · 폴리벤젠 · 폴리벤조이미다졸 · 폴리아크릴로니트릴 · 폴리아세틸렌 · 폴리페닐아세틸렌 등 있다.

전기특성재료에서는 필름 모양의 폴리아세틸렌이 개발되고, 이것으로 태양전지가 만들어지고 있으며 폴리아세틸렌계 전도성고분자도 있다.

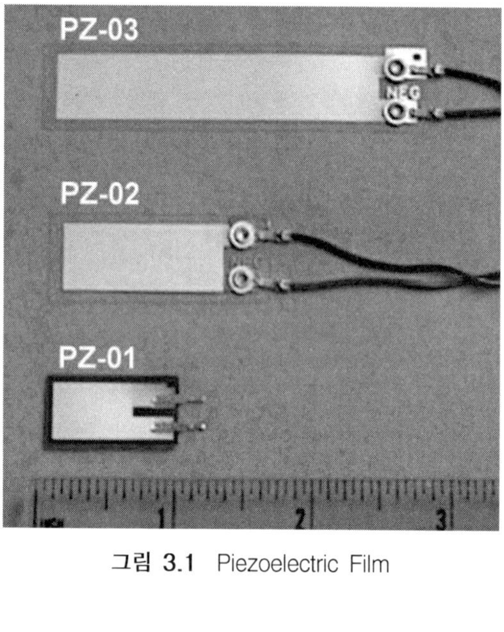


그림 3.1 Piezoelectric Film

표 3.1 압전재료의 특성

| Physical Property | Lead Zirconate Titanate PZT-5 | Lead Titanate PT | Lead Metaniobate $PbNb_2O_6$ | Polyviylidenefluoride PVDF(Copolymer) |
|---|---|---|---|---|
| Acoustic Impedance Z, [10 exp 6 kg/m$^2$s] | 33.7 | 33 | 20.5 | 3.9 |
| Resonant Frequency f, [MHz] | < 25 | < 20 | < 30 | 160~10 (55 ~ 2) |
| Coupling Coefficient (thickness mode), kt | 0.45 | 0.51 | 0.30 | 0.2 (0.3) |
| Coupling Coefficient (radial mode), kp | 0.58 | < 0.01 | < 0.1 | 0.12 (k31) |
| Relative Dielectricity , er | 1700 | 215 | 300 | 10 |
| Maximum Temperature, ℃ | 365 | 350 | 570 | 80 |

## 3.3 환경친화성 고분자

환경친화성 고분자로는 분리막 및 분해성고분자 소재가 있으며 수질환경 오염방지와 정화용 분리막(Membrane)이 있다.

그림 3.2는 용액주의 이온함량을 측정하는 고분자 분리막 제품이다.

현재 개발된 막분리 기술로는 정밀여과(microfiltration), 한외여과(ultrafiltration), 나노여과(nanofiltration), 역삼투여과(reverse osmosis), 기체분리(gas separation) 및 전기투석등이 있으며 공경의 크기 및 흡착, 막표면에서의 용해 및 확산등의 분리원리를 응용하여 물질을 분리한다. 막모듈의 구조와 설계에서 중요한 요인은 막표면에서의 유체의 속도이다.

난분리성분의 분리기술 분야에서는 역침투법이나 한외여과법(限外濾過法)에 의한 바닷물의 담수화기술이 실용화되고 있다.

해수용 분리막은 바닷물의 탈염이나 증발잔유물(TDS) 10,000ppm 이상인 염수 또는 산업용 폐수 처리에 사용된다.

한외여과막(UFM)은 분획분자량(MWCO)이 50,000~100,000 이며, 식음료 농축등 관련산업에서 응용이 가능하며, 음용수를 생산하는 역삼투 설비에 전처리 여재로 사용 가능합니다.

한외여과막(UFM)의 재질은 폴리설폰(PSF)이며, 나권형 형태로 모듈화 되어 있으므로, 중공사 형태보다 오염에 내성이 높다.

나노필터(NFM)는 분자량 200 이상의 유기분자와 마그네슘, 황 등 다가 이온 제거가 가능하며, 다양한 기공크기와 물 투과성으로 NaCl 제거율이 30~90% 정도이다.

주로 사용되고 있는 역삼투막의 종류로는 Celluloseacetate, Polyamide, Thin film composite, Asymetric membrane 등이 있다. 유입수내의 미생물에 대하여 염소처리를 행한다. 그러나 역삼투막에서 사용되는 재질들이 염소에 대한 내화학성이 결여됨으로 유입수의 염소처리후 잔류염소의 제거가 필요하다.

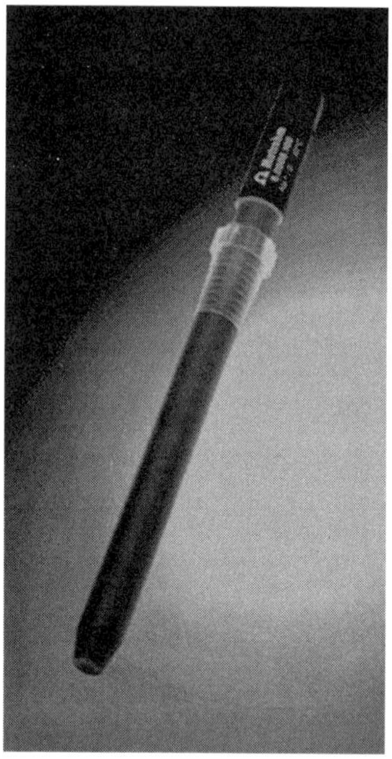

그림 3.2 용액 중의 이온측정용 고분자 분리막

## 3.4 정보산업용 고분자

정보산업용 고분자로는 액정(Liquid Crystal) 고분자 등이 있으며 고분자 주사슬이 배향되어 있어서 기계적 물성 및 광학적 물성이 뛰어나고 노트북, 휴대전화 PC 모니터 등에 이용되고 있다.

액정을 처음으로 발견한 사람은 오스트리아의 F.Reinitzer라는 생물학자이다.

액정이란 그림 3.3, 3.4, 3.5, 3.6, 3.7에서 보는 바와 같이 액체 결정(liquid crystal)을 줄인 말로 액체와 고체의 성질을 모두 갖는다. 고체 결정에서는 원자 또는 분자가 규칙적으로 배열되어 격자라는 기하학적 구조를 갖는다. 이들의 간격과 배열 방법등은 각각 결정에 따라 정해져 있으므로 멋대로 모양이 변하지는 않는다. 이 규칙적인 분자배열 때문에 결정에 빛을 쬐거나 전기장 또는 자기장을 걸면 배열 방향에 따라 다른 성질을 나타낸다. 이 고체 특유의 성질을 이방성이라 한다. 한편 액체에서는 분자 배열이 불규칙적이고 어떤 형태로도 변할 수 있으므로 빛 등은 한결같이 산란한다. 또한 기체에서는 각각 분자간에 작용하는 힘이 대단히 약해서 분자가 거의 자유롭게 움직일 수 있다. 용기에 넣어 두지 않으면 확산 효과에 따라 흩어져 버린다. 그런데 액정은 고체 결정처럼 분자가 규칙적으로 배열되어 있지는 않지만, 전혀 불규칙인 액체에 비하면 어느 정도의 규칙성이 있다. 즉 액체처럼 흐르지만 이방성도 갖고 있다.

예를 들면, 파라아족시아니솔의 결정을 가열하면 116℃에서 융해하여 액정이 되며, 134℃ 이상에서 액체가 된다. 액정이 되는 물질에는 그 밖에 벤조산콜레스테린 · 파라아족시페네톨 · 파라메톡시신남산 · 올레산나트륨 등이 많이 알려져 있다.

액정에는 일정한 온도 범위에서 액정 상태가 나타나는 것과 어떤 종류의 물질, 즉 물 또는 다른 액체와 혼합되면 나타나는 것이 있다. 전자를 Thermotropic 액정이라 하는데 그림 3.8과 같은 구조의 디스플레이 장치 등에 사용되며 주로 전자응용분야에 이용된다. 후자는 Lyotropic 액정이라 하는데 생체 조직과 관계가 있다.

Thermotropic 액정은 다음과 같이 스메틱 액정, 네마틱액정, 콜레스테릭 액정으로 분류된다.

### 1) 네마틱(Nematic)

상(phase)에서는 분자들이 어떤 특정한 방향으로 배열하고 있다. 그러나 그 중심의 위치는 그림 3.3에서 보듯이 보통의 액체에서와 같은 형태이다. 그 이유는 네마틱상에는 방향질서만 있고 위치질서는 없기 때문이다.

### 2) 스메틱(Smetic)

어떤 액정은 하나 또는 그 이상의 스메틱상을 만드는데, 이러한 구조의 미세한 차이를 A, B, C 등의 기호로 분류한다. 그림 3.4는 스메틱 구조를 나타낸 것이다. 이 구조의 분자들은 전체적으로 한 방향으로 배향되어 있는데, 네마틱상과 다른 점은 분자의 중심의 위치가 층을 이루고 있는 것이다. 그러나 층내의 구조에서는 분자의 중심이 마치 보통의 액체처럼 불규칙적이다.

### 3) 콜레스테릭(Cholesteric)

분자축이 비틀어진 경우 또는 네마틱 액정에 카이랄 한 분자를 혼합하면 네마틱 액정의 디렉터 n이 비틀어진 상태가 된다. 그림 3.5와 같은 배열의 액정을 콜레스테릭 액정이라 한다.

콜레스테릭상은 때로는 카이랄 네마틱 (Chiral Nematic) 액정이라고도 부른다. '카이랄'이란 말은 단순히 비틀려 있다는 것을 의미한다. 콜레스테릭상은 스메틱 상과 같이 층을 이루고 있는데, 다만 이웃한 층의 분자들이 다른 방향으로 향하고 있어, 이 액정의 분자들은 나선형 즉 비틀림 배치를 보여준다.

그림 3.3 Nematic Phase

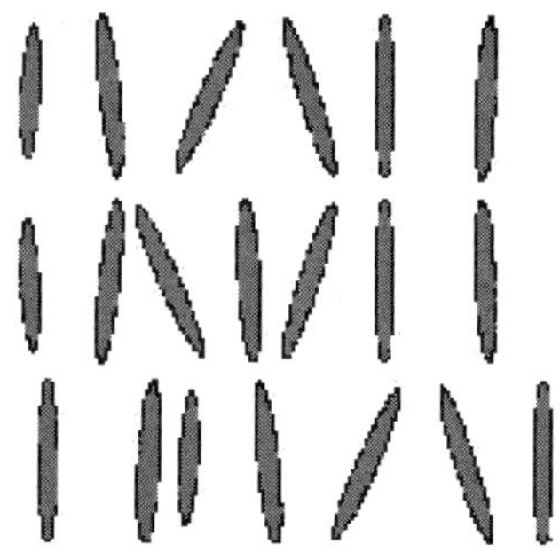

그림 3.4 Smectic Phase

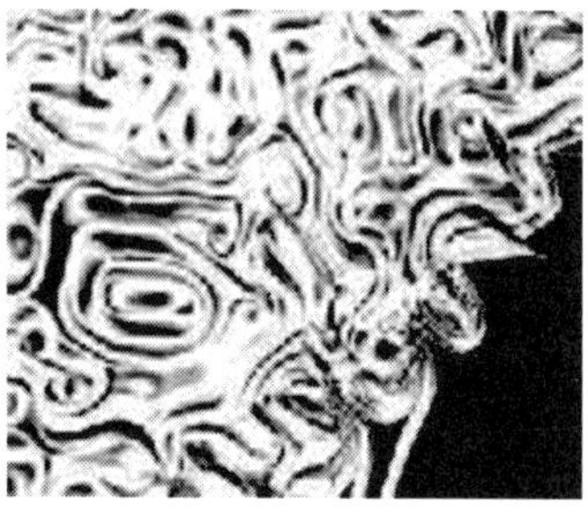

그림 3.5 Cholesteric LC

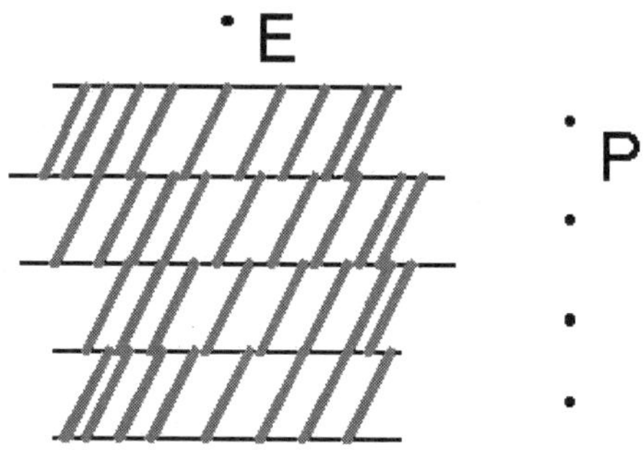


그림 3.6 Ferroelectric LC

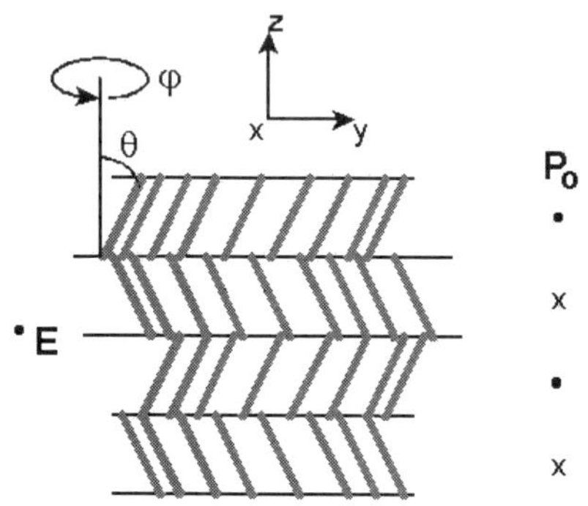


그림 3.7 Antiferroelectric LCs

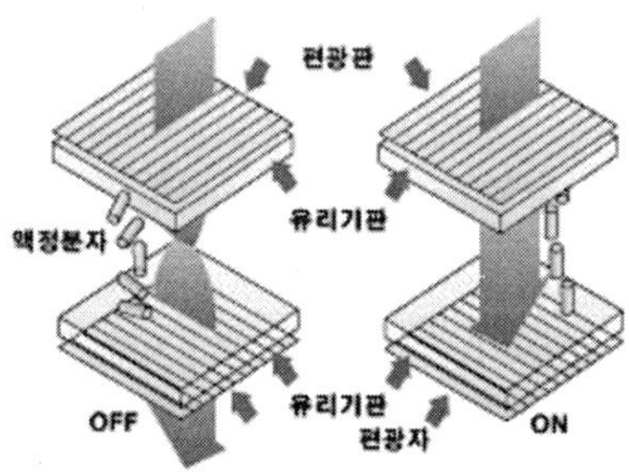


그림 3.8 액정 디스플레이 구조

## 3.5 광자기용 고분자

광기능재료는 그림 3.10과 같이 X광선이나 레이저 광선에 감응하는 감광성 수지(Photosensitive Resin) 재료가 있으며 빛에 의하여 다리 걸침이 되어 용해도가 감소하거나, 반대로 사슬이 끊어져 용매에 대한 용해도가 증가하는 성질을 이용하여 음화나 양화를 만드는데 사용된다. 특히 사진인쇄에서 인쇄판을 만드는 데 주로 이용되는 외에, 장식품의 가공, 프린트 배선반의 제작, 도료 등 용도가 확대되고 있다. 자외선을 흡수하는 고분자, 빛에 의해 발색하는 고분자, 빛에 의해 분해 가용화(分解可溶化)하는 고분자 등도 개발되고 있다.

즉 빛에 의하여 분해하거나 가교반응하는 기가 있는 고분자나 광가교제를 혼합함으로써, 감광재료로 되는 고분자 또는 빛에 의하여 중합하는 모노머를 소재로 하여 반응속도의 용해도의 양을 이용하여, 화상을 형성하는데 사용하는 고분자를 총칭하여 감광성수지라 한다. 평판 등의 제판용 포토레지스트로서 사용하는 외에 직접회로, 프린트배선, 금속의 정밀부식가공 등 기타에 사용한다. 감광기능에서는 광분해, 광교가, 광중합의 세 종류로 분류한다. 대표적인 감광성 수지는 다음과 같다.

#### 1) 디아조 수지

디아조기(-N2-)가 분자내에 있는 고분자, 예컨대 p-디아조지페닐아민과 호루마린의 축 중합체 또는 프리지아조 화합물을 빛 가교제로서 고분자 중에 흡합한 것으로 벤지진에 유도한 테트라 조늄염 또는 디아조 수지와 같이 포티지아조 화합물과 폴리비닐알코올의 흡합물이다.

#### 2) 아지드 수지

그림 3.9와 같이 아지드기(-N3-)를 분자내에 있는 고분자, 즉 폴리비닐아지드 벤조에이트나 폴리비닐아지드프타레이트 등이 있다. 디아지드 또는 폴리아지드 화합물을 감광제로서 가한 고분자, 즉 각종의 수용성, 알칼리용성, 유기용제용성의 다아지드 감광제를 노보랙, 변성페놀수지, 스틸렌 프타젠고무, 폴리아크릴아미드, 아크릴아미드 또는 아크리로니트릴에 그래프트한 폴비닐알코올 등도 있다.

#### 3) 에스테르수지

Thinner 모일기 ($C_6H_5CH=CHCO$) 분자내에 있는 고분자, 즉 염화경피산($C_6H_2CH=CHCOCl$)과 폴리비닐을 반응시킨 폴리비닐알코올 경피막에스테르(폴리경피막비닐)은 대표적인 감광성 수지이다.

#### 4) 아크릴산수지

아크로일기($CH_2=CHCO-$)가 있는 화합물, 즉 아크릴산 에스테르는 광중합하여 중합체를 만든다. 아크릴아미드, 아크릴로니트릴 또는 메타크릴산에스테르 등을 광중합하여 중합체를 만든다. 보통 비아세틸, 벤조인 그 외의 반응 개시제를 병용한다. 또 이런 화합물은 상온에서 액체이므로 예컨대 셀룰로오스 수소, 호박산 에스테르 등의 충전재를 가하여 도형화한다.

### 5) 폴리아미드

이른바 감광성 나이론이라 하는 것이며 알코올 용해성의 3성분 공중합나이론(헥사메틸렌디아민 아진핀산염 및 세바신산염과 ε-카프로락텀 등)에 각종의 메틸렌비스아크릴아미드류 빛 가교제로서 가한 것에 벤조페논이나 과산화벤조일 등을 반응개시제로서 가한다.

### 6) 폴리에스테르

폴리에틸렌그리콜, 폴리프로필렌그리콜과 프말산, 무수포탈산을 축중합한 이른바 불포화알키드에 아크릴아미드, 메타그릴산, p-카르복스틸렌, 트리에틸렌 그리콜디메타크리레이트, 스틸렌 등의 모노머를 가하여 또 반응개시제로서 벤조인 등을 가한 것이다.

또한 광기능 고분자 재료에는 비선형 광학특성 고분자가 있으며 빛을 조사하면 그 광에너지의 일부를 조사한 주파수의 2배 ·3배 등의 주파수를 가지는 빛으로 변화시켜 주는 고분자이다.

한편 자기특성 고분자는 상자기성을 가지는 고분자로서 홀전자를 가지고 있다.

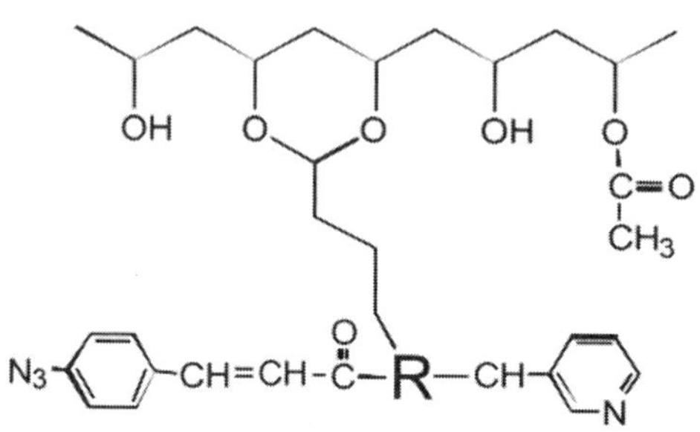


그림 3.9 Azide-unit pendant Water-soluble Photopolymer

그림 3.10 Phtopolymer Plate

## 3.6 엔지니어링용 고분자

엔지니어링 플라스틱(Engineering Plastics)은 공업용 플라스틱 즉 내열성과 강도가 큰 플라스틱을 말한다. 엔지니어링 플라스틱이 처음 등장한 것은 1959년 미국의 듀퐁사가 생산한 Delrin(변성 폴리옥시메틸렌)이다. 그 후 다이캐스트 방식으로 정교한 성형 가공을 할 수 있게 되자 시계의 톱니바퀴로부터 자동차의 범퍼에 이르기까지 갖가지 종류의 플라스틱이 쓰이게 되었다.

엔지니어링 플라스틱은 강철보다도 강하고 알루미늄보다도 전성이 풍부하며 금・은보다도 내약품성이 강한 고분자 구조의 고기능 수지(樹脂)이다. 이 플라스틱의 성능과 특징은 그 화학구조에 따라 다른데 주로 폴리아미드・폴리아세틸・폴리카보네이트・PBT(폴리에스테르수지)・변성 PPO(폴리페닐렌옥사이드)의 5종류로 분리된다. 이들의 공통점은 분자량이 몇 십~몇 백 정도의 저분자 물질인 종래의 플라스틱과는 달리, 몇 십만~몇 백만이나 되는 고분자물질이라는 점이다.

따라서 이 플라스틱은 강도・탄성뿐만 아니라, 내충격성・내마모성・내열성・내한성・내약품성・전기절연성 등이 뛰어나 그 용도도 가정용품・일반잡화는 물론, 카메라・시계부품・항공기 구조재・일렉트로닉스 등 각 분야에 걸쳐 사용할 수 있다. 한편, 이보다 한발 앞서 엔지니어링플라스틱을 유리섬유 또는 탄소섬유 등과 혼합시켜, 더욱 강력한 특성을 발휘하는 복합재료인 섬유강화플라스틱의 개발도 이루어졌다.

폴리카보네이트는 방향족 그룹이 카보네이트에테르 그룹(OCOO)에 의해 연결되어 있는 일종의 긴고리 폴리에스테르이다. 이 재료는 강하고 강직, 강인하며 투명하다. 또 넓은 온도범위에 걸쳐서도 그성질을 유지하여 일반적으로 EP로 분류된다. 이 재료는 실질적으로 자기소화성이 있어 양호한 전기절연성도 가지고 있으나 전기방전이 일어나는 곳에서의 사용은 적합하지 않다.

엔지니어링 플라스틱은 경량화를 지향하는 자동차, 전자기기, 전기제품 등에 쓰인다.

제4장

# 초전도재료

## 4.1 초전도재료(Superconducting Material)

일반적인 금속선은 전기저항 때문에 전류가 흐르면 전력이 소모된다. 그러나 어떤 종류의 금속과 합금에서는 전기 비저항이 어떤 특정온도 이하에서 영이 되면서 전도도가 무한대가 무한대가 되는 현상이 나타나는데 이러한 현상을 초전도성이라 한다. 이와 같이 초전도선은 전력을 소비하지 않게 대전류를 흐르게 할 수 있도록 코일을 감아서 강한 자석을 만들 수 있다. 이러한 코일을 초전도 마그네트라 하며 소비전력이 마그네트에서 열로 변화하기 때문에 온도상승을 억제하기 위해 냉각수를 사용한다. 초전도성은 초전도 자석, 초전도 발전기, 고온초전도체 개발 및 시스템 제작, 통신케이블, 핵융합 등의 에너지개발, 자기부상열차(Magnetic Levitation Train), 고에너지 가속기, 초전도 한류기 및 관련 초전도 스위치 개발, 고온초전도 모터 및 초전도 전원장치 개발, 초전도 자석 및 보호시스템 개발의 전기기기 응용 연구와 초전도 전자소자인 고온초전도 공진기, 필터, 듀플렉서 등의 마이크로파 통신 소자 개발 및 컴퓨터용 죠셉슨 소자를 이용한 Squid 자기검출장치 등에 이용된다.

그림 4.1와 4.2는 초전도체가 사용되는 자석과 자기부상열차를 나타낸 것이다.

플라스틱과 같은 유기폴리머로 만들어진 이 초전도체는 금속이나 세라믹에 기반을 둔 기존의 초전도체보다 저렴하며 사용하기 쉽다. 플라스틱 초전도체는 루슨테크놀로지사의 Bell Labs에서 최근 개발하였으며 향후 통신, 공공설비, 교통, 양자계산, 초전도 전자장비 등에 사용될 것으로 전망된다.

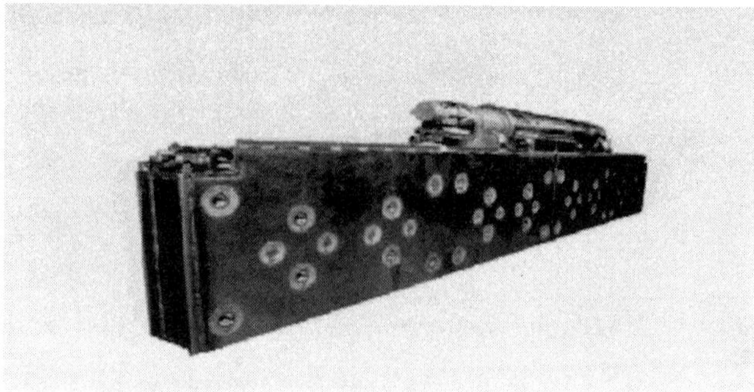

그림 4.1 초전도자석(Super Conducting Magnet)

그림 4.2 자기부상열차(Magnetic Levitation Train)

제5장

# 반도체재료(Semi-Conductor)

반도체를 소재로 하여 만든 회로소자를 반도체 소자라 하며 반도체 소자를 분류하면 다음과 같다.

(가) 개별소자

① 다이오드

② 트랜지스터

③ 사이리스터(Thyristor)

(나) 집적회로

① Analog IC

② Digital IC

- Bipolar IC: Bipolar Digital, Bipolar Linear
- MOS IC: MOS Memory(DRAM, SRAM등)<br>MOS Micro(MPU, MCU등)<br>MOS Logic (ASIC등)

(다) 화합물 반도체

① 광소자

② Microwave Device

③ 기타

반도체는 상온에 있어서 도전율은 절연체와 도체사이에 있다. 반도체는 자유전자의 수가 적은 재료로서 일반적으로 전기저항은 저온에서 온도가 상승함에 따라 감소하는 특성을 갖고 있다. 진성 반도체(intrinsic semi-conductor)는 불순물이 거의 포함하지 않는 순수반도체를 말하며, Si, Ge 등이 있다. 불순물 반도체(extrinsic semi-conductor)는 n형 반도체와 p형 반도체가 있으며 n형 반도체는 4가 원소인 Ge나 Si의 진성반도체에 5가 원소인 As, P, Sb의 불순물을 소량 첨가하여 만든 것으로 이때 첨가되는 불순물을 도너(donor)라 부른다.

p형 반도체는 억셉터(acceptor)라 부르는 불순물을 첨가하여 가전자대 위쪽에 새로운 불순물 준위인 억셉터 준위를 형성한다.

Ge에 있어서 보통 과잉전자(過剩電子)와 정공(正孔)이 동시에 존재하며 만일 과잉전자쪽이 정공보다도 많을 경우를 n형 반도체(半導體), 반대의 경우를 P형 반도체라 하고 이 과잉전자와 정공을 캐리어라고 한다.

p형 반도체에서 전자가 비어 있는 자리를 홀이라고 한다. 외부에서 전압을 걸어주면 마치 이 홀이 움직이는 것과 같은 효과가 나타난다. n형 반도체에 전지의 (-)극, p형 반도체에 (+)극을 연결하면 (-)극에 의해 n형 반도체에 있는 전자가 p형 반도체 쪽으로 이동하고, p형 반도체에 있는 홀이 n형 반도체 쪽으로 이동하여 전류가 흐르게 된다. 반면에 n형 반도체에 (+)극, p형 반도체에 (-)극을 연결하면, p형 반도체에서 n형 반도체에 계속적으로 공급해 줄 전자가 없으므로 전류가 흐르지 못한다.

그림 5.1과 같이 p형 반도체와 n형 반도체를 접합시켜서 한쪽 방향으로만 전류가 흐르도록 만든 것을 다이오드(diode)라고 한다.

pn접합 다이오드는 전류가 한쪽 방향으로는 잘 흐르나 반대 방향으로는 잘 흐르지 않는 성질을 갖고 있다.

교류를 직류로 변환시키거나 양방향 전류를 단방향 전류로 변환하는 것을 정류(rectify)라 하고, 구성된 회로에 사용하는 다이오드를 정류기라 하며 종류와 용도를 살펴보면 다음과 같다.

① 정류 다이오드 : 교류를 직류로 변환할 때 응용
② 스위칭 다이오드 : 고속on/off특성을 스위칭에 응용
③ 정전압(제너)다이오드 : 정전압 특성을 전압 안정화에 응용
④ 가변 용량(바랙터)다이오드 : 가변 용량 특성을 FM변조 AFC동조에 응용
⑤ 터널( 에사키)다이오드 : 음저항 특성을 마이크로파 발진에 응용
⑥ MES(쇼트키)다이오드 : 금속과 반도체의 접촉 특성을 응용
⑦ 발광(LED)다이오드 : 발광 특성을 응용하여 광 센서로 사용
⑧ 수광(포토)다이오드 : 광검출 특성을 응용하여 광 센서로 사용
⑨ 배리스터 다이오드 : 트랜지스터의 출력단의 온도 보상에 주로 사용

트랜지스터는 전기 신호를 증폭 · 제어 · 발생하는 데 사용하는 고체 소자로서 1947년에 벨 연구소에서 세 명의 과학자에 의해 발명된 이래 진공관을 대체하여 전자 신호 조정기로 사용되고 있다.

트랜지스터는 각각 전류를 운반할 능력을 가지고 있는 세 개의 반도체 물질 계층으로 구성

되며 비소나 붕소 등 여러 가지 불순물을 실리콘에 첨가하여 여러 층의 반도체로 이루어져 있다. 이와 같은 불순물에 의해서 전류가 실리콘 내부를 이동하는 방법을 변화시키게 된다.

트랜지스터에서는 베이스(base)와 이미터(emitter) 사이에 전압은 트랜지스터로 들어가거나 나오는 컬렉터(collector) 전류에 영향을 주는데 이와 같은 성질을 이용하면 스위치 작용이나 증폭 작용을 할 수 있다.

n-형 반도체에서는 전하의 운반자가 주로 자유전자가 되며, p-형 반도체에서는 정공(즉 3개의 외각전자를 가지는 붕소원자가 4개의 외각전자를 가지는 실리콘을 대체하면 빈공간, 즉 정공이 공유전자 에너지 띠에 생기게 됨)은 전자와 유사하게 움직이는데 양의 전하를 띠기 때문에 전자와는 반대방향으로 움직인다.

트랜지스터의 종류에는 쌍극성 접합 트랜지스터(BJT:bipolar junction transistor)와 전계효과 트랜지스터(FET)가 있다. BJT는 그림 5.2와 그림 5.3과 같이 pnp와 npn 타입이 있으며 전류의 방향이 다르며 전자와 정공이 전도과정에 관여한다는 점에서 쌍극성이며 입력전류에 따라서 출력전압이 쉽게 변화된다. 이러한 유형의 트랜지스터는 증폭기로 널리 사용되며 발진기, 고속 집적회로, 스위칭 회로에서 핵심 부품이다.

전계효과 트랜지스터(FET:field effect transistor)의 특징은 다음과 같다.

① 전자나 정공 중 하나의 반송자에 의해서만 동작하는 단극성 소자(UJT)
② 다수 캐리어에 의해 동작하고 게이트의 역전압에 의해 드레인 전류가 제어되는 전압제어소자
③ BJT에 비해 입출력 임피던스가 높아서 전압증폭소자로 사용
④ 소형화 가능, 전력소비 적어 대규모 IC에 적합

FET는 금속-산화물-반도체로 만들어진 그림 5.4의 전계 트랜지스터(MOSFET)와 그림 5.5의 접합전계효과 트랜지스터(junction field-effect transistor/JFET)가 있다. MOSFET는 MOS 기술로 만들어진 단일 트랜지스터로서, 전도 채널이 산화물 층에 의해 게이트 단자로부터 절연되어 있다. 그러므로, MOSFET은 게이트에 역전압이 가해지더라도 전도하지 않는다. MOSFET은 바이폴라 트랜지스터보다 적은 전력으로 작동할 수 있으며, 전기 신호의 증폭에 널리 사용된다. MOSFET(Metal-Oxide-Semiconductor Field-Effect-Transistor)는 Drain 과 Source 그리고 두 개의 N-Type Semiconductor Region 으로 구성되어 있다. Gate 단은 Gate Oxide에 의해서 N-Type Source와 Drain으로부터 분리되어 있다.

1980년대 중반 이후 MOSFET(metal-oxide semiconductor field effect transistor)가 중요도 면에서 BJT를 능가하고 초고밀도 집적회로(VLSI)에서 널리 사용되게 되었다. FET는 BJT에 비해서 소모전력이 작을 뿐만 아니라 크기를 소형화하기가 더욱 용이하다. FET의 다른 유형으로서 상업적으로 중요한 것으로는 금속-반도체 전계효과 트랜지스터(MESFET)

와 이와 밀접한 JFET가 있다. JFET는 그림 5.5에서 보는 바와 같이 채널의 전류를 제어하기 위하여 역바이어스 접합으로 동작하는 전자소자로서 구조에 따라 n채널 또는 p채널로 나누어진다.

MESFET는 아날로그와 디지털 회로 양자에서 사용할 수 있는데 마이크로파 증폭분야에서 특히 유용하다.

오늘날의 컴퓨터들은 CMOS 기술로 만들어진 회로를 사용한다. CMOS는 게이트당 두 개의 서로 보완적인 트랜지스터를 사용하며 하나는 N형 물질이며, 다른 하나는 P형 물질이다.

근래에는 TFT(Thin Film Transistor)라는 기술에 의해 만들어진 액정화면은 노트북, 랩탑 컴퓨터 및 휴대전화 등에 사용되고 있으며 각 픽셀마다 하나의 트랜지스터를 가지고 있다. 따라서 각 픽셀을 빛나게 하는데는 적은 전류를 소모하고 빠르게 스위치를 끄고 켤 수 있어서 많이 이용되고 있다.

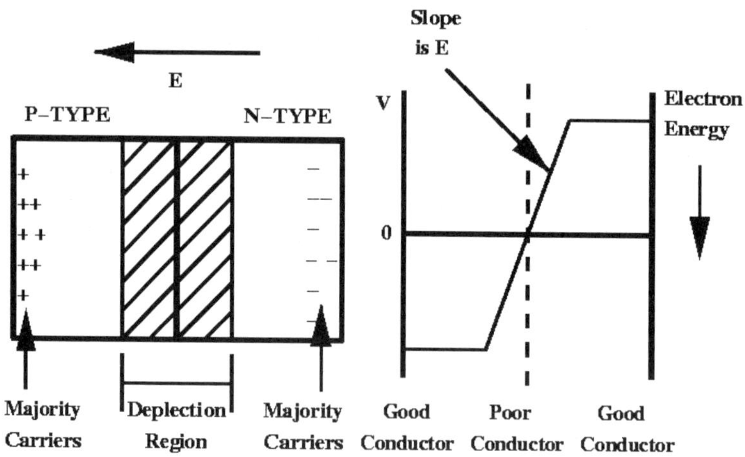


그림 5.1 PN junction diode.

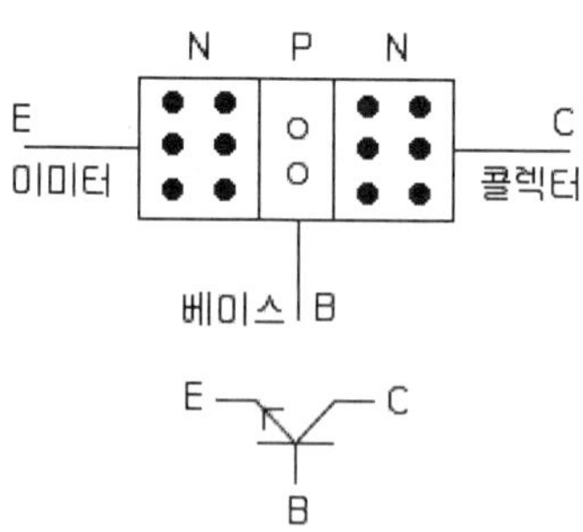


그림 5.2 NPN형 Transistor

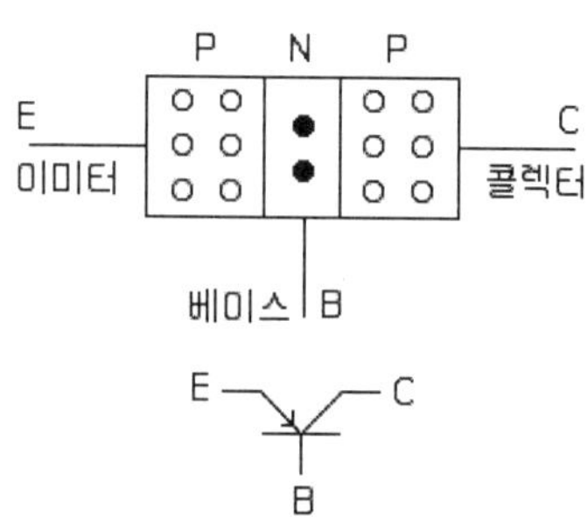


그림 5.3 PNP형 Transistor

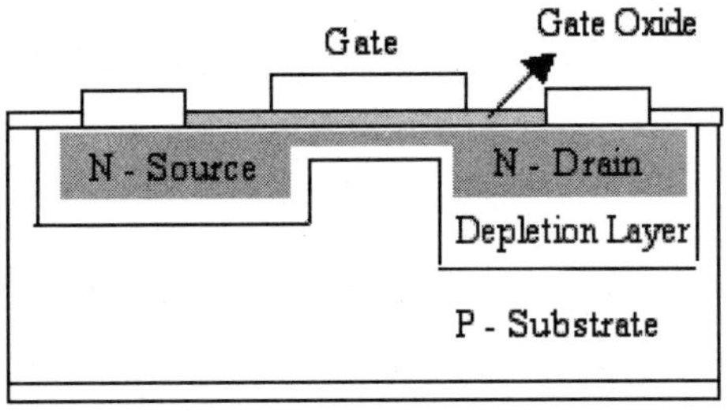


그림 5.4 MOSFET Transistor

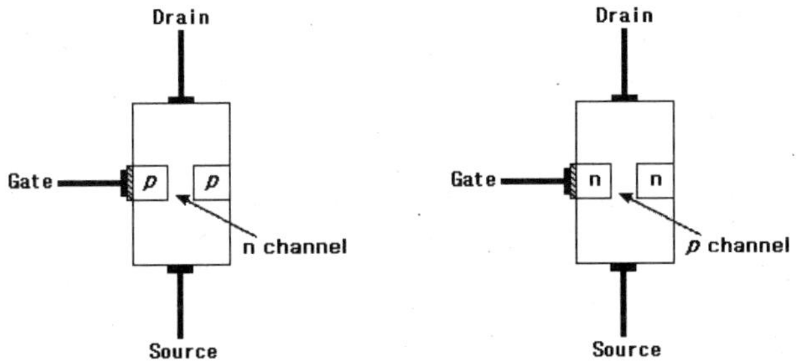


그림 5.5 JFET의 구조: n channel 및 p channel

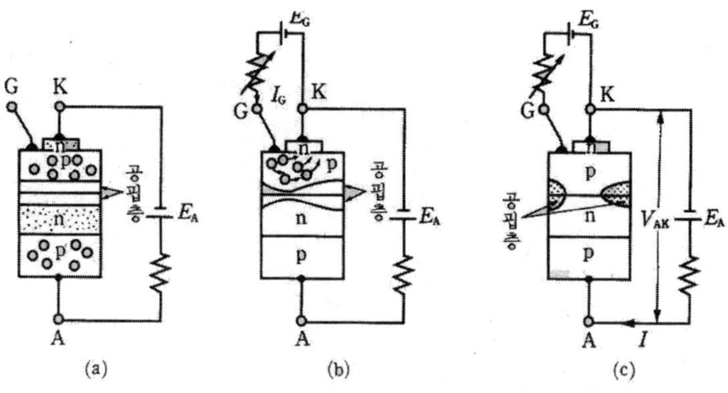


그림 5.6 Thyristor 구조

그림 5.6의 사이리스터(thyristor) 또는 S.C.R.(silicon controlled rectifier)라 하는 반도체 소자는 전력 시스템에서 전류 및 전압의 제어에 사용되는 전력반도체 소자로서 일반적으로 대전력 제어용 소자로 사용되며, 오프(off)상태로부터 온(on)상태로, 또는 온상태로부터 오프상태로 스위칭할 수 있는 3개 또는 그 이상의 접합을 갖는 4층이상의 pnpn구조로 된 반도체 스위칭소자를 말한다. 사이리스터는 SCR이나 트라이액이라고 부르기도 하며 SCR이나 트라이

액이라는 명칭은 상품명이다. SCR은 3극 단방향 사이리스터이고, 트라이액은 3극 쌍방향 사이리스터이다.

그림 5.7와 같은 집적회로(Integrated Circuit)는 칩이나 마이크로 칩이라고도 불리며, 수백만개의 미세한 저항, 캐패시터, 그리고 트랜지스터들이 하나의 반도체 웨이퍼 위에 만들어져 있는 것이다. IC는 증폭기, 발진기, 타이머, 계수기, 컴퓨터 메모리, 또는 마이크로프로세서 등의 기능을 할 수 있다. 특정한 IC는 응용분야에 따라 아날로그, 또는 디지털로 분류된다.

실리콘(Si), 게르마늄(Ge)으로 대표되고 있는 하나의 원소로 구성되어 있는 반도체에 대해 두 종류 이상의 원소가 결합해서 반도체의 성질을 나타내는 물질을 화합물 반도체라고 부른다. 대표적인 것으로 갈륨비소(GaAs) 반도체와 알루미늄갈륨비소 반도체가 있다.

실리콘과 게르마늄은 주기율표에서 IV족에 속해 있으나, 화합물 반도체는 주기율표의 III족과 V족 같은 원소의 조합에 의해서 구성된다. 이와 같이 원소의 조합을 목적에 따라 변화시킴으로써 목적에 따른 여러 가지 종류의 화합물 반도체를 만들 수 있다.

갈륨비소(GaAs) 반도체는 실리콘반도체와는 달리 빛을 내고 동작속도가 매우 빠르기 때문에, 전광판이나 전자제품의 전원램프에 사용되는 발광소자와 정보전달속도가 매우 빠른 고속소자로 사용되고 있다.

따라서 향후에는 실리콘에 이어 갈륨비소 반도체를 사용한 조셉슨 소자가 IC의 고집적화에 많이 사용될 것으로 전망된다.

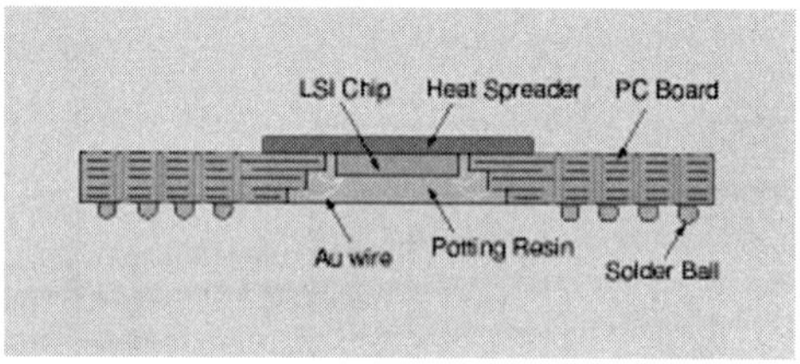


**그림 5.7** Plastic Ball Grid Array(IC)

제6장

# 열전재료(Thermoelectric Materials)

1821년 독일의 Seebeck은 Cu와 Bi 또는 Bi와 Sb의 양쪽 끝을 연결하고 접합부의 한쪽을 가열한 결과 회로의 가운데에 놓은 자침의 방향이 바뀌는 특이한 현상을 발견한 후, Oersted 및 Biot와 Savart는 이러한 현상이 온도차에 의해 도체가 자기적으로 분극을 일으킨 결과라고 해석하였다. 이 현상은 온도차에 의해 전압 즉, 열기전력(thermo-electromotive force)이 발생하여 폐회로 내에서 전류가 흐르기 때문에 일어나는 것으로서 열전발전의 원리이며 Seebeck효과로도 불린다. 1843년 프랑스의 Peltier는 동일한 형상을 한 두 개의 서로 다른 금속으로 이루어진 회로에 직류전기를 흘리면 한 접합부에서는 흡열이 일어나고 다른 접합부에서는 발열이 일어나며, 전류의 방향을 반대로 하면 흡열과 발열이 반대로 일어나는 현상을 발견하였는데 이 현상은 일종의 Heat Pumping 현상으로서 전자냉각의 원리이며 Peltier 효과라 한다.

1851년 영국의 Thomson은 Seebeck 효과와 Peltier 효과의 가역성을 열역학적으로 이론화하던 중 온도기울기가 있는 도체에 전류를 흘리면 열역학 제2법칙에 의해 도체내부에서 열이 흡수되거나 또는 열이 발생되는 효과를 예측하고 증명하였는데 이 현상을 Thomson 효과라 하며, Peltier 효과와 Thomson 효과를 열전 현상이라 한다.

다시말해 Seebeck 효과는 2종류의 금속 양끝을 접속하여 그 양끝의 온도를 다르게 하면 기전력이 생기는 현상으로서 열전기쌍(熱電氣雙)을 이용한 온도 측정에 응용된다.

Peltier 효과는 2종류의 금속 대신 전기전도 방식이 다른 비스무트 Bi, Te 등의 반도체를 사용하면 흡열 및발열 작용을 하는 Peltier 소자를 얻을 수 있다. 이것은 전류의 방향에 따라 흡열・발열의 전환이 가능하고, 전류량에 따라 흡열 ・발열량이 조절되므로, 용량이 적은 냉동기나, 상온 부근의 정밀한 항온조(恒溫槽)에 응용된다.

열전소자로는 전기저항의 온도변화를 이용한 Thermistor, 온도차에 의해 기전력(起電力)이 발생하는 현상(Seebeck Effect)을 이용한 소자, 전류에 의해 열의 흡수 또는 발생시 생기는 현상(Peltier Effect)을 이용한 펠티에 소자가 있다. 써미스터는 전기저항이 온도에 의해 크게 변화하는 일종의 반도체소자로서, 전기저항이 온도의 상승에 의해 감소되는 NTC 써미스터(Negative Temperature Coefficient Thermistor), 온도상승에 의해 저항이 증가하는 정온도(正溫度)계수 써미스터(PTC: Positive Temperature Coefficient Thermistor)와 마이너스온도계수를 가지고 어느 특정한 온도에서 저항이 변화하는 CTR(Critical Temperature Resistor) 등이 쓰인다.

써미스터는 Mo, Ni, Co, Fe 등의 여러 가지 산화물을 배합하여 소결(Sintering)한 것으로서 회로의 안정화와 열, 전력, 빛의 검출 등에 사용된다.

공기에서 공기의 열교환 방식에는 소형냉장고, 환경챔버, 피크닉 박스, 자동판매기 등에 응용되며, 판에서 공기로의 열교환 방식은 레이져 다이오드, CPU 냉각장치, 냉·온수조, 유전자 증식 장치 등에 이용된다. 또한 액체에서 공기로의 열교환 방식에는 의료용 찜질 팩, 레이져 칠러, 반도체 공정의 냉각장치 등에 이용되며, 판에서 판으로의 열교환 방식은 센서, 소형 레이져 다이오드, 집적 회로, 램프 등에 이용된다.

그림 6.2는 센서용으로 사용되는 써미스터를 나타낸 것이며, 그림 6.1은 NTC 및 PTC 써미스터의 온도에 따른 저항치 변화를 나타낸 것이다.

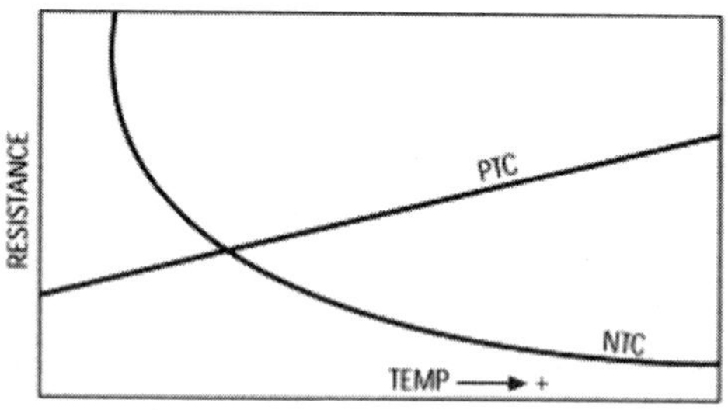


**그림 6.1** NTC 및 PTC Thermistor의 온도변화에 따른 저항치 변화

열전소자는 세라믹기판과 납 그리고 PELLET를 이루는 N, P형 소자로 이루어진다.
N, P형 소자재료는 다음과 같은 것이 사용된다.

(1) 227℃ 이하 : Bi , Sb 등의 VB 족 TELLURIDE 계
(2) 227~ 527℃ : Pb , Ge , Se 등의 IVB 족 TELLUDIDE 계
(3) 527 ~ 1027℃ : Fe1-XSi2MnX, Fe1-XSiCoX규화물계
(4) 기타 열전소자 재료 : ZnSb ,PbTe ,$Bi_2Te_3$ ,PbSe ,$Bi_2Se_3$, $Sb_2Te_3$, MnTe , GeTe 열전재료는 다음과 같은 용도로 사용되고 있다.
  ① 가정용 : 제습기, 냉·온정수기, 자판기, 차량냉장고, 기능성 화장품 보관함
  ② 산업용 : 공작기계 기판 냉각용, 분전반 냉각기, 열량계, 반도체용 설비

③ 항공용 : 블랙박스 냉각장치, 항공전자제어장치의 냉각설비 및 열조절장치

④ 우주용 : 발전기, 발열기, 냉각기

⑤ 군사용 : 적외선탐지기, 미사일 유도용 회로 냉각기, 레이저 관측장비

⑥ 연구용 : 각종 실험기기, 항온조, 항온 가열기, 냉각용기기

⑦ 의료기 : 항온조, 혈액보관기, 발열기 냉각용

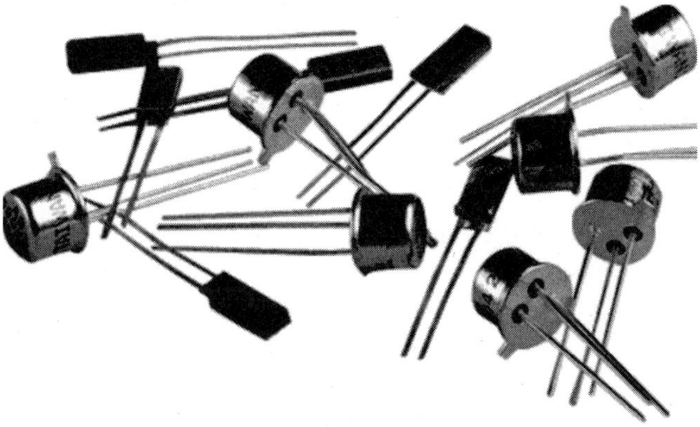

**그림 6.2** 써미스터 센서

# 제7장

# 복합재료

단일 세라믹스 (monolithic ceramics)의 기계적 특성을 향상시키거나 또는 방전가공성 등 어 떤 기능을 부여하기 위하여 단일 세라믹스에 제2상을 보강재로 첨가한 재료를 복합재료라 한다. 복합재료는 보강재의 형상에 따라 입자 (particle) 강화 복합재료, 휘스커 (whisker) 강화 복합 재료, 섬유(fiber) 강화 복합재료(FRP: Fiber Reinforced Plastics)로 분류된다.

보강섬유로는 유리섬유, 탄소섬유(Graphite Fiber 또는 Carbon Fiber), 케블라(Kevlar), 세라믹(Ceramic)가 있다.

복합재료는 층상 복합재료, 입자강화 복합재료, 섬유보강 복합재료로도 구분된다.

섬유강화 복합재료의 성형 방법으로는 다음과 같은 것이 있다.

(1) 고분자 복합재료 성형법
(2) 오토클레이브(Autoclave)성형법
(3) 필라멘트 와인딩(Filament Winding)성형법
(4) 오픈 몰드(Open Mold)성형법
(5) SMC 성형법
(6) RTM 성형법
(7) 인발(Pultrusion)성형법
(8) 열 프레스 성형법

복합재료 제조공정으로는 다음과 같은 것이 있다.

### 1) 소결법

단일 세라믹스 제조방법과 같이 세라믹 기지상과 보강재를 혼합, 성형하여, 상압소결 또는 고온 가압소결 (hot-pressing)하는 공정으로 주로 입자 강화 복합재료와 휘스커 강화 복합재료의 제조에 사용된다

### 2) 슬러리 함침법 (slurry infiltration method)

세라믹 섬유를 기지상 원료로 제조한 슬러리에 통과시킨 후 건조된 성형체를 재단 및 적층하여 원하는 형태로 만든 후, 가압 · 소결하여 치밀화하는 공정이다. 주로 섬유강화 복합재료의 제조에 사용된다.

### 3) 용융 함침법 (melt infiltration method)

보강재 프리폼(preform)에 용융 상태의 기지상을 가압하여 함침시키는 공정이다. 이 공정은 제 조기술이 단순하고, 수축률이 작다는 장점을 갖고 있고, 주로 융점이 낮은 유리 및 결정화유리 (glass ceramics) 기지 복합재료의 제조에 사용된다.

### 4) 화학증착 함침법 (chemical vapor infiltration)

보강재 프리폼 내에 세라믹 기지를 화학증착 시킴으로서 복합재료를 제조하는 공정이다. 이 공정은 비교적 낮은 온도에서 제조 공정이 이루어짐으로 보강재, 특히 세라믹 섬유의 손상을 최소화 할 수 있고, 수축이 없어서, 원하는 치수의 형상을 제조할 수 있다는 장점을 갖고 있다. 이 공정은 섬유 강화 복합재료를 제조할 수 있는 가장 효과적인 방법이지만, 제조 단가가 비싸며, 제 조 시간이 많이 걸리는 단점이 있다.

### 5) 용융 금속 산화법 (directed oxidation method of molten metal)

용융 금속의 급속한 화학반응 (산화, 질화)에 의해 형성된 반응물이 방향 성장하여 보강재와 복합화를 이루는 공정이다. 용융 금속의 종류, 반응시간 및 반응 온도의 변화로 다양한 특성 및 다양한 종류의 세라믹 기지 복합재료를 제조할 수 있는 공정이다.

BMC(Bulk Molding Compound)는 복합재들을 미리 혼합 복합시켜서 덩어리로 만든 괴상 배합물(Premix compound)을 재료로 해서 가공한 것이며, SMC(Sheet Molding Compound)는 판상으로 만든 가공용 "Premix compound"이다.

CF(Carbon Fiber)는 아크릴섬유(PAN), 레이온(Rayon, Cellulose계), 피치(RP), 리그닌(Lignin, LG) 등을 원료로 한다. 원료의 종류, 가열방법 및 가열조건, 특히 처리 최고 온도와 가열시 연신 처리 여부 등에 따라서 섬유 제품의 성능이 다르다.

CFRC(Carbon Fiber Reinforced Carbon)는 탄소판 또는 탄소봉 안에 탄소섬유를 보강재로 혼합시켜 강도를 높인 것이다.

CFRP(Carbon Fiber Reinforced Plastics)는 FRP인데 탄소섬유를 강화재로 한 것이다. 낚시대, 라켓, 골프채, 경기용 자전거, 스키용구 등에 쓰인다.

FRP(Fiber Reinforced Plastics)는 플라스틱 모재(matrix)에 섬유(무기, 유기 혹은 금속)상 강화재를 혼합 복합시킨 것이며, GRP(Glass Fiber Reinforced Plastics)는 강화재로 유리 섬유를 사용한 FRP로서 일반적으로 이것을 FRP라고 하고 있다.

Whisker는 고양이 등의 수염을 의미하는 말인데 전위(轉位) 등의 결함이 없는 침상의 완전 단일 결정이 된다. 이론 강도에 가까운 강도를 나타낸다. $A1_2O_3$, $Al_3N$, SiC, $Si_3N_4$ 등으로 만든다.

고분자 복합재료는 탄소섬유와 엔지니어링 플라스틱의 기계적 혼합으로 내마모성과 내열성, 내피로성등을 향상시킨 복합재료로서 압축, 압출, 사출, 필라멘트 와인딩 등의 방법으로 성형 제조한 것으로서, 오일레스베어링, 기어, 자동차 캠 및 베어링 등에 이용된다.

복합재료는 철강, 목재, 콘크리트 및 기타 일반 플라스틱 소재보다 탁월한 성능을 보이기 때문에 여러분야에서 응용되고 있다.

각 시장영역별로 구체적인 복합소재 응용분야의 살펴보면 다음과 같다.

(1) 자동차  및 운송분야(Transportation) : 승용차와 경량트럭, 대형트럭, 기타 운송 장비
(2) 전기 및 전자(Electrical/Electronics) : PCB(Printed Circuit Boards), 주요 기계장치 및 기구, 통신 및 전선, 전력 송신
(3) 건축분야(Building construction) : 건축분야 제품(Plumbing Componests)
(4) 사회 간접자본 시설(Infrastructure) : 압축용기 및 파이프, 교량, 콘크리트 보강제, 해안 지구용
(5) 항공 및 방위산업 (Aerospace/Defence) : 우주항공, 방호용
(6) 소비자 제품 및 여가오락 관련 제품 (Consumer/Recreation) : 선박제품, 스포츠용품
(7) 의료제품(Medical) : 의료제품

## 7.1 고분자기지 복합재료(PMC: Polymer Matrix Composites)

그림 7.2와 같은 유리섬유나 합성섬유 등의 보강재로 강화한 플라스틱을 말하며 FRP라고도 한다.

보강재로(Reinforcements)는, 유리섬유 · 탄소섬유 및 Kevlar(미국 듀퐁사의 상품명)라고 하는 방향족 나일론섬유가 사용되고, 기지(Matrix)로는 에폭시 수지, 불포화 폴리에스테르 수지, 페놀(Phenol), 폴리이미드 수지(Polyimide), 알루미늄, 금속이 많이 쓰인다. 가장 일반적인 것으로서 불포화 폴리에스테르를 유리섬유로 보강하면 큰 장력강도와 내충격성을 가지는 재료가 된다. 불포화 폴리에스테르 자체는 경질폴리염화비닐과 폴리메틸메타크릴레이트에 비해서 장력강도는 작지만, 유리섬유로 보강하면 그 함유량이 증가할수록 장력강도는 커진다. 엔지니어링 플라스틱으로서 구조재료에 이용된다. 매트릭스 재료로서는 일반적으로는 열경화

성수지가 쓰이는데, 열가소성 수지를 쓰는 수도 있다. 열가소성수지를 매트릭스로 사용한 것을 FRTP(Fiber Reinforced Thermo-Plastics)라고도 부른다. 주로 사용되는 매트릭스 재료는 불포화 폴리에스테르 수지인데, 욕조 플라스틱제 보트 등이 이것으로 만들어지고 있다. 강화재로서는 일반적으로 유리섬유가 많이 사용되며 짧게 자른 유리섬유를 한데 모아서 매트 모양으로 하여 플라스틱으로 굳힌 것은 강도에 방향성이 없으므로 널리 사용된다. 욕조·헬멧 등은 형에 맞추어서 유리섬유 매트를 깔고, 그 위에 수지액을 바른 다음, 다시 매트를 놓고 수지액을 바르는 일을 겹쳐가는 방법(Hand Ray Up)으로 만들어진다. 긴 섬유를 직물로 만들어서 강화재로 쓰는 수도 있다. 또 미리 강도를 필요로 하는 방향으로 섬유를 가지런히 하도록 플라스틱을 머금게 한 유리섬유를 실패에 감 듯이 차근차근 짜서 성형하는 방법도 있다. 이것을 필라멘트 와인딩법, 약해서 FW법이라 한다. FW법은 가장 손이 가는 성형법이지만 가장 강도가 큰 제품을 얻을 수 있으므로 잠수정, 구형압력용기 등 가볍고 강도 높은 제품을 만드는 데 쓰인다

보통의 섬유강화플라스틱은 4개의 층으로 구성되어 있으며 제일 안쪽에서부터 바깥쪽으로 나오면서 유리섬유의 함량이 증가하게 된다. 제일 안쪽층은 유리섬유의 함량이 약 10% 정도이고 3번째 층은 유리섬유의 함량이 35~50% 정도에 달한다.

섬유강화플라스틱은 내식성, 내열성 및 단열성이 우수하고 가볍고 강한 것이 특징이다.

또한 상온 및 상압에서의 형성이 가능하여 금형을 필요로 하지 않으며, 난연성이며 바닷물 등에 내식성이 좋은 점이다.

FRP는 철보다 가볍고 알루미늄보다 내식성이 강하고 열과 화학적 변화가 적어 석유화학, 전자제품, 기어, 베어링, 건축, 레저, 자동차나 비행기 경량화, 건재, 요트 및 소형선박의 선체, 욕조, 컨테이너, 헬멧, 환경산업 등에 사용되고 있다.

그림 7.1은 자동차용 FRP 부품이며 그림 7.2는 FRP용 유리섬유를 나타낸 것이다.

탄소섬유·케블라 등과 에폭시수지의 복합재료는 유리섬유 복합재에 비해서 가볍기 때문에 비강도(단위 무게당 강도)가 다른 재료보다 큰 것이 장점이다. 이러한 장점을 살려 항공기에도 사용되며 탄소섬유와 에폭시수지의 복합재를 사용하면 항공기 기체의 무게를 약 30% 가볍게 할 수 있고 날개 면적도 30% 정도 감소할 수 있다.

에폭시수지와 유리섬유로된 적층판의 표면 등에 동박을 입히고 광감광성 필름을 붙인 것은 산업용 전자기기 재료로 이용된다.

그림 7.1 FRP로 만든 자동차부품

그림 7.2 FRP용 유리섬유

## 7.2 금속기지 복합재료(MMC: Metal Matrix Composites)

금속기지 복합재료(metal matrix composites)는 고강도, 고탄성의 세라믹 강화상을 금속기지재에 강화한 재료로 기존의 재료에 비해 비탄성, 비강도, 내열성 그리고 내마모성 등이 뛰어나 항공, 우주, 방위산업, 자동차 등의 경량 구조재 및 기능재로서 각광받고 있다. 이중 불연속 SiC(입자 또는 whisker) 강화 Al기지 복합재료는 장섬유 SiC 강화 Al기지 복합재료에 비해 제조가 용이하며 제조단가가 저렴하고 기존의 금속학적 성형가공법의 적용이 가능하다는 이유 등으로 더욱 활용되고 있다. 대표적인 불연속 SiC 강화소재로서는 휘스커와 입자를 들수 있으나 휘스커의 경우 가격이 비싼 단점이 있고 입자인 경우에는 물성은 좀 떨어지나 가격이 저렴하여 SiC 입자를 강화소재로 한 Al 합금기지 복합재료에 대한 연구개발이 활발히 이루어졌다. 그리고 금속기지 복합재료의 물성은 강화상의 물성뿐만 아니라 기지금속의 물성이 복합재료의 물성에 큰 영향을 미치게 된다. 특히 Al 합금기지 복합재료의 경우에는 기지금속자체가 열처리나 제 2상의 분산 및 제어에 따라 강화에 크게 기여함에 따라 Al합금을 기지재료로 한 복합재료의 연구가 활발히 이루어져 왔다. 이러한 금속기지 복합재료의 제조방법으로는 Compocasting, Squeeze casting법과 같은 액상제조법과 고상제조법으로서의 분말야금법으로 구분된다. 현재 미국과 일본에서는 액상제조법으로 near net shape 복합재료 부품을 직접 만들며, 복합재료를 대량으로 제조하고 있으나 강화상의 분산이 불균일 하기 쉽고, 기포와 같은 주조결함으로 분말야금법에 비해 기계적성질이 양호하지 못하다. 분말야금법의 제조 공정은 복잡한 단계를 거쳐야 하며, 재료원가가 높아서 제조비가 상당히 높다는 단점이 있으나 최근의 우주, 항공 및 자동차 산업 분야등에서는 재료의 경량화와 고품위의 복합재료를 좀더 저렴한 비용으로 제조하기 위해 대량 생산이 가능하면서 기계적 성질이 양호한 분말 야금법이 요구된다. 이러한 분말 야금법으로 우수한 비강성, 비강도와 열적 안전성이 높을 뿐만 아니라 내식성도 우수한 금속기지 복합재료(metal matrix composites)의 소재 개발 및 공정 개발에 대한 보다 체계적인 연구의 요구가 높아지고 있다. 이와 같은 요구를 해결하기 위한 방안으로 기지금속으로는 밀도가 낮고 비교적 기계적 특성이 좋은 Al합금이 각광을 받고 있으며, 공정으로는 분말 야금법인 급속 응고법(rapid solidification rate)과 기계적 합금화(mechanical alloying)등이 개발되어 활발한 연구가 진행되어 오고 있다.

금속기지 복합재료는 금속기지에 세라믹 입자, whisker, 또는 fiber를 첨가하여 내마모성, 영률, 항복강도를 향상시킨 소재로서 경량 차량 소재, 기동성과 고성능을 요구하는 방산 소재,

내구성·안정성을 요구하는 우주 항공 소재, 저열팽창계수·고열전도도를 요구하는 정보전자용 소재 및 레저용 소재 등에 응용할 수 있다.

섬유강화금속(FRM)은 FRP에 비해 상온에서는 특성이 나쁘지만 고온에서는 열적·기계적 특성이 우수한 장점을 지니고 있다. 또한 열·전자기 및 내환경성이 우수하고, 층간강도가 크고 2차 성형성과 접합성을 갖고 있다.

금속강화용 섬유로는 다음과 같은 것이 있다.

(1) CVD 섬유: SiC coated B/W, B4C coated B/W, SiC coated C

(2) 섬유 전구체(Precursor): SiC 계, PAN 계, Pitch 계, Fiber FP, $Al_2O_3$

FRM은 섬유재와 금속이 고온에서의 반응에 의해 만들어지기 때문에 예측한 강도를 얻는 것이 어렵다. 복합화 성형법으로는 고상법과 액상법이 있다.

고상법은 Hot Press법, Hot Roll법, 분말야금법, 고온인발 및 압출법이 있다.

액상법으로는 용침법, 가압주조법, 진공주조법, 다이케스팅법, 혼합케스팅법이 있다.

고상법에 CVD섬유/Al, Ti계, C, SiCp.c/Al 계이며, 액상법에는 C, SiCp.c/Al, Mg 및 SiCw/Al 계가 이용되고 있다.

중간복합소재인 용침 와이어의 C/Al 합금계, SiCp.c/Al 계를 이용하여 고강도 재료를 제조할 수 있다. C/Al 합금계에서는 섬유에 T-B를 피복함으로써 1.5 GPa 이상의 강도를 얻고 있다. SiCp.c/Al 계에서는 섬유에 피복처리를 하지 않은 상태에서도 1.0 GPa의 강도를 보인다. CVD 섬유강화의 Al, Ti 합금 복합재에서는 Hot Press 법으로 1.5 GPa 이상, Ti 합금으로 1.8 GPa 이상의 고강도를 나타낸다.

FRM은 선진국의 경우 자동차용 알루미늄 합금 복합재를 양산화하는 단계(Toyota; Al/$Al_2O_3$ 복합재 엔진 피스톤 생산, Honda; FRM Al engine mono-bloc 실용화, Sanyo; rotary compressor 부품 생산)에 있다.

또한 FRM은 자동차 엔진(Al2O3, C/Al)과 우주 왕복선(B/Al)에도 사용된다.

## 13 세라믹기지 복합재료

세라믹재료는 고온에서의 높은 강도, 화학적 비활동성, 낮은 밀도 등의 특성을 갖고 있으나 인성을 향상시킬 목적으로 세라믹 기지내에 섬유를 보강한 복합재료가 개발되고 있다.

섬유강화 세라믹스에는 유리, Glass-Ceramic 및 산화물계 세라믹 기지내에 탄소, 알루미나, 실리콘 카바이드(SiC) 및 금속섬유가 사용된다.

세라믹기지 복합재료는 고온 산화 및 열화에 대한 저항성 우수하여 자동차, 항공기의 엔진에 등에 사용하기 적합하다.

주로 세라믹/세라믹 복합재료로 사용되며, 제조 방법으로는 다음과 같은 것이 있다.

(1) 일반적 방법 : 단일 세라믹스 제조방법과 동일하게 세라믹 기지 원료 및 보강재를 혼합, 성형하여 HP, HIP를 사용하는 방법
(2) Slurry법: 세라믹 섬유를 기지원료로 만든 slurry에 통과시킨 후, 건조된 성형체를 재단 및 적층하여 원하는 형태로 만든 뒤 가압·소결하는 방법으로 유리 및 결정화 유리 matrix 복합재료 제조에 주로 이용
(3) 용융염의 직접산화법(Lanxide process): 금속 melt에 직포를 부유시키면 금속이 공기와 반응하여 산화물을 형성하여 직포 표면에 침착시키는 방법
(4) Sol-gel 법: 매트릭스의 순도와 균질성이 좋고, 저온소성 가능
(5) 용융함침법(Melt infiltration): 융점이 낮은 유리 및 결정화 유리 기지 복합재료 제조에 사용되는 방법으로 보강재 preform에 용융 상태의 기지를 가압하여 함침시키는 방법
(6) CVI(Chemical Vapor Infiltration) : 복잡한 형상이 가능한 저온 합성법

고온재료로서 사용이 가능한 Fibrous Monolith (FM) Ceramic Composites(화이버 단상 세라믹 복합재료)는 미세조직에 흑연과 같이 낮은 전단강도를 가지는 소재 또는 레늄이나 텅스텐과 같은 인성이 좋은 금속재의 얇은 경계면에 의해 독립적이면서 캡슐화되어 있는 구조재 세라믹의 육각형 결정립의 셀로 구성되어 있다. 이와 같은 미세 조직은 인성을 가지고 또한 열충격에 대한 내성을 가지고 있기 때문에 순식간에 파괴되기보다는 서서히 파괴가 진행되는 지연파괴현상을 나타낸다. Fibrous monoliths 복합재료는 Thermoplastic/세라믹 필라멘트를 미세 조직적으로 정렬 화시킨 저렴한 분말야금의 공정으로 제조할 수가 있다.

Fibrous monoliths는 고온 Hot pressed로 성형하거나 또는 소결하여 흑연이나, 카본-카

본 그리고 텅스텐, 니오븀 그리고 몰리브덴과 같은 금속과 같은 기판상에 열차폐용 코팅재료로 사용할 수 있다.

이 소재는 성형 후 후속 공정이 거의 필요하지 않은 소위 near net shape로 제작될 수 있는데 성형 후 필요시 아주 간단한 기계가공에 의해서 최종제품화 될 수 있다는 특징을 가지고 있다. 현재는 $Si_3N_4$, ZrC, SiC, $ZrB_2$와 HfC의 기지조직을 이용하여 여러 가지 고온용 FM composite를 개발하기 위한 연구가 활발하다. 이와 같은 고온용 세라믹 복합재료는 고온 재료 중 특히 열 추진기관에 사용될 수 있는 특성을 가지고 있는데 hot gas valves, nozzles와 트러스터에 사용될 수 있다. 또한 Fibrous monoliths는 고온 Hot Pressing으로 성형하거나 소결하여 흑연이나 카본-카본 그리고 텅스텐, 니오븀 그리고 몰리브덴과 같은 금속과 같은 기판상에 열차폐 재료로써 코팅하여 사용할 수 있다는 기대를 모으고 있다

일반적으로 세라믹기지복합재료(CMC)는 2단계 공정법으로 제조된다. 2단계 공정법은 강화재를 응고되지 않은 상태의 기지내로 함침시킨 후 이어서 기지를 응고시키는 방법이다. 섬유가 함침되는 단계에서는 어떤 특정한 상태의 섬유배열(Fiber Alignment)이 수반된다.

CMC를 응고시켜 주기 위하여 사용되는 일반적인 방법으로 고온가압소결(Hot Pressing)이 이용된다.

용융산화법에 의한 세라믹기지 복합재료의 제조방법인 Lanxide Process(DIMOX: Directed Melt Oxidation Process)는 산화성 또는 반응성이 강한 용융금속을 표면으로부터 산화 또는 질화시켜 만든 산화물 혹은 질화물을 기지로 하고 미처 산화되지 않은 용융금속은 세라믹 기지내에 균일하게 분포되어 금속과 세라믹이 서로 3차원적으로 맞물린 미세조직을 갖는 복합재료를 제조하는 방법이다. 이 제조법은 제조온도가 900~1300℃로 비교적 낮고, 제조시 수축이 거의 발생하지 않으며, 사용하는 합금의 종류, 산화온도, 산화시간, 분위기에 따라 성질과 미세구조가 다양한 세라믹기지 복합재룔르 제조할 수 있다는 장점이 있으나, 산화층 성장 속도가 5~30mm/day로 느리고, 제조공정제어가 쉽지 않다는 단점이 있다.

현재까지 용융산화법에 의한 세라믹기지 복합재료의 연구는 Al-Mg 2원계합금과 Si를 첨가한 3원계합금에 대한 연구가 주로 진행되었으나, 다른 원소를 첨가할 경우 이들 첨가 원소가 용융산화거동에 미치는 영향에 대한 체계적인 연구는 거의 없는 실정이다.

CMC는 주로 절삭공구로 사용되며 SiCw/Al계가 있다.

# 제8장

# 환경재료

앞으로는 환경오염물질 처리기준이 더욱 엄격해지고, 기후변화 협약과 같은 국제협약 등을 통해 환경 문제와 국제무역의 연계가 강화될수록 환경처리 비용부담은 계속 증가할 전망이다. 따라서 환경친화재료(Environmental Affinity Materials)에 대한 연구가 활발하다.

그 중에서 분자인식 기능성 환경재료와 분자인식 박막제조, 메조포러스 물질을 이용한 촉매, 고효율 광촉매 등이 있다.

분자인식 기능성 환경재료는 기존의 환경기술이 환경유해물질을 또 다른 매체로 전이시키는 단점을 극복하기 위해 침전, 응집, 무작위 분리를 위한 제3 물질을 첨가하지 않는 기술을 개발하는 데 목표를 두고 있다.

분자인식 박막제조는 지방산과 금속이온으로 구성된 혼성박막을 제조한 뒤 열처리기법 등을 이용해 유기물질을 제거해 금속분자들이 고르게 배열된 단분자층을 만들어 내는 기술이다. 이 기술은 이온과 기체 센서, 막, 전기장 치 등에 응용되며 최근에는 광학 간섭 필터, 3차 비선형 광학, HRKDGKR상 센서 등으로 응용분야가 확대되고 있다. 메조포러스 물질을 이용한 촉매 개발은 메조포러스 실리카를 합성하고 여기에 RMAA속을 담지해 기존의 촉매가 갖고 있는 단점들을 개선하고 균일촉매 대신 불균일 촉매를 이용할 수 있게 하는 기술이다.

또한 전자파, 정전기 등을 제어하는 정전기 분산용 컴파운드, 전자파차폐용 무기도료 등도 환경재료에 포함된다.

도시에서 발생하는 폐기물 시멘트의 원료화와 연속공극을 갖는 다공질 콘크리트의 환경부하저감과 생물대응 등의 환경재료도 있다.

한편 대부분 현재 상품화되어 있는 플라스틱은 사용 후 자연환경에 버려질 경우 분해되지 않고 반영구적으로 남아 있어 환경오염문제를 야기하게 된다. 따라서 사용시의 편리성 및 내구성만을 비약적으로 향상시킨 합성플라스틱을 대체할 수 있고, 사용 후 붕괴 또는 분해되어 자연의 순환사이클로 흡수됨으로써 환경오염의 문제를 배제할 수 있는 분해성 플라스틱의 개발이 요구되고 있는데, 분해성 플라스틱에는 생분해성 플라스틱, 생붕괴성 플라스틱, 광분해성 플라스틱이 있다.

### 1) 생분해성 플라스틱

현재 생분해성 고분자의 재료를 형성하고 있는 것은 미생물이 생산하는 바이오폴리머, 미생물이 생산하는 lactic acid와 같은 바이오케미칼을 합성원료로 한 고분자, 그리고 천연화합물을 원료로 한 생분해성 고분자 등이 있다.

#### (가) 천연고분자

천연고분자를 원료로 한 생분해성 고분자는 cellulose, hemicellulose, pectin, lignin 및 저장 탄수화물인 전분 등 식물에서 유래하는 것과 새우, 게 등의 껍질을 포함한 chitin질을 기초로 한 동물 유래의 것들이 있다. 이러한 천연고분자를 이용한 생분해성 플라스틱제조의 한 예는, 미세한 cellulose 섬유, chitin을 가수분해하여 얻은 chitosan의 초산수용액과 제 3성분을 일정비율로 혼합하여 얻어진 고점성물질을 평판에 유연하게 건조 또는 열처리하면, 반투명한 sheet가 얻어진다. 이 sheet의 인장강도는 제조조건에 따라 다소 차이가 있지만, 약 1,000kg/cm$^2$이고, 습윤상태에서도 충분한 강도를 갖는다. 그러나 천연고분자를 이용하여 제조된 생분해성 플라스틱은 분해성은 뛰어나나 품질이 균일하지 않은 단점이 있다.

#### (나) 미생물생산 고분자

미생물생산 고분자는 미생물이 만들어내는 생고분자(바이오폴리머)를 활용하여 플라스틱과 같은 기능을 갖는 물질을 만드는 것으로써, 바이오폴리머는 poly-hydroxybutyrate(PHB), PHB/PHV 등의 polyalkanoates 및 intracellular 고분자와 pullulan과 같은 polysaccharides인 extracellular고분자로 나눌 수 있다.

- PHB(poly-hydroxy butyric acid)
- 미생물생산 바이오폴리머: xanthan gum, alginate, pullulan, curdlan, dextran, levan
- Hyaluronic acid

#### (다) Biochemical 고분자

Biochemical 고분자란 발효기술에 의해 저가격으로 제조된 아미노산, 당, 폴리에스터 등의 원료를 고분자합성기술로 만들어진 미생물에 의하여 분해되는 고분자물질을 말한다. 이 고분자는 미생물생산고분자가 갖고 있는 기술적 어려운 점을 보완할 수 있어 기능의 조절이 용이하고 풍부한 변화를 부여할 수 있어 이상적인 생분해성 고분자로 평가되고 있다. 이런 고분자로는 polycapro-lactone(PCL), polyglycolic acid(PG), polylactic acid(PLA), polyorthoester, phosphagene, polypeptide 등 많은 종류가 개발되었으며 이들 대부분은 가격이 상당히 고가이기 때문에 의료용 재료 등 고부가가치 제품에 한하여 이용되고 있다. 그러나 옥수수전분을 발효하여 젖산을 생산하고 이를 중합하여 생산하는 PLA는 대량생산이 가능하므로 향후 PE를 대체하는 범용플라스틱으로까지 발전될 것으로 예상된다

### 2) 생붕괴성 플라스틱

일반적으로 생붕괴성 플라스틱은 전분과 같은 자연적으로 분해되는 고분자물질을 polyethylene, polypropylene 및 polystyrene 등과 같은 플라스틱에 섞어서 만들어지는 것으로서, 여기에 분해가속제로써 각종 첨가제를 넣어 분해를 촉진시켜 주는 것으로 알려졌다.

### 3) 광분해성 플라스틱

광분해성 플라스틱은 기본적으로 태양광선의 자외선 에너지를 이용, 고분자 고리를 끊어 수지의 물리적 성질을 저하시키고 궁극적으로 분자량이 낮게 되어 분해되는 플라스틱을 의미한다. 광분해성 플라스틱은 단순히 광분해 활성제만을 이용함으로써 이루어지는 것이 아니고, 자외선 안정제와 광분해 활성제의 두가지 성질을 조화있게 활용, 원래의 물리적 성질을 유지하면서 원하는 일정기간내에 분해가 가능하도록 만든 분해성 플라스틱의 일종이다.

이와 같은 광분해성 플라스틱의 분해에 이용되는 빛에너지는 보통 290～315nm사이의 자외선이다. 모든 플라스틱은 각기 고유속도로 서서히 광분해되는데, 그 화학구조에 따라 자외선을 잘 흡수하는 것과 그렇지 못한 것이 있다. 대체로 290nm 범위의 자외선 에너지는 플라스틱을 이루고 있는 탄소 - 수소결합을 끊는데 충분하며 중합이나 processing시 발생되는 약간의 화학적 결합이 있을 때는 광분해반응이 촉진되는 것으로 알려져 있다. 순수 플라스틱 자체는 자외선을 흡수할 수 있는 chromophore가 없거나, 있어도 absorbity가 낮은 경우에도 플라스틱안에 포함되어 있는 극소량의 불순물에 의해 광분해 반응은 시작되며, 반응이 진행됨에 따라 빛을 흡수하거나 또는 광분해 반응에 직접 참여하는 화학구조물이 생성, 반응이 가속화된다. 이런 광분해의 정도는 플라스틱 자체의 화학구조와 직접관계가 있는 것으로 알려졌다. 아울러 광분해의 가장 중요한 반응구조는 산화반응에 의한 분해인데, 이는 과산화물의 분해로부터 시작되는 것이다.

이와 같은 기본 반응구조를 이용하여 여러 형태의 광분해성 플라스틱이 연구 개발되고 있는데, 이미 실용화되고 있는 플라스틱의 광분해 기술로는 2가지 형태가 있다. 그 하나는 광증감 작용이 있는 Fe, Ni, Ce 등의 전이금속이온과 산화촉진제 및 광증감제 등을 첨가하여 고분자 주고리에 광분해성을 부여한 것이다. 또 다른 한가지는 고분자 중합시 주고리에 광증감기로서 carbonyl기를 도입, Norrish Ⅰ, Ⅱ 반응에 의해 광분해가 일어나는 것으로 여기에는 비닐케톤계 공중합물 masterbatch 첨가형과 ethylene-CO 공중합체가 있다.

(가) 감광성관능기도입형(感光性官能基導入型)

자연환경중 광분해되기 쉬운 관능기는 >C=O, -HC=CH-, -O-, -N=N-, -NH-NH- 등

으로, 고분자결합구조에 도입되어 이용되고 있다. 이러한 예를 보면, 에틸렌 · 일산화탄소공중합체, 비닐케톤계공중합체, 열가소성 1,2폴리부타디엔, 폴리이소부틸렌 등이 있다.

- 에틸렌 · 일산화탄소공중합체(E/CO)
- 비닐케톤계 공중합체
- 열가소성 1,2-폴리부타디엔
- 폴리이소부틸렌옥사이드(PIBO)

제9장

# 나노재료

기술의 세계에서 '나노'란 제조와 변형에 있어서 원자와 분자에 기초한 산업혁명을 의미한다. 10억분의 1m인 나노미터(㎚) 단위에서 이뤄지는 나노기술(NT: Nano-Technology)은 물질을 원자나 분자 수준에서 분석·조작하는 기술을 총칭한다. 원자와 분자를 자유자재로 움직여 지금까지 자연계나 기존 재료에선 존재하지 않았던 새로운 물질을 합성해 만들어낸다는 점에서 기존의 연구방식과는 크게 구분된다.

원자핵 주변의 전자 한두개를 움직여 작동하는 소자, 몇개의 암세포도 검출할 수 있는 초고감도 센서, 우리 몸 속을 탐사하는 초미세 로봇, 철강보다 5분의 1이나 가볍지만 10배 이상 강한 신소재 등 초미시세계에서 새로운 과학기술이 생겨나고 있는 것이다.

나노물질 또는 나노소자를 제조하기 위해서는 원자와 분자를 우리가 원하는 대로 몇 개씩 일정한 크기와 모양으로 조합하거나 특정 방향으로 배열시키는 등의 조작기술을 필요로 하고 있다. 물질이 나노크기로 작아지면 여러 가지 물리화학적 성질이 변하기 때문에, 나노입자들끼리 서로 결합하여 뭉쳐버리는 등 어려움이 따른다.

나노기술은 분자나 나노소자에 전자를 하나씩 조작하여 작동하는 트랜지스터나 반도체, 컴퓨터 등을 개발하는 기술이다. 특히 우리 뇌의 작동원리처럼 학습에 의해서 분자나 나노소자를 자발적으로 동작시키는 신경망 컴퓨터에 많은 관심이 집중되고 있다.

나노 로봇이나 나노 슈퍼컴퓨터 등은 아직까지 실생활에서 실현하기까지는 많은 시간을 필요로 하지만 기술에다 나노물질의 특이성을 접목해 전통적 기술의 한계를 뛰어넘는 고성능 촉매와 자기저장매체, 센서, 의약품전달 나노캡슐 등을 개발하는 분야는 10년 이내의 가까운 장래에 실현될 수 있는 가능성이 매우 높다.

나노기술을 응용분야별로 분류하면 크게 나노 소재기술, 나노소자, 환경·생명공학, 기반기술로 크게 다음과 같이 분류할 수 있다.

### 1) 나노소재

- 입자재료 : 나노촉매, 나노박막, 미세분리기술, 나노탄소물질 등
- 벌크재료 : 자성재료, 고탄성재료, 저마찰제, 복합재료 등의 물성 향상

### 2) 나노소자

- 나노소재 및 구조를 이용한 나노기능소자
- 초고밀도 메모리 소자, 초고속 통신소자, 초저소비 전력 소자

### 3) 환경 · 생명공학

- 생체재료 : 바이오 세라믹스, 생체 자기물질 등
- 생체 기능소자 : 분자컴퓨터, 분자모터, 생체 전자공학
- 에너지 · 환경 : 고효율 태양전지, 연료전지

### 4) 기반기술

- 나노 소자 · 소재 측정 및 평가기술
- 나노 구조체 제작을 위한 공정기술

기술분야별로 자세히 살펴보면 자기조립방식에 의한 금속 나노선, CNT array, 나노 포러스 마이셀, 나노전자소자, 나노 CMOS, 단전자 트렌지스터, 분자소자, 초고집적 MRAM, 나노측정, 공정 및 제어, TEM/AFM에 의한 구조측정, 나노계측분석, Nano-metrology, 자성양자점, 나노구조 계면 입자성장, 나노결정재료의 기계적 성질, 약물전달용 나노입자, 생리활성물질의 피부흡수기술, 미세입자 실용화 기술, 나노결정질 태양전지 등이 있다.

나노기술 중에서 나노구조체에서 나타나는 양자현상을 이용한 단전자 소자, 탄소나노튜브 소자, DNA 소자 등과 같은 나노소자가 있다.

나노구조체에서 나타나는 대표적인 물리현상 중 하나는 전자의 움직임을 하나씩 조절해줄 수 있는 단전자 효과로서 이 현상은 주로 터널장벽이 있는 접합 혹은 양자점에서 관측된다. 접합의 크기가 클 경우 전류-전압 곡선을 측정하면 선형적인 특성이 측정된다. 하지만, 접합의 크기가 작아지면 접합의 전기용량 C가 따라서 작아지기 때문에 e2/C로 주어지는 정전기 에너지는 반대로 커지게 되어 열에너지 kBT 보다 커지게 된다. 이러한 조건하에서는 정전기 에너지에 상응하는 에너지가 외부에서 주어지지 않으면 전자가 접합을 통과할 수 없으므로 외부 에너지를 조절함으로써 전자의 이동을 하나씩 조절할 수 있다.

단전자 효과를 실험적으로 연구하기 위해서는 크기가 100 nm 이하인 소자를 제작하여야 한다. 지금까지 반도체 소자는 주로 광식각 방법을 이용하여 제작하여왔다. 그러나, 광의 파장이 100 nm 보다 길기 때문에 광식각 방법으로는 100 nm 이하 크기의 소자를 제작하기가 어려우므로 100 nm 이하 크기의 소자는 주로 전자빔 식각 방법을 이용하여 제작한다. 단전자

효과를 이용한 단전자 소자는 소자의 크기가 10nm 수준이고, 단일전자에 의해 소자가 동작하기 때문에 전력소모가 매우 작아 테라급 집적도가 가능하다.

탄소나노튜브는 흑연 판이 말려있는 구조를 갖고 있으며, 직경이 약 2nm 수준인 나노구조체이다. 탄소나노튜브는 속이 비어있기 때문에 가볍고, 기계적으로나 화학적으로도 매우 좋은 특성을 보이기 때문에 다양한 분야에서 관심을 갖고 연구를 하고 있다. 그 중 전기적으로 특기할 만한 특성 중 하나는 탄소나노튜브는 어떻게 말려있느냐에 따라 금속적인 특성을 갖기도 하고, 반도체적인 특성을 갖기도 한다는 것이다. 반도체적인 특성을 갖는 탄소나노튜브를 이용하면 탄소나노튜브 트랜지스터 제작이 가능하며, 외부에서 힘을 주어 탄소나토튜브를 구부리면 전기적 특성이 금속에서 반도체로 바뀌기도 하기 때문에 탄소나노튜브 만으로 이루어진 diode 소자 제작도 가능하다.

위에서 언급하였듯이 기존의 광식각 방법으로는 크기가 100nm 이하인 나노소자를 제작하기 어려우며, 전자빔 식각 방법은 소자제작 속도가 느리다는 단점을 갖고 있기 때문에 최근에는 나노구조체를 이용한 bottom-up 방식으로 나노소자를 제작하고자 하는 연구가 활발하게 진행되고 있다. 나노구조체중 가장 이상적인 것은 자연이 만든 생체분자라 할 수 있다. 특히 DNA 분자는 길이, 염기배열 등의 특성을 정확하게 조절할 수 있으므로 이를 이용한 소자의 가능성이 연구되고 있다. 이러한 연구는 생체분자소자에 뿐만 아니라 바이오 센서, 조기진단 등 다양한 분야에 응용될 수 있다.

물질의 물리 및 화학적 성질을 결정하는 것은 전자구조이다. 전자구조에 따라 어떤 물질은 전기를 잘 통하는 전도체가 되며 어떤 물질은 적당히 전류를 통하게 하는 반도체가 되어 우리 생활에 많은 영향을 미치는 전자 회로에 쓰이기도 한다. 이런 전자구조는 20C에 들어오면서 양자역학의 출현으로 이해가 되기 시작하였는데 이런 이해의 대부분은 밴드 이론에 근거를 둔 것이다. 밴드 이론은 물질을 서술하는 해밀토니안에서 전자와 전자의 상관관계를 무시함으로써 문제를 간단히 만든 것이지만 놀라울 정도로 여러 물질에서 전자 구조를 잘 설명해 줄 수 있다. 하지만 전이 금속 등과 같은 어떤 종류의 물질들은 전자의 상관관계를 무시할 수 없고 따라서 이의 전자구조 이해는 매우 어려워진다. 그런데 전이 금속 산화물 등과 같은 강 상관관계를 가지는 물질에서는 많은, 밴드 이론으로 예측 불가능한, 재미있는 물리 현상이 일어나는데 대표적인 경우가 고온 초전도, 전자 궤도 배열, 스핀과 전하의 배열 등이다.

복합 양자 다체계 물질의 연구는 시료의 성장 및 여러 가지 실험 방법을 이용한 전자 구조 분석이 있는데 전자 구조 분석은 주로 광전자 분석 및 X선 흡수 등, 방사상 가속기에서 나오는 빛을 이용한 방법에 의해 이루어진다.

탄소나노튜브(carbon nanotube: CNT)는 비등방성이 크며(직경: 수십~수백 nm, 길이: 수십~수백 ㎛), 홑겹(singlewall), 여러겹(multiwall), 다발(rope) 등의 다양한 구조가 있다.

또한 감긴 형태에 따라 도체, 반도체의 성질을 띠며 직경에 따라 Energy Gap이 달라지고, 준일차원적 구조를 가지고 있어 특이한 양자효과를 나타낸다. 따라서 탄소나노튜브는 미시적 및 거시적인 측면에서 다양한 나노구조의 응용이 예상되는 신기능 재료이다.

탄소나노튜브의 특이한 구조 및 물성이 보여주는 다기능성은 정보통신기기의 필수인 평면표시소자(눈), 메모리소자(두뇌), 전지(심장)에 응용력이 뛰어나며 기존의 소자가 갖는 한계를 넘어설 가능성을 갖고 있어 이 분야에서 경쟁력 우위를 확보하기 위한 전략들이 다각적으로 추진 중이다. 이를 위해서는 탄소나노튜브 성장 및 구조설계 기술이 반드시 확립되어야 하며 이에 함께 기능제어기술이 병행되어야 한다.

나노튜브는 탁월한 전기적 특성을 가지고 있으며 같은 직경의 구리보다 훨씬 안정되고, 더 많은 전류를 전달할 수 있는 장점이 있어, 나노 스케일의 전자회로에 유용하게 사용할 수가 있다. 나노튜브의 전자수송 현상의 연구는 이러한 나노튜브의 탁월한 전기적 특성을 이용하는데 기초를 제공하며, 나노소자 응용기술의 근간이 될 것이다.

최근 들어 양자전도특성에 대한 연구가 많이 진행되고 있으나, 나노튜브와 금속 전극 사이의 접촉 저항문제로 큰 어려움이 있다. 따라서, 나노튜브의 탁월한 전기적 성질을 응용하려면 저저항 접촉기술의 확보가 필수적인데, 이를 위해 반도체 공정에 많이 쓰이는 RTA(Rapid Thermal Anealing) 기법 등을 이용하여, 접촉저항을 줄이는 방법이 연구되고 있다.. 또한, 나노튜브의 전기적 특성의 측정이나 나노 스케일의 회로소자에의 응용을 위해 필요한 나노튜브의 극미세 위치 지정법과 극미세 가공기술에 대한 연구도 진행되고 있다.

이러한 나노튜브의 위치지정법과 저저항 접촉기술을 10nm 급 전자빔 가공 기술과 결합함으로써 나노튜브의 전자소자 회로에 응용할 수 있을 것으로 보인다.

최근에는 클러스터이온을 이용한 나노소자 Shallow junction용 implantation 기술도 개발되고 있다. 이 기술을 이용하면 표면 미세 가공(surface micromachining), nm 급 표면 조도 향상 및 damage가 없는 shallow junction impurity 측정을 위한 SIMS, AES, XPS 용 nano-sputter gun, Pulsed Cluster Ion Deposition(P-CID) 등에 응용할 수 있을 것으로 보인다.

그림 9.1은 B cluster 이온을 Si 기판에 침투시켰을 때  침투깊이에 따른 B의 농도변화를 나타낸 것이며, 그림 9.2은 molecular dynamic simulation 결과이다.

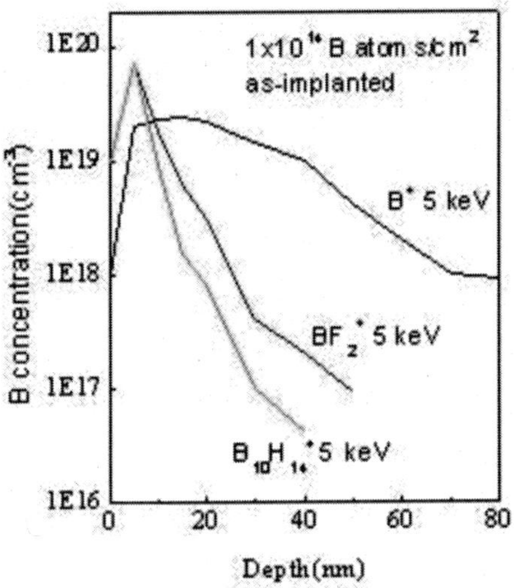


**그림 9.1** Si 기판에 침투된 B 이온의 농도

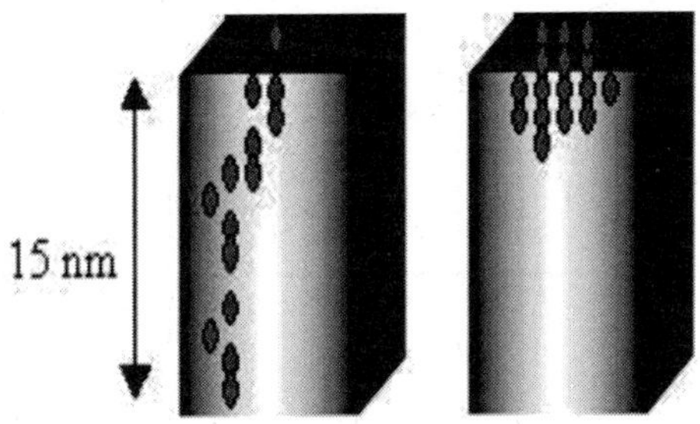


**그림 9.2** Cross-section of damage in Si substrate implanted with 5 keV monomer and a B10 cluster, which is calculated by molecular dynamic simulation

다양한 정보 매체를 통합한 정보통신 시대를 열기 위해서는 보다 빠르고 신속한 정보전달이 요구되고 있다. 21세기 정보산업시대를 대비하여 기술적인 선점을 위해 현재 세계적인 초고집적·초고속 소자개발 연구가 경쟁적으로 이루어지고 있다.

최근에 초고집적회로소자를 개발하기 위한 연구는 전통적인 Top-Down 생산방식의 미세화기술과 함께 전혀 새로운 생산 파라다임으로서 아예 원자단위에서 인위적인 조립, 자가형성하여 nm단위로 제작하는 Bottom-Up방식이 소위 나노기술이라는 공통적인 이름하에 병행하여 연구되고 있다. 이 두 생산방식은 소자개발에 관한 한 100 nm에서 서로 만나게 될 것으로 기대되지만 그 이하 크기의 나노소자가 차세대 정보화 산업에서 요구될 것이기 때문에 100nm 이하 크기의 나노소자 개발은 필수적이다.

현재로는 재래식 미세화 방법은 100nm 크기 이하의 소자개발에서는 전자전 도도, 열전 도도의 양자화에 따른 한계 등 여러가지 새로운 양자 물성의 등장과 전통적 페르미 액체물 성을 벗어나는 Luttinger 액체물성, 스핀-전하 분리현상 등 비페르미 액체물성, 양자요동, 열요동, 소자의 기본단위간의 간섭으로 인한 근접효과 등의 새로운 한계들을 극복하기 힘들어 결국 신 개념의 나노기술방식의 기술개발이 불가피하게 된다.

100nm이하의 소자제작 기술측면에서도 전자빔 리소그래피, X-선 리소그래피 등을 기반으로 하는 재래식 제작방법은 한계에 부딪치지만 신 개념의 나노기술 역시 일단 나노구조물을 형성하는 것은 현재의 SPM 활용, 나노리소그래피, 나노-딮펜 쓰기 등 여러 가지 실험적인 방법을 이용해 가능하지만 현재로는 그 양자물성을 정확히 측정 · 이해하지 못하여 인위적인 조절 능력이 없기 때문에 한계에 부딪치고 있다. 따라서 신 개념의 나노소자개발을 위해서는 먼저 이들 나노구조물(100 nm이하)의 양자물성을 발견 · 이해하는 노력이 요구된다.

최근에는 반도체 제조공정에서 나노미터 크기의 미세 오염입자를 레이저 기술을 응용해 측정할 수 있는 기술이 개발되었다.

이 기술은 레이저 백열법으로서 진공중의 입자가 높은 에너지의 레이저광과 충돌하여 가열되면 곧 복사선을 내게 되는데, 이 복사선의 세기로 오염입자의 농도를, 복사선의 상승 및 소멸시간으로 입자의 크기를 측정하는 첨단기술이다.

그림 9.3은 최근에 연구되고 있는 분자로봇 기술(Stewart Platform)에 관한 것이다.

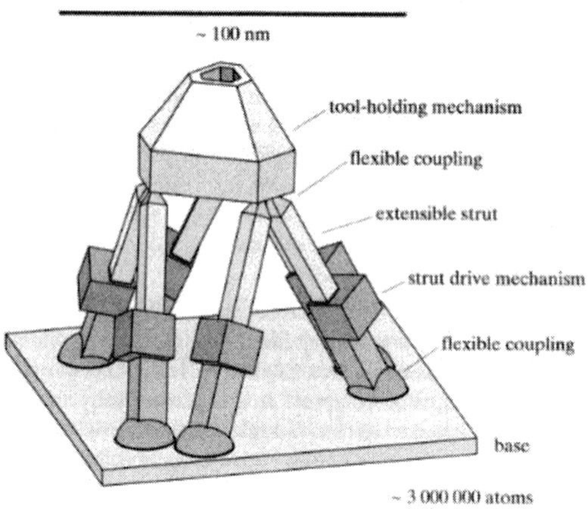


**그림 9.3** Molecular Robotic Device

# 제10장 코팅재료

기능성 세라믹 코팅제는 다음과 같이 전기적기능, 광학적기능, 열적기능, 생화학적기능, 기계적기능 등을 향상시키는데 이용되고 있다.

1) 전기적기능

- 고절연성 : $AI_2O_3$, BeO, C
- 유전성 : $BaTiO_3$
- 압전성 : PZT, ZNO
- 초전성 : PZT
- 강유전성 : PLZT
- 연자성 : Zn,Mn-$FeO_3$, $\alpha$-$Fe_2O_3$,
- 경자성 : Sr-$Fe_2O_3$

2) 광학적기능

- 반도성 : La, Ca-$CrO_2$, $SnO_2$, ZnO-$Bi_2O_3$
- 이온도전성 : $\beta$-$Al_2O_3$, 안정화지르코니아
- 전자방사성 : $LaB_6$
- 형광성 : $Y_2O_2S$
- 투광성 : $AI_2O_3$
- 반도성 : $SnO_2$
- 편광성 : PLZT
- 광반사성 : TiN
- 광촉매성 : $TiO_2$

3) 열적기능

- 도광성 : $SnO_2$
- 내열성 : $ThO_2$
- 단열성 : $CaO-nSnO_2$

4) 생화학적기능

- 전열성 : BeO
- 담체성 : $SiO_2$, $Al_2O_3$

5) 기계적기능

- 촉매성 : $K_2O-nTiO_2$
- 연마 : $Al_2O_3$
- 연석 : $B_4C$
- 절삭 : C, TiN, $B_4C$
- 강도기능 : $Si_3N_4$, SiC

## 10.1 광촉매 코팅

광촉매는 빛을 촉매로 작용하는 것 이외에 광반응을 가속시키는 촉매(catalyst of photoreactions)를 지칭할 때 사용되며 세라믹물질로 빛을 흡수하여 기능을 발휘하는 소재이다.

광촉매로서 가장 널리 사용되고 있는 재료는 이산화티타늄 ($TiO_2$)으로, 자외선을 흡수하면 표면에서 전자와 정공이 생성되고 이들 활성종 (전자, 전공) 은 대부분의 유해물질을 분해시킨다.

반도체 광촉매의 조건은 다음과 같다.

1) 계면 전자전이의 열역학적 가능성

반도체 광촉매 표면에서 전자전이가 일어나려면, 띠 가장자리와 용액 속 산화 환원 전위의 상대적 위치가 매우 중요하다.

전자받개 분자(A)의 환원전위는보다 양전위를 가져야 하며 전자주개 분자(D)의 산화 전위는보다 음전위를 가져야 한다.

즉, 원하는 반응의 산화 환원 전위가 띠간격 내에 위치하여야만 특정 반도체가 광촉매로서의 열역학적 조건을 만족한다.

일반적으로 띠간격이 클수록 정공과 전자의 산화 환원 반응에 대한 구동력이 커지는 장점이 있으나 높은 에너지의 광자가 요구되므로 태양광을 효율적으로 이용할 수 없다는 단점이 뒤따른다.

반대로, 띠간격이 작으면 태양광을 좀 더 많이 흡수할 수 있으나 산화 환원 반응에 대한 구동력이 떨어진다.

### 2) 반도체의 화학적, 광화학적 안정성

일부 반도체는 산, 염기에 대하여 화학적으로 매우 불안정하여 광촉매로 쓰이기에는 부적절하다. 또한, 반도체 격자 내에 생성된 전자와 정공은 때로 격자를 이루는 양이온이나 음이온과 반응하여 반도체를 광화학적으로 부식(photocorrosion)시킨다.

이러한 문제점을 해결하기 위하여 반도체 광촉매로 산화티타늄($TiO_2$)이 쓰이며, 다른 반도체 물질에 비하여 화학적, 광화학적으로 매우 안정하다.

### 3) 광촉매로서 태양광 이용

일반적으로 광촉매로 널리 쓰이는 산화물계 반도체는 띠 간격이 넓어 태양광을 효율적으로 흡수할 수 없다.

따라서 가시광선을 흡수하여 광활성을 보이는 광촉매의 개발이 중요하다.

광촉매가 코팅된 재료는 태양광이나 형광등의 자외선에 의한 NOx, 악취 등 대기오염물질 및 휘발성 유기물 분해능력이 있어서 주택실내, 병원, 지하철, 공공건물 등에 적용하면 냄새제거 뿐만 아니라 살균도 가능하므로 쾌적하고 청결한 생활환경을 유지할 수 있다.

또한 대기 정화, 악취 및 담배연기 제거용 실내 정화장치, 음식물 쓰레기 처리장치, 축사, 특수 농산물 재배 단지 등에서 발생하는 농도가 비교적 높은 악취 제거장치에 이용될 수 있다.

여러 가지 소재에 기능성 광촉매 코팅제를 균일하고 정밀하게 코팅하기 위해서는 다음과 같은 코팅설비가 필요하다.

① Revolving spray coating system
② Reciprocating spray coating system
③ Spin coating system
④ Dip coating system

이외에도 다음과 같은 기능성 코팅제가 시판되고 있다.

① Hard coating제 : 세라믹(유리, 타일 등), 폴리카보네이트
② 유해물질분해용 : 세라믹(유리, 타일 등), 금속(알루미늄, SUS 등)
③ 자외선 차단 코팅제 : 옥외광고용 PVC시트, 인화지
④ 친수성 코팅제 : 옥외광고용 PVC시트, 간판용 시트, 교통안전제품, 지붕재(콘크리트,

clay, 시멘트)

⑤ 항균 및 방미성 코팅제 : 도기, 자기류(머그컵 등), 종이(포장지, 벽지)

⑥ 악취제거용 코팅제 : 금속필터(알루미늄메시 등), 부직포 필터

⑦ 정전기 방지 코팅제 : 아크릴, 폴리카보네이트 등

⑧ 부식방지용 광촉매 코팅제 : 금속(철, 알루미늄, SUS 등)

# INDEX

## ㄱ

ㄴ



ㄷ



ㄹ



ㅁ



ㅂ

ㅅ

ㅇ

## 기타